化学工程与技术研究生教学丛书

精细化学品化学

李祥高　王世荣　刘红丽　郭俊杰　主编

天津大学研究生创新人才培养项目资助

科 学 出 版 社
北 京

内 容 简 介

精细化学品是具有特定的功能或用以赋予其他产品特定功能的高附加值化工产品，在材料、能源、信息、医药、生物和食品等领域发挥着不可或缺的作用。精细化工在化学工业和国民经济建设中占有重要的地位。本书主要介绍有机染料、有机颜料、表面活性剂、助剂、药物及其中间体、农药及其中间体、香精和香料、食品添加剂及有机光电功能化学品等重要类型精细化学品的功能性原理、结构与性能的关系、典型类型和品种的合成方法及应用技术等。

本书可作为高等学校化学、化工、制药、材料及相关专业本科生、研究生的教材，也可供精细化工领域从事新产品和新技术开发的工程技术人员参考。

图书在版编目（CIP）数据

精细化学品化学 / 李祥高等主编. —北京：科学出版社，2021.10

(化学工程与技术研究生教学丛书)

ISBN 978-7-03-069800-1

Ⅰ. ①精… Ⅱ. ①李… Ⅲ. ①精细化工-化工产品-高等学校-教材 Ⅳ. ①TQ072

中国版本图书馆 CIP 数据核字（2021）第 188397 号

责任编辑：陈雅娴 李丽娇 / 责任校对：何艳萍

责任印制：张 伟 / 封面设计：无极书装

科学出版社 出版

北京东黄城根北街 16 号

邮政编码：100717

http://www.sciencep.com

北京中石油彩色印刷有限责任公司 印刷

科学出版社发行 各地新华书店经销

*

2021 年 10 月第 一 版 开本：787×1092 1/16

2022 年 7 月第二次印刷 印张：19 1/4

字数：456 000

定价：98.00 元

（如有印装质量问题，我社负责调换）

前　言

精细化学品在现代化学工业中的地位越来越重要，其具有特定功能，广泛地涉及高性能染料和颜料、医药和农药、食品和高分子产品添加剂等领域，特别是在集成电路、光电信息、生物和能源现代高新技术产业中显示出极其特殊的作用。因此，精细化工产业的技术和生产水平，在很大程度上代表了一个国家现代化学工业的发展状况。

精细化学品一般要求实现某种与化合物分子组成和结构相关的使用功能，具有合成工艺较复杂、品种繁多、批量小、质量要求高、附加值高、技术密集等特点。其制造过程不仅包括基本的有机合成和分离提纯，往往还涉及多元组分的复配、剂型化和商品化等重要的过程。为了提高我国精细化学品的创新研究能力和工业化水平，全面系统地理解和掌握各类精细化学品的构效关系、分子设计、合成方法、作用机理和应用技术，对高等学校化学及化学工程类专业的教与学是十分必要的。

本书是编者在长期从事精细化学品的研究和教学工作的基础上，经过详细地梳理、总结编写而成的。精细化学品种类繁多，产业规模庞大，研究方法多样，学科交叉融合程度深，应用领域广，本书选择了使用广泛、具有代表性的重要类型进行介绍，包括有机染料、有机颜料、表面活性剂、助剂、药物及其中间体、农药及其中间体、香精和香料、食品添加剂及有机光电功能化学品等九大类精细化学品。内容包括其基本概念、作用机理、合成路线、功能化方法、配方设计和应用技术，以及新功能精细化学品的开发等。编写本书的主要目的是给相关专业的本科生和研究生提供内容全面系统的教材，同时为从事精细化学品领域研究和生产的工程技术人员提供了解精细化学品基础知识的参考书。

本书共 10 章，第 1 章是绪论，对精细化学品的定义、特点和发展趋势等做了简要介绍；第 2 章和第 3 章分别介绍有机染料和有机颜料的基本概念、颜色的产生及分子结构对颜色的影响、主要类型和品种、合成和后处理方法等；第 4 章介绍表面活性剂的作用原理、分子结构与表面活性的关系、主要类型和品种及合成方法；第 5 章介绍各种助剂的功能、品种及应用性能；第 6 章和第 7 章分别介绍药物和农药的基本概念、药理药效、毒理学、主要类型及品种的合成等；第 8 章和第 9 章分别介绍香精香料和食品添加剂的基本功能、品种和安全评价等；第 10 章简要介绍有机光导、光致变色、电致发光、光伏与场效应等有机光电功能化学品的作用原理和相关器件的基本结构、材料基本结构及新材料开发研究进展等。

本书第 1 章由李祥高编写，第 2 章和第 3 章由王世荣、吕东军编写，第 4 章由郭俊杰、董晓菲编写，第 5 章和第 8～10 章由刘红丽编写，第 6 章和第 7 章由郭俊杰编写。全书由李祥高、王世荣统稿。编写过程中苏军军、袁龙飞、何军、向俊彦、张振虎等同学承担了资料收集、整理和部分图表的绘制等辅助性工作，在此表示感谢。另外，对本书中引用的全部文献的作者表示感谢。

虽然编者力图在本书中全面、系统、精炼地阐述精细化学品的基本知识、相关理论、应用技术及最新发展状况，但限于认识能力，书中不可避免地存在不足之处，敬请读者批评指正。

编　者

2021年1月

目　录

第1章 绪论

1.1 精细化学品的定义与分类

精细化学品一般指的是批量小、对纯度或质量要求高、分子结构复杂、具有特定功能或应用性能、附加值高的化工产品。生产精细化学品的工业通称精细化学工业，简称精细化工。精细化学品是相对于产量大、应用范围广泛、分子结构较为简单的大宗化学品而言的。

精细化学品的分类方法主要有两种，分别是按照性质与产量分类和按照功能与用途分类。按照性质与产量，可以将化学品分为以下四类。

1. 通用化学品

通用化学品指大批量生产的性质和功能无差别的化学品。此类化学品通常有固定熔点或沸点，有明确的化学结构，如硫酸、盐酸等无机酸，氢氧化钠、氢氧化钾等无机碱，氯化钠、碳酸钠等无机盐，以及有机物中的甲醇、乙醇、甲醛、乙醛、丙酮、乙酸、甲苯、氯苯、苯胺、苯酚等。

2. 准通用化学品

准通用化学品指较大批量生产的性质和功能有差别的化学品。此类化学品的分子结构、熔点或沸点常因应用需求和生产厂家的不同而有所差异，如塑料、合成纤维、合成橡胶等合成材料。

3. 精细化学品

精细化学品指小批量生产的性质无差别的化学品。此类化学品有固定的熔点或沸点，有明确的化学结构，如原料医药、原料农药、染料粗品、颜料粗品等。

4. 专用化学品

专用化学品指小批量生产的性质和功能有差别的化学品。此类化学品的性质和功能与应用领域、应用范围和应用方法的对应性很强，如不同制剂的成品医药和农药、不同剂型的商品染料和颜料、不同载体和形貌的催化剂等。

本书涉及的是广泛意义上的精细化学品，包括上述分类中的精细化学品和专用化学品。

精细化学品通常本身具有特定的功能，或者能够增进、赋予其他产品以特定的功能。特定的功能主要包括特定的化学作用，如染色、脱污、去杂、阻燃等；特定的物理性能和效应，如耐高温、高强度、超硬度、压电、热电等；以及特定的生物活性，如增进或赋予生物体新陈代谢、生长能力和抵抗能力等。

将精细化学品按照功能与用途分类时，由于各个国家的生产和管理体制不同，分类方式也有所不同。例如，日本在 20 世纪 60 年代将精细化学品从化学工业中划分出来，1981 年在《精细化工产品年鉴》中提出 34 类精细化学品，即医药、兽药、农药、合成染料、涂料、有机颜料、油墨、黏合剂、催化剂、试剂、香料、表面活性剂、合成洗涤剂、化妆品、感光材料、橡胶助剂、增塑剂、稳定剂、塑料添加剂、石油添加剂、饲料添加剂、食品添加剂、高分子凝聚剂、工业杀菌防霉剂、芳香消臭剂、纸浆及纸化学品、汽车化学品、脂肪酸及其衍生物、稀土金属化合物、电子材料、精密陶瓷、功能树脂、生命体化学品和化学促进生命物质等。

我国精细化学品分类的依据是原化学工业部于 1986 年 3 月 6 日颁布的《关于精细化工产品的分类的暂行规定》，其规定精细化工产品包括 11 个产品类别，即农药、染料、涂料(包括油漆和油墨)、颜料、试剂和高纯物、信息用化学品(包括感光材料、磁性材料等能接受电磁波的化学品)、食品和饲料添加剂、黏合剂、催化剂和各种助剂、化工系统生产的化学药品(原料药)和日用化学品、高分子聚合物中的功能高分子材料(包括功能膜、偏光材料等)。每一个类别中又包含很多小类。例如，催化剂和各种助剂又分为催化剂、印染助剂、塑料助剂、橡胶助剂、水处理剂、纤维抽丝用油剂、有机抽提剂、高分子聚合物添加剂、表面活性剂、皮革助剂、农药用助剂、油田用化学品、混凝土用添加剂、机械和冶金用助剂、油品添加剂、炭黑(橡胶制品的补强剂)、吸附剂、电子工业专用化学品、纸张用添加剂、其他助剂等 20 个小类。再如，印染助剂又可细分为分散剂、固色剂、匀染剂、涂料印花助剂、树脂整理剂、柔软剂、抗静电剂、防水剂、防火阻燃剂等。随着科学技术的发展，具有新功能和新化学结构的精细化学品不断涌现，因此精细化学品的类型不断增加，其分类方法也不是绝对不变的。

1.2　精细化学品的特点

精细化学品的应用领域十分广阔，可以直接用作最终产品或者产品的主要成分，如染料、颜料、医药、农药、香精和香料等，也可以为其他产品增加或赋予相应的功能，如塑料增塑剂、颜料分散剂等。精细化学品的特点主要有 5 个方面。

1. 专用性强

任何一种化工产品都有各自的功能。例如，化肥是植物的营养剂，塑料具有一定的强度，甲苯能够溶解特定的物质。与上述大宗化学品不同，精细化学品则需要具有特定的功能，应用对象的范围小，专用性强。例如，酸性染料主要用于丝绸、羊毛、皮革和尼龙的染色，直接染料则主要用于棉、麻的染色，而分散染料主要用于涤纶纤维的染色。

再如，表面活性剂根据其分子结构的不同而具有乳化、增溶、发泡、分散等不同的功能，并且与表面活性剂发生作用的基质不同，体系的溶剂或介质不同，所使用的表面活性剂的品种也不同。医药更是如此，不同的药物用于治疗不同的病症，如阿司匹林专门用于解热镇痛，而氧氟沙星则主要用于由葡萄球菌、链球菌等革兰阳性菌所引起的急、慢性感染。在农药中，针对害虫、病菌、杂草等防治对象在形态、行为、生理代谢方面的差异，需要使用不同分子结构类型和剂型的农药产品。

2. 小批量，多品种

精细化学品的功能性和专用性决定了其相对于大宗化学品具有品种多和小批量生产制造的特点。例如，染料和颜料在对纺织品和涂料等进行着色时其用量通常为着色基质质量的 3%～5%，合成药物的患者服用量以毫克计，而光电器件的功能层通常为纳米薄膜。因此，对于每一种确定功能和用途的精细化学品，其产量相对较小，有的特殊功能的精细化学品甚至在实验室合成生产。在品种方面，对于每一个门类的精细化学品，其数量通常十分庞大。例如，《染料索引》中记载的世界各国生产的不同结构的染料和颜料品种多达 5000 余种，年产量在 80t 左右，其中已经公布化学结构的有 1000 多种。此外，还存在同一分子结构的染料或颜料因应用需求而有多种剂型的产品，以及多种产品复配产生新的产品等情况。

3. 多采用间歇式生产工艺

这是由精细化学品小批量、多品种的特点决定的。精细化学品分子结构虽然较为复杂，但总体上是由主体结构和功能性基团两个部分构成。其中，主体结构可以是脂链、脂环、芳环或杂环；不同的取代基，如卤素、磺酸基、硝基、氨基或取代的氨基、羰基、酰胺基、烃基、烷氧基或芳氧基等，则具有不同的特定功能，它们都是通过卤化、磺化、硝化、氧化、还原、烃基化和酰基化等单元反应引入主体结构。精细化学品的合成过程基本上是由各种单元反应按照设计好的路线组合而成的，有的需要几步反应，有的则需要几十步反应。因此，生产中往往采用综合性生产流程和多功能生产装置，按照合成产品的单元反应组建生产流程，根据产品更新调整生产能力和品种，灵活性强。

4. 技术密集程度高

首先，精细化学品的分子结构、剂型和应用方法较为复杂，生产流程长，单元反应多，原料复杂，中间过程控制要求严格，提纯和后处理方法多，很多产品还需要特殊的制剂(剂型)和商品化(标准化)等技术。而且，随着高新技术的不断发展，对精细化学品的质量和性能的要求不断提高。由于应用对象的特殊性，单一的化合物往往很难满足应用的要求，因此复配和应用配方的研究对应用效果起到决定性的作用，技术含量高。其次，精细化学品的更新换代快，市场寿命短，技术专用性强，市场竞争激烈，需要不断进行新产品的技术开发和应用技术的研究，并且技术服务在产品获得市场的过程中起到十分重要的作用。最后，精细化学品的研发过程涉及市场调查、产品合成方法和工艺研究、产品应用技术研究等，耗时长，成功率低，费用高。例如，一种新药的开发往往需要5～10年甚至更长的时间，耗资可达数千万美元。再如，能够得到实际应用的合成染料的开发成功率为1/8000～1/6000。

5. 附加价值高，销售利润大

附加价值是指在产品的产值中扣除原材料、税金、设备和厂房的折旧费后，剩余部分的价值。其实际是指产品从原料开始，经过生产加工，到制成产品的过程中实际增加的价值，包括利润、工人劳动、动力消耗及技术开发等费用。可见，附加价值不等于利润，因为产品的加工深度越高，技术开发的费用也会增加，工人劳动及动力消耗也越大。需要指出的是，在配制新品种、新剂型时，技术上的难度并不一定很大，但新产品的销售价格往往大大超过其原品种或粗产品，利润也会大大提高。

1.3 精细化工的发展趋势

1.3.1 世界精细化工总体发展态势

经济和工农业的发展、科技的进步和人类的生存、生活需求是推动精细化学品和精细化工行业发展的动力。20世纪70年代，工业发达国家的石油化工已经具有一定的规模，具备了精细化学品开发、生产的原料和技术基础。两次能源危机促使了化工行业的产品结构由大批量、低价值的大宗化学品向功能性、高附加值的精细化学品的转化。

美国、日本、欧洲等化学工业发达国家及地区始终十分重视精细化工行业的发展，把发展精细化工作为调整产业结构、促进经济发展、保障新技术应用、增强国际竞争力的有效举措。

(1) 精细化学品销售收入快速增长，精细化工率不断提高。精细化工率即精细化学工业产值占化学工业总产值的比例，被认为是衡量一个国家或地区化学工业技术水平的重要标志。美国、日本和西欧等化学工业发达的国家和地区精细化工也最为发达，其精细化学品销售额约占世界总销售额的75%以上，精细化工率已达到60%～70%，瑞士的精细化工率甚至达到了100%。近几年，全球化工产品年总销售额约为1.5万亿美元，其中精细化学品和专用化学品的年总销售额约为3800亿美元，且以年均5%～6%的比例增长，高于化学工业2%～3%的总体水平。

(2) 加强技术创新，调整和优化精细化工产品结构。重点开发高性能化、专用化、绿色化产品，已成为当前世界精细化工发展的重要特征，也是今后世界精细化工发展的重点方向。例如，日本近年来逐步缩减合成染料和传统精细化学品市场，取而代之的是大量开发功能性、绿色化等高端精细化学品，从而大大提升了精细化工的产业能级和经济效益。其重点开发的用于半导体和平板显示器等电子领域的功能性精细化学品，使日本在信息记录和显示材料等高端产品领域建立了主导地位。

(3) 兼并重组，增强核心竞争力。许多著名公司通过兼并、收购或重组，调整经营结构，退出没有竞争力的行业，发挥自己的专长和优势，加大对有竞争力行业的投入，重点发展具有优势的精细化学品，以巩固和扩大市场份额，提高经济效益和国际竞争力。例如，2005 年世界著名的橡胶助剂生产商美国康普顿公司投入 20 亿美元收购了大湖化学公司，成立科聚亚公司，成为继罗姆哈斯公司和安格公司后的美国第三大精细化工公司和全球最大的塑料添加剂生产商。新公司的产品包括塑料添加剂、石化添加剂、阻燃剂、有机金属、聚氨酯、泳池及温泉维护产品、农业化学品等，在高价值产品的市场上具有领导地位，精细化学品的年销售额剧增。

1.3.2 我国精细化工的发展状况

我国的精细化工行业初步建立于新中国成立以后，主要为了解决染料、医药及其中间体等依赖进口的问题。第一个五年计划(1953～1957 年)期间建立了精细化学品的生产基地、研究单位，并在高等学校设置了培养相关人才的专业。染料、颜料、助剂、涂料、农药等在新中国成立后较早发展起来的精细化学品一般被认为是传统精细化学品。

20 世纪 70～80 年代引进现代化生产装置，是精细化学品的大规模生产进行配套的阶段，并重点开发了催化剂、助剂、溶剂等产品。之后，新领域精细化学品的类型和品种不断丰富，如饲料添加剂、食品添加剂、工业表面活性剂、水处理剂、皮革化学品、油品化学品、胶黏剂、电子化学品、生物化学品等，得到了迅速发展。

20 世纪 90 年代中期以后，随着生物、能源、电子、信息等高新技术领域的发展，高性能和高质量的现代医药、电子信息材料、能量转化材料、储能材料、智能材料、传感材料等精细化学品的需求不断增加，成为占主要地位的新领域精细化学品和我国研究、开发和发展的重点。

我国精细化工行业门类齐全，生产规模大，已跻身世界精细化工生产大国的行列。近年来，化工产业链不断向下游延伸，产品的精细化程度提高，新能源、化工新材料、专用化学品得到较大发展；节能、环保、安全技术得到更加广泛的重视；对传统油气资源的依赖程度逐渐降低，煤炭、生物质、页岩油和页岩气等的利用率逐渐提高，可燃冰的开采技术取得一定的进展；产业间融合不断加强，为精细化工行业发展提供了动力和技术保障。

目前存在的不足主要表现在三个方面。第一，还存在一定的结构性矛盾，主要表现为传统产品产能过剩，而某些高纯度、高技术含量的化工新材料、高端专用化学品自给率偏低。第二，企业的自主创新能力有待进一步提高，主要表现在能够领先国际的核心技术少，科研成果转化率低，科技创新对产业的支撑作用较弱。第三，节能减排潜力较大，能效水平亟待提升。

1.4 精细化学品的研究与开发内容

进入 21 世纪，世界范围内精细化工发展的显著特征是产品多样化、专用化和高性能化，生产工艺清洁化和节能化，以及应用技术配套化。精细化学品的研究与开发内容主要集中在以下三个方面。

(1) 新产品的功能和分子结构设计。在物理、化学基本原理的指导和量子化学计算的辅助下，对精细化学品的分子结构进行设计和优化，以获得特定的功能和实现特定的应用。

(2) 高效、绿色合成方法和清洁生产工艺开发。研究化学合成的新反应、新机理，开发新型反应试剂和高效催化剂，提高原料的转化率和目标产物的收率，实现精准合成，提高原子经济性。开发绿色、环保型反应体系，强化反应和分离过程中的质量、热量和动量传递，达到降低能耗、减少排放的目的。

(3) 应用技术与配方研究。精细化学品在高新技术领域应用的环境和方法较为复杂，不仅要求化合物的分子结构正确，纯度高，而且要符合特定的粒子大小和分布、形貌、晶体构型等，产品与应用环境的相容性、热力学稳定性、分子聚集体的形态等也对其应用效果具有明显的影响。因此，精细化学品的后加工和应用配方研究，以及高效溶解和分散、纳米粒子制备、功能材料成膜技术等也是精细化工领域必要的研究内容。

习　题

1. 什么是精细化学品？精细化学品的特点有哪些？
2. 精细化学品的主要类型有哪些？
3. 精细化学品的研究和开发内容有哪些？

参考文献

方巍. 2008. 中国医药、农药、染料中间体市场现状及发展趋势. 精细与专用化学品, 16(20): 14-17
冯亚青, 陈立功. 2015. 助剂化学及工艺学. 2 版. 北京: 化学工业出版社
海因利希 · 左林格. 2005. 色素化学——有机染料和颜料的合成性能和应用. 吴祖望, 程侣柏, 张壮余, 译. 北京: 化学工业出版社
李祥高, 冯亚青. 2013. 精细化学品化学. 上海: 华东理工大学出版社
马榴强. 2008. 精细化工工艺学. 北京: 化学工业出版社
唐培堃, 冯亚青. 2006. 精细有机合成化学与工艺学. 2 版. 北京: 化学工业出版社
王利民, 田禾. 2004. 精细有机合成新方法. 北京: 化学工业出版社
王世荣, 李祥高, 刘东志. 2010. 表面活性剂化学. 2 版. 北京: 化学工业出版社
章杰. 2012. 新型节能减排环保型合纤用染料的发展. 上海染料, 40(1): 1-9
周春隆, 穆振义. 2014. 有机颜料化学及工艺学. 3 版. 北京: 中国石化出版社
周学良. 2000. 精细化学品大全 · 染料卷. 杭州: 浙江科学技术出版社

第2章

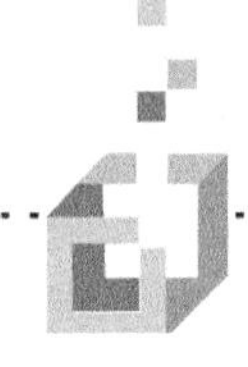

有机染料

2.1 概　　述

有机染料赋予人类绚丽多彩的世界，是人们生活中不可或缺的精细化学品。人类早期是从动植物中提取天然染料使用，如靛蓝、茜素、五倍子、胭脂红等都是最早使用的天然染料。我国染料行业初步建立于新中国成立后，是在纺织工业和合成纤维工业的促进下发展起来的。1856 年，英国化学家伯琴(W. H. Perkin)在一个偶然的机会中用煤焦油中的苯制得了世界第一种合成染料苯胺紫，并于 1857 年实现了工业化生产。

2.1.1　有机染料的基本概念

有机染料的定义有广义和狭义之分。狭义上的有机染料是指采用适当的方法，能使纤维材料或其他物质染成鲜明而坚牢的颜色的有色有机化合物。

随着科学技术的发展，染料已不再是仅仅有着色功能，而是有许多其他的用途，如能量转换、吸收红外线、光谱增感等。因此，广义上的有机染料是指在紫外、可见和近红外光区内能吸收特定波长，并能通过适当方式与基质牢固结合，从而使基质具有鲜明而坚牢的颜色或特殊功能的有机化合物。

2.1.2　有机染料的应用

1. *着色方法*

有机染料是色素(着色剂)的一种。所谓色素是具有在可见光区(400～760nm)吸收或发射光的能力，并能使其他物料着色的物质的总称，主要包括染料和颜料。色素着色的方法主要有 3 种，即染色、原浆着色和表面着色。

(1) 染色。染色是有色化合物与基质通过离子键、配位键、共价键等化学键合作用，或通过氢键、范德华力相互作用，或均匀分散、沉淀在基质中而使基质呈现鲜明颜色的过程，主要用于纺织纤维、皮革等的着色。

(2) 原浆着色。原浆着色是有色化合物在基质成型前便与其形成均匀混合物，然后经固化、成型等过程使基质呈现鲜明颜色的过程，主要用于合成纤维、塑料、橡胶和石蜡等的着色。

(3) 表面着色。表面着色是有色化合物借助能与基质结合的媒介物，如树脂、胶黏剂等，而使基质表面呈现颜色的过程，如油墨、水彩、油漆、涂料等。

有机染料以上述三种方法中的染色为主要着色方式。少量染料可用于制备涂料印花浆对织物进行表面着色，油溶性染料可溶解于熔融的石蜡中进行原浆着色。

2. 染料的主要应用

传统染料即狭义上的染料，主要用于纺织纤维的染色和印花，以及皮革、纸张等的着色。纺织纤维根据来源的不同可以分为天然纤维和化学纤维两类。天然纤维主要包括来源于植物的纤维素纤维，如棉和麻，以及来源于动物的蛋白质纤维，如羊毛和蚕丝。化学纤维根据来源和加工方式的不同可以分为合成纤维和人造纤维。其中，合成纤维是由化学原料合成的高分子化合物制成的纤维，常用的合成纤维主要有聚酰胺(锦纶或尼龙)、聚酯(涤纶)、聚丙烯腈(腈纶)、聚乙烯醇缩醛(维纶)、聚氨基甲酸酯(氨纶)、聚氯乙烯(氯纶)等。人造纤维是以天然纤维为原料，经过化学处理调配成纺织溶液，再经重塑制成的纤维，常用的人造纤维主要有以纤维素纤维为原料制造的黏胶纤维和醋酸纤维，以及以蛋白质为原料制造的酪素纤维等。

随着高新技术的发展，具有特殊性能的功能染料得到了广泛发展。染料的特殊性能主要表现在光的吸收和发射性(如红外吸收、多色性、荧光、磷光、激光染料等)，可逆变化性(热、光、pH 可逆变化)，光电导性和光敏性，生物活性(如抑菌、结合蛋白作用、酶催化等)，以及化学活性(如单线态催化剂等)。

染料或颜料分子吸收外界的入射光，分子中的电子吸收能量跃迁至激发态，处于激发态的电子不稳定，总要释放能量跃迁回到基态。如果电子从单重激发态以辐射方式跃迁回基态，则发射荧光，这类染料即荧光染料。荧光增白剂是带有荧光性的化合物，能够吸收日光中的紫外线(250～400nm)，并转换为能量较低的蓝紫光(420～480nm)发射出来，与原物体上的黄色反射光混合，在视觉上产生洁白、耀目的效果。荧光分子探针技术利用分子之间相互作用所产生的荧光信号来传导信息，具有灵敏度高、选择性好、检测方便、检出限低等优势，被广泛应用于医学、制药学、环境科学等领域。

光致变色染料是指在特定波长和强度的光照射下吸收光谱发生改变，而在另一波长的光照射或热作用下又恢复到原来颜色的一类染料。热致变色染料在温度达到某一特定范围时颜色会发生改变，而当温度恢复到初始温度时，颜色随之复原。电致变色是指物质在电场作用下光学性能产生稳定可逆变化的现象。酸致变色是指物质由于环境 pH 的不同或与酸性或碱性分子相接触时产生可逆且可重复的颜色变化的现象。引起上述可逆变色的原因主要有化学键的断裂和生成、顺反异构的改变、氢原子或质子的转移、开环-闭环反应、氧化还原反应等。

3. 染料的商品化加工

原染料经混合、研磨并加以一定数量的填充剂和助剂处理加工成商品染料，使染料达到标准化要求的过程称为染料的商品化。不同类型和品种的染料商品化加工的过程不同，需要选择适当的方法以使其外观、细度、水分、pH、强度、色光、坚牢度、溶解度、扩散性能等达到要求。例如，直接染料等水溶性染料一般采用硫酸钠(元明粉)为填充剂，水溶性较差的染料需加入少量碳酸钠以提高溶解度。分散染料、还原染料等非水溶性染料的颗粒大小和均匀程度对其染色性能具有一定的影响，应研磨至1μm左右的微粒以使其在染液中具有良好的分散状态和分散稳定性。

染料商品的剂型主要有粉状、颗粒状、液状和浆状。粉状染料是最传统和最常见的剂型，这种剂型的染料生产方便，技术要求不高，成本较低，储存稳定性好。颗粒状染料无粉尘或粉尘低，可明显改善劳动环境和卫生条件。染料大多是在水介质中合成的，制成液状染料可省去干燥的过程，减少能耗，还可防止干燥过程导致的染料聚集，从而改善染料的染色性能。

4. 商品染料的质量指标

商品染料的质量指标包括物理指标和染色牢度指标。物理指标主要包括染料的色光，强度(力份)，固体染料的细度、分散度、含水量，染料在水中的溶解度、扩散性，染料在特定溶剂中的最大吸收波长，染料的色度值，商品染料中的染料含量、杂染料、杂质含量，无机盐、填充剂及其他助剂的含量等。

染色牢度是指染色织物在后加工处理和使用过程中，染料所能经受外界各种因素作用，保持其原来色泽的能力。影响染色牢度的因素主要包括染料自身的结构性质，纤维的性质，周围环境，以及染料在纤维上的物理状态和结合方式等。染料牢度的测试方法通常是模拟染色织物后加工和使用过程的实际情况，在规定条件下进行试验，并与标准样品进行比较得到的，因此得到的是相对值。染料牢度常用等级表示，日晒牢度采用8级制，其余牢度均为5级制。容易褪色的，牢度较差，级别较低；不容易褪色的，牢度较好，级别较高。

染料牢度根据使用和加工处理时外界因素的不同，可以分为两类，即加工处理过程中的染色牢度和使用过程中的染色牢度。在染整工艺过程中，染色后的织物常常需要再经化学试剂或进一步加工处理，以改善和提高染色织物的物理性能、穿着性能或赋予其他性能，如织物的碱性退浆、碱性皂洗，色织物的氯漂和氧漂，毛织物的缩绒，涤纶织物的热定型，以及棉织物的树脂整理等。染料在加工处理过程中的染色牢度主要有耐酸、耐碱牢度，耐缩绒牢度，耐氯漂牢度，耐升华牢度等。

印染纺织品在使用过程中，常遇到阳光、汗渍、皂洗、摩擦等各种环境的侵蚀，染料在使用过程中的染色牢度主要有耐洗牢度、汗渍牢度、摩擦牢度、耐光牢度和烟褪色牢度等。耐洗牢度又称皂洗牢度，是指染色织物的色泽经皂洗或洗涤液洗涤后的变色程度。染料的耐洗牢度主要取决于染料本身的亲水性、染料与纤维之间的结合方式和强弱，以及皂洗的介质和条件。例如，酸性染料、直接染料等水溶性染料的皂洗牢度较低；还原染料、冰染染料等非水溶性染料的耐洗牢度较高；活性染料虽然是水溶性染料，但因与纤维以共价键结合，故皂洗牢度也较好。汗渍牢度是指织物上的染料经汗渍作用后颜色改变的程度。摩擦牢度是指染色织物经受摩擦而引起的褪色或沾色的程度。染料与纤维的结合情况和浮色的多少会影响摩擦牢度。例如，分子结构较大的染料在染色速度较快时会积聚在纤维表面，形成浮色。因此，一些不溶性染料和活性染料常在染色后皂洗去除表面浮色来提高摩擦牢度。耐光牢度又称日晒牢度，是指染色织物在规定条件下经日光暴晒后颜色改变的程度。染料的耐光牢度与染料分子结构中发色基团对光的稳定性、纤维性质及外界暴晒条件和周围环境有关。烟褪色牢度是指染色织物经受煤气、油、燃烧后的气体及其他烟气中所含的氧化氮、二氧化硫等酸性气体的侵蚀而发生褪色变化的程度。

2.1.3　有机染料的分类

有机染料的分类方法主要有两种，即按照化学结构分类和按照应用分类。

1. 按照化学结构分类

按照有机染料相同的基本化学结构、共同的基团及共同的合成方法和性质，有机染料可以分为偶氮染料、蒽醌和稠环酮染料、芳甲烷染料、靛族染料、菁型染料、酞菁染料、硫化染料、硝基和亚硝基染料、杂环染料等。

(1) 偶氮染料。偶氮染料是分子中含有偶氮基(—N═N—)的染料，根据所含偶氮基的个数，可以分为单偶氮、双偶氮和多偶氮染料。偶氮染料是品种最多的一类染料，约占全部染料的 50%，包括酸性、酸性媒介、金属络合、活性、阳离子、分散等应用类型的染料。此类染料从黄色到黑色颜色齐全，且以黄、橙、红、蓝等颜色最为浓艳，品种最多。

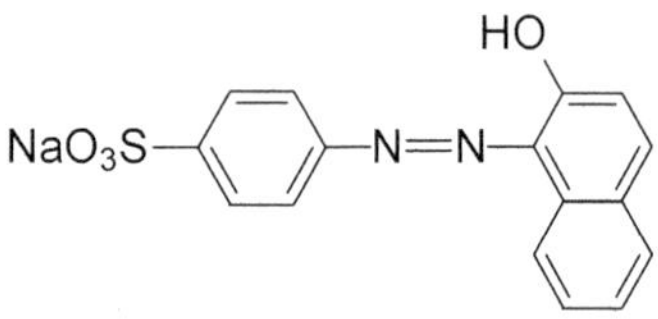

酸性橙Ⅱ(单偶氮染料) 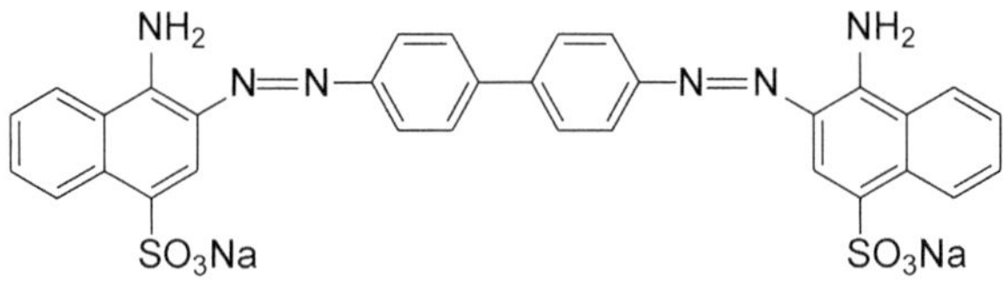　　直接大红4B(双偶氮染料)

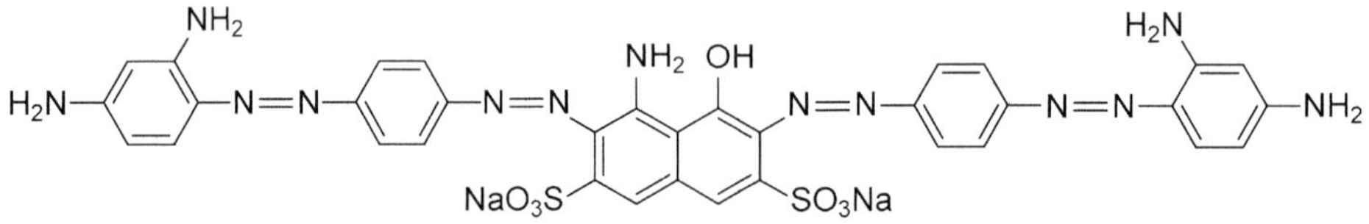

直接耐晒黑G(多偶氮染料)

(2) 蒽醌和稠环酮染料。这类染料分子中含有蒽醌或稠环酮结构。其中，蒽醌染料在数量上仅次于偶氮染料，包括还原、分散、酸性和阳离子等应用类型的染料。

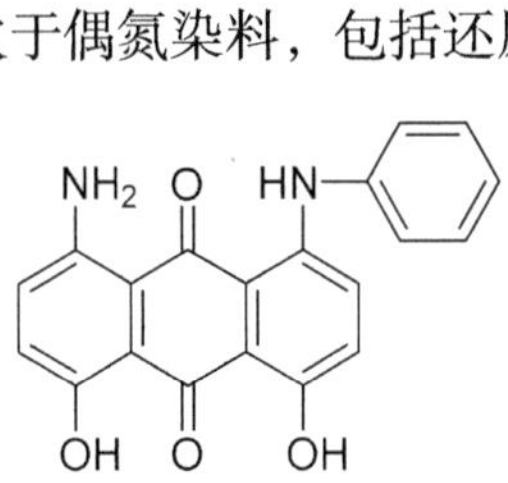

分散蓝62 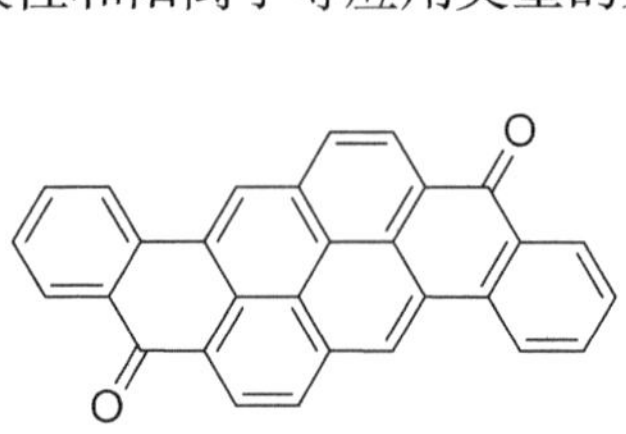　　还原橙9

(3) 芳甲烷染料。包括二芳甲烷染料和三芳甲烷染料两类。其中，三芳甲烷染料同世较早，其产量仅次于蒽醌染料，包括阳离子、酸性和油溶性染料，主要为红、紫、蓝、绿等颜色，色泽鲜艳。

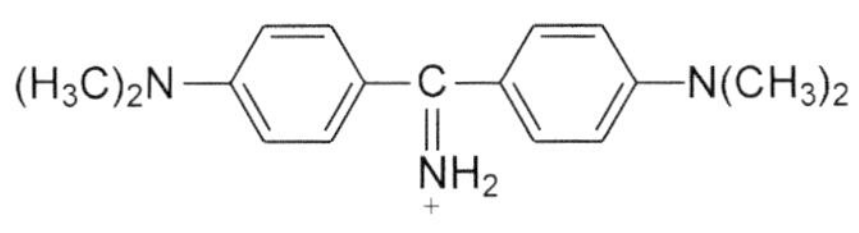

$(H_3C)_2N$ C $N(CH_3)_2$ $\overset{+}{N}H_2$

碱性嫩黄O

H_5C_2 N CH_2 C $\overset{+}{N}$ CH_2 C_2H_5 SO_3Na SO_3Na

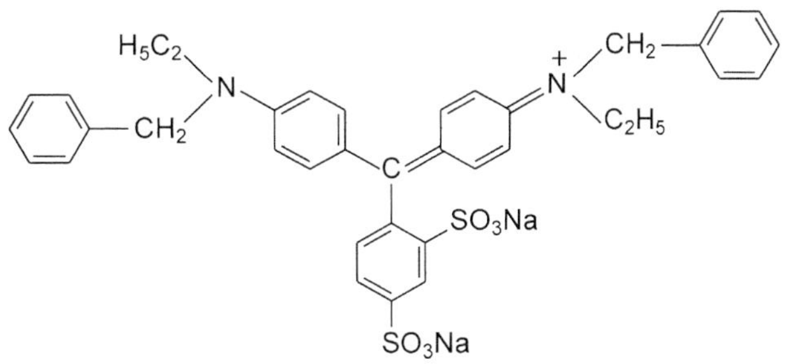

酸性湖蓝A

(4) 靛族染料。主要是靛蓝、硫靛及其衍生物染料。

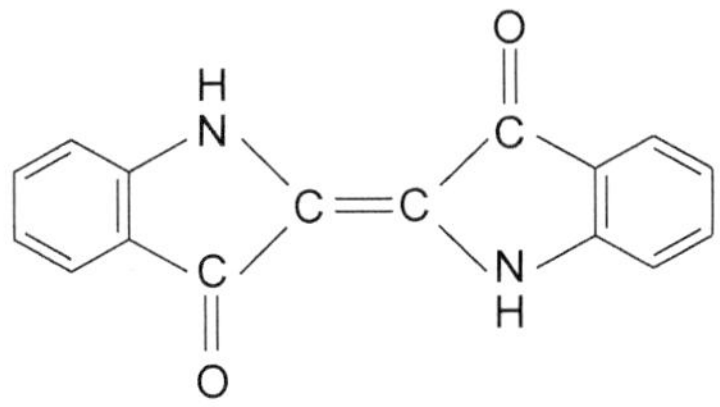

H N C=C C O C O N H

靛蓝

Cl S C=C C O S Cl CH_3 C O CH_3

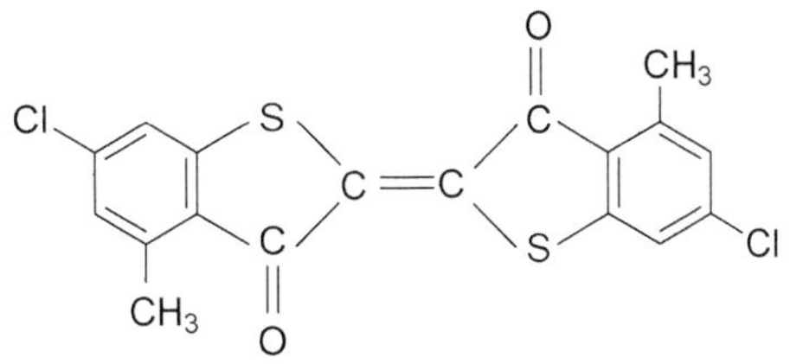

还原桃红R

(5) 菁型染料。也称为多甲川染料，分子结构中含有次甲基，主要应用类型为阳离子型染料。

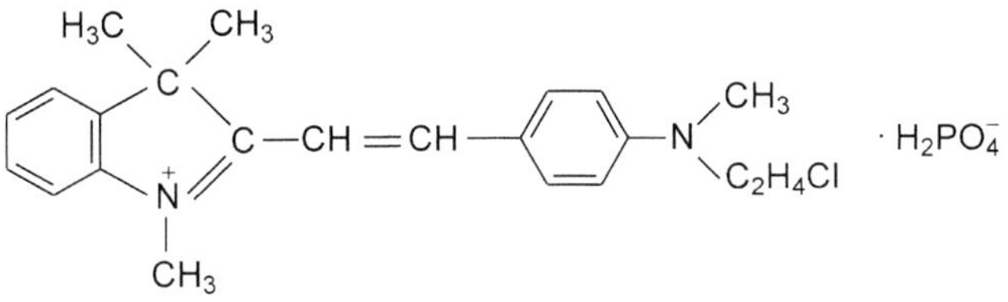

H_3C CH_3 C C—CH=CH— N CH_3 C_2H_4Cl $\cdot H_2PO_4^-$ $\overset{+}{N}$ CH_3

阳离子桃红FG

(6) 酞菁染料。含有酞菁金属络合物的染料，色泽鲜艳，主要是翠蓝和翠绿色的直接染料和酸性染料。

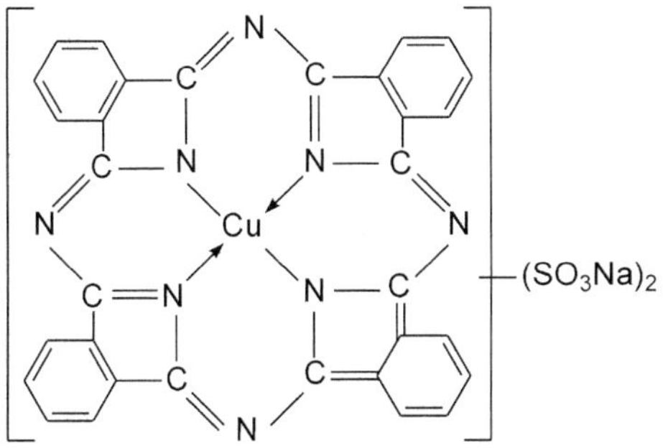

N C C C—N N—C N Cu N C=N N—C C C N $(SO_3Na)_2$

直接耐晒翠蓝GL

NaO_3S N SO_3Na C C C—N N—C N Cu N C=N N—C NaO_3S C C N SO_3Na

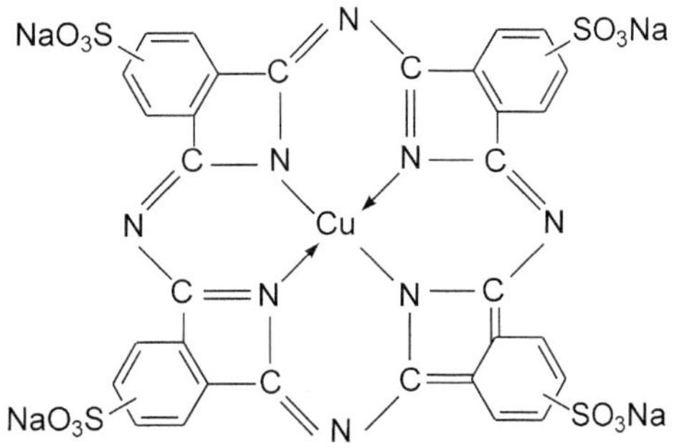

酸性湖蓝

(7) 硫化染料。有机芳香族化合物的胺类或酚类与多硫化钠或硫磺经过烘焙或熬煮的产物，分子中含有比较复杂、目前尚不完全清晰的含硫结构(单硫键、双硫键或多硫键)。硫化染料以黑色和蓝色品种为主，不溶于水，染色时需要用硫化碱还原为可溶性隐色体的钠盐，上染纤维后再经氧化处理，恢复为不溶性的染料固着在纤维上。此类染料合成工艺简单，成本低廉，无致癌性，耐光、耐洗牢度好，广泛应用于棉、麻、黏胶等纤维素纤维的染色。但硫化染料颜色不够鲜艳，耐氯漂牢度差，染淡色时牢度不佳，适合于染浓色。

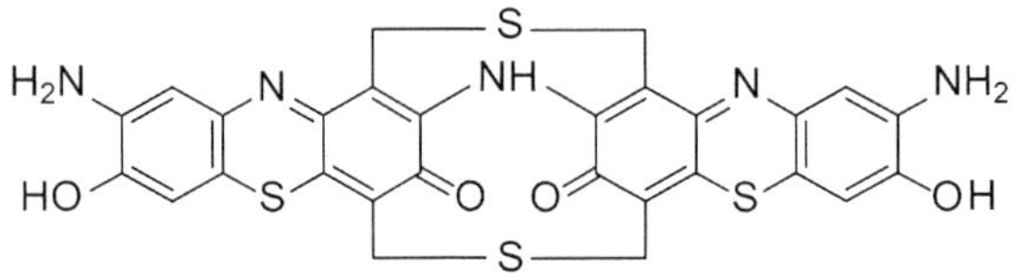

硫化黑RN 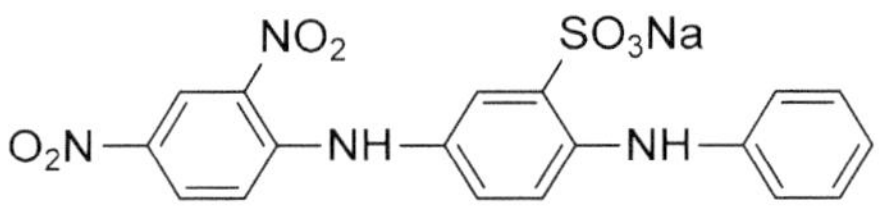　　C.I. 酸性橙3

(8) 硝基和亚硝基染料。以硝基和亚硝基为发色基团的染料，如 C.I.酸性橙 3。

(9) 杂环染料。主要指含有 O、N、S 等杂原子组成的杂环的染料，如吖啶、吖嗪、噁嗪和噻嗪等。

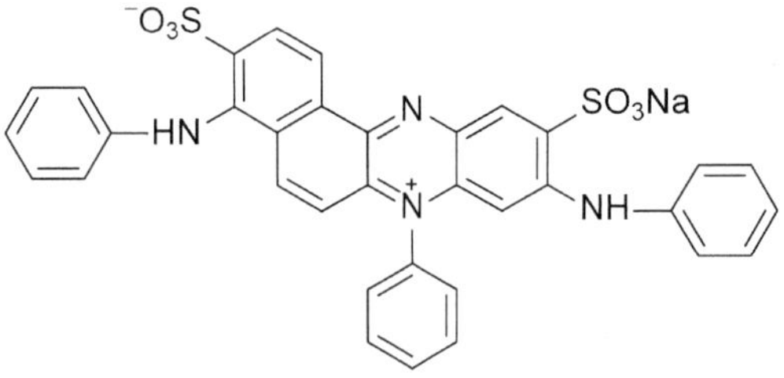

酸性坚牢蓝BL 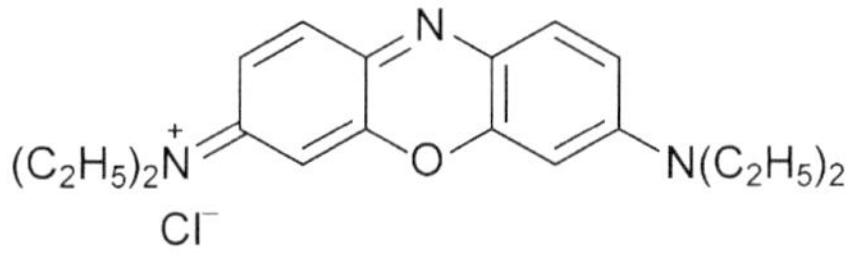　　阳离子翠蓝GB

2. 按照应用分类

染料按照应用进行分类的依据主要有：应用对象，即纤维的类型和结构；应用方法，如染色的方法(染料溶解、还原或分散等)、染色介质的 pH、染色的温度等；染料与被染物的结合形式，如离子键、共价键、配位键、分子间力等；应用性能，如直接染料和直接耐晒染料等。

按照应用，染料可大致划分为酸性染料、直接染料、不溶性偶氮染料、还原染料、分散染料、活性染料、阳离子染料和缩聚染料等。

(1) 酸性染料。主要指在酸性条件下进行染色的染料，根据染色介质酸性的强弱可以分为强酸性染料和弱酸性染料。这类染料分子中大多含有磺酸基，少数品种含有羧酸基，其钠盐易溶于水，主要用于羊毛、蚕丝、聚酰胺等纤维的染色。酸性媒介染料和金属络合染料因性质和应用与酸性染料相似，在分类上通常将其并入酸性染料。酸性媒介染料本身对纤维的亲和力小或没有亲和力，需要媒染剂处理方能上染。金属络合染料主要包括两类，一类是金属络合剂与染料按照 1∶1 的比例络合而成的 1∶1 型金属络合染料，又称酸性络合染料，主要用于在强酸性介质中染羊毛织物；另一类是金属络合剂与染料按照 1∶2 的比例络合而成的 1∶2 型金属络合染料，主要用于在弱酸性或中性介质中染皮革、羊毛等蛋白质纤维和聚酰胺纤维，此类染料也称为中性染料。

(2) 直接染料。多为偶氮结构，并含有磺酸基、羧酸基等水溶性基团，是一类可溶于水的阴离子染料。染料分子对纤维素分子之间具有一定的亲和力，可与纤维素纤维以氢键或范德华力相结合从而上染，主要用于染棉、麻、黏胶纤维等纤维素纤维，也可用于纸张、蚕丝和皮革染色。

(3) 不溶性偶氮染料。因为在冰冷却的条件下(0～5℃)染色，所以也称冰染染料。这类染料是在棉纤维上由重氮组分(色基)和偶合组分(色酚)在纤维上发生化学反应生成的不溶于水的偶氮染料，主要用于纤维素纤维的染色和印花。

(4) 还原染料。还原染料染色时需要在碱性条件下用低亚硫酸钠(保险粉，$Na_2S_2O_4$)将染料还原为可溶性的钠盐而上染，再经氧化，在纤维上重新生成不溶性的染料而固着在纤维上。主要用于纤维素纤维的染色和印花，有时也用于维纶的染色。

(5) 分散染料。分子中不含有水溶性基团，是以细小颗粒的状态分散于染液中，对涤纶、醋酸纤维等憎水性纤维进行染色和印花的染料。

(6) 活性染料。分子中含有能与纤维分子中羟基、氨基等发生反应的基团，在染色时与纤维分子结合形成共价键。根据活性基团的不同，可以用于羊毛、蚕丝等蛋白质纤维，以及棉、麻等纤维素纤维的染色和印花。

(7) 阳离子染料。溶于水呈阳离子状态，分子结构中通常含有季铵阳离子基团，主要用于聚丙烯腈(腈纶)纤维染色。

(8) 缩聚染料。染料本身可以溶于水，染色时在纤维上脱去水溶性基团而发生分子间缩聚反应，成为相对分子质量较大的不溶性染料固着在纤维上。

染料的应用非常广泛，应用类型较多，但用量最大、最重要的是上述各类用于纺织纤维、皮革、纸张等染色的染料，将在 2.3 节中详细介绍各类染料的着色原理、结构特点和合成方法。

2.1.4 有机染料的命名

染料分子的结构通常比较复杂，按照系统命名法命名十分烦琐，不能直观地反映染料的颜色和应用性能，而且商品染料中通常含有填充剂、助溶剂、分散剂等成分，有的是由不同染料拼混得到的产品，甚至有些品种的化学结构尚不明确。目前比较通用的有两种命名方法，一种是《染料索引》汇编的染料应用编号和染料化学结构编号，另一种是国产商品染料的三段法命名。

1. 《染料索引》

《染料索引》(*Color Index*，缩写为 C. I.)是由英国染料与染色家协会(Society of Dyers and Colourists，SDC)和美国纺织化学家和染色家协会(American Association of Textile Chemists and Colorists，AATCC)联合出版的染料和颜料品种汇编，收集了各种染料，并按照应用类别和化学结构赋予两种编号，在全球通用。

在 1971 年出版的第三版中，第 1～3 卷按照染料应用进行分类，如酸性染料、不溶性偶氮染料的重氮组分和偶合组分、碱性染料(含阳离子染料)、直接染料、分散染料、荧光增白剂、食品染料、媒介染料、颜料、活性染料、溶剂染料、硫化染料、还原染料等。每一应用分类下，按照黄、橙、红、紫、蓝、绿、棕、灰、黑、白的颜色顺序排列，同一颜色的染料品种按照出现的顺序从小到大排序。例如，C. I. Acid Red 138、C. I. Disperse Blue 79、C. I. Vat Blue 4 等。对于每一种染料，以表格形式给出染料的应用方法、用途、重要的牢度数据，以及第 4 卷中对应的化学结构编号。

第 4 卷按照染料的化学结构进行分类，对已公布结构的染料赋予其化学结构编号，并给出结构式、制造方法概述、部分化学性质和参考文献，以及在第 1～3 卷中的应用分类编号。例如，C. I. Acid Red 138 对应的化学结构编号为 C. I. 18073，C. I. Disperse Blue 79 的化学结构编号为 C. I. 11345，C. I. Vat Blue 4 的化学结构编号为 C. I. 69800。

第 5 卷列出了各种商品牌号染料的商品名称、制造厂商、牢度试验的详细说明、专利索引、商品名称的索引，以及第 4 卷中的化学结构类型和编号。

2. 国产商品染料的三段命名法

三段法命名的染料名称由冠称、色称和字尾三部分组成。

(1) 冠称。表示染料的应用类型和性质，如酸性、弱酸性、酸性络合、中性、酸性媒介、直接、直接耐晒、直接铜盐、直接重氮、阳离子、还原、可溶性还原、硫化、可溶性硫化、氧化、毛皮、油溶、醇溶、食用、分散、活性、混纺、酞菁素、色酚、色基、色盐、快色素、颜料、色淀、耐晒色淀、涂料色浆等。

(2) 色称。表示染料在纤维上染色后所呈现的色泽，如嫩黄、黄、深黄、金黄、橙、大红、红、桃红、玫瑰红、品红、红紫、枣红、紫、翠蓝、湖蓝、艳蓝、蓝、深蓝、艳绿、绿、深绿、黄棕、红棕、棕、深棕、橄榄、橄榄绿、草绿、灰、黑等。

(3) 字尾。通常是字母或数字，用以补充说明或区分染料的色光、牢度或其他染色性能。例如，表示色光和色品质的有 B 代表蓝光，R 代表红光，G 代表绿光或黄光，D 代表深色或色光稍暗，F 代表色光纯，T 代表深等；表示性质和用途的有 C 代表耐氯或棉用，E 代表匀染性好，L 代表耐光牢度较好，P 代表适用印花，S 代表升华牢度好等。此外，有时采用两个或多个字母或数字表示色光的强弱或性能差异的程度。例如，BBB(可写作 3B)比 BB(可写作 2B)蓝光稍强，LL 比 L 有更高的耐光性能。

采用三段法命名的染料名称如还原蓝 RSN，其中：还原为冠称，表示染料的应用类型；蓝为色称，表示染料的颜色；RS 为字尾，R 表示红光，S 表示标准浓度，N 表示标准染法。

2.2 有机染料的分子结构与颜色的关系

2.2.1 颜色的基本概念

物质的颜色是人的一种生理感觉，是光作用于人眼所引起的一种视觉反应。没有光就没有颜色的感觉。例如，在不透进任何光线的黑屋内，人便无法正确判断颜色。

光是一种电磁波，具有波动性和粒子性。根据光的波长，可以将光谱分为不同波段，其中，人类肉眼能感觉到的是波长范围为 400～760nm 的可见光部分。太阳光是标准的白光，是由多种不同波长的光按照一定的强度混合组成的连续光谱，当其透过棱镜时，会发生色散现象而分解成单色光。所谓单色光是指再不能被棱镜分开的单一波长和频率的光。复色光则是指由多种单色光合成的光。

以单色光主波长表示的颜色称为光谱色。可见光波可分成 9 种相互间具有较明显差别的颜色，即红、橙、黄、黄光绿、绿、蓝光绿、绿光蓝、蓝和紫。如果两种色光以适当的比例混合能够产生白光，则这两种光的颜色被称为“互为补色”。上述 9 种光谱色所对应的波长范围和补色如表 2-1 所示。

表 2-1 光谱色的波长范围和补色

波长范围/nm	400～435	435～450	450～490	490～500	500～560	560～580	580～595	595～640	640～760
光的颜色	紫	蓝	绿光蓝	蓝光绿	绿	黄光绿	黄	橙	红
补色	黄光绿	黄	橙	红	紫红	紫	蓝	绿光蓝	蓝光绿

黑、白、灰三种颜色属于非彩色，也称消色或白黑系列。白黑系列以外的各种颜色称为彩色。形成彩色的过程有减色混合和加色混合两种方式。所谓减色混合是指从白光中除去某一部分光线而形成彩色的过程。减色法三原色(CMY)也称色彩三原色，即黄、品红、青，由此三种颜色可以混合出所有颜色。色彩三原色相加为黑色。所谓加色混合是由红、绿、蓝三种单色光按照一定比例混合，获得其他各种颜色的光的过程。加色法三原色(RGB)也称光学三原色，即红、绿、蓝，是三种独立的单色光，每种可能出现的色调都可以用其加色混合而得到。国际照明委员会(CIE)选定的红、绿、蓝三原色的波长分别为 700nm、546.1nm、435.8nm。

一束光照射到物体上，物体对入射光可能发生光的吸收、反射和透射等三种作用。物体选择性地吸收了入射光中的部分光，反射或透射其他光，被反射或透射的光作用于人眼，刺激感色细胞从而产生对颜色的感觉。可见，物质的颜色是其对可见光选择性吸收的结果，当入射光为白光时，人眼所感觉到的颜色是物质吸收光颜色所对应的补色。

2.2.2 颜色的属性和测量

1. 颜色的视觉特征

颜色主要有三种视觉属性，即色调、明度和饱和度。色调又称色相，是颜色的最基本性质和彩色彼此相互区别的特征，由对可见光的最大吸收波长决定。明度指光对人视觉神经刺激的强弱程度，反映为物体对光的反射率或透射率的高低。饱和度指彩色的纯洁性，取决于物体表面反射光的选择性。

2. 吸收和反射光谱

染料的颜色通常以其稀溶液的光吸收特性来表达。染料的稀溶液可视为理想溶液，

其对光的吸收强度符合朗伯-比尔定律，即

$$A = \lg(I_0/I) = \varepsilon c d$$

式中，A为吸光度；I_0为入射光强度；I为透射光强度；c为染料溶液的浓度，mol · L^{-1}；d为液层厚度，cm；ε为摩尔吸光系数，L · mol^{-1} · cm^{-1}。

将染料配制成一定浓度的稀溶液，通过分光光度计在不同波长的单色光下测定该浓度的染料溶液的吸光度，进而得到摩尔吸光系数。以波长λ为横坐标、摩尔吸光系数ε为纵坐标，即可绘制成如图2-1所示的吸收光谱曲线。

图2-1中，摩尔吸光系数最大值(ε_{max})对应的波长称为染料的最大吸收波长(λ_{max})，而最大吸收波长的补色为染料的基本颜色。例如，某染料的最大吸收波长λ_{max}为520nm，则该染料吸收了绿光，呈现紫红色。染料的λ_{max}越大，颜色越深。通常将能使染料最大吸收波长增大的效应称为深色效应，相反，使最大吸收波长减小的效应称为浅色效应。染料的吸收强度越大，即ε越大，颜色越浓，反之，颜色越淡。

颜色的另一种测量方法是测定物体对不同波长的可见光的反射光谱曲线，如图2-2所示。例如，对可见光波全反射、全吸收或均匀地部分吸收，颜色分别为白色、黑色和灰色；彩色物体则选择性地反射一部分波长的可见光。

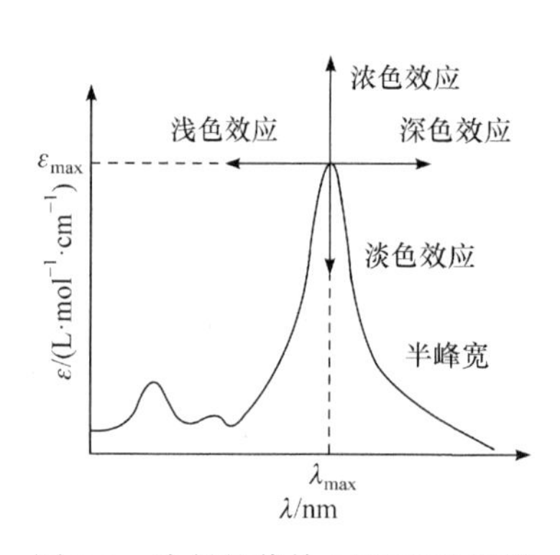

图2-1　染料的紫外-可见吸收光谱

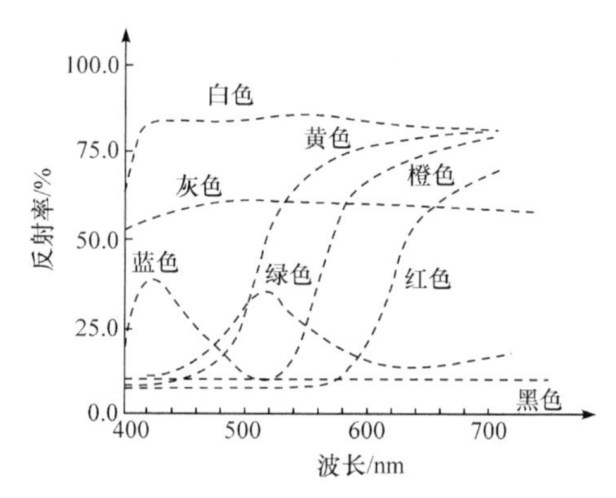

图2-2　物体颜色与反射光谱曲线

2.2.3　有机染料的发色理论

1. 电子吸收光谱与分子能级

颜色的产生是染料分子对光的选择性吸收的结果。染料分子对光的吸收是量子化的，且与其价电子的运动状态有关。由两个及以上原子构成的分子中，除具有电子相对于原子核的运动之外，还存在原子核间的相对振动和整个分子的转动，其对应的能量分别为电子能量(E_e)、振动能量(E_v)和转动能量(E_r)。这些运动状态的变化是不连续的，其能量是量子化的。分子的总能量(E)是上述三种能量的总和，即

$$E = E_e + E_v + E_r$$

通常情况下，分子总是处在能量最低的稳定状态，即基态。当吸收光能后，分子进入高一级或更高级能量状态，即激发态。分子吸收光量子获得一定能量，引起运动状态

变化的过程称为跃迁，跃迁所需的能量(ΔE)称为激发能。分子从一个能级跃迁到另一个能级所需的激发能与其吸收的光量子的能量相等，即

$$\Delta E = h\nu = hc/\lambda$$

式中，h 为普朗克常量(6.6261×10^{-34}J · s)；ν 为吸收光的频率；c 为光速(2.9979×10^{10}cm · s^{-1})；λ 为吸收光的波长。当分子基态和激发态的能级差ΔE 在 150～300kJ · mol^{-1} 范围内时，将选择性地吸收波长为 400～760nm 的光而呈现不同的颜色。

有机化合物分子中的价电子有 σ 键的 σ 电子、π 键的 π 电子和未共用电子对的 n 电子，其中 σ 电子能级最低，其次是 π 电子，n 电子能级最高，而反键轨道中 σ^*的能级高于 π^*的能级。当有机分子吸收光能后，价电子便会在上述 5 个能级间发生跃迁，主要的跃迁形式有 4 种，即 $\sigma \to \sigma^*$、$\pi \to \pi^*$、$n \to \sigma^*$和 $n \to \pi^*$跃迁。其中，$\sigma \to \sigma^*$跃迁所需要的能量最大，吸收光处于远紫外区；$n \to \pi^*$跃迁所需能量最小，吸收光在可见光范围内，但由于 n 轨道和 π 轨道不在同一平面上，成垂直排列，故跃迁较难发生，吸收强度较低；$\pi \to \pi^*$跃迁的能量也较小，且 π 和 π^*轨道处于同一平面上，跃迁容易发生，吸收光的范围在近紫外和可见光区，吸收强度较高。具有 $\pi \to \pi^*$和 $n \to \pi^*$跃迁的有机分子如烯烃、醛、酮、酯、偶氮化合物、亚硝基化合物等，在有机染料中占有重要的地位。

2. 染料发色的价键理论

根据价键理论，原子在化合过程中，为使形成的化学键强度最大，更有利于体系能量的降低，趋向于原子轨道进一步杂化，且轨道在成键方向上交叠越大，键越强。在其基础上提出的适用于讨论共轭分子结构的共振论认为，同样的原子空间排列，根据电子自旋反平行配对的原则，一个分子可以具有若干不同的结构式，即共振式，任何单独一种共振结构均不能代表有机共轭分子的真实结构，表现其真实性质的是它们的共振杂化体(resonance hybrid)。

根据上述两个理论，可以将有机共轭分子的基态和激发态看作由两个或两个以上 π 电子成对方式不同、能量基本相同的电子结构的杂化变种。例如，孔雀绿可用电子结构 I_a 及 I_b 的叠加表示：

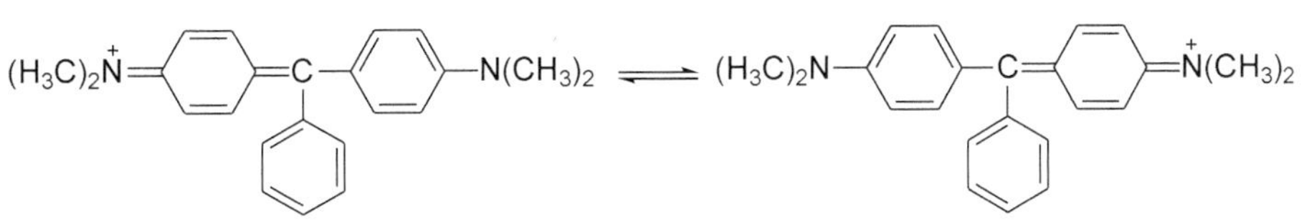

$(H_3C)_2\overset{+}{N}$= ... =C– ... –$N(CH_3)_2$ ⇌ $(H_3C)_2N$– ... –C= ... =$\overset{+}{N}(CH_3)_2$

I_a　　　　I_b

设ψ_a 和ψ_b 为孔雀绿共振结构 I_a 和 I_b 的波函数，则分子基态和激发态的共振杂化体系的波函数ψ_1 和ψ_2 应是两个电子结构波函数的线性组合，即

$$\psi_1 = C_a\psi_a + C_b\psi_b \qquad \psi_2 = C_a\psi_a - C_b\psi_b$$

式中，C_a 和 C_b 分别表示ψ_a 和ψ_b 波函数对杂化体系贡献的大小。由此，虽然孔雀绿的两个共振结构 I_a 和 I_b 的能量基本相等，但组成共振杂化体系的基态和激发态后，两者能级不同，基态能量较低，激发态能量较高，产生一个能级差ΔE，如图 2-3 所示。当孔雀绿

分子吸收了能量等于ΔE的光量子后，分子中的价电子便从基态跃迁到较高能级的激发态而产生颜色。

在共轭分子中，随着共轭双键数的增加，基态和激发态的共振电子结构数均增加，基态和激发态的实际能级均降低，但激发态比基态降低得更多，使跃迁能(图 2-4 中ΔE_1)减小，分子的最大吸收波长向长波方向移动，即产生深色效应。当共轭体系上引入取代基时，如果使激发态能量降低而稳定或使基态能量增大而不稳定，则跃迁能(图 2-4 中ΔE_2)降低，即产生深色效应；如果使基态能量降低而稳定或使激发态能量增加而不稳定，则跃迁能(图 2-4 中ΔE_3)增大，最大吸收波长向短波方向移动，即产生浅色效应。

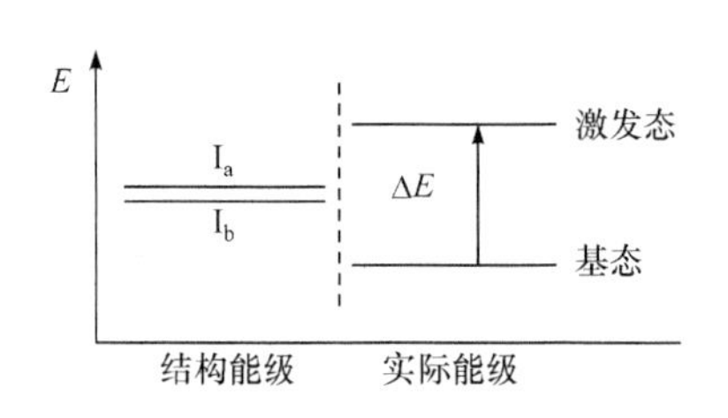

图 2-3 孔雀绿的结构能级与实际能级

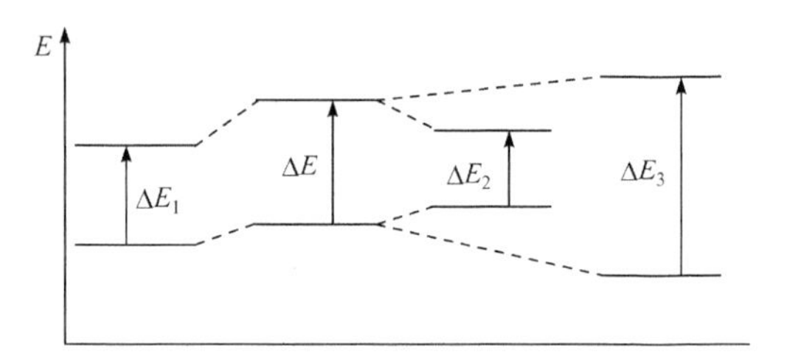

图 2-4 共轭链增长和取代基对跃迁能的影响

3. 染料发色的分子轨道理论

根据分子轨道理论，物质分子中单电子的运动状态可用分子轨道来描述，它是由组成分子轨道的各原子轨道的线性组合来表示，即

$$\Psi = C_1\Phi_1 + C_2\Phi_2 + C_3\Phi_3 + \cdots + C_j\Phi_j$$

式中，C_1、C_2、C_3、…、C_j为各原子轨道的贡献大小。如果由两个原子轨道线性组合，则分子轨道也有两个，一个是能量较低的成键轨道，另一个是能量较高的反键轨道；如果由 m 个原子轨道线性组合，则分子轨道也有 m 个。且原子轨道数量为偶数时，则成键轨道、反键轨道各占一半；如果原子轨道数量为奇数时，在成键轨道和反键轨道之间存在一个 n 轨道，即非键分子轨道(non-bonding molecular orbital，NBMO)。根据泡利不相容原理和能量最低原理，价电子在分子轨道上从低到高排列，其中，价电子已占满的成键轨道中能量最高的轨道称为最高已占分子轨道(highest occupied molecular obital，HOMO)，价电子未占的反键空轨道中能量最低的轨道称为最低未占分子轨道(lowest unoccupied molecular orbital，LUMO)。通常的价电子跃迁在这两个轨道之间发生。

2.2.4 有机共轭分子结构对颜色的影响

1. 共轭体系对颜色的影响

染料分子中一般具有多烯烃的 π-π 共轭体系，如乙烯、丁二烯、己三烯等。按照分子轨道理论，乙烯分子 C═C 双键中两个 p_z 电子形成 π_1 和 π_2^* 两个轨道，当吸收光量子后，π 电子发生 $\pi_1 \rightarrow \pi_2^*$ 跃迁，所吸收的能量为 ΔE_0，最大吸收波长为 165nm，如图 2-5 所示。丁二烯分子(n=1)中 4 个碳原子的 $2p_z$ 原子轨道线性组合生成 4 个分子轨道，包含 2 个能

量较低的成键轨道 π_1 和 π_2，以及 2 个能量较高的反键轨道 π_3^* 和 π_4^*。当丁二烯分子吸收一个光量子后，π 电子即从 HOMO(π_2)跃迁到 LUMO(π_3^*)，其跃迁能为 ΔE_1，最大吸收波长为 217nm。可见，随着共轭多烯分子中共轭双键数量的增加，LUMO 和 HOMO 之间的能级差减小，最大吸收波长向长波方向移动，同时跃迁随之增强，ε 增大，如表 2-2 所示。

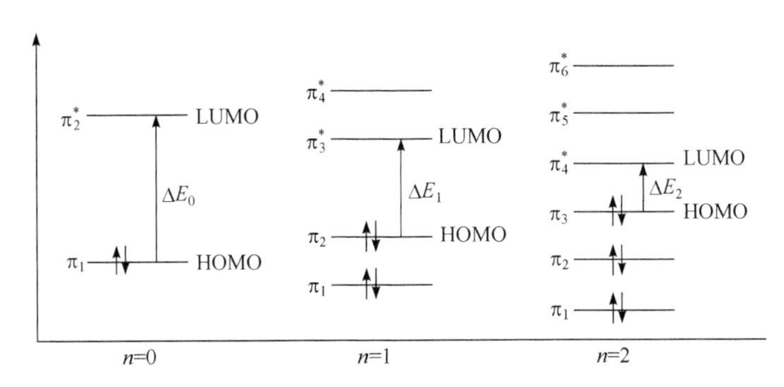

图 2-5 共轭烯烃 $H_2C{=}CH{-}(CH{=}CH)_n{-}H$ 的分子轨道示意图

表 2-2 $H_3C{-}(CH{=}CH)_n{-}CH_3$ 的吸收光谱数据

n	1	2	3	4	6	9
λ_{max}/nm	176	227	263	299	352	413
ε/(L · mol^{-1} · cm^{-1})	—	21000	30000	76500	146500	210000

苯、萘、蒽、稠环等环状共轭烯烃的最大吸收波长同样也随着共轭链的延长而增大，且此种侧向并合的共轭体系延长方式所产生的深色效应更为明显，如表 2-3 所示。

表 2-3 侧向并合延长共轭体系的吸收光谱数据

结构式					
λ_{max}/nm	255	285	384	480	580
ε/(L · mol^{-1} · cm^{-1})	230	316	7900	11000	12600

2. 取代基对供-吸发色体系颜色的影响

在染料分子中引入取代基后，由于取代基的诱导效应和共轭效应，原有体系中的电子云密度重新分布。如果引入的取代基使电子云密度降低，妨碍电子云密度重新分布，则跃迁能增加，最大吸收波长向短波方向移动；反之，则最大吸收波长向长波方向移动。

根据分子轨道理论，如果含有偶数个碳原子的 π 共轭体系上连有具有未成键的未共用电子对的供电子取代基，如氨基、取代的氨基、羟基、巯基等，且未共用电子对与原双键系统发生共轭，则会形成含有奇数个碳原子的共轭体系，产生一个非键分子轨道，其能级位于成键轨道和反键轨道之间，电子跃迁能降低，最大吸收波长向长波方向移动，产生深色效应，且吸收强度也有所增加。例如，取代苯的吸收光谱数据如表 2-4 所示。

表 2-4 取代苯(苯环—B)的吸收光谱数据

B	H	CH_3	Cl	OCH_3	OH	NH_2
λ_{max}/nm	255	263	264	269	270	280
ε/(L · mol^{-1} · cm^{-1})	230	270	205	1480	1450	1430

甲基 C—H 键与双键系统的超共轭作用使其也会产生微弱的深色效应。常见取代基的深色效应大小如下：$—NR_2 > —NH_2 > —OR > —OH > —CH_3$。

3. 位阻效应对颜色的影响

位阻效应是指取代基的立体结构妨碍了共轭体系中的原子或基团共处于同一平面，从而导致激发能增加、吸收带发生位移、吸收强度降低等现象。常见的位阻效应使染料分子中的个别部分围绕单键自由旋转，使分子扭曲，p 轨道重叠减弱，吸收强度降低，同时引起基态能量很少增加，激发态能量较大增加，从而产生浅色效应。

例如，在偶氮染料分子中偶氮基的邻位引入较大的取代基，会对偶氮基 N 原子上的未共用电子对产生位阻效应，引起单键旋转生成新的构象，产生浅色效应。而当同一个环上引入两个取代基时，位阻效应更为明显，染料颜色更浅，如表 2-5 所示。

R_1, O_2N, N=N, N, C_2H_5, C_2H_4CN, R_2

表 2-5 偶氮染料分子中位阻效应的影响

R_1	H	CH_3	CH_3	Cl	NO_2	NO_2	NO_2	CN	CN	CN
R_2	H	H	CH_3	Cl	H	Br	NO_2	H	Br	CN
λ_{max}/nm	453	454	383	417	419	498	520	504	506	549
ε/(L · mol^{-1} · cm^{-1})	44000	42000	24000	31000	38000	34000	48000	45000	37000	38000

如果位阻效应引起双键发生旋转，则需要较大的外加能量(旋转 5°需 0.84kJ · mol^{-1})，这将引起基态能量较大的增加和跃迁能的降低，产生深色效应，见表 2-6。

R R, C, C

表 2-6 双键旋转对颜色的影响

R	H	CH_3
λ_{max}/nm	574	597
lg ε	4.9	3.6

4. 形成金属络合物对颜色的影响

当金属离子与染料分子共轭系统中具有未共用电子对的原子以配位键结合时，会引起共轭体系的电子云分布发生较大的变化，改变了基态和激发态的能量，使颜色变深变暗。例如，六价金属离子的络合染料一般可向红移 70nm 左右。同一染料与不同金属生成络合物时，由于不同金属对共轭体系 π 电子的影响不同，染料颜色也不同。例如，茜素(黄色)与不同金属形成的络合物的颜色如表 2-7 所示。如果与金属离子形成配位键的原子不在共轭体系中，则形成络合物对颜色的深浅影响不大。

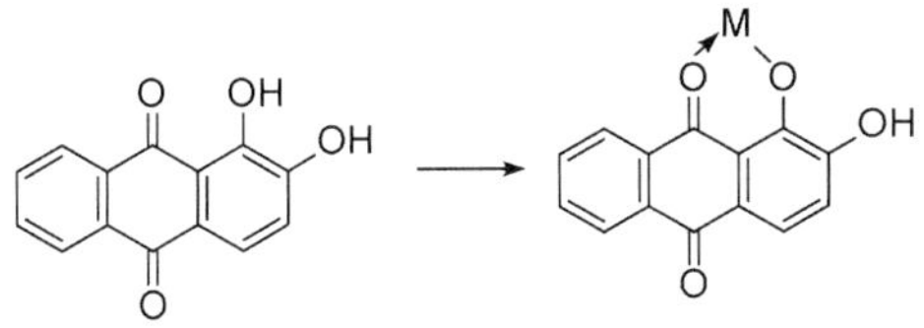

表 2-7 茜素络合物的颜色

M	Al	Cr	Fe
颜色	红	棕	紫

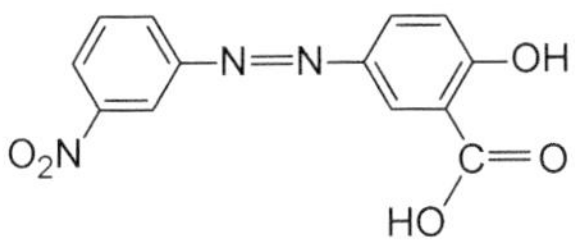

黄色

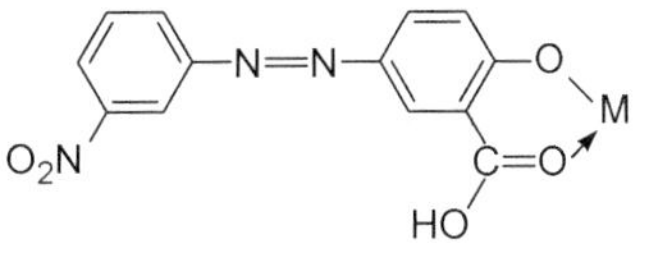

黄色(稍暗)

2.2.5 外界因素对有机染料颜色的影响

1. pH 的影响

溶液 pH 的变化会引起染料分子共轭体系的变化或取代基的离子化，从而影响染料的颜色。三芳甲烷染料的颜色与溶液的 pH 密切相关，当其以醌型结构存在时，各个芳环之间被共轭双键连接，吸收可见光而呈现颜色；当 pH 的改变使芳基之间的共轭双键中断时，颜色消失。例如，酚酞溶液在 pH 8.4 时最大吸收波长 λ_{max} 为 552nm，呈现红色，而在 pH 较低和较高时分别以内酯和三芳甲醇的形式存在，不吸收可见光。

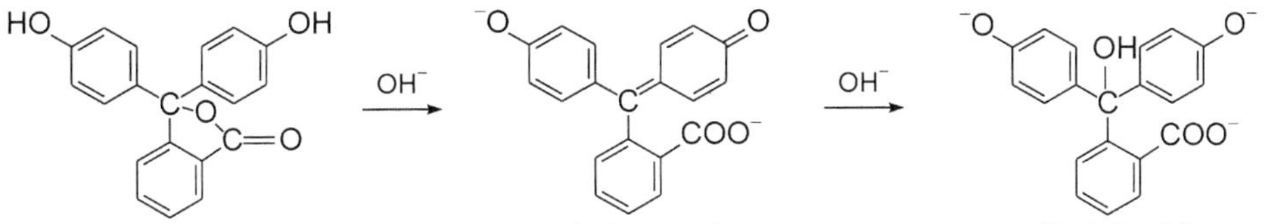

内酯(无色) 二元负离子(红色) 三芳甲醇(无色)

溶液的 pH 还会影响染料分子中取代基的离子化，使取代基的吸、供电子性质发生改变，从而影响染料的颜色。例如，对硝基苯酚在碱性介质中，OH 解离成 O^-，供电子能力明显提高，λ_{max} 从 315nm 提高到 400nm；茜素本身为黄色，在碱性介质中转变为红色。

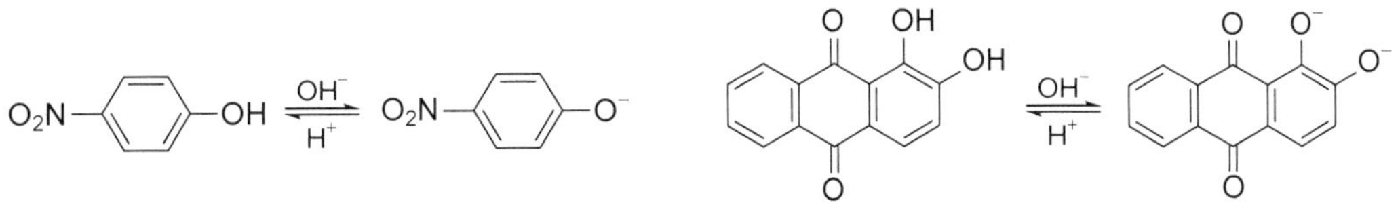

在酸性条件下，羰基和醌亚胺基发生离子化转变成阳离子，吸电子能力增强，染料的颜色也加深。

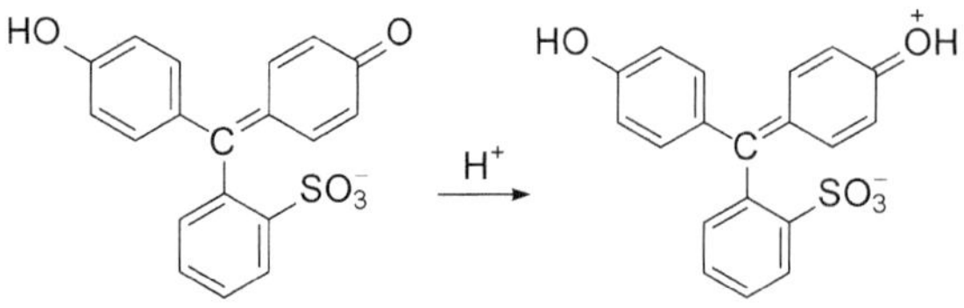

黄色 $\xrightarrow{H^+}$ 红色 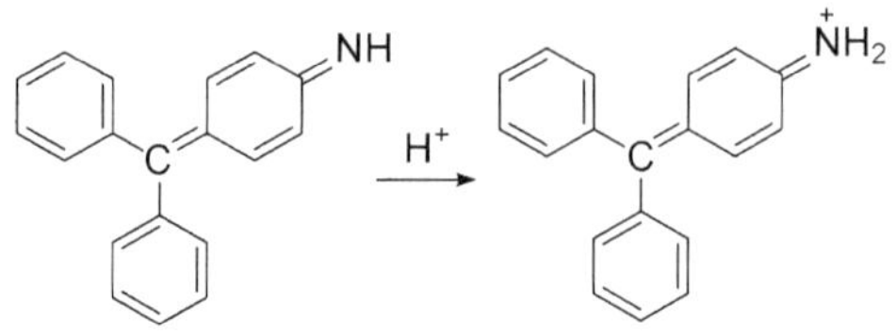　　无色 $\xrightarrow{H^+}$ 黄色

氨基和取代的氨基在酸性条件下发生质子化，氮原子上的未共用电子对被占用，p-π共轭和供电子能力消失，颜色变浅。例如，冰染染料显色剂大红色基 G 为黄色，以盐酸溶解后则呈现白色。

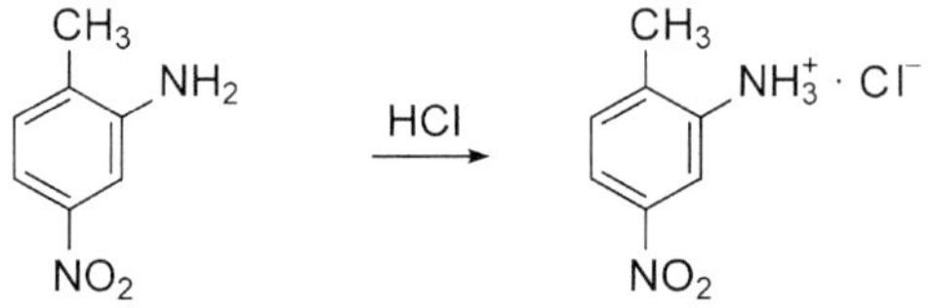

$\xrightarrow{HCl}$

大红色基G(黄色)　　大红色基G的盐酸盐(白色)

2. 溶剂的影响

当溶剂与染料分子间形成氢键，或极性溶剂引起染料的诱导极化时，不仅会影响染料吸收带的位置，还会影响吸收曲线的强度和峰宽。大部分情况下，分子基态的极性较激发态小，溶剂极性升高，激发态能量降低较多，产生深色效应。对于少数两性离子化合物，分子基态极性较激发态大，溶剂极性升高，使基态能量降低较多，产生浅色效应。例如，在极性溶剂中，$n \to \pi^*$跃迁的基态能级下降较多，ΔE 增大，产生浅色效应；而一般的 $\pi \to \pi^*$跃迁，激发态在极性溶剂中较为稳定，产生深色效应。从表 2-8 中数据可以看出，随着溶剂极性的增大，4-硝基-4′-二甲基氨基偶氮苯的最大吸收波长增加。

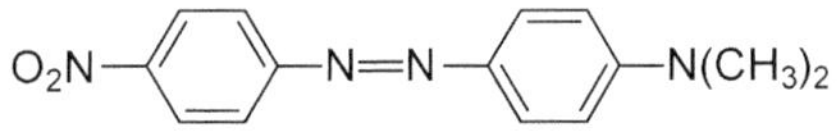

$O_2N-C_6H_4-N{=}N-C_6H_4-N(CH_3)_2$

表 2-8　4-硝基-4′-二甲基氨基偶氮苯在不同溶剂中的λ_{max}

溶剂	苯	甲醇	二甲基甲酰胺
λ_{max}/nm	447	475	505

3. 聚集状态的影响

当染料溶液的浓度较小时，染料在溶液中主要以单分子状态存在。随着浓度的增加，染料分子缔合成二聚体乃至多聚体，π 电子流动性降低，激发能提高，染料溶液的最大吸收波长向短波方向移动。例如，结晶紫和甲基蓝在单分子和二聚体状态下的最大吸收波长如表 2-9 所示。

表 2-9　染料分子缔合度对颜色的影响

染料	结晶紫		甲基蓝	
存在状态	单分子	二聚体	单分子	二聚体
λ_{max}/nm	583	540	650	600

固体状态染料的光吸收情况较溶液复杂得多，染料的结晶状态、颗粒的大小和分布等都会影响其吸收和反射特性，从而在颜色上有所差别。

2.2.6　双吸收峰分子及颜色

有些染料分子在可见光区具有两个不同波长的吸收峰，其颜色是两个吸收共同作用的结果。例如，CONH 基团的隔离作用，联苯结构的两个苯环平面的扭转，都使染料分子中具有两个独立的共轭体系，产生两个吸收峰。

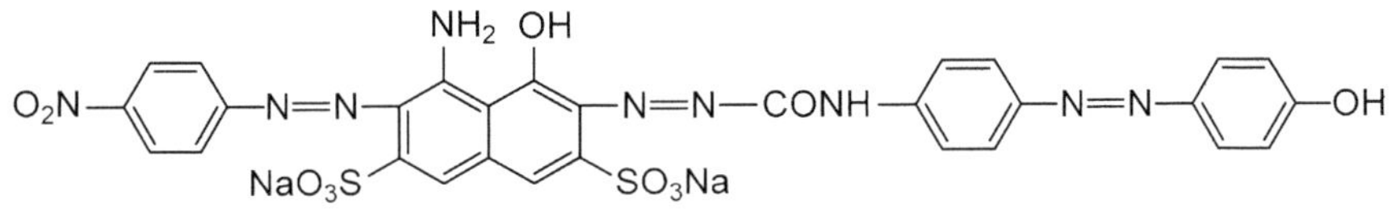

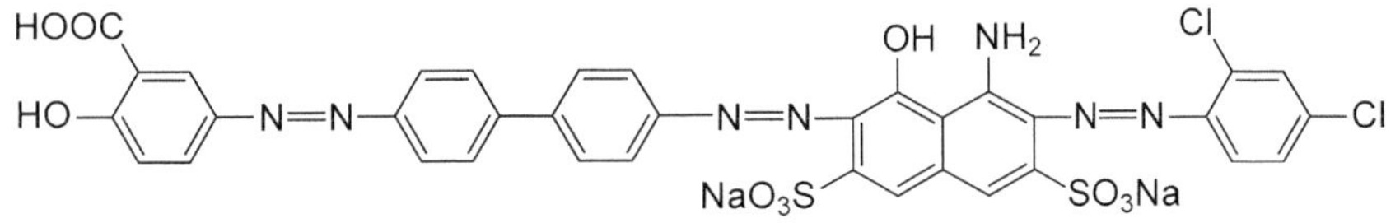

当染料分子的 $n\rightarrow\pi^*$ 和 $\pi\rightarrow\pi^*$ 跃迁均对应吸收可见光范围内的光量子，便出现两个吸收峰，即二次吸收，波长最长的吸收带称为第一吸收带。对于具有二次吸收的染料，在分子中引入取代基后，使得两个吸收峰向同一方向移动，例如茜素绿。

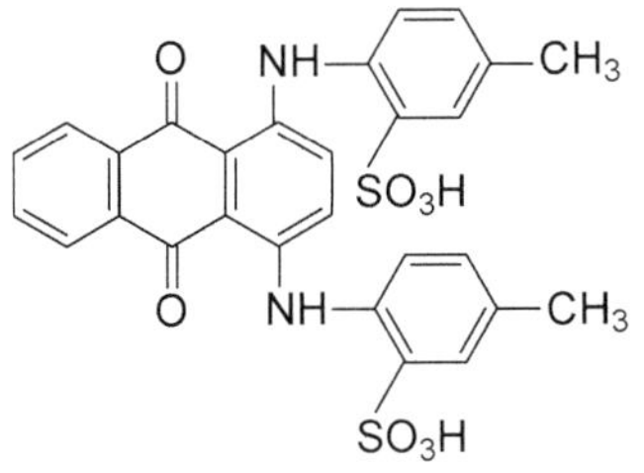

茜素绿 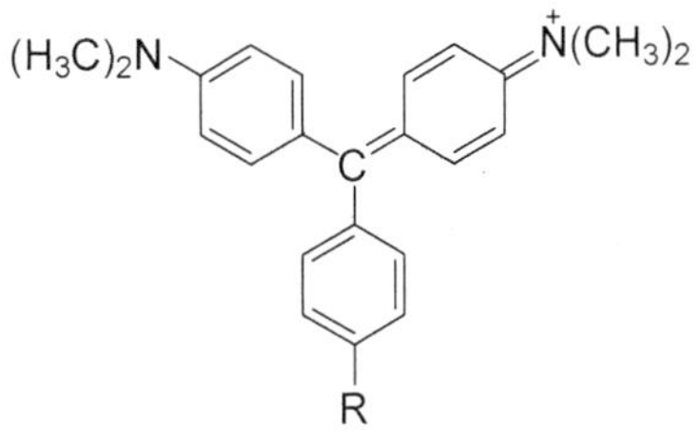　　　　孔雀绿(R＝H)

三芳甲烷染料的分子中有 x 和 y 两个不同偏振方向的共轭体系，从而有两个吸收峰。例如，孔雀绿的两个吸收峰的最大吸收波长分别为 621nm 和 427.5nm。对于这类分子，当引入的取代基 R 的给电子能力增加时，x-带和 y-带的吸收互相靠近，$\Delta\lambda_{max}$ 减小，如表 2-10 所示。

表 2-10　具有不同偏振方向共轭体系染料的吸收光谱数据

R	NO_2	CN	Cl	H	CH_3	OCH_3	$N(CH_3)_2$
x-带 λ_{max}/nm	645	643	627.5	621	616.5	608	589 (结晶紫)
y-带 λ_{max}/nm	425	429	433	427.5	437.5	465	
$\Delta\lambda_{max}$/nm	220	214	194.5	193.5	189	143	0

2.3 主要类型有机染料的合成及应用

2.3.1 酸性、酸性媒介、酸性络合、中性染料

1. 酸性染料

酸性染料是指结构上带有 SO_3H 或 COOH 等水溶性基团，在酸性条件下进行染色和印花的染料。根据染色介质的 pH，酸性染料可以分为强酸性染料和弱酸性染料。强酸性染料在酸性介质中染羊毛和皮革，具有良好的匀染性，染色方法简便，色调鲜艳，日晒和熨烫牢度好。羊毛是一种多缩氨基酸，在强酸性条件，染料分子与羊毛分子间形成离子键(盐键)结合。

$$H_2N—W—COO^- \underset{OH^-}{\overset{H^+}{\rightleftharpoons}} H_3\overset{+}{N}—W—COO^- \underset{OH^-}{\overset{H^+}{\rightleftharpoons}} H_3\overset{+}{N}—W—COOH$$

$$Dye—SO_3^- + H_3\overset{+}{N}—W—COOH \longrightarrow Dye—SO_3^- \cdots H_3\overset{+}{N}—W—COOH$$

染色过程中加入元明粉(硫酸钠)作为匀染剂，其作用主要是促进下列平衡向左移动，延缓染料上染。

$$HOOC—W—\overset{+}{N}H_3 \cdots (SO_4^{2-})_{1/2} + Dye—SO_3Na \rightleftharpoons HOOC—W—\overset{+}{N}H_3 \cdots {}^-O_3S—Dye + \frac{1}{2}Na_2SO_4$$

强酸性染料相对分子质量较低，匀染性好，但湿处理牢度差。弱酸性染料相对分子质量较大，增加了染料分子与羊毛和聚酰胺(锦纶)纤维间的范德华力，从而提高了染料和纤维间的亲和力，湿处理牢度提高。聚酰胺纤维的分子中也有氨基和羧基存在，但与羊毛相比，氨基的含量较低，如锦纶 66 和锦纶 6 的氨基含量分别仅相当于羊毛的 4.39% 和 9.02%，如表 2-11 所示，用弱酸性染料能获得较高的强度(力份)和较浓的颜色。强酸性染料和弱酸性染料的比较见表 2-12。

表 2-11 蛋白质类纤维氨基和羧基的含量($mol \cdot kg^{-1}$)

纤维类型		锦纶 66	锦纶 6	羊毛	蚕丝
$—NH_2$	含量	0.036	0.074	0.82	0.15
	与羊毛相比/%	4.39	9.02	100	18.3
—COOH		0.090	0.069	0.77	0.29

表 2-12 强酸性染料和弱酸性染料的比较

性能比较	强酸性染料	弱酸性染料
染色 pH	2～4	4～6
染料实例	(结构式：OH, $NHCOCH_3$, N=N, HO_3S, SO_3Na) 酸性大红G	(结构式：$CH_3(CH_2)_{11}$—, N=N, OH, $NHCOCH_3$, HO_3S, SO_3Na) 弱酸性桃红BS

续表

性能比较	强酸性染料	弱酸性染料
染色对象	羊毛、蚕丝	羊毛、蚕丝、聚酰胺纤维
染料与纤维作用力	离子键	离子键、范德华力、氢键
匀染剂	元明粉(Na_2SO_4)	阴离子、非离子表面活性剂
匀染性	好	较差
耐湿处理牢度	低	高
耐皂洗牢度	较差	好

酸性染料分子结构简单，主要包括偶氮类，如酸性蓝黑 B；蒽醌类，如弱酸性艳绿 5G(C.I.酸性绿 28)；三芳甲烷类，如酸性湖蓝 A(C.I.酸性蓝 7)；氧杂蒽类，如艳丽华紫红 A2R；硝基亚胺类，如 C.I.酸性橙 3；靛蓝类，如食用靛蓝(C.I.酸性蓝 74)；喹啉类，如 C.I.酸性黄 5；酞菁类(如酸性湖蓝)和碳氢长链分子类等。

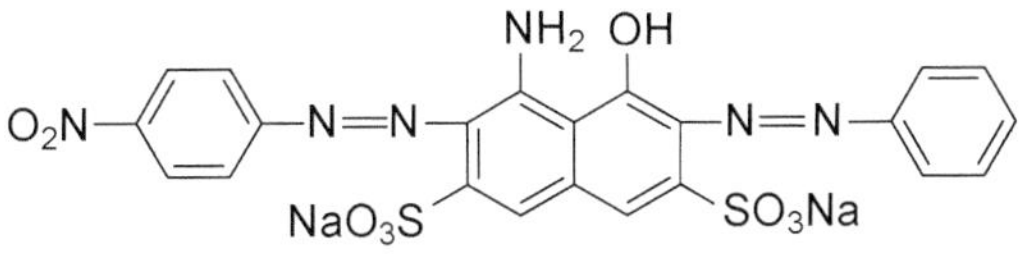

酸性蓝黑B

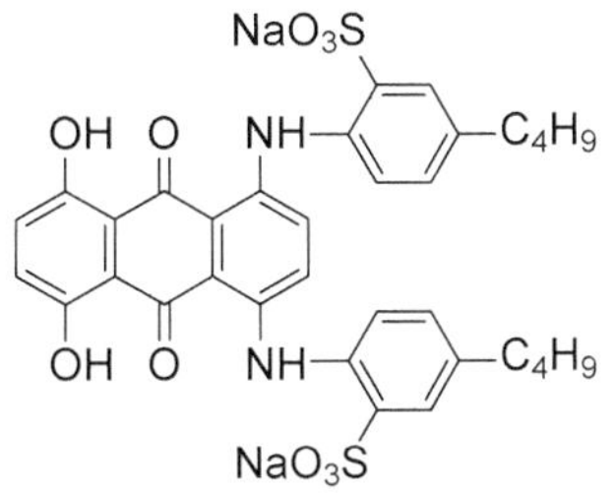

弱酸性艳绿5G(C.I.酸性绿28)

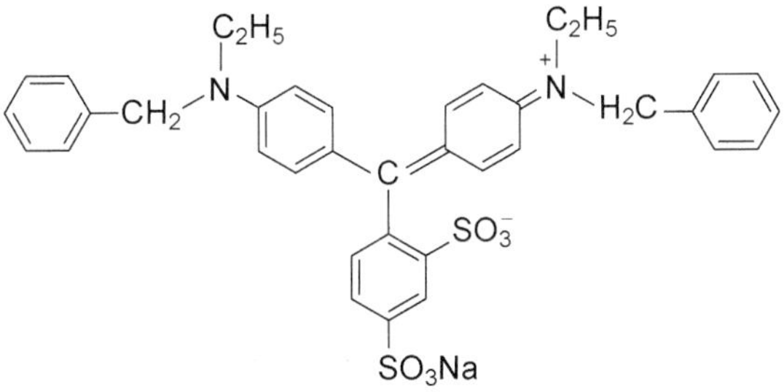

酸性湖蓝A(C.I.酸性蓝7)

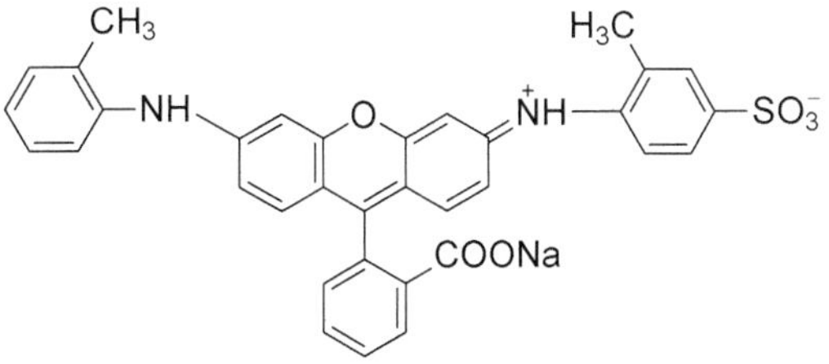

艳丽华紫红A2R

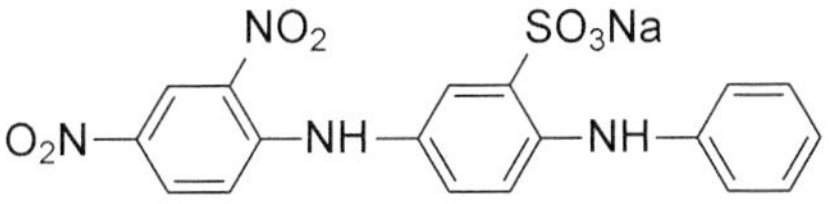

C.I.酸性橙3

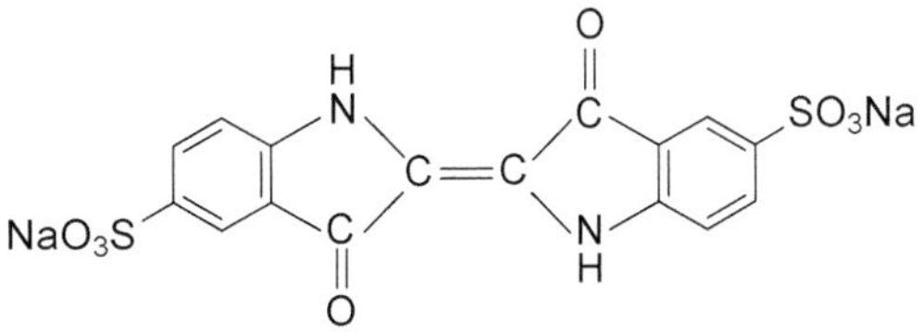

食用靛蓝(C.I.酸性蓝74)

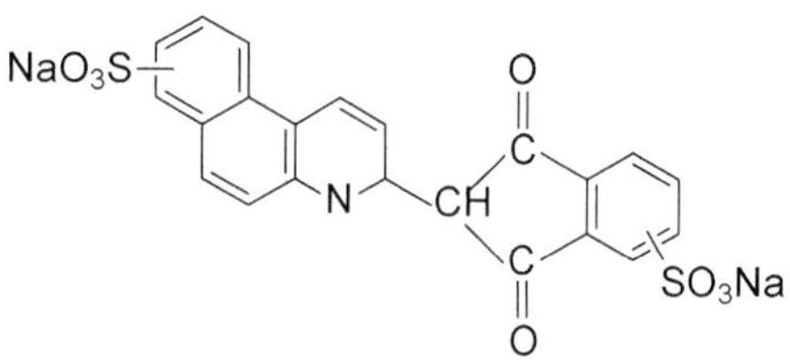

NaO_3S　O　C　CH　N　C　O　SO_3Na

C.I.酸性黄5

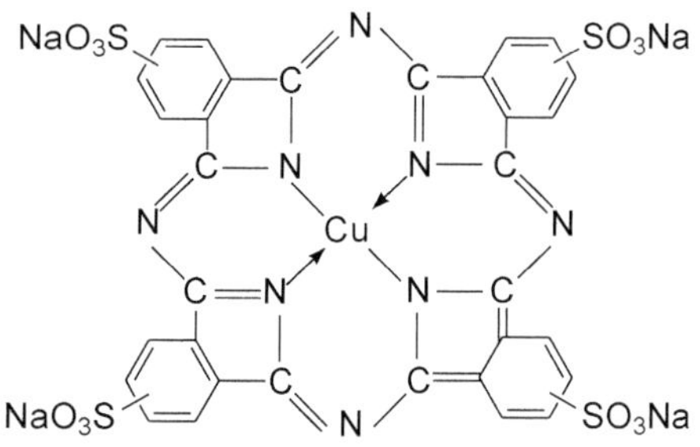

NaO_3S　N　SO_3Na　C　C　N　N　C　C　N　Cu　N　C　N　N　C　C　C　NaO_3S　N　SO_3Na

酸性湖蓝

(1) 偶氮类酸性染料。合成偶氮类染料的主要反应是重氮化和偶合反应。黄色偶氮染料常用吡唑啉酮为偶合组分，如酸性嫩黄 G 和弱酸性嫩黄 5G。

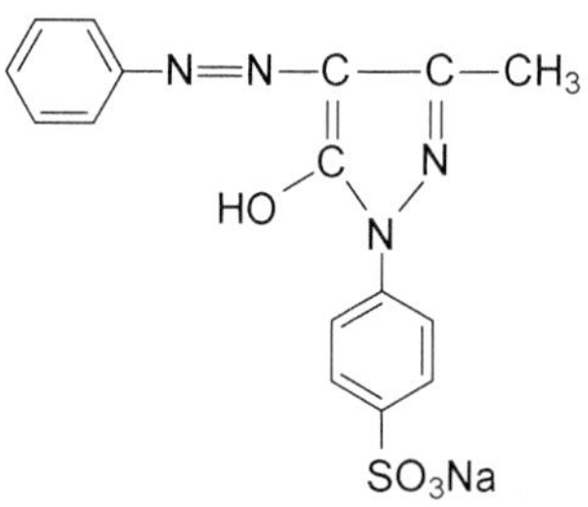

N═N—C—C—CH_3　HO　C　N　N　SO_3Na

酸性嫩黄G

H_3C—　—SO_2·O—　—N═N—C—C—CH_3　HO　C　N　N　Cl　Cl　SO_3Na

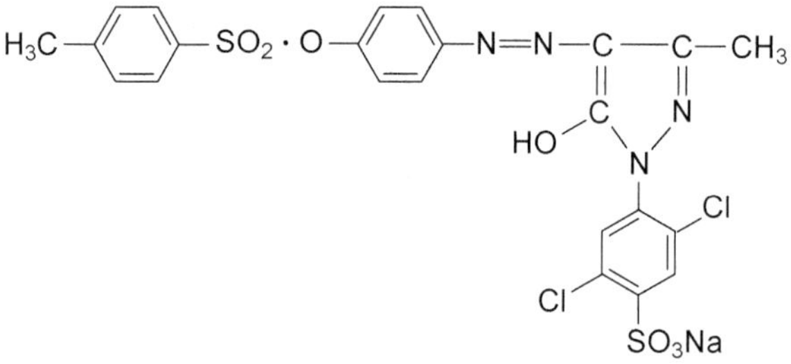

弱酸性嫩黄5G

橙色酸性染料的结构通式可以表示为：苯—N═N—萘，如酸性橙Ⅱ(结构式见 2.1.3)。红色酸性染料的结构通式可以是苯—N═N—萘或萘—N═N—萘，如几内亚坚牢红 BL、酸性梅红等。

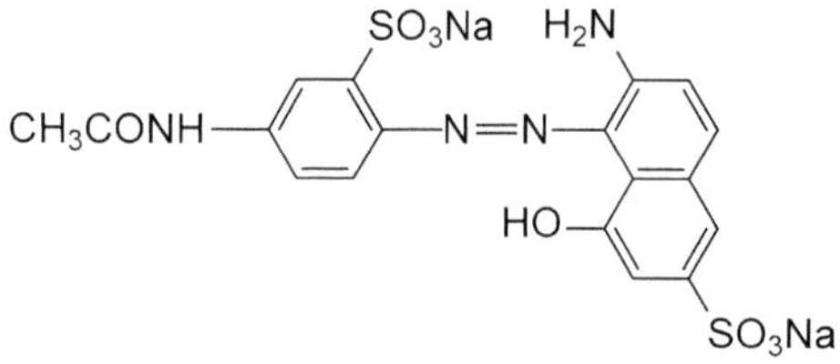

SO_3Na　H_2N　CH_3CONH—　—N═N—　HO—　SO_3Na

几内亚坚牢红BL

HO　SO_3Na　NaO_3S—　—N═N—　SO_3Na

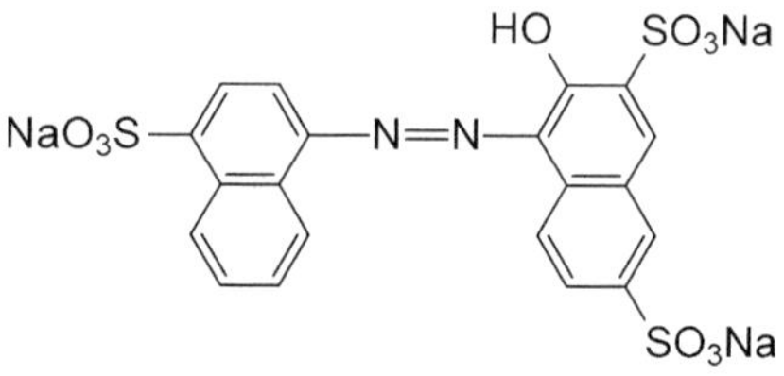

酸性梅红

蓝色和黑色偶氮染料中的一类结构通式可表示为 $A_1 \rightarrow Z \leftarrow A_2$，其中 Z 是 H 酸、$\gamma$酸等具有两个偶合位置的氨基萘酚磺酸偶合组分，如酸性蓝黑 B，其合成方法如下：

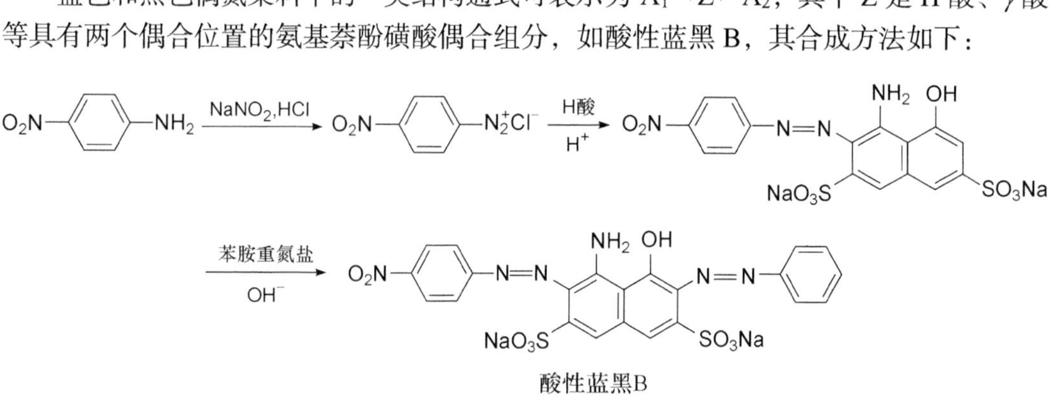

O_2N—　—NH_2 $\xrightarrow{NaNO_2,HCl}$ O_2N—　—$N_2^+Cl^-$ $\xrightarrow[H^+]{H酸}$ O_2N—　—N═N　NH_2　OH　NaO_3S　SO_3Na

$\xrightarrow[OH^-]{苯胺重氮盐}$ O_2N—　—N═N　NH_2　OH　N═N—　NaO_3S　SO_3Na

酸性蓝黑B

蓝色和黑色偶氮染料中的另一类结构通式可表示为 $A_1 \rightarrow M \rightarrow Z$，其合成过程为先经过重氮化、偶合反应，得到带有氨基的单偶氮中间体，再进一步重氮化，偶合后得到双偶氮染料，如弱酸性深黑 5R。

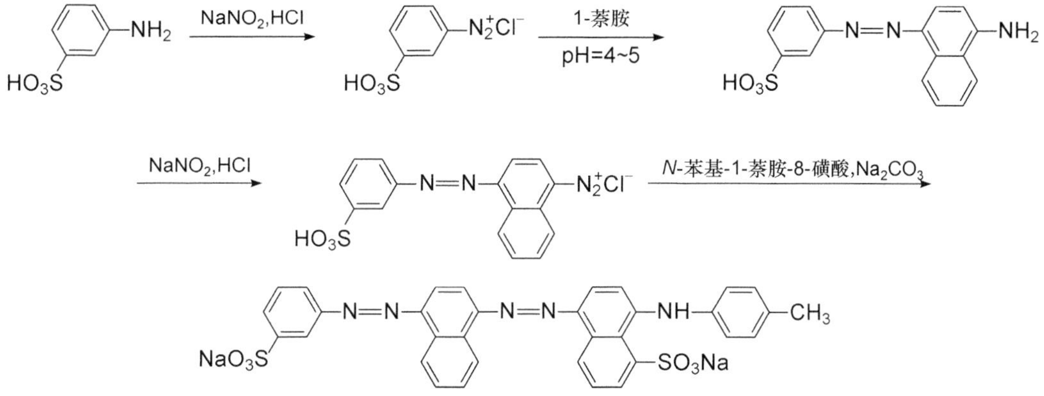

NH_2　HO_3S　$NaNO_2$,HCl　$N_2^+Cl^-$　HO_3S　1-萘胺　pH=4~5　N=N　NH_2　HO_3S

$NaNO_2$,HCl　N=N　$N_2^+Cl^-$　HO_3S　*N*-苯基-1-萘胺-8-磺酸,Na_2CO_3

NaO_3S　N=N　N=N　NH　CH_3　SO_3Na

弱酸性深蓝5R

(2) 蒽醌类酸性染料。蒽醌类酸性染料大多为深色品种，以紫、蓝、绿色为主，且蓝色最多，色泽鲜艳，耐光牢度好，匀染性和湿处理牢度随分子结构的变化而不同。这类染料的分子中除了含有磺酸基外，通常在 α-位上含有 2～4 个氨基、芳胺基、羟基或烷氧基等。根据取代基的性质和位置，蒽醌酸性染料分为芳胺基蒽醌、氨基羟基蒽醌和杂环蒽醌等三类。

芳胺基蒽醌酸性染料主要是 1,4-二氨基或取代氨基蒽醌的磺酸衍生物，磺酸基可与氨基或取代氨基位于蒽醌的同一环上，如纯天蓝 A；也可在取代氨基的芳环上，如弱酸性绿 GS。磺酸基在蒽醌环上的酸性染料常以溴氨酸和芳胺为原料，在缚酸剂存在和碱性条件下缩合制得，如纯天蓝 A 合成反应式如下。

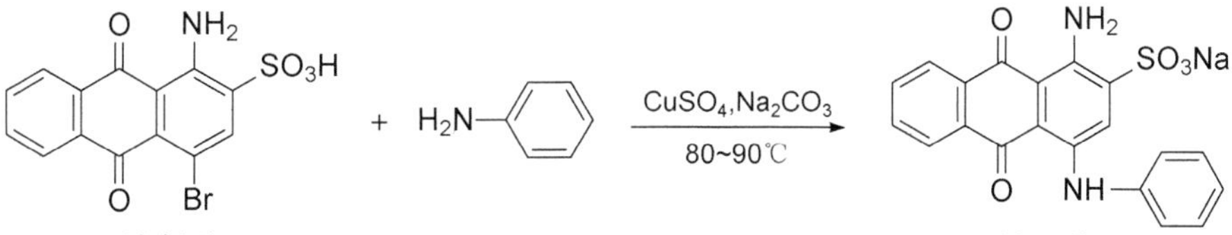

O　NH_2　SO_3H　O　Br　+　H_2N　$CuSO_4$,Na_2CO_3　80~90℃　O　NH_2　SO_3Na　O　NH

溴氨酸　纯天蓝A

磺酸基在取代氨基的芳环上的染料常以 1,4-二羟基蒽醌为原料，先还原成隐色体，然后在硼酸催化下与芳胺缩合，最后经磺化将磺酸基引入较易磺化的芳环上。

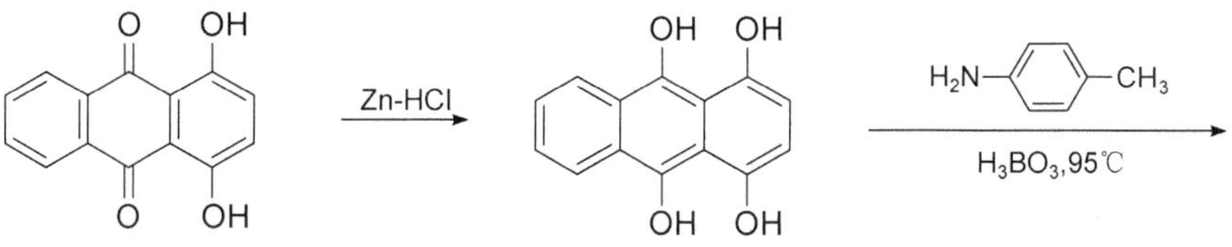

O　OH　O　OH　Zn-HCl　OH　OH　OH　OH　H_2N　CH_3　H_3BO_3,95℃

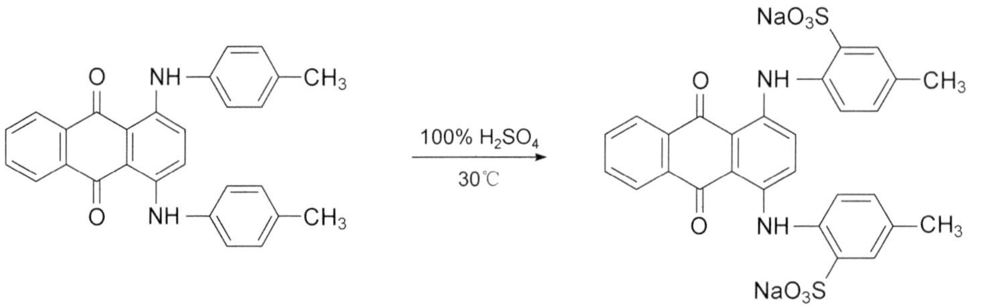

100% H_2SO_4
30℃

弱酸性绿GS

氨基羟基蒽醌染料具有较好的匀染性和耐光牢度，主要为鲜艳的蓝色，少数为紫色。

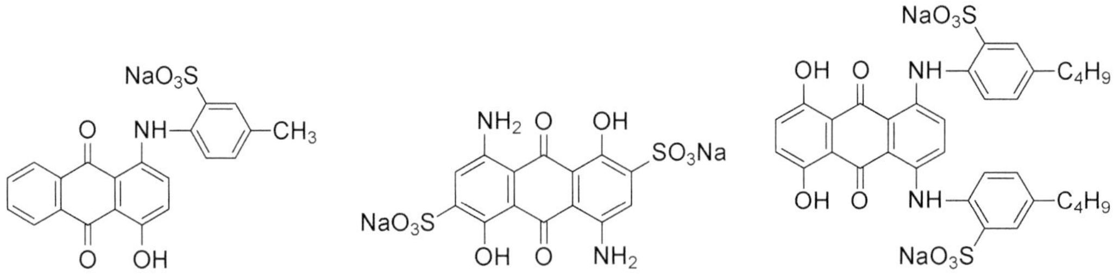

酸性紫3B　　酸性蓝B　　弱酸性绿5G

酸性紫 3B 是由 1-溴-4-羟基蒽醌与苯胺缩合，再经磺化制得。酸性蓝 B 可由 1,5-二羟基蒽醌经硝化、还原、磺化制得，也可由 1,5-二羟基蒽醌先磺化，再经硝化、还原制得，该反应过程如下。弱酸性绿 5G 由 1,4,5,8-四羟基蒽醌与 4-丁基苯胺缩合，再经磺化制得。

20%发烟硫酸
110~115℃, 4h

①96%硫酸稀释
②混酸硝化
40℃, 8h

① 水稀释
② 盐析

Na_2S
75~78℃, 2h
酸性蓝B

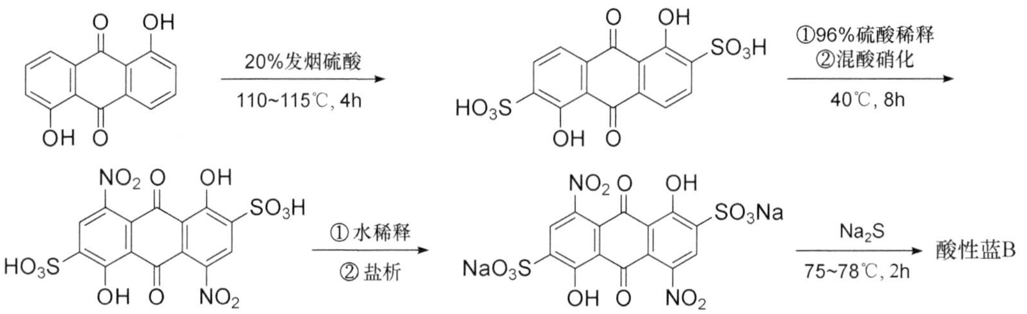

杂环蒽醌染料可通过将 α-氨基蒽醌中的氨基酰化，再与相邻的羰基脱水环合制得，以黄、橙、红等浅色谱品种为主。例如，酸性红 3B 可将羊毛、蚕丝、锦纶等染成带蓝光的鲜艳红色，匀染性好，耐光牢度略低。

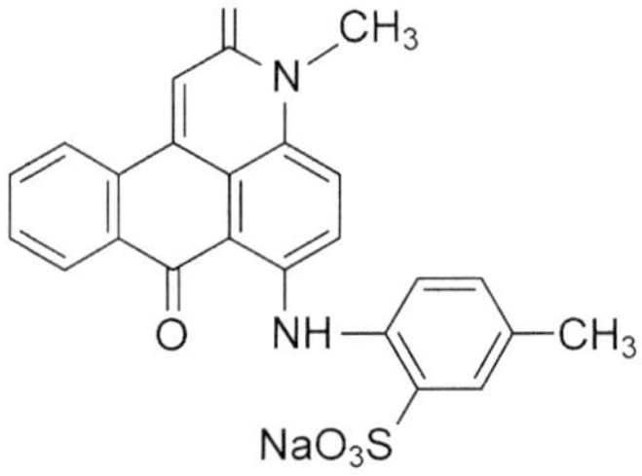

酸性红3B

(3) 三芳甲烷类酸性染料。氨基三芳甲烷染料一般为阳离子染料，当分子中引入两个以上磺酸基时，则为酸性染料，其中一个磺酸基与氨基结合形成内盐。这类染料以紫、蓝、绿色为主，色光鲜艳，但耐晒牢度较差，一般不超过4级，很多品种只有1～2级。此外，三芳甲烷染料对酸、碱、电解质、氧化剂、还原剂、温度等极为敏感，容易发生聚集、溶解度降低、变色和消色等现象。

根据分子中氨基的数量，三芳甲烷酸性染料可以分为二氨基三芳甲烷和三氨基三芳甲烷两类，如酸性湖蓝A和弱酸性艳蓝6B。

C_2H_5 N CH_2 C C_2H_5 $\overset{+}{N}$ H_2C SO_3^- SO_3Na

酸性湖蓝A

C_2H_5 NaO_3S CH_2 N C C_2H_5 $\overset{+}{N}$ H_2C SO_3^- NH OC_2H_5

弱酸性艳蓝6B

以弱酸性艳蓝6B为例，其合成可以由对氯苯甲醛与*N*-乙基-*N*-(3-磺酸基)苯甲基苯胺按照1∶2的物质的量比缩合，再经氧化，最后与对氨基苯乙醚经亲核取代反应制得。也可以由甲醛与*N*-乙基-*N*-(3-磺酸基)苯甲基苯胺按照1∶2的物质的量比缩合，再与1分子对氨基苯乙醚在氧化条件下反应制得。

CHO Cl + 2 C_2H_5 N H_2C SO_3H → C_2H_5 HO_3S CH_2 N CH Cl C_2H_5 N H_2C SO_3H

$\xrightarrow[(COOH)_2]{K_2Cr_2O_7}$ C_2H_5 HO_3S CH_2 N C Cl C_2H_5 $\overset{+}{N}$ H_2C SO_3^- $\xrightarrow{H_2N-C_6H_4-OC_2H_5}$ 弱酸性艳蓝6B

HCHO + 2 C_2H_5 N H_2C SO_3H → C_2H_5 HO_3S CH_2 N CH_2 C_2H_5 N H_2C SO_3H

$\xrightarrow[{[O]}]{H_2N-C_6H_4-OC_2H_5}$ 弱酸性艳蓝6B

2. 酸性媒介染料

酸性媒介染料是指在金属媒染剂的作用下，染色后在纤维上形成金属络合物的染料。主要用于羊毛的染色，少量用于染聚酰胺和皮革。酸性媒介染料按照酸性染料染色时，染料分子上的磺酸基与羊毛纤维上离子化的氨基以离子键结合；以媒染剂处理后，则在纤维上以配位键结合形成金属络合物，具有较高的染色牢度，但色光不够鲜艳。

酸性媒介染料具有强酸性染料的基本结构，大多数为单偶氮母体结构，还有少量三芳甲烷、蒽醌和硫氮蒽等结构的品种。为了能够形成配合物，染料分子中通常含有两个能够提供电子对、可与过渡金属元素络合的配位基，且配位基应处于分子的适当位置上。

(1) 邻羟基偶氮型。此类染料的结构特点是在偶氮基两侧邻位上都具有配位基团，其中之一是羟基，另一个是羟基、氨基或羧基等。此类染料是酸性媒介染料中应用最广，色谱齐全，耐光和湿处理牢度较高的一类。由于偶氮基参与形成配位键，因此染料在媒染剂处理后，色光发生较为明显的变深和变暗。典型的染料及结构如下。

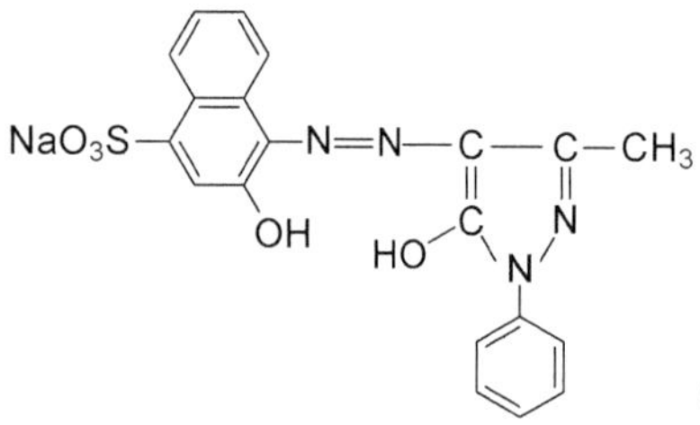

酸性媒介枣红BN 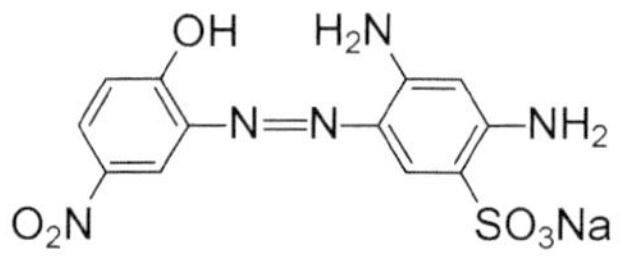 酸性媒介棕RH 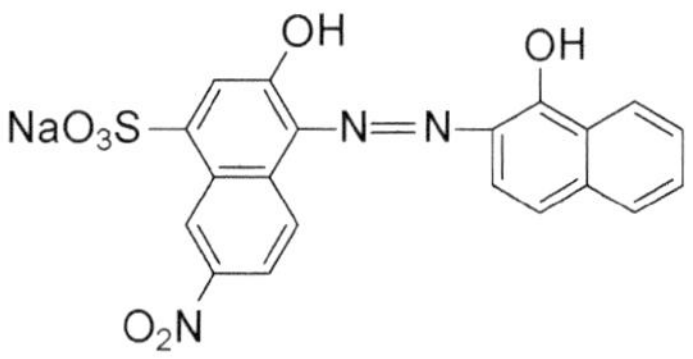 酸性媒介黑T

(2) 水杨酸衍生物型。即邻羟基羧基结构，绝大多数品种为黄色、橙色，少数为棕色。这类染料媒染前后色光变化不大，耐光牢度较偶氮基参加络合的染料低。典型品种的结构如下。其中，偶氮型水杨酸衍生物染料的合成大多以水杨酸为偶合组分，或以氨基水杨酸为重氮组分与吡唑啉酮或萘酚衍生物偶合得到。

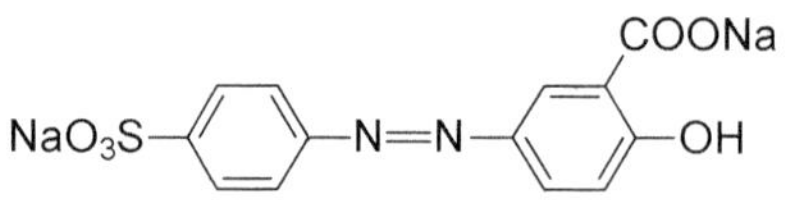

酸性媒介深黄GG 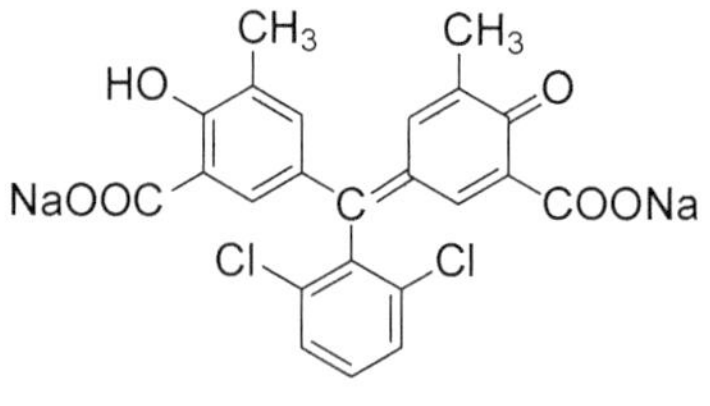 酸性媒介宝蓝B

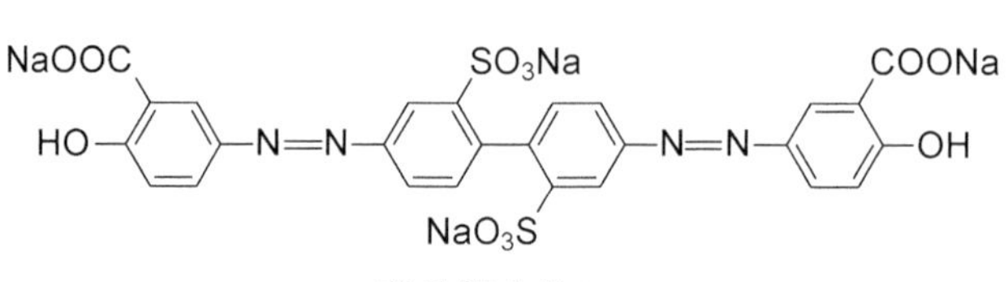

酸性媒介黄CR

(3) 迫位二羟基萘衍生物型。偶氮型迫位二羟基萘衍生物主要是以变色酸为偶合组分合成的染料。以酸性媒介蓝 B 为例，其络合过程如下，在铬媒处理前为品红色，处理后则转变为蓝色。

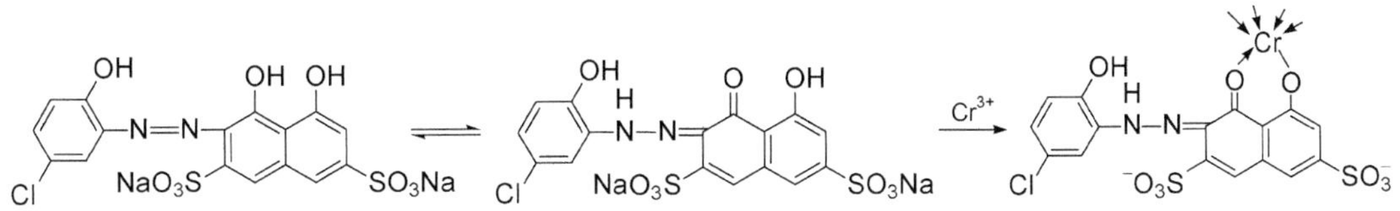

在 α-位上具有羟基、氨基和取代氨基的蒽醌型酸性媒介染料与迫位二羟基萘衍生物型染料类似，羟基和其迫位的羰基能与金属离子生成螯合物，如茜素(1,2-二羟基蒽醌)、酸性媒介灰 BS。

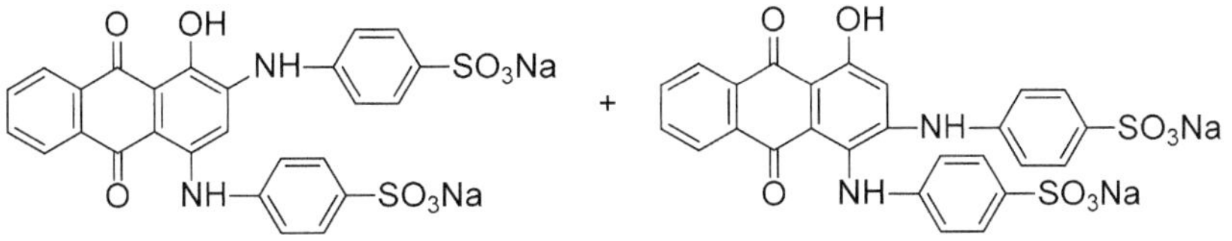

酸性媒介灰BS

(4) 氧化络合型。有些染料分子本身不具备与金属离子形成螯合物的条件，但经氧化后能够引入羟基或生成醌型结构。例如，以重铬酸盐作为媒染剂时，可以兼具氧化作用，但其用量应比单纯作为媒染剂的用量要多。

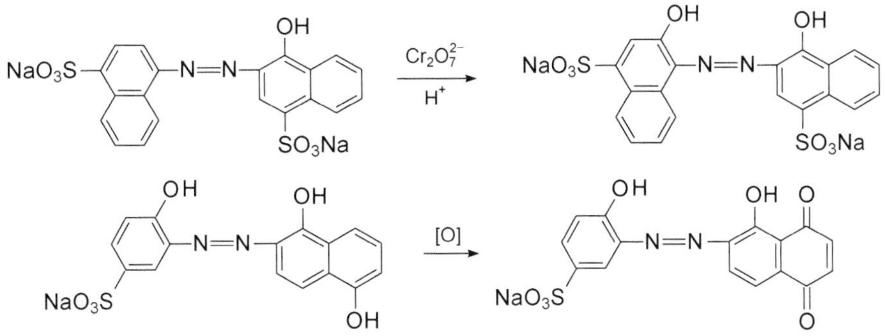

3. 酸性络合染料

酸性络合染料又称 1∶1 型金属络合染料，是金属离子与酸性染料以 1∶1 形成的金属络合物。染色时，染料的磺酸基与纤维上离子化的氨基形成离子键，染料的金属原子与纤维上尚未离子化的氨基(约占总氨基的 10%)、羟基、离子化的羧基结合形成金属配合物。此类染料匀染性好，染色牢度较高，染色方法简便，是羊毛制品的优良染料之一，也可用于蚕丝和聚酰胺纤维的染色。

酸性络合染料的母体大多是在偶氮基两侧邻位上具有羟基的单偶氮染料。合成此类染料的重氮组分一般是邻羟基芳胺，如 2-羟基-5-氯苯胺-3-磺酸、2-羟基-5-硝基苯胺-3-磺酸、2-羟基-3-硝基苯胺-5-磺酸等；偶合组分一般是水杨酸、乙酰乙酰芳胺、1-苯基-3-甲基吡唑啉酮、β-萘酚、G 盐等；络合剂一般是甲酸铬、硫酸铬、三氧化铬等，其中，甲酸铬应用较多。典型品种和合成实例如下。

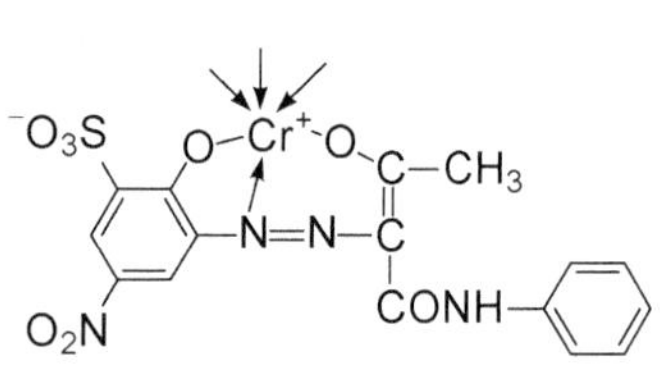

酸性络合黄GR 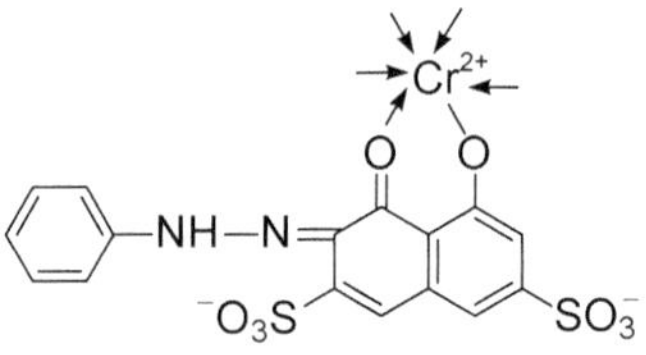　　酸性络合桃红2R 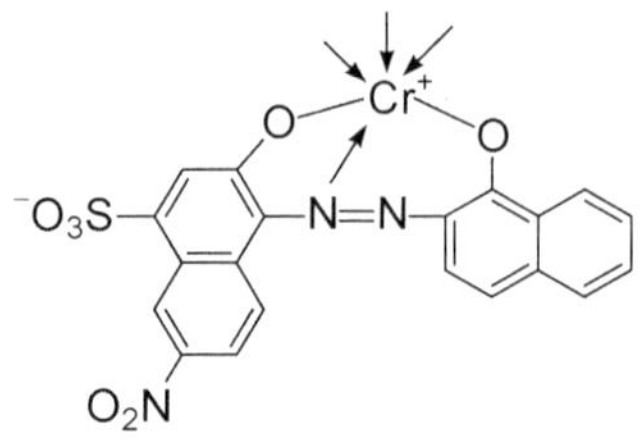　　酸性络合黑WAN

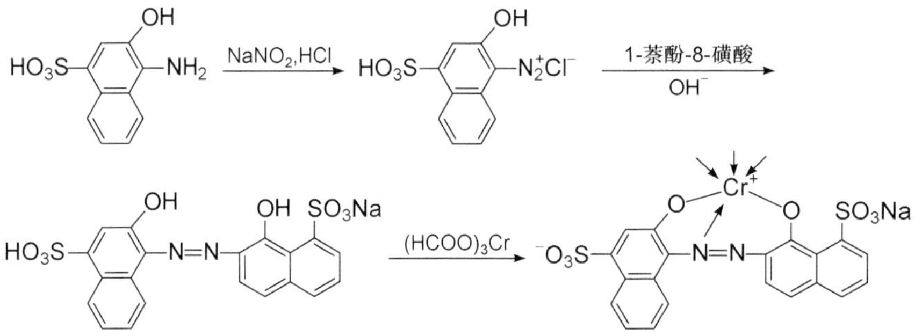

酸性络合蓝GGN

4. 中性染料

中性染料是在中性或弱酸性条件下染色的染料，适用于羊毛、蚕丝、皮革、聚酰胺、维纶等纤维的染色，染料分子与被着色基质主要以范德华力结合。根据结构的不同，中性染料可以分为1∶2型金属络合染料和含铜甲腊染料两种类型。

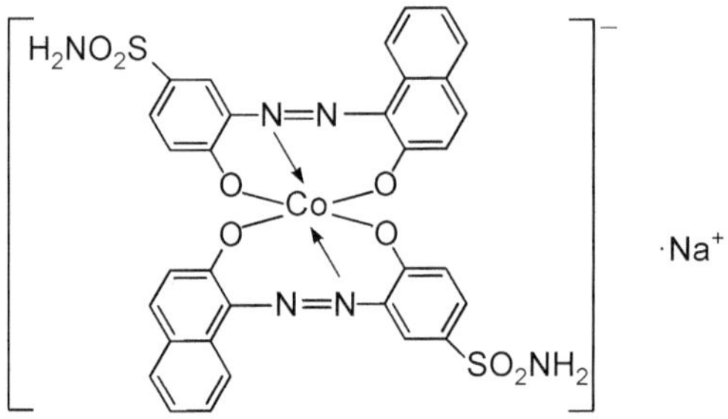

中性枣红GRL

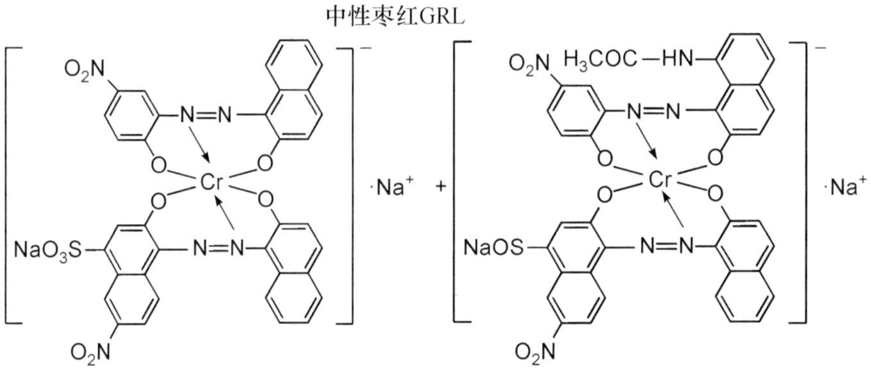

中性黑BGL

(1) 1∶2 型金属络合染料。由金属离子与单偶氮染料母体按照 1∶2 络合形成的金属配合物，根据两个单偶氮染料母体是否相同，可以分为对称型 1∶2 型金属络合染料(如中性枣红 GRL)和不对称型 1∶2 型金属络合染料(如中性灰 BGL)。

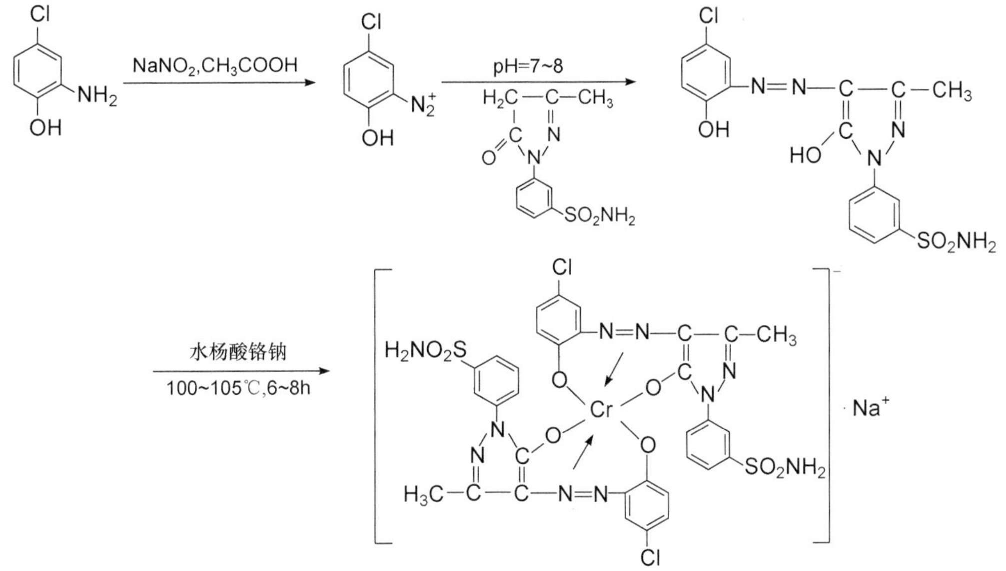

Cl
NH_2
OH

$NaNO_2, CH_3COOH$

Cl
N_2^+
OH

pH=7~8

$H_2C—C—CH_3$
O=C N
N
SO_2NH_2

Cl
N=N—C—C—CH_3
OH HO C N
N
SO_2NH_2

水杨酸铬钠

100~105℃,6~8h

Cl
H_2NO_2S
N=N—C—C—CH_3
O O Cr O C N
N N
O C O
H_3C—C—C—N=N
SO_2NH_2
Cl
Na^+

中性灰BGL

对称型1∶2型金属络合染料(如中性枣红GRL、中性红2GL)

不对称型1∶2型金属络合染料(如中性黑BGL)

(2) 含铜甲臜染料。以 1,3,5-三苯基甲臜为母体的含铜金属配合物，如中性蓝 BNL，由重氮盐与芳腙在氢氧化钠存在下偶合，再与铜盐络合得到。

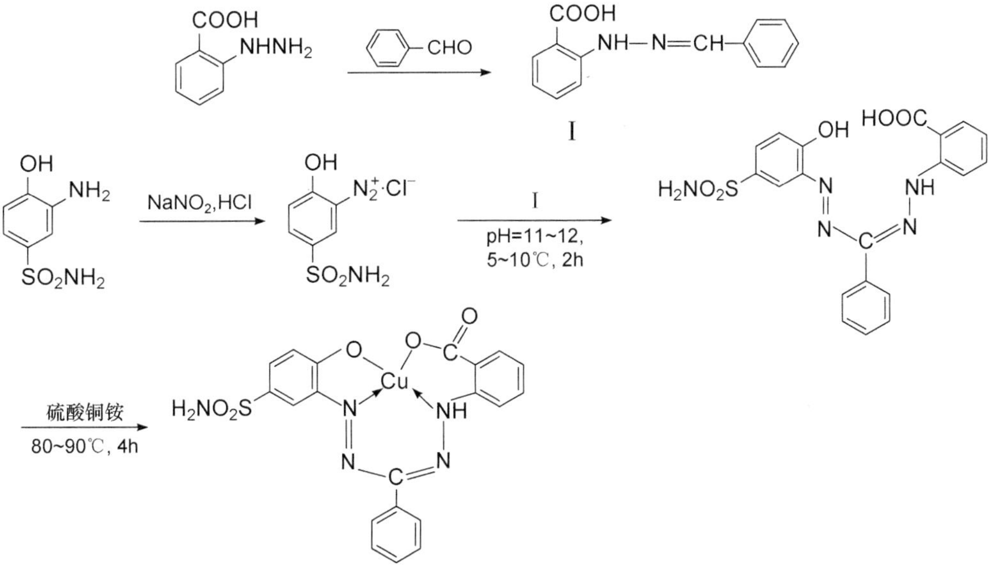

COOH
$NHNH_2$

CHO

COOH
NH—N=CH

I

OH
NH_2
SO_2NH_2

$NaNO_2, HCl$

OH
$N_2^+ \cdot Cl^-$
SO_2NH_2

I

pH=11~12,

5~10℃, 2h

OH HOOC
H_2NO_2S
N NH
N C N

硫酸铜铵

80~90℃, 4h

O O C O
H_2NO_2S
Cu
N NH
N C N

中性蓝BNL

2.3.2　直接染料

不需借助媒染剂而能直接对纤维素纤维染色的染料称为直接染料。这类染料色谱齐全，包含了黄、红、紫、蓝、绿、棕、灰、黑等色谱，合成简单，使用方便，价格低廉。其缺点是耐洗和耐晒牢度较低，通常耐晒牢度在 5 级以上的直接染料称为直接耐晒染料。染色后用铜盐等金属盐或阳离子固色剂处理，生成染料的金属络合物，能够提高直接染料的染色牢度。

直接染料染色是在中性或微碱性染浴中，在食盐或元明粉存在和沸腾条件下进行的。染料与纤维之间的作用主要是氢键和范德华力。直接染料一般为具有线性结构的双偶氮或多偶氮化合物，共轭体系较长，相对分子质量较大，分子平面性好，与纤维素线型分子有较大的范德华力。除含有 SO_3H、COOH 等水溶性基团外，分子中还含有氨基、羟基等能够与纤维形成氢键的基团。例如，刚果红分子中两个氨基之间的距离为 1.08nm，而纤维素分子中相邻两个伯碳上的羟基之间的距离约为 1.03nm，有利于形成分子间氢键。

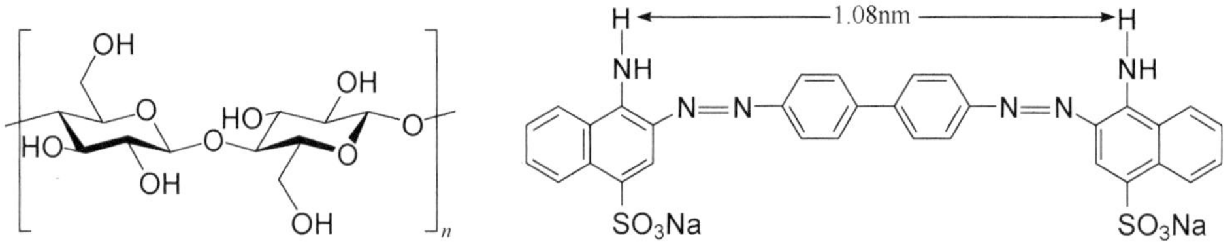

直接性是直接染料的重要性能之一。染料的直接性是指染料从染浴中自动上染纤维的性能，通常用染色过程达到平衡时上染染料的百分率来衡量。直接性的来源是染料分子与纤维分子间的相互作用力。染料的相对分子质量越大，线性和平面性越好，染料分子与纤维分子间的氢键和范德华作用力越大，直接性越高；染料在水中的溶解度越大，分子的空间位阻作用越大，直接性越低。

直接染料的分子结构大部分为偶氮型，且以双偶氮和三偶氮化合物为主，单偶氮染料分子较小，与纤维的直接性高，品种很少。

1. 双偶氮型

(1) A→M→Z 型。其中，A 为重氮组分，M 为偶合后仍带有一个可重氮化的氨基的偶合组分，Z 为偶合组分。M 应能够使染料分子呈线性平面结构，并保持共轭体系连贯，通常为克利夫酸、J 酸、2-甲氧基-5-甲基苯胺、α-萘胺等。这类染料共轭链长，平面性好，直接性高，以红至蓝色为主，耐洗和耐光牢度中等。

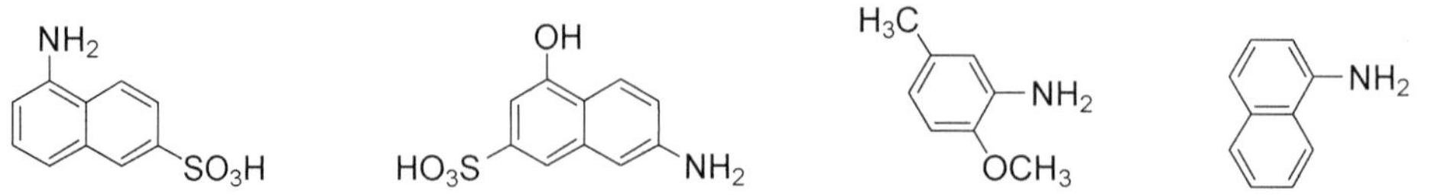

克利夫酸　　J酸　　2-甲氧基-5-甲基苯胺　　α-萘胺

例如，直接坚牢红 K 的合成过程是先以对氨基苯磺酸(A)为重氮组分，其重氮盐与苯胺(M)偶合得到单偶氮化合物。为了避免氨基偶氮化合物在酸性条件下生成醌式结构，将其在碱性条件下溶解，加盐析出细小粒子后，采用反式重氮化法进一步重氮化，并与

N-苯甲酰基J酸(Z)偶合。

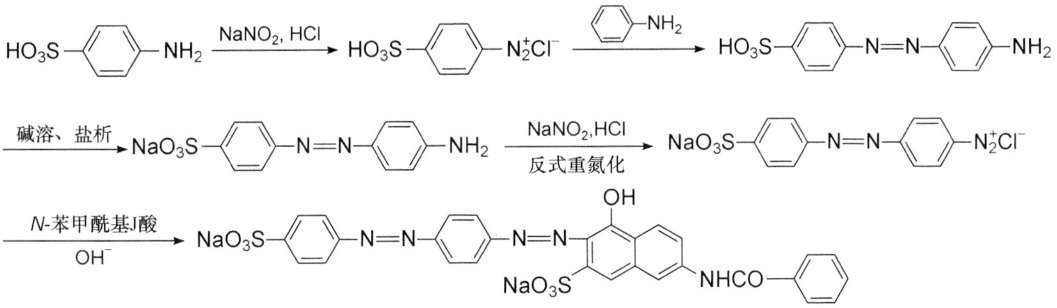

直接坚牢红K

(2) $A_1 \rightarrow Z \leftarrow A_2$型。Z是可以发生两次偶合反应的偶合组分，如间苯二酚、甲苯二胺、H酸，以及二芳基胺、二芳基脲等。直接耐光红棕是以1-氨基萘-4-磺酸和*α*-萘胺为重氮组分、间苯二胺为偶合组分合成；直接桃红12B是以苯胺为重氮组分、双J酸为偶合组分合成，双J酸是由J酸钠盐在亚硫酸氢钠存在下脱氨缩合而得；直接猩红4BS是以苯胺和乙酰苯胺为重氮组分、猩红酸为偶合组分合成，猩红酸由J酸与光气通过*N*-酰化反应合成。

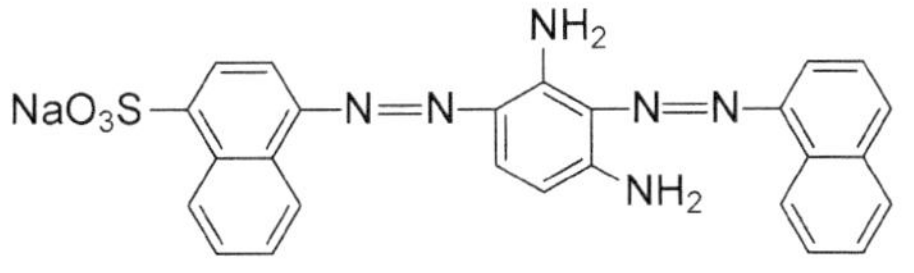

直接耐光红棕

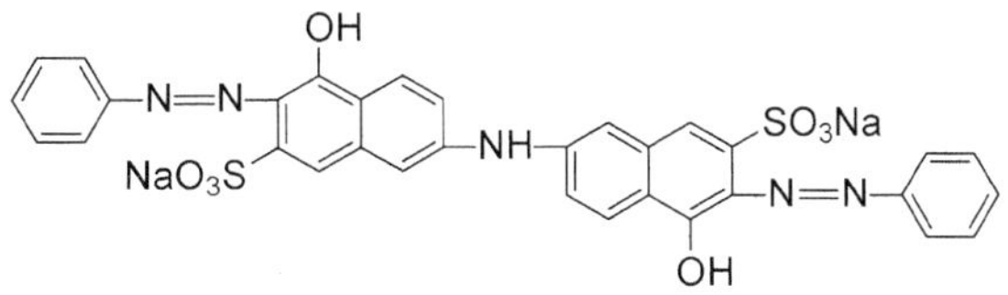

直接桃红12B

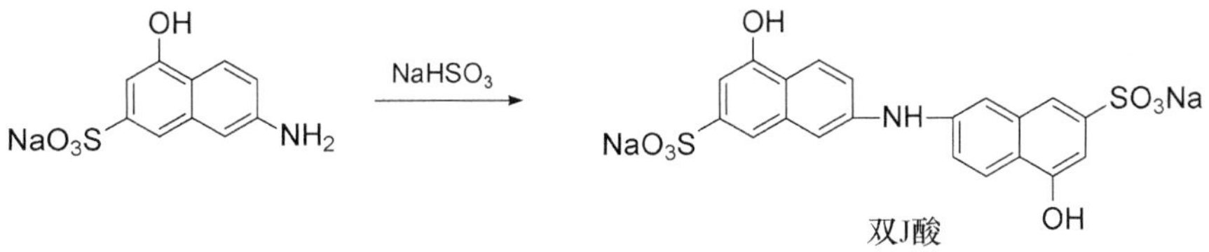

双J酸

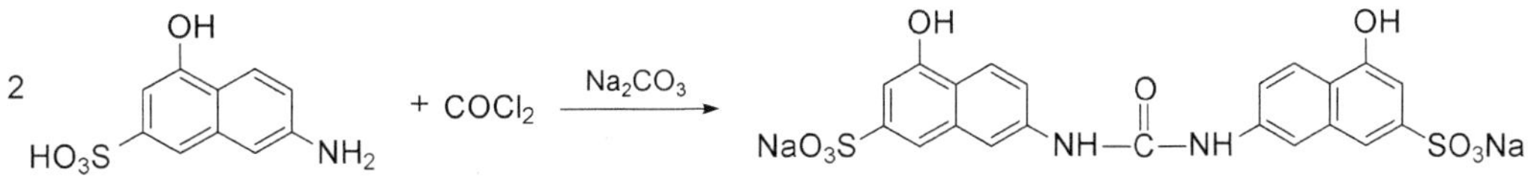

猩红酸

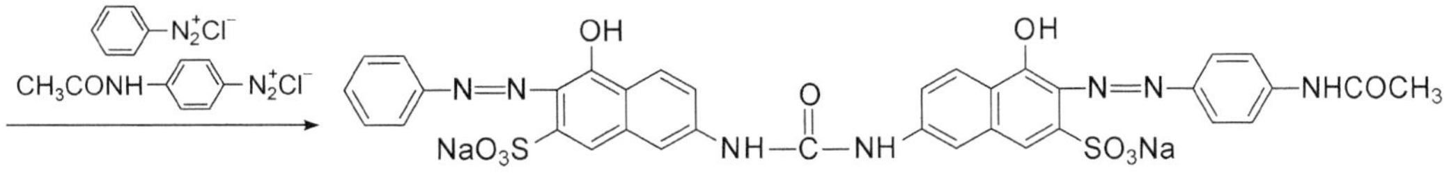

直接猩红4BS

(3) 联苯胺替代染料。可以表示为$E_1 \leftarrow D \rightarrow E_2$型，其中，D为可以形成两个重氮基的二氨基化合物。以联苯胺、3,3′-二甲基联苯胺(联甲苯胺)、3,3′-二甲氧基联苯胺(联大茴香胺)为重氮组分的双偶氮染料曾在直接染料中占重要的地位，色谱包括红、蓝、绿、灰、黑、棕等，品种多，合成工艺简单，价格低廉。但因联苯胺及其衍生物的致癌性，这类染料自20世纪70年代开始逐渐被停止生产和禁止使用。

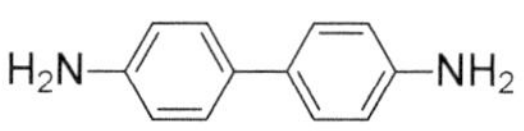

H_2N　NH_2　　H_3C　CH_3　H_2N　NH_2　　H_3CO　OCH_3　H_2N　NH_2

联苯胺 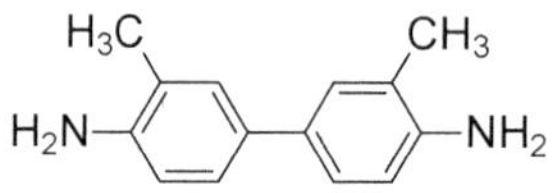　　联甲苯胺 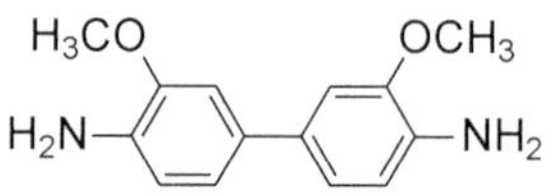　　联大茴香胺

已开发出的替代联苯胺的中间体主要有4,4′-二氨基苯甲酰苯胺、4,4′-二氨基二苯脲、1,5-二氨基萘等及其衍生物，以其合成的染料如下：

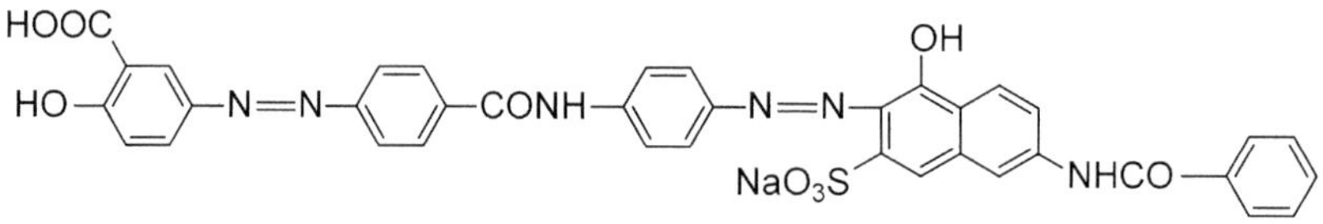

HOOC　HO　N=N　CONH　N=N　OH　NaO_3S　NHCO

直接红

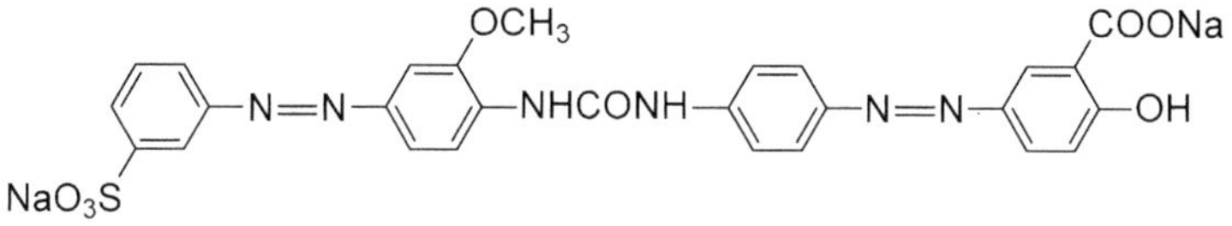

OCH_3　COONa　N=N　NHCONH　N=N　OH　NaO_3S

直接耐晒黄GC

NH_2　H_2N　N=N　N=N　OH　NH_2　N=N　NO_2　NaO_3S　SO_3Na

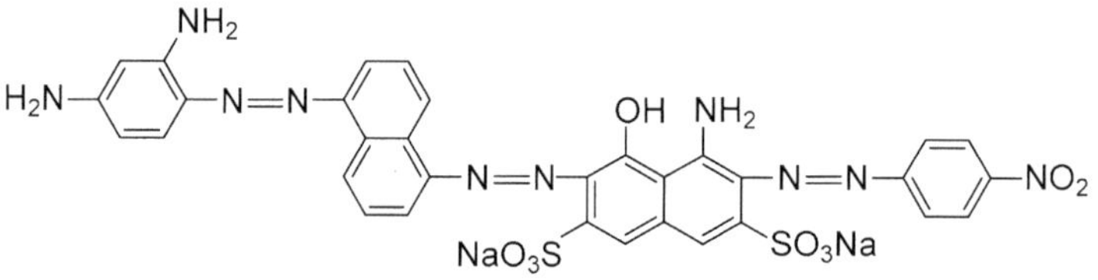

直接黑

此外，5-氨基-2-(4′-氨基苯基)-苯并咪唑、2-(对氨基苯基)-5-氨基苯并噻唑、2-(对氨基苯基)-6-氨基苯并噻唑、2,5-双-(对氨基苯基)-1,3,4-噁二唑、3,5-双-(对氨基苯基)-1,2,4-三唑等氨基芳基杂环化合物及其衍生物也可用作联苯胺的替代品。

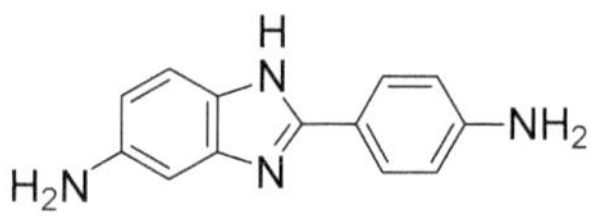

H　N　NH_2　H_2N　N　　S　NH_2　H_2N　N　　H_2N　S　NH_2　N

5-氨基-2-(4′-氨基苯基)-苯并咪唑 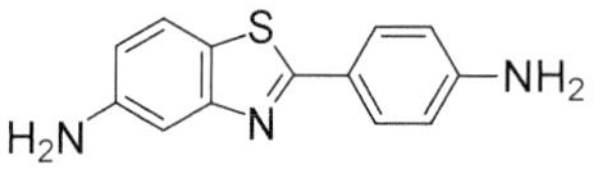　　2-(对氨基苯基)-5-氨基苯并噻唑 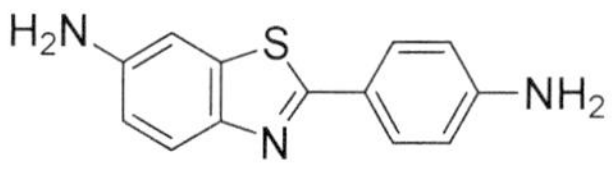　　2-(对氨基苯基)-6-氨基苯并噻唑

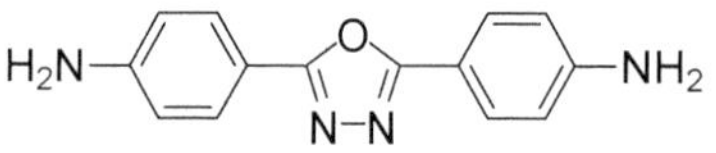

H_2N　O　NH_2　N–N　　H　N　H_2N　NH_2　HN–NH

2,5-双-(对氨基苯基)-1,3,4-噁二唑 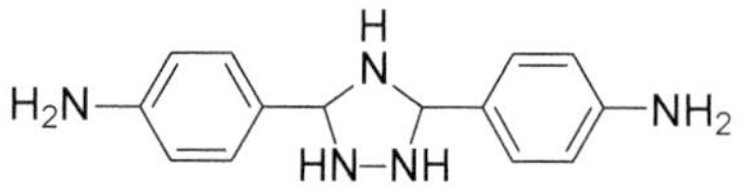　　3,5-双-(对氨基苯基)-1,2,4-三唑

(4) 二苯乙烯型。主要是以二氨基二苯乙烯二磺酸(DSD 酸)为重氮组分的双偶氮直接染料，也属于 $E_1 \leftarrow D \rightarrow E_2$ 型。此类染料平面性好，直接性较联苯胺类染料高，色泽鲜艳，耐光牢度较好。

$$H_2N-C_6H_3(SO_3H)-CH=CH-C_6H_3(SO_3H)-NH_2 \xrightarrow{NaNO_2,HCl} {}^-Cl^+N_2-C_6H_3(SO_3H)-CH=CH-C_6H_3(SO_3H)-N_2^+Cl^-$$

$$\xrightarrow[OH^-]{C_6H_5OH} HO-C_6H_4-N=N-C_6H_3(SO_3Na)-CH=CH-C_6H_3(SO_3Na)-N=N-C_6H_4-OH \xrightarrow{C_2H_5Cl}$$

$$C_2H_5O-C_6H_4-N=N-C_6H_3(SO_3Na)-CH=CH-C_6H_3(SO_3Na)-N=N-C_6H_4-OC_2H_5$$

直接冻黄G

2. 三聚氰酰型

三聚氰酰型是以三聚氯氰为原料合成的以三氮苯核为隔离基团的染料，其颜色是由两个甚至三个氨基连接的染料混合而成。此类染料直接性好，耐光、耐洗牢度高。以直接耐晒绿 BLL 为例，其合成过程如下：以对硝基苯胺为重氮组分，其重氮盐与水杨酸偶合，将偶氮基对位的硝基还原为氨基后与三聚氯氰缩合，所得产物再先后与 H 酸和苯胺缩合，得到以三氮苯为桥基的中间体 I；以 H 酸为重氮组分，其重氮盐与 2-氨基-4-甲基苯甲醚偶合，再进一步重氮化，最后在碱性条件下与中间体 I 偶合，得到染料直接耐晒绿 BLL。

$$O_2N-C_6H_4-NH_2 \xrightarrow[\text{重氮化}]{NaNO_2,HCl} \xrightarrow[\text{偶合}]{\text{水杨酸}} \xrightarrow[\text{还原}]{[H]} \xrightarrow[\text{缩合}]{\text{三聚氯氰}} \xrightarrow[\text{缩合}]{H\text{酸}} \xrightarrow[\text{缩合}]{C_6H_5NH_2}$$

I

$$H\text{酸} \xrightarrow[\text{重氮化}]{NaNO_2,HCl} \xrightarrow[\text{偶合}]{\text{2-氨基-4-甲基苯甲醚}} \xrightarrow[\text{重氮化}]{NaNO_2,HCl} \xrightarrow[\text{偶合}]{I}$$

直接耐晒绿BLL

3. 多偶氮型

含有三个或三个以上偶氮基的多偶氮染料分子的相对分子质量高，对纤维的直接性好，以深色谱为主，色光较暗，合成反应简单，但合成过程较长。三偶氮染料如直接耐晒蓝 B2RL，其合成是以氨基 C 酸(2-萘胺-4,8-二磺酸)为重氮组分，重氮化后与 1-萘胺偶合；然后再重氮化，与 1,6-萘胺磺酸偶合；再重氮化，最后与 J 酸偶合制得。类似结构和合成方法的染料如直接耐晒蓝 RGL。

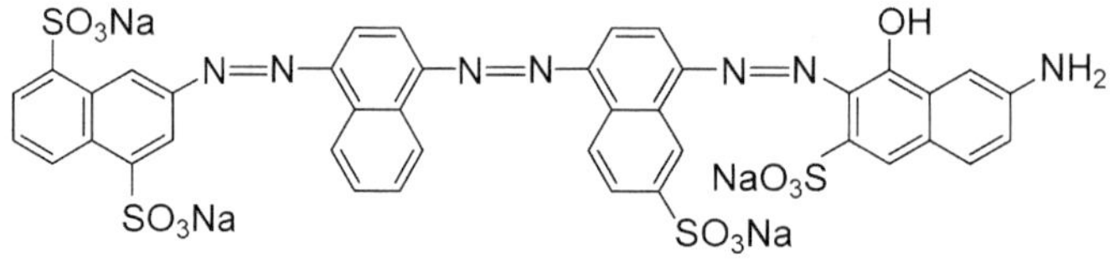

直接耐晒蓝B2RL

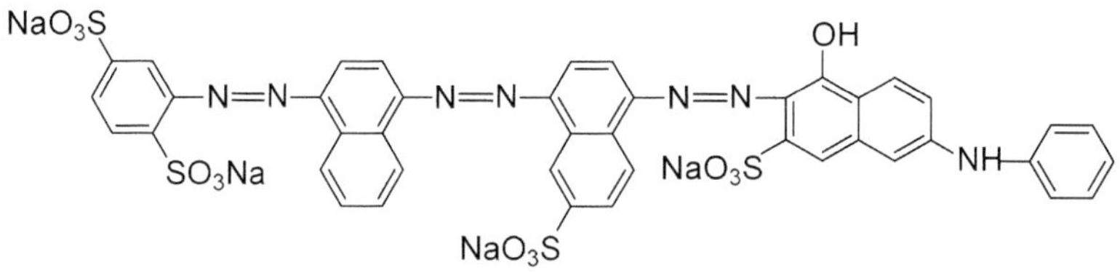

直接耐晒蓝RGL

四偶氮染料大多为混合物，色光发暗，以棕色和黑色品种最为重要，如直接耐晒黑G，其结构式如下：

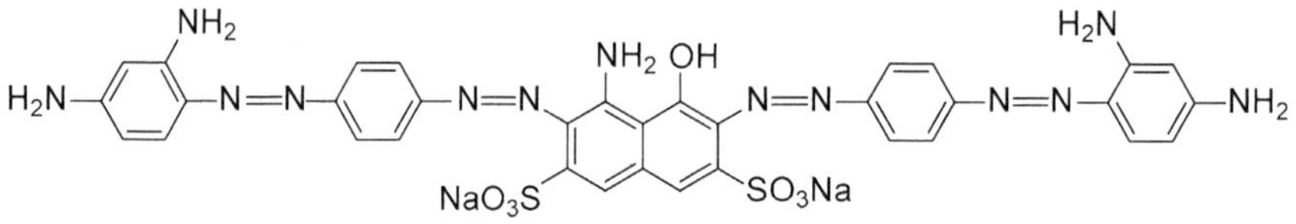

4. 铜络合型

直接染料分子中如果具有邻,邻′-二羟基、邻-羟基-邻′-羧基或邻-羟基-邻′-甲氧基偶氮芳烃结构，可与硫酸铜和氨水在 80～90℃发生铜络合反应生成铜络合物，使染料的水溶性变小，耐洗和耐晒牢度提高，但色光变暗。

根据商品染料是否为铜络合物，此类染料可以分为直接铜盐染料和铜盐络合直接染料。前者商品染料本身不是铜络合物，在使用时先按照直接染料的染色方法进行染色，然后以硫酸铜等铜盐处理，在纤维上形成络合物，如直接铜盐蓝 GL。铜盐络合直接染料是在染料制备过程中完成络合反应，商品染料本身是铜盐络合物，如直接耐晒红玉 BBL。

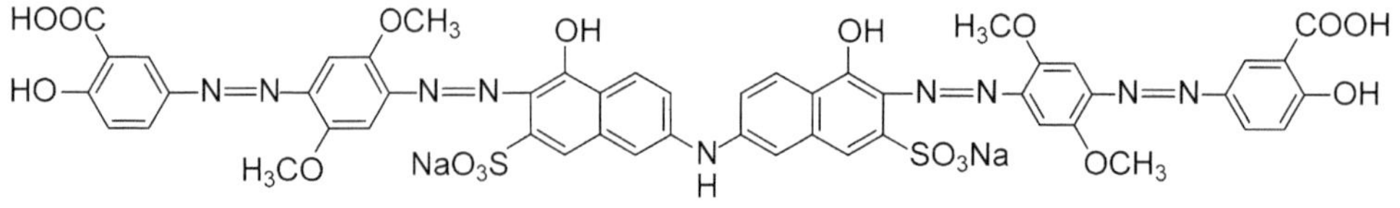

直接铜盐蓝GL

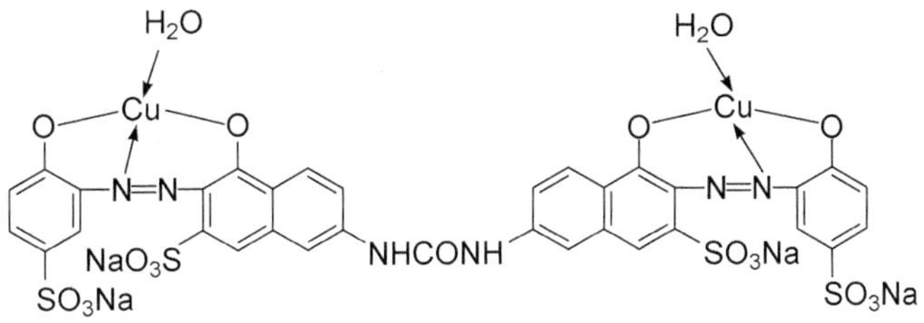

直接耐晒红玉BBL

5. 非偶氮型

非偶氮型染料品种较少，主要包括二噁嗪和酞菁结构的直接染料。二噁嗪染料色泽鲜艳，着色率高，牢度很好，如直接耐晒蓝 FFRL。酞菁结构的直接染料是由铜酞菁磺化制得，色泽鲜艳，耐晒牢度高，如直接耐晒翠蓝 GL(结构式见 2.1.3)。

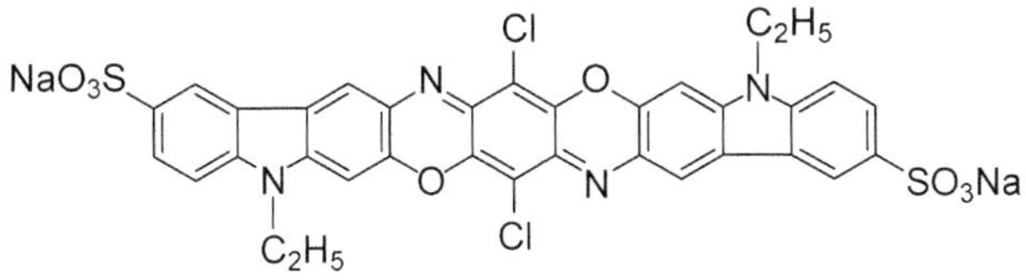

直接耐晒蓝FFRL

2.3.3 不溶性偶氮染料

不溶性偶氮染料是由重氮组分的重氮盐和偶合组分在纤维上形成的偶氮染料，因在制备重氮盐和偶合显色时需要在冰冷却条件下进行，因此也称冰染染料。通常将不溶性偶氮染料的偶合组分称为色酚，重氮组分称为色基。色酚和色基决定了染料的颜色和牢度。

这类染料分子中不含水溶性基团，水洗牢度较高；耐光牢度较好，可以达到 6 级或以上；以橙、红、棕色为主，蓝、绿、黑等深色品种较少，与还原染料互补；色泽浓艳，适于染浓色；合成简单，价格低廉，应用广泛。其缺点是耐摩擦牢度低，不耐氧漂。

不溶性偶氮染料主要用于纤维素纤维的染色和印花。在实际应用过程中，一般是先使棉纤维织物吸收偶合组分(色酚)，然后用重氮组分(色基)的重氮盐处理，即可在纤维上生成染料而显色。在印染工艺上，被染品吸收色酚的过程称为打底，与色基重氮盐偶合的过程称为显色，因此，色酚和色基也被称为打底剂和显色剂。

不溶性偶氮染料的商品不是成品染料，而是色酚和色基两类组分。为了简化印染工艺，也常将色基制成重氮盐的稳定形式，即色盐。色盐溶于水即可用于显色过程，省去了印染厂的重氮化操作。

1. 色酚

不溶性偶氮染料的色酚主要有 2-羟基-3-萘甲酰芳胺类、乙酰乙酰芳胺类、蒽和杂环甲酰芳胺类等 3 类。色酚结构中的酰胺基能与纤维素分子中的伯醇羟基形成氢键，使色酚与棉纤维之间具有直接性；羟基在偶合后与邻位的偶氮基形成氢键，使染料分子难以离解，提高耐洗和耐碱牢度。

(1) 2-羟基-3-萘甲酰芳胺类，是色酚中品种最多、最为重要的一类，主要生成红、紫和蓝色染料。这类色酚是由 2,3-酸与芳胺在 PCl_3 存在下通过 *N*-酰化反应制得的，其结构通式和主要品种如表 2-13 所示。

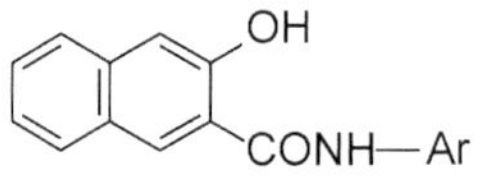

OH
CONH—Ar

表 2-13　2-羟基-3-萘甲酰芳胺类色酚的主要品种

Ar	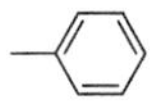 —	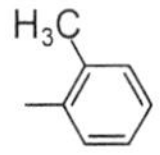 H_3C	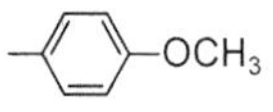 —OCH_3	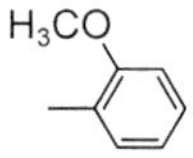 H_3CO	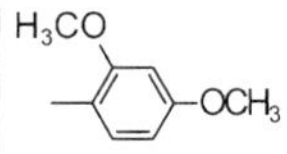 H_3CO, —OCH_3	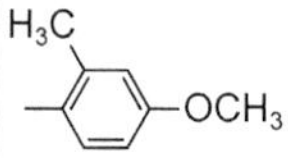 H_3C, —OCH_3	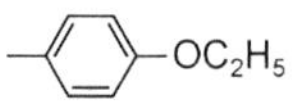 —OC_2H_5
名称	色酚 AS	色酚 AS-D	色酚 AS-RL	色酚 AS-OL	色酚 AS-BG	色酚 AS-LT	色酚 AS-VL
Ar	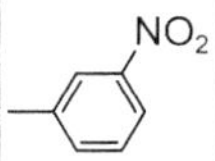 NO_2	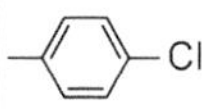 —Cl	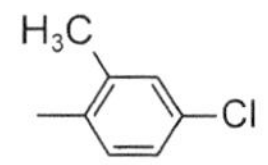 H_3C, —Cl	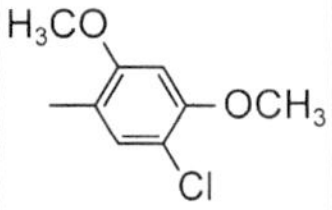 H_3CO, —OCH_3, Cl	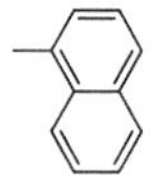	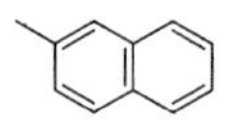	
名称	色酚 AS-BS	色酚 AS-E	色酚 AS-TR	色酚 AS-ITR	色酚 AS-BO	色酚 AS-SW	

在 2-羟基-3-萘甲酰芳胺的芳环上引入取代基，会使生成的染料的颜色发生变化，不同取代基的深色效应按照 NO_2>Cl>CH_3>H>OCH_3 的顺序递减。同一取代基处于不同的位置，深色效应也不同。通常，在酰胺基的对位时颜色最深，在间位时稍浅，在邻位时最浅。

引入极性取代基不仅对染料的颜色有影响，而且可以提高色酚对棉纤维的亲和力。例如，将 2-羟基-3-萘甲酰芳胺的芳环由苯环换为萘环，对棉纤维的亲和力显著提高。部分色酚对棉纤维的亲和力大小顺序如下：色酚 AS-BO>AS-ITR>AS-BS>色酚 AS-E>色酚 AS-RL>色酚 AS-OL>色酚 AS-D>色酚 AS。

(2) 酰基乙酰芳胺类。多数为乙酰乙酰芳胺化合物，是在两个羰基间的活泼亚甲基上发生偶合反应的色酚，生成的染料以黄色为主。主要品种如下：

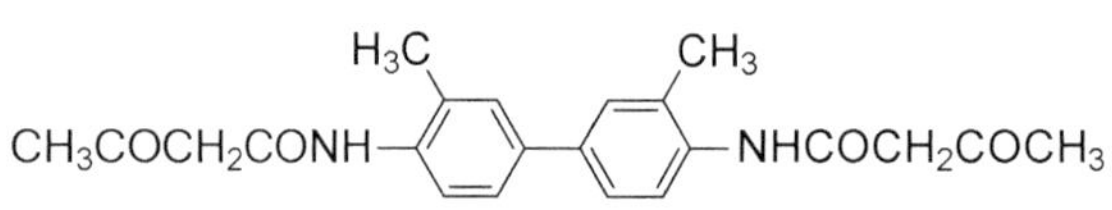

H_3C　CH_3
CH_3COCH_2CONH—　—$NHCOCH_2COCH_3$

色酚AS-G

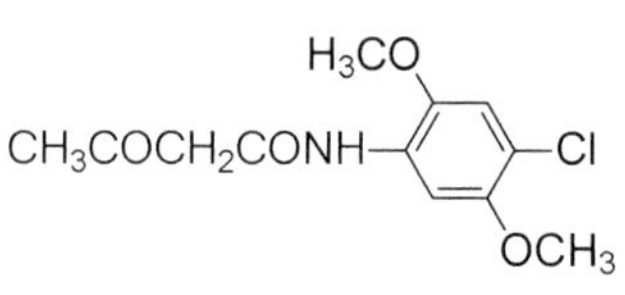

H_3CO
CH_3COCH_2CONH—　—Cl
OCH_3

色酚AS-IRG

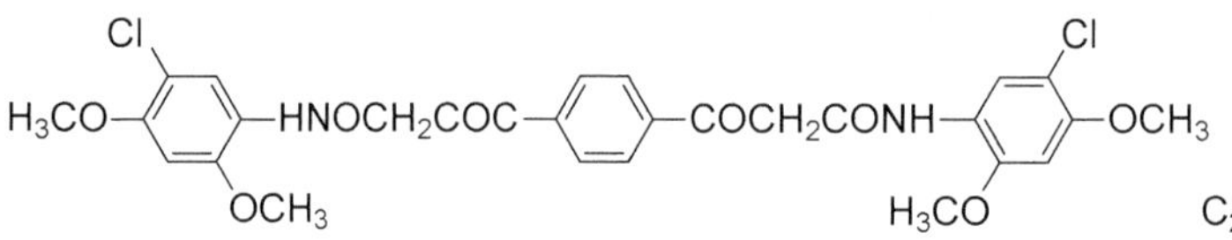

Cl　Cl
H_3CO—　—$HNOCH_2COC$—　—$COCH_2CONH$—　—OCH_3
OCH_3　H_3CO

色酚AS-LG

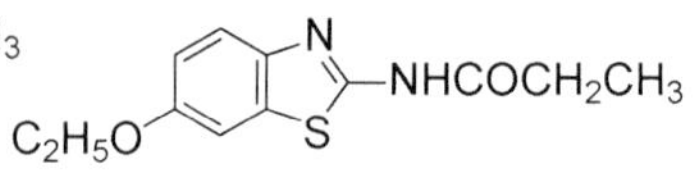

N
—$NHCOCH_2CH_3$
C_2H_5O　S

色酚AS-L4G

(3) 蒽和杂环甲酰芳胺类，是能够生成绿色、棕色和黑色等颜色染料的色酚。例如，色酚AS-GR与蓝色基BB的重氮盐偶合可以得到蓝光绿色染料；色酚AS-BT、色酚AS-KN

以及色酚 AS-LB 与红色基 B 的重氮盐偶合可以得到棕色染料；色酚 AS-SG、色酚 AS-SR 与红色基 B 的重氮盐偶合可以得到黑色染料。这类染料总体上直接性好，牢度优良，但成本较高，价格偏高。

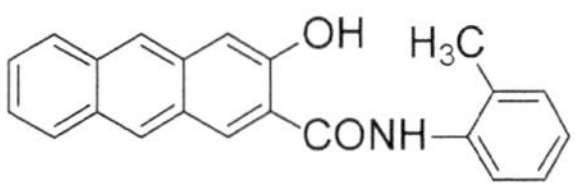

色酚AS-GR 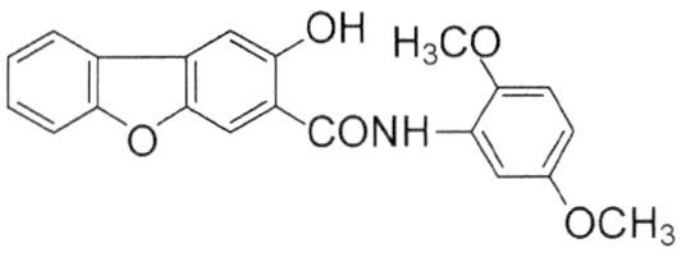　　色酚AS-BT 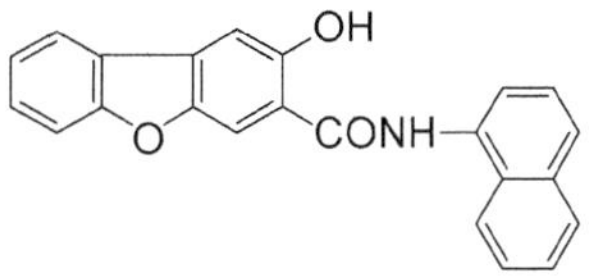　　色酚AS-KN

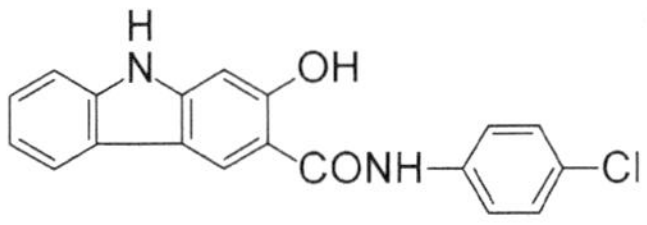

色酚AS-LB 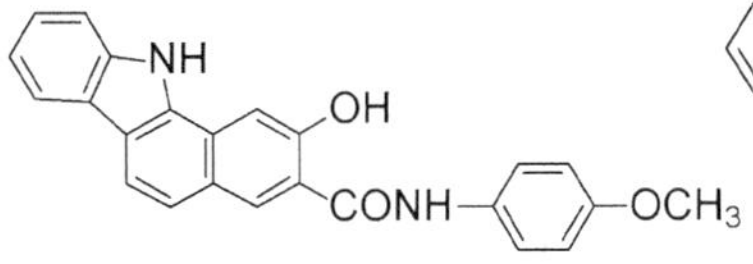　　色酚AS-SG 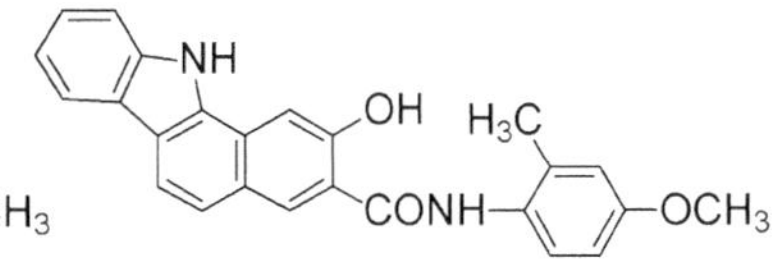　　色酚AS-SR

2. 色基

色基是不含水溶性基团的芳胺化合物，主要是含有氯、硝基、氰基、三氟甲基、芳胺基、甲砜基、乙砜基、磺酰胺基等取代基的苯胺、甲苯胺或甲氧基苯胺。甲氧基的深色效应最为明显，其次是甲基，然后是氯，硝基最小。氯和氰基可使色光鲜明，硝基会使颜色变暗，三氟甲基、乙砜基、磺酰胺基等可提高染料的日晒牢度。

色基名称中的色称是按照其与一定的色酚偶合后生成的染料的颜色命名的。例如，黄色基 GC 常用来与色酚 AS-G 偶合生成绿光黄色染料，虽然其与色酚 AS 偶合可以得到红色，但在实际印染中应用很少。而红、蓝、棕、黑等色基名称中的色称，一般是其与色酚 AS 偶合生成的颜色。

根据结构的不同，色基主要有苯胺衍生物、*N*-取代对苯二胺衍生物和氨基偶氮苯衍生物等 3 类。苯胺衍生物的结构通式和主要品种如表 2-14 所示。

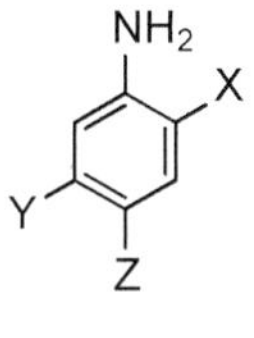

表 2-14 苯胺衍生物类色基的主要品种

X	Cl	H	$SO_2C_2H_5$	Cl	Cl	CH_3	NO_2	CH_3
Y	H	Cl	CF_3	CF_3	Cl	NO_2	H	Cl
Z	H	H	H	H	H	H	Cl	H
名称	黄色基 GC*	橙色基 GC	金橙色基 GR	橙色基 RD	大红色基 GG	大红色基 G	红色基 3GL	红色基 KB
X	CH_3	OCH_3	OCH_3	OCH_3	OCH_3	CF_3	NO_2	
Y	H	NO_2	Cl	H	$SO_2N(C_2H_5)_2$	H	H	
Z	NO_2	H	H	NO_2	H	Cl	OCH_3	
名称	红色基 RL	大红色基 R	红色基 RC*	红色基 B	红色基 ITR	大红色基 VD	枣红色基 GP	

*产品为芳胺的盐酸盐。

N-取代对苯二胺衍生物类色基主要有芳基取代对苯二胺和芳甲酰基取代对苯二胺，其重氮盐与色酚 AS 偶合主要得到紫色、蓝色和黑色，主要品种如下：

H_3CO—⟨苯环⟩—NH—⟨苯环⟩—NH_2

蓝色基VB

H_2N—⟨苯环⟩—NH—⟨苯环⟩—NH_2

黑色基B

O, H_3C, C—NH, NH_2, OCH_3

紫色基B

O, C_2H_5O, C—NH, NH_2, OC_2H_5

蓝色基BB

氨基偶氮苯衍生物与色酚 AS 偶合可以得到枣红色、棕色和黑色，主要品种如下：

H_3C, H_3C, N=N, $NH_2 \cdot HCl$

枣红色基GC

O_2N, N=N, Cl, CH_3, OCH_3, H_2N

棕色基V

O_2N, N=N, Cl, OCH_3, NH_2, H_3CO

黑色基K

H_2N, N=N, OCH_3, NH_2, H_3CO

黑色基LS

3. 色盐

色盐是重氮盐的稳定形式，使用色盐不仅能使印染厂减少重氮化的操作，而且可以使重氮盐转变为能够长期保存的稳定形式。一般的重氮盐不稳定，遇热或光易发生分解，干燥品容易爆炸。因此，色盐必须满足一定的要求，如能够耐受 50～60℃的温度；能够保存一定的时间而不发生变质；在运动和撞击下不会因急剧分解而爆炸；使用时容易转为能偶合的活泼形式等。

色盐主要有 4 种形式，即重氮化合物的稳定的盐酸盐或硫酸盐、金属复盐、氟硼酸盐和芳磺酸盐。例如蓝色盐 VB 和蓝色盐 VFGC，由于自身比较稳定，不需要其他的稳定化处理，只需混入无水硫酸钠或无水硫酸铝等吸水剂和稀释剂，使色盐的含量达到 20%左右即可。

H_3CO—⟨苯环⟩—NH—⟨苯环⟩—$N_2^+ \cdot Cl^-$

蓝色盐VB

⟨苯环⟩—NH—⟨苯环⟩—$N_2^+ \cdot HSO_4^-$, OCH_3

蓝色盐VFGC

重氮化合物能与某些金属盐形成稳定复盐，常用金属盐是氯化锌。将色基重氮化后，加入稍过量的氯化锌，重氮盐与氯化锌的理论物质的量比为 2∶1，最后用食盐将色盐析出。

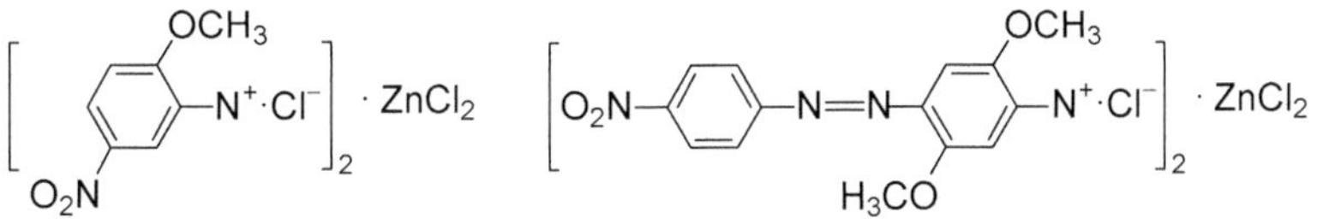

大红色盐R　　黑色盐K

此外，有些重氮化合物能与氟硼酸钠形成具有较好热稳定性的氟硼酸盐，如橙色盐GC、红色盐 RL；或与芳磺酸生成稳定的芳磺酸盐，如红色盐 B。但这两类色盐在水中的溶解度均较小。

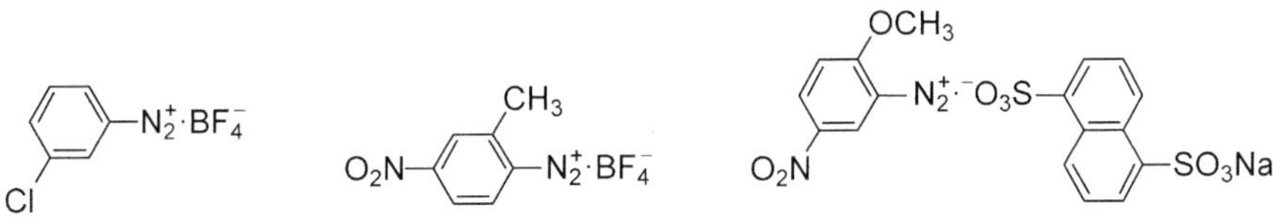

橙色盐GC　　红色盐RL　　红色盐B

2.3.4 还原染料

还原染料是指在碱性低亚硫酸钠(保险粉，$Na_2S_2O_4$)溶液中还原后才能染色的染料。还原染料是不溶于水的有色有机化合物，其分子结构中不含有磺酸基或羧酸基等水溶性基团。在分子共轭双键系统中含有两个或多个羰基(C═O)，因此都能在碱性条件下被保险粉还原，羰基转变为羟基，成为可溶于水的还原体钠盐，即隐色体。还原染料的隐色体对纤维具有亲和力，能被纤维所吸附。吸附在纤维上的隐色体经空气或其他氧化剂的氧化，又转化为不溶性的还原染料而固着在纤维上，此过程可表示如下：

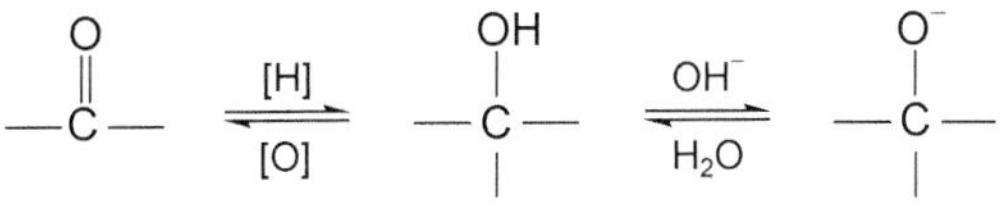

$$\underset{\text{染料}}{-\overset{O}{\overset{\|}{C}}-} \underset{[O]}{\overset{[H]}{\rightleftharpoons}} \underset{\text{隐色酸}}{-\overset{OH}{\overset{|}{\underset{|}{C}}}-} \underset{H_2O}{\overset{OH^-}{\rightleftharpoons}} \underset{\text{隐色体}}{-\overset{O^-}{\overset{|}{\underset{|}{C}}}-}$$

还原染料色谱齐全，有黄、橙、红、紫、蓝、绿、棕、灰、黑等颜色，其中深色谱较多，色泽鲜艳，有较好的全面性能，特别是耐光和耐洗牢度优异。主要用于棉、麻、黏胶、维纶等纤维的染色和印花，有的品种还可用作有机颜料使用。

还原染料的结构类型主要包括蒽醌衍生物、稠环酮类和靛族染料等 3 类。

1. 蒽醌衍生物

蒽醌衍生物类还原染料品种较多，大致分为两类，一类是酰胺基蒽醌型，另一类是在蒽醌的 1,2-位或 2,3-位构成杂环衍生物，如蒽醌咔唑、蒽醌对氮苯、蒽醌噁二唑、蒽醌噻唑和蒽醌氮蒽酮衍生物。

酰胺基蒽醌还原染料主要是苯甲酰胺基蒽醌。这类染料颜色鲜艳，根据酰胺基数量和位置的不同，可以得到黄、橙、红和紫色。酰胺基位于 α-位时产生深色效应，且在同一环上影响更大；酰胺基位于 β-位则产生浅色效应。

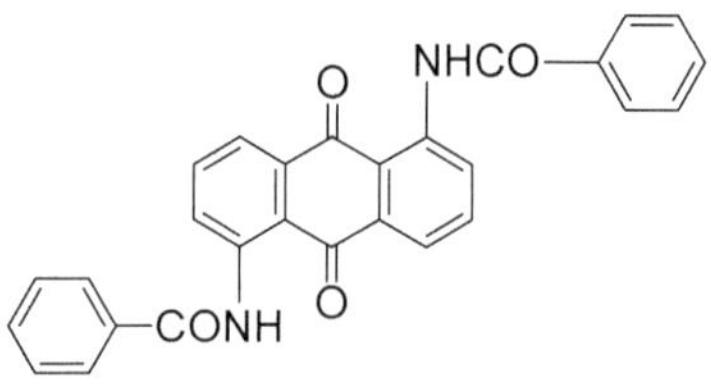

还原黄GK

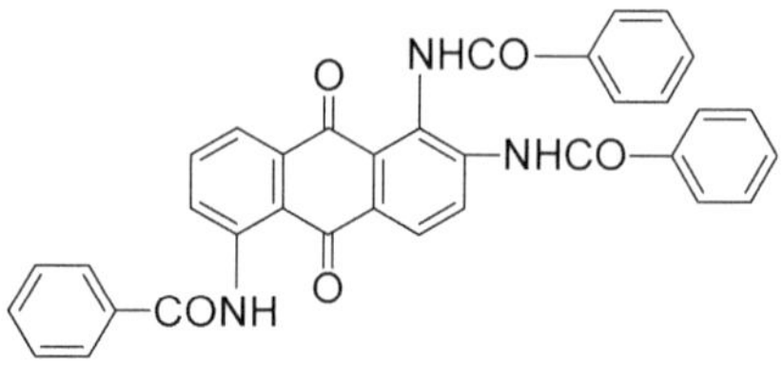

还原橙RRK

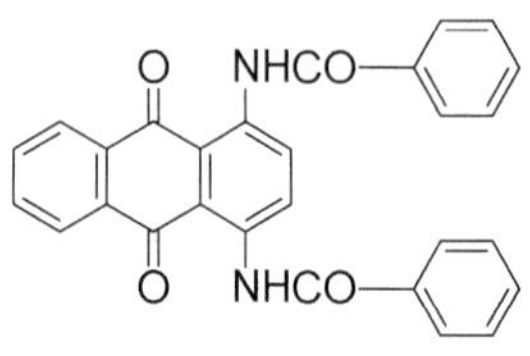

还原红5GK

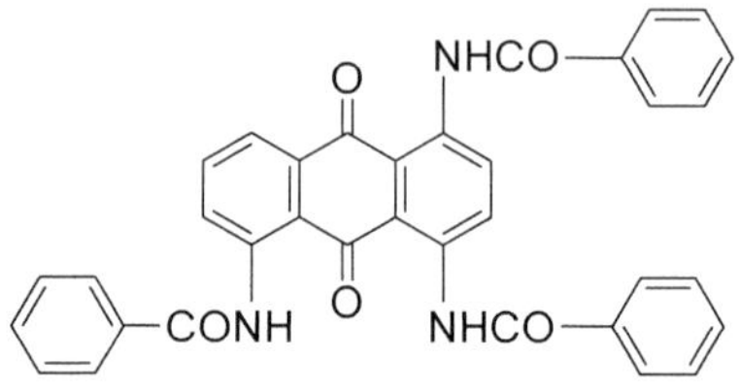

还原红X5B

芳胺基蒽醌是由氨基蒽醌与芳羧酸的酰氯在有机溶剂中加热反应制得的。

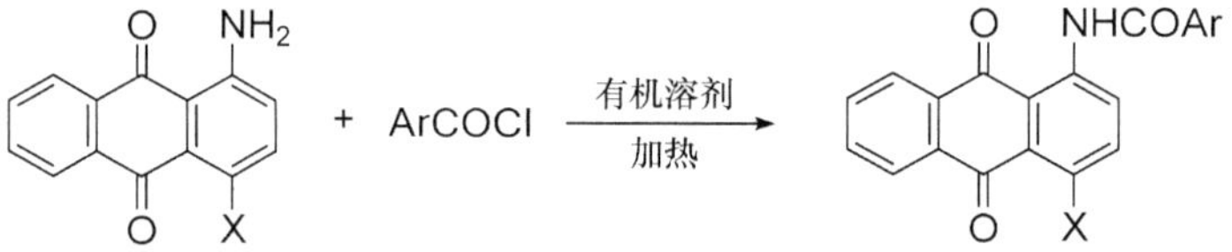

二元酸的酰氯也可与 2 分子氨基蒽醌缩合生成苯二甲酰基蒽醌，如还原黄 2GW。某些还原染料对纤维具有光敏脆损作用，简称光脆性，即染着在纤维上的染料吸收光量子后，将能量传递给纤维分子，导致纤维分子断裂，纤维变脆破损的现象。以三聚氯氰为酰化试剂得到的酰胺基蒽醌染料光脆性较小，如还原黄 2GR。

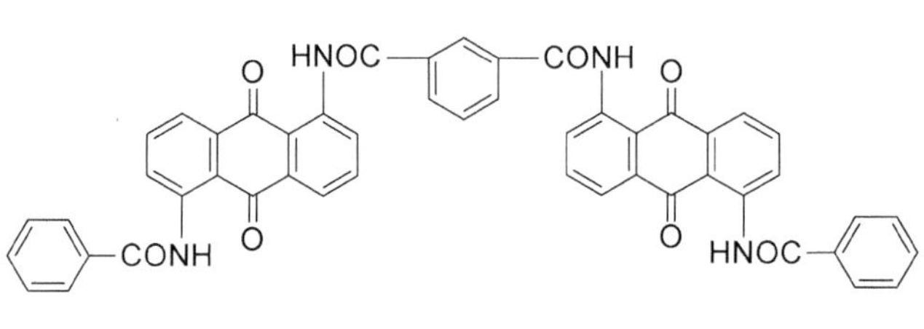

还原黄2GW

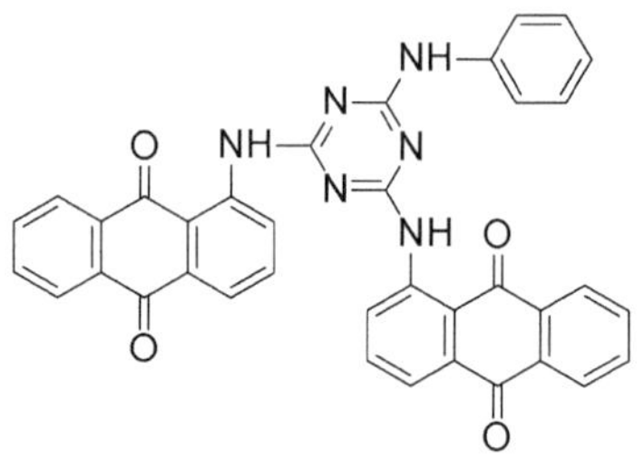

还原黄2GR

由于酰胺基的存在，酰胺基蒽醌类染料不能在高温下还原，一般在 20～30℃的弱碱性染浴中染色。

蒽醌咔唑型还原染料是一类比较重要的还原染料，主要有黄、橙、棕、橄榄绿等颜色，色泽鲜艳，匀染性好，各项牢度优良。这类染料是由蒽醌亚胺经亚氨基邻位脱氢环合制得的。例如，还原橙 3G 是由 1-氨基-5-苯甲酰氨基蒽醌与 1-氯-5-苯甲酰氨基蒽醌缩合、闭环、氧化制得。此类染料的代表性品种还有还原黄 FFRK、还原棕 BR、还原咔叽 2G 等。

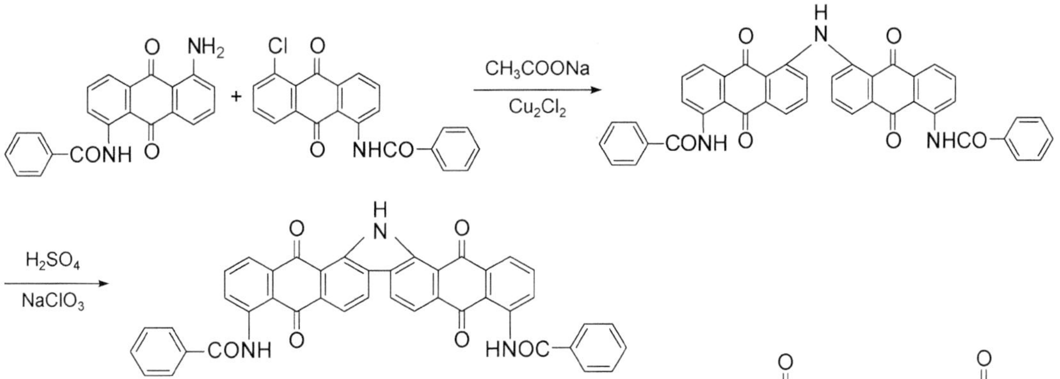

还原橙3G

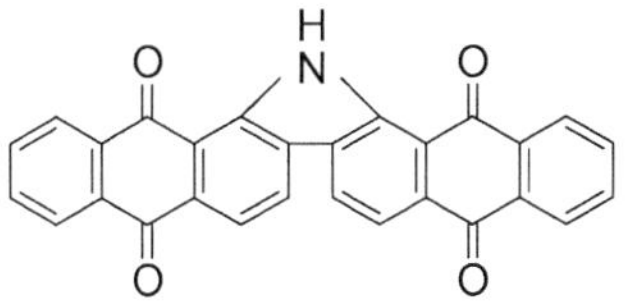

还原黄FFRK 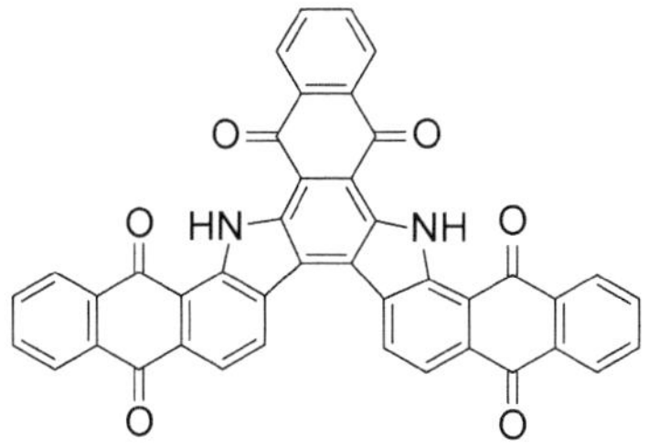　　还原棕BR 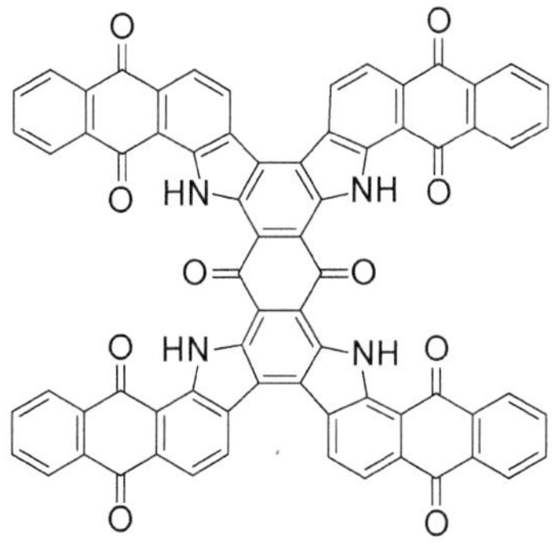　　还原咔叽2G

蒽醌对氮苯型还原染料是分子中含有对氮苯或氢化对氮苯结构的染料，主要为蓝色，代表性品种如还原蓝 RS 和还原蓝 BC。还原蓝 RS 对纤维亲和力较强，耐光、耐酸碱、耐洗牢度优异，但耐氯漂牢度不理想。还原蓝 BC 为天蓝色，应用广泛，耐氯漂性能优异。这类染料是以氨基蒽醌或其衍生物为原料合成的。

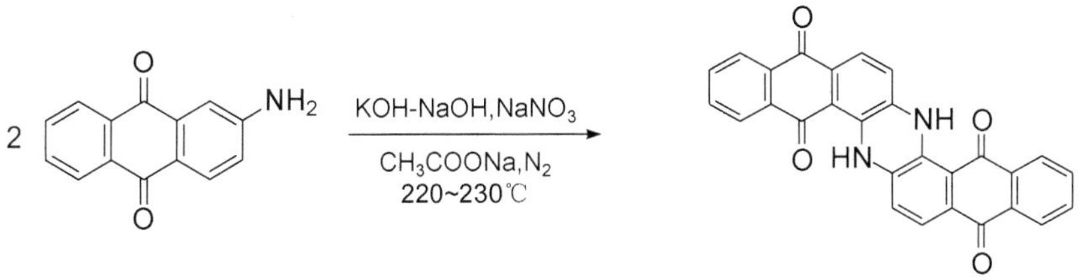

还原蓝RS

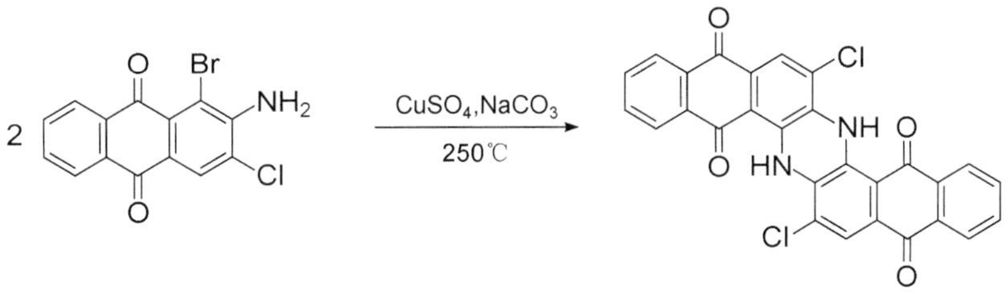

还原蓝BC

此外，蒽醌噁二唑型还原染料色光鲜艳，各项性能优异，有红、蓝、藏青和灰等颜色，还原红 F3B 是首先生产的这一类染料品种。蒽醌噻唑型还原染料分子中含有与蒽醌稠合的噻唑环，可以是在蒽醌核的两侧并合噻唑环，如还原黄 GCN，也可以是两个蒽醌环间夹一个噻唑环，如还原蓝 CLG。蒽醌氮蒽酮型还原染料也称为吖啶酮型还原染料，相对分子质量较小，主要为红、紫、蓝色，色光鲜艳，耐光性好，无明显的光脆性，代表性品种如还原艳红 BBL、还原红紫 RRK、还原紫 RN 和还原蓝 CLN 等。

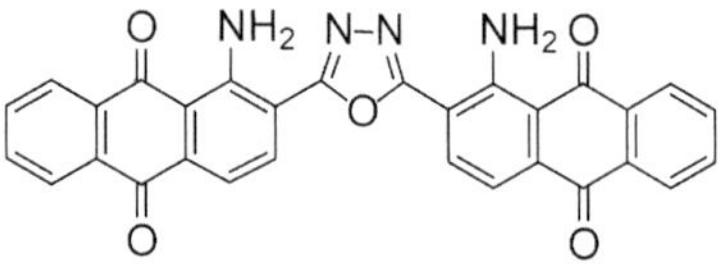

还原红F3B 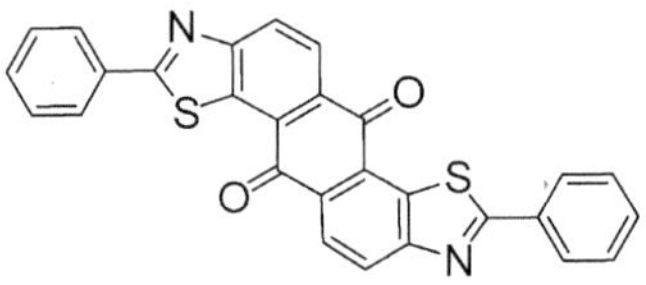　　还原黄GCN 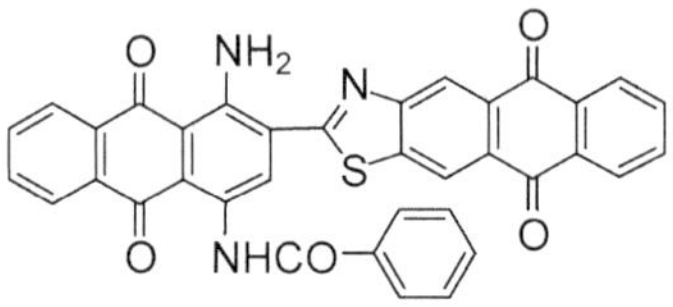　　还原蓝CLG

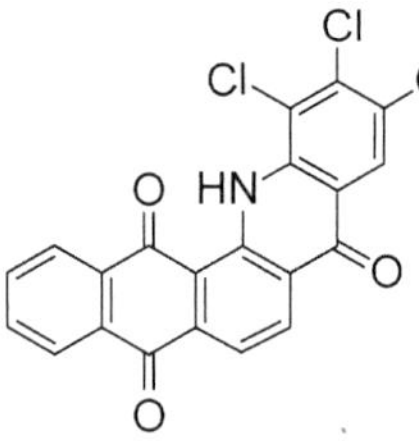

还原艳红BBL 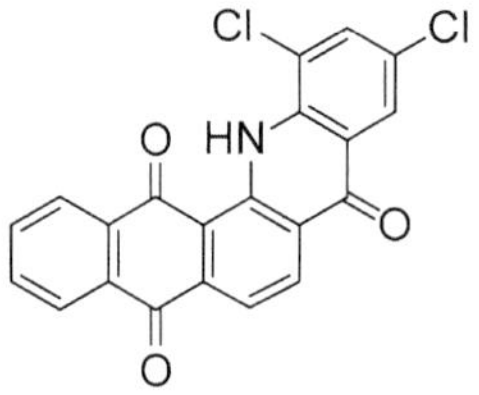　　还原红紫RRK 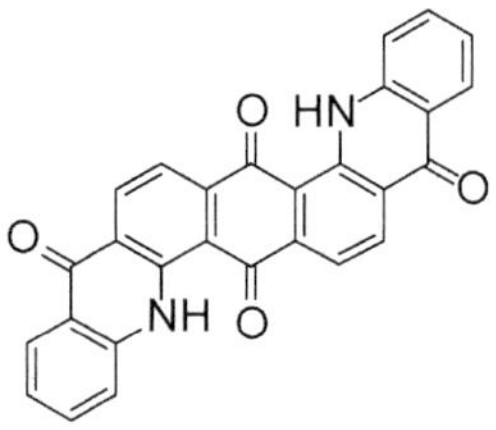　　还原紫RN 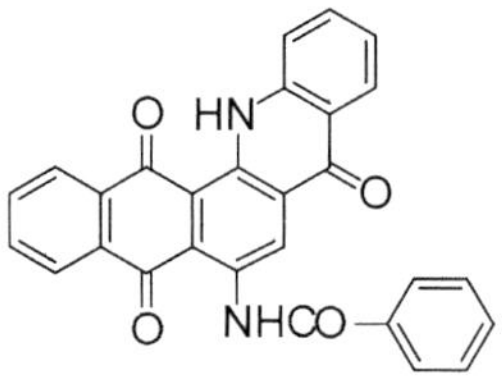　　还原蓝CLN

2. 稠环酮类

稠环酮类还原染料主要包括蒽酮衍生物染料、萘四羧酸和苝四羧酸衍生物染料两类。

蒽酮衍生物染料包括重要的蓝、绿、紫、灰、黑等颜色的还原染料品种，根据分子结构的不同可分为 5 类，即苯绕蒽酮衍生物染料，如还原艳绿 FFB(紫蒽酮型)、还原艳紫 3B(异紫蒽酮型)和还原橄榄绿 B(苯绕蒽酮-蒽醌型)；蒽缔蒽酮衍生物染料，如还原艳橙 RK、还原灰 BG(由还原艳橙 RK 与 4-氨基苯甲酰氨基蒽醌缩合制得)；芘蒽酮衍生物染料，如还原金橙 G(芘蒽酮)、还原黑 RB(由四溴芘蒽酮与 1-氨基蒽醌和氨基紫蒽酮在萘溶剂中缩合制得)；嘧啶蒽酮衍生物染料，如还原黄 7GK；二苯并芘醌衍生物染料，如还原金黄 RK。

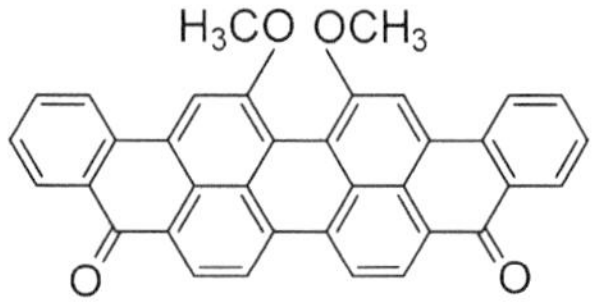

还原艳绿FFB 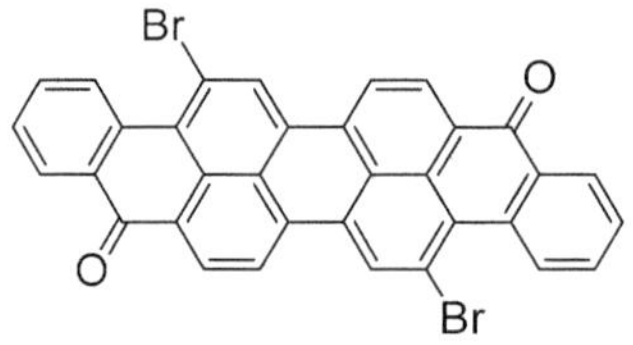　　还原艳紫3B 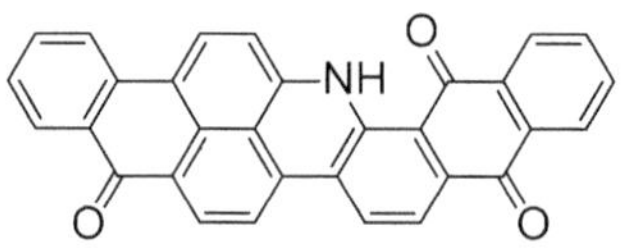　　还原橄榄绿B

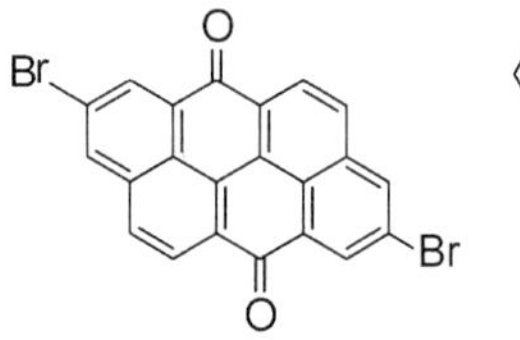

还原艳橙RK 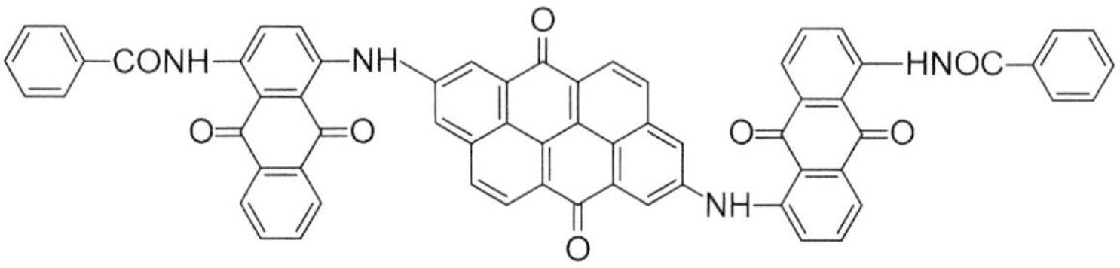　　还原灰BG

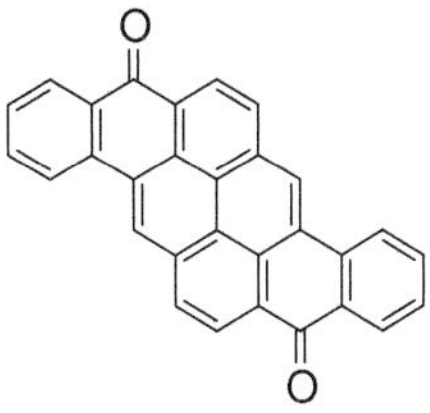

还原金橙G(芘蒽酮)

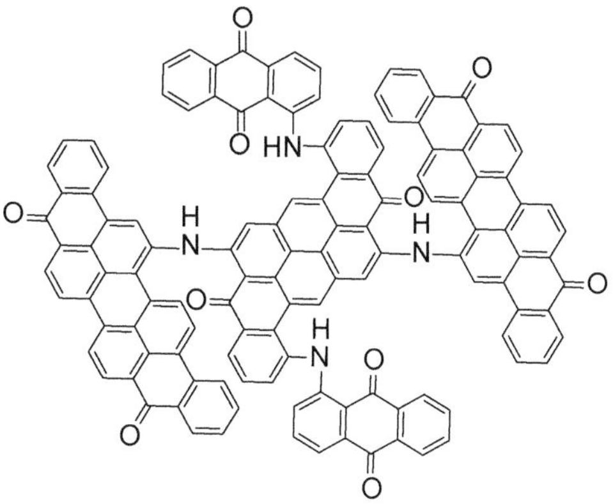

还原黑RB

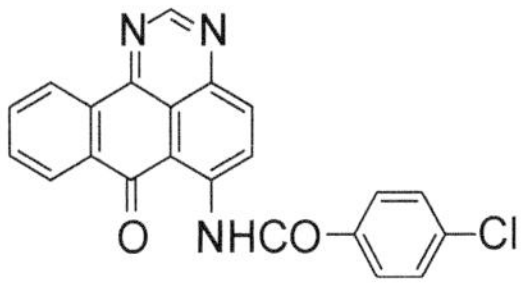

还原黄7GK

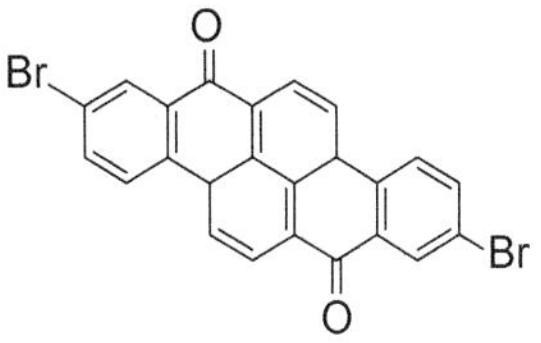

还原金黄RK

萘四羧酸和苝四羧酸衍生物染料通常是由萘四羧酸酐和苝四羧酸酐与芳胺缩合制得的，如还原大红 2G 是由萘四羧酸酐与苯胺缩合，再在乙酐存在下于 120℃脱水环合制得，所得产物为顺、反两种异构体的混合物，由于两种异构体在浓硫酸或氢氧化钾乙醇溶液中的溶解度不同，可以将其分离，得到还原艳橙 GR(反式异构体)和还原枣红 2R(顺式异构体)。还原大红 R 是由苝四羧酸酐与对氨基苯甲醚缩合制得。萘四羧酸和苝四羧酸衍生物还原染料中的一些品种也作为有机颜料使用。

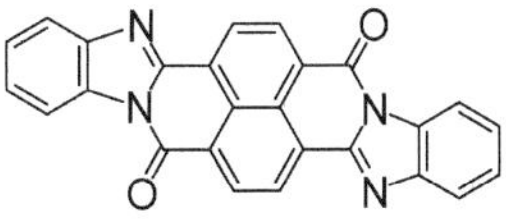

还原艳橙GR 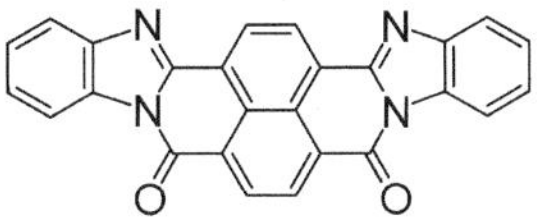　　还原枣红2R 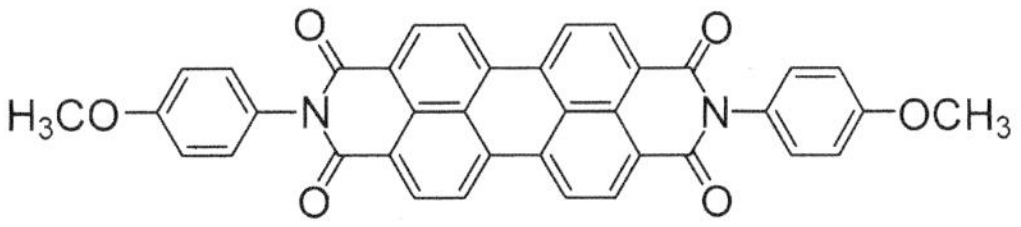　　还原大红R

3. 靛族染料

靛族染料是由靛蓝发展起来的一类染料，靛蓝是我国古代使用的天然染料之一。目前，靛族染料中最重要的一类是合成靛蓝，是以苯胺为原料，经缩合、闭环、氧化等过程制得。靛蓝可以进行磺化、硝化、卤化等反应，磺化产物是酸性染料食用靛蓝，在还原染料中较为重要的品种是卤素衍生物，比靛蓝的色泽更为鲜艳，其中 5,5′,7′,7′-四溴靛蓝应用较多，是由靛蓝在低温下以溴素为溴化试剂制得的。

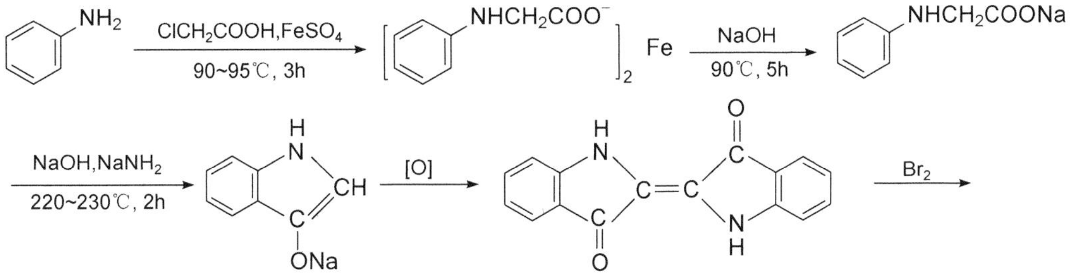

$ClCH_2COOH, FeSO_4$, 90~95℃, 3h; NaOH, 90℃, 5h; $NaOH, NaNH_2$, 220~230℃, 2h; [O]; Br_2

靛蓝

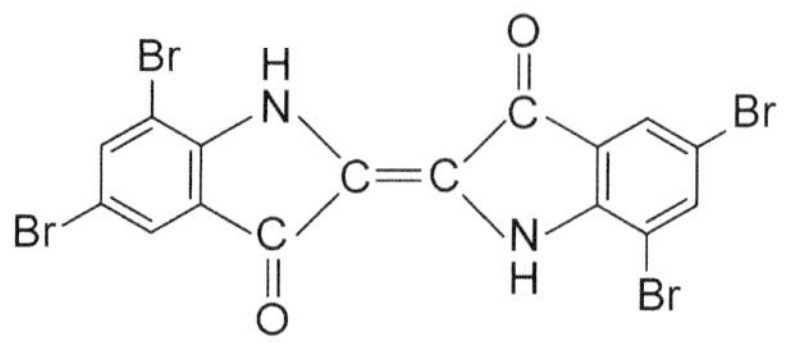

四溴靛蓝

硫靛是靛蓝分子中的亚氨基被硫原子替代的产物，为蓝光红色，色光和牢度均不够理想。硫靛衍生物染料普遍是红色，重要的品种如还原桃红 R，与硫靛相比，色光鲜艳，牢度较高。

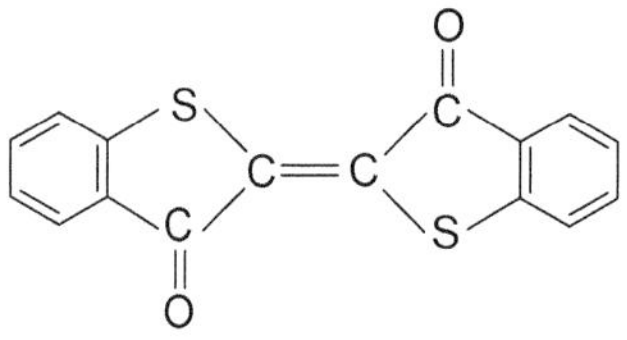

硫靛 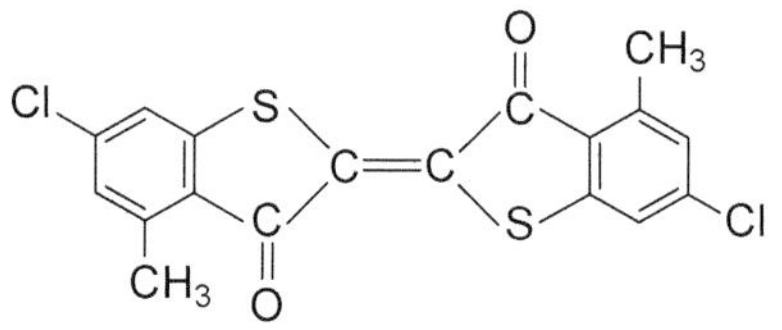　　还原桃红R

如果靛族染料的分子是由左右相同的两部分连接组成，则为对称型靛族染料，否则为不对称型靛族染料，如还原印花黑 BL、聚酯士林妃红 B、聚酯士林紫 2B 等。

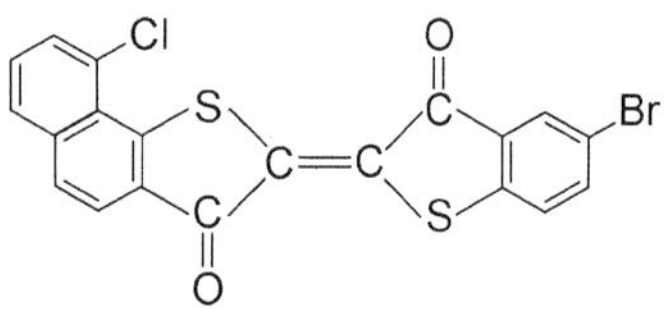

还原印花黑BL 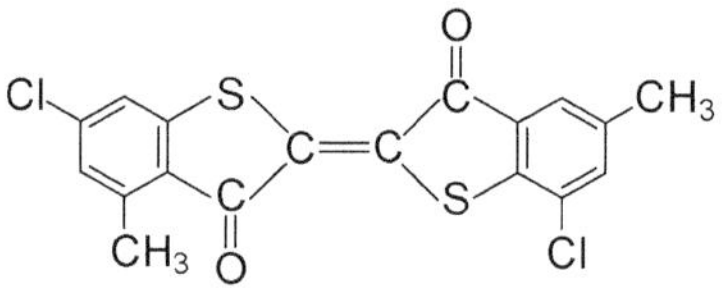　　聚酯士林妃红B 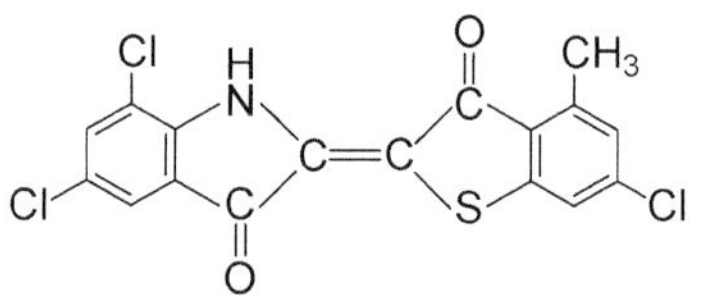　　聚酯士林紫2B

靛族染料的颜色受其分子中的 1-位杂原子和取代基的影响。1-位杂原子的供电子能力越强，颜色越深，如表 2-15 所示。

表 2-15　1-位杂原子(X)的供电子能力对染料色光的影响

X	NH	Se	S	O
λ_{max}/nm	606	562	543	432

当在靛蓝或硫靛分子上引入取代基时，如果在 5,5′-位引入供电子取代基，会增加亚氨基或硫原子的供电子能力，使染料分子的激发能下降，产生深色效应；如果在 6,6′-位引入供电子取代基，会降低羰基的酸性，使染料的激发能上升，产生浅色效应，如表 2-16 所示。

表 2-16　不同取代基的靛族染料的 λ_{max}(nm)

取代基	X = NH①				X = S②	
	4,4′	5,5′	6,6′	7,7′	5,5′	6,6′
H	606				543	
OC_2H_5	—	645	570	—	584	437

续表

取代基	X = NH①				X = S②	
	4,4′	5,5′	6,6′	7,7′	5,5′	6,6′
NO_2	—	580	635	—	513	567
Cl	616	620	590	606	556	539

①四氯乙烷溶剂中；②DMF 溶剂中。

2.3.5 活性染料

分子结构中含有一个或一个以上能与纤维发生反应的基团，染色时，在一定条件下与纤维分子发生化学反应形成共价键，生成“染料-纤维”有色化合物的染料，称为活性染料。活性染料可以染棉、麻、羊毛、丝及一部分合成纤维。

活性染料是水溶性染料，其分子结构一般由染料母体、能与纤维分子发生反应的活性基、连接染料母体与活性基的桥基以及水溶性基团等 4 个部分组成。其中，染料母体是染料的共轭发色体系，决定了染料的颜色特征、上染特征和部分牢度性能。例如，活性艳红 X-3B 为偶氮型母体结构，而活性艳蓝 KN-R 为蒽醌型母体结构。此外，活性染料的母体结构还包括酞菁、甲臜、三苯基二噁嗪和苯并二呋喃酮等。

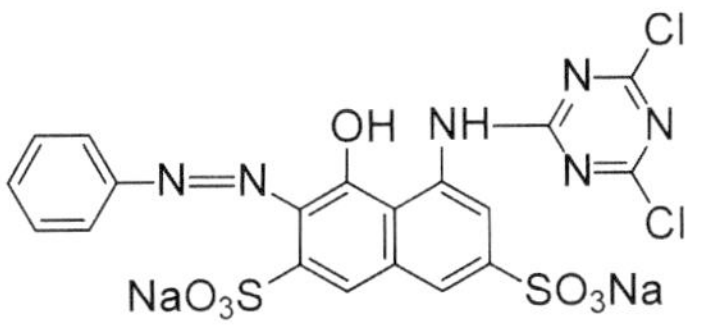

活性艳红X-3B 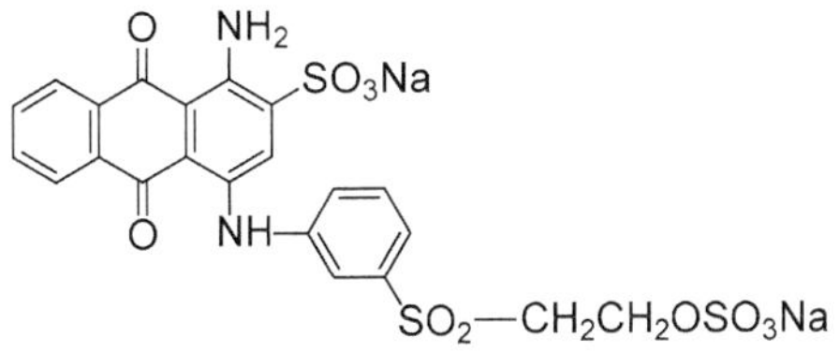　　活性艳蓝KN-R

活性基是活性染料区别于其他类型染料的核心部分，活性基的结构、数量及在染料分子中的位置决定了染料的着色纤维、反应活性、染色和固色工艺、固色率及各项牢度性能。根据与纤维发生反应的历程，可以将活性基分为两类，即亲核取代反应活性基和亲核加成反应活性基。

1. 亲核取代反应活性基及染料

属于亲核取代反应历程的活性基主要有二氯均三嗪和一氯均三嗪、2,4,5-三氯嘧啶和2,4-二氟-5-氯嘧啶、2,3-二氯喹噁啉，以及 2-氯苯并硫氮茂和 4,5-二氯达酮衍生物。几种主要活性基染料的染色温度和固色率如表 2-17 所示。

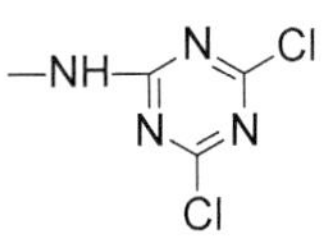

二氯均三嗪 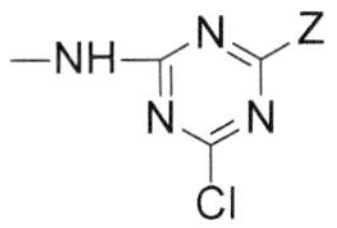　一氯均三嗪($Z=NH_2$, NHR) 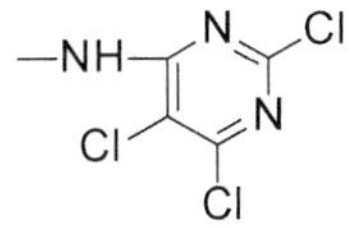　2,4,5-三氯嘧啶 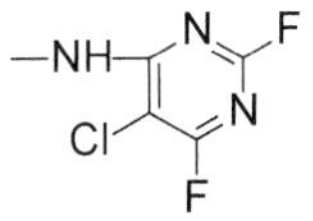　2,4-二氟-5-氯嘧啶

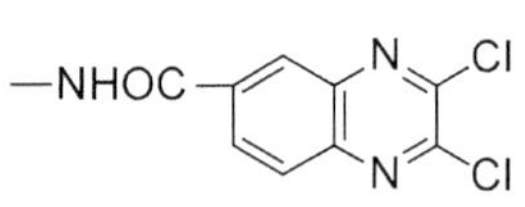

2,3-二氯喹噁啉 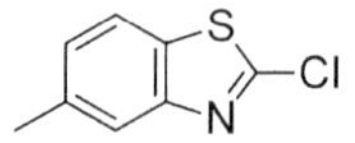　　2-氯苯并硫氮茂 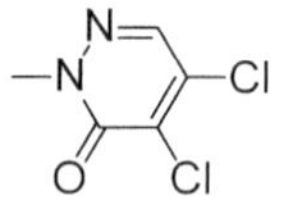　　4,5-二氯达酮

表 2-17　双分子亲核取代活性基染料染色温度及固色率

染料类型	二氯均三嗪	二氟一氯嘧啶	二氯喹噁啉	一氯均三嗪	三氯嘧啶
染色温度/℃	30～40	40～80	40～50	90～100	90～100
固色率/%	约 60	80～90	80～90	60～70	约 75

含有二氯均三嗪型活性基的染料也称为 X-型活性染料，如活性嫩黄 X-7G、活性艳红 X-3B、活性艳蓝 X-BR。这类活性染料反应活性高，染色温度低，但由于与纤维反应后仍含有一个活泼氯原子，容易发生水解，固色率低，牢度不理想。而一氯均三嗪型活性染料(也称为 K-型)分子中只有一个活泼氯原子，较 X-型活性染料反应活性低，染色温度达到 90℃以上，但固色率明显提高，如活性艳红 K-2BP、活性艳蓝 K-GR。

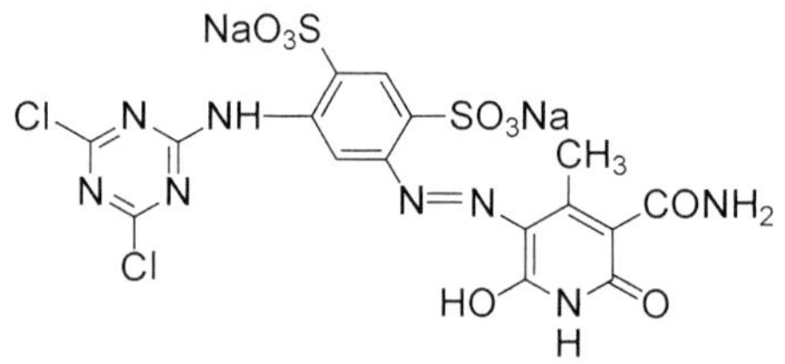

活性嫩黄X-7G 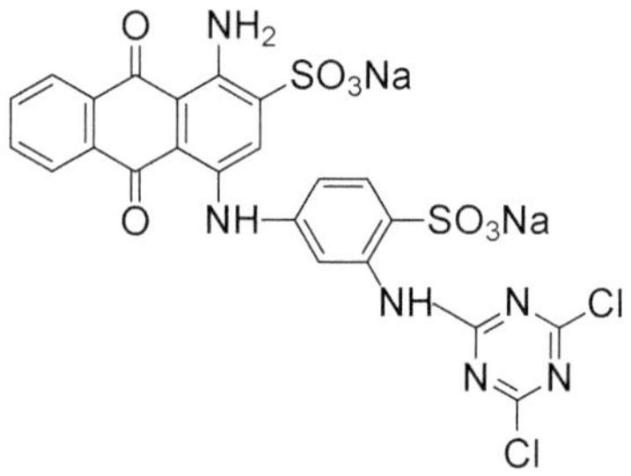　　活性艳蓝X-BR

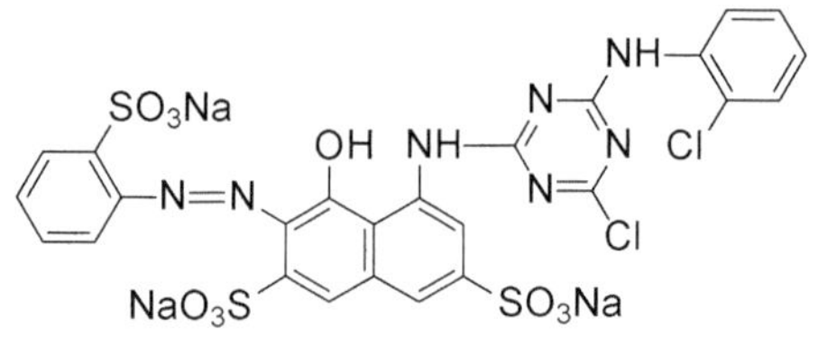

活性艳红K-2BP 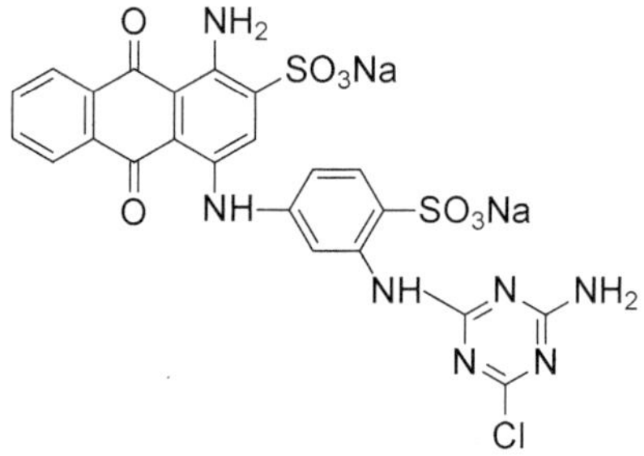　　活性艳蓝K-GR

二氯均三嗪和一氯均三嗪型染料一般有两种合成路线。一种是先合成母体染料，然后引入活性基；另一种是先合成带有活性基的中间体，然后合成染料。对于蒽醌型活性染料，大多采用在染料母体上引入活性基的合成方法。例如，活性艳蓝 X-BR 的合成是以溴氨酸为原料，与间苯二胺-4-磺酸在氯化亚铜存在下、以碳酸氢钠为缚酸剂进行缩合，得到蓝色酸性染料作为母体，再与三聚氯氰反应引入活性基。将活性艳蓝 X-BR 在 40～45℃、pH 5～5.3 的条件下与氨水反应，即可得到活性艳蓝 K-GR。

对于偶氮型活性染料，当采用氨基萘酚磺酸为偶合组分时，为了避免在氨基邻位发生偶合生成杂染料，影响产品色光，应先在氨基上引入活性基，然后合成染料。例如，活性艳红 K-2BP 的合成过程是先使 H 酸与三聚氯氰反应，生成含有活性基的偶合组分，然后与邻氨基苯磺酸的重氮盐偶合，最后加入邻氯苯胺取代三聚氯氰的第二个氯原子。

金属络合型偶氮染料需要采用先合成母体染料，再引入活性基的合成方法，这主要是为了防止络合反应对活性基的影响。以活性艳紫 K-3R 为例，其合成过程如下：

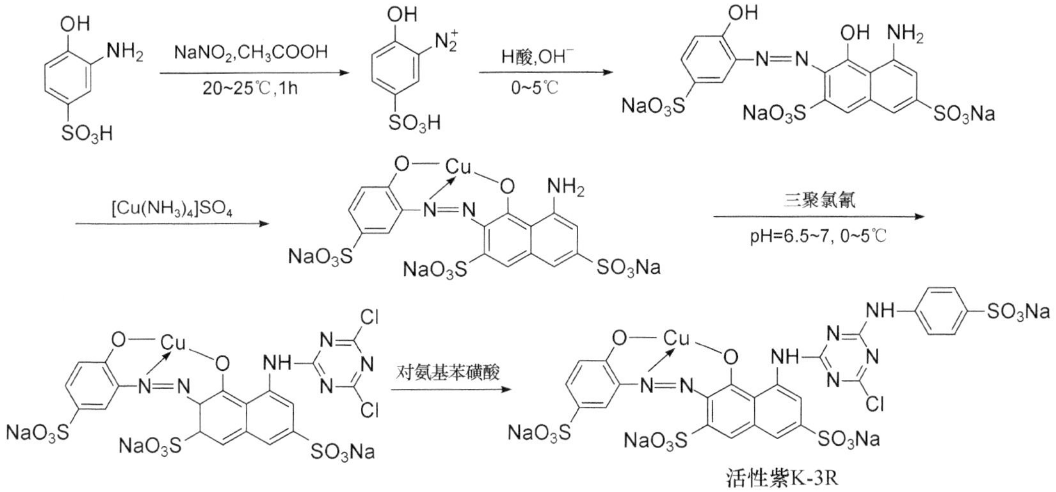

活性紫K-3R

含二氟一氯嘧啶活性基的染料(也称 F-型)和含 2,3-二氯喹噁啉活性基的染料(也称 E-型)反应活性高，染色温度低，并且具有较高的固色率。其实例如活性大红 F-2G 和 Lewafix 明光红 E-2B。

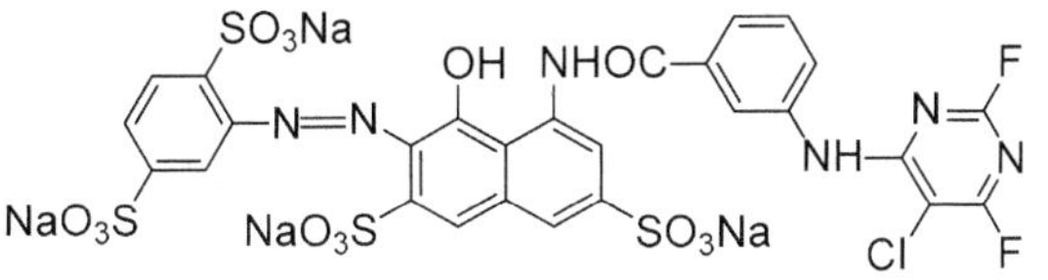

活性大红F-2G

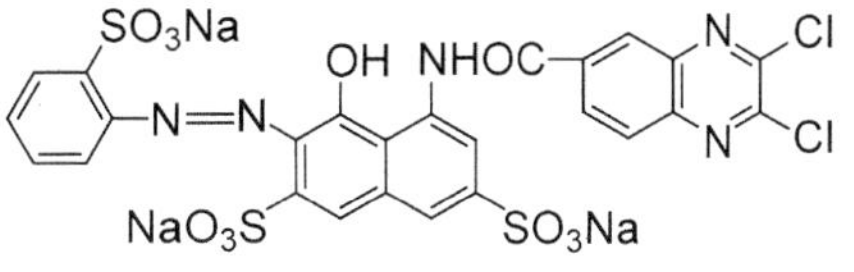

Lewafix明光红E-2B

2. 亲核加成反应活性基及染料

属于亲核加成反应历程的活性基主要有 β-羟乙基砜硫酸酯($—SO_2CH_2CH_2OSO_3H$)、γ-羟基丙酰胺硫酸酯($—NHCOCH_2CH_2OSO_3H$)、β-羟乙基磺酰胺硫酸酯($—SO_2NHCH_2CH_2OSO_3H$)、β-氯代-α-羟乙基[$—CH(OH)CH_2Cl$]、丙烯酰胺($—NHCOCH{=}CH_2$)、γ-氯代丙酰胺($—NHCOCH_2CH_2Cl$)、α,β-环氧乙基(环氧乙基结构式)、β-氯乙胺基($—NHCH_2CH_2Cl$)及氮杂环丙烷(—N◁)等。

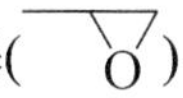

在实际中应用较多的是含有 β-羟乙基砜硫酸酯基活性基的染料，对(β-羟乙基砜硫酸酯基)苯胺和间(β-羟乙基砜硫酸酯基)苯胺是合成此类染料的重要中间体。对(β-羟乙基砜硫酸酯基)苯胺的合成是以乙酰苯胺为原料，用氯磺酸氯磺化，然后以亚硫酸钠为还原剂将磺酰氯还原为亚磺酸，再与氯乙醇反应，最后在酸性条件下将酰胺基水解为氨基，并用浓硫酸酯化。间(β-羟乙基砜硫酸酯基)苯胺的合成是以硝基苯为原料，经氯磺化、还原

得到间硝基苯亚磺酸，与氯乙醇缩合后将硝基还原为氨基，再用浓硫酸酯化。

对(β-羟乙基砜硫酸酯基)苯胺 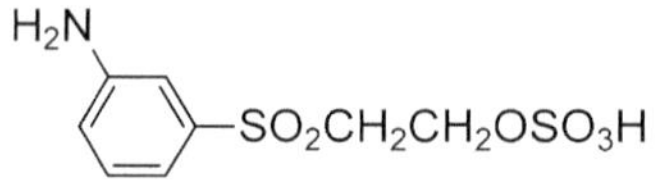　　间(β-羟乙基砜硫酸酯基)苯胺

含β-羟乙基砜硫酸酯基的活性染料如活性艳紫 KN-4R、活性艳蓝 KN-R、活性嫩黄 KN-7G。活性艳紫 KN-4R 是通过将对(β-羟乙基砜硫酸酯基)苯胺重氮化，与乙酰基 H 酸偶合，最后在双氧水存在下与硫酸铜发生氧化络合反应制得的。活性艳蓝 KN-R 是以溴氨酸为原料，与对(β-羟乙基砜硫酸酯基)苯胺缩合，再在硫酸介质中酸性水解脱掉磺酸基制得。活性嫩黄 KN-7G 是由氨基 C 酸的重氮盐与 2,5-二甲氧基-4-(β-羟乙基砜硫酸酯基)乙酰乙酰苯胺偶合制得。

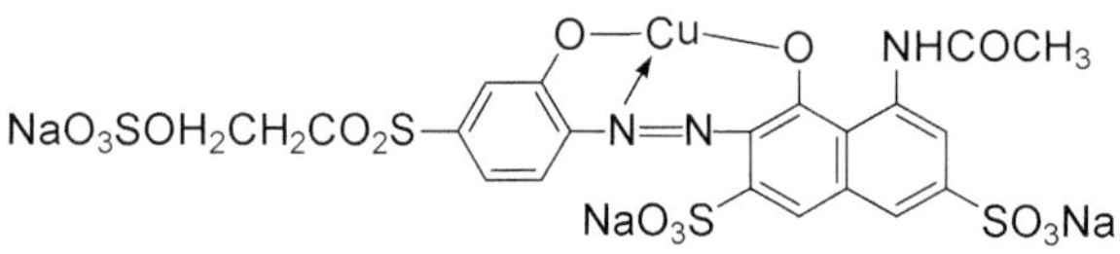

活性艳紫KN-4R 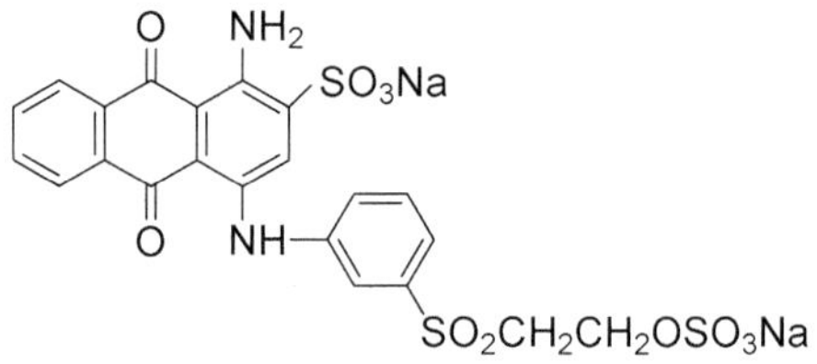　　活性艳蓝KN-R

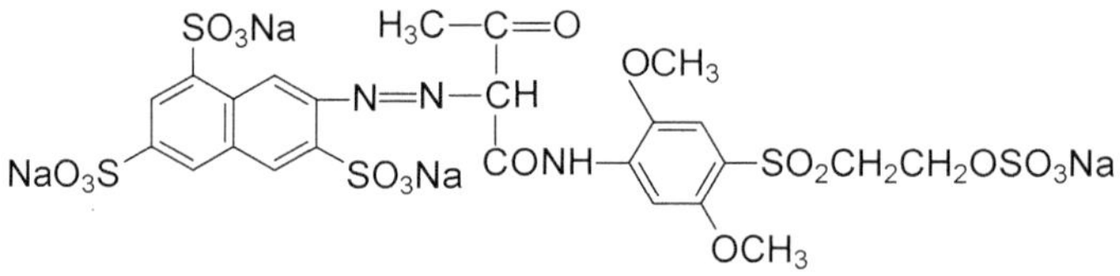

活性嫩黄KN-7G

3. 多活性基染料

在染料母体上引入两个或两个以上的活性基，可以有效提高活性染料的固色率。多活性基可以是相同类型的活性基，主要是三聚氯氰型多活性基，如活性艳红 KP-5B。由不同类型的活性基组成的多活性基也称复合活性基，主要是三聚氯氰与羟乙基砜硫酸酯，或三聚氯氰与氯乙基磺酰胺活性基，如活性艳红 M-2B。

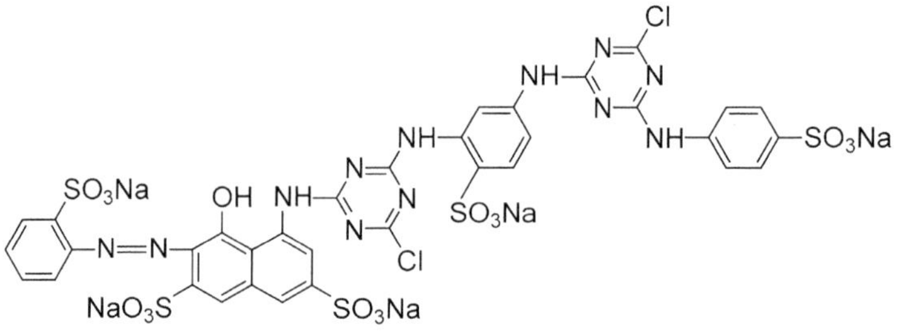

活性艳红KP-5B

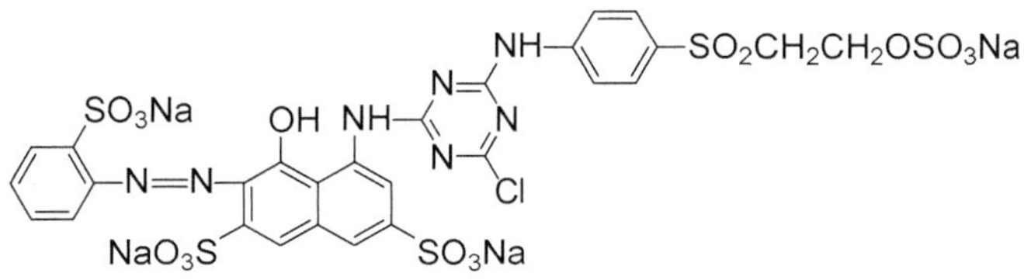

活性艳红M-2B

2.3.6 分散染料

分散染料是一类分子比较小、结构上不含水溶性基团，几乎不溶于水，借助分散剂的作用而均匀地呈分散状态，然后上染纤维的染料。分散染料主要用于聚酯纤维(涤纶)、醋酸纤维等合成纤维的染色。

聚酯纤维是由对苯二甲酸甲酯与乙二醇经酯交换和缩聚反应生成的高聚物，强度高，弹性好，抗皱性强，手感柔软。但聚酯纤维整列度高，内部结构紧密，微晶孔道狭小，而且除分子两端的羟基外，不含其他强极性基团，吸湿性很低，吸水量仅相当于自身质量的 1%，水溶性染料很难被吸附，也难于在纤维内扩散。

为了适应疏水性纤维的染色，分散染料的分子结构应满足一定的要求，即相对分子质量小，便于在纤维组织内的扩散和吸附；不含 SO_3H 或 COOH 基等水溶性基团；含非离子型亲水基团，如 OH、NH_2、NHR、NRR′、OCOR、OR 等，使分子在水中具有微溶性(100℃时 10～100 $mg \cdot L^{-1}$)；含有 NO_2、CN、Br、Cl 等较强吸电性的极性基团，以满足颜色和牢度的要求。

分散染料对纤维的染色方法主要有载体法、高温高压法和热熔法等 3 种。载体法所用的载体对染料起溶剂作用，同时促进纤维膨化，载体分子较小，很容易渗入纤维内部，但由于使用的邻苯基苯酚等载体毒性较大，且仅适用于小规模间歇生产，这种方法已不再使用。高温高压法是在密闭设备中于 120～140℃、300～400kPa 下染色，适合染浓色，但生产效率不高。热熔法是先将纤维在染料分散液中轧染，干燥后进入热熔机，在 200℃左右的高温下染色，在此温度下，聚酯纤维接近软化点，膨化程度很高，分子结构松弛，微隙增大，染料扩散率很高，染色速度快，生产效率高，广泛应用于聚酯纤维及聚酯和棉的混纺织物的染色和印花。

根据适用的染色温度，分散染料可以分为高温型、中温型和低温型等 3 类。高温型(S 型或 H 型)分散染料相对分子质量大，升华牢度高，适合在 200～220℃热熔染色，染料扩散进入纤维慢，移染性和匀染性较差。低温型(E 型或 L 型)染料相对分子质量小，具有较低至中等的升华牢度，适合在 180～195℃染色，染料扩散速度快，移染性和匀染性好。中温型(SE 型或 M 型)染料适合在 195～205℃染色，相对分子质量介于高温型和低温型之间，各项性能和扩散速度适中。

根据分子结构，分散染料可以分为偶氮型、蒽醌型和其他类型等 3 类。

1. 偶氮型分散染料

偶氮型分散染料分子结构简单，相对分子质量小(350~500)，色谱齐全，色泽鲜艳，

牢度好，生产简单，成本低。其结构通式为

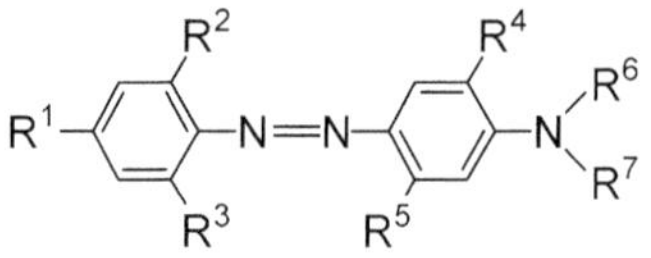

其中，重氮组分芳环上的取代基(R^1、R^2和R^3)主要为吸电子取代基，如NO_2、CN、Cl、Br或H等；偶合组分芳环上的取代基(R^4和R^5)主要为供电子取代基，如$NHCOCH_3$、OC_2H_5、CH_3或H等；偶合组分氨基氮原子上的取代基(R^6和R^7)一般为CH_2CH_2OH、$CH_2CH_2OCOCH_3$、CH_2CH_2CN或CH_2CH_3等。

改变重氮组分和偶合组分芳环上的和氨基氮原子上的取代基，可以改变染料的颜色和性能。提高重氮组分芳环上的取代基的吸电子能力可以使颜色加深，但R^2和R^3取代基因位于偶氮基的邻位，容易因空间位阻作用而产生颜色的变化，其影响见表2-5。以杂环芳胺为重氮组分的染料颜色较深，当在其环上引入吸电子取代基后，深色效应更为明显，如表2-18所示。

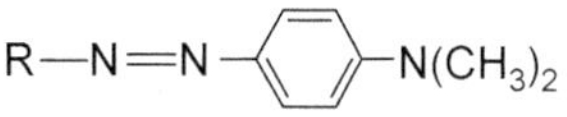

$R{-}N{=}N{-}C_6H_4{-}N(CH_3)_2$

表2-18　杂环重氮组分对偶氮型分散染料颜色的影响

R	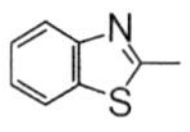	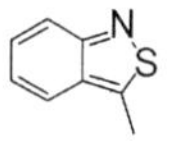	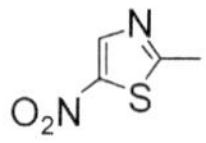	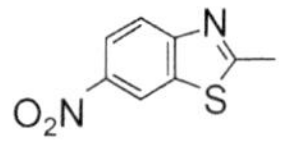
名称	苯并噻唑	苯并异噻唑	6-硝基噻唑	6-硝基苯并噻唑
λ_{max}/nm	509	548	575	597
颜色	猩红	蓝光红	红光蓝	蓝

偶合组分芳环上取代基(R^4和R^5)和取代氨基的供电子性越强，染料的颜色越深。在染料分子中引入极性取代基，有助于提高染料的升华牢度。低温、中温和高温型偶氮型分散染料的代表性品种如下。

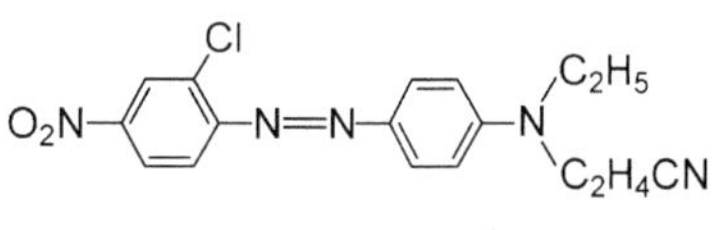

分散大红E-2GFL 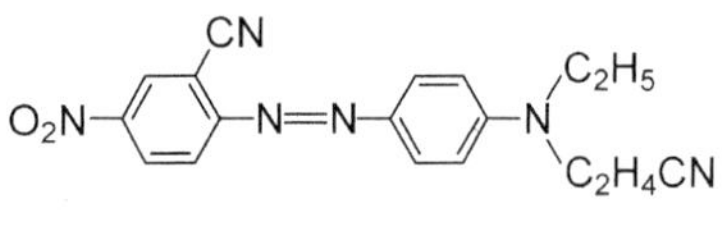　　分散红玉SE-GFL 　　分散蓝SE-2R

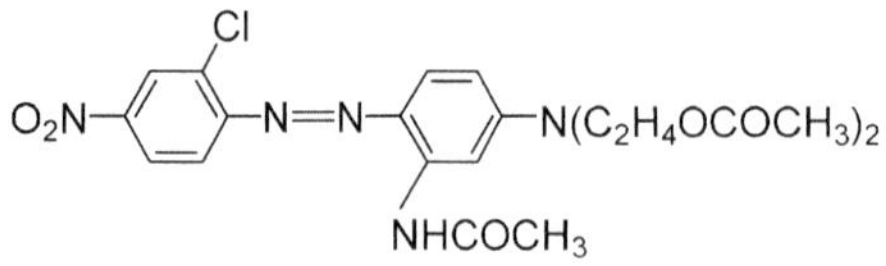

分散红玉S-2GFL 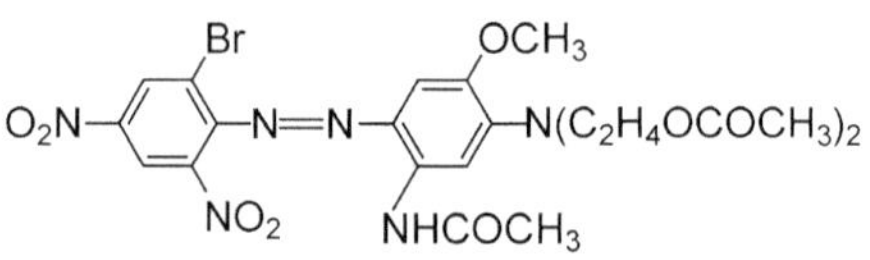　　分散藏青S-2GL

2. 蒽醌型分散染料

蒽醌型分散染料的相对分子质量一般为250～400，主要为红、紫、蓝色，色泽鲜艳，但消光值(ε_{max})低，约为偶氮型的一半，匀染性好，具有较高的稳定性和耐晒、耐酸碱、耐皂洗牢度，但烟褪色牢度较差。

这类染料通常在蒽醌环的α-位上连有 OH、NH_2、NHR 或 NHAr 等供电子基团，β-位上连有 OR、OAr、Br 或烃基等基团，或在 2,3-位并合芳环或杂环。根据蒽醌环上的取代基，蒽醌型分散染料主要有 3 类。1,4-二氨基蒽醌衍生物一般为紫色和蓝色，如分散紫 6R、分散翠蓝 GL；1-氨基-4-羟基蒽醌衍生物主要为红色，如分散红 3B；1,5-二羟基-4,8-二氨基蒽醌衍生物主要是蓝色品种，如分散蓝 S-BGL。

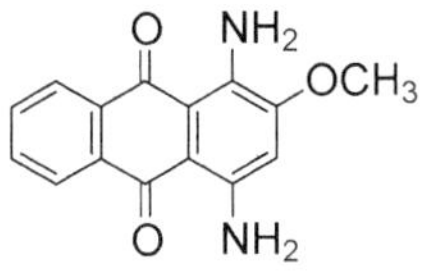

分散紫6R 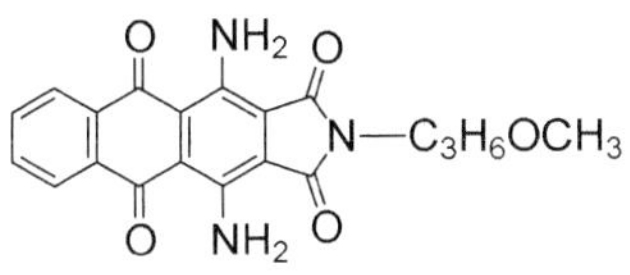　　分散翠蓝GL 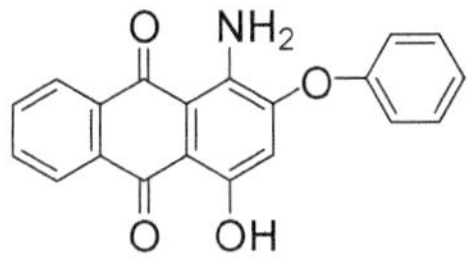　　分散红3B 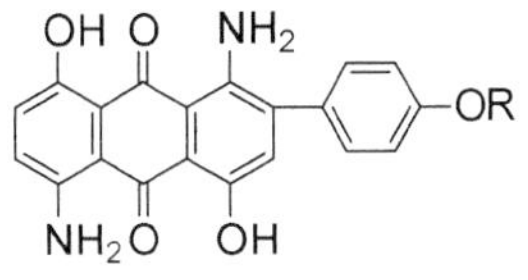　　分散蓝S-BGL
(混合物,R= H,CH_3)

蒽醌型分散染料α-位上的供电子取代基越多、供电子性越强，染料的颜色越深，且两个取代基处于同环α-位时深色效应更为明显，如表 2-19 所示。

表 2-19　蒽醌α-位上取代基对颜色的影响

取代基												
取代基	1-位	H	OH	NH_2	$NHCH_3$	OH	OH	OH	NH_2	NH_2	NH_2	NH_2
	4-位	H	H	H	H	H	OH	OH	H	H	NH_2	NH_2
	5-位	H	H	H	H	OH	H	OH	NH_2	H	H	NH_2
	8-位	H	H	H	H	H	H	OH	H	NH_2	H	NH_2
λ_{max}/nm		327	405	465	508	428	476	552	480	492	550	625

蒽醌β-位上的取代基对颜色的影响较小，引入供电子基时产生浅色效应，引入吸电子基时产生深色效应。例如，1-羟基蒽醌和 2-羟基蒽醌的λ_{max}分别为 405nm 和 365nm；1-氨基蒽醌和 2-氨基蒽醌的λ_{max}分别为 465nm 和 410nm。再如，1,4-二氨基蒽醌的 2-位上取代基 X 对颜色的影响如表 2-20 所示。

表 2-20　1,4-二氨基蒽醌的 2-位上取代基 X 对颜色的影响

X	OCH_3	OC_6H_5	H	$SO_2OC_6H_5$	$COOCH_3$	NO_2
颜色	红光紫	红光紫	紫	红光蓝	红光蓝	蓝光绿

3. 其他类型分散染料

除偶氮型、蒽醌型以外，其他类型分散染料主要有硝基二苯胺型(如分散黄 SE-FL)、苯乙烯型(如分散艳黄 6GFL)、喹酞酮型(如分散艳黄 3GL)、苯并咪唑型(如分散艳黄 H-7GL)、苯并二呋喃酮型(如分散红 SE-6B)，以及硫(氧)杂蒽型(如 Samaron Yellow H-6GL)等。其中，杂环类染料色泽鲜艳，发色强度高，牢度优良，近年来发展较快，但价格较高。

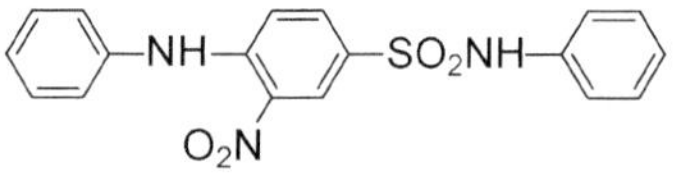

分散黄SE-FL 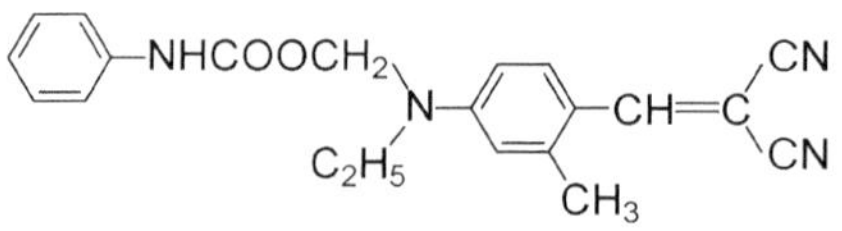　　分散艳黄6GFL 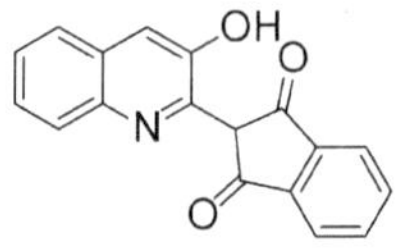　　分散艳黄3GL

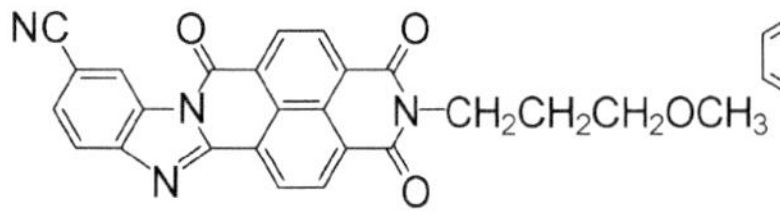

分散艳黄H-7GL 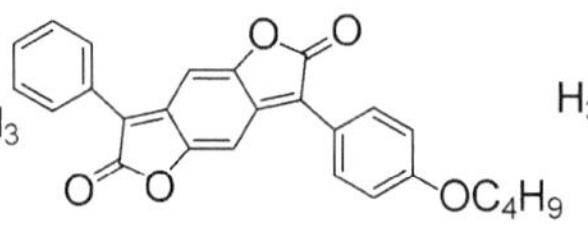　　分散红SE-6B 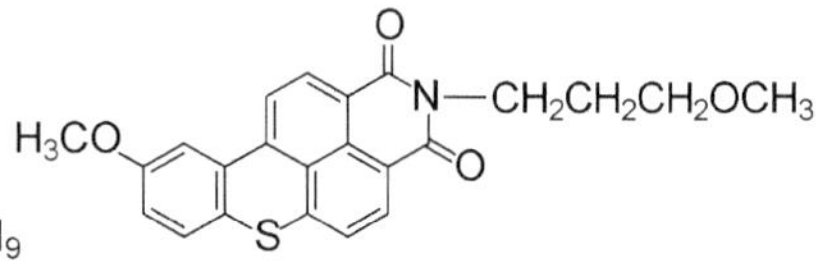　　Samaron Yellow H-6GL

2.3.7 阳离子染料

阳离子染料是能够在溶液中生成带正电荷的有色离子，通过电荷引力使带负电荷的纤维染色的染料。阳离子染料色谱齐全，色泽浓艳，耐光和耐洗牢度高。主要用于聚丙烯腈(腈纶)及其混纺织物的染色，也可用于酸改性涤纶的染色。

腈纶是以丙烯腈为主要单体的共聚物，分子间作用力强，结晶度高，纤维结构紧密，耐光性好，不易老化，质地轻，但延伸性差，疏水性强，不易染色。因此，在生产中需要加入第二、第三单体与丙烯腈共聚，以降低大分子的结构紧密性，提高纤维的柔韧性，改善手感和染色性能。一般丙烯腈单体占 85%以上。第二单体的比例为 3%～12%，主要是含酯基的乙烯化合物，如丙烯酸甲酯、甲基丙烯酸甲酯、乙酸乙烯酯等，其作用主要是使纤维结构松弛，改善弹性，提高柔韧性，增加热塑性，由于纤维分子疏松，也有助于染料的渗透和染色。第三单体占单体总量的 0.5%～3%，主要是可离子化的乙烯基化合物，如衣康酸、丙烯磺酸钠、对乙烯基苯磺酸钠和对甲基丙烯酰胺苯磺酸钠等，其作用是改善纤维的亲水性，同时使纤维在溶液中电离产生负离子，与带正电荷的阳离子染料通过离子键结合从而染上颜色。

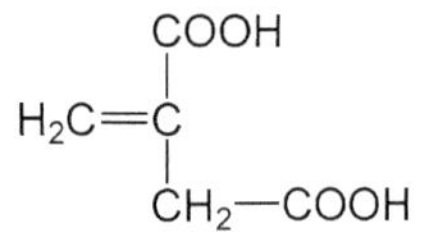

衣康酸 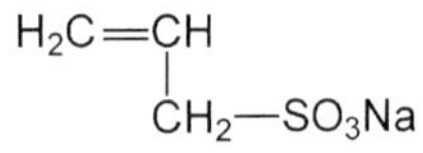　　丙烯磺酸钠 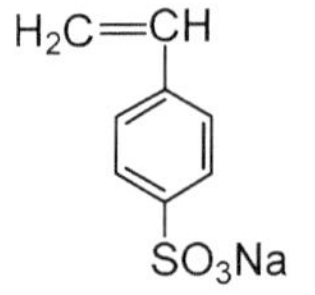　　对乙烯基苯磺酸钠 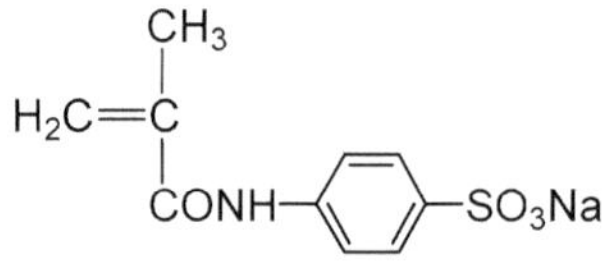　　对甲基丙烯酰胺苯磺酸钠

根据分子中正电荷的位置，可将阳离子染料分为共轭型阳离子染料和隔离型阳离子染料两类。

1. 共轭型阳离子染料

共轭型阳离子染料分子中的阳离子是共轭体系的组成部分，正电荷不定域，而是分散在几个原子上。这类染料色泽鲜艳，消光值高。主要包括三芳甲烷型、噁嗪型、萘迫内酰胺型和菁型等 4 个类型。

三芳甲烷型阳离子染料以红、紫、蓝、绿色为主，色光鲜艳，着色力强，但耐光牢度不佳，对混纺织物中的羊毛沾色较为严重。这类染料分为二氨基三芳甲烷和三氨基三芳甲烷两类。孔雀绿是最简单的二氨基三芳甲烷阳离子染料，此类染料还有阳离子蓝 G 和阳离子蓝 B，其合成是以苯甲醛或邻氯苯甲醛与 *N*,*N*-二甲基苯胺或 *N*-乙基苯胺缩合，再经氧化、与盐酸成盐制得。结晶紫是三氨基三芳甲烷阳离子染料的典型代表，是以光气和 *N*,*N*-二甲基苯胺反应制得的。

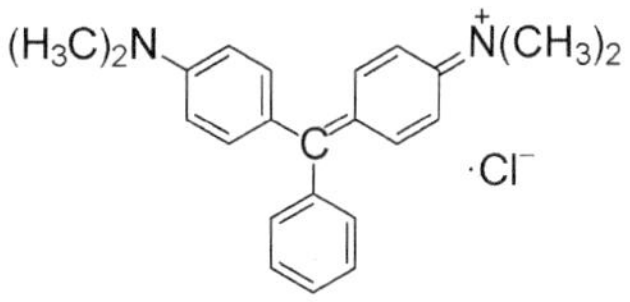

孔雀绿 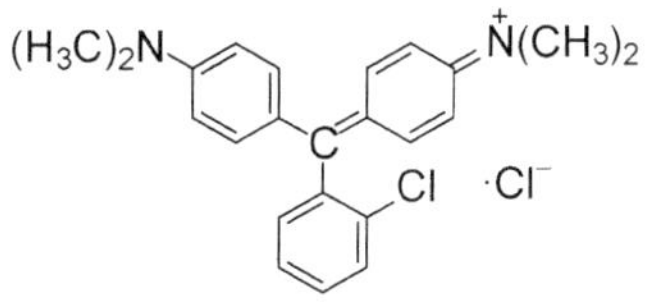　　阳离子蓝G 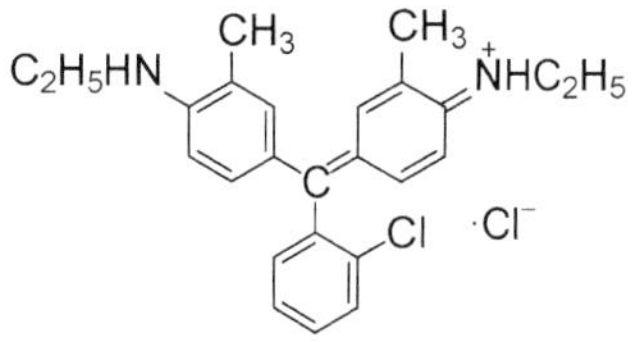　　阳离子蓝B

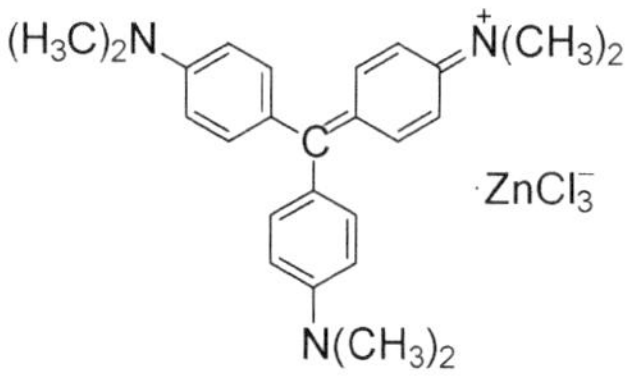

结晶紫 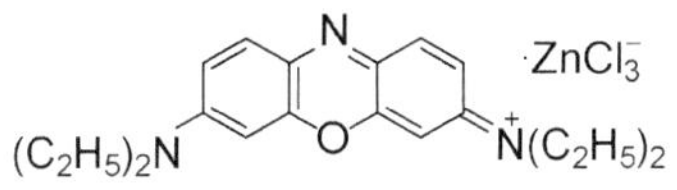　　阳离子翠蓝GB 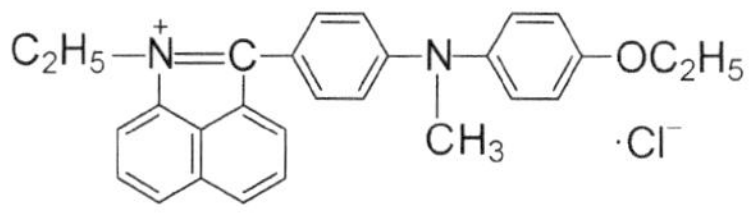　　阳离子红青莲FFR

噁嗪型和萘迫内酰胺型阳离子染料品种较少，比较有实用价值的如阳离子翠蓝 GB、阳离子红青莲 FFR，色光鲜艳，耐洗牢度较高。

菁型染料是的结构通式如下，其中 Y 为杂原子，且至少有一个氮原子与多甲川链上的碳原子形成杂环。

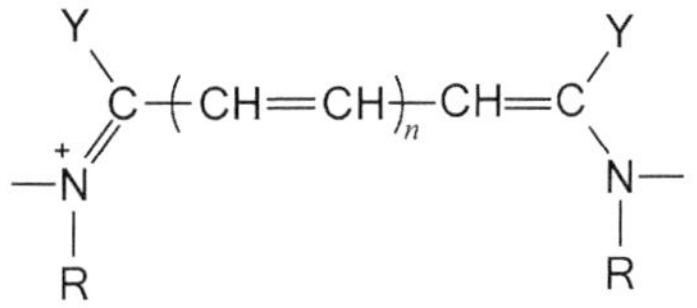

杂环的碱性和甲川基会对染料的颜色产生影响，因此菁型染料可在紫外、可见和红外较大的波长范围内有吸收，吸收峰窄且强度高，具有光敏化作用，在工业上用作照相增感剂。其缺点是稳定性不高，对于温和的还原剂稳定，但酸会使之可逆褪色，碱和氧化剂会导致其不可逆褪色，且随着分子中甲川基数量的增加，染料对酸、碱和氧化剂的稳定性随之降低。

菁型染料品种很多，作为阳离子染料应用的，主要有碳菁、半菁、苯乙烯菁、二氮杂碳菁和二氮杂苯乙烯菁等 5 类。碳菁染料主要为橙色到红色，分子中的两个氮原子均处于杂环中，如碱性桃红 FF。合成菁型染料的两个重要中间体是 1,3,3-三甲基-2-亚甲基吲哚啉(三倍司)和 1,3,3-三甲基吲哚啉乙醛(ω醛)，二者在酸性条件下缩合即可得到碱性桃红 FF。

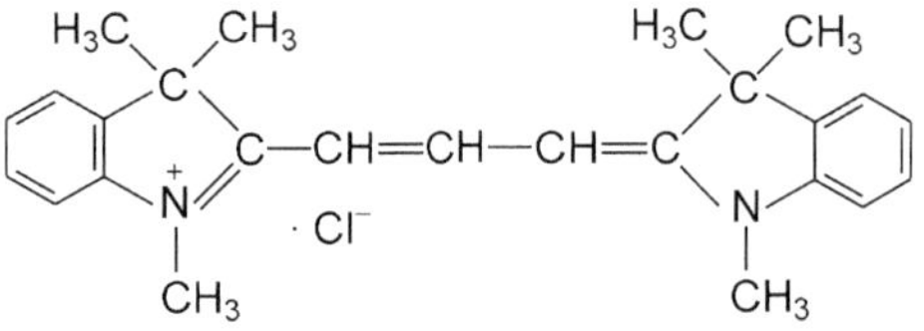

碱性桃红FF 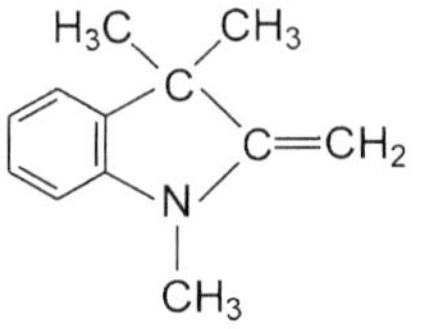　　三倍司　　ω醛

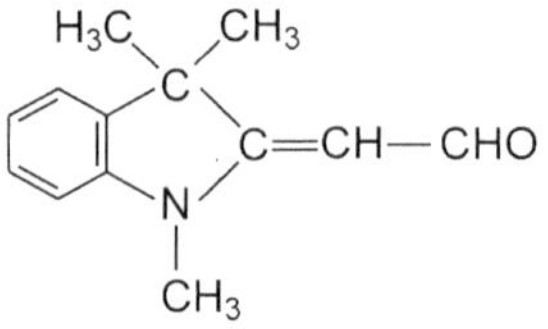

半菁染料颜色较浅，一般为绿光黄或黄色，如阳离子黄 4G。这类染料大多由 ω醛与芳胺在酸性条件下缩合、成盐制得的。苯乙烯腈染料分子较小，颜色鲜艳，主要为红色，如阳离子桃红 FG。这类染料是由三倍司和对氨基苯甲醛的衍生物在乙醇介质中、磷酸存在下缩合制得的。

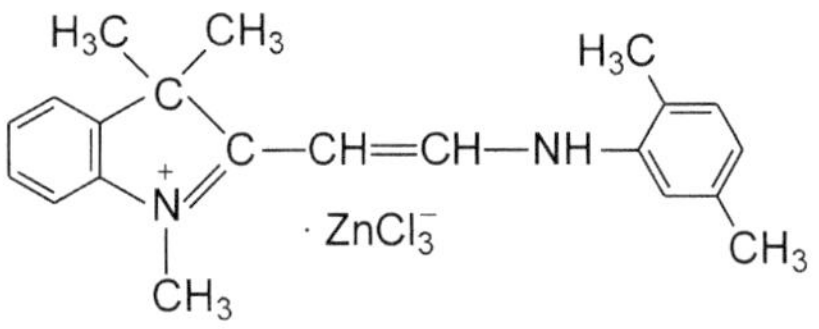

阳离子黄4G 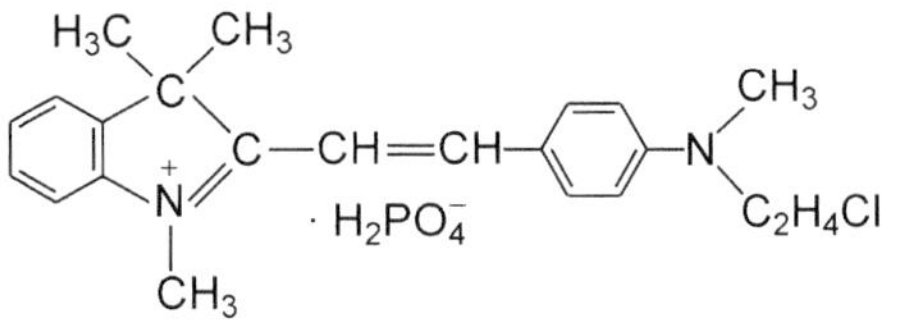　　阳离子桃红FG

二氮杂碳菁是碳菁分子中甲川基的碳原子被氮原子取代的产物，取代的结果是最大吸收波长向短波方向移动，颜色变浅，如阳离子嫩黄 7G。而二氮杂苯乙烯菁可以视为偶氮染料，较苯乙烯菁的最大吸收波长可红移达 100nm，若同时增加杂环的碱性，可获得蓝色染料，如阳离子艳蓝 RL。

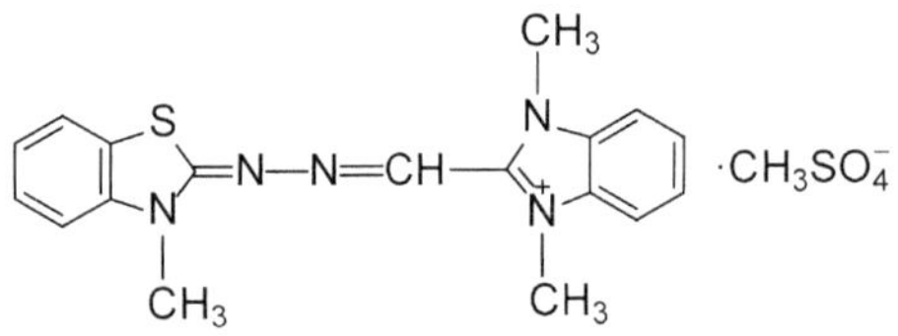

阳离子嫩黄7G 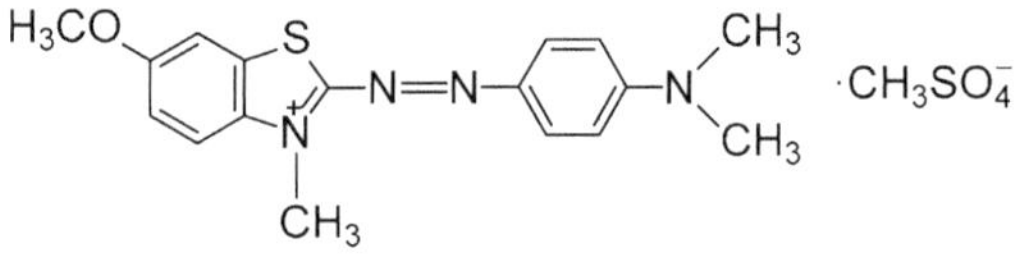　　阳离子艳蓝RL

2. 隔离型阳离子染料

隔离型阳离子染料的母体与阳离子通过隔离基相连，正电荷定域在一个原子上。常见的阳离子为季铵阳离子，正电荷定域在氮原子上。这类染料具有良好的耐热、耐光和耐酸、碱稳定性，但与共轭型染料相比，消光值低，颜色不够鲜艳。

根据染料的母体结构，隔离型阳离子染料又可分为隔离型偶氮阳离子染料和隔离型蒽醌阳离子染料。隔离型偶氮染料的阳离子可以是重氮组分中具有阳离子，如阳离子橙 RRL；也可以是偶合组分中具有阳离子，如阳离子红 GTL。

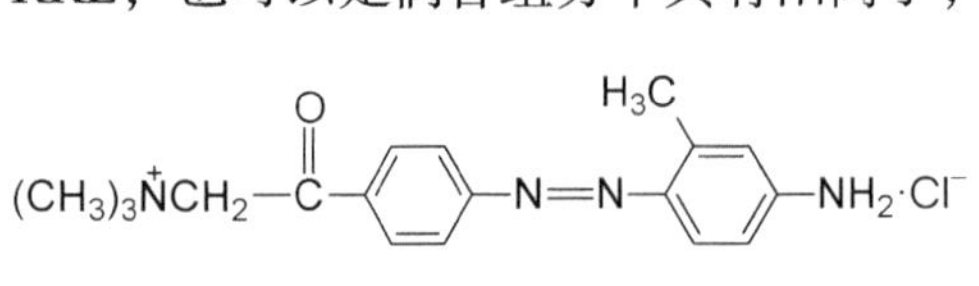

阳离子橙RRL 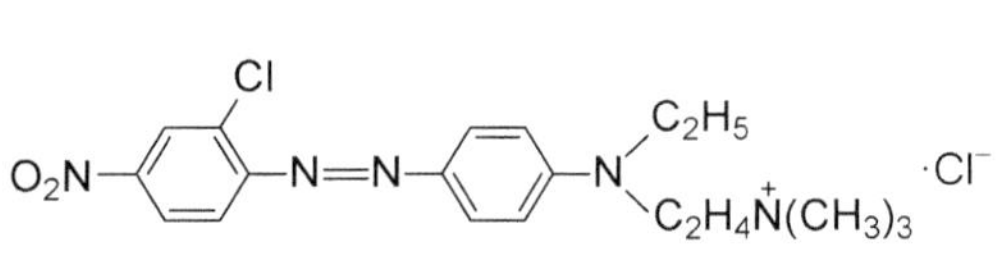　　阳离子红GTL

此外，具有阳离子的偶合组分还有：

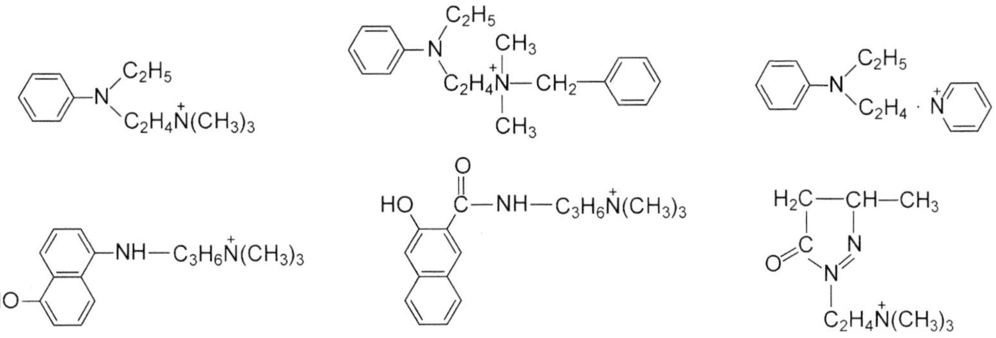

隔离型蒽醌阳离子染料坚牢度较好，能获得浓色。一般，耐光牢度好的蒽醌染料要求其羰基与α-位上的氨基或羟基形成氢键，因此，阳离子的位置应不影响氢键的形成，如阳离子蓝 FGL。

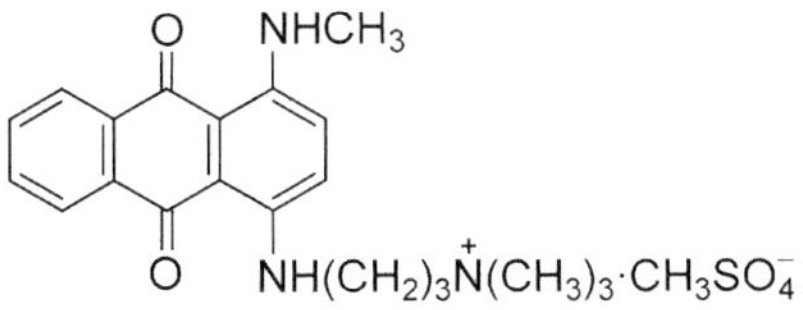

阳离子蓝FGL

为了改进阳离子染料的染色性能，开发了一些新型阳离子染料。例如，以萘磺酸、二硝基苯磺酸等芳香族磺酸阴离子置换氯、氯化锌、甲基硫酸根等阴离子，可以得到分散性阳离子染料。由于阳离子被封闭，染料对纤维的亲和力降低，有利于移染。再如，在阳离子分子上引入活性基得到的活性阳离子染料，可同时上染多种纤维，染色均匀，湿处理牢度优良。

习 题

1. 什么是有机染料？
2. 常用的着色方法有哪些？它们之间的主要区别有哪些？
3. 有机染料有哪些结构类型？
4. 有机染料按照应用分类的依据是什么？可以分为哪些类型的染料？
5. 有机染料产生颜色的原因是什么？
6. 如何判断颜色的深浅？影响有机染料颜色深浅的主要原因有哪些？
7. 说明酸性染料、酸性媒介染料、酸性络合染料和中性染料的主要异同点。
8. 可用于纤维素纤维染色的有机染料有哪些？其结构特点和着色方法如何？
9. 什么是活性染料？按照染色的机理主要分为哪两类？
10. 分散染料的分子结构特点有哪些？主要用于哪类纤维的染色？
11. 阳离子染料主要有哪些类型？主要用于哪类纤维的染料？

参 考 文 献

陈孔常, 田禾, 孟凡顺, 等. 2002. 有机染料合成工艺. 北京: 化学工业出版社
程万里. 2010. 染料化学. 北京: 中国纺织出版社
海因利希 · 左林格. 2005. 色素化学:有机染料和颜料的合成、性能和应用. 吴祖望, 程侣柏, 张壮余, 译. 北京: 化学工业出版社
侯毓汾, 朱正华, 王任之. 1994. 染料化学. 北京: 化学工业出版社
路艳华, 张峰. 2009. 染料化学. 北京: 中国纺织出版社
钱国坻. 1988. 染料化学. 上海: 上海交通大学出版社
沈永嘉. 2001. 有机颜料品种与应用. 北京: 化学工业出版社
宋小平. 2021. 染料制造技术. 北京: 科学技术文献出版社
唐培堃, 冯亚青. 2006. 精细有机合成化学与工艺学. 2 版. 北京: 化学工业出版社
田禾, 苏建华, 孟凡顺, 等. 2000. 功能性色素在高新技术中的应用. 北京: 化学工业出版社
王丽娜. 2019. 2018 年全国染颜料行业经济运行情况分析. 精细与专用化学品, 005: 1-9
周春隆, 穆振义. 2014. 有机颜料化学及工艺学. 3 版. 北京: 中国石化出版社

第3章

有机颜料

3.1 概　　述

3.1.1 有机颜料的基本概念

1. 有机颜料的定义和特点

有机颜料是不溶于水和绝大部分有机溶剂，也不溶于使用介质，以高度分散的微粒状态使物质着色的有机化合物。

作为有机颜料，应色彩鲜艳，着色力高，能赋予被着色物鲜明而坚牢的颜色；不溶于水、有机溶剂或应用介质，在应用介质中易于均匀分散，并保持良好的分散稳定性；在分散和使用过程中，不受应用介质的物理和化学影响，保持自身固有的晶体构造；具有适当的遮盖力、透明度、流动性、光泽度等；耐晒、耐气候、耐热、耐酸碱和耐有机溶剂性能良好。

2. 有机颜料与无机颜料的区别

由于分子结构的差别，有机颜料与无机颜料具有不同的应用性能。无机颜料主要是金属氧化物、金属硫化物、无机盐和金属络合物等，包括非彩色的炭黑、钛白粉，以及彩色的铁红、铅铬黄、氧化铬绿、群青等，产量大，价格便宜，生产过程简单。无机颜料机械强度高，耐热性优于一般的有机颜料品种，适用于玻璃、陶瓷、搪瓷和塑料等的着色。但无机颜料色光偏暗，鲜艳度差，着色强度低，色谱不齐全，品种少，且部分产品因含重金属毒性较大。

有机颜料通过改变分子结构，可以制备出繁多的品种，色谱范围广，颜色鲜艳，色调明亮，着色强度高，在油漆、油墨、涂料、合成纤维、塑料和橡胶中具有十分广泛的应用。但有机颜料机械强度低，合成步骤多，价格高。

3. 有机颜料与有机染料的区别

由于发色理论相同，结构相似，早期有机颜料包括在有机染料中。随着合成纤维、塑料、印刷业的发展，有机颜料用量不断增加，发展十分迅速，于是被从染料中分离出来，成为一类独立的精细化学品。有机颜料与有机染料的区别主要体现在溶解性能、与被着色物的作用、着色方法、应用领域、性能要求和商品化方法等几个方面，见表3-1。

表 3-1 有机颜料与有机染料的区别

项目	有机颜料	有机染料
主要应用范围	油墨；油漆、涂料；塑料、橡胶；合成纤维	纺织纤维(天然、合成、人造)；皮革；纸张
溶解性能	不溶于水和绝大部分有机溶剂，不溶于应用介质	可溶于或微溶于水；或可转化为溶于水的形式；或溶于油性溶剂
与基质的作用方式	分散；外力(黏结料)	离子键、配位键、共价键、范德华力、氢键
着色方法	表面着色；原浆着色	以染色为主，少量为原浆着色或表面着色
主要性能要求	色调；着色强度；分散及分散稳定性；晶形及其稳定性；热稳定性；遮盖力、透明性、光泽度；耐光、耐气候、耐溶剂、耐酸碱等性能	色光；色度值；溶解性；耐织物加工牢度；耐光、耐气候、耐洗、耐漂、耐汗渍等牢度
商品化内容和方法	获得特定的粒度大小及分布、晶形和在分散介质中的分散性；剂型加工	标准化；拼混；剂型加工

还原染料、醇溶型染料等可通过颜料化工艺，使其具备颜料的使用性能，如还原蓝RS(C.I. 还原蓝 4)经过颜料化的加工，可以用作有机颜料(C.I. 颜料蓝 60)。此外，一些含SO_3H或 COOH 等水溶性基团的酸性染料，带有阳离子基团的碱性染料，可与特定的碱金属盐或有机酸等反应生成不溶性的色淀颜料。另外，不溶性的有机颜料引入水溶性基团，也可以作为有机染料使用，如铜酞菁的磺化产物直接耐晒翠蓝 GL 和酸性湖蓝。

3.1.2 有机颜料的分类

有机颜料品种繁多，可采用不同的分类方法。按照色谱不同可以分为黄、橙色颜料，红色颜料，紫棕色颜料，蓝、绿色颜料。按照用途不同可以分为涂料、油漆用颜料，油墨用颜料，塑料、橡胶用颜料，化妆品用颜料等。按照颜料的特性不同可以分为：普通颜料、荧光颜料、珠光颜料、变色颜料等。

有机颜料最重要的分类方法是按照化学结构分类，主要包括偶氮类、酞菁类、色淀类、稠环酮类和杂环类等。其中，偶氮类又包括单偶氮颜料、双偶氮颜料和偶氮缩合颜料；色淀类又包括偶氮色淀颜料和三芳甲烷色淀颜料；稠环酮类主要包括蒽醌颜料、靛族颜料和苝系颜料；杂环类主要有喹吖啶酮(quinacridone)颜料、二噁嗪(dioxazine)颜料、喹酞酮(quinaphthalone)颜料、氯代异吲哚啉酮和异吲哚啉颜料、1, 4-二酮吡咯并吡咯(DPP)颜料和苯并咪唑酮颜料等。

按照应用性能及色谱变化的不同，有机颜料主要有乙酰乙酰芳胺类、吡唑啉酮类、2-萘酚类色淀、2-羟基-3-萘甲酰胺类、萘酚磺酸偶氮类色淀、三芳甲烷类色淀、铜酞菁类、蒽醌和靛族衍生物、喹吖啶酮衍生物、二噁嗪类及氮甲川类颜料等。

3.2 有机颜料的基本性质

3.2.1 有机颜料的晶形

有机颜料不溶于水和有机溶剂，应用时是以微细的晶体分散于被着色介质中，因此，除了分子结构，颜料的晶格结构、结晶度、晶体特性及粒径大小和分布均会对其应用性能产生影响。

1. 颜料的同质异晶现象

同质异晶也称同质多晶(polymorphism)，是指分子化学结构相同，但由于晶体分子排列方式不同而产生具有不同晶体结构(crystal structure)的物质，并显示不同的物理化学特性，即产生不同的晶形(crystal form)或晶相(crystal phase)。简单地讲，同一分子结构的颜料在不同环境中形成不同结构晶体的现象称为同质异晶现象。

有机颜料比无机颜料更容易产生同质异晶现象，这是由其晶体的特点决定的(表 3-2)。有机物组成的晶体隶属于分子晶体，其晶体结构的点阵单元是一个一个独立的分子，将各个分子束缚在一起的力主要是弱的物理性的分子间的作用力。有机分子在从游离态凝聚成固态晶体时，在晶体点阵中的排列方式有较大的随机性，只要有少数几个分子排列方式与大多数不同，就会使生成的晶体在结构上与其他的不同。

表 3-2 有机颜料与无机颜料晶体的比较

颜料类型	晶体类型	作用力	结构	相对分子质量	熔点	硬度
有机颜料	分子晶体	分子间力(弱)	疏松	大	低	低
无机颜料	离子晶体	离子键(强)	紧密	小	高	高

颜料的晶形对其色光具有明显的影响。例如，典型的α-晶形铜酞菁(CuPc)为红光蓝色，β-晶形为绿光蓝色，ε-晶形比α-晶形具有更强的红光；α-晶形喹吖啶酮呈蓝光红色，尚不具备商用价值，β-晶形呈红光紫色，γ-晶形呈红色；未经颜料化的粗品还原蓝 RSN 为不稳定的δ-晶形，经过颜料化处理后可转变为具有红光蓝色的α-晶形。

颜料的晶形还会影响其在溶剂中的稳定性及对热的稳定性。通常不稳定的晶形也称为亚稳态，通过长时间存放、机械处理、在溶剂中发生晶体成长及加热等方式转变为稳定的晶形；亚稳态的晶形还可通过迅速降低在介质中的溶解度沉淀析出而得到无定形即各向同性的产品。无定形的颜料也可通过加热、研磨、在适当的溶剂中处理而转变为稳定型的晶体。

2. X 射线粉末衍射(X-ray powder diffraction)分析

在真空状态下，金属靶极(Cu、Co、Fe 等)受高压电子冲击，原子的内层电子，如 K 层、L 层电子被激发，产生 K 层、L 层空穴的激发态，使 K 层或 L 层以外的电子填入空穴，产生 X 射线。X 射线的波长与金属靶极有关，常用的 X 射线如 Cu 靶的 $CuK_{\alpha1}$(0.1541nm)、$CuK_{\alpha2}$(0.1544nm)等。

劳厄(Laue)于 1912 年发现了晶体的 X 射线衍射现象，并因此于 1914 年获得了诺贝尔物理学奖。产生 X 射线衍射的条件可以用布拉格(Bragg)公式表示，即

$$n\lambda = 2d\sin\theta$$

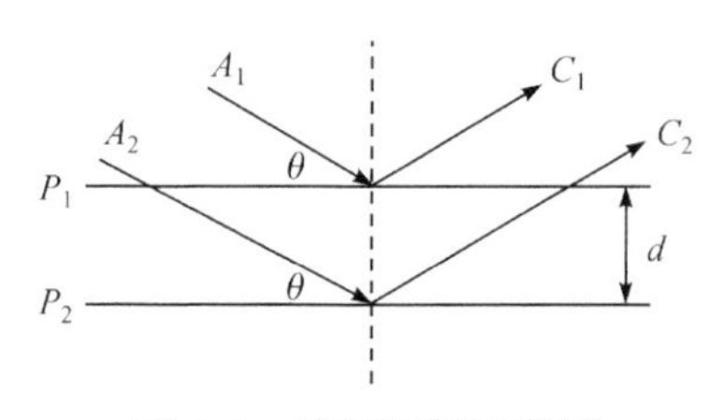

图 3-1　晶面衍射示意图

式中，θ 为衍射角，(°)；d 为晶面间距，nm；n 为衍射级(1、2、3 等整数)；λ 为波长，nm。

如图 3-1 所示，波长为 λ 的平行光线 A_1、A_2 以 θ 角照射到晶面 P_1、P_2，其光程差为 $2d\sin\theta$，当反射光线 C_1、C_2 具有相同位相，且光程差为波长 λ 的整数倍时，发生强烈的衍射现象。X 射线粉末衍射分析的原理是用 X 射线照射颜料粉末，逐渐改变 θ 值，并记录不同衍射角时的衍射现象和强度，得到颜料的 X 射线衍射(XRD)曲线。

3. X 射线衍射分析在颜料中的应用

(1) 定性分析同质异晶特性。测定未知晶形结构的样品的 XRD 曲线，获得主要衍射峰的衍射角和相对强度，以已知晶形颜料的 XRD 数据作为标准，通过比较达到定性鉴定晶形的目的。

1941 年 ASTM(American Society for Testing Materials)发表了一系列衍射卡片，汇编了约 15000 种无机化合物和 6000 种有机化合物的 X 射线粉末衍射数据，是定性鉴定化合物晶形的重要依据。例如，α-CuPc 的编号为 22-1686，β-CuPc 的编号为 11-893，γ-喹吖啶酮的编号为 25-1782，甲苯胺红(toluidine red)的编号为 25-1879 等。卡片中提供了化合物的三个最强衍射峰的强度比值 I/I_1 及相应的晶面间距 d 等。例如，α-CuPc 的三个最强衍射峰的晶面间距 d 分别为 1.32nm、1.21nm 和 0.89nm，强度比值 I/I_1 分别为 100、100 和 40。有机颜料晶面间距较大，根据布拉格公式，衍射峰更多地出现在 $2\theta = 5°$～$35°$的小角区域。而无机化合物由于分子较小，衍射峰出现在较大的衍射角区域，如 CdS 的 α-晶形和 β-晶形的衍射峰均在 2θ 为 20°～60°的范围内。

(2) 定量分析机械混合不同晶形的含量。当有机颜料样品是两种及以上不同晶形组分的机械混合时，其 XRD 曲线将显示每一种晶形的衍射峰，并且衍射峰的强度与其含量成正比。据此，可以测定已知不同含量的晶体混合物的 XRD 曲线，以不同晶形样品的质量比为横坐标，以特定衍射峰的强度比为纵坐标，绘制工作曲线，再根据未知样品特定衍射峰的强度比计算出每一种晶形的含量。例如，ε-CuPc 与 β-CuPc 的混合试样，可以选用 β-CuPc 的 $2\theta = 12.3°$和 ε-CuPc 的 $2\theta = 14.2°$的衍射峰，绘制工作曲线(图 3-2)，采用方差分析法求出 I_ε/I_β 与 m_ε/m_β 的工作曲线关系式，再计算未知样品的组成。

对于含 α 和 β 两种晶形的铜酞菁样品，通常选用 α-晶形 $2\theta = 15.8°$、β-晶形 $2\theta = 12.4°$(11.5°～13.4°)的衍射峰绘制工作曲线，但在 α-晶形 $2\theta = 15.8°$附近，存在 β-晶形 $2\theta = 15.4°$的衍射峰的干扰。因此，在测定时可利用 β-晶形在 $2\theta = 13.9°$的峰强度不受 α-晶形的干扰，从 $2\theta = 14.5°$～$17.0°$测得的谱线累积强度中扣除 $2\theta = 13.4°$～$14.4°$的累积强度，最终得到 $2\theta = 15.8°$的 α-晶形峰强度。图 3-3 为两种晶形铜酞菁 1∶1 混合物的 XRD 曲线。

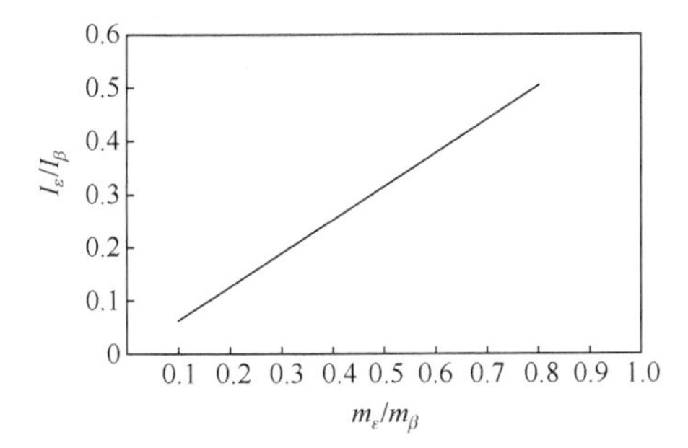

图 3-2 ε-CuPc 与 β-CuPc 混合物工作曲线

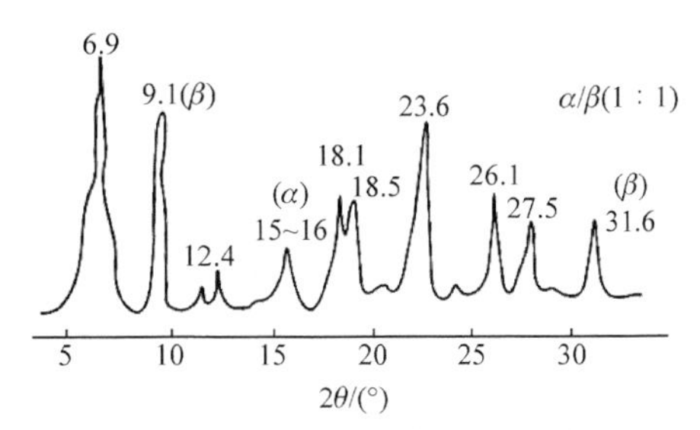

图 3-3 α-与 β-晶形铜酞菁混合物(1∶1)的 XRD 曲线

这种测量方法的误差一般为 2%～5%，因此，当其中一种晶形的含量小于 5%时，其定量分析的应用会受到限制。

(3) 测定晶体试样微晶的粒子尺寸。根据谢乐(Scherrer)公式，微晶对 X 射线衍射所产生的衍射峰的宽度与晶粒的大小成反比，即

$$D = k\lambda/(\beta\cos\theta)$$

式中，D 为衍射的反射晶面法线方向的晶粒厚度，nm；k 为晶粒形状因数，通常取值为 0.89；λ 为衍射光波长，nm(Cu 靶为 0.154nm)；β 为校正后的衍射峰的半峰宽。

(4) 控制产品质量。即检测产品晶形的单一性，确定其他晶形产物或无机填充剂、原料等杂质成分的存在及相对比例。例如，图 3-4 是含有少量硫酸钡填充剂的铜酞菁的 XRD 曲线，其中 $2\theta = 22.8°$、26°、28.6°和 32.8°的衍射峰是硫酸钡的特征峰。

(5) 颜料试样的结晶度比较。从 XRD 曲线可以得到的信息包括衍射峰的位置、强度和峰形(峰宽)。颜料的结晶度提高，在 XRD 曲线中表现为衍射峰的数量增多，强度提高，峰形变窄。如图 3-5 所示，联苯胺黄 G 经过二氯乙烷溶剂处理后，晶体发育完全，衍射峰的高度增加，且在 $2\theta = 20°$～25°、25°～30°和 30°～35°出现了新的衍射峰。

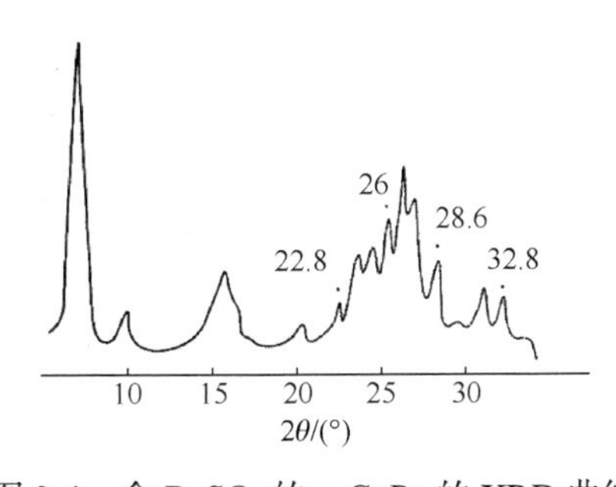

图 3-4 含 $BaSO_4$ 的 α-CuPc 的 XRD 曲线

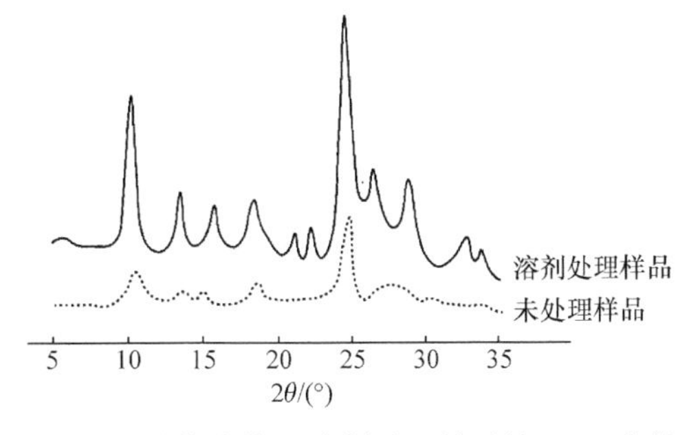

图 3-5 联苯胺黄 G 溶剂处理前后的 XRD 曲线

3.2.2 有机颜料的结构与热稳定性

有机颜料的耐热性是指颜料在一定的温度下，经历一定的时间，不发生明显的色光、色力变化的性质。

有机颜料受热后色光发生变化的原因包括：受热发生分解，与应用介质间发生化学

反应，在应用介质中溶解，以及颗粒大小及晶形发生变化等。例如，α-CuPc 受热时会从红光蓝色逐渐转变为绿光蓝色的 β-CuPc，并在 220℃左右时完全转变为 β-CuPc。

1. 提高有机颜料热稳定性的途径

(1) 增加相对分子质量。增加有机颜料的相对分子质量，不仅能改变有机颜料的耐溶剂性，还可以明显提高颜料的热稳定性。如表 3-3 所示，随着相对分子质量的增加，颜料的熔点明显提高，在 340℃下的分解率降低，且耐溶剂性能从 2～3 级提高到 5 级。特别是偶氮缩合型颜料 C.I.颜料黄 94 是具有隔离基的线型分子，不仅色光鲜艳，着色力高，而且相对分子质量大，耐热和耐溶剂性能优良，适用于塑料即合成纤维的原浆着色。

表 3-3　不同相对分子质量的黄色颜料的热稳定性

颜料品种	相对分子质量	熔点/℃	340℃下分解率/%	耐溶剂性/级
C.I.颜料黄 1	340	246～256	56	2～3
C.I.颜料黄 12	629	316	7	3～4
C.I.颜料黄 94	951	>400	—	5

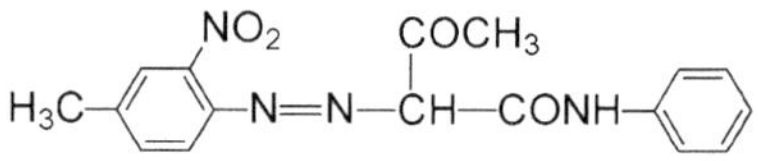

C.I. 颜料黄1

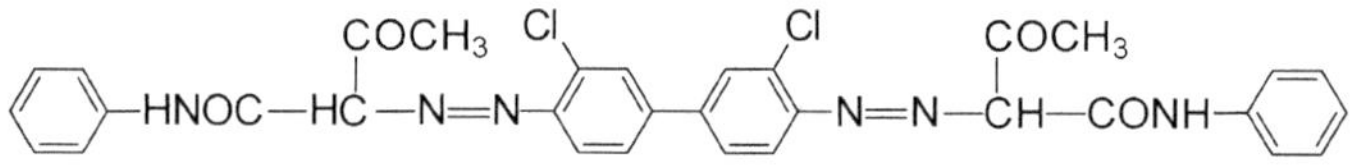

C.I. 颜料黄12

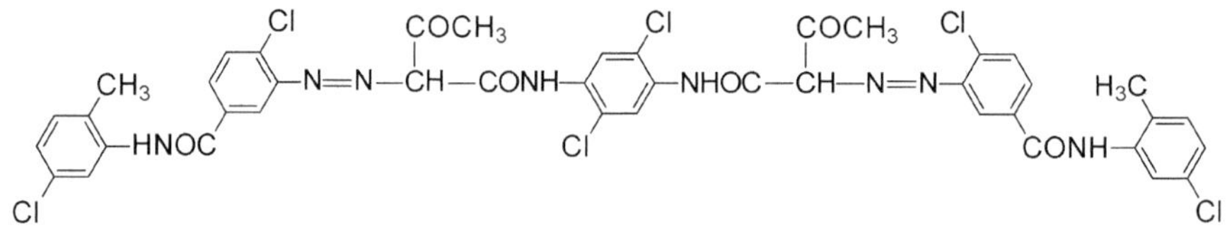

C.I. 颜料黄94

(2) 引入卤素原子。在有机颜料的分子中引入 Cl 和 Br，不仅可以改变颜料的色光、影响颜料分子的极性，还可以提高其耐气候牢度和耐热稳定性。例如，下述两个颜料分子，当分子中引入 4 个 Br 原子后，可以使熔点由 326℃提高至 456℃，450℃下的失重率由 86%下降至 13%。

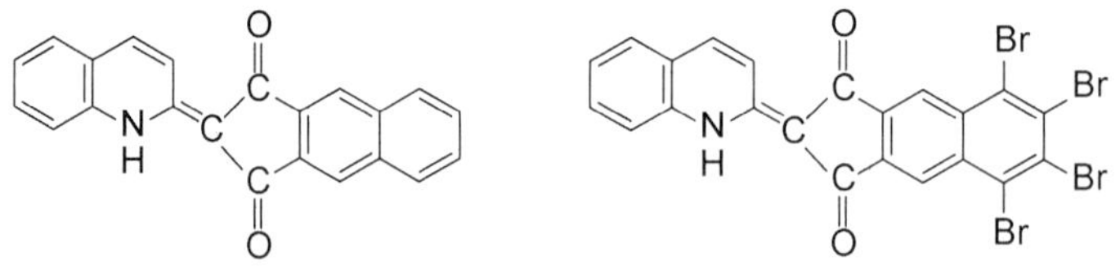

(3) 增加稠合程度。在喹酞酮类衍生物中，通过在分子的特定位置进行稠合，可改进颜料的耐溶剂性及耐热稳定性。从表 3-4 可以看出，不同的稠合位置对提高颜料的耐热性具有不同的效果，例如，5′,6′-位稠合的衍生物Ⅲ比 7′,8′-位稠合的衍生物Ⅳ具有更高的熔点及热稳定性。

表 3-4 稠合衍生物的结构与热稳定性

编号	分子结构	相对分子质量	熔点/℃	质量损失/%		
				380℃	430℃	460℃
Ⅰ		605	396	3	37	45
Ⅱ		655	456	1	2	25
Ⅲ		461	450	0	3	22
Ⅳ		461	378	2	10	21

(4) 引入极性取代基。在有机颜料分子中引入极性基团，可以降低其在有机溶剂中的溶解度，改进耐溶剂性能和耐热稳定性。例如，含有羰基、氨基、羟基等基团的分子可以形成分子内或分子间的氢键，具有更强的平面性或形成类稠环结构，有助于形成分子的层状堆积，从而提高耐热、耐气候牢度。例如，C.I.颜料黄 1 分子中的偶氮基邻位硝基的存在，使颜料分子发生偶氮型与醌腙型的互变异构，并形成分子内氢键和类稠环结构(图 3-6)，平面性更强，颜料的熔点达到 254～257℃，而与其具有相同相对分子质量、硝基位于偶氮基对位的颜料不存在分子内氢键，熔点仅为 210℃。再如，喹吖啶酮类颜料具有优异的热稳定性，这与其分子中具有羰基和亚氨基、能够形成分子间氢键(图 3-7)有关。此外，偶氮颜料分子中含有五元或六元环状酰胺基，如—CONH—、—NHCONH—、—NHCOCONH—、—CONHCO—、—CONHCONH—等，也可以使分子间形成稳定的氢键，使颜料分子间的约束力提高，在有机溶剂中具有较低的溶解度和优异的耐迁移性，而且熔点与热稳定性明显提高。

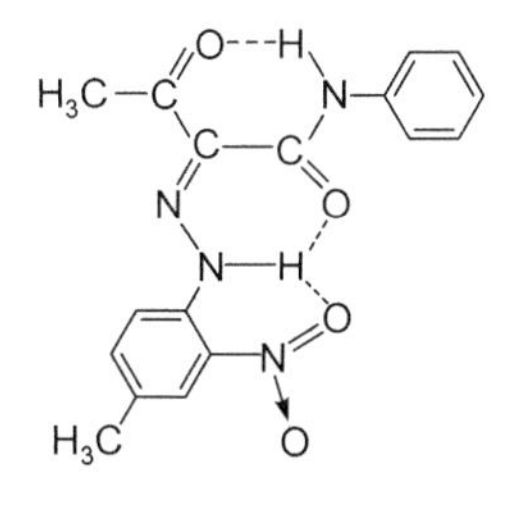

图 3-6 C.I.颜料黄 1 的分子内氢键示意图

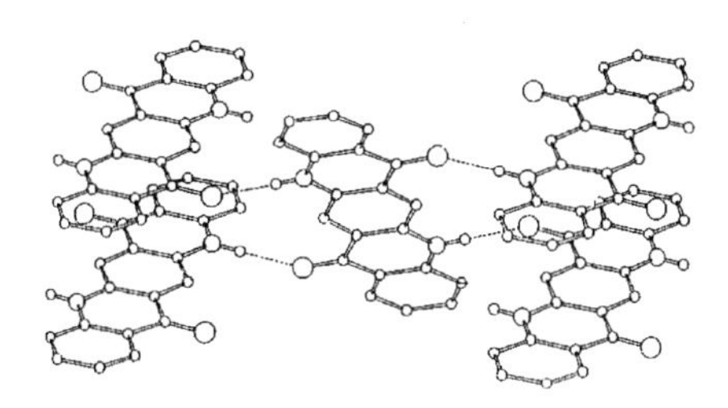

图 3-7 γ-型喹吖啶酮分子间氢键示意图

(5) 引入金属原子。金属络合颜料大多具有优良的耐热与耐光性能。例如，铜酞菁在真空下加热至 580℃时升华但不分解；由水溶性偶氮染料形成的色淀颜料通常具有优异的耐热性能，且热稳定性与沉淀剂的金属性质有关，见表 3-5。

表 3-5　引入金属原子对颜料热稳定性的影响

生成色淀的母体染料	Me^{n+}	最高分解速度时的温度/℃
酸性橙Ⅱ	Na^+	325
	Ca^{2+}	480
	Sr^{2+}	475
	Ba^{2+}	355
茜素黄GG	Na^+	315
	Ca^{2+}	328
	Sr^{2+}	314
	Ba^{2+}	286

2. *颜料热稳定性的分析方法*

热分析按照测定方法的特性不同可以分为多种类型，其中，在颜料的热稳定性和晶形转变等方面较为重要的方法有热重分析、差热分析和差示扫描量热法等 3 种方法。

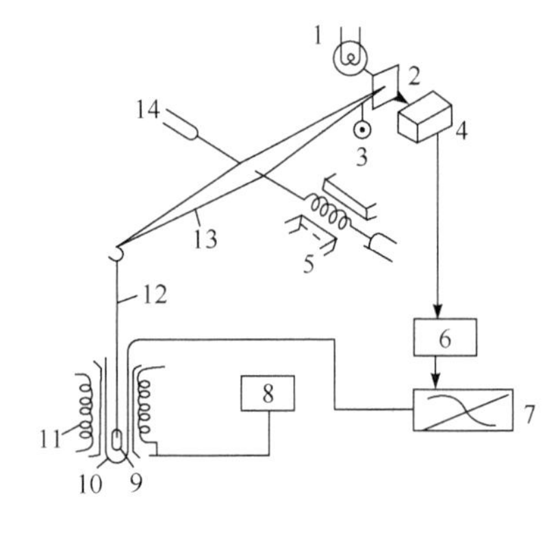

图 3-8　热天平结构示意图

1. 光源；2. 光闸；3. 砝码；4. 光电转换器；5. 磁场；6. 信号放大源；7. 双笔记录；8. 温度控制；9. 试样杯；10. 反应管；11. 加热炉；12. 吊丝；13. 天平臂；14. 张紧带

(1) 热重分析法(TGA)。热重分析法是使样品在一定的加热速度下连续称量，测定物质受热过程中的质量变化，得到样品在不同温度下的质量(损失)分数与温度的关系曲线。热重分析主要采用不同形式的热天平，如日本岛津 TG-20 热天平的结构如图 3-8 所示。测试时将样品置于加热炉的反应管中，预先用砝码调至零点，从室温开始以一定的速度升温，当被测定的样品发生质量损失时，通过能量转换器产生相应的电信号，经放大，以“热谱图”的形式记录下来。

例如，图 3-9 是草酸钙的热重分析曲线。可以看出，热谱图中存在三次失重过程，从质量损失可以判断出三种分解产物分别是结晶水、一氧化碳和二氧化碳。图 3-10 是含有苯并咪唑酮基团的偶氮颜料 PV Fast Carmine HF3C(C.I. Pigment Red 176)的热重曲线，其中第一次失重相当于偶氮基(—N═N—)的断裂过程。

(2) 差热分析法(DTA)。差热分析法是根据试样在加热过程中发生热效应(吸热或放热过程)来研究物质性质的方法。当以一定速度对样品进行加热时，样品的温度以稳定的速度增加，若样品发生吸热或放热反应，如失水、失二氧化碳、熔化或晶形转变等，则从周围环境吸收或向四周放出热量，记录温度变化，以温度差ΔT 对时间或不同温度作图即可得到差热分析图谱。

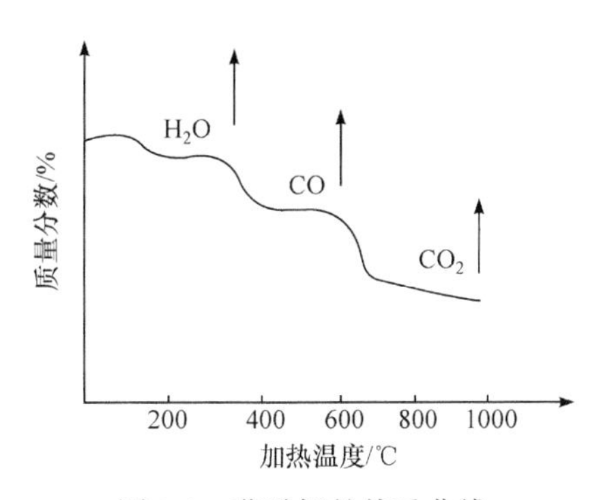

图 3-9 草酸钙的热重曲线

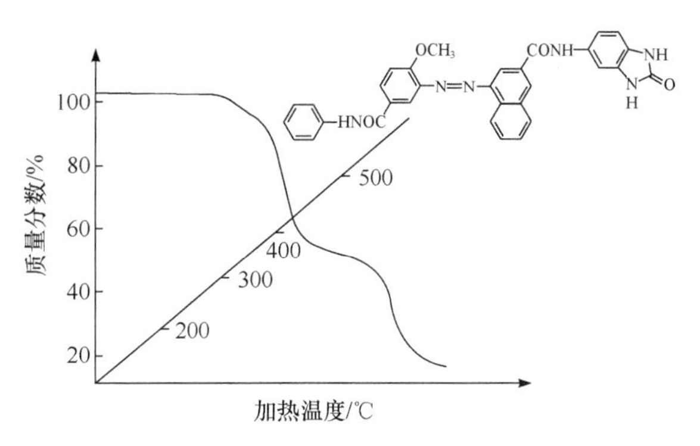

图 3-10 PV Fast Carmine HF3C 的热重曲线

N_2 40mL/min；升温速度 20℃/min

图 3-11 是 CuPc 的热谱图，可以看出，CuPc 在 380℃开始失重，在 550℃迅速失重，在 615℃出现一个吸热峰，同时伴随着明显的失重，最后在 715℃出现放热峰。而图 3-12 中无金属酞菁(MfPc)在 300℃左右便开始失重，在 550～670℃失重明显，质量损失率高。可见，CuPc 较 MfPc 具有更高的热稳定性。

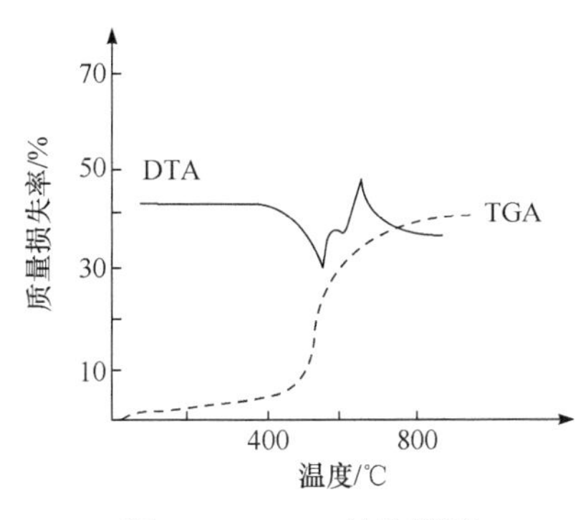

图 3-11 CuPc 的热谱图

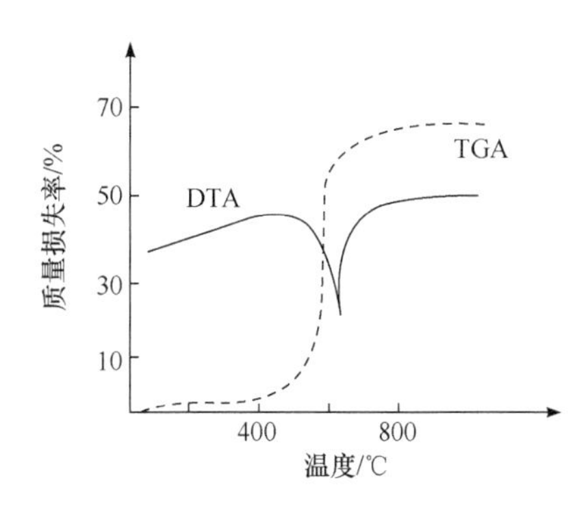

图 3-12 无金属酞菁的热谱图

(3) 差示扫描量热法(DSC)。差示扫描量热法是在程序控温下，测量样品在不同温度或时间下的吸热或放热速率。图 3-13 是酞菁氧钛(TiOPc)的 DSC 曲线及结构式，其在 100℃时存在一个极细微的吸热峰，推测为 TiOPc 制备过程中所含结晶水的蒸发。在 230.2～239.7℃之间有明显的相变过程，且在 239.7℃处出现一个尖锐的放热峰，这是由于 TiOPc 转化为能态相对较低的稳定晶形，伴随着放热过程。245.5℃后较宽的吸热峰推测为杂质升华和物质分解造成的。

3.2.3 有机颜料的润湿与分散性

1. 有机颜料粒径大小对性能的影响

有机颜料在各领域的应用，均要求通过研磨处理使其粒径降低至数微米以下，有较为集中的粒径分布，以及所得到的分散体在较长时间内具有良好的分散稳定性。有机颜

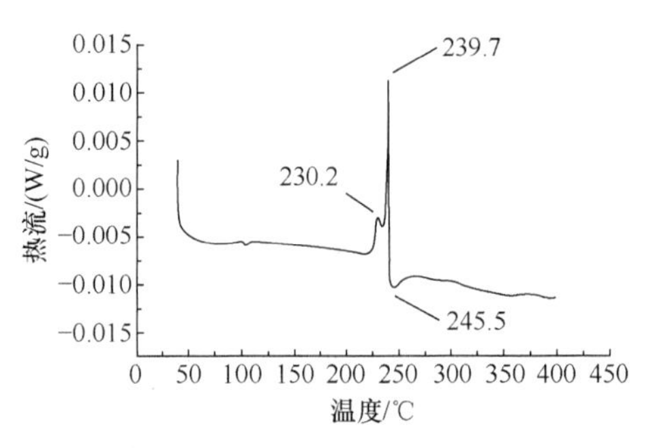

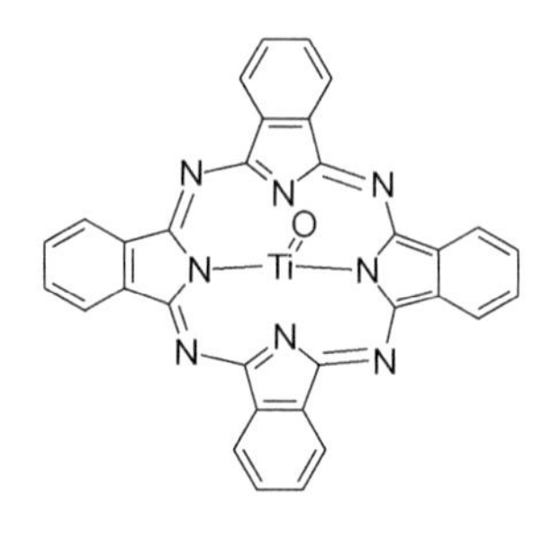

图 3-13 TiOPc DSC 曲线及结构式

料的粒径大小与分布、聚集体大小和结合方式、粒子形状等在较大程度上影响颜料的应用性能，如着色强度和着色力、色光和色相、光泽度及表面铜光现象、遮盖力和透明度、流动性和流变性、吸油量、耐光和耐气候牢度、耐迁移和耐溶剂性、分散性和分散稳定性等。

例如，在其他条件相同时，同一种黄色颜料，粒径较小时显示绿光黄色，而粒径大时显示红光黄色；红色颜料粒径较小时显示黄光红色，粒径较大时显示蓝光红色；蓝色颜料粒径变大，由鲜艳的红光蓝色变为绿光蓝色；白色颜料在粒子较小时显示蓝光，粒子较大时显示黄光；黑色颜料粒子小，乌黑度高。

调整有机颜料的粒径大小可控制颜料的透明度、光泽度及着色强度，通常当颗粒直径为 0.3～1μm 时，颜料显示出优良的着色强度、光泽及透明度。根据粒子溶解度与粒径的关系式，颜料粒径 r 越小，溶解度 C 越大，耐溶剂性能降低

$$\ln\frac{C_2}{C_1}=\frac{Z\delta V}{RT}\left(\frac{1}{r_1}-\frac{1}{r_2}\right)$$

式中，δ 为颜料粒子与溶剂间的界面能；V 为粒子的摩尔体积。

调整有机颜料粒径的大小，一方面，可以在合成过程中添加表面活性剂、助剂或晶体生长抑制剂等，调整颜料晶核产生的速度、数量及晶体成长的速度，改变粒子的表面极性，提高其与介质的相容性。另一方面，可以对合成的颜料粗品进行研磨、溶剂处理、表面改性等，以获得特定的粒子大小、晶形和分散性。

颜料粒径的测定方法较多，不同的方法适用于不同的粒子大小，如图 3-14 所示。

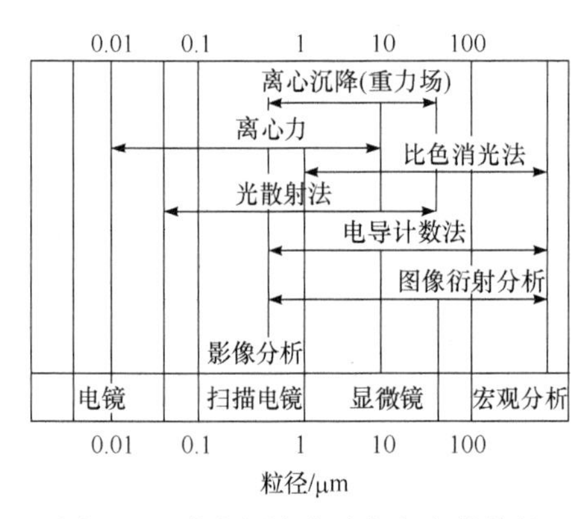

图 3-14 粒径测定方法与相应的粒径

2. 颜料粒子的润湿作用

所谓润湿作用是指固体表面和液体相接触时，原来的固-气界面消失，形成新的固-液界面的现象。有机颜料的分散过程如图 3-15 所示，主要包括四个阶段：颜料聚集体表面的润湿；聚集体解聚形成小粒子；小粒子新生表面的润湿；小粒子的分散和分散体的稳定。可见，润湿是分散的前提和获得稳定分散体的保障。

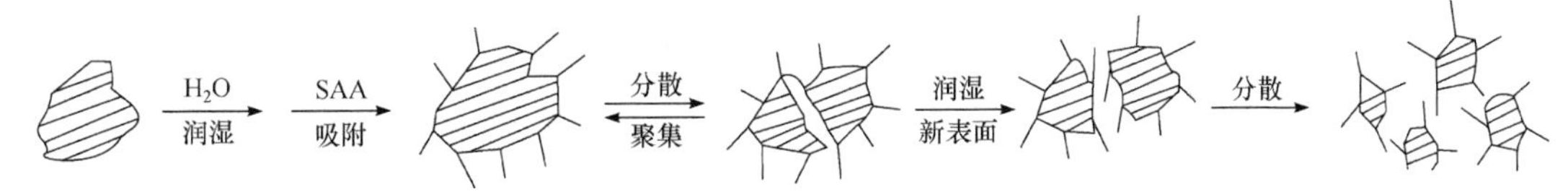

图 3-15 有机颜料润湿、分散过程示意图

影响润湿作用的主要因素包括：颜料粒子表面与介质的化学组成、极性、分子排列方式及界面能；各组分的立体尺寸和几何形状，包括聚集体的多孔性及润湿剂的分子大小等；动力学参数，如润湿介质的流变性，扩散、润湿的速率等。

评价润湿难易程度的方法主要是测量颜料与溶剂固-液界面的润湿角(接触角)θ。当$\theta>90°$时，认为固体表面不被液体润湿；若$\theta<90°$，认为固体表面能被液体润湿，且θ越小润湿效果越好，θ越大越难以润湿。

由于粉状颜料试样较难直接测定润湿角，可以将试样均匀地装在玻璃管中并置于确定的分散介质中，测定时间 t 内液体上升的高度 l，应用 Washburn 方程计算出 θ 值

$$\frac{l^2}{t}=\left(\frac{\gamma}{k^2}\right)\frac{\gamma\cdot\cos\theta}{2\eta}$$

式中，γ 为分散介质液体的表面张力；η 为介质黏度；γ/k^2 为试样填充常数，可用已知 γ 和 η 的液体在同一试管中测试 t 与 l 值计算得到；$\gamma\cdot\cos\theta$ 为黏附张力。在 t 时间内分散介质浸透距离 l 越长，黏附张力越大，θ 越小，颜料的润湿性越好，即颜料粒子在研磨过程中表面空气溶液被驱除，分散较为容易。

3. 颜料的分散及分散体稳定性

颜料的分散性是指颜料粒子在分散介质中形成均匀的分散体系的难易程度，以及所形成的分散体系的稳定程度。影响分散的主要因素包括：颜料自身的性质，应用介质的化学及物理性质，有机颜料与介质交界面的相互作用，有机颜料在分散过程前的预处理参数，分散的方法和工艺参数，分散剂或其他添加剂的化学、物理特性和应用方式等。

颜料在使用介质中的分散工艺及设备的选择，主要依据对分散质量的要求、生产分散体的成本，以及被分散的颜料的剂型等。适用于有机颜料的分散的工艺和设备如表 3-6 和图 3-16 所示。

表 3-6 颜料分散工艺与设备

分散工艺和设备	适用范围	应用领域	分散力
球磨或砂磨	低黏度悬浮体(15%～40%)	广	球的滚动产生撞击和剪切力
多(三)辊磨	高含量滤饼	油漆、油墨	相邻两个辊子的压力、剪切力
捏合机	很高固含量	油墨	两个叶片之间及捏合臂与机体臂之间的剪切力
高压均质机	低黏度悬浮体	广	高流速、高压力降下的空穴作用，高剪切力与撞击力

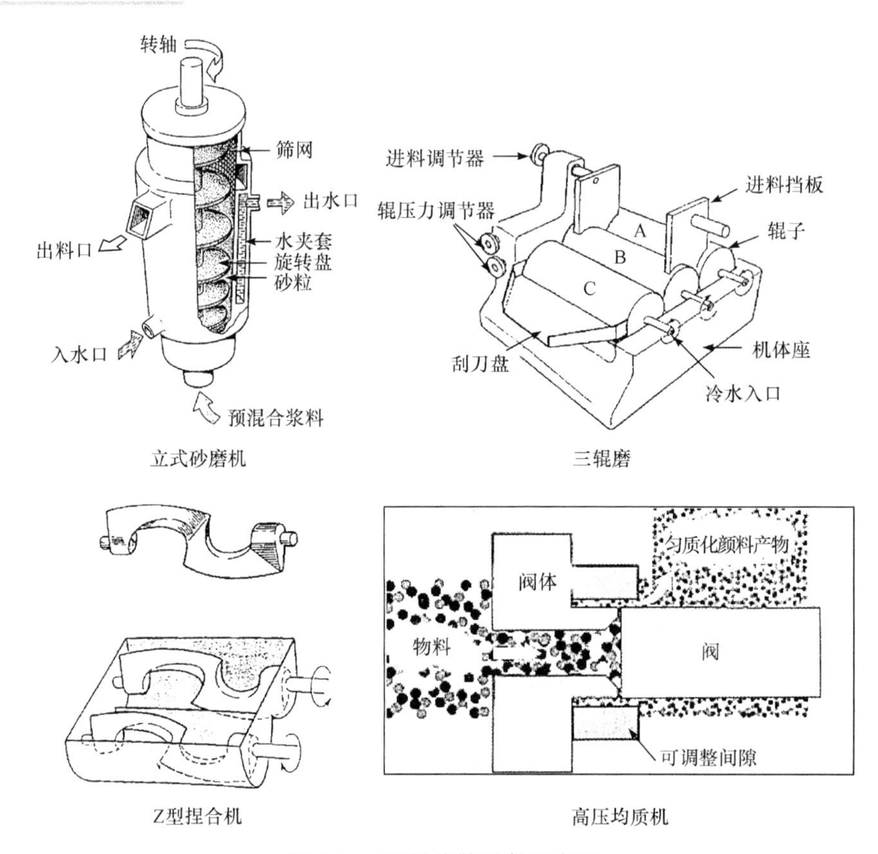

图 3-16 颜料分散设备示意图

提高颜料分散稳定性的途径主要有：添加适当浓度和离子类型的表面活性剂或高分子分散剂，使其选择性地吸附在颜料粒子的表面，改善其与分散介质的相容性；增加分散介质的黏度以控制颜料粒子的布朗运动及自然重力沉降；缩小颜料粒子与分散介质之间的密度差；以及降低颜料粒子的 ζ 电位等。颜料分散体的稳定机理有两种，即电荷稳定机理及立体效应(熵效应)。

(1) 电荷稳定机理。如图 3-17 所示，颜料粒子外围静电荷双电层的形成，使相同电荷的颗粒之间存在静电排斥力，显示分散粒子的稳定特性。

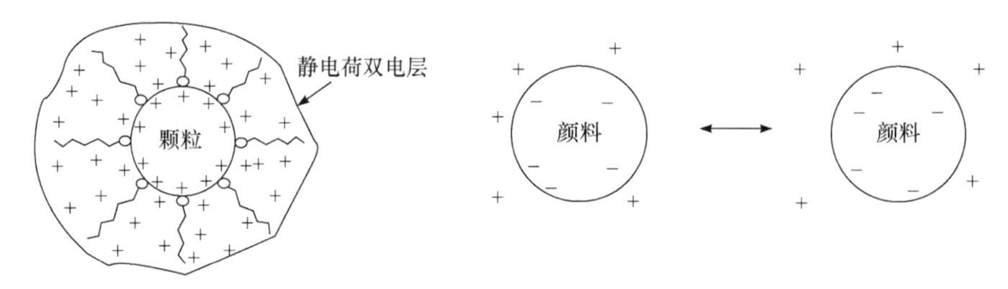

图 3-17 电荷稳定示意图

粒子间相互作用的总势能 V 等于排斥力势能 (V_R) 与引力势能 (V_A) 之和，粒子的总势能 V 数值较大时，不易发生粒子的聚凝。当两个粒子相距较远时，粒子间的引力占据优势；粒子逐渐靠近时，离子层发生重叠，斥力开始逐渐增大。Verwey 和 Overbeek 提出排斥力势能(V_R)可由下式计算：

$$V_R = \frac{\varepsilon \cdot a^2 \cdot \psi_0^2}{R}$$

式中，ε 为介质的介电常数；ψ 为粒子表面能；R 为粒子间的距离；a 为粒子的半径。图 3-18 为粒径分别为 0.2μm 和 0.6μm 的颜料粒子之间的势能与粒子间距离的关系曲线，可见，粒径越大，粒子间的排斥能和总位能越大。

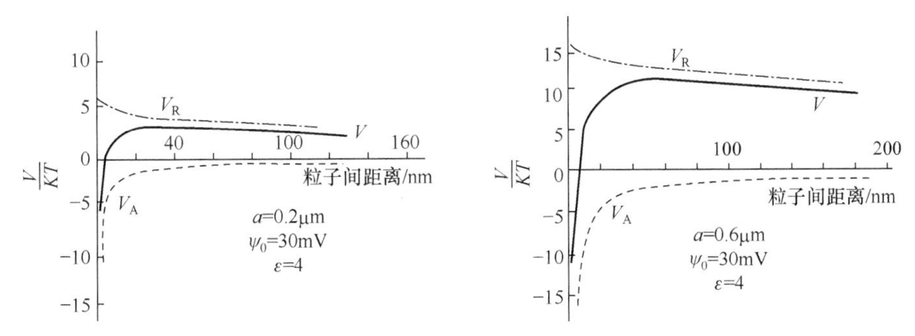

图 3-18 粒子间距离与排斥力势能、吸引力势能和总势能的关系

(2) 立体效应。立体效应主要指颜料粒子表面吸附高分子化合物，影响到颜料粒子之间的更紧密接触，在一定程度上使粒子失去自由活动，并相应地降低了熵值。立体效应增加了粒子之间的相互排斥力，使分散粒子的接触受到空间障碍，保持了分散体系的稳定性。

两个半径为 a 的球形颗粒之间的引力势能 V_A 可用哈马克(Hamaker)公式计算：

$$V_A = \frac{A \cdot a}{12} \cdot \frac{1}{H_0}$$

式中，a 为颗粒的半径；A 为 Hamaker 常数；H_0 为粒子之间最短距离，$H_0 = R - 2a$ (R 为两个粒子的中心距离)。

3.3 有机颜料的剂型及颜料化

合成的粗品颜料通常色光不够鲜艳、着色力偏低、流动度、透明度及分散性等应用性能欠佳，必须改变、调整和控制颜料粒子大小与形状、粒径分布、晶形及表面极性等。

3.3.1 有机颜料的剂型

根据有机颜料不同用途的特定要求，由同一种化学结构制备出具有不同应用性能的商品品种，以达到最佳使用效果，即颜料的剂型。

通常用于涂料、油漆着色的有机颜料，应具有足够的耐久性能，如耐晒牢度、耐气候牢度，同时具有较高的遮盖力和特定的透明性，在油性或水性涂料介质中有理想的耐溶剂稳定性，色光稳定，在储存和使用过程中不发生明显的絮凝等。

应用于橡胶、树脂及塑料着色的有机颜料，应比较容易地均匀分散在被着色的物质中，与树脂有良好的相容性，热稳定性好，在加工成型温度下不变色。此外，用于橡胶着色的颜料应耐硫化处理；用于塑料着色的颜料应有良好的耐溶剂性、耐迁移性，对增塑剂稳定。

应用于印刷油墨的有机颜料，应符合三种基本颜色(黄色、品红、青色)的要求，具有特定的光谱特性，良好的鲜艳度、透明性，理想的分散性，特别是在广泛应用的四色(黑色、青色、品红、黄色)套印工艺中，应采用高透明度的黄色有机颜料。此外，用于印铁油墨的颜料应能经受160～170℃以上的高温而不发生色光的变化。

有机颜料的各大生产公司均有系列化的多种剂型产品。例如，日本DIC公司生产的主要色谱颜料部分品种的商品名称、应用特性及用途见表3-7～表3-9。

表3-7 DIC公司C.I.颜料黄12的主要剂型及特性

商品名称 (Symuler Fast)	应用特性及用途	商品名称 (Symuler Fast)	应用特性及用途
Yellow GF conc.	呈绿光黄色	Yellow GTF 230 T	改进油墨印墨中的流变性的品种
Yellow GTF 219	透明度最高，流动性优良	Yellow 4078	最不透明
Yellow GTF 224	对219品种改进着色力的品种	Yellow 4023	改进光学特性及流变性
Yellow GTF 225	着色力最强		

表3-8 DIC公司C.I.颜料红57∶1的主要剂型及特性

商品名称 (Symuler Brill.)	应用特性及用途	商品名称 (Symuler Brill.)	应用特性及用途
Carmine 6B 226 S	黄光红，非透明型	Carmine 6B 247 S	塑料中易分散型
Carmine 6B 229 S	蓝光红，透明型	Carmine 6B 270 gran	无粉尘型，用于出版物印墨
Carmine 6B 233 S	蓝光红，通用标准型	Carmine 6B 270 S	颗粒状剂型
Carmine 6B 236 S	黄光红，通用标准型	Carmine 6B 296 E	中间色调，油基墨中流动性好
Carmine 6B 240 S	包装墨，流动性好，光泽度高	Carmine 6B 306	非透明型，易分散，流动性良好

表3-9 DIC公司C.I.颜料蓝15∶4(β-/NCNF*)的主要剂型及特性

商品名称 Fastogen	应用特性及用途	商品名称 Fastogen	应用特性及用途
Blue FGS	流变性好，抗絮凝，适用烘焙漆	Blue 5412 G	包装印墨中流动性、光泽度、透明性好
Blue GFA	环氧树脂漆中流变性良好	Blue 5412 SD	5412 G的喷雾干燥剂型
Blue GNPH-K	尤其适用丙烯酸漆着色	Blue 5415	高色力、高光泽，流变性好，凹版印墨用
Blue GNPW	影印、出版印刷凹版印墨	Blue 5420 G	醇性包装墨中流动性好，高光泽、高透明
Blue 5410 G	改进包装印墨流变性及光泽度	Blue 5480	高色力，抗絮凝型漆料着色

*抗结晶抗絮凝。

3.3.2 有机颜料的表面处理

有机颜料的表面处理(surface treatment)是指在生成的颜料粒子表面沉积适当的物质，并以单分子层或多分子层包覆颜料粒子表面的活性区域(中心)或全部颗粒，依据所用的表面处理剂(覆盖剂)结构、性能的不同，来改变原来颜料粒子的表面特性，即按应用对象的要求对颜料粒子实施表面改性。

表面处理的作用主要体现在 5 个方面。

(1) 抑制晶体粒子的成长，降低粒子之间的聚集作用，减少聚集体的数量，改进产品的分散性，获得质软的颜料。

(2) 使颜料粒子更容易被润湿，加速粉碎过程中新界面的润湿，防止粒子再聚集。

(3) 降低粒子之间的结合力，即使产生一定程度的聚集或絮凝，仍可在较小的剪切力下再分散，以获得粒度分布均匀的颜料分散体。

(4) 依据应用介质的要求选择表面改性剂，使颜料粒子更加亲油或亲水，提高其在油性、非水极性或水性介质中的相容性。

(5) 获得特定粒径且分布均匀、润湿性和分散性好的颜料，提高着色制品的性能。

有机颜料分子极性较低，属于亲油性物质。颜料粒子的表面特性与其分子的堆积、排列方式有关，不同的晶格结构显示不同的表面状态。有机颜料表面处理的基本原理是选择适当的表面改性剂，使其覆盖在晶体表面，根据应用对象的性质改变晶体表面的极性状态，以适应使用介质的需要。

例如，在油基印墨或油性涂料等非极性介质中，表面改性剂的极性基团与颜料粒子表面的极性基团发生作用，吸附于粒子表面，非极性基团伸向粒子外侧，带有吸附层的固体表面裸露出的是碳氢基团，并形成有效的空间障碍阻止粒子的聚集，如图 3-19 所示。在水基印墨或水性涂料等水性或非水极性介质中，改性剂亲油性基团吸附于颜料的非极性区域，亲水性基团则伸展或扩散到介质中，在粒子周围产生保护壁垒，如图 3-20 所示。

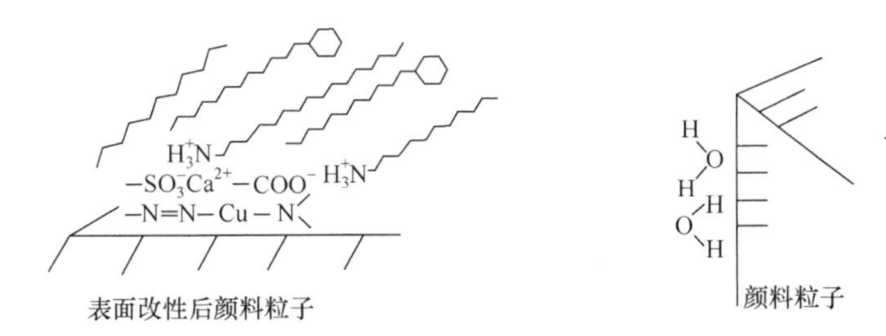

图 3-19 油基印墨颜料表面处理模型

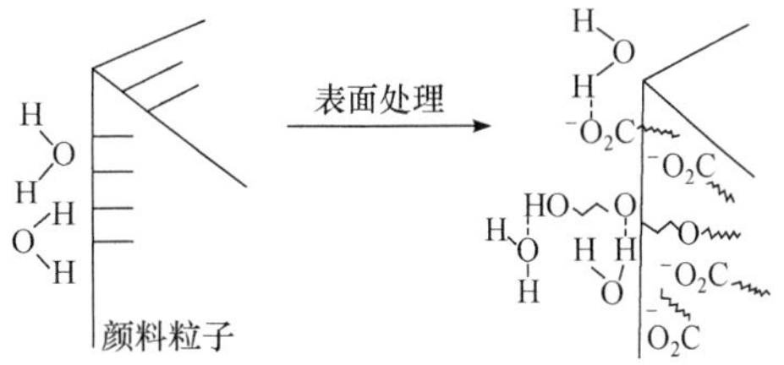

图 3-20 水基印墨颜料表面处理模型

有机颜料表面处理所使用的改性剂除表面活性剂外还有松香及衍生物、有机胺、颜料衍生物和超分散剂等。

(1) 松香及衍生物。主要有松香酸、二氢化松香和四氢化松香等。添加松香一般是将松香的钠盐或钾盐水溶液加入颜料浆中，吸附于颜料粒子表面，再加入碱土金属盐生成松香的不溶性金属盐并沉淀在颜料表面。添加松香的作用和产生的效果与其加入时机有关，偶氮颜料偶合反应前将松香加入偶合液中可以阻止晶核成长，使粒子细小；偶合后添加松香能够有效地吸附于粒子表面，起隔离作用，阻止聚集。

松香酸　二氢化松香　四氢化松香　松香胺

(2) 有机胺。由于脂肪胺化合物极性较高的氨基对于颜料分子的极性表面具有较大的亲和力，可吸附在颜料粒子表面上，另一端的长碳链(亲油性基团)伸向使用介质中，易被油基印墨介质所润湿，提高产品的分散和分散稳定性。颜料改性中经常使用的有机胺有硬脂胺、*N*-硬脂基丙二胺、*N*-环己基丙二胺和松香胺等。

(3) 颜料衍生物。在颜料母体分子上引入羧酸基、磺酸基或叔胺基等基团得到的颜料衍生物，对颜料母体具有良好的亲和性，还能进一步引入长链烷基，有效改善颜料粒子表面的极性。例如，C.I.颜料黄 12 与烷基胺反应生成席夫碱，依靠颜料分子之间的平面性结合，长碳链被分散介质所溶剂化，起到促进分散稳定作用。

RNH_2

适用于铜酞菁类颜料改性的衍生物主要是铜酞菁的磺酸铵盐或磺酰胺衍生物，如 $CuPc(SO_3^- \cdot {}^+H_3NR)_n$、$CuPc(SO_3^- \cdot {}^+H_3NAr)_n$、$CuPc(SO_2NHR)_n$ 及 $CuPc(SO_2NHAr)_n$ 等。

(4) 超分散剂。超分散剂是指具有高效分散性能的添加剂。其分子结构由锚式基团和聚合物溶剂化链两部分组成。锚式基团或含有多个结合点，或通过颜料衍生物的架桥作用与颜料粒子表面结合，与经典的分散剂相比不易发生解吸附现象。同时，通过调整或选择超分散剂分子中的聚合溶剂化碳链的长度，使之与不同的溶剂或分散介质有良好的相容性。其基本结构及在介质中与颜料的作用原理如图 3-21 所示。超分散剂的聚合物溶剂化链长度应适当，过长或过短会发生反折叠或相互缠连导致分散效果降低。

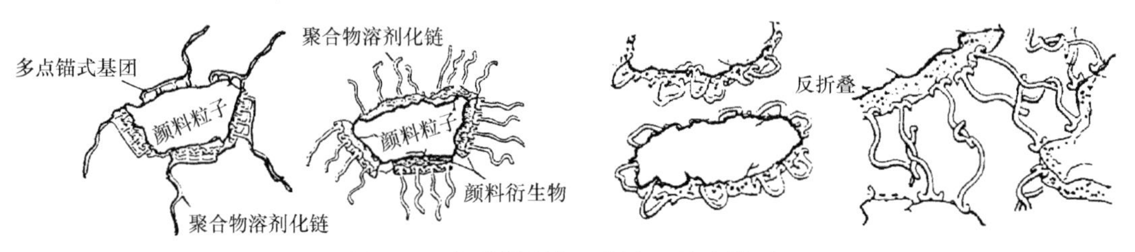

图 3-21　超分散剂与颜料表面结合模型

3.4 主要类型有机颜料的品种及合成

3.4.1 不溶性偶氮颜料

不溶性偶氮颜料品种繁多，主要为黄色、橙色和红色，并有少量紫色和棕色品种。根据分子结构，不溶性偶氮颜料可以分为单偶氮颜料、双偶氮颜料和偶氮缩合颜料。合成偶氮颜料的偶合组分主要是乙酰乙酰苯胺、苯基吡唑啉酮、β-萘酚、色酚 AS 等的衍生物；重氮组分主要是含有硝基、氯、甲基、甲氧基、甲酰胺基或磺酰胺基等的苯胺或联苯胺衍生物。

乙酰乙酰芳胺系列单偶氮颜料也称为汉沙(Hansa)系列颜料，是最早合成的具有与铬黄无机颜料相似色光的有机颜料品种，1910 年由德国赫斯特公司投放市场，主要用于油墨和涂料中。这类颜料的色谱范围从强的绿光黄色至红光黄色，色光纯正；结构简单，成本低，产量高；耐酸与耐碱性能优良，耐光牢度较好；但因分子较小，耐热性差，在有机溶剂中溶解度高，易发生再结晶、迁移及油渗等现象，不适用于塑料的着色。此类颜料的部分品种如表 3-10 所示。

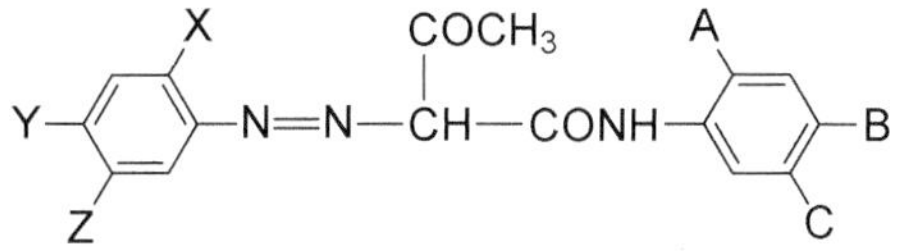

表 3-10 部分乙酰乙酰芳胺单偶氮颜料的结构和商品名称

C.I.名称	CAS 登记号	X	Y	Z	A	B	C	商品名称
P.Y. 1	2512-29-0	NO_2	CH_3	H	H	H	H	Hansa 黄 G
P.Y. 3	6486-23-3	NO_2	Cl	H	Cl	H	H	Hansa 黄 10G
P.Y. 5	4106-67-6	NO_2	H	H	H	H	H	Hansa 黄 5G
P.Y. 74	6358-31-2	OCH_3	NO_2	H	OCH_3	H	H	Hansa 黄 5GX
P.Y. 97	12225-18-2	OCH_3	$PhNHSO_2$	OCH_3	OCH_3	Cl	OCH_3	Permanent 黄 FGL
P.O. 1	6371-96-6	NO_2	OCH_3	H	CH_3	H	H	Hansa 黄 3R

联苯胺系列颜料主要是由 3,3′-二氯联苯胺和 3,3′-二甲氧基联苯胺为重氮组分、以乙酰乙酰芳胺和苯基吡唑啉酮衍生物为偶合组分合成的黄色、橙色双偶氮颜料，其结构通式如下。这类颜料具有很高的着色强度，色光鲜艳，耐热、耐溶剂性能优良，除大量应用于印刷油墨外，也适用于涂料、塑料橡胶、文具及涂料印花等。

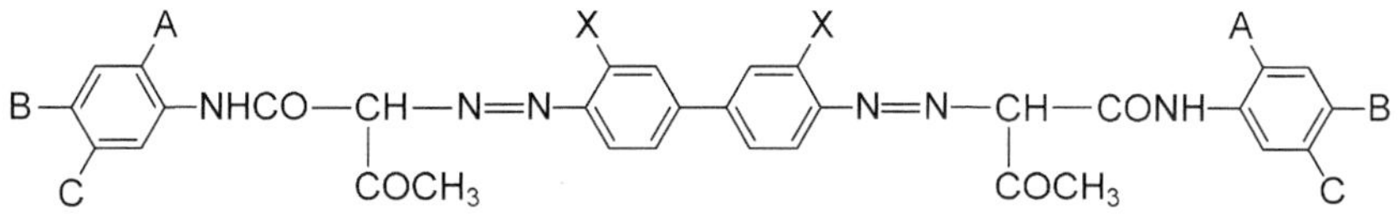

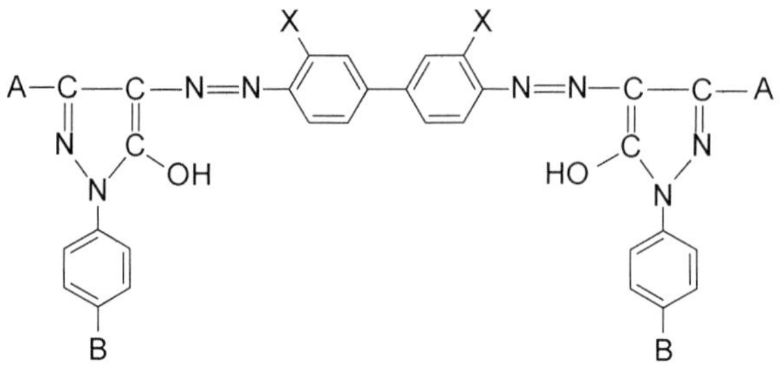

X　X
A—C—C—N=N—(联苯)—N=N—C—C—A
N　C　OH　HO　C　N
N　N
B　B

以 2-萘酚和色酚 AS 衍生物为偶合组分的颜料主要为红色和紫色。2-萘酚系列颜料中实用价值较大的品种如 C.I.颜料红 3(甲苯胺红)，耐光牢度优良；C.I.颜料红 4(氯代对位红)较对位红具有更优良的牢度性能，是红色烟火颜料的重要品种火焰红。

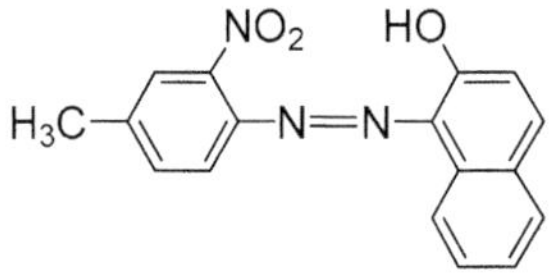

NO_2　HO　Cl　HO
H_3C—N=N—　O_2N—N=N—

甲苯胺红 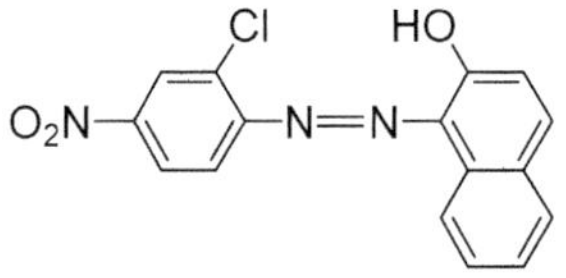　　氯代对位红

色酚 AS 衍生物分子中含有甲酰胺基，具有良好的耐溶剂性能，适用于印墨及黏胶纤维的着色。这类颜料依据应用性能可分为普通型萘酚红和耐溶剂型萘酚红。耐溶剂型萘酚红多数品种在重氮组分偶氮基的间位或对位上含有甲酰胺或磺酰胺基团，耐光和耐溶剂性能优良，如 C.I.颜料红 5(永固桃红 FB)和 C.I.颜料红 187。

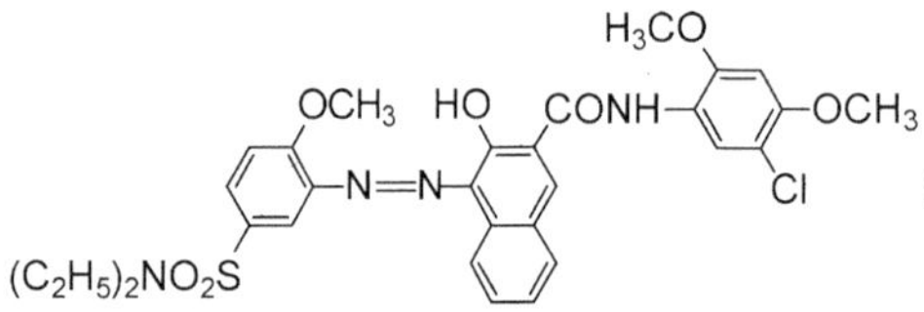

H_3CO　OCH_3　HO　CONH—　OCH_3　Cl　$(C_2H_5)_2NO_2S$　N=N
H_3CO　H_2NOC—NHOC—　OCH_3　N=N　HO　CONH—　OCH_3　Cl

C.I.颜料红5 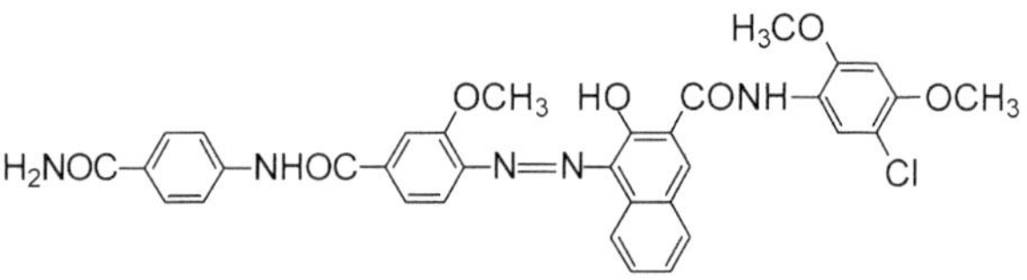　　C.I.颜料红187

偶氮缩合颜料(azo condensation pigment)是由汽巴-嘉基公司开发的，相对分子质量为 800～1000 的双偶氮颜料，具有优良的耐迁移性和耐热性。黄色偶氮缩合颜料主要是以双乙酰乙酰苯胺衍生物为偶合组分，与含有酰胺基的芳胺重氮盐偶合制得的。例如，C.I.颜料黄 94 的合成路线如下。

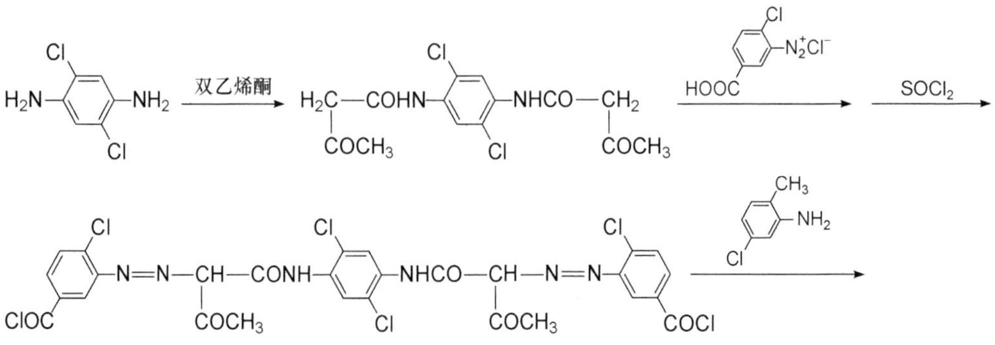

Cl　H_2N—　—NH_2　Cl　—双乙烯酮→　H_2C—COHN—　Cl　Cl　—NHCO—CH_2　$COCH_3$　$COCH_3$　—(Cl, $N_2^+Cl^-$, HOOC)→　—$SOCl_2$→

Cl　ClOC　—N=N—CH—CONH—　Cl　Cl　—NHCO—CH—N=N—　Cl　COCl　$COCH_3$　$COCH_3$　—(CH_3, NH_2, Cl)→

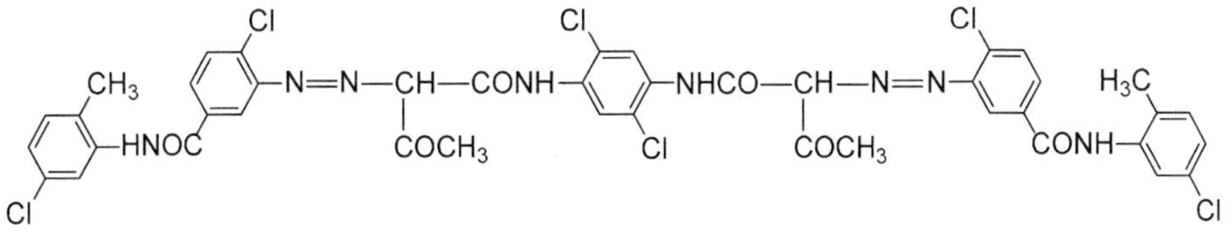

C.I.颜料黄94

红、棕色偶氮缩合颜料的合成有两种工艺。一种是先由色酚 AS 衍生物与二元芳胺缩合生产双色酚，再以此为偶合组分与芳胺重氮盐偶合。但生成单偶氮产物后溶解度降低，且在低温下反应，难以使第二次偶合顺利进行，导致产品为混合物，降低了颜料的耐溶剂性能。另一种是先用芳胺重氮盐与 2,3-酸偶合得到单偶氮染料，然后在有机溶剂中与氯化亚砜反应生成羧酰氯，最后与二元胺缩合，如 C.I.颜料红 166 的合成。这种方法不存在相对分子质量较大的反应试剂，而且最后的缩合反应可以在沸点较高的有机溶剂(如邻二氯苯、硝基苯等)中进行。

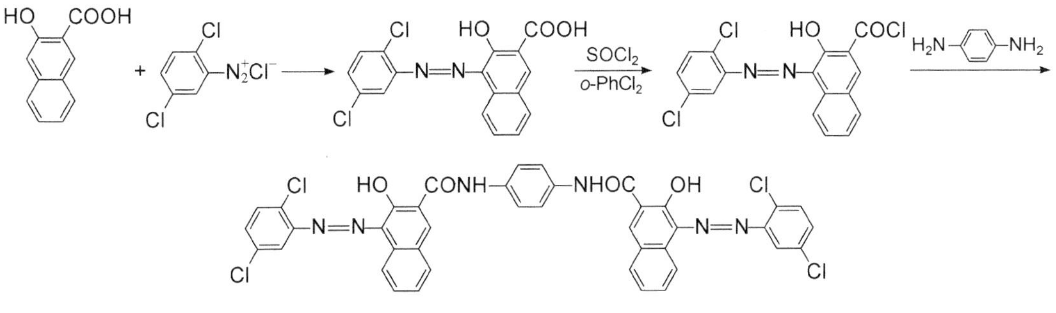

C.I.颜料黄94

苯并咪唑酮类颜料是指分子中含有苯并咪唑酮基团的偶氮颜料，有黄、橙、红、紫、棕等色谱的品种。苯并咪唑酮类颜料的分子中含有环状酰胺基和其他不同极性的取代基，能够形成分子间氢键，具有优异的耐热、耐光和耐溶剂性能，广泛应用于塑料着色和特种印墨。C.I.颜料红 208 的分子间氢键如图 3-22 所示。

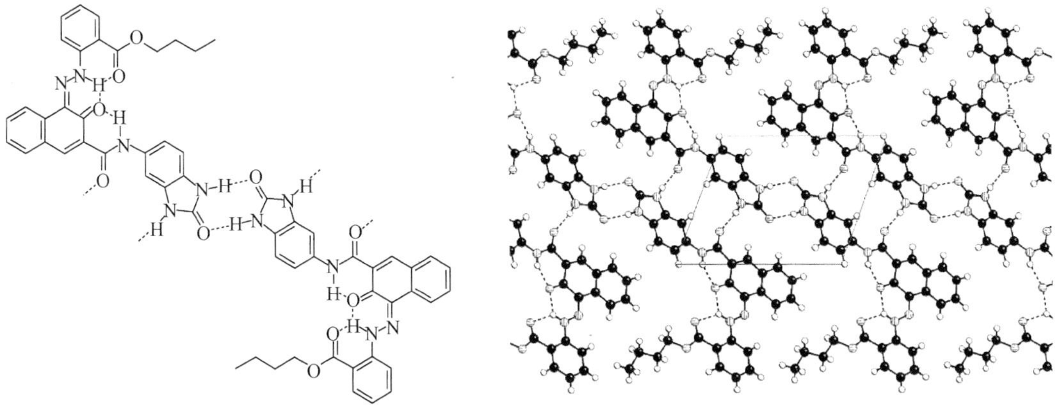

图 3-22 C.I.颜料红 208 的分子间氢键示意图

合成此类颜料的两个重要中间体是 5-乙酰乙酰氨基苯并咪唑酮和 5-(2′-羟基-3′-萘甲酰氨基)苯并咪唑酮。由 4-硝基邻苯二胺与光气或尿素反应，脱掉 HCl 或 NH_3 环合生成 5-硝基苯并咪唑酮，还原后的产物 5-氨基苯并咪唑酮与双乙酰酮反应得到 5-(2′-羟基-3′-萘甲酰氨基)苯并咪唑酮，5-氨基苯并咪唑酮与 2-羟基-3-萘甲酰氯或与 2,3-酸在 PCl_3 存在下反应得到 5-(2′-羟基-3′-萘甲酰氨基)苯并咪唑酮。

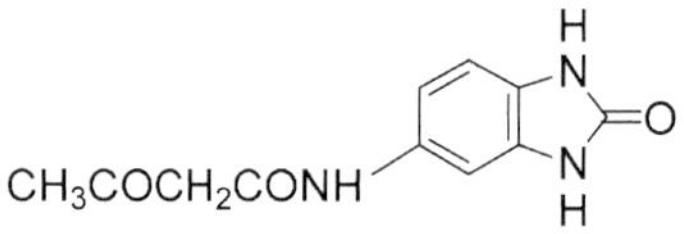

5-乙酰乙酰氨基苯并咪唑酮 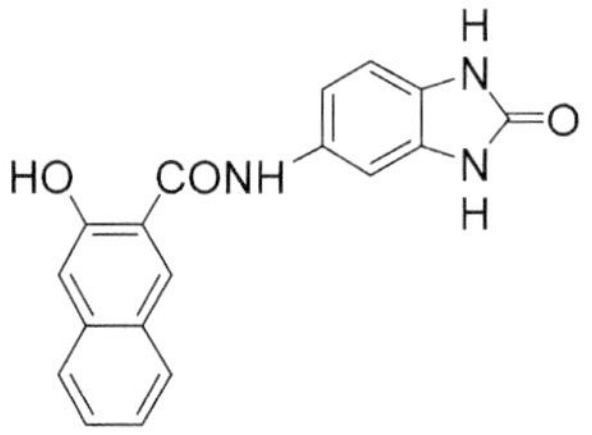　　5-(2′-羟基-3′-萘甲酰氨基)苯并咪唑酮

3.4.2 色淀颜料

色淀颜料是指在填充剂(如氢氧化铝、铝钡白等)存在下，由水溶性染料在不同类型沉淀剂的作用下，沉淀出来的非水溶性有色物质。所用的沉淀剂主要是金属盐，如 Ca^{2+}、Ba^{2+}、Mn^{2+}、Fe^{2+}、Pb^{2+}、Sn^{2+}、Sr^{2+}、Al^{3+}、Cr^{2+}等；有机碱，如二苯胍等胍类；有机酸，如单宁酸；无机杂元酸，如磷钨酸、磷钨钼酸等。

具有实际意义的色淀颜料主要是红色偶氮色淀颜料和三芳甲烷色淀颜料，其中偶氮色淀又分为 2-萘酚类色淀、2-羟基-3-萘甲酸类色淀，以及萘酚磺酸和 2-羟基-3-萘甲酰胺等其他类型色淀。各主要类型偶氮色淀的结构通式和代表品种如表 3-11 所示。

3-11　偶氮色淀颜料的结构通式及代表品种

类型	颜色	结构通式和实例
2-萘酚类	橙、红	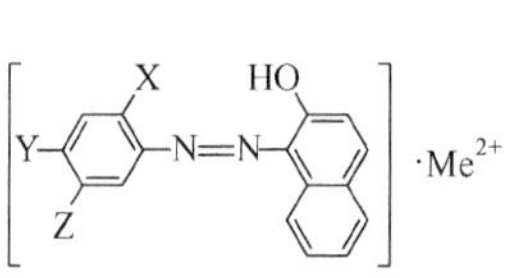 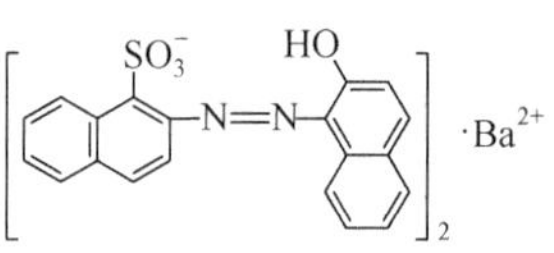 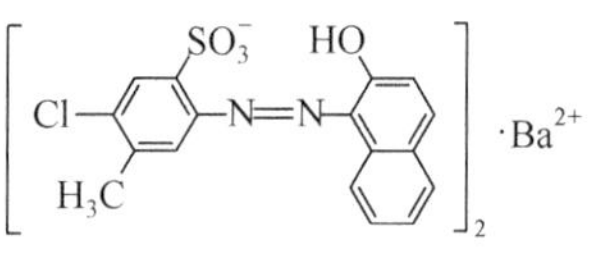 通式 ·Me^{2+}；C.I.颜料红49:1(立索尔大红)；C.I.颜料红53:1(金光红C)
2-羟基-3-萘甲酸类	洋红(蓝光红)	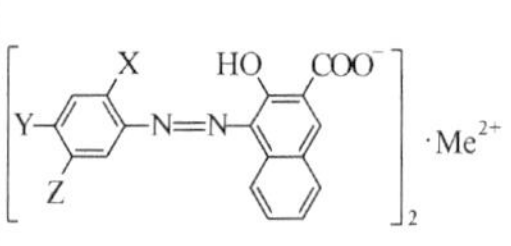 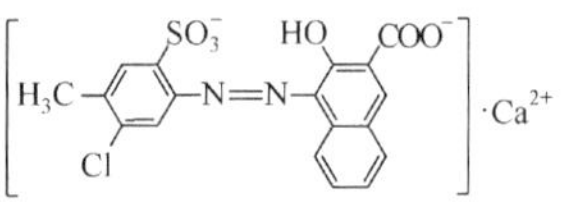 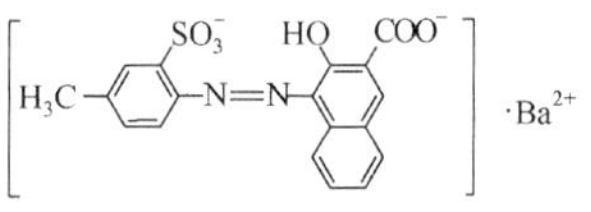 通式 ·Me^{2+}；C.I.颜料红48:2(永固红2B)；C.I.颜料红57:1(立索尔红)
萘酚磺酸类	橙、红	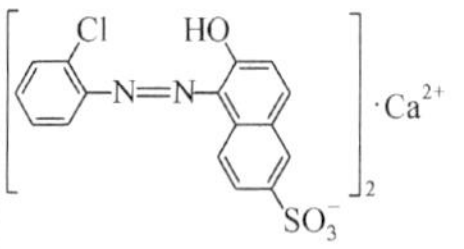 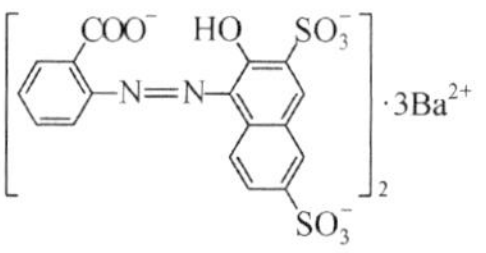 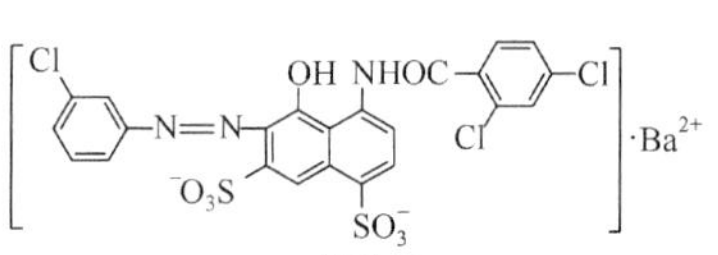 C.I.颜料橙19；C.I.颜料红60(大红色淀3B)；C.I.颜料红65

续表

类型	颜色	结构通式和实例
2-羟基-3-萘甲酰胺类	红	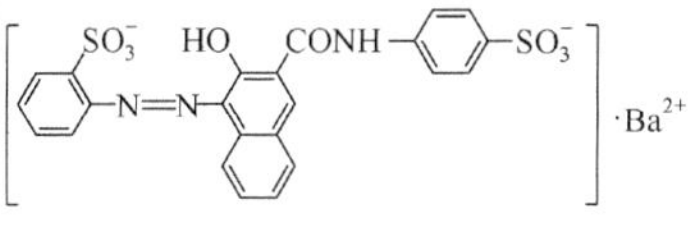 C.I.颜料红151 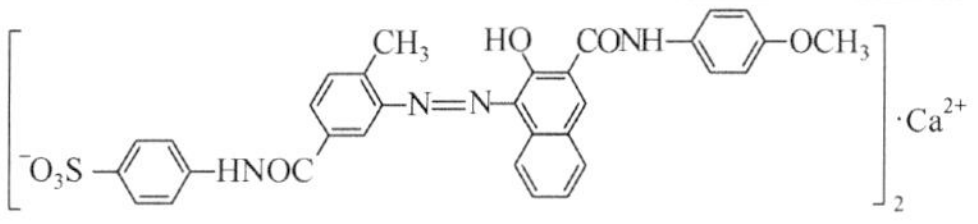　C.I.颜料红247

三芳甲烷类色淀颜料可以由含磺酸基或羧酸基的可溶性酸性染料与金属盐形成色淀，也可由碱性三芳甲烷染料与沉淀剂反应制得。根据应用性能，碱性三芳甲烷色淀分为非耐光型碱性色淀颜料和坚牢型碱性色淀颜料。非耐光型碱性色淀颜料如502型碱性玫瑰红色淀，由甲基紫与单宁酸反应制得，该颜料的耐光牢度，耐酸、碱牢度，耐乙醇、甲乙酮牢度都只有1～2级。坚牢型碱性色淀是以杂元酸为沉淀剂制得的色淀颜料，如C.I.颜料紫3。

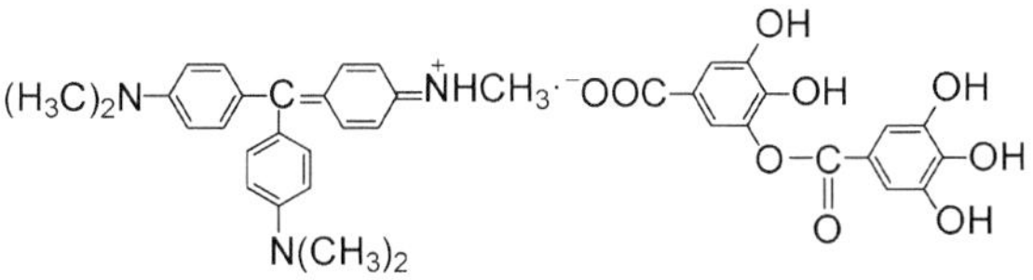

502型碱性玫瑰红色淀 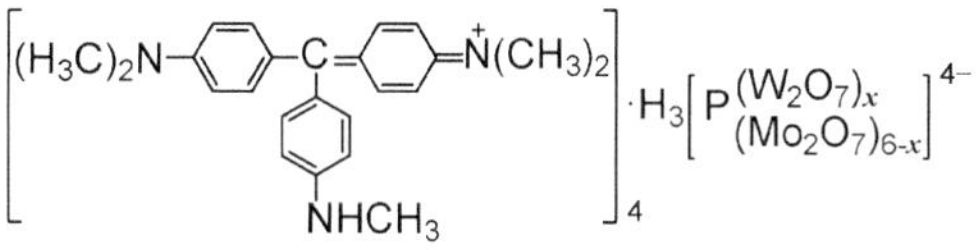　　C.I. 碱性紫3(Fastel Violet R，ICI)

3.4.3 酞菁颜料

酞菁化合物不仅具有优异的耐热、耐光和耐气候牢度，而且颜色鲜艳，着色力高。广泛应用于印刷油墨、涂料、塑料、橡胶、皮革等的着色，在催化、半导体、电子照相及光能转换等方面也有应用。酞菁分子是由4个异吲哚环组成的一个封闭的十六元环，在环上氮、碳交替相连，形成一个有16个π电子的环状轮烯发色体系。中心可以有不同的金属原子，如Fe、Co、Ni、Al、Ca、Cu等。

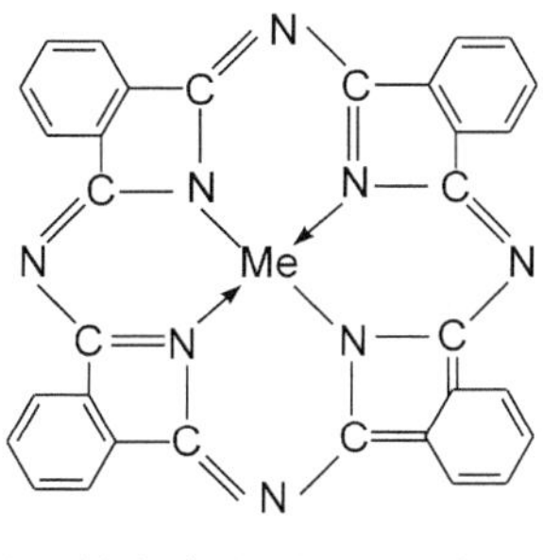

CuPc是有机颜料的重要品种，其与偶氮颜料的产量之和约占颜料总产量的90%，主要用于获得蓝色和绿色产品，如表3-12所示。

表3-12 酞菁类颜料主要品种

C.I.名称	CAS登记号	结构类型	结构特点
P.B.15	147-14-8	α-CuPc	不稳定的α-晶形，红光蓝色
P.B.15:1	147-14-8	低氯代CuPc	稳定的α-晶形，红光蓝色

续表

C.I.名称	CAS 登记号	结构类型	结构特点
P.B.15:2	147-14-8	α-晶形含 CuPc 取代衍生物	NCNF α-晶形，红光蓝色
P.B.15:3	147-14-8	β-CuPc	β-晶形，绿光蓝色
P.B.15:4	147-14-8	β-晶形含 CuPc 取代衍生物	NCNF β-晶形，绿光蓝色
P.B.15:5	147-14-8	γ-CuPc	γ-晶形
P.B.15:6	147-14-8	ε-晶形含 CuPc 取代衍生物	ε-晶形，红光蓝色
P.B.16	574-93-6	$H_2Pc(MfPc)$	无金属酞菁，绿光蓝色
P.B.17	67340-41-4	$(CuPc)\text{-}SO_3^- \cdot 1/2Ba^{2+}$	铜酞菁磺酸钡盐色淀
P.B.75	3317-67-7	CoPc	钴酞菁
P.B.79	14154-42-8	ClAlPc(HOAlPc)	氯铝酞菁(氢氧铝酞菁)
P.G.7	1328-53-6	$(CuPc)\text{-}Cl_{15\sim16}$	多氯代铜酞菁
P.G.36	14302-13-7	$(CuPc)\text{-}Cl_{10}Br_6$	氯、溴代铜酞菁
P.G.37	1330-37-6	$(CuPc)\text{-}Cl_8$	低氯代铜酞菁
P.G.58	1143572-73-9	$(ZnPc)\text{-}Br_{14.2}Cl_{1.5}H_{0.3}$	氯、溴代锌酞菁

金属酞菁可以有很多种合成方法，主要的如苯酐-尿素法、邻苯二腈法、1,3-二亚氨基异吲哚啉法、金属酞菁置换法等。苯酐-尿素法合成铜酞菁的反应方程式如下：

$$4\,\text{(苯酐)} + 4H_2N\text{—}\overset{\overset{\displaystyle O}{\|}}{C}\text{—}NH_2 + Cu_2Cl_2 \xrightarrow[200℃左右]{钼酸铵} CuPc + 4CO_2 + 8H_2O + CuCl_2$$

该反应有溶剂法和固相熔融法两种生产工艺。溶剂法是在三氯苯、硝基苯和硝基甲苯等惰性溶剂中，于 190～210℃反应 16～18h。这种工艺的优点是产率高，产品质量好。例如，在三氯苯中反应的产率达到 90%～92%，铜酞菁含量在 90%以上。缺点是工艺流程长，设备投入大，溶剂需回收，反复使用的三氯苯容易形成多氯苯致癌物。

苯酐-尿素法的固相熔融工艺也称固相烘焙法，是将苯酐、尿素、铜盐和催化剂按照一定比例充分粉碎、混合均匀，或在反应釜中搅拌升温熔化(130～140℃)，然后放至金属反应盘内，于封闭的烘焙炉中，在 220～240℃反应 10～15h 得到粗品铜酞菁。也可在卧式球磨固相反应器中反应。相比于溶剂法工艺，固相法产物的收率和纯度较低，且颗粒较大，不利于颜料化，如一般箱式烘焙法收率为 75%～80%，铜酞菁含量为 60%左右。但是，此工艺“三废”少，反应时间短，成本较低。

邻苯二腈法合成铜酞菁的反应方程式如下。这种方法法总体反应时间短，反应温度较低，产品质量好，收率高，“三废”少。但是邻苯二腈来源缺乏，生产成本相当高，因此生产厂家主要以苯酐-尿素法为主。

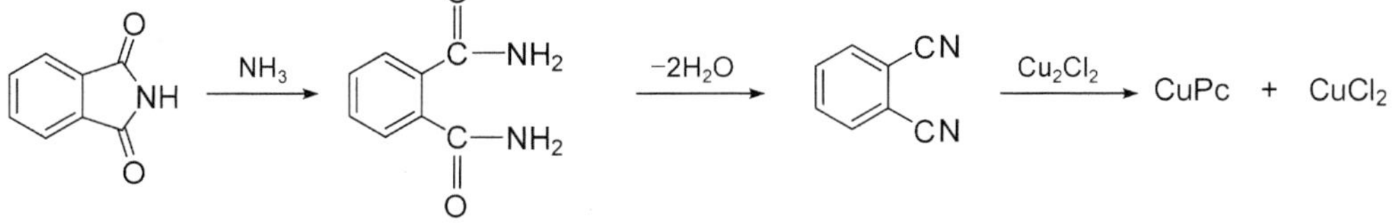

$$\xrightarrow{NH_3} \quad \xrightarrow{-2H_2O} \quad \xrightarrow{Cu_2Cl_2} CuPc + CuCl_2$$

3.4.4 稠环酮颜料

稠环酮类颜料主要包括蒽醌类颜料、苝系颜料和靛族颜料。蒽醌类稠环酮颜料的色谱范围包括黄色、橙色，红色、紫色和蓝色、棕色，其中，红色品种最多，其次为蓝色。

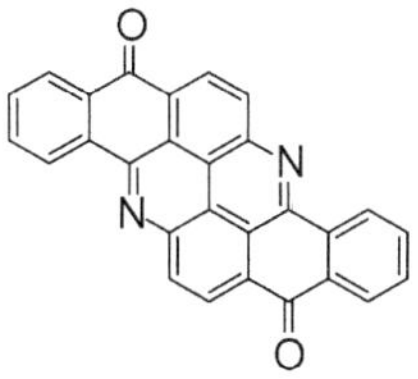

C.I. 颜料黄24 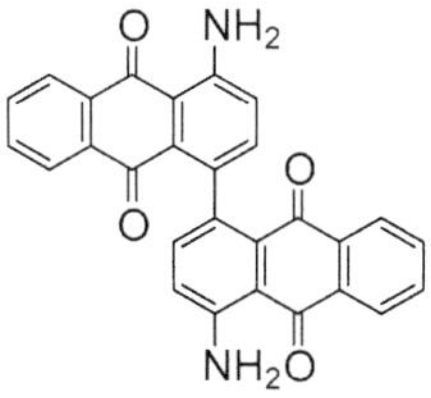　　C.I. 颜料红177 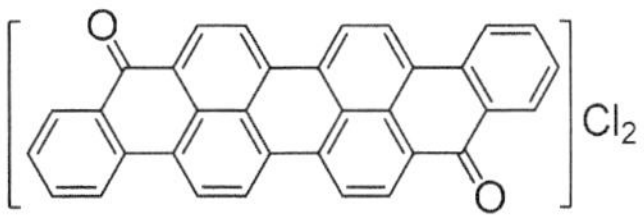　　C.I. 颜料紫31 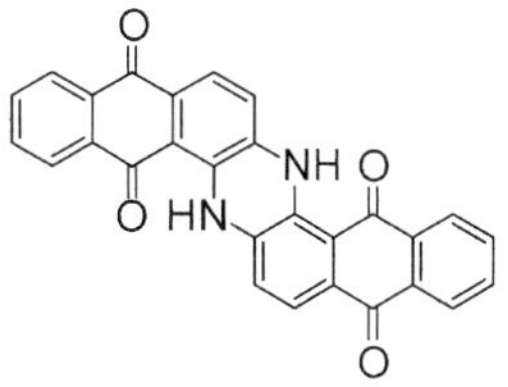　　C.I. 颜料蓝60

苝系颜料属于应用性能优异的高档有机颜料，耐热性、耐气候牢度优异，主要用于高档涂料及合成纤维、塑料的着色。苝系颜料主要色谱为红色，并有少量紫色和黑色品种(表 3-13)。

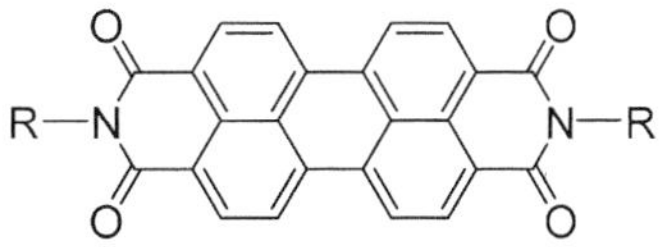

表 3-13 苝系颜料品种举例

R	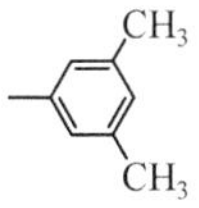 $-C_6H_3(CH_3)_2$	$-CH_3$	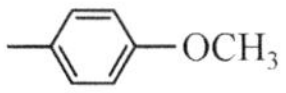 $-C_6H_4-OCH_3$	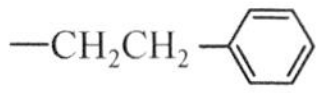 $-CH_2CH_2-C_6H_5$	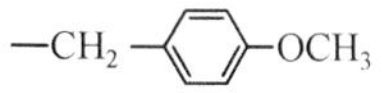 $-CH_2-C_6H_4-OCH_3$
C.I.名称	P.R.149	P.R.179	P.R.190	P.B.131	P.B.132
CAS 登记号	4948-15-6	5521-31-3	304898-64-4	67075-37-0	83524-75-8
色光	红色	红色～红褐色	蓝光红色	黑色	黑色

靛族和硫靛是广泛应用于棉纤维染色的重要还原染料，具有优良的耐光、耐气候牢度和良好的耐溶剂、耐热稳定性，其中氯代、溴代衍生物也可作为有机颜料使用。Colour Index 中登录的靛族颜料有 10 种，其中硫靛衍生物有 8 种，分别为红色、紫色和棕色品种，最具实用价值的是 C.I.颜料红 88 和 C.I.颜料红 181；蓝色颜料有 2 种，分别是靛蓝(C.I.颜料蓝 66)和磺化靛蓝的铝盐。

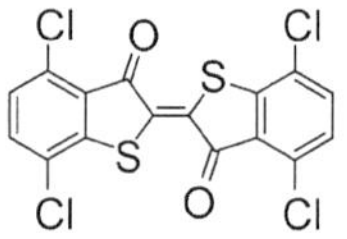

C.I.颜料红88 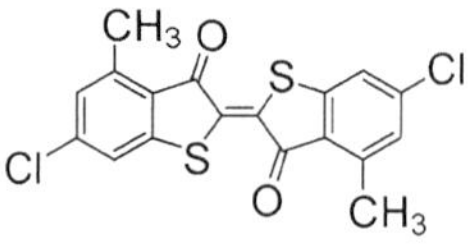　C.I.颜料红181 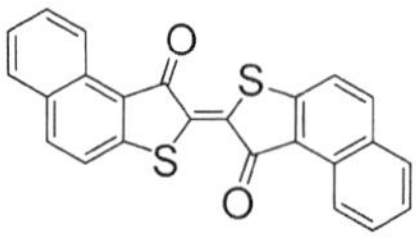　C.I.颜料棕27 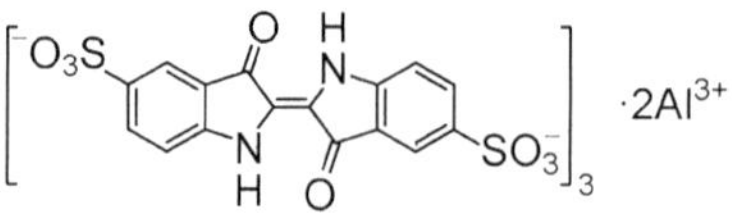　C.I.颜料蓝63

3.4.5 杂环颜料

杂环颜料大部分为黄色、橙色、红色和紫色，色光鲜艳，着色力高，耐光、耐热、耐溶剂、耐气候等性能优异，属于高档品种。但合成复杂，成本较高，一般用于汽车用漆、建筑涂料等高档涂料以及树脂着色。主要类型的杂环颜料的颜色及实例如表 3-14 所示。

表 3-14 主要杂环颜料类型及品种举例

类型	主要色谱	主要品种实例
喹吖啶酮(quinacridone)	橙、红、紫	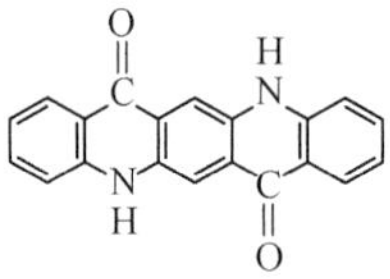 C.I. 颜料紫19 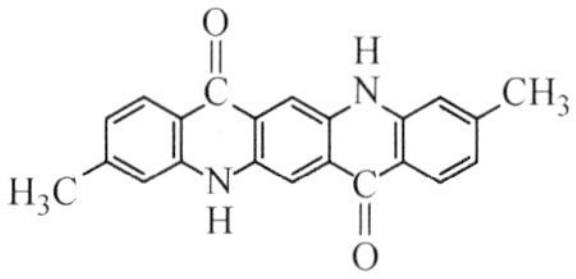　C.I.颜料红122
二噁嗪(dioxazine)	紫、蓝	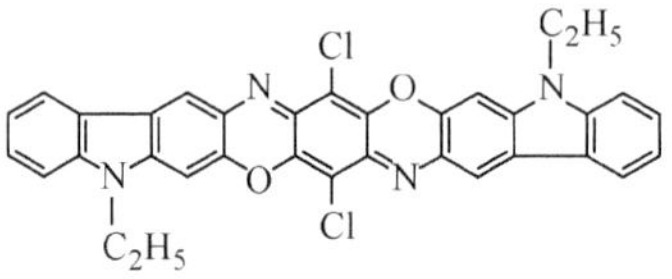 C.I. 颜料紫23 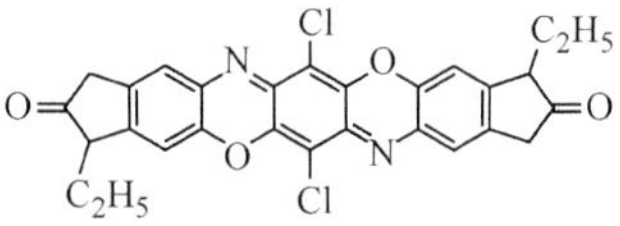　C.I. 颜料蓝80
喹酞酮(quinaphthalone)	黄	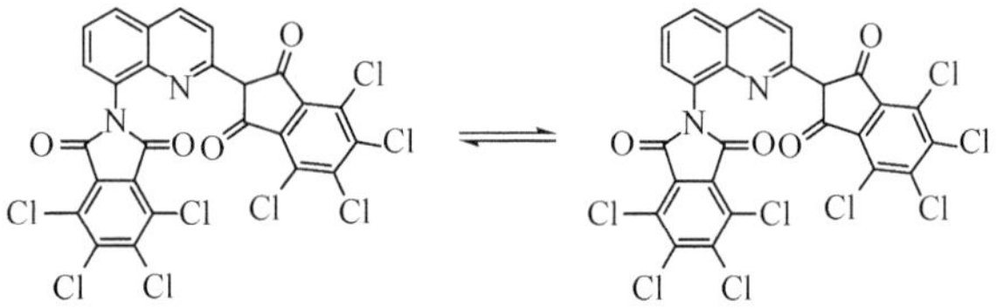 C.I. 颜料红138
氯代异吲哚啉酮和异吲哚啉	黄、橙、红、棕	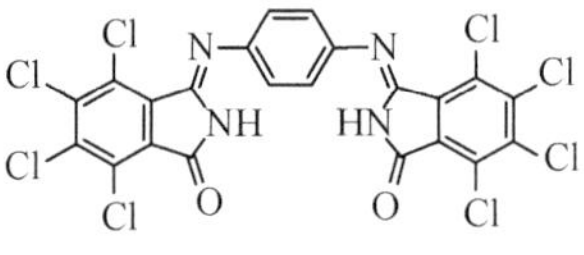 C.I. 颜料黄110 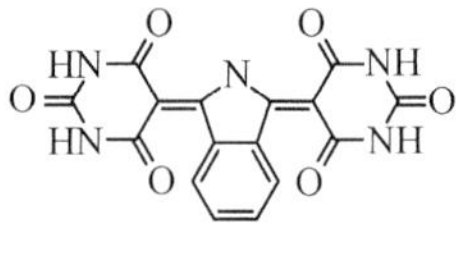　C.I. 颜料黄139
1, 4-二酮吡咯并吡咯(DPP)	橙、红	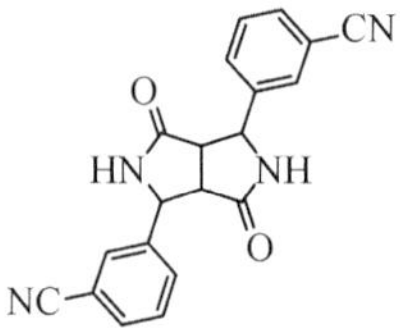 C.I. 颜料橙71 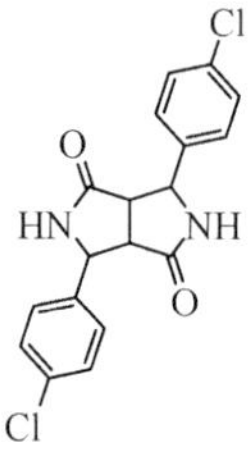　C.I. 颜料红254 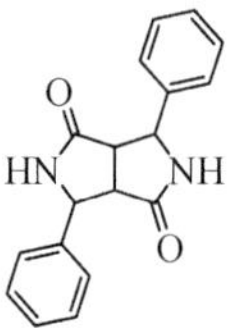　C.I. 颜料红255

习 题

1. 有机颜料与有机染料在结构类型上有什么不同?
2. 举例说明什么是有机颜料的同质异晶现象，其产生的原因是什么。
3. 举例说明提高有机颜料热稳定性的方法主要有哪些。
4. 什么是有机颜料的分散性? 稳定颜料分散体的机理有哪些?
5. 写出铜酞菁的两种主要合成方法和工艺条件。
6. 偶氮缩合颜料的特点是什么? 简述其合成路线。

参考文献

海因利希 · 左林格. 2005. 色素化学——有机染料和颜料的合成、性能和应用. 吴祖望, 程侣柏, 张壮余, 译. 北京: 化学工业出版社
莫述诚, 陈洪, 施印华. 1988. 有机颜料. 北京: 化学工业出版社
沈永嘉. 2000. 酞菁的合成与应用. 北京: 化学工业出版社
沈永嘉. 2001. 有机颜料品种与应用. 北京: 化学工业出版社
周春隆, 穆振义. 2014. 有机颜料化学及工艺学. 3 版. 北京: 中国石化出版社
Smith H M. 2002. High Performance Pigments. Weinheim: Wiley-VCH Verlag GmbH

第4章

表面活性剂

表面活性剂(surface active agent)是一类重要的精细化学品，添加入少量的该类物质即能明显降低溶剂的表面或界面张力，改变物系的界面状态，能够产生润湿、乳化、起泡、增溶及分散作用，从而达到实际应用的要求。表面活性剂早期主要应用于洗涤、纺织等行业，现在其应用范围几乎覆盖了工业生产、农业生产及人民生活的所有领域。

4.1 概　　述

4.1.1 表面活性剂的分类

表面活性剂的品种很多，可以按照离子类型、亲水基的结构、疏水基的结构及分子结构的特殊性进行分类。

1. 按照离子类型分类

按离子类型分类是水溶性表面活性剂最普遍的分类方法，该方法是按照表面活性剂在水溶剂中的解离性质进行分类的，可以较好地反映出化学结构与性能的关系。根据表面活性剂在水溶液中的状态和离子类型，可以将其分为离子型表面活性剂和非离子型表面活性剂。离子型表面活性剂根据其在水溶液中解离产生的带正电或带负电的离子类型，又可分为阴离子表面活性剂、阳离子表面活性剂和两性表面活性剂三种。而非离子型表面活性剂在水溶剂中不能解离，也不带电荷。按照离子类型具体分类如表 4-1 所示。

表 4-1　按离子类型分类的表面活性剂

离子类型		种类	特性
离子型	阴离子型	(1) 磺酸盐类 (2) 硫酸酯盐类 (3) 磷酸酯盐类 (4) 羧酸盐类	亲水基为阴离子
	阳离子型	(1) 胺盐类(包含伯、仲、叔胺盐) (2) 季铵盐类 (3) 𬭩盐类 (4) 吡啶盐类	亲水基为阳离子
	两性离子型	(1) 甜菜碱类 (2) 氨基酸类 (3) 氧化铵类 (4) 咪唑啉类	主要指同时具有阳离子和阴离子亲水基

续表

离子类型	种类	特性
非离子型	(1) 聚氧乙烯类 (2) 多元醇类 (3) 烷醇酰胺类 (4) 嵌段共聚	在水中不解离出任何形式的离子

2. 按照亲水基的结构分类

表面活性剂分子主要由亲水基团(hydrophilic group)和疏水基团(hydrophobic group)两部分构成，其中亲水基团的结构对表面活性剂性质的影响很大。主要亲水基团的类型及结构如表 4-2 所示。

表 4-2　按亲水基团结构分类的表面活性剂类型

基团类型		基团结构	特性
羧酸盐型		$-COO^-M^+$	阴离子型
磺酸盐型		$-SO_3^-M^+$	
硫酸酯盐型		$-OSO_3^-M^+$	
磷酸酯盐型	单酯	$-O-\underset{\displaystyle \mid \atop \displaystyle OM}{\overset{\displaystyle O \atop \displaystyle \parallel}{P}}-OM$	
	双酯	$(-O)_2P(=O)OM$	
胺盐型	伯胺盐	$-NH_2\cdot HX$	阳离子型
	仲胺盐	$-\overset{\mid}{N}H\cdot HX$	
	叔胺盐	$-\overset{\mid}{\underset{\mid}{N}}\cdot HX$	
季铵盐		$-\overset{\mid}{\underset{\mid}{N}}{}^{+}-\cdot X^-$	
鎓盐型	鏻化合物	$-\overset{\mid}{\underset{\mid}{P}}{}^{+}-\cdot X^-$	
	钾化合物	$-\overset{\mid}{\underset{\mid}{As}}{}^{+}-\cdot X^-$	
	锍化合物	$-\overset{\mid}{S}{}^{+}-\cdot X^-$	
	碘鎓化合物	$-\overset{+}{I}-\cdot X^-$	
多羟基型		$-OH$	非离子型
聚氧乙烯型		$-(CH_2CH_2O)_n-$	

注：M^+为碱金属离子或铵离子；X 为 Cl、Br、I、CH_3COO 或 HSO_4 等

在上述各种亲水基团中，羧酸盐、磺酸盐、硫酸酯盐和磷酸酯盐溶于水形成负离子，从离子类型上讲属于阴离子型亲水基团；胺盐、季铵盐和𬭸盐为阳离子型亲水基团；而羟基和聚氧乙烯基不发生解离，属于非离子型亲水基团。

3. 按照疏水基的结构分类

疏水基是表面活性剂的另一个重要组成部分，又称亲油基团，是一种不溶于水或溶解度极小的基团。通常疏水基团是由烃基和酯基构成的(表 4-3)。

表 4-3　按疏水基团结构分类的表面活性剂类型

基团类型	基团结构
直链烷基型	$—C_nH_{2n+1}$，$n=8\sim20$
支链烷基型	$—C_nH_{2n+1}$，$n=8\sim20$
烷基苯基型	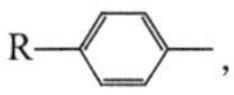 $R—C_6H_4—$，$R=C_nH_{2n+1}$，$n=8\sim16$
烷基萘基型	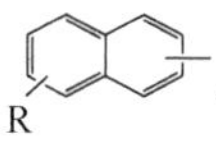 $R—C_{10}H_6—$，$R=C_nH_{2n+1}$，$n>3$
高相对分子质量聚氧丙烯基型	$—(OC_3H_7)_n—$
长链氟代烷基型	$—C_nF_{2n+1}$，$n=6\sim10$
聚硅氧烷基型	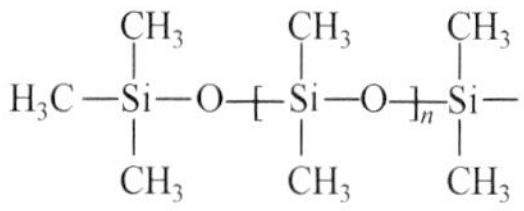 $H_3C—Si(CH_3)_2—O—[Si(CH_3)_2—O]_n—Si(CH_3)_2—$

4. 按组成结构特殊性分类

表面活性剂根据组成结构不同可分为常规表面活性剂和特殊性表面活性剂。常规表面活性剂多由 O、N、S 等元素组成的亲水基和由 C、H、O 组成的疏水基直接连接形成，种类繁多，具有广泛的应用。此外，还有一些结构特殊、含有其他元素(如 F、Si、B 等)，以及性能独特的表面活性剂，它们能呈现出十分优异的应用性能，被称为特殊性表面活性剂，其中较为重要的有含氟和硅等特殊元素的表面活性剂、双子表面活性剂、生物表面活性剂和高分子表面活性剂等。

(1) 含特殊元素表面活性剂。常见的有碳氟表面活性剂和含硅表面活性剂。碳氟表面活性剂是指疏水基碳氢链中的氢原子部分或全部被氟原子取代的表面活性剂，其表面活性很高，既具有疏水性，又具有疏油性，碳原子数一般小于 10，如全氟代辛酸钠：$CF_3(CF_2)_6COONa$。含硅表面活性剂通常以硅烷基和硅氧烷基为疏水基，活性介于碳氟表面活性剂和传统碳氢表面活性剂之间，例如：

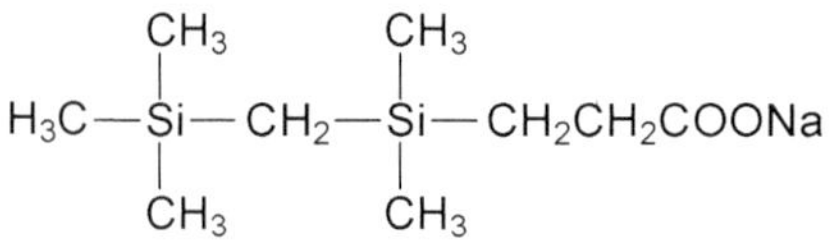

$$H_3C—Si(CH_3)_2—CH_2—Si(CH_3)_2—CH_2CH_2COONa$$

(2) 双子表面活性剂。双子表面活性剂又称 Gemini 表面活性剂，是一类结构特殊的低聚表面活性剂，一个分子内含有两个(或多个)亲水基和两个(或多个)疏水基，以及一个(或多个)连接基。能有效降低水溶液的表面张力，具有很低的 Krafft 点，更大的协同效应及良好的钙皂分散性及润湿、乳化等特点。根据离子类型主要分为阴离子双子表面活性剂、阳离子双子表面活性剂、两性双子表面活性剂和非离子双子表面活性剂四种类型，结构如下：

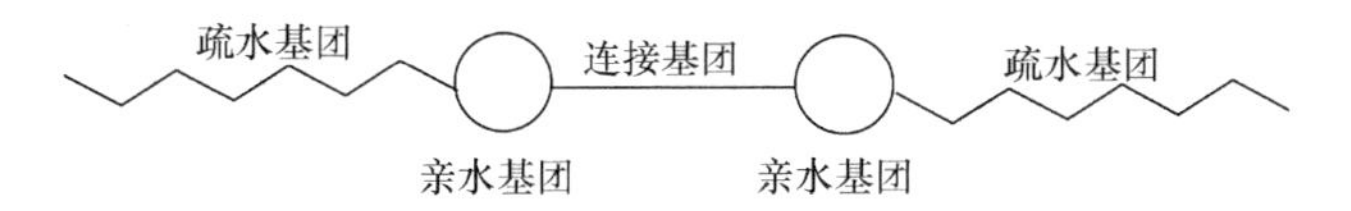

(3) 生物表面活性剂。生物表面活性剂是细菌、酵母和真菌等微生物代谢产物过程中产生的具有表面活性的化合物，其疏水基多为烃基，亲水基可以是羧基、磷酸酯基及多羟基等。

(4) 高分子表面活性剂。高分子表面活性剂一般是指相对分子质量在一万以上的表面活性剂。凡是能够减小两相界面张力的大分子物质皆可称为高分子表面活性剂。按来源主要分为天然、半合成和合成三类。高分子表面活性剂虽然起泡性小，洗涤效果差，但分散性、增溶性、絮凝性好，多用作乳化剂或分散剂等。主要品种有聚乙烯醇、聚丙烯酰胺、聚丙烯酸酯等。

4.1.2　表面活性剂的国内外发展概况

公元前2500年至公元1850年，人们通过羊油等动植物油脂和草木灰制造出的肥皂，是表面活性剂的最早产物。而到了 19 世纪中叶，肥皂实现了工业生产，也出现了通过化学合成的表面活性剂，而此时的理论还处于油脂化学层面。20 世纪初期，使用矿物原料制备洗涤剂在石油工业中得以发展，具有代表性的就是第一个由矿物原料制得的洗涤剂石油磺酸皂，它具有良好的水溶性。在第一次世界大战期间，油脂被提炼出来，伴随着煤炭产量的增加，煤化工业快速发展，有效促进了短链烷基、萘磺酸盐类表面活性剂的发展。随后的 1920 年至 1930 年间，烷基硫酸盐得以充分发展。而在 20 世纪 30 年代，美国开发出长链烷基、苯基的表面活性剂。第二次世界大战后，石油化学工业的快速崛起，给表面活性剂的工业化生产提供了大量廉价的原材料，成为表面活性剂发展的一个重要转折点，促使表面活性剂工业迅猛发展。这个时期最具代表性的是德国开发出的乙二醇衍生物，它可与各种有机化合物(包括酸、醇、胺、酯和酰胺等)结合，形成很多性能优良的非离子表面活性剂。此时表面活性剂的合成理论和技术成为石油化工和合成化工的一个重要分支。而我国的表面活性剂发展始于 20 世纪 50 年代，发展迅速，目前产量也达到世界第一位，其中产量过万吨的已经有很多品种，如直链烷基苯磺酸钠(LAS)、脂肪酸醇聚氧乙烯醚硫酸铵(AESA)、平平加 O、扩散剂 MF、脂肪醇聚氧乙烯等。

当今，随着世界经济发展和科学技术领域的开拓，表面活性剂发展更加迅猛。表面活性剂的产量大，品种已超过万种，享有“工业味精”的美誉，属于精细化工的重要产品，其应用领域从日常化学工业到农业、食品、卫生、环境和新材料等各方面都有长足发展。但表面活性剂在给人们生活带来极大便捷的同时，也对环境造成了更多的污染。由此，近几年开发人员着手寻找既环保又安全的新型表面活性剂，这成为现在和未来的一个重要发展方向。比较受关注的主要有 Gemini 双子表面活性剂、生物降解性表面活性剂和高分子型表面活性剂等。

4.2 表面活性剂的作用原理

表面活性剂具有润湿、乳化、起泡和消泡、增溶、分散和絮凝等功能，这些特殊作用的产生主要来源于降低体系的表面张力和形成胶束两个方面。

4.2.1 表面张力

自然界中的物质主要以气体、液体或固体三种相态存在，两相接触便会产生接触面。通常把液体或固体与气体的接触面称为液体或固体的表面，把液体与液体、固体与固体、液体与固体的接触面称为界面。界面上的分子与其体相内部分子的受力情况是不同的。例如，图 4-1 中液体内部的分子从各个方向所受的引力相互平衡，合力为零。而气-液界面(液体表面)上的分子受到的来自气相的引力作用比来自液相的引力作用小，合力不为零，有向液体内拉入的现象，使得液体表面产生一种收缩的力。通常将这种力称为表面张力。

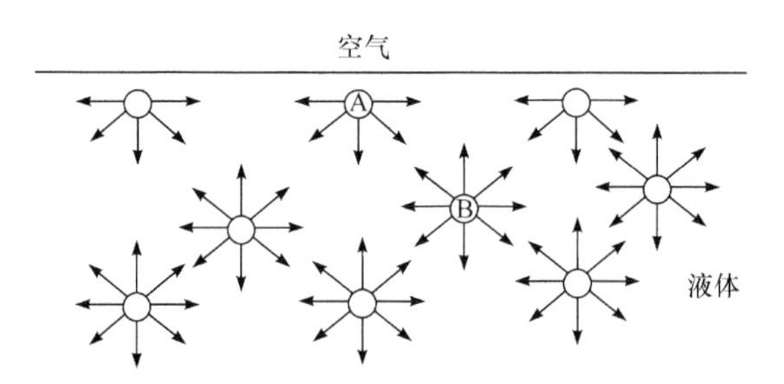

图 4-1 液体内部和表面分子的受力情况

力学中通常将作用于表面单位长度边缘上的力称为表面张力，以 γ 表示，单位为 $mN \cdot m^{-1}$。同时从能量角度讲，γ 是单位表面的表面自由能，与表面张力的物理量量纲是相同的，即增加单位表面积液体时自由能的增值，也就是单位表面上的液体分子比处于液体内部的同量分子的自由能过剩值，可由下式表示：

$$dG=\gamma dA$$

表面张力是液体本身固有的基本物理性质之一，也存在于一切相界面上，通常被称为界面张力，特别是在互不混溶的两种液体的界面上更为普遍。例如，油、水两相分子间的相互作用存在一定的差异，但小于气相和水相的差异，因此油水界面张力一般小于水的表面张力。通常液体的表面和界面张力数值可以从手册中查到。

表面张力的测定方法主要有滴重法、毛细管上升法、环法、吊片法、最大气泡压力法和滴外形法等。其中，滴重法也称为滴体积法，是测定液体表面张力最常用的方法之一，根据毛细管滴头滴下的液滴的质量和体积大小，计算液体表面张力。由于测定液滴的体积更为精确、简便，因此表面张力可由下式计算得到：

$$\gamma=\frac{V\rho g}{R}\cdot F$$

式中，V 为液滴的体积，可由刻度移液管读出数值；ρ 为液体的密度；R 为毛细管的滴头半径；g 为重力加速度；F 为校正因子。

表面活性剂能够在极低的浓度下显著降低溶液的表面张力，这是由其分子的结构特点决定的。表面活性剂分子通常由两部分构成：一部分是疏水基团，主要由疏水、亲油的非极性碳氢链构成，也可以是硅烷基、硅氧烷基或碳氟链；另一部分是亲水基团，通常由亲水、疏油的极性基团构成。图 4-2 是阴离子、阳离子、非离子和两性表面活性剂典型品种的分子结构示意图，其疏水基团主要是直链或含支链的脂肪族烷基，亲水基团分别是—OSO_3^-、—$N^+(CH_3)_3$、—$O(C_2H_4O)_nH$，以及—COO^-和—$N^+(CH_3)_3$。

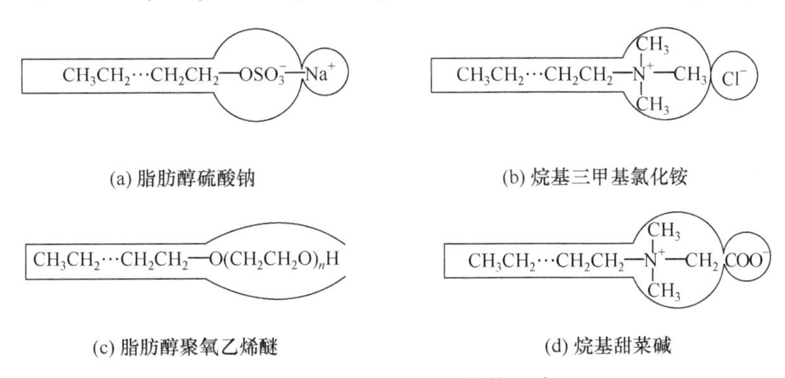

(a) 脂肪醇硫酸钠　(b) 烷基三甲基氯化铵

(c) 脂肪醇聚氧乙烯醚　(d) 烷基甜菜碱

图 4-2　表面活性剂分子结构示意图

表面活性剂溶解于水中时，其水溶液的物理化学性质随着浓度的升高发生显著的变化。由于疏水基团有自水中逃离的性质，表面活性剂分子从溶液的内部转移至表面，以疏水基朝向气相(或油相)，亲水基插入水中，形成紧密排列的单分子吸附层，此时溶液表面富集表面活性剂分子，并以表面自由能较低的非极性分子覆盖了表面自由能高的溶剂分子，因此溶液的表面张力明显降低，如图 4-3(a)所示。

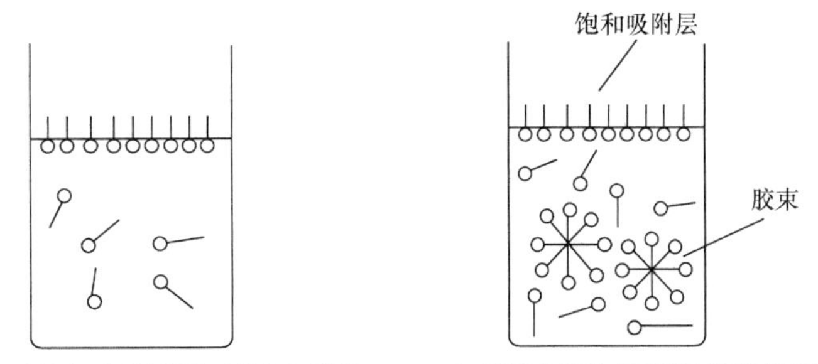

(a) 溶液表面的表面活性剂分子的定向排列　(b) 溶液内部的表面活性剂胶束的形成

图 4-3　表面活性剂分子在表面的吸附和胶束形成示意图

随着表面活性剂浓度增加，水的表面逐渐被覆盖。当溶液浓度增加到一定值后，水的表面全部被活性剂分子占据，达到吸附饱和，表面张力不再继续降低，而是维持基本稳定。此时表面活性剂的浓度再增加，其分子便会在溶液内部形成胶束，如图 4-3(b)所示。

4.2.2　表面活性剂胶束

形成胶束是表面活性剂产生增溶、乳化、洗涤、分散和絮凝等作用的根本原因。疏水性使得表面活性剂分子的疏水基团之间存在显著的吸引作用，易于相互靠拢、缔合，从而逃离水的包围。表面活性剂的胶束是由数个乃至数百个离子或分子组成的球状、棒状、层状或块状聚集体，其结构分为内核和外壳两部分。在水介质和非水介质中胶束结构和构成有着不同的表现。

在水介质中(图 4-4)，表面活性剂胶束的内核主要由疏水的碳氢链构成，类似于液态烃。胶束的外壳主要由表面活性剂的极性基团构成，粗糙不平，变化不定。离子型表面活性剂的外壳由胶束双电层的最内层(Stern 层)组成，其中不仅包含表面活性剂的极性头，还固定有一部分与极性头结合的反离子和不足以铺满单分子层的水化层。该区域之外，还存在反离子扩散层，即双电层外围的扩散层部分，由未与极性头离子结合的其余反离子组成。对于聚氧乙烯型非离子表面活性剂，胶束的外壳是一层相当厚的、柔顺的聚氧乙烯层，还包括大量与醚键结合的水分子。在非水介质中，胶束的内核由极性头构成，外壳则由憎水基与溶剂分子构成。

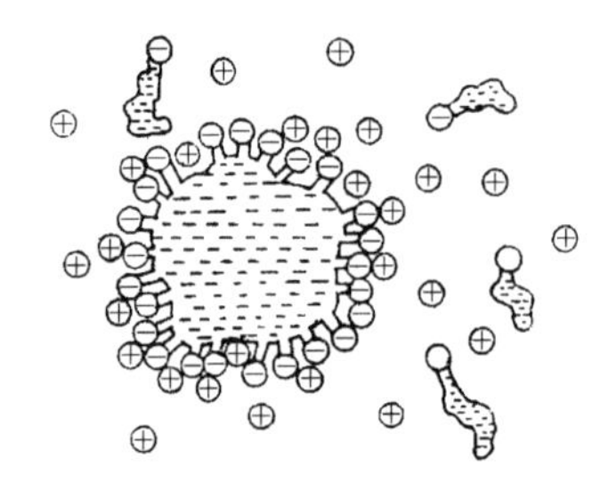
(a) 离子型表面活性剂的胶束结构

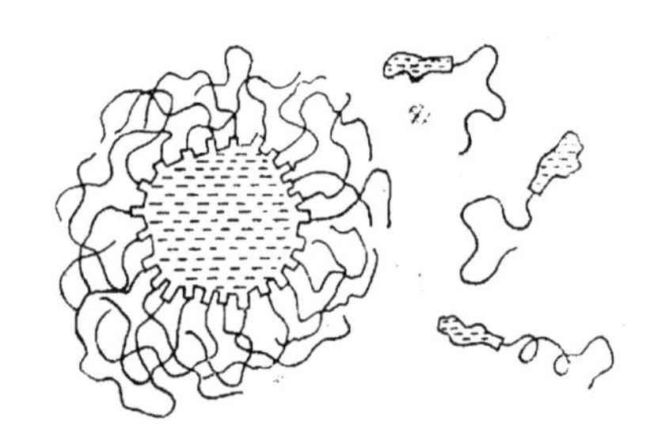
(b) 聚氧乙烯型非离子型表面活性剂的胶束结构

图 4-4　水介质中胶束的结构示意图

在表面活性剂的溶液中，胶束与分子或离子处于平衡状态，其作用相当于表面活性剂分子仓库，被消耗时释放出单个分子或离子。胶束自身能够产生乳化、分散及增溶等作用，而这些作用都需要在表面活性剂的浓度达到一定数值以上才能产生，这个开始形成胶束所需的最低浓度称为表面活性剂的临界胶束浓度(critical micelle concentration, CMC)。

CMC 是衡量表面活性剂的表面活性及其应用性能的一个重要物理参数。CMC 越小，表面活性剂形成胶束和达到表面(界面)吸附饱和所需的浓度越低，从而改变表面(界面)性质，产生润湿、乳化、起泡和增溶等作用所需的浓度也越低，即表面活性剂的活性越高。当表面活性剂溶液的浓度达到 CMC 时，溶液的很多性能如表面张力、渗透压、导电率、折光率、黏度、高频电导等均发生明显的突变。图 4-5 是十二烷基硫酸钠水溶液的主要物理、化学性质随其浓度变化的关系曲线，这些性质均在阴影所示的狭窄浓度范围内存在转折点。

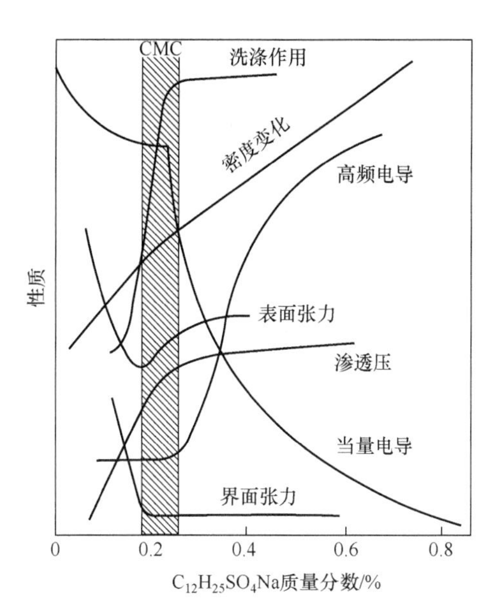

图 4-5　十二烷基硫酸钠水溶液的物理化学性质与浓度的关系

通过测定溶液的表面张力、电导率、增溶作用、光散射强度等随浓度变化的曲线，即可测得表面活性剂的临界胶束浓度。大部分表面活性剂的临界胶束浓度在 $10^{-6}\sim10^{-1}mol\cdot L^{-1}$范围内，常见表面活性剂的临界胶束浓度可以从相关手册中查到。

分子结构是影响表面活性剂临界胶束浓度的最重要因素。随着疏水基团碳原子数增加，碳链加长，临界胶束浓度降低；碳氢链带有分支的表面活性剂，比相同碳原子数(CH_2基团)的直链化合物的临界胶束浓度大得多；碳氢链中极性基团数量增加，亲水性提高，临界胶束浓度增大。疏水基团的种类不同，表面活性剂的活性也不同，临界胶束浓度亦不相同。例如，以全氟代烷基为疏水基团的表面活性剂比相同碳原子数的普通表面活性剂临界胶束浓度低得多，其水溶液所能达到的表面张力也低得多。

对于亲水基团，亲水基的亲水性、数量和位置都会影响 CMC。在水溶液中，离子型表面活性剂的临界胶束浓度比非离子型大得多。当疏水基团相同时，离子型表面活性剂的临界胶束浓度约为聚氧乙烯型非离子表面活性剂的 100 倍，两性型表面活性剂的临界胶束浓度则与相同碳原子数疏水基的离子型表面活性剂相近。离子型表面活性剂亲水基团的种类对其临界胶束浓度影响不大。疏水基相同时，聚氧乙烯型非离子表面活性剂的临界胶束浓度随氧乙烯单元数目的增加而有所提高。

此外，表面活性剂的表面活性和临界胶束浓度还与温度、无机盐及有机添加剂有关。

4.3　表面活性剂的功能与应用

表面活性剂能够显著降低体系的表面或界面张力，当浓度超过临界胶束浓度时，在溶液内部形成胶束，从而产生增溶、润湿、乳化、分散、起泡和洗涤等多方面的功能。随着高新技术领域的不断发展，表面活性剂的应用领域已从肥皂、洗涤剂和化妆品等日用化学工业逐步拓展到国民经济的各个部门。

4.3.1　洗涤和去污

洗涤和去污是表面活性剂最大和最重要的应用领域，洗涤过程涉及润湿、渗透、吸附、乳化、分散、增溶、解吸、起泡等一系列复杂的物理作用或化学反应。

1. 洗涤剂的类型

表面活性剂是洗涤剂的主要活性物成分，用于合成洗涤剂的表面活性剂主要包含阴离子、非离子和两性表面活性剂等三大类。

阴离子表面活性剂品种主要有脂肪酸盐(如肥皂)、烷基苯磺酸盐(ABS)、脂肪醇硫酸酯盐(AS)、脂肪醇聚氧乙烯醚硫酸酯(AES)、α-烯烃磺酸盐(AOS)、脂肪醇聚氧乙烯醚羧酸酯(AEC)和脂肪酸甲酯磺酸盐(MES)等。

非离子表面活性剂具有较好的洗净力，对油性污垢的去污力良好，对合成纤维防止油污再沉积的能力强，耐硬水性和耐高浓度电解质的能力都比较强。聚氧乙烯型非离子表面活性剂最大优点是疏水基与亲水基部分的可调性，可通过改变环氧乙烷加成数来调节表面活性剂的亲水亲油平衡值(HLB 值)，以适应不同的洗涤物和污垢，达到最佳的洗涤效果。脂肪醇和烷基酚聚氧乙烯醚是两类最常用的非离子型洗涤剂。

两性表面活性剂的分子结构中既带正电荷，又带负电荷。由于其分子结构的特殊性，在用作洗涤剂方面具有低毒和低刺激性，生物降解性和配伍性良好，润湿、洗涤和发泡性高等优点。主要品种有氨基酸型、甜菜碱型和咪唑型两性表面活性剂。

2. 洗涤和去污的应用

洗涤和去污是表面活性剂在日常生活和工业生产中应用最早和最广的功能。常见产品有液体洗涤剂、餐具洗涤剂、洗衣粉等日常洗漱用品。尤其是近年来在洗涤剂中引入蛋白酶，显著提高了洗涤剂的去污能力，使其对蛋白质污渍的去除效果突出。另外，随着生物技术的突破，除蛋白酶外，淀粉酶、脂肪酶、纤维素酶等在洗涤剂中的应用越来越广泛，是近年来重要的开发和应用方向。

4.3.2 乳化和破乳

乳化是指形成乳状液的过程，与之相反，破乳是指乳状液完全被破坏而分层的过程。要深入了解乳化和破乳过程就要首先了解乳状液体系。通常乳状液是由一种或多种液体以液珠形式分散在与它不相混溶的液体中构成的分散体系，液珠直径通常在 0.1 μm 以上，属于粗分散体。在乳状液体系中，以液珠形式存在的一相称为内相，由于其不连续性又称为不连续相或分散相。另一相连成一片，称为外相或连续相、分散介质。由于大部分乳状液有一相是水或水溶液，另一相是与水不互溶的有机相，因此也常称乳状液的两相分别为水相和油相。

1. 乳状液的类型

乳状液主要有水包油型(O/W)、油包水型(W/O)和套圈型等三种类型。水包油型乳液内相为油，外相为水，如人乳、牛奶等。油包水型乳液内相为水，外相为油，如原油、油性化妆品等。套圈型乳液是由水相和油相交替分散形成的乳状液，主要有油包水再包油(O/W/O)和水包油再包水(W/O/W)两种形式。这种类型的乳液较为少见，一般存在于原油中，套圈型乳状液的存在给原油破乳带来很大困难。

两种不相混溶的液体在乳化过程中形成的乳状液的类型，与两种液体的体积、乳化剂的结构和性质、乳化器的材质等很多因素有关。而保证乳状液的稳定性在乳化过程中尤为重要，通常可以通过调节界面张力、界面膜性质强度、分散介质黏度、界面电荷以及加入固体粉末来影响乳状液的稳定性，可有效防止相同液滴聚结在一起导致两个液相分离。

乳化剂在乳状液的形成和稳定中起着十分重要的作用，乳化剂的品种很多，主要分为表面活性剂、高分子化合物、天然化合物和固体粉等四大类。其中表面活性剂类乳化剂主要是羧酸盐、磺酸盐、硫酸酯盐和磷酸酯盐等阴离子表面活性剂，以及聚醚和 Span、Tween 等聚酯型非离子表面活性剂。

2. 乳状液的破乳

乳状液的破乳是指乳状液完全被破坏，发生油水分层的现象。破乳在原油开采等领域具有十分重要的意义。破乳的方法有机械法、物理法和化学法。机械法是利用外力使乳状液破乳的方法，如离心分离法。物理法主要有电沉积、超声波和过滤法。化学法主要是通过改变乳状液界面性质，降低乳状液的稳定性从而使其破乳。例如，在 W/O 型乳状液中加入有利于 O/W 型乳状液生成的表面活性剂，使乳状液发生变型从而破乳。

能够使乳状液破乳的表面活性剂称为破乳剂，使用破乳剂是重要的破乳方法之一。破乳剂主要是阴离子、非离子和阳离子型表面活性剂。其中阴离子型使用最早，品种较多，但用量大，污染严重，已被逐渐淘汰。阳离子和非离子型破乳剂的应用越来越广泛。破乳剂本身具有较低的表面张力和很高的表面活性，容易吸附于油-水界面上，将原来的乳化剂从界面上顶替下来，而破乳剂不能形成高强度的界面膜，在加热或机械搅拌下，界面膜被破坏而破乳。相对分子质量较大的非离子表面活性剂和高分子絮凝剂在加热和搅拌下能够引起细小的液滴絮凝、聚结，最终导致两相分离。

3. 乳化和破乳的应用

乳状液在农药配剂、工业加工、原油开采、纺织制革、食品、医药及日常用品等方面具有广泛的应用。例如，在农药配剂时，经常是在短时间内经简单搅拌制成喷洒液使用，常用的农药乳状液主要有可溶解性乳状液、水包油型乳状液和浓乳状液。在金属工业切削加工中常使用 O/W 型乳状切削液，目的是冷却并降低切削温度、润湿并减少切削力、清洗并去除切屑，以减少切削刀具的变形，提高切削效率和质量。乳状切削液主要由矿物油、表面活性剂、防锈剂、防蚀剂和其他添加剂组成。在石油开采中常使用乳化钻井液从井中清除岩屑、清洁井底、控制地下压力、冷却和润滑钻头钻杆，以防止地层坍塌。常用的表面活性剂如木质素磺酸盐、羧酸盐、环烷酸钠及多元醇烷基醚等。再如，原油外输前要使用破乳剂破乳脱水，高分子型非离子表面活性剂聚氧乙烯聚氧丙烯醚嵌段共聚物作为破乳剂，用量少、破乳效果好，但专一性较强。为了进一步提高破乳效果和原油脱水效率，复配型破乳剂在油田中得到越来越广泛的应用。

4.3.3 起泡和消泡

1. 起泡剂、稳泡剂和消泡剂

泡沫是气体分散于液体中的分散体系，其中气体是分散相(不连续相)，液体是分散介质(连续相)。起泡的过程中气-液界面的面积会显著增加，表面活性剂在气-液界面形成定向吸附的单分子膜，降低了液体的表面张力和表面自由能，有效增强了单分子膜力学强度，使得泡沫不容易破裂。通常一些阴离子表面活性剂具有良好的起泡性，常用起泡剂的种类主要包含羧酸盐类、硫酸酯盐类、磺酸盐类和琥珀酸单酯磺酸钠四大类。其中羧酸盐类起泡剂的品种如脂肪酸盐、脂肪醇聚氧乙烯醚羧酸(AEC)、邻苯二甲酸单脂肪醇酯钠盐；硫酸酯盐类起泡剂的品种如烷基硫酸盐、脂肪醇聚氧乙烯醚硫酸(AES)、烷基酚聚氧乙烯醚硫酸钠和烷基硫酸乙醇胺盐；磺酸盐类起泡剂的品种如烷基磺酸盐和烷基苯磺酸钠；琥珀酸单酯磺酸钠起泡剂的品种如 *N*-脂肪酰基乙醇胺琥珀酸单酯磺酸二钠、脂肪酰胺基琥珀酸单酯磺酸二钠、脂肪醇聚氧乙烯醚琥珀酸单酯铵盐磺酸钠和脂肪醇聚氧乙烯醚单琥珀酰胺磺酸二钠等。

泡沫的内部存在着巨大的气-液界面，泡沫的稳定性差，应用起泡作用时常需要提高泡沫的稳定性。影响泡沫稳定性的主要因素有液体表面张力、界面膜性质、表面电荷等。低的表面张力有利于泡沫的形成。界面膜的强度取决于液膜的表面黏度、液膜的弹性和膜内液体的黏度。表面活性剂分子在液体表面形成的单分子层的黏度越高，泡沫的寿命越长；液膜的刚性越强，弹性越差，泡沫越容易在外界扰动下脆裂；液膜液体本身的黏度越大，液膜中的液体不易排出，越能够延缓液膜的破裂时间，提高泡沫的稳定性。而使用离子型表面活性剂为起泡剂时，活性剂分子在水中解离产生正离子或负离子，并在液膜表面发生吸附。当液膜受到挤压、气流冲击或重力排液而变薄时，带有相同符号电荷的两个泡沫的液膜会产生静电斥力，阻止继续排液减薄，延缓液膜变薄，从而提高泡沫稳定性。

常用的稳泡剂主要有天然化合物、高分子化合物和合成表面活性剂等三类。天然稳泡剂主要是明胶和皂素，这类物质赋予了界面膜较高的黏度和弹性，增强了表面膜的机械强度。高分子稳泡剂主要有聚乙烯醇、甲基纤维素、改性淀粉、羟乙基淀粉等，这类物质不仅能够提高液相黏度，阻止液膜排液，还能形成高强度的界面膜。作为稳泡剂的合成表面活性剂主要是非离子表面活性剂，其分子结构中大多含有—CONH—、—NH_2、—OH、—COOH、—CO—、—COOR、—O—等官能团，能够通过生成氢键提高液膜的表面黏度。

尽管起泡作用产生的泡沫在很多方面具有重要的意义，但在有些场合下也会给生产和生活带来很多麻烦，这时就需要消泡作用。可以采用抑泡剂防止泡沫的产生，也可以使用消泡剂消除已产生的泡沫。用作消泡剂的表面活性剂主要是非离子表面活性剂，包括多元醇脂肪酸酯型、聚醚型和含硅表面活性剂等三种。多元醇脂肪酸酯类消泡剂如乙二醇单硬脂酸酯和甘油单硬脂酸酯。聚醚型消泡剂主要有聚氧乙烯醚、聚氧乙烯聚氧丙烯嵌段共聚物、脂肪醇聚氧丙烯聚氧乙烯醚、甘油聚氧丙烯聚氧乙烯醚脂肪酸酯及含氮聚氧丙烯聚氧乙烯醚等。含硅表面活性剂表面活性高，挥发性低，用量少，不易燃，化学稳定性好而且无毒，使用安全性高，具有较好的分散稳定性和较强的消泡效力。例如，消泡剂 ZP-20 是由二甲基硅油经乳化制得，可用于铜版纸、抗菌素和维生素等生产过程的消泡。用于油体系的聚硅氧烷消泡剂可以是硅油在有机溶剂中的溶胶，也可以是硅油在矿物油等介质中的分散体系或与其他物质的混合物。这类消泡剂在水中的溶解度较低，应用受到限制，为此在聚硅氧烷分子上引入聚醚链段，成为聚醚聚硅氧烷型消泡剂，亲水性得到改善，消泡作用较强，应用较为广泛。

2. 起泡和消泡的应用

起泡作用在矿物浮选、灭火和原油开采等方面有着重要应用。例如，在灭火时借助泡沫中所含的水分起到冷却作用，或者在燃烧体的表面上覆盖一层泡沫层、胶束膜或凝胶层，使燃烧体与可燃气体氧隔绝，从而起到灭火的目的。泡沫灭火剂主要是由高起泡能力的表面活性剂组成，大多是高级脂肪酸类或高碳醇类的阴离子、非离子和两性表面活性剂，如十二烷基硫酸三乙醇胺、含 10～18 个碳原子的α-烯基磺酸钠、月桂醇聚氧乙烯醚硫酸盐及含硅表面活性剂等。为了提高生成泡沫的稳定性，可在泡沫灭火剂中添加月桂醇、乙醇胺及羧甲基纤维素等稳泡剂。在原油开采中，泡沫是气-液分散体系，密度小，质量轻，内部压力仅有水压力的 1/50～1/20，而且具有一定的黏滞性，可连续流动，对水、油及砂石等有携带作用，被广泛应用，常见的起泡剂有泡沫钻井液、泡沫驱油剂和泡沫压裂液。

消泡作用在很多情况下也具有重要的应用。例如，在微生物的培养中，泡沫会给菌体的分离、浓缩和制品的分离等工序带来不便，因此必须尽量防止泡沫的产生并尽快消除已产生的泡沫。再如，在乳胶生产过程中会混入气体，这些气体在乳胶中形成气泡，不仅给后续的加工操作造成困难，还会影响产品的质量。

4.3.4　润湿作用

润湿是指一种流体被另一种流体从固体表面或固-液界面所取代的过程，是自然界中广泛存在的一种现象。如图 4-6 所示，固、液、气三相交界处自固-液界面经过液体内部到气-液界面的夹角称为接触角(以θ表示)。接触角$\theta>90°$ 称为不润湿；$\theta<90°$ 称为润湿，且θ越小润湿性能越好；当θ为零或不存在时则称为铺展。

根据 T. Young 提出的润湿方程(杨氏方程)，接触角θ与固-液、固-气和液-气界面张力存在如下关系：

$$\gamma_{SG}-\gamma_{SL}=\gamma_{LG}\cos\theta$$

式中，γ_{SG}、γ_{SL}和γ_{LG}分别为固-气、固-液和液-气界面的界面张力。该方程可作为判断润湿能否发生的依据。

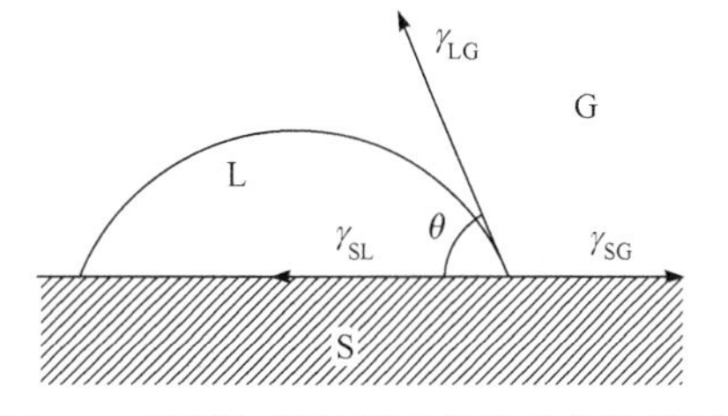

图 4-6　液滴与固体界面的接触角示意图

1. 润湿剂类型

表面活性剂具有双亲分子结构，能够在界面发生定向吸附，改善润湿性能，常被用作润湿剂。作为润湿剂的表面活性剂在结构和性质上应满足一定的要求，通常一种好的润湿剂碳氢链中应具有分支结构，且亲水基最好位于长碳链的中部，具有良好的扩散和渗透性，能够迅速地渗入固体颗粒的缝隙间或孔性固体的内表面并发生吸附。例如，琥珀酸二异辛酯磺酸钠是性能优异的润湿剂，它的亲水基磺酸基位于分子的中部，疏水基为异辛基。

$$\underset{\displaystyle C_2H_5}{C_4H_9\overset{|}{C}H}CH_2OCOCH_2\underset{\displaystyle SO_3Na}{\overset{|}{C}H}COOCH_2\underset{\displaystyle C_2H_5}{\overset{|}{C}H}C_4H_9$$

目前作为润湿剂的主要是阴离子和非离子型表面活性剂。常见的阴离子型润湿剂主要有磺酸盐型、硫酸酯盐型、羧酸盐型和磷酸酯型四类，其中磺酸盐型最为广泛，又包含烷基苯磺酸盐、α-烯烃磺酸盐、琥珀酸酯磺酸盐、高级脂肪酰胺磺酸盐和烷基萘磺酸盐等。常见的非离子型润湿剂主要有烷基酚聚氧乙烯醚、脂肪醇聚氧乙烯醚、失水山梨醇聚氧乙烯醚单硬脂酸酯和聚氧乙烯聚氧丙烯嵌段共聚物等。

2. 润湿作用的应用

洗涤、印染、润滑、农药的喷洒、胶片的涂布、原油的开采与运输及颜料的分散等很多过程的顺利完成均以润湿为基础。例如，在矿物浮选上的应用，表面活性剂的润湿功能使其在矿物浮选中用作捕集剂，其在矿物表面发生定向吸附，使矿物亲水表面变为疏水表面。吸附了捕集剂的矿粉由于表面疏水，会向气-液界面迁移，将矿粉吸附在气泡上，依靠气泡的浮力把矿粉带到水面上，达到选矿的目的(图 4-7)。

在金属的防锈与缓蚀方面，缓蚀剂的两亲分子在金属-油界面上发生定向吸附，以极性基团吸附于金属表面，非极性基团伸向油中，形成定向排列的单分子膜，替代了原来的金属高能表面，使水和腐蚀介质在金属表面的接触角变大，不能润湿。同时，当油相中缓蚀剂的浓度超过其临界胶束浓度后，缓蚀剂会自动聚集生成亲水基朝内、亲油基朝外的反胶团。这些反胶团能将油中的水或酸等腐蚀介质增溶在胶团中，减少了腐蚀介质与金属的接触，如图 4-8 所示。

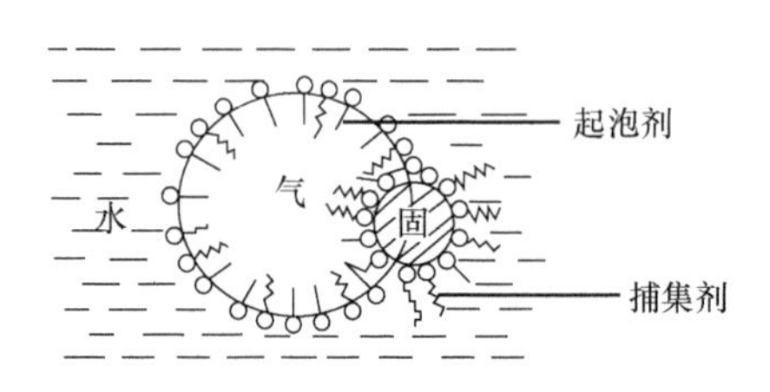

图 4-7　矿物浮选示意图

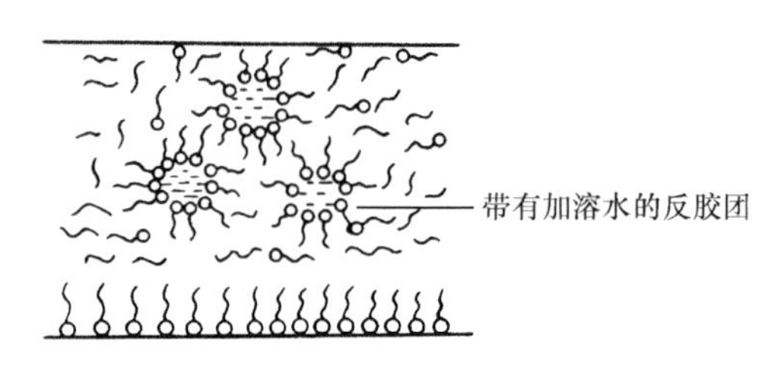

图 4-8　金属缓蚀原理图

此外，润湿在织物的防水防油处理上也有很好的应用。例如，生活中常用的雨衣就是对纤维织物进行防水处理，使其在不影响透气性的情况下表面疏水，不易被水润湿，具有防水性。防水处理较好的方法是在纤维表面形成极薄的强疏水性涂层，常用的处理剂有反应性表面活性剂和有机硅聚合物。纤维的防油处理主要是使用碳氟表面活性剂，特别是全氟代化合物使处理后织物的临界表面张力显著低于油的表面张力，从而不易被油润湿。

4.3.5　增溶作用

增溶作用是指由于表面活性剂胶束的存在，在溶剂中难溶乃至不溶的物质溶解度显著增加的作用。图 4-9 是 2-硝基二苯胺在月桂酸钾水溶液中的溶解度随月桂酸钾浓度的变化曲线。由图可见，当溶液浓度小于临界胶束浓度时，溶质 2-硝基二苯胺的溶解度很小，而且不随表面活性剂浓度发生改变。达到临界胶束浓度以后，溶质的溶解度显著提高，并随表面活性剂浓度的增加而增大。

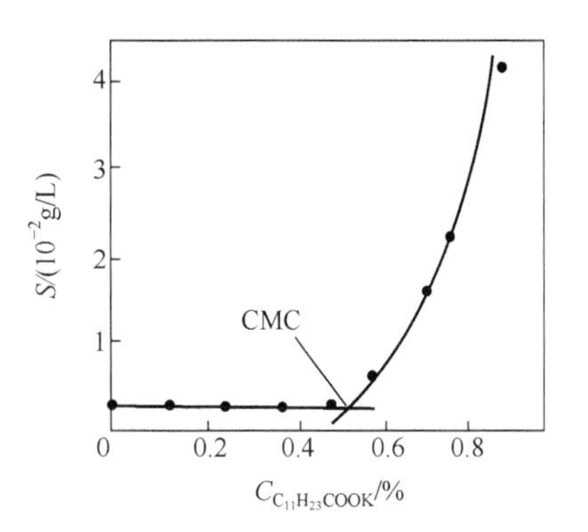

图 4-9　2-硝基二苯胺在月桂酸钾水溶液中的溶解度

1. 增溶作用的方式

胶束的形成是增溶作用的基础，表面活性剂浓度越大，形成的胶束越多，难溶物或不溶物溶解得越多，增溶量越大。被增溶物以分子团簇的形式分散于表面活性剂溶液中，与胶束之间的相互作用与表面活性剂的种类和胶束形态有关，增溶作用主要有四种方式。

(1) 非极性分子在胶束内核的增溶。如图 4-10(a)所示，饱和脂肪烃、环烷烃、苯等不易极化的非极性有机化合物通常被增溶于胶束内核中，紫外光谱或核磁共振谱分析表明，被增溶的物质完全处于非极性环境中，X 射线衍射分析表明，增溶后胶束体积变大。

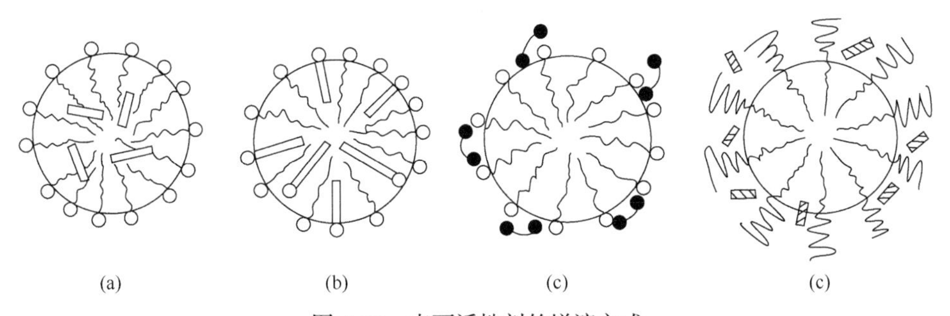

图 4-10　表面活性剂的增溶方式

(2) 在表面活性剂分子间的增溶。结构与表面活性剂相似的长链醇、胺和脂肪酸等两亲分子，主要是增溶于胶束的“栅栏”之间，如图 4-10(b)所示。被增溶物的非极性碳氢链插入胶束内部，极性头插入表面活性剂极性基之间，通过氢键或偶极子相互作用联系起来。当极性有机化合物的碳氢链较长时，其分子插入胶束的程度增大，甚至将极性基也拉入胶束内核，增溶后胶束体积并不变大。

(3) 胶束表面的增溶。既不溶于水、也不溶于油的小分子极性有机化合物(如苯二甲酸二甲酯)主要采取图 4-10(c)所示的方式在胶束表面增溶。这些化合物被吸附于胶束表面或分子“栅栏”靠近胶束表面的区域，光谱研究表明它们处于完全或接近完全极性的环境中。

(4) 聚氧乙烯链间的增溶。以聚氧乙烯基为亲水基团的非离子表面活性剂，通常将苯、乙苯、苯酚等较易极化的碳氢化合物包裹在胶束外层的聚氧乙烯链中，如图 4-10(d)所示。

在表面活性剂溶液中，胶束的增溶方式不同，对被增溶物的增溶量不同，聚氧乙烯链间的增溶最大，在胶束表面的吸附增溶最小。同时，增溶作用的大小还与表面活性剂的化学结构、被增溶物的化学结构、温度和添加剂等因素相关。

2. 增溶作用的应用

在乳液聚合、石油开采、胶片生产及洗涤等方面，表面活性剂的增溶均发挥着重要作用。乳液聚合是使原料分散于水中形成乳状液，在催化剂的作用下进行聚合的过程。在聚合反应体系中，大部分单体原料存在于乳状液的液滴中，少部分溶于水相成为真溶液，还有一部分增溶于胶束内。聚合反应在水相引发，在胶束中进行，分散于水相的乳状液滴不断向胶束提供反应单体。随着聚合反应的进行，胶束中的单体逐渐聚合为高分子产物，脱离胶束形成分散于水相中的高聚物液滴，最终成为乳胶粒，直至单体消失。在石油工业中，将表面活性剂、助剂和油混合在一起搅动，形成含有大量胶束的均匀“溶液”，这种溶液能溶解原油，具有足够的黏度和稳定性，能很好地润湿岩层，流过岩层时能有效地洗下黏附于砂石上的原油，达到提高石油开采率的目的。而在胶片生产过程中，可以通过在乳化剂中加入适当的表面活性剂，利用胶束的增溶作用除去胶片上出现的微小油脂杂质造成的斑点。

4.3.6　分散和絮凝

固体微粒的分散和絮凝主要是通过使用表面活性剂来实现的，用于使固体微粒均匀、稳定地分散于液体介质中的表面活性剂称为分散剂，用于使固体微粒从分散体系中聚集或絮凝的表面活性剂称为絮凝剂。

1. 分散和絮凝作用

表面活性剂的分散是一种能使固体颗粒分割成细小的微粒，并均匀分散悬浮在溶液中的过程。固体微粒在液体介质中的分散过程一般分为三个阶段，即固体粒子的润湿、粒子团的分散和碎裂、分散体的稳定。润湿是固体粒子分散的基本条件，在此阶段，表面活性剂的主要作用是在液-固界面上发生定向吸附，降低界面张力 γ_{SL}，利于润湿的发生。粒子团的分散和碎裂是通过施以外加能量，使粒子团内部的固-固界面分离，形成小粒子。表面活性剂的作用是在固-液界面上以疏水基吸附于微粒间的毛细管壁，亲水基伸入液相中，改善固体微粒与分散介质的相容性，加速液体在缝隙中渗透。表面活性剂在分散体稳定中的作用是增加微粒重新聚集的能障，降低粒子聚集的趋势，提高分散体系的稳定性。这种稳定作用主要来自表面活性剂解离产生离子的静电斥力、非极性碳氢链伸向介质产生的空间位阻和熵斥力(图 4-11)。

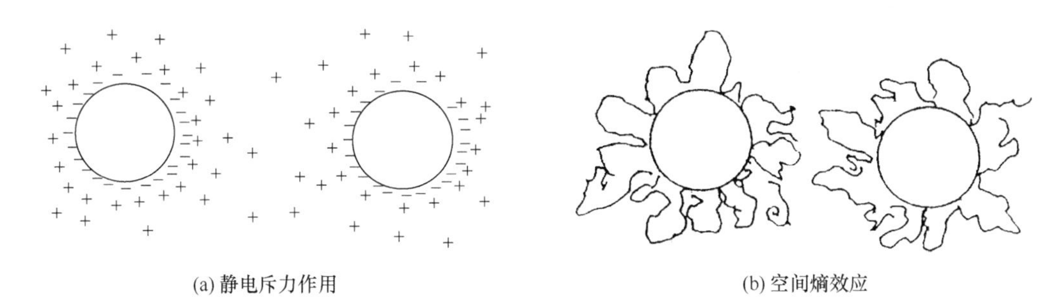

(a) 静电斥力作用　　(b) 空间熵效应

图 4-11　表面活性剂在粒子分散过程中的稳定作用

对固体粒子起分散作用的分散剂主要有阴离子表面活性剂、非离子表面活性剂和有机胺类阳离子表面活性剂。也有的采用高分子表面活性剂，以获得更大的空间稳定效应。例如，在油漆、油墨、涂料、塑料等领域为使颜料粒子均匀、稳定地分散，使其保持一定的颗粒大小，确保产品质量，也必须针对不同分散体系的特点，选择适当的分散剂。

表面活性剂的絮凝是使固体微粒从分散体系中聚集或絮凝的过程。为使固体微粒絮凝，主要是在体系中加入有机高分子絮凝剂，絮凝剂通过范德华引力或与固体质点形成氢键、离子对吸附于固体微粒表面，在微粒间进行桥连形成体积庞大的絮状沉淀而与水溶液分离。常见絮凝剂如丙烯酰胺共聚物型阳离子絮凝剂和聚乙烯醇、聚乙烯基甲基醚型非离子表面活性剂等。

2. 分散和絮凝的应用

固体微粒的分散与絮凝是现代工业中十分常见的重要问题。例如，涂料、印刷油墨和钻井泥浆需要将固体微粒均匀地分散在液体介质中，以获得稳定的固液分散体系；污水处理、湿法冶金等则是将均匀、稳定的固液分散体系破坏，使固体微粒尽快地聚集沉降。

4.3.7　表面活性剂结构与性能的关系

表面活性剂的性质与其疏水(亲油)基团和亲水(疏油)基团密切相关，除此之外，分子的亲水性、分子的形态以及相对分子质量等都直接影响表面活性剂的性质，从而决定其应用领域和应用性能。

1. 亲油基团

表面活性剂亲油基的疏水作用是其产生表面吸附和形成胶束的根本原因，几种主要亲油基的疏水性从大到小的顺序为：氟代烃基＞硅氧烃基＞脂肪族烷基⩾环烷烃基＞脂肪族烯烃＞脂肪基芳香烃基＞芳香烃基＞含弱亲水基的烃基。

此外在应用表面活性剂时还应考虑其他因素。例如，选择乳化剂时应使亲油基与油相分子的结构相近，二者的相容性和亲和性越强，乳液的稳定性越高。对于染料和颜料的分散，由于其分子中含有较多的芳环和极性取代基，因此应考虑结构上的近似，选择带芳香族烃基较多或带弱亲水基的表面活性剂。

2. 亲水基团

表面活性剂的亲水基团会影响其溶解度的大小以及溶解度随温度的变化趋势，从而进一步影响胶束形成的难易程度和临界胶束浓度的大小。不同类型亲水基团的亲水性顺序如下：

$$-SO_3Na,\ -SO_4Na,\ >\!N^+\!-\ >\ -PO_4Na,\ -COONa \gg -O-,\ -OH$$

对于离子型和部分非离子型表面活性剂存在着 Krafft 点，即 1%的表面活性剂溶液在加热时由混浊忽然变澄清时相应的温度。Krafft 点越低，该表面活性剂的低温水溶性越好。在 Krafft 点时，表面活性剂单分子溶液和胶束平衡共存，活性剂的浓度等于临界胶束浓度。表面活性剂在低于 Krafft 点温度下时，无法形成胶束，因而也不可能存在由胶束派生的一系列胶体性质和应用性能。

对于大部分非离子表面活性剂(聚氧乙烯型)存在浊点(cloud point)，即 1%的聚氧乙烯醚型非离子表面活性剂溶液加热时由澄清变混浊时的温度。非离子表面活性剂通过氧原子与水分子形成氢键的方式溶于水，当温度升高时，分子热运动加剧，氢键被破坏，使表面活性剂从溶液中析出。因此，非离子表面活性剂应在浊点以下的温度使用，浊点越高，其使用范围越广。

20 世纪末发展起来的双子型表面活性剂分子中，分别含有两个或两个以上的亲水基团以及两个或两个以上的疏水基团，并通过连接基团连接在一起。按照亲水基的不同，双子型表面活性剂也分为阴离子型、阳离子型、非离子型及两性型。其中，阴离子型主要有磺酸盐型、硫酸盐型、羧酸盐型和磷酸盐型，阳离子型主要有季铵盐类，非离子型一般是聚氧乙烯型或从糖类化合物衍生而来，两性型的亲水基团主要由阴离子和阳离子基团组成。阴离子、阳离子和非离子型双子表面活性剂的结构如下所示。

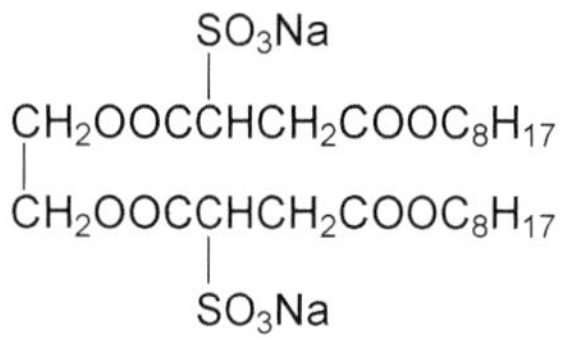

阴离子型双子表面活性剂

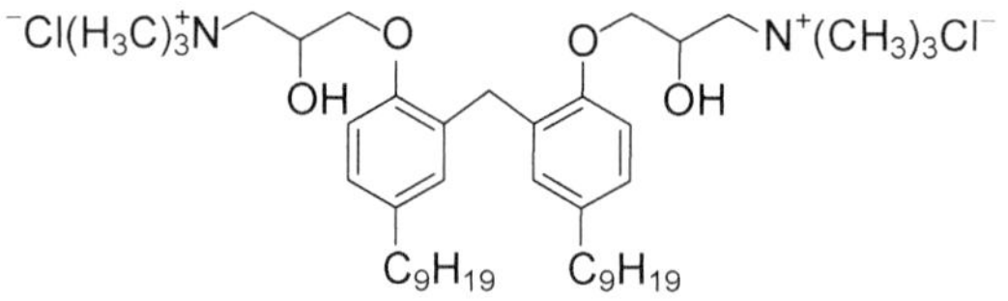

阳离子型双子表面活性剂

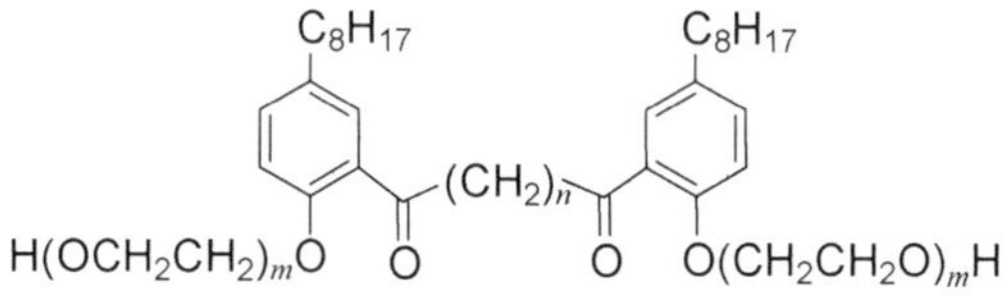

非离子型双子表面活性剂

双子型表面活性剂往往具有较好的水溶性，离子型双子表面活性剂的 Krafft 点较低，临界胶束浓度比普通的表面活性剂低 1～2 个数量级，同时具有良好的润湿、发泡、增溶作用和钙皂分散性，与其他表面活性剂的配伍性较好。

3. 分子亲水性

表面活性剂的亲水性是由疏水、疏油基团共同作用决定的性质，为此 Griffin 提出了用亲水亲油平衡(hydrophile-lipophile balance，HLB)值来表示表面活性剂的亲水性。当亲水基相同时，亲油基的链越长，碳氢链的碳原子数越多，表面活性剂的亲油性越大，因此亲油基的亲油性可以用亲油基的质量表示。亲水基团的种类较多，亲水性能差别较大。

聚氧乙烯型非离子表面活性剂的亲水基为不同长度的聚氧乙烯链[$(OCH_2CH_2)_n$]，亲油基相同时，聚氧乙烯链越长(n 越大)，亲水性也越强。这类表面活性剂的亲水性大小可以通过用下式计算其 HLB 判断。

$$\text{HLB}=\frac{\text{亲水基团质量}}{\text{表面活性剂质量}}\times\frac{100}{5}=\frac{\text{亲水基团质量}}{\text{亲油基团质量}+\text{亲水基团质量}}\times\frac{100}{5}$$

如果以 E 代表合成聚氧乙烯型非离子表面活性剂时加入的环氧乙烷的质量分数，则上式可进一步简化为

$$\text{HLB}=E/5$$

对于离子型表面活性剂，其亲水性的大小可以视为亲水基的亲水性与疏水基的亲油性的差值。Davies 采用分割计算法，将表面活性剂分子分解为一些基团，通过实验得到各种基团的 HLB 基团数，并用下式计算表面活性剂的 HLB 值。各基团的 HLB 基团数可以从手册或书中查到。

$$\text{HLB}=\sum\text{亲水基团数}-\sum\text{亲油基团数}+7$$

为了获得良好的应用效果，常常需要根据特定的要求将两种或更多种表面活性剂混合复配使用。表面活性剂 HLB 值具有加和性，因此混合表面活性剂的 $\text{HLB}_{\text{混}}$值的计算方法为

$$\text{HLB}_{\text{混}}=\sum(\text{HLB}_i\times q_i)$$

式中，HLB_i 为混合体系中某种表面活性剂的 HLB 值；q_i 为该种表面活性剂在混合体系中的质量分数。

表面活性剂的 HLB 值不同，其应用性能及用途也不同，对应关系如表 4-4 所示。根据这种对应关系，已知某种表面活性剂的 HLB 值，即可粗略估计该种活性剂的性质和主要应用领域。反之，也可根据应用要求，选取适当的表面活性剂或复配体系。

表 4-4 表面活性剂 HLB 值与用途的关系

HLB 值范围	表面活性剂的用途	HLB 值范围	表面活性剂的用途
1～3	消泡作用	12～15	润湿作用
3～6	乳化作用(W/O)	13～15	去污作用
7～15	渗透作用	15～18	增溶作用
8～18	乳化作用(W/O)		

4. 分子形态

表面活性剂的分子形态主要指亲水基团的相对位置和亲油基团的分支，其对表面活性剂的性质和应用具有不可忽视的影响作用。通常亲水基位于分子中间时，表面活性剂的润湿性较强；而亲水基在末端时，去污力较强。例如，琥珀酸二异辛酯磺酸钠是一种效果非常好的润湿、渗透剂。

$$\underset{\displaystyle C_2H_5}{C_4H_9\overset{|}{C}H}CH_2OCOCH_2\underset{\displaystyle SO_3Na}{\overset{|}{C}H}COOCH_2\underset{\displaystyle C_2H_5}{\overset{|}{C}H}C_4H_9$$

琥珀酸二异辛酯磺酸钠

相对分子质量与之相近的琥珀酸十六烷基酯磺酸钠和十八烯醇硫酸酯钠盐，因亲水基团位于分子的端部，润湿和渗透性能较差，但去污能力优于琥珀酸二异辛酯磺酸钠。

$$C_{16}H_{33}OCOCH_2\underset{\displaystyle SO_3Na}{\overset{|}{C}H}COOH$$

琥珀酸十六烷基酯磺酸钠

$$CH_3(CH_2)_7CH{=}CH(CH_2)_7CH_2OSO_3Na$$

十八烯醇硫酸酯钠盐

在表面活性剂类型和分子大小相同的情况下，带有分支结构的表面活性剂通常具有较好的润湿和渗透性能，但去污力较差。例如，琥珀酸二正辛酯磺酸钠和琥珀酸二(2-乙基己基)酯磺酸钠具有相同的相对分子质量、亲水基和 HLB 值，但其性质有明显差别。后者因疏水基存在分支，润湿和渗透力好，但其临界胶束浓度($2.5\times10^{-3}mol\cdot L^{-1}$)高于无分支的琥珀酸二正辛酯磺酸钠($6.8\times10^{-4}mol\cdot L^{-1}$)，不易形成胶束，去污力较差。

$$\begin{array}{l} n\text{-}C_8H_{17}OCOCH_2 \\ \qquad\qquad\quad | \\ n\text{-}C_8H_{17}OCOCHSO_3Na \end{array}$$

琥珀酸二正辛酯磺酸钠

$$\begin{array}{l} CH_3(CH_2)_3CH(C_2H_5)CH_2OCOCH_2 \\ \qquad\qquad\qquad\qquad\qquad\qquad | \\ CH_3(CH_2)_3CH(C_2H_5)CH_2OCOCHSO_3Na \end{array}$$

琥珀酸二(2-乙基己基)酯磺酸钠

5. 相对分子质量

通常相对分子质量较大的表面活性剂洗涤、分散、乳化性能较好，而相对分子质量较小的活性剂润湿、渗透作用比较好。例如，十六、十四和十二烷基硫酸钠阴离子表面活性剂中，十二烷基硫酸钠润湿性能最佳，但洗涤性能则随着烷基碳原子数的减少而呈下降趋势。

4.4　表面活性剂的品种与合成

4.4.1　阴离子表面活性剂

阴离子表面活性剂是表面活性剂中发展历史最悠久、产量最大、品种最多的一类产品。该类表面活性剂价格低廉、性能优异、用途广泛。据统计，阴离子表面活性剂约占世界表面活性剂总产量的 40%，主要用作洗涤剂、润湿剂、发泡剂和乳化剂等。

1. 阴离子表面活性剂的类型

阴离子表面活性剂是具有阴离子亲水基团的表面活性剂，在水中能够电离产生负离子。按照亲水基结构的不同，阴离子表面活性剂主要分为磺酸盐型、硫酸酯盐型、磷酸酯盐型和羧酸盐型等四类。主要类型和实例如表 4-5 所示。

表 4-5　阴离子表面活性剂类型和实例

阴离子表面活性剂品种		实例
磺酸盐型 (—SO_3Na)	烷基苯磺酸盐	$R-C_6H_4-SO_3Na$
	烷基磺酸盐	$R-SO_3Na$
	α-烯基磺酸盐	$R-CH=CH-CH_2SO_3Na$
	琥珀酸酯磺酸盐	$NaO_3S-CH(CH_2COOR)-COOR$
	高级脂肪酰胺磺酸盐	$R'CON(R)(CH_2)_nSO_3Na$，R′=H或烷基
硫酸酯盐型 (—OSO_3Na)	脂肪醇硫酸酯钠盐	$R-OSO_3Na$
	脂肪醇聚氧乙烯醚硫酸酯钠盐	$RO(CH_2CH_2O)_nSO_3Na$
磷酸酯盐型 (—OPO_3Na)	单酯	$(RO)(NaO)P(=O)(ONa)$
	双酯	$(RO)_2P(=O)(ONa)$
羧酸盐型 (—COOM)	饱和及不饱和高级脂肪酸的盐	$C_{17}H_{15}COONa$
	取代的羧酸盐	$RCON(CH_3)CHCOONa$

2. 阴离子表面活性剂的合成

阴离子表面活性剂的合成反应主要是磺化反应，是一种芳香烃化合物中氢原子被硫酸分子中磺酸基或磺酰基取代的反应过程。根据磺化过程中磺酸基取代元素不同，直接取代碳原子上的氢称为直接磺化，而取代碳原子上硝基或卤素称为间接磺化。磺化反应是亲电取代反应，常用的磺化剂主要有硫酸(H_2SO_4)、发烟硫酸($SO_3 \cdot H_2SO_4$)、三氧化硫(SO_3)，以及氯磺酸、氨基磺酸($H_2N\text{-}SO_3H$)和亚硫酸盐等。在反应过程中常会受到磺化试剂种类、反应体系中酸的浓度、反应温度和亲电反应质点等因素影响，例如，以硫酸为磺化剂时，磺化反应可逆且有水生成，其反应过程如下：

$$ArH + H_2SO_4 \rightleftharpoons ArSO_3H + H_2O$$

水的生成会使酸的浓度和磺化质点的活性降低，当酸的浓度下降到一定值时，磺化反应便会终止。为使磺化反应进行完全，生产中常常使用高浓度和过量较多的硫酸。此外，还可采用共沸去水的磺化工艺，在反应进行过程中不断地移除体系中生成的水，使磺化质点始终保持一定的浓度，从而减少磺化剂用量。

烷基苯磺酸盐是目前生产和销售量最大的阴离子表面活性剂之一，最大应用领域是洗衣剂，主要品种是洗涤性能良好的十二、十三、十四烷基苯磺酸钠。烷基苯磺酸盐在工业上的应用主要是石油破乳剂、空气钻井液发泡剂、石墨和颜料的分散剂、防结块剂、工业用清洁剂等,在农业中可用于农药配方中的乳化剂和润湿剂,化肥中的防结块剂等。

烷基苯磺酸盐是由烷基苯经过量硫酸磺化,再与氢氧化钠中和制得,反应过程如下：

$$R-C_6H_5 \xrightarrow[\text{磺化}]{H_2SO_4} R-C_6H_4-SO_3H \xrightarrow[\text{中和}]{NaOH} R-C_6H_4-SO_3Na$$

由于原料烷基苯的烷基取代基链长和所含支链的情况不同，以及磺化反应中引入的磺酸基的位置和个数不同，烷基苯磺酸盐产品往往是多种组分的混合体系。

烷基苯的合成反应是在质子酸或路易斯酸的催化下、以烯烃或卤代烷为烷基化试剂的亲电取代反应，即傅氏烷基化反应。以烯烃作为烷基化试剂得到的是带有支链的烷基苯，用于生产具有分支结构的烷基苯磺酸钠，即 ABS；以卤代烷烃为烷基化试剂合成的是直链烷基苯，用于生产生物降解性较好的直链烷基苯磺酸钠，即 LAS。

中和是将烷基苯磺酸转化为烷基苯磺酸钠的过程，可采用间歇法、半连续法或连续法等工艺流程。为了获得良好的中和效果和性能良好的高质量产品，在中和时应特别注意选择适宜的工艺条件，如碱的浓度及中和温度等。碱的浓度过高，强电解质的凝结作用会使活性剂单体由隐凝结剧变为显凝结，从而形成米粒状沉淀，这种现象称为“结瘤现象”。中和温度对体系的黏度和流动性均有影响，一般应控制在 40～50℃。

4.4.2　阳离子表面活性剂

通常，阳离子表面活性剂在水溶液中呈正电性，其中，亲水基团由带正电荷的基团组成，疏水基团由不同碳原子数的碳氢链所组成，该类活性剂主要用于杀菌剂、纤维柔软剂和抗静电剂等特殊用途，与阴离子和非离子表面活性剂相比，其使用量相对较少。

1. 阳离子表面活性剂的类型

目前，市场上使用的阳离子表面活性剂大多是有机氮化合物的衍生物，氮原子携带正离子电荷，如胺盐型、季铵盐型和含氮杂环型阳离子表面活性剂，此外还有含有磷、硫、碘和砷等原子的新型表面活性剂。

传统的胺盐型阳离子表面活性剂是伯、仲和叔胺盐类表面活性剂的总称，它们主要是由脂肪胺与无机酸形成的盐，其主要品种结构通式和实例如表 4-6 所示。

表 4-6　胺盐型阳离子表面活性剂主要品种及实例

表面活性剂类型	结构通式	实例	
伯胺盐	$RNH_2 \cdot HCl$	$C_{18}H_{37}NH_2 \cdot HCl$	十八烷基胺(硬脂胺)盐酸盐
仲胺盐	$R^1NHR^2 \cdot HCl$	$(C_{18}H_{37})_2NH \cdot HCl$	双十八烷基胺盐酸盐
叔胺盐	$R^1NR^2(R^3) \cdot HCl$	$C_{18}H_{37}N(CH_3)_2 \cdot HCl$	*N,N*-二甲基十八胺盐酸盐

季铵盐型阳离子表面活性剂是最为重要的阳离子表面活性剂品种，这类表面活性剂既可溶于酸性溶液，又可溶于碱性溶液，性能优良，且与其他类型表面活性剂的相容性好，应用范围非常广泛。这类表面活性剂的结构通式如下：

$$\left[\begin{array}{c} R^1 \\ | \\ R^2—\overset{+}{N}—R^4 \\ | \\ R^3 \end{array}\right]\cdot X^-$$

含氮杂环型阳离子表面活性剂主要是吗啉、吡啶、咪唑、哌嗪及喹啉等的衍生物。

除上述三类品种，阳离子表面活性剂还包括鏻盐、锍盐、钾盐和碘鎓化合物等，主要用作乳化剂、杀虫剂和杀菌剂等。

2. 阳离子表面活性剂的合成

阳离子表面活性剂的合成主要是通过 *N*-烷基化反应，而叔胺与烷基化试剂作用生成季铵盐的反应常称为季铵化反应。最传统的合成品种是烷基季铵盐型阳离子表面活性剂，其合成方法主要有两种，分别是高级卤代烷与低级叔胺的反应和高级烷基胺与低级卤代烷的反应。例如，十二烷基三甲基溴化铵(1231 阳离子表面活性剂)和十六烷基三甲基溴化铵(1631 阳离子表面活性剂)均可由相应的溴代烷烃与低级叔胺三甲胺反应制得，合成反应过程如下：

$$C_{12}H_{25}Br + (CH_3)_3N \xrightarrow[\text{水介质}]{60\sim80℃} [C_{12}H_{25}N^+(CH_3)_3]\cdot Br^-$$

$$C_{16}H_{33}Br + (CH_3)_3N \xrightarrow[\text{回流}]{\text{醇介质}} [C_{16}H_{33}N^+(CH_3)_3]\cdot Br^-$$

除了传统烷基季铵盐以外，还有亲油基中含杂原子、苯环或杂环的季铵盐和胺盐型表面活性剂。例如，含杂原子的季铵盐，其结构特点是亲水基团季铵阳离子与烷基疏水基通过酰胺、酯、醚或硫醚等基团相连。合成时通常是先合成含有杂原子的叔胺或卤代烷，再进行季铵化反应。而含杂环的季铵盐，主要是先通过 *N*-烷基化反应引入杂环，再进行季铵化反应。例如，含有酰胺基团的季铵盐型阳离子表面活性剂 Sapamine MS，以油酰氯和 *N*,*N*-二乙基乙二胺缩合得到的带有酰胺基的叔胺 *N*,*N*-二乙基-2-油酰胺基乙胺为原料，以硫酸二甲酯为烷基化试剂，经季铵化反应制得，合成反应过程如下：

$$\left.\begin{array}{r} C_{17}H_{33}COCl \\ NH_2CH_2CH_2N(C_2H_5)_2 \end{array}\right\} \longrightarrow C_{17}H_{33}CONHCH_2CH_2N(C_2H_5)_2 \xrightarrow{(CH_3O)_2SO_2} \left[\begin{array}{c} C_2H_5 \\ | \\ C_{17}H_{33}CONHCH_2CH_2\overset{+}{N}CH_3 \\ | \\ C_2H_5 \end{array}\right]\cdot CH_3SO_4^-$$

4.4.3　两性表面活性剂

两性表面活性剂是 20 世纪 40 年代中期由 H. S. Mannheimer 提出的，与阴离子、阳离子和非离子表面活性剂相比，开发较晚，产量较低。但由于其性能优异，低毒，污染小，因此需求量以及在表面活性剂中所占的比重日益增加。

1. 两性表面活性剂的类型

两性表面活性剂主要是指分子中同时含有阳离子和阴离子亲水基团的表面活性剂。其正电荷大多负载在氮原子上，少数则是磷或硫原子；负电荷一般负载在羧基(—COO^-)、磺酸基(—SO_3^-)、硫酸酯基(—OSO_3^-)、磷酸酯基(—OPO_3H^-)等酸性基团上。

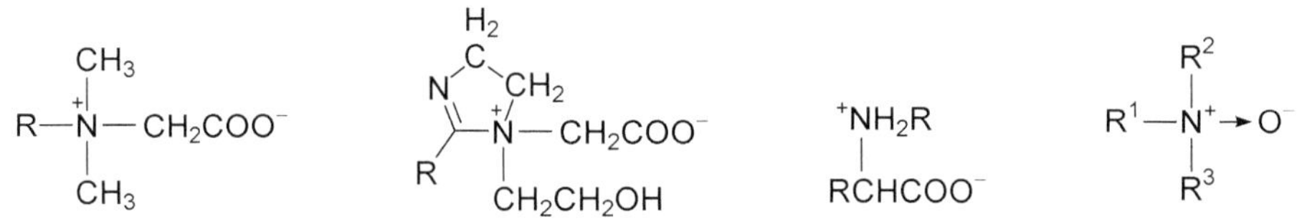

甜菜碱型：$R-\overset{+}{N}(CH_3)_2-CH_2COO^-$

咪唑啉型：2-R-咪唑啉环（N、CH_2、CH_2），$\overset{+}{N}$ 上连 $-CH_2COO^-$ 和 $-CH_2CH_2OH$

氨基酸型：$RCH(^{+}NH_2R)COO^-$

氧化胺型：$R^1-\overset{+}{N}(R^2)(R^3)\rightarrow O^-$

按照其整体化学结构分类，主要包括甜菜碱型、咪唑啉型、氨基酸型和氧化胺型等四种类型，其代表性结构通式如上所示，其中甜菜碱型和咪唑啉型生产和应用较多。

2. 两性表面活性剂的合成

(1) 甜菜碱型两性表面活性。根据分子中的阴离子不同，可分为羧酸甜菜碱、磺酸甜菜碱和硫酸酯甜菜碱。羧酸甜菜碱型两性表面活性剂的合成通常有三种途径：第一种途径是由叔胺与氯乙酸钠反应，在季铵化的同时引入羧基；第二种途径是先合成氨基羧酸，再与烷基化试剂进行季铵化反应；第三种途径是以含有羧基的烷基化试剂与叔胺反应。例如，通过第二种途径合成的常见羧酸甜菜碱，其通过长链烷基氯甲基醚与叔氨基乙酸反应合成，反应过程如下：

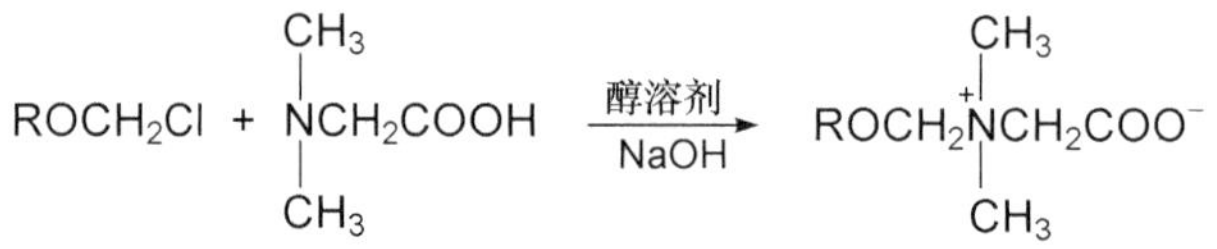

$$ROCH_2Cl + (CH_3)_2NCH_2COOH \xrightarrow[NaOH]{醇溶剂} ROCH_2\overset{+}{N}(CH_3)_2CH_2COO^-$$

磺酸甜菜碱型的合成关键在于磺酸基的引入。最常用的方法与羧酸甜菜碱的氯乙酸钠法相似，即由叔胺与氯乙基磺酸钠反应。除此之外，还可通过叔胺和磺酸环内酯反应来实现。硫酸酯甜菜碱型的合成关键在于通过羟基与硫酸、氯磺酸或三氧化硫的硫酸酯化反应实现硫酸酯基的引入。例如：

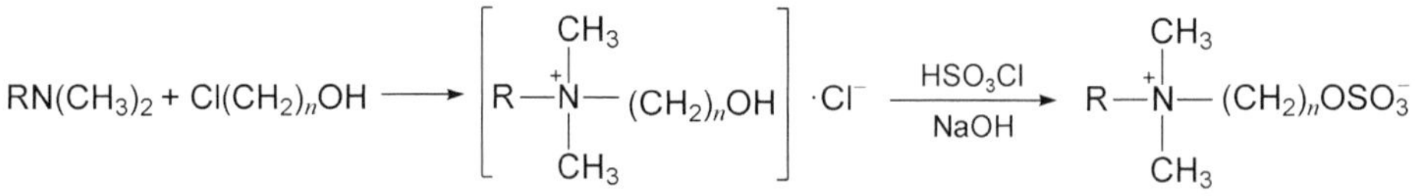

$$RN(CH_3)_2 + Cl(CH_2)_nOH \longrightarrow \left[R-\overset{+}{N}(CH_3)_2-(CH_2)_nOH\right]\cdot Cl^- \xrightarrow[NaOH]{HSO_3Cl} R-\overset{+}{N}(CH_3)_2-(CH_2)_nOSO_3^-$$

(2) 咪唑啉型两性表面活性剂。其合成主要有两个过程，第一个过程是脂肪酸或脂肪酸酯与多元胺反应脱水生成酰胺，再在高温下进一步脱水环合形成咪唑啉中间体。第二个过程是在一定条件下将咪唑啉中间体与引入阴离子的烷基(或正碳离子)进行反应，生成咪唑啉型两性表面活性剂。例如，2-烷基-*N*-羧甲基-*N*-羟乙基咪唑啉的合成反应如下：

$$RCOOH + H_2NCH_2CH_2NHCH_2CH_2OH \xrightarrow{-H_2O} \text{RC(=O)—NHCH}_2\text{—CH}_2\text{—HN(CH}_2\text{CH}_2\text{OH)} + \text{RC(=O)—N(CH}_2\text{CH}_2\text{OH)—CH}_2\text{—CH}_2\text{—H}_2\text{N} \xrightarrow[\text{环合}]{\text{脱水}}$$

$$\text{R—C(=N—CH}_2\text{—CH}_2\text{—N(CH}_2\text{CH}_2\text{OH))} \xrightarrow{ClCH_2COONa} \text{R—C(=N—CH}_2\text{—CH}_2\text{—}\overset{+}{N}\text{(CH}_2\text{CH}_2\text{OH)(CH}_2\text{COO}^-\text{))}$$

(3) 氨基酸型两性表面活性剂。其制备方法主要有两种：一种是由高级脂肪胺与丙烯酸甲酯或丙烯腈反应，再水解；另一种是由高级脂肪胺与氯乙酸钠反应制得，如烷基甘氨酸的合成反应

$$RNH_2 + ClCH_2COONa \longrightarrow RNHCH_2COONa$$

4.4.4 非离子表面活性剂

非离子表面活性剂在产量上仅次于阴离子表面活性剂，它主要以醚基和游离羟基为亲水基团，是一类在水溶液中不电离出任何形式离子，亲水基的亲水性是由具有一定数量的含氧基团(一般为醚基或羟基)构成，通过与水形成氢键来实现溶解的表面活性剂。广泛应用于纺织、造纸、食品、塑料、皮革、玻璃、石油、化纤、医药、农药、油漆、染料等工业部门。

1. 非离子表面活性剂的分类

按照亲水基结构的不同，非离子表面活性剂主要分为聚乙二醇型和多元醇型两大类，此外还有聚醚、冠醚和配位键型等其他类型的非离子表面活性剂。

聚乙二醇型非离子表面活性剂主要是脂肪醇聚氧乙烯醚(平平加系列)、烷基酚聚氧乙烯醚(OP 系列)、聚氧乙烯烷基酰醇胺、脂肪酸聚氧乙烯酯和聚氧乙烯烷基胺等，结构通式如表 4-7 所示。

表 4-7 聚乙二醇型非离子表面活性剂的结构通式

聚乙二醇型非离子表面活性剂	结构通式
脂肪醇聚氧乙烯醚	$RO\text{—}(CH_2CH_2O)_n\text{—}H$
烷基酚聚氧乙烯醚	$R\text{—}C_6H_4\text{—}O\text{—}(CH_2CH_2O)_n\text{—}H$
聚氧乙烯烷基酰醇胺	$RCONH(CH_2CH_2O)_nH$, $RCON\begin{matrix}(CH_2CH_2O)_xH \\ (CH_2CH_2O)_yH\end{matrix}$
脂肪酸聚氧乙烯酯	$RCOO(CH_2CH_2O)_nH$
聚氧乙烯烷基胺	$R\text{—}N\begin{matrix}(CH_2CH_2O)_nH \\ (CH_2CH_2O)_nH\end{matrix}$ 或 $\begin{matrix}R^1 \\ R^2\end{matrix}N\text{—}(CH_2CH_2O)_nH$

注：通常 n、x、$y = 1 \sim 30$，$R = C_{10} \sim C_{18}$

多元醇型非离子表面活性剂主要是由脂肪酸与多羟基醇反应生成的酯，例如

$$C_{17}H_{35}COOCH_2CHOHCH_2OH$$

单硬脂酸甘油酯

$$C_{17}H_{35}COOCH_2C(CH_2OH)_2CH_2OH$$

单硬脂酸季戊四醇酯

聚醚型非离子表面活性剂是环氧乙烷及环氧丙烷的嵌段聚合物，商品名为Pluronie，结构通式如下：

$$HO(CH_2CH_2O)_b(CH(CH_3)CH_2O)_a(CH_2CH_2O)_cH \quad a\geqslant 15，(CH_2CH_2O)_{b+c}含量占20\%\sim 90\%$$

2. 非离子表面活性剂的合成

聚氧乙烯型是比较有代表性的非离子表面活性剂，其合成的基本反应是氧乙基化反应(也称为环氧乙烷加成聚合反应)，主要是环氧乙烷与含有活泼氢原子的脂肪醇、烷基酚、羧酸、酰胺及脂肪胺等化合物的反应。其合成过程如下：

$$RXH^* + n\,H_2C\overset{O}{—}CH_2 \xrightarrow[催化]{OH^-或H^+} RX(CH_2CH_2O)_nH^*$$

其中，RXH^*代表含有活泼氢原子的化合物；X代表使氢原子致活的杂原子，如O、N、S等；R代表疏水基团，如烷基、烷基芳烃、酯和醚等；n则代表平均聚合度，如产品标明n=8，说明平均聚合度为8，实际聚合度则为0～20之间。

氧乙基化反应通常是由酸或碱催化完成，其中酸催化反应会生成副产物，且其用途不大，所以工业生产上主要使用碱性催化剂。常用的碱性催化剂主要包含金属钠、甲醇钠、氢氧化钠、碳酸钾、碳酸钠和乙酸钠等。催化剂的碱性越强，催化反应速度越快。

在不同类型的反应物中，脂肪族伯醇的环氧乙烷加成反应速率大于羧酸和脂肪族仲醇和叔醇，随着反应物碳链长度的增加，醇的反应活性降低，反应速率也减慢。在酚类反应物中，芳环上带有甲基、甲氧基等供电子取代基时，环氧乙烷加成反应速率加快，而带有硝基等吸电子取代基时，反应速率降低。

脂肪醇聚氧乙烯醚非离子表面活性剂 Peregal O(平平加 O)是由月桂醇在氢氧化钠的催化下与环氧乙烷反应制得，控制通入环氧乙烷的量可以得到不同摩尔比的加成产物。其反应式如下：

$$C_{12}H_{25}OH + nH_2C\overset{O}{—}CH_2 \xrightarrow[150\sim180℃]{NaOH催化} C_{12}H_{25}(CH_2CH_2O)_nH$$

脂肪酸聚氧乙烯酯的合成是脂肪酸在碱的作用下，先与1mol环氧乙烷反应生成脂肪酸酯，再发生环氧乙烷加成反应。其反应过程为

$$RCOOH + H_2C\overset{O}{—}CH_2 \xrightarrow{NaOH} RCOOCH_2CH_2OH \xrightarrow{(n-1)H_2C\overset{O}{—}CH_2} RCOO(CH_2CH_2O)_nH$$

4.4.5　特殊类型的表面活性剂

阴离子、阳离子、两性和非离子型传统表面活性剂的疏水基均为含不同碳原子数的碳氢链，相对分子质量一般低于 500 或在 500 左右，其分子大小和结构在一定程度上限制了它们的性质和应用。本节重点介绍几种具有特殊的结构特点、用途和性能十分优异的表面活性剂，主要包括碳氟表面活性剂、含硅表面活性剂及高分子表面活性剂、反应型表面活性剂和生物表面活性剂等。

1. 碳氟表面活性剂

碳氟表面活性剂的疏水基主要是由碳、氟两种元素组成，氟原子则部分或全部代替碳氢链中的氢原子形成碳氟化学键，其中主要以全氟取代的碳氟表面活性剂应用居多。按照离子类型，碳氟表面活性剂则可分为离子型和非离子型两大类。

离子型碳氟表面活性剂又可分为阴离子、阳离子和两性型。阴离子型按其极性基团的结构又可分为羧酸盐、磺酸盐、硫酸酯盐和磷酸酯盐四类。有些阴离子碳氟表面活性剂分子中含有聚氧乙烯基片断，以增加水溶性及与阳离子或两性表面活性剂的兼容性。阳离子型碳氟表面活性剂大多是含氮的化合物，碳氟非极性基直接或间接与季铵基团、质子化氨基或杂环碱相连，有些阳离子碳氟表面活性剂含有季铵基、仲胺基及碳酰胺键或磺酰胺键等。两性型碳氟表面活性剂分子中同时存在酸性基团和碱性基团，碱性基团主要是氨基或季铵基，酸性基团主要是羧酸基和磺酸基、磷酸基等。

非离子型碳氟表面活性剂的极性基团大多由一定数量的含氧醚键或羟基构成，含氧醚键通常是聚氧乙烯链或聚氧丙烯链，可以通过调节链的长度来调整表面活性剂的 HLB 值以及体系的界面性质和乳液的稳定性。

碳氟表面活性剂的合成一般包括两步，第一步合成含氟非极性疏水、疏油碳氟链，第二部引入亲水基团，其中亲水基的引入同常规表面活性剂的合成方法类似。碳氟化合物的合成主要有电解氟化法、调聚法和离子齐聚法三种。例如，电解氟化法主要用于生产含 8 个碳原子的羧酰氟和磺酰氟，是无水氟化氢和碳氢有机化合物在 Simons 电解槽中发生的电解氟化反应，所得产物全氟辛酰氟和全氟辛基磺酰氟在阳极产生。反应过程为

$$C_7H_{15}COCl + 16HF \longrightarrow C_7F_{15}COF + HCl + 15H_2$$

$$C_8H_{17}SO_2Cl + 18HF \longrightarrow C_8F_{17}SO_2F + HCl + 17H_2$$

2. 含硅表面活性剂

含硅表面活性剂是 20 世纪 60 年代问世的一种新型特殊表面活性剂，此类表面活性剂与传统碳氢表面活性剂的区别在于亲油基部分含有硅烷基链或硅氧烷基链。按亲水基结构的不同，含硅表面活性剂可以分为阴离子、阳离子、两性和非离子型四类。按疏水基结构的不同可分为硅烷基型和硅氧烷基型两类，其疏水部分结构及举例如表 4-8 所示。

表 4-8　按疏水基结构划分的含硅表面活性剂通式和品种举例

表面活性剂类型	疏水部分结构通式	品种举例
硅烷基型	—Si—CH_2—···—Si—	品种 1：$(CH_3)_3Si(CH_2)_3COOH$ 品种 2：$C_6H_5(CH_3)_2Si(CH_2)_2COOH$
硅氧烷基型	—Si—OCH_2···	$[(CH_3)_3SiO]_3Si(CH_2)_3NH(CH_2)_2NH_2$

由于硅烷基和硅氧烷基均具有很强的憎水性，含硅表面活性剂具有较高的热稳定性和耐气候性以及良好的表面活性、润湿性、分散性、抗静电性、消泡和乳化性能，可以用于纤维和织物的防水、柔软和平滑整理以及化妆品中，阳离子型含硅表面活性剂还具有很强的杀菌能力。

此外，还有一类新型含硅表面活性剂(含氟硅表面活性剂)，这类表面活性剂是普通硅氧烷表面活性剂中的部分氢原子被氟取代后得到的品种。该类表面活性剂具有良好的耐热及化学稳定性、较高的表面活性、较低的表面张力和良好的消泡作用，可用于织物的防水、防污、防油整理以及消防灭火等。

含硅表面活性剂的合成方法同碳氟表面活性剂的合成方法类似，也分为两步，第一步合成含硅疏水基中间体，第二步引入亲水基团。下面以含硅阴离子表面活性剂的合成为例，通过含环氧基的有机硅化合物与亚硫酸盐反应，在表面活性剂分子中引入磺酸盐型阴离子亲水基，反应过程如下：

$$[(CH_3)_3SiO]_2Si(CH_3)(CH_2)_3OCH_2CH\underset{O}{\diagdown\!\diagup}CH_2 + NaHSO_3 \longrightarrow [(CH_3)_3SiO]_2Si(CH_3)(CH_2)_3OCH_2CH(OH)CH_2SO_3Na$$

3. 高分子表面活性剂

高分子表面活性剂是相对分子质量在数千以上，并具有表面活性剂的性质和功能的化合物。高分子表面活性剂具有较好的乳化性能，能形成稳定的乳液。高分子表面活性剂能在固体表面或界面有很好的吸附作用，因而分散、凝聚和增溶作用均较好。在溶液浓度较低时，高分子表面活性剂吸附于两个或多个粒子表面，起到架桥作用，可以将两个粒子连接在一起，发生凝聚作用；而浓度较高时，高分子表面活性剂分子包围在粒子周围，起到隔离作用，防止粒子的凝聚，有助于粒子的分散，起到分散作用，如图 4-12 所示。

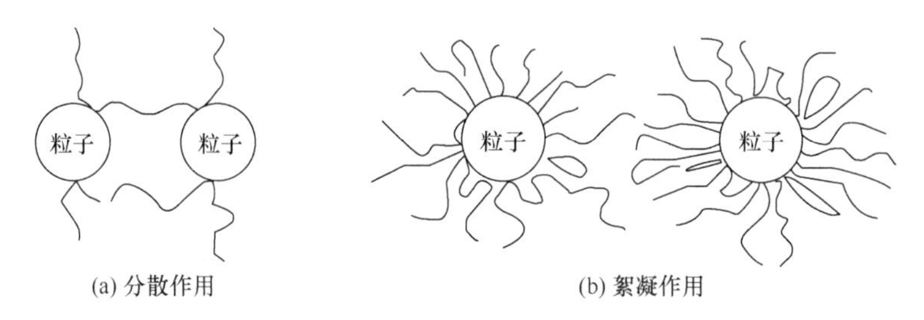

图 4-12　表面活性剂的分散和絮凝作用

高分子表面活性剂按其在水中的离子性质分类，可分为阴离子型、阳离子型和非离子型；按其来源可分为天然型、半合成型和合成型三大类。半合成型是采用天然高分子物质为原料合成的表面活性剂，实际是天然高分子的改性品种；合成型则是基本有机化工原料经聚合反应制得的高分子。表 4-9 列举了高分子表面活性剂的分类及其主要品种。

表 4-9 高分子表面活性剂的分类及品种

品种	天然型	半合成型	合成型
阴离子型	藻酸钠 果胶酸钠 咕吨胶	羟甲基纤维素(CMC) 羧甲基淀粉(CMS) 甲基丙烯酸接枝淀粉	甲基丙烯酸共聚物 马来酸共聚物
阳离子型	壳聚酸	阳离子淀粉	乙烯吡啶共聚物 聚乙烯吡咯烷酮 聚乙烯亚胺
非离子型	玉米淀粉 各种淀粉	甲基纤维素(MC) 乙基纤维素(EC) 羟基纤维素(HEC)	聚氧乙烯-聚氧丙烯 聚乙烯醇(PVA) 聚乙烯醚 聚丙烯酰胺 烷基酚-甲醛缩合物的环氧乙烷加成物

4. *反应型表面活性剂*

反应型表面活性剂是能同纤维织物等基质发生反应，并赋予基质相应性能的表面活性剂。目前反应型表面活性剂主要用于织物的处理，使之具有柔软性、防水性、防缩性、防皱性、防虫性、防霉性、防静电性等性能。反应型表面活性剂的主要品种有羟甲基化合物、活性卤素化合物、环氧化合物、环氮乙烷衍生物等。例如，使用脂肪酸酰氯与纤维发生反应去处理人造棉麻和羊毛等混纺制品，对它们的防水性和柔软性都有所提高。反应过程如下：

$$\text{Cell—OH} + C_{17}H_{35}COCl \xrightarrow{\text{吡啶}} \text{Cell—OCOC}_{17}H_{35} + HCl$$

5. *生物表面活性剂*

生物表面活性剂是在一定条件下培养微生物时，在其代谢过程中分泌出的具有一定表面活性的代谢产物，如糖脂、多糖脂、脂肽或中性类脂衍生物等。相比化学合成的表面活性剂，生物表面活性剂具有环保、无毒等优点。同时利用生物技术获得的表面活性剂，其原料来源、生产方法、分子结构多种多样，用途广泛，使用过程安全环保，生物降解性优异。目前常见的生物表面活性剂有纤维二糖脂、鼠李糖脂、槐糖脂、海藻糖二脂、海藻糖四脂、糖脂及表面活性蛋白等。

同一般化学合成的表面活性剂相同，生物表面活性剂分子中也含有疏水基和亲水基两部分，疏水基一般为脂肪酰基链，而极性亲水基则种类较多，如中性脂的酯或醇官能团、脂肪酸或氨基酸的羟基、磷脂中含磷的部分以及糖脂中的糖基等。

生物表面活性剂的制备主要包括培养发酵、分离提取、产品纯化三个步骤。由于细菌种类成千上万，生成各种表面活性剂的细菌的碳源、辅助成分、发酵条件等各不相同，因此发酵工艺需要根据实际情况确定。大多数细菌分泌形成的表面活性剂的分离提取和产品纯化方法类似，主要包括萃取、盐析、渗析、离心、沉淀、结晶以及冷冻、干燥、静置、浮选、离心、旋转真空过滤等。

习　题

1. 什么是表面活性剂？其产生表面和界面活性的原因是什么？
2. 表面活性剂主要有哪些功能？这些功能是如何产生的？
3. 什么是CMC？影响其大小的因素有哪些？
4. 什么是HLB？其对表面活性剂的功能和应用有什么作用？
5. 什么是表面活性剂的Krafft点和浊点？它们与表面活性剂的结构和应用有什么关系？
6. 阴离子表面活性剂主要有哪些类型？合成阴离子表面活性剂的主要反应是什么？
7. 阳离子表面活性剂主要有哪些类型？合成阳离子表面活性剂的主要反应是什么？
8. 非离子表面活性剂的亲水基团主要有哪些类型？合成聚氧乙烯型非离子表面活性剂的主要反应是什么？
9. 什么是两性表面活性剂？主要有哪些类型？
10. 举例说明特殊类型表面活性剂主要有哪些。其特点是什么？

参 考 文 献

白亚东, 李奠础, 魏文珑, 等. 2009. Gemini表面活性剂合成进展. 山西化工, 29(3): 29-32
黄洪, 雷鸣, 黄伟欣. 2010. 双子表面活性剂的研究进展. 化学与生物工程, 27(7): 1-5
梁治齐, 宗惠娟, 李金华. 2002. 功能性表面活性剂. 北京: 中国轻工业出版社
刘程, 米裕民. 2003. 表面活性剂性质理论与应用. 北京: 北京工业大学出版社
沈一丁. 2002. 高分子表面活性剂. 北京: 化学工业出版社
王世荣, 李祥高, 刘东志. 2010. 表面活性剂化学. 2版. 北京: 化学工业出版社
肖进新, 赵振国. 2018. 表面活性剂应用技术. 北京: 化学工业出版社
徐燕莉. 2000. 表面活性剂的功能. 北京: 化学工业出版社
曾毓华. 2001. 氟碳表面活性剂. 北京: 化学工业出版社
张天胜. 2001. 表面活性剂应用技术. 北京: 化学工业出版社
赵国玺, 朱珑瑶. 2003. 表面活性剂作用原理. 北京: 中国轻工业出版社

第5章

助　　剂

5.1　概　　述

5.1.1　助剂的概念和特点

助剂是指为改良某些材料或产品的加工工艺及使用性能、降低生产成本、赋予产品以特殊性能，以扩大其应用范围以及延长其使用寿命等所少量添加的辅助化学品。助剂作为一类重要的精细化学品，在橡胶、塑料、纤维三大合成材料的制造加工，以及涂料、印染、造纸、食品、纺织、化妆品、石油炼制等行业中具有十分广泛的应用，在国民经济中发挥着不可或缺的重要作用。

助剂仅需要少量添加就能实现产品性能的大幅度提高和加工工艺的极大改进。不仅具有批量小、用量少、品种多、功能特定、效益高等特点，还可以通过复配技术将几种具有不同功能的助剂复配使用，获得各功能间的协同增效作用，显著提高助剂产品的性能。

5.1.2　助剂的分类

随着化工行业的发展，以及新产品、新材料和新型加工技术的不断涌现，助剂的应用领域日益扩大，需求量和产品类型、品种不断增加。对工业助剂从不同角度进行分类的方法较多，各有侧重。例如，从化合物的类型分类，可以分为无机物助剂和有机物助剂；从产品的组成分类，可以分为单一组分助剂和混合物助剂；从相对分子质量分类，可以分为小分子助剂和聚合物助剂。但目前比较常用的分类方法主要是按照应用领域的分类、按照起作用的过程的分类和按照作用功能的分类。

1. 按照应用领域的分类

助剂按照应用领域分类可以有高分子材料助剂、纺织染整助剂、石油工业用助剂和建筑工业用助剂等 4 大类，每一大类又可根据具体作用对象和作用功能细化分类。

(1) 高分子材料助剂。高分子材料助剂主要包括塑料、纤维用助剂和橡胶用助剂。

塑料、纤维用助剂有增塑剂、热稳定剂、光稳定剂、抗氧剂、交联剂和助交联剂、发泡剂、阻燃剂、润滑剂、抗静电剂、防雾剂和固化剂等。

橡胶用助剂主要有硫化剂、硫化促进剂、防老剂、抗臭氧剂、塑解剂、防焦剂和填充剂等。

(2) 纺织染整助剂。纺织染整助剂主要包括织物纤维前处理助剂、印染和染料加工助剂、织物后整理助剂。

织物纤维前处理助剂有净洗剂、渗透剂、化学纤维油剂、煮炼剂、漂白剂和乳化剂等。

印染和染料加工助剂有着色剂、消泡剂、匀染剂、黏合剂、交联剂、增稠剂、促染剂、防染剂、拔染剂、还原剂、乳化剂、助溶剂、荧光增白剂和分散剂等。

织物后整理助剂主要有抗静电整理剂、阻燃整理剂、树脂整理剂、柔软整理剂、防水及涂层整理剂、固色剂和紫外线吸收剂等。

(3) 石油工业用助剂。石油工业用助剂主要包括原油开采助剂、原油处理助剂和石油产品添加剂。

原油开采助剂主要有钻浆添加剂和强化采油剂。

石油产品添加剂主要有燃料和溶剂添加剂，润滑油、石蜡和沥青添加剂，以及油品中的抗氧剂、清净剂、分散剂、降凝剂、防锈剂和黏度调节剂等。

(4) 建筑工业用助剂。建筑工业用助剂主要包括涂料助剂、黏合剂、水泥添加剂和燃烧助剂等。

2. 按照起作用的过程的分类

助剂按照起作用的过程可以分为两大类，即合成用助剂和加工用助剂。

合成用助剂是指在产品或材料合成反应过程中加入的助剂。该类助剂的作用可以是改变反应速率、方向、选择性和转化率，可以是对反应进行引发、阻聚和终止聚合，还可以是调节相对分子质量大小及分布等。具体品种包括催化剂、引发剂、阻聚剂、终止剂、相对分子质量调节剂和分散剂等。

加工用助剂是指在制品或材料加工过程中所加的助剂，用以进一步改善并提高性能，如增塑剂、稳定剂、阻燃剂、发泡剂、固化剂、硫化剂、促进剂及油剂等。

3. 按照作用功能的分类

助剂按照作用功能分类主要包括稳定化助剂、机械性能改善剂、加工性能改善剂、燃烧性能助剂、柔化及轻质化剂、流动流变性能助剂、表面性能及外观改善剂等。

稳定化助剂主要有抗氧剂、光稳定剂、热稳定剂、防腐剂、防锈剂和防霉剂等。

机械性能改善剂主要有硫化剂、硫化促进剂、抗冲改性剂、填充剂、防焦剂、交联剂和增强剂等。

加工性能改善剂主要有润滑剂、脱模剂、匀染剂、交缝剂、消泡剂、黏合剂、增稠剂、乳化剂、分散剂、塑解剂和助溶剂等。

柔化及轻质化剂主要有发泡剂、增塑剂和柔软剂等。

燃烧性能助剂主要有助燃剂、阻燃剂和烟雾抑制剂等。

流动流变性能助剂主要有流变剂、增稠剂、絮凝剂、降凝剂和流平剂等。

表面性能及外观改善剂主要有着色剂、抗静电剂、防雾滴剂、光亮剂、防缩孔剂、增白剂、净洗剂和防粘连剂等。

5.1.3 助剂工业的发展趋势

助剂工业伴随着高分子材料的发展应运而生。20世纪中期世界范围内大量通用塑料产品的工业化促进了助剂工业的初步规模化，改性和稳定化理论体系更加完善，性能评价和质量体系初步形成。20世纪80年代以后进入了理论深入、品种丰富、功能复合的发展阶段，同时环境问题也逐步纳入考量范围，无公害、低毒的绿色助剂生产技术被提上日程。

近年来，各大型跨国公司为发挥规模经济优势、降低成本、提高经济效益，大大加快了全球一体化进程，通过全球范围内的合作、重组和兼并等方式保持和扩展自身优势，提高竞争力，助剂的生产及供应也因此变得更为集中。这促进了各大跨国公司在助剂的某些领域形成自身优势，以及各自的经营范围。例如，法国罗纳·普朗克公司主要从事医药、农用、中间体、纤维及其助剂的开发和销售；德国巴斯夫公司主要生产着色剂和皮革与纺织、塑料、电子材料、工程塑料用助剂；荷兰阿克苏诺贝尔公司则是全球最大的橡胶助剂生产公司。

我国的助剂生产始于解放初期。最初只有少数几种橡胶防老剂和促进剂，后来陆续有服务于聚氯乙烯的增塑剂和热稳定剂投入生产。经过50多年的发展，我国的助剂工业已具有较大的规模，门类齐全，生产企业已达近两千家，在技术水平、产品结构、生产规模和高科技人员配备等方面均取得了长足的进步。新品种助剂的开发也取得了丰富的成果，不少品种已经与国际接轨。随着经济全球化进程不断深入，助剂行业竞争的不断加剧，特别是中国经济的迅速崛起，吸引了越来越多的外资助剂跨国企业进驻中国。

在助剂产品方面，随着新材料、新技术的发展，对合成材料制品的种类及性能要求逐步提高，大大推动了助剂品种的丰富、技术含量的提高以及应用领域的扩大，相应的研究热点也逐步趋向于绿色环保化、功能复合化、新功能化、纳米化和反应型助剂等方面。

1. 助剂的绿色环保化

环保、卫生和安全是社会文明进步的重要标志。随着社会经济的持续发展，人类对与之生存休戚相关的环境保护的意识日益增强，有关助剂生产、应用的限制法律法规和标准越来越健全和严格，助剂的开发和生产也更加趋向于绿色、低毒、无害和无污染方面发展，很多产品亟待更新和替代。例如，塑料门窗生产中使用的含铅热稳定剂，虽然并不与人体直接接触，但重金属铅的毒性仍会对环境和健康造成威胁。再如，塑料制品中使用的阻燃剂一般包括卤系、磷系、硅系和无机阻燃剂，其中卤系阻燃剂在燃烧时释放出大量酸性气体，对环境和人身造成较大危害。

2. 助剂的功能复合化

利用多种官能团的功能化作用，追求一剂多能是多年来助剂研究者们孜孜以求的目标。随着机理研究和应用技术的进步，多功能化助剂品种开发取得了很大进展。例如，抗静电增塑剂、阻燃增塑剂、多功能稳定剂相继问世；含有疏水基的 *N*-(芳香基)吡啶缓蚀剂兼有缓蚀剂、破乳剂、阳离子表面活性剂的功能。不过在同一分子内引入多个官能团使其同时满足多种性能要求的难度较大，也很难发挥应有的效果，因此引入复配技术，利用不同助剂的协同作用是解决多功能化的有效途径。助剂复配的方式主要包括不同种类助剂的复配使用，相同种类助剂不同品种的复配使用，以及助剂和其增效剂的复配使用等。

3. 助剂的新功能化

随着科学技术的发展，合成材料的应用领域不断拓展，为材料助剂的发展带来新的动力，新效能助剂应运而生。近年来开发问世的新功能助剂包括抗菌剂、永久性抗静电剂、透明剂、成核剂、红外线阻隔剂和吸氧剂等。例如，瑞士汽巴嘉基(Ciba-Geigy)制药有限公司推出了具有阻燃和耐候双重功效的 Tinuvin FR 新型助剂，适用于户外产品，如体育场座椅等。

4. 助剂的纳米化

纳米技术是 21 世纪发展的重要领域之一，发展新型纳米助剂技术是当前助剂领域研究热点之一。助剂的纳米化可以降低制品中的助剂用量，提高分散效果，很大程度上提高制品的性能。纳米复合材料由于其优秀的性能已经被广泛地应用于国防工业、航空航天、汽车、体育等领域，TenasiTech 公司推出的应用于纳米复合材料的热塑性聚氨酯密封剂，可显著提高物体的弹性和硬度，有效提高机器运行时间，降低生产成本，已成功应用于生物医学设备、运动鞋及高尔夫球上。美国科学家设计开发的新型纳米储氢复合材料，由金属镁纳米粒子分散于聚甲基丙烯酸甲酯基体组成，新材料常温下能快速吸收和释放氢气并完成循环，这是储氢和氢燃料电池领域的一个重大突破。

5. 反应型助剂

反应型助剂是指分子中含有反应性活性基团的助剂。此类助剂在制品加工过程中加入并与基体发生化学反应引入官能团，从而直接获得具有特种功能的成品。反应型助剂具有添加量小、不迁移和持久性好等优点，但高成本和应用技术难度大又限制了其推广和应用。国外从 20 世纪 70 年代初开始这一领域的研究，但到 80 年代后期才有真正的工业化品种出现。例如，山德士(Sandoz)制药有限公司报道的新型反应型光稳定剂 HALS，兼顾了添加型的迁移性和反应型的持久性双方面的特点。迁移性使稳定性分子迅速迁移到树脂表面，光反应性将稳定化官能团定域在最易发生光氧化降解的表面聚合物主链上。科莱恩(Clariant)色母粒有限公司的反应型系列助剂 CESA-Extend，可使聚对苯二甲酸乙二醇酯(PET)分子长链支化，无需通过固相反应就能提高回收 PET 的特性黏数。添加 CESA-Extend 扩链剂后，回收 PET 的相对分子质量升至新 PET 树脂相当的相对分子质量，同时保持了原有的机械性能、热性能和结晶性。此外，CESA-Extend 使用方便，通过双螺杆挤出机加入，省去了高真空加热若干小时的操作程序，大大减少了由于不能控制支化反应而产生的凝胶。

5.2 合成材料加工助剂

5.2.1 增塑剂

1. 增塑剂的定义和增塑机理

增塑剂(plasticizer)又称塑化剂、可塑剂，是指掺入高分子材料中增加材料可塑度、柔韧性的助剂。其主要作用是减弱高分子间的次价键，提高分子键的移动性，降低高分子结晶性，增强其可塑性。

增塑剂的作用机理是通过调节聚合物分子间力来实现的。聚合物分子间或分子内部存在较强的相互作用，当增塑剂分子插入高分子材料的分子链之间时，削弱大分子链间的应力，从而增加分子链的移动性，降低分子链的结晶度，并进而降低聚合物的软化、熔融和玻璃化转变温度，使聚合物分子的塑性增加。增塑剂分子削弱聚合物分子间作用力的方式主要有三种，即隔离作用、偶合作用和遮蔽作用。

(1) 隔离作用。主要适用于非极性增塑剂加入非极性聚合物中增塑。非极性增塑剂的主要作用是通过聚合物分子对增塑剂分子的“溶剂化”作用，来增加大分子间的距离，削弱其分子间的作用力，如图 5-1 表示。实验研究发现，在一定范围内，非极性大分子的玻璃化转变温度(T_g)与非极性增塑剂的用量成正比。

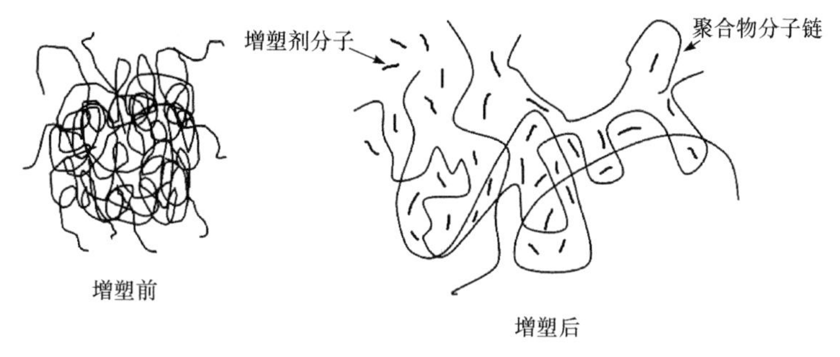

图 5-1 非极性增塑剂对非极性高分子增塑作用示意图

(2) 偶合作用。极性增塑剂加入极性聚合物中增塑时，增塑剂分子的极性基团与聚合物分子的极性基团发生竞争性“偶合作用”，破坏了原聚合物分子间的极性作用，减少了聚合物分子间的连接点，从而削弱其分子间作用力，提高聚合物分子的可塑性(图 5-2)。研究表明，在一定条件下，其增塑效率与增塑剂的物质的量成正比。

(3) 遮蔽作用。增塑剂极性端遮蔽了聚合物的极性基团，使相邻聚合物分子的极性基不发生或很少发生“作用”，从而达到增塑的目的，见图 5-3。

在实际使用过程中，由于大多数增塑剂分子结构中都包含有极性和非极性部分，因此增塑过程往往伴随着两种或两种以上的增塑作用。

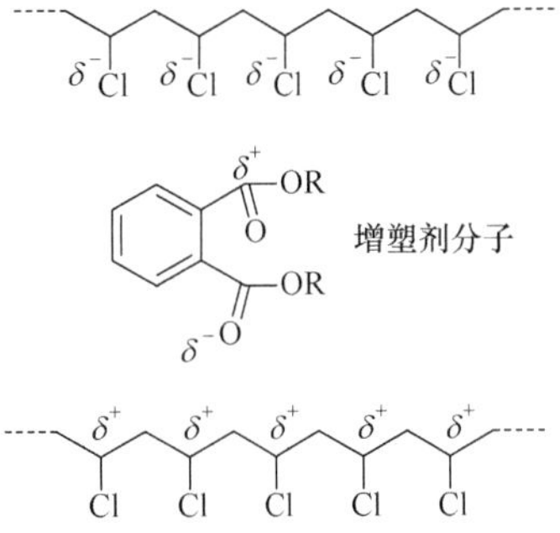

图 5-2　增塑剂偶合作用增塑示意图

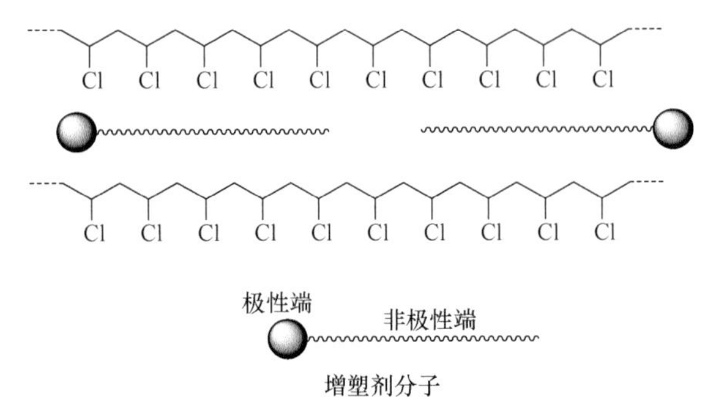

图 5-3　增塑剂的非极性基遮蔽 PVC 极性部分增塑示意图

2. 增塑剂的分类和性能要求

增塑剂的种类繁多，性能各异，存在不同的分类方法。

1) 按照化学结构分类

这是增塑剂的最常用的分类方法。按照化学结构，增塑剂一般可以分为邻苯二甲酸酯类、脂肪族二元酸酯类、脂肪酸单酯类、脂肪酸多元醇酯类、磷酸酯类、偏苯三酸酯类、烷基磺酸酯类、苯多羧酸酯类、环氧酯类、柠檬酸酯类、聚酯类、含氯化合物类等。

2) 按照与被增塑物的相容性分类

按照与被增塑物相容性的大小，增塑剂可分为主增塑剂、辅助增塑剂和增量剂三类。

(1) 主增塑剂。主增塑剂与被增塑物相容性良好，质量相容比几乎可达 1∶1，可单独使用。这类增塑剂既能插入极性树脂的非结晶区域，也可插入有规的结晶区域，又被称为溶剂型增塑剂，如邻苯二甲酸酯类、烷基磺酸苯酯类和磷酸酯类等。

(2) 辅助增塑剂。对聚合物有一定相容性，但只起辅助主增塑剂作用、不能单独使用的增塑剂，使用时需与适当的主增塑剂相配合。其分子只能插入聚合物的非结晶区域，也称为非溶剂型增塑剂，如脂肪族二元酸酯类、多元醇酯类、脂肪酸单酯类、环氧酯类等。

(3) 增量剂。与被增塑物不具有相容性或相容性较差，而与主增塑剂或辅助增塑剂有一定相容性，可与其配合使用以达到改善性能、降低成本目的的增塑剂，如含氯化合物等。

3) 按照添加方式分类

按照添加方式，增塑剂可以分为外增塑剂和内增塑剂两大类。

(1) 外增塑剂。外增塑剂一般是低相对分子质量的化合物或聚合物，大多是酯类有机化合物，如邻苯二甲酸二辛酯(DOP)和邻苯二甲酸二丁酯(DBP)等。这类增塑剂通常不与聚合物起化学反应，将其添加在需要增塑的聚合物内，可增加产品的柔软度和挠曲度，延长其老化硬脆寿命。外增塑剂性能比较全面且生产和使用方便，应用很广，目前人们所说的增塑剂一般是指外增塑剂。

(2) 内增塑剂。内增塑剂是在树脂合成过程中加入，以化学键结合到树脂上，通过改变高分子聚合物的分子结构和相对分子质量，以增加聚合物塑性、降低聚合物分子链结晶度的增塑剂。内增塑剂的一种类型是作为共聚单体加入，例如，氯乙烯-醋酸乙烯共聚物比聚氯乙烯均聚物具有更好的柔性。内增塑的另一种类型是在聚合物分子链上引入取代基或支链，以降低聚合物链与链之间的作用力，从而达到增强聚合物塑性的目的。随着支链长度的增加，增塑作用也越大；但支链超过一定的长度之后，由于发生支链结晶，增塑作用降低。内增塑剂的作用温度比较狭窄，而且必须在聚合过程中加入，因此应用范围较小，通常仅用在略可挠曲的塑料制品中。

除了以上几种分类方式，增塑剂还可按照相对分子质量大小分为单体型增塑剂和聚合型增塑剂；按照应用性能分为耐寒型、耐热型、阻燃型、耐候型、无毒型及耐菌型增塑剂等。

3. 增塑剂的性能要求

对不同类型的增塑剂有不同的性能要求，总体而言，一种理想的增塑剂需满足以下条件。

(1) 相容性。增塑剂分子首先应与树脂具有良好的相容性。同时还要考虑塑化效率、透明性、刚性、低温脆性、低温柔软性、耐曲挠性、橡胶状弹性、电绝缘性、尺寸稳定性、介电性、抗静电性和黏合性等。

(2) 耐久性。包括耐热老化性、耐热着色性、耐氧、耐水、耐光、耐寒、耐酸、耐碱、耐候性、耐磨损性、耐迁移性和耐抽出性等。

(3) 加工性。包括加工操作性、润滑性、干燥性、交联性、延展性和蠕变性等。

(4) 安全、环保性。包括卫生性、无臭性、低毒性、不燃性、再生利用性和可降解性等。

(5) 经济性。价格也是考量一种增塑剂能否获得广泛应用的关键。

在实际中，一种增塑剂很难满足以上所有性能要求，因此常常将两种或两种以上增塑剂混合使用。例如，主增塑剂与辅助增塑剂以及增量剂的配合使用等。

4. 典型增塑剂及制备工艺

1) 邻苯二甲酸酯类

邻苯二甲酸酯类增塑剂溶解能力较强，应用广泛，用量大，约占增塑剂市场份额的85%。主要品种有邻苯二甲酸二辛酯(DOP)、邻苯二甲酸二异辛酯(DIOP)、邻苯二甲酸二异癸酯(DIDP)和邻苯二甲酸丁苄酯(BBP)等。早期的邻苯二甲酸二丁酯(DBP)由于挥发性大、持久性差已逐渐退出市场。

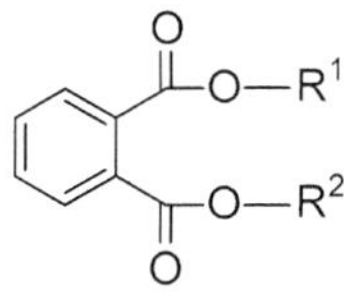

$R^1, R^2 = C_1 \sim C_{13}$ 的烷基、苯基、苄基等

邻苯二甲酸酯一般是由邻苯二甲酸酐与一元醇在酸或碱的催化下直接酯化，再经提纯制得。例如，DOP 是通过苯酐和 2-乙基己酸在硫酸催化下经酯化反应制得。

$$\text{邻苯二甲酸酐} + 2CH_3(CH_2)_3CH(C_2H_5)CH_2OH \xrightarrow{H_2SO_4} C_6H_4[COOCH_2-CH(C_2H_5)-(CH_2)_3-CH_3]_2$$

DOP 是一种带有支链的醇酯，无色透明油状液体，有特殊气味，是使用最广泛的增塑剂，有“王牌”增塑剂之称。除醋酸纤维素、聚醋酸乙烯之外，其与大多数工业上使用的合成树脂和橡胶均有良好的相容性，综合性能良好，增塑效率高，挥发性较低，低温柔软性较好，耐水抽出，电气性能高，耐热性及耐候性良好。DOP 作为一种主增塑剂，广泛应用于聚氯乙烯薄膜、薄板、人造革、电缆料和模塑品等各种软质制品的加工。

虽然邻苯二甲酸酯类增塑剂仍占据着非常大的市场份额，但其安全性已引起了广泛关注。邻苯二甲酸酯类增塑剂已在全球许多国家和地区的大气、土壤、水体、食物和动植物躯体内达到了普遍检出的程度，表明增塑剂已经进入生物系统，并开始积聚，对生物生长、繁殖产生了不良影响。长期接触该类增塑剂，会导致人的外周神经系统损伤。据美国食品药品监督管理局(Food and Drug Administration，FDA)报道，哺乳动物吸入高剂量邻苯二甲酸酯，会产生肝脏癌变风险。包括欧盟、美国在内的许多组织和国家相继出台了关于该类增塑剂应用的最大限量，因此，研究性价比好、环境友好的可替代邻苯二甲酸酯的新一代增塑剂产品成为今后该方面发展的重点。

2) 脂肪族二元酸酯类

脂肪族二元酸酯的结构通式如下：

$$R^1-O-\overset{O}{\overset{\|}{C}}-(CH_2)_n-\overset{O}{\overset{\|}{C}}-O-R^2$$

R^1、R^2 一般为 C_4～C_{11} 的烷基或环烷基；n 一般为 2～11

为保证增塑剂与树脂分子具有较好的相容性和低挥发性，一般将其总碳原子数控制在 18～26 之间，其合成反应一般是具有长链的二元酸与短链的二元醇，或短链二元酸与长链一元醇的酯化反应。

$$(CH_2)_n(COOH)_2 + R'OH \longrightarrow (CH_2)_n(COOR')_2 + H_2O$$

x=2～11，R'=C_4～C_{11}的直链、支链烷烃

脂肪族二元酸酯类增塑剂的主要品种有已二酸二(2-乙基己基)酯(DOA)、已二酸二异癸酯(DIDA)、壬二酸二(2-乙基己基)酯(DOZ)、癸二酸二(2-乙基己基)酯(DOS)和癸二酸二丁酯(DBS)等。其中，DOS 是应用最为广泛的癸二酸酯类增塑剂，不溶于水，溶于醇，毒性低，挥发性小，耐寒性能优良，常用作聚氯乙烯、氯乙烯共聚物、硝酸纤维素、乙

基纤维素的耐寒增塑剂，用于制造耐寒电线和电缆料、人造革、薄膜、板材、片材等。但由于其耐水性和迁移性大，易被烃类抽出，因而常作为辅助增塑剂，与 DOP、DBP 并用。

DOA 为聚氯乙烯共聚物、聚苯乙烯、合成橡胶、硝酸纤维素、乙基纤维素等的典型耐寒增塑剂。增塑效率高，受热不易变色，耐低温和耐光性好，在挤压和压延加工中，有良好的润滑性，可赋予制品良好的低温柔软性、耐光性及较好的手感性。但其相对分子质量较小，挥发性及迁移性较大，耐水性也较差，电性能稍差，通常被用作辅助增塑剂与 DOP、DBP 等主增塑剂并用于耐寒性农业薄膜、冷冻食品包装膜、电线电缆包覆层、人造革、板材、户外用水管等。在己二酸酯类中，DIDA 的耐寒性能与 DOA 相当，挥发性仅为 DOA 的 1/3，同时具有较好的耐水抽出性能，常与邻苯二甲酸酯类主增塑剂并用于耐寒性和耐久性制品，如人造革、户外用水管、一般用途薄膜薄板、电线护套等，也可以用作大多数合成橡胶的增塑剂，在塑溶胶中，黏度特性良好。

3) 磷酸酯类

磷酸酯类增塑剂通式为

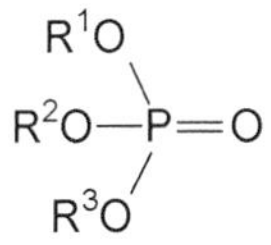

$$\begin{array}{c} R^1O \\ \quad\diagdown \\ R^2O-P=O \\ \quad\diagup \\ R^3O \end{array}$$

R^1、R^2、R^3为相同或不同的烷基、卤代烷基或芳基

磷酸酯是发展较早的一类增塑剂，与聚氯乙烯、聚苯乙烯、纤维素等各类高分子聚合物相容性好，可作主增塑剂使用。磷酸酯除具有增塑作用外，还具有阻燃作用，是一种多功能主增塑剂。磷酸酯增塑剂主要有四个类型，即磷酸三烷基酯，如磷酸三乙酯(TEP)、磷酸三丁酯(TBP)和磷酸三辛酯(TOP)；磷酸三芳基酯，如磷酸三苯酯(TPP)、磷酸三甲苯酯(TCP)；磷酸烷基芳基酯，如磷酸二苯异辛酯(DPOP)；以及含卤磷酸酯，如磷酸三(β-氯乙基)酯(TCEP)。

TEP 既是一种高沸点溶剂，又是塑料和橡胶的增塑剂。该物质溶解性强，耐油性、耐光性好，抗霉性优良。可用作硝基纤维素和乙酸纤维素的溶剂，还可用作酚醛树脂的稳定剂、二甲酚甲醛树脂的固化剂、聚酯的阻燃剂等，是一种多功能助剂。

TEP 的制备过程是首先由三氯化磷与无水乙醇反应制得亚磷酸二乙酯，然后与二氯硫酰反应得到氯代磷酸二乙酯，最后与乙醇钠在 pH 为 7～8 的范围内反应得到终产物。

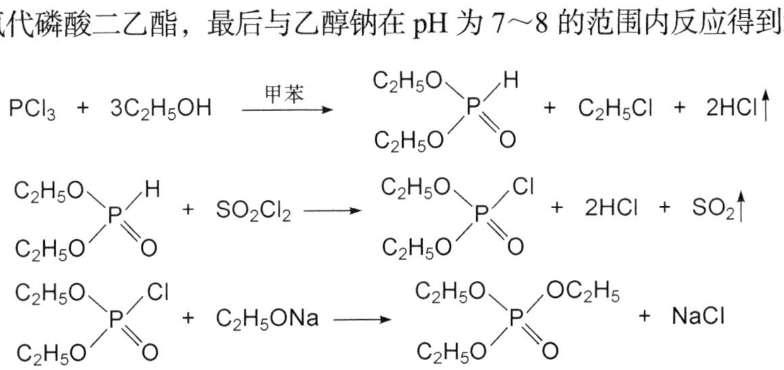

$$PCl_3 + 3C_2H_5OH \xrightarrow{\text{甲苯}} (C_2H_5O)_2P(=O)H + C_2H_5Cl + 2HCl\uparrow$$

$$(C_2H_5O)_2P(=O)H + SO_2Cl_2 \longrightarrow (C_2H_5O)_2P(=O)Cl + 2HCl + SO_2\uparrow$$

$$(C_2H_5O)_2P(=O)Cl + C_2H_5ONa \longrightarrow (C_2H_5O)_2P(=O)OC_2H_5 + NaCl$$

TPP 的制备有两种方法，即三氯氧磷直接法(又称热法)和三氯化磷间接法(又称冷法)，其反应方程式如下。

$$3\,C_6H_5\text{—}OH + POCl_3 \longrightarrow (C_6H_5\text{—}O)_3PO + 3HCl\uparrow$$

$$3\,C_6H_5\text{—}OH + PCl_3 \xrightarrow{75℃} (C_6H_5\text{—}O)_3P \xrightarrow{Cl_2} (C_6H_5\text{—}O)_3PCl_2 \xrightarrow{H_2O} (C_6H_5\text{—}O)_3PO$$

TCP 不溶于水，能溶于普通有机溶剂及植物油，可与纤维素树脂、聚氯乙烯、氯乙烯共聚物、聚苯乙烯、酚醛树脂等相容。一般用于聚氯乙烯人造革、薄膜、板材、地板料及运输带等。其特点是阻燃，水解稳定性好，耐油和耐霉菌性高，电性能优良等。但有毒、耐寒性较差，需与耐寒增塑剂配用。

DPOP 几乎能与所有的主要工业用树脂和橡胶相容，与聚氯乙烯的相容性尤其好。可作主增塑剂使用，兼具阻燃性、低挥发性、耐寒、耐候性、耐光和耐热稳定性等特点，毒性小，可改善制品的耐磨性、耐水性和电气性能。但成本较高限制了其广泛使用，主要用于聚氯乙烯薄膜、薄板、挤出和模型制品及塑溶胶等，与 DOP 并用时能提高制品的耐候性。

4) 环氧化物类

环氧化物增塑剂分子中的环氧结构同时具有增塑和稳定制品的双重作用。用于聚氯乙烯制品，可以稳定活泼氯原子，迅速吸收因光和热降解产生的氯化氢，减少不稳定氯代烯丙基共轭双键的形成，从而起到稳定剂的作用。此类增塑剂具有稳定性高、耐候性好、低毒等优点，但与树脂的相容性不高，常作辅助增塑剂使用。常见的品种有环氧大豆油、环氧乙酰蓖麻油酸甲酯、环氧脂肪酸丁酯和环氧硬脂酸丁酯等。

$$\begin{array}{l} H_2C\text{—}COO\text{—}R'\text{—}\underset{\diagdown O \diagup}{CH\text{—}CH}\text{—}R \\ \quad | \\ HC\text{—}COO\text{—}R'\text{—}\underset{\diagdown O \diagup}{CH\text{—}CH}\text{—}R \\ \quad | \\ H_2C\text{—}COO\text{—}R'\text{—}\underset{\diagdown O \diagup}{CH\text{—}CH}\text{—}R \end{array} \qquad R^2\text{—}\underset{\diagdown O \diagup}{CH\text{—}CH}\text{—}R^2COOC_4H_9$$

环氧大豆油　　　　环氧脂肪酸丁酯

环氧化物增塑剂的合成一般包括酯化和环氧化两个步骤。以环氧脂肪酸丁酯为例，首先通过酯交换法由菜籽油和正丁醇反应得到精康油酸丁酯，然后在双氧水作用下经过环氧化步骤得到目的产物。

$$CH_3COOH + H_2O_2 \xrightarrow{H_2SO_4} CH_3COOOH + H_2O$$

$$CH_3COOOH + R^1HC{=}\underset{H}{C}\text{—}CR^2OOC_4H_9 \longrightarrow R^1\underset{\diagdown O \diagup}{HC\text{—}CH}\text{—}CR^2OOC_4H_9 + CH_3COOH$$

5) 柠檬酸酯类

柠檬酸酯类增塑剂是用于替代邻苯二甲酸酯类增塑剂的无毒增塑剂产品，且具有挥发性低、低温柔软性好、耐水和耐油抽出性良好等优点。主要用于食品及产品包装用聚氯乙烯薄膜的主增塑剂。使用该类增塑剂的聚氯乙烯薄膜透气性好，表面光滑透明，透水性和二氧化碳透过性高，且具有良好的熔封性能。由于毒性极小，安全性高，可用于药物外包裹、高档人工脏器制品、硅橡胶等医疗器材，以及玩具制品等领域。此外，柠檬酸酯类还可用作特种胶乳胶黏剂的增塑剂，与表面活性剂复配作为油田驱油剂等也有应用。

柠檬酸酯类增塑剂有 50 多个品种，其中已工业化的有十余种，主要是柠檬酸三丁酯、柠檬酸三辛酯和乙酰柠檬酸三丁酯(ATBC)等。其中，ATBC 是研究较为深入、用量较大、工艺比较成熟的增塑剂产品，由柠檬酸和正丁醇在高温和硫酸催化下经酯化反应制得。

$$
\begin{array}{l} H_2C\text{—}COOH \\ HO\text{—}C\text{—}COOH \\ H_2C\text{—}COOH \end{array}
+ 3C_4H_9OH \xrightarrow{H_2SO_4}
\begin{array}{l} H_2C\text{—}COOC_4H_9 \\ HO\text{—}C\text{—}COOC_4H_9 \\ H_2C\text{—}COOC_4H_9 \end{array}
+ 3H_2O
$$

6) 偏苯三酸酯类及均苯四酸酯类

偏苯三酸酯类增塑剂的代表性产品是偏苯三甲酸三异辛酯，该产品与聚氯乙烯有较好的相容性，塑化性、耐低温性、耐迁移性好，可作为耐热和耐久性主增塑剂，用于耐热电线电缆料、板材、片材、密封垫等，并可用于高科技军事润滑品。其制备方法主要是由 1,2,4-偏苯三酸酐与 2-乙基己醇在硫酸催化下通过酯化反应获得。

$$
\text{(1,2,4-偏苯三酸酐)} + 3CH_3(CH_2)_3CH(C_2H_5)CH_2OH \xrightarrow{H_2SO_4} H_3C(H_2C)_3HC(C_2H_5)H_2CCOOC\text{—}C_6H_3\begin{array}{l}\text{—}COOCH_2CH(C_2H_5)(CH_2)_3CH_3 \\ \text{—}COOCH_2CH(C_2H_5)(CH_2)_3CH_3\end{array}
$$

偏苯三甲酸三异辛酯

均苯四酸酯类增塑剂的代表性品种是均苯四甲酸四异辛酯。此类增塑剂相对分子质量较大，黏度大，闪点高，挥发性低，耐抽出和耐迁移性能好，兼具单体增塑剂和聚酯类增塑剂的优点，不仅可作为一般主增塑剂在民用产品中使用，还可以在高级电缆、纺纤制品、电子化工及高科技军工产品中应用，是一种极有发展前景的功能性增塑剂新品种。该产品由均苯四甲酸二酐和 2-乙基己醇在硫酸催化下通过酯化反应制得。

$$
\text{(均苯四甲酸二酐)} + 4CH_3(CH_2)_3CH(C_2H_5)CH_2OH \xrightarrow{H_2SO_4} \begin{array}{l} H_3C(H_2C)_3HC(C_2H_5)H_2CCOOC\text{—} \\ H_3C(H_2C)_3HC(C_2H_5)H_2CCOOC\text{—} \end{array} C_6H_2 \begin{array}{l}\text{—}COOCH_2CH(C_2H_5)(CH_2)_3CH_3 \\ \text{—}COOCH_2CH(C_2H_5)(CH_2)_3CH_3\end{array}
$$

均苯四甲酸四异辛酯

7) 聚酯类

聚酯类增塑剂主要是指以饱和二元酸和饱和二元醇经缩聚反应制得的相对分子质量大小可调节的线性高分子聚合物。该类增塑剂挥发性低，可通过分子设计得到与树脂制品相容性好、渗出和挥发性能好的品种。聚酯类增塑剂的平均相对分子质量对其性能有很大影响，通常控制在1000～6000之间。相对分子质量高，适用于高温和耐久制品，如室内装饰、医疗器械、高温绝缘材料等；相对分子质量低，易于加工，常用于制造聚氯乙烯高温电缆料、玩具、耐油软管、垫片等。

以相对分子质量为2000的聚癸二酸-1,2-丙二醇酯为例，其合成过程是先由癸二酸和1,2-丙二醇按照一定摩尔比在200℃缩聚1～2h，然后以月桂酸进行封端得成品。

$$n\,HO-\overset{O}{\overset{\|}{C}}-(CH_2)_8-\overset{O}{\overset{\|}{C}}-OH + n\,HO-\overset{H_2}{C}-\underset{H}{\overset{CH_3}{C}}-OH \longrightarrow \left[O-\overset{O}{\overset{\|}{C}}-(CH_2)_8-\overset{O}{\overset{\|}{C}}-O-\overset{H_2}{C}-\underset{H}{\overset{CH_3}{C}}-O\right]_n + nH_2O$$

8) 其他类型增塑剂

除了上述主要7个类型以外，应用较多的增塑剂还包括含卤增塑剂(主要用作增量剂，起绝缘、阻燃的作用)、多元醇酯增塑剂(主要是低级脂肪酸酯和苯甲酸酯等)、环己烷二酯增塑剂(主要有环己烷二羧酸二酯，用于玩具和医疗器械)等。此外，离子液体(ionic liquid)作为增塑剂的研究已有大量报道，其不易挥发，与有机和无机材料都具有很好的相容性，耐抽出和耐迁移性能优于目前广泛用于药品和日用品的增塑剂，并在柔软性、寿命、运动流失等方面也显示出优异的效果，在替代邻苯酸酯类增塑剂中具有良好的前景。

5.2.2 抗氧剂

1. 抗氧剂的定义

抗氧剂是防止高分子材料氧化老化的助剂，具有阻断、抑制或延缓聚合物氧化或自动氧化过程的功能。作为塑料工业中应用最为广泛的助剂，抗氧剂一方面应用在高分子材料的聚合、造粒、储存及加工等过程中，另一方面广泛存在于各类高分子材料产品中，如聚乙烯、聚丙烯、苯乙烯类、工程塑料及改性塑料等。

2. 聚合物氧化老化机理

高分子材料在加工、储存和使用过程中不可避免地要与空气接触，其与空气中的氧作用，发生氧化反应从而导致材料的降解和老化。聚合物的氧化过程是一系列具有自催化特性的自由基链式反应，该过程包括产生初级自由基的链引发反应，产生氧化产物的链增长与支化反应，以及导致自由基消除的链终止三个阶段。

高分子聚合物在光照、受热、引发剂或重金属离子的催化作用下，发生化学键的断裂产生初级自由基并引发自动氧化反应。链引发阶段所产生的高分子烷基自由基(R·)与空气中的氧迅速结合，产生过氧自由基(ROO·)。过氧自由基能夺取聚合物高分子中的氢而产生新的高分子烷基自由基(R′·)和氢过氧化物(ROOH)，氢过氧化物分解产生新的自由基，这些自由基与聚合物反应导致了链的增长。两个自由基结合形成稳定的化合物，导致链的终止。

在自由基链式反应的过程中，一方面，烷氧自由基(氧化过程)在参加自由基链式反应的同时会发生分解、交联、环合等各种类型的反应，其中以分解反应最为严重，造成高分子链的断裂、相对分子质量的大幅降低，以及机械性能的下降。另一方面，由于反应过程中的无序交联形成无控网状结构，相对分子质量增大，并且高分子材料脆化、变硬和弹性下降等。

3. 抗氧剂的作用机理

根据上述机理，要防止高分子聚合物的氧化降解，关键是防止自由基的产生和传递，阻止自动氧化链式反应的进行。抗氧剂的作用主要有以下几个方面。

(1) 终止自由基链的传递与增长。此类抗氧剂称为链终止型抗氧剂，能与 R·、ROO · 等自由基结合，形成稳定的自由基或终止化合物，中断链的增长，也称为主抗氧剂。

(2) 阻止或延缓自由基的产生。能够阻止或延缓高分子材料氧化降解过程中自由基产生的抗氧剂称为辅助抗氧剂。其中，分解高分子材料中所存在过氧化物的辅助抗氧剂又称为过氧化物分解剂；抑制变价金属离子催化过氧化物产生自由基的辅助抗氧剂又称为金属离子钝化剂。

不同类型的主、辅抗氧剂，或同一类型不同分子结构的抗氧剂，作用功能和应用效果存在差异，因此，在实际应用过程中往往将主抗氧剂与辅助抗氧剂配合使用。

4. 抗臭氧氧化

不饱和高分子材料(如天然橡胶)的分子中含有碳碳双键，环境中所含的微量臭氧很容易与碳碳双键反应生成不稳定的臭氧加成物。此类加成物发生重排生成臭氧化产物，遇水降解为低级碳基化合物，其过程可表示如下。虽然大气中的臭氧浓度很低，但能使含有不饱和碳碳双键的高分子材料的寿命大为降低，这也是造成高分子材料老化的重要因素之一。

$$\mathrm{RHC{=}CHR'} + \mathrm{O_3} \longrightarrow \underset{\text{臭氧加成物}}{\mathrm{R{-}CH(O{-}O{-}O)CH{-}R'}} \longrightarrow \underset{\text{两性离子}}{\mathrm{R{-}\overset{\oplus}{C}H{-}O{-}O^{\ominus}} \quad \mathrm{O{=}CH{-}R'}} \longrightarrow$$

$$\underset{\text{臭氧化物}}{\mathrm{RHC(O{-}O)(O)CHR'}} \xrightarrow{H_2O} \mathrm{RCHO} + \mathrm{R'CHO} + \mathrm{O_2}$$

抗氧剂的抗臭氧化机理包括两个方面。

(1) 捕获臭氧。抗氧剂在臭氧与高分子材料的碳碳双键反应前捕获臭氧，与之反应生成稳定的化合物。

(2) 稳定臭氧化产物。通过与高分子臭氧化产物反应并生成稳定的化合物，阻止臭氧化产物的进一步降解，从而达到抗臭氧化的目的。

具有抗臭氧化功能的抗氧剂称为抗臭氧剂，如芳胺类、磷酸酯类抗氧剂等。

5. 抗氧剂的性能要求

根据抗氧化的机理，抗氧剂应满足以下要求：

(1) 具有比高分子链上的活泼氢原子更活泼的氢原子。

(2) 抗氧剂自由基具有足够的稳定性。

(3) 自身较难氧化。

(4) 具有足够高的热稳定性和足够高的沸点。由于聚合物材料尤其是塑料一般在较高的温度下加工成型，因此所使用的抗氧剂应当能够耐受材料的加工温度，不发生分解或挥发，以保证其抗氧化的效果。通常可通过增加抗氧剂的相对分子质量来提高其沸点，降低其在加工温度下的挥发度。

(5) 具有良好的与高分子材料的相容性，以保证其在高分子材料中均匀地分散，更好地发挥抗氧化功能。

(6) 符合不同用途的专门化要求。例如，塑料用抗氧剂应具有较大的相对分子质量、较高的沸点和低污染性；橡胶用防老剂不能影响橡胶的硫化，且喷霜与析出要小；食品用抗氧剂必须无毒，且要求无臭味、无异味；润滑油用抗氧剂应具有较好的耐热性能，因为其使用温度一般较高，如发动机油、齿轮油、透平油、轴承油、空气压缩机油、液压油等。

6. 抗氧剂的选用原则

抗氧剂的选用主要考虑如下四个方面的因素：

(1) 抗氧剂的抗氧化性能。高分子材料的结构决定了其对大气中氧的敏感程度以及其对抗氧剂的抗氧化性能的需求。例如，不饱和的、带支链多的高分子材料容易被氧化，需选用抗氧效能高的抗氧剂。

(2) 对高分子材料加工工艺的适应性。例如，加工温度高时需选用耐高温的抗氧剂；在聚合物材料的制造过程中，一般优先选用液态的和易乳化的抗氧剂；而在橡胶加工过程中，常选用固体的、易分散且无尘的抗氧剂。

(3) 抗氧剂的稳定性。一方面，指抗氧剂的挥发性和迁移性应保证其在制品的使用寿命内不损失或少损失。另一方面，指抗氧剂应对高分子制品的使用环境有足够的耐受性，即对光、氧、水、热、重金属离子等外界因素作用的稳定性，以及耐候性等，因此，使用温度、机械强度要求、太阳光照射强度和时间等均应予以考虑。

(4) 抗氧剂的协同效应。协同效应是指当两种或两种以上的抗氧剂配合使用时，其总效应大于单独使用时各效应之和的现象，反之则称为对抗效应。例如，在实际生产中，胺类或酚类链终止型抗氧剂经常与过氧化物分解剂(如亚磷酸酯)配合使用，以提高制品的抗氧老化性能。Scott 等提出了均匀协同效应与不均匀协同效应的概念，其中，均匀协同效应是指具有相同作用机理但活性不同的两个化合物之间的协同效应，不均匀协同效应是指两个或几个具有不同作用机理的抗氧剂之间的协同效应。

此外，变色和污染性也是抗氧剂选用中需要考虑的重要因素。抗氧剂的用量取决于高分子材料的性质、抗氧剂的效率、协同效应、制品的使用条件与成本价格等因素。

7. 典型抗氧剂的合成工艺及应用性能

抗氧剂按化学结构可分为胺类抗氧剂、酚类抗氧剂、硫化物抗氧剂和亚磷酸酯抗氧剂等。

1) 胺类抗氧剂

胺类抗氧剂即“受阻胺”(hindered amines，或称 HALS)。通过捕捉过氧自由基来阻止或抑制链引发反应和链增长反应，从而终止自由基链式反应，达到防止氧化的目的。胺类抗氧剂对氧、臭氧及热、光等具有很好的防护作用，主要用于橡胶制品、电线、电缆、润滑油等领域，尤其是橡胶制品。

常用的胺类抗氧剂有：二芳基仲胺类、对苯二胺类、脂肪醛类、酮与芳伯胺的加成缩合产物等。

(1) 二芳基仲胺类。防老剂 A(*N*-苯基-1-萘胺)、防老剂 D(*N*-苯基-2-萘胺)及防老剂 OD[二(4,4′-二辛基)苯胺]是典型的二芳基仲胺类抗氧剂，其结构式如下：

防老剂A　　防老剂D　　防老剂OD

防老剂 A 为白色至浅黄色菱形或片状结晶，是天然橡胶与丁苯、氯丁等合成胶中经常使用的防老剂。在橡胶中易分散、不喷霜，抗疲劳效应好，对硫化无影响，在氯丁橡胶中兼有耐臭氧老化的效能。其缺点是有污染性，不适于浅色制品。防老剂 A 一般是由 α-萘胺与苯胺在对氨基苯磺酸的存在下经缩合反应制得，同时获得氨水和硫酸铵副产品。

防老剂 D 在国内又称为防老剂丁，是一种通用的橡胶防老剂，具有较高的抗热、抗氧、抗屈挠、抗龟裂性能，对有害的金属也有一定的抑制作用。防老剂 D 既可单独使用，又可配合使用，且价格低廉，曾被广泛地用于橡胶工业，如轮胎、胶管、胶带、胶辊、鞋、电线、电缆等。由于含有微量致癌性很强的萘胺，在美国、西欧及日本等地已禁止生产和使用。防老剂 D 是防老剂 A 的异构体，由萘酚与苯胺在盐酸的催化作用下反应制备。

(2) 对苯二胺类。该类抗氧剂防护作用广泛，对热、氧、臭氧、机械疲劳、有害金属等均具有很好的防护作用，可以直接与臭氧反应，或与臭氧和碳碳双键的反应产物作用，阻止高分子链的断裂。此类抗氧剂的主要品种有 *N*,*N*′-二苯基对苯二胺(防老剂 H)、*N*,*N*′-二-β-萘基对苯二胺(防老剂 DNP)、*N*-苯基-*N*′-环己基对苯二胺(防老剂 4010)和 *N*-苯基-*N*-异丙基对苯二胺(防老剂 4010NA)等，其结构式如下：

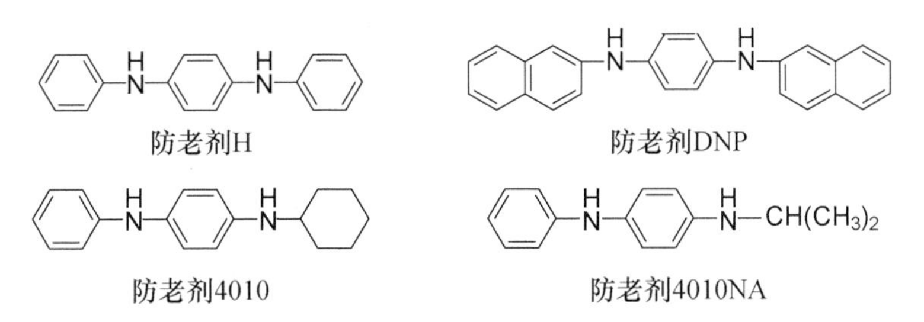

防老剂H　　防老剂DNP

防老剂4010　　防老剂4010NA

防老剂 H 的熔点在 130℃以上，是一种防护天然及合成橡胶制品、乳胶制品热氧老化的通用防老剂。对臭氧及铜、锰等有害金属有很好的老化防护作用，耐多次曲挠及日光龟裂的性能好。但其喷霜性强，使用量应加以限制。防老剂 H 是由对苯二酚与苯胺在磷酸三乙酯的催化作用下缩合而成的。

防老剂 DNP 的熔点在 225℃以上，为紫灰白色或淡灰白色固体，具有突出的抗热老化、抗天然老化及抗有害金属催化老化性能，主要应用于橡胶、乳胶和塑料制品中。该品种是胺类抗氧剂中污染性最小的品种之一，可以单独使用，也可与其他防老剂并用，但用量大于 2%时会有喷霜现象。防老剂 DNP 是由对苯二胺与β-萘酚反应制得。

抗氧剂 4010NA 由对氨基二苯胺与丙酮进行还原烷基化反应制得，为紫褐色片状固体，是天然、合成橡胶及胶乳的通用防老剂，也是当前性能最为优良的品种之一，具有良好的热、氧、光老化的防护性能，对曲挠特别是对臭氧龟裂的防护效果好。在抗臭氧剂中，4010NA 的喷霜现象最小，但污染性较为严重。

对苯二胺类防老剂广泛应用于橡胶、润滑油及塑料工业中，是发展最快、最重要的一类抗氧剂。但其最大缺点是污染严重，着色范围从红色到黑褐色，因此只适用于深色制品。此外，该类抗氧剂通常还具有促进硫化及降低抗焦烧性能的倾向。

(3) 脂肪醛、酮与芳伯胺的加成缩合产物。脂肪醛、酮与芳伯胺通过加成缩合可以得到多种性能优秀的抗氧剂，如防老剂 AP、防老剂 AW 及防老剂 AH 等，其结构式如下：

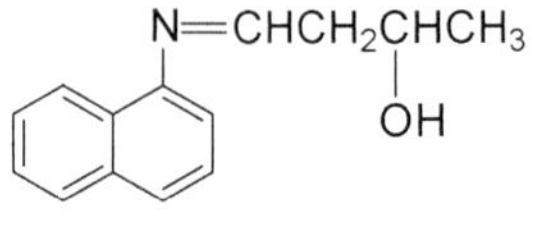

防老剂AP 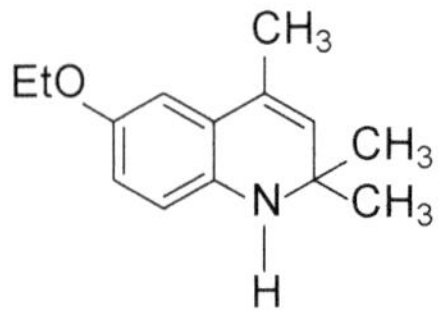　　防老剂AW 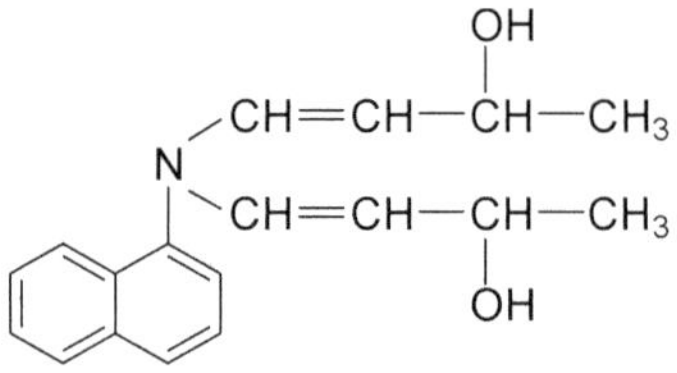　　防老剂AH

防老剂 AP 为 3-羟基丁醛与α-萘胺的缩合物，熔点在 140℃以上，浅黄色粉末，对热、氧、光引起的老化均有防护作用，但近年来由于其原料中带有微量的致癌杂质而呈被淘汰的趋势。

防老剂 AW(6-乙氧基-2,2,4-三甲基-1,2-二氢化喹啉)是对乙氧基苯胺与丙酮的缩合物，褐色黏稠液体，是一种具有良好抗臭氧能力和耐曲挠性的天然及合成橡胶防老剂，在轮胎、胶鞋及民用电缆中有广泛的应用。

防老剂 AH 为高相对分子质量的树脂状化合物，性能与防老剂 AP 近似，主要用于橡胶工业。

2) 酚类抗氧剂

酚类抗氧剂是发现使用最早、应用领域最广泛的抗氧剂类别之一。尽管酚类抗氧剂的抗氧化能力比胺类抗氧剂低，但具有胺类抗氧剂所不具备的不变色、低污染的优点。更重要的是，酚类抗氧剂一般为低毒或无毒，这对于当今的环境保护显得尤为重要，因此具有很好的发展前景。此类抗氧剂主要应用于塑料与合成纤维工业、油品及食品工业，在橡胶工业已大量用作生胶稳定剂。酚类抗氧剂包括受阻酚类、多元酚类和氨基酚衍生物等，其中比较重要的品种如抗氧剂 264、抗氧剂 2246、防老剂 SP 和抗氧剂 STA-1 等。

(1) 抗氧剂 264(BHT)。即 2,6-二叔丁基-4-甲酚，是受阻酚类抗氧剂的典型代表和各项性能优良的通用型抗氧剂，具有不变色、污染性低的优点，应用广泛。其对天然或合成橡胶制品具有热氧老化的防护作用，并能防护光和铜害的老化，在浅色橡胶制品中的用量为 0.5%～2%；作为聚烯烃及聚氯乙烯(PVC)的稳定剂，用量为 0.1%～0.5%；用于抑制聚苯乙烯、ABS 树脂的变色及强度下降，用量低于 1%；防护纤维素树脂的热光老化，用量低于 1%。但由于相对分子质量小、挥发性大，BHT 不适合用于加工或使用温度高的高分子聚合物。为此研究者们通过向分子中引入较大的基团，增加其相对分子质量的途径以改善其挥发性，由此开发了性能优良亚烷基双酚及多酚等类型的抗氧剂。BTH 由对甲酚与异丁烯在酸催下通过叔丁基化反应获得。

OH, CH_3 + 2 H_3C, H_3C $C{=}CH_2$ $\xrightarrow[65℃]{H_2SO_4}$ $(H_3C)_3C$, OH, $C(CH_3)_3$, CH_3

(2) 抗氧剂 2246。即 2,2′-亚甲基双(4-甲基-6-叔丁基苯酚)，是亚烷基双酚类抗氧剂的代表。该产品保持了抗氧剂 264 良好的应用性能，克服了其挥发性大、不耐抽出的缺点，是一种性能优良的高效非污染型抗氧剂。在橡胶工业中，该产品是合成橡胶、胶乳和天然橡胶的抗氧剂，可抗热氧老化，部分地防止光照臭氧老化和多次变形的破坏，并具有钝化可变价金属的盐类的功能。在塑料工业中，能阻止氯化聚醚、耐冲击聚苯乙烯、ABS 树脂、聚甲醛以及纤维素树脂的热老化和光老化，用量为 0.5%～1%。

OH OH $(H_3C)_3C$ $C(CH_3)_3$ CH_3 CH_3

抗氧剂2246

OH $C(CH_3)_3$ H_3C HC—CH_2—$\overset{H}{C}$—CH_3 CH_3 CH_3 $(H_3C)_3C$ OH $(H_3C)_3C$ OH

抗氧剂CA

OH H C CH_3 n

防老剂SP

为了提高抗氧化能力，降低挥发性，该类酚抗氧剂可以是三元酚或四元酚等，如抗氧剂 CA，即 1,1,3-三(2-甲基-4-羟基-5-叔丁基苯基)丁烷。

(3) 防老剂 SP。即苯乙烯苯酚，耐抽出性及分散性好，是天然及合成橡胶制品中使用的不污染型防老剂，适用于白色及浅色制品，防护热氧及曲挠龟裂老化，用量为 0.5%～3%。在塑料制品中，防老剂 SP 可用作聚烯烃和聚甲醛的抗氧剂。

(4) 抗氧剂 STA-1。是以均三嗪为母体连接几个受阻酚而成的三嗪环受阻酚类抗氧剂的典型代表，具有较好的光、热稳定性与抗热氧化能力。其合成方法如下。

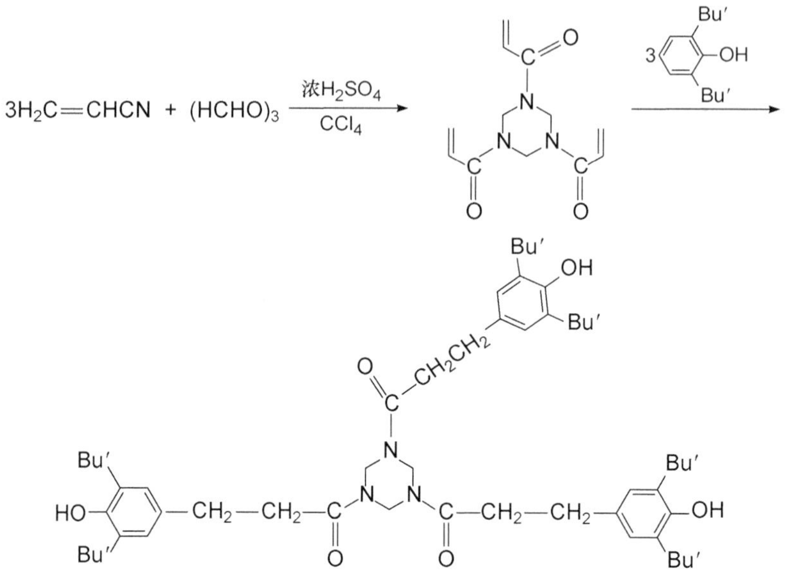

$$3H_2C{=}CHCN + (HCHO)_3 \xrightarrow[CCl_4]{浓H_2SO_4}$$

抗氧剂STA-I

5.2.3　阻燃剂

随着国民经济的发展，塑料、橡胶、合成纤维等高分子制品正迅速代替传统钢材、水泥等材料，广泛应用于工农业、军事等领域，大大改善了人们的生活。但高聚物材料大多具有可燃性，燃烧放热快、热值高，有时会伴随大量有毒气体和浓烟，不仅对人们的生命财产安全构成极大的威胁，还会给环境带来极大的破坏。因此，提高高分子制品的阻燃性成为亟待解决的问题。

1. 阻燃剂的定义

阻燃剂是提高材料耐热性，即延缓材料被引燃和抑制火焰传播的一类助剂。其大多是元素周期表中第Ⅲ、Ⅴ和Ⅶ族元素的化合物，如第Ⅲ族硼、铝的化合物，第Ⅴ族氮、磷、锑、铋的化合物，以及第Ⅶ族氯、溴的化合物，其中，最常用和最重要的是磷、溴、氯、锑和铝的化合物。此外，硅和钼的化合物也作为阻燃剂使用。阻燃剂主要用于塑料、橡胶、纤维、木材、纸张、涂料等高分子材料，是用量仅次于增塑剂的第二大合成用助剂。

2. 阻燃剂的阻燃效应

阻燃剂的阻燃作用主要是在聚合物材料燃烧过程中阻止或抑制其物理或化学变化的速度，具体体现在以下几方面：

(1) 吸热效应。其作用是使高聚物材料的温度上升发生困难，例如，硼砂具有 10 个分子的结晶水，由于释放出结晶水要吸收一定的热量，而使材料的温度上升受到了抑制，从而产生阻燃效果。水合氧化铝的阻燃作用也是因其受热脱水产生吸热效应。

(2) 覆盖效应。阻燃剂在高温下生成稳定的覆盖层或分解生成泡沫覆盖物，保护高分子基体，隔绝热量和空气的传递，从而达到抑制材料分解的阻燃效果。

(3) 稀释效应。阻燃剂受热分解后产生大量无燃烧性的气体，使高聚物材料分解产生的可燃性气体和空气中氧气得到稀释，从而阻止制品燃烧。能起到稀释作用的气体包括二氧化碳、氨气、氯化氢和水蒸气等。

(4) 转移效应。改变高聚物制品的分解模式，抑制可燃气体的产生。例如，用酸使含有大量羟基的纤维素发生脱水反应而分解成碳和水，因为不会产生可燃性气体，也就不能着火燃烧。

(5) 抑制效应。通过捕捉燃烧过程产生的高活性自由基，抑制自由基进一步反应，降低燃烧速度或使燃烧自熄。

(6) 协同效应。通过将多种阻燃材料并用，使原本单独使用无阻燃效果或阻燃效果较低的阻燃剂获得增强的阻燃效果。例如，三氧化二锑与卤化物并用，不仅能够大幅度提高阻燃效率，也可以减少阻燃剂用量，节约成本。

3. 阻燃剂的阻燃机理

阻燃剂的阻燃机理主要有三种，即气相阻燃、凝聚相阻燃和中断热交换阻燃。

(1) 气相阻燃机理。抑制在燃烧反应中起链增长作用的自由基而发挥阻燃作用。聚合物热裂解产生的可燃物与大气中的氧气作用形成 H_2-O_2 系统，并通过链支化反应传播燃烧。卤系阻燃剂 AX 受热分解生成卤原子自由基，与氢结合放出 HX 气体；或者直接受热分解产生卤化氢。HX 捕获传递燃烧的活性自由基 H · 和 HO · ，生成低活性的卤自由基，使燃烧减慢或终止。

$$AX \longrightarrow A\cdot + X\cdot$$
$$X\cdot + RH \longrightarrow R\cdot + HX$$
$$H\cdot + HX \longrightarrow H_2 + X\cdot$$
$$HO\cdot + HX \longrightarrow H_2O + X\cdot$$

(2) 凝聚相阻燃机理。在固相中阻止聚合物的热分解和释放出可燃气体的作用。例如，含有机磷系阻燃剂的高分子制品经高温引燃时，磷化合物受热分解为磷酸或多磷酸。这些酸一方面能够形成熔融的黏性表层保护基质，另一方面对多羟基化物具有有效的脱水碳化作用。碳化的结果是在基质表面生成难燃、隔热、隔氧的焦炭层，延缓或停止燃烧；同时，羟基化合物脱水形成的水蒸气也可吸取大量热量，对可燃气体的浓度有稀释作用，有助于减缓燃烧。

(3) 中断热交换阻燃机理。将聚合物燃烧产生的热量带走而不作用于聚合物，使材料不能维持分解温度，不能产生可燃气体，从而达到燃烧自熄。例如，阻燃材料在强热或燃烧时发生熔化，而熔融的材料易滴落，带走大部分热量，减少了作用至本体的热量，致使燃烧延缓，最终可能终止燃烧。

4. 阻燃剂的分类及典型品种合成举例

1) 按照元素种类分类

按照元素种类的不同，可以将阻燃剂划分为卤系、有机磷系、卤-磷系、氮系、硅系、铝-镁系和钼系等。

(1) 卤系阻燃剂。卤系阻燃剂的作用机理为气体阻燃，主要包括氯系阻燃剂和溴系阻燃剂，主要用于电子和建筑工业，品种多，阻燃效率高，价格适中，是目前全球产量最大的有机阻燃剂之一。这类阻燃剂的重要品种主要有溴代苯酚类、四溴双酚 A 类、多溴二苯醚类，以及双(六氯环戊二烯)环辛烷和全氯五环癸烷等。

溴代苯酚类阻燃剂的典型代表为三溴苯酚(TBP)，白色针状或凌状晶体，具有刺激性。TBP 是用于环氧树脂、聚氨酯等的反应型阻燃剂，也是制备多种溴系阻燃剂的重要中间体，如三(三溴苯基)三聚氰酸酯(TTBPC)和 2,4,6-三溴苯基甲基丙烯酸酯(TBPMA)等。TTBPC 是一种性能优异的添加型阻燃剂，可用于热塑性塑料及橡胶中，也可用于热固性树脂。

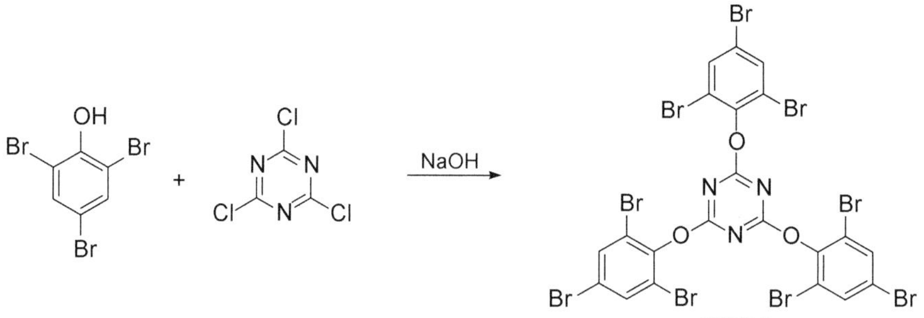

TTBPC

四溴双酚 A(TBBPA)可以作为添加型阻燃剂，在加工温度不太高时用于抗冲击聚苯乙烯、ABS 树脂、不饱和聚酯及硬质聚氨酯泡沫塑料等。也可作为反应型芳香族溴系阻燃剂，用于制备溴代环氧树脂、酚醛树脂及含溴聚碳酸酯等。四氯双酚 A(TCBPA)也是一种反应型芳香氯系阻燃剂，用途与 TPPBA 相似。四溴双酚 S，即 3,5,3′,5′-四溴-4,4′-二羟基二苯砜，是添加型阻燃剂，具有优良的阻燃性能，主要用于聚乙烯、聚丙烯、抗冲击聚苯乙烯等塑料中。

根据所含溴原子数量的不同，多溴二苯醚类阻燃剂包括五溴二苯醚、八溴二苯醚和十溴二苯醚等。其中，十溴二苯醚(DBDPO)是目前应用最为广泛的溴系阻燃剂，稳定性好、溴含量高；由溴与二甲苯醚反应制得，生产工艺简单，经济效益好；主要用于聚乙烯、聚丙烯、硅橡胶、合成纤维和 ABS 树脂等制品中。

双(六氯环戊二烯)环辛烷(DCRP)和全氯五环癸烷(PCPCDA)均为添加型阻燃剂。DCRP 又称“得克隆”或“敌可燃”，具有良好的热稳定性，适用于氯丁橡胶、硅橡胶、天然橡胶、酚醛树脂、环氧树脂、聚乙烯、ABS 等高分子制品的阻燃。其一般合成方法是以二甲苯为溶剂，由六氯环戊二烯与环辛二烯进行第尔斯-阿尔德(Diels-Alder)反应而得。PCPCDA 热稳定性和化学稳定性良好，可用于聚乙烯、聚丙烯、聚苯乙烯及 ABS 树脂等，其合成一般以六氯环戊二烯为原料，无水三氯化铝为催化剂。

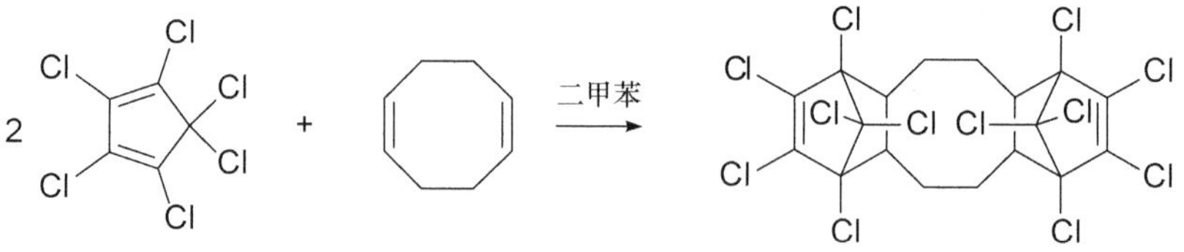

DCRP

$$2\ C_5Cl_6 \xrightarrow{AlCl_3} C_{10}Cl_{12}$$

PCPCDA

除了以上几类，卤系阻燃剂还有氯化石蜡、氯化聚乙烯等常用的添加型阻燃剂。

(2) 磷系阻燃剂。主要包括无机磷酸盐和有机磷系阻燃剂。

无机磷酸盐阻燃剂主要品种有聚磷酸铵(APP)、三聚氰胺聚磷酸盐(MPP)和三聚氰胺磷酸盐(MP)等。其中，APP 应用领域最广、用量最大，且价格低廉。其分子中含有磷、氮两种元素，通过分解释放氨气并形成聚磷酸和焦磷酸等物质，同时发挥气相和凝聚态的阻燃作用，并通过磷和氮的协同效应，提高材料的阻燃性能，广泛应用于电线电缆、防火涂料、聚氨酯等材料中。APP 主要以五氧化二磷与磷酸氢二铵为原料，通过固相反应制备，可分为低分子 APP 和高分子 APP。低分子 APP 具有水溶性，可用于涂料；而高分子 APP 则为聚合度比较高的结晶Ⅱ型线形长链聚合物。MPP 和 MP 具有与 APP 相似的性能，也可用于防火涂料，并可与成炭剂复合应用于聚烯烃和橡胶材料的阻燃。

有机磷系阻燃剂是最主要的添加型阻燃剂，阻燃效果优于溴化物，且大多具有低烟、无毒、低卤、无卤等优点，符合阻燃剂的发展方向，具有很好的发展前景。主要类型包括磷酸酯、亚磷酸酯、膦酸酯、有机磷盐和氧化磷等，此外还有磷杂环化合物及聚合物磷(膦)酸酯等，但应用最广的是磷酸酯和膦酸酯。

磷酸酯类阻燃剂有卤系磷酸酯和非卤系磷酸酯两类品种，大都属于添加型阻燃剂。磷酸酯是由相应的醇或酚与三氯氧磷反应，或者由相应的醇或酚与三氯化磷反应然后氯化水解制得。其典型品种有磷酸三苯酯、磷酸三甲苯酯、磷酸三(二溴丙基)酯、磷酸三(一氯乙基)酯等。磷酸酯阻燃剂品种多，用途广，可作为阻燃剂和增塑剂用于多种塑料和橡胶制品。但大多数磷酸酯为液体，耐热性差，挥发性强，与高分子材料相容性不佳，应用受到限制。

膦酸酯与磷酸酯的不同在于其分子中含有 C—P 键。由于 C—P 键的存在，其化学稳定性增强，耐水性和耐溶剂性提高。目前膦酸酯阻燃剂的研究主要集中在含氮的膦酸酯和反应性膦酸酯两个方面。膦酸酯通常更多地用作反应性阻燃剂，市场上已成功开发了 *N*-羟甲基丙酰胺类甲基膦酸酯、环状膦酸酯、*N*,*N*-对苯二胺基(2-羟基)二苄基膦酸四乙酯和甲基膦酸二甲酯(DMMP)等。其中，由 Albright & Wilson 公司开发的 DMMP，含磷量为 25%，与水及多种有机溶剂互溶，被广泛应用于聚氨酯泡沫塑料、不饱和聚酯及环氧树脂制品中，不仅具有较高的阻燃效率，还可以同时降低系统的黏度和表面附着性。其产品一般是通过亚磷酸三甲酯在催化剂的作用下发生异构化反应制得。

$$P(OCH_3)_3 \xrightarrow{\text{催化剂}} H_3C-P(=O)(OCH_3)-OCH_3$$

2) 按照阻燃作用分类

按照阻燃作用的不同，阻燃剂可分为膨胀型阻燃剂(IFR)和成炭型阻燃剂。IFR是一种以氮、磷为主要组成的复合阻燃剂，它不含卤素，也不采用氧化锑作为协效剂，该类阻燃剂在受热时发泡膨胀，故称为膨胀型阻燃剂。

IFR是一种环保的绿色阻燃剂，不含卤素，其体系自身具有协同作用。含膨胀型阻燃剂的塑料在燃烧时表面会生成多孔泡沫炭层，阻止传热、传质，使基体与火、热和氧隔绝，具有隔热、隔氧、抑烟、防滴等功效。该阻燃剂低烟、低毒、无腐蚀性气体产生，符合未来阻燃剂的研究开发方向，开发利用前景广阔。已开发的具有代表性的品种如Char-Guard-CN 329和Melabis。

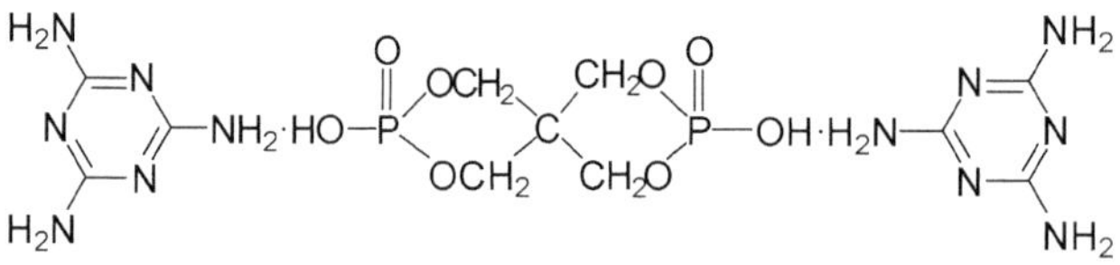

Char-Guard-CN329

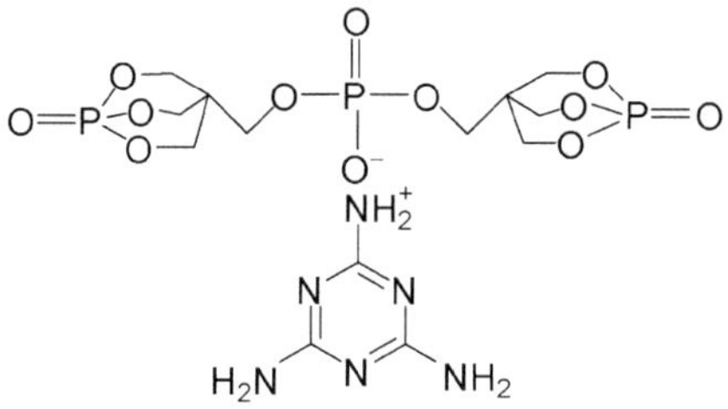

Melabis

3) 按照化学结构分类

按照化学结构的不同，阻燃剂主要分为有机阻燃剂、无机阻燃剂和高分子阻燃剂。

在无机阻燃剂中，无机氢氧化物具有热稳定性好、不易挥发、无毒、无害、无腐蚀性等特点，经济性优于卤系和磷系阻燃剂。氢氧化物阻燃剂主要有氢氧化铝(ATH)和氢氧化镁(MH)等，此类阻燃剂主要通过分解吸热和释放水分达到阻燃、抑烟的效果。

ATH是开发最早且应用最为广泛的无机阻燃剂之一，生产技术成熟，资源丰富，价格低廉，发烟量少，无毒，无腐蚀性，无二次污染，兼有阻燃、填充、抑烟三重功能。其受热分解生成的产物Al_2O_3具有较高的活性，可吸附烟尘颗粒，起到一定的消烟作用。将其作为阻燃剂填充于塑料制品中，不仅可以改善材料成型收缩的可控性，还可以提高材料的介电性能、耐紫外线性及耐电弧性等特性。对于加工温度低于ATH分解温度的高分子制品，ATH是一种优良的阻燃材料，超细ATH可以增强聚合物与无机物界面的相互作用，提高其在基体中的分散度，有效改善制品的力学性能。但ATH的分解温度相对较低(<230℃)，因而作为阻燃剂通常只适合应用在加工温度较低的材料中，不能满足高温加工的要求。

MH是销量第二大的无机氢氧化物阻燃剂，具有阻燃、消烟、填充、安全等特点，分解温度较高，达到340℃以上。其最大用途是应用于工程热塑性塑料，可使塑料制品承受更高的加工温度，有利于加快挤出速度，缩短模塑周期，满足多种塑料的加工成型。此外，MH能吸收燃烧过程中产生的酸性与腐蚀性气体，在生产、使用和废弃过程中无有害物质排放，对环境污染小。其分解后生成的氧化镁本身是良好的耐火材料，也能起到阻燃作用。与ATH相比，MH具有更好的热稳定性和更好的消烟能力。但随着MH添加量的增加，其在塑料制品中的分散性变差，制品的力学性能下降。因此，大多数作为阻燃剂的MH均需经过表面处理，提高其在聚合物制品中的相容性和分散度，以获得更好的阻燃效果。

此外，还可根据阻燃剂与被阻燃材料的关系，将阻燃剂分为添加型和反应型。反应型阻燃剂如应用于环氧树脂和聚氨酯的三溴苯酚，以及应用于溴代环氧树脂、酚醛树脂和含溴聚碳酸酯等树脂的四溴双酚A阻燃剂。添加型阻燃剂种类较多，如前面所述的双(六氯环戊二烯)环辛烷、全氯五环癸烷和大部分磷系阻燃剂。

5.2.4 光稳定剂

1. 光稳定剂的定义

许多高分子制品，如涂料、塑料、橡胶、合成纤维等，长期暴露于日光或强荧光下，因吸收紫外线而引发自我氧化，导致聚合物降解，使制品的外观和物理机械性能恶化，这一过程称为光氧化老化或光老化。能够抑制或延缓光诱导降解物理化学过程的物质称为光稳定剂，或紫外光稳定剂。

2. 光稳定剂及其作用机理

光稳定剂品种很多，按其作用机理主要分为光屏蔽剂、紫外线吸收剂、激发态猝灭剂和自由基捕获剂等4类。

(1) 光屏蔽剂。又称遮光剂，是能够吸收或反射紫外光的物质，主要包括炭黑(光吸收剂)、氧化锌和部分白色无机颜料(光反射剂)等。光屏蔽剂的加入能够在聚合物和光源之间设立一道屏障，使光在达到聚合物的表面时就被吸收或反射，阻碍了紫外线深入到聚合物内部，从而抑制制品的老化。炭黑结构中含有苯醌及多核芳烃结构，还含有酚、芳酮等基团以及稳定的自由基，因而同时具有屏蔽紫外线、捕获自由基和猝灭激发态的作用。TiO_2等白颜料虽然可以吸收一定的紫外光，但主要是通过对紫外光的反射保护聚合物制品。

(2) 紫外线吸收剂(UVA)。主要包括水杨酸酯类、二苯甲酮类、苯并三唑类、取代丙烯腈类、三嗪类等有机化合物。UVA是目前应用最广的光稳定剂，能够选择性地强烈吸收对制品有害的高能紫外光，并以能量转换的形式，将吸收的能量以热能或无害的低能辐射释放出来或消耗掉，从而防止聚合物制品中的发色团吸收紫外光能量并发生激发。由于实用的光稳定剂还需同时满足多方面的性能需求，因此工业上应用的紫外线吸收剂主要是二苯甲酮类邻羟基化合物和苯并三唑类邻羟基化合物。

二苯甲酮类光稳定剂的紫外光吸收范围较宽，分子内存在氢键作用构成螯合环。吸收紫外光后，氢键被破坏导致开环，使得紫外光能转换为热能释放。

放热

$h\upsilon$

R=H,CH_3~$C_{12}H_{25}$

二苯甲酮类

苯并三唑类光稳定剂的作用与二苯甲酮类似，但其吸收紫外线的性能更优。该类化合物可较强烈地吸收 310～385nm 范围内的紫外光，对可见光几乎没有吸收。热稳定性优良，但价格较高，可用于聚乙烯、聚丙烯、聚苯乙烯、聚碳酸酯、聚酯以及 ABS 等制品。苯并三唑类化合物的工业合成通常是将取代的邻硝基重氮苯通过还原环化来制备，具体过程如下。

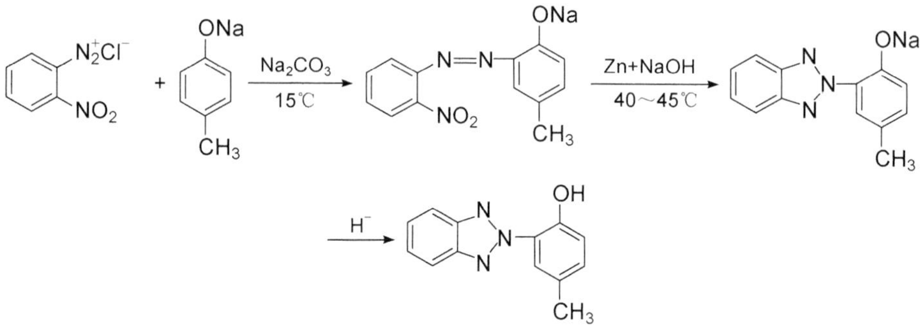

(3) 激发态猝灭剂。又称减活剂、消光剂或能量猝灭剂，主要是镍、钴、铁等金属的有机络合物。其本身对紫外光的吸收能力很低，只有二苯甲酮类紫外线吸收剂的 1/20～1/10，但能够转移聚合物因吸收紫外光所产生的激发态能量，使其以热、荧光或磷光等形式散发出去，从而防止聚合物因吸收紫外光而产生自由基。

(4) 自由基捕获剂。聚合物的光老化主要是由于发生了光氧化反应，其过程是按照自由基反应历程进行的。通过自由基的捕获和清除可以终止自动氧化链反应。自由基捕获剂主要是具有空间位阻效应的哌啶衍生物，即受阻胺类光稳定剂(HALS)，此类化合物几乎不吸收紫外线，仅通过捕获自由基、分解过氧化物、传递激发态能量等途径赋予聚合物高度的稳定性。

5.2.5　热稳定剂

1. 热稳定剂的定义

从广义上讲，热稳定剂是指为提高材料的热稳定性而向其中少量加入的物质，目的是使材料在加工或使用过程中不因受热而发生化学变化，或延缓这些变化，以达到延长材料使用寿命的目的。

2. 合成材料的热降解

高分子材料受热时，每个高分子链的平均动能逐渐增加，当其超过了链与链之间的作用力时，该高分子材料便会逐渐变软，直至完全熔化为高度黏稠的液体，此过程并无化学变化发生。而当高分子所吸收的热能足以使某些键发生断裂时，便会发生化学变化，从而使得聚合物的分子被破坏，这一过程即聚合物的热降解。

聚合物的热降解有非链断裂降解、随机链断裂降解和解聚反应等三种表现形式。非链断裂降解是指在受热过程中，仅从高分子链上脱落下各种小分子，虽然改变了高分子的结构，但高分子链并未断裂。随机链断裂降解是指键的断裂发生在高分子主链上，从而产生各种无规律的低级分子，此种降解对高分子材料产生极为严重的破坏。解聚反应的化学键断裂也是发生在高分子主链上，但高分子链的断裂是有规律的，其分解产物是生成聚合物的单体。

合成材料在受热时的物理变化仅限制了其加工、储运和使用时的温度，材料本身的性能没有发生本质上的改变。但热降解则从根本上改变了合成材料的结构和性能，需要加入热稳定剂以抑制和延缓热降解过程。

3. 热稳定剂的性能要求

为防止或延缓聚合物材料的热老化，热稳定剂应当起到稳定高分子、消除热降解引发源和催化物质的作用。具体要求如下。

(1) 能够置换高分子链中存在的活泼原子，以得到更为稳定的化学键和减小引发脱氯化氢反应的可能性。

(2) 能够迅速结合脱落下来的氯化氢，抑制其催化老化。

(3) 能够与高分子中的不饱和键通过加成反应生成饱和的高分子链，以提高材料的热稳定性。

(4) 能够抑制聚烯结构的氧化与交联。

(5) 对高分子材料具有亲和力。

(6) 不与高分子材料中的增塑剂、填充剂和颜料等发生作用。

(7) 无毒或低毒。

4. 热稳定剂的类型及作用原理

1) 铅稳定剂

铅稳定剂是开发和应用最早的热稳定剂品种，价格低廉，热稳定性好。目前铅稳定剂仍占据重要的市场地位，在日本约占稳定剂总用量的50%，在我国是热稳定剂的主要品种。由于毒性较大，对其应用的限制越来越严格。铅稳定剂的主要品种和外观如表5-1所示。

表5-1 铅稳定剂的主要品种和外观

铅稳定剂	分子式	外观
三盐基硫酸铅	$3PbO \cdot PbSO_4 \cdot H_2O$	白色粉末
二盐基亚磷酸铅	$2PbO \cdot PbHPO_3 \cdot \frac{1}{2}H_2O$	白色针状结晶
盐基性亚硫酸铅	$nPbO \cdot PbSO_3$	白色粉末
二盐基邻苯二甲酸铅	$2PbO \cdot Pb(C_8H_4O_4)$	白色粉末
三盐基马来酸铅	$3PbO \cdot Pb(C_4H_2O_4) \cdot H_2O$	微黄色粉末
二盐基硬脂酸铅	$2PbO \cdot Pb(C_{17}H_{35}CO_2)_2$	白色粉末
碱式碳酸铅(铅白)	$2PbCO_3 \cdot Pb(OH)_2$	白色粉末
硬脂酸铅	$Pb(C_{17}H_{35}CO_2)_2$	白色粉末
硅胶/癸酸铅共沉淀	$PbSiO_3 \cdot mSiO_2$	白色粉末

铅稳定剂的电气绝缘性、长期热稳定性和耐候性均较好，可作为发泡剂的活性剂，具有润滑性，价格低廉。其缺点是所得制品透明性差，毒性大，分散性不佳，易受硫化氢污染等。

铅稳定剂的作用主要是捕获高分子分解出的 HCl，抑制氯化氢对进一步分解反应的催化作用，生成的氯化铅对脱氯化氢无促进作用。

$$3PbO \cdot PbSO_4 \cdot H_2O + 6HCl \longrightarrow 3PbCl_2 + PbSO_4 + 4H_2O$$

铅稳定剂一般是用氧化铅与无机酸或有机酸盐在乙酸或酸酐存在下反应制备而得。

2) 金属皂类稳定剂

金属皂是指高级脂肪酸的金属盐，作为 PVC 类聚合物材料热稳定剂的金属皂主要是硬脂酸、月桂酸、棕榈酸等的钡、镉、铅、钙、锌、镁等金属盐，其结构通式如下：

$$M\left(O-\underset{\underset{O}{\|}}{C}-R\right)_n$$

除了高级脂肪酸的金属盐以外，金属皂类热稳定剂还有芳香族酸、其他脂肪族酸以及酚或醇类的金属盐类，如苯甲酸、水杨酸、环烷酸、烷基酚等的金属盐类。

金属皂类或金属盐类稳定剂在 PVC 材料的热加工中通过捕获氯化氢，或通过羧酸基与 PVC 中的活泼氯原子发生置换反应，起到配合物热稳定的目的。其反应速率通常随着金属的不同而异，如 Zn＞Cd＞Pb＞Ca＞Ba。

金属皂类稳定剂的工业生产方法主要有直接法和复分解法。直接法也称干法，是用脂肪酸与相应的金属氧化物熔融反应制备脂肪酸皂的方法。复分解法又称湿法，是用金属的硝酸盐、硫酸盐或氯化物等可溶性盐与脂肪酸钠进行复分解反应制备脂肪酸皂的方法，而脂肪酸钠则是由脂肪酸与氢氧化钠通过皂化反应制得的。两种方法中，复分解法的应用更为广泛。

3) 有机锡稳定剂

有机锡稳定剂的结构通式可表示如下：

$$Y-\underset{R}{\overset{R}{Sn}}-\left(X-\underset{R}{\overset{R}{Sn}}\right)_n Y$$

R：甲基、丁基、辛基等烷基，芳基；Y：脂肪酸根；X：氧、硫、马来酸等

根据 Y 的不同，有机锡稳定剂主要有三种类型，即脂肪酸盐型、马来酸盐型和硫醇盐型。其合成主要包括三个过程，即卤代烷基锡的制备，卤代烷基锡与 NaOH 作用生成氧化烷基锡，氧化烷基锡与羧酸、马来酸酐或硫醇等反应，得到上述三种类型的有机锡稳定剂。

Frye 等利用同位素标记技术研究了有机锡的作用原理，结果表明，聚合物分子中的活泼氯原子与锡原子首先形成配位键，形成以锡原子为配位中心的八面分子配合物。在配合物中有机锡稳定剂的 Y 基团与不稳定的氯原子进行置换，在 PVC 分子链上引入酯

基，从而抑制了聚合物的降解。

有机锡稳定剂的优点是透明性高，耐热性优秀，低毒且耐硫化污染等。其缺点是合成工艺较为复杂，价格较昂贵，其应用受到一定的限制。

4) 液体复合稳定剂

液体复合稳定剂是指有机金属盐、亚磷酸酯、多元醇、抗氧剂和溶剂等多组分的混合物。通常，金属皂类稳定剂是复合稳定剂的主体成分，与之配合可以获得不同形式的产品，如镉/钡(/锌)皂通用型稳定剂、钡/锌皂耐硫化污染型稳定剂、钙/锌皂无毒型稳定剂，以及钙/锡和钡/锡等其他复合物类型稳定剂。

液体复合稳定剂耐压析性好，透明性高，与树脂和增塑剂的相容性好，使用方便，用量少。主要应用于软质制品，耐候性好，无初期着色，比使用有机锡稳定剂成本低，但存在润滑性较差的缺点。

5) 有机辅助稳定剂

有机辅助稳定剂是一类单独作为热稳定剂时性能存在欠缺，但与其他类型热稳定剂配合使用时能产生优异的应用性能的有机化合物。使用较多的有机辅助稳定剂主要有亚磷酸酯、环氧化合物、多元醇、β-二酮化合物和含氮化合物。

有机亚磷酸酯是过氧化物分解剂，在聚烯烃、ABS、聚酯和合成橡胶中广泛用作辅助抗氧剂。作为辅助热稳定剂，其与金属皂类热稳定剂配合使用，能提高制品的耐热性、着色性、透明性、压析结垢性及耐候性等应用性能。有机亚磷酸酯的种类很多，包括三芳基酯、三烷基酯、三(烷基芳基)酯、烷基芳基混合酯、三硫代烷基酯、双亚磷酸酯以及聚合型亚磷酸酯等。

环氧化合物单独作为稳定剂使用时耐热性和耐候性不佳，但当其与金属皂、无机铅盐或有机锡热稳定剂配合使用时，产生良好的协同作用，特别是与镉/钡/锌复合稳定剂并用效果最为突出。作为有机辅助稳定剂使用的环氧化合物主要有环氧大豆油、环氧硬脂酸酯、环氧四氢邻苯二甲酸酯、缩水甘油醚，以及环氧氯丙烷双酚 A 型环氧树脂、高环氧值低黏度的液状酚醛环氧树脂等。

多元醇是较早应用的有机辅助稳定剂，代表性品种如季戊四醇、山梨醇、三羟甲基丙烷等。多元醇可与金属皂或有机锡化合物配合使用，提高 PVC 的稳定性；与钙/锌复合物稳定剂配合，得到无毒稳定剂体系；与金属稳定剂并用填充于石棉瓦楞板和地板料中，能抑制由石棉引起的变色。但是，多元醇与 PVC 等聚合材料的相容性较差，导致制品的透明性降低，以脂肪酸部分酯化后能在一定程度上改善其相容性。

β-二酮化合物与金属盐稳定剂并用时，在金属盐的催化作用下，能够迅速置换存在于高分子链中的活泼氯原子，即烯丙位氯，从而消除聚合物热降解的引发源，提高其热稳定性。β-二酮化合物还可与有机锡稳定剂并用，均表现出良好的抑制初期着色的性能。

作为有机辅助稳定剂的含氮化合物主要是α-苯基吲哚和脲衍生物。α-苯基吲哚主要是与钙/锌、钡/锌稳定剂配合，用于提高乳液聚合的 PVC 的光热稳定性。

此外，研究人员发现，原甲酸酯、原苯甲酸酯化合物也具有很强的吸收氯化氢的作用，也作为有机辅助稳定剂，延缓 PVC 树脂等在高温下的热分解，初期热稳定性和防止变色的作用均很显著。

5.3 涂料助剂

涂料助剂是指配制涂料时少量添加的辅助材料，能使涂料或涂抹的某一特定性能起到明显改善作用，如提高涂料的储存稳定性，赋予涂料特殊的功能，改进涂料的生产工艺和施工条件等。涂料助剂的种类很多，主要涂料助剂的使用阶段和功能如表 5-2 所示。

表 5-2　主要涂料助剂的使用阶段和功能

使用阶段和功能	主要涂料助剂
制造阶段	分散剂、引发剂、酯交换催化剂
反应过程	乳化剂、消泡剂、过滤助剂
储存阶段	防沉淀剂、防结皮剂、增稠剂、防浮色发化剂、抗胶凝剂、触变剂
施工阶段	流平剂、防流挂剂、防缩孔剂、流动控制剂、锤纹助剂、增塑剂、消泡剂
成膜阶段	聚结助剂、光引发剂、光稳定剂、附着力促进剂、催干剂、增光剂、消光剂、增滑剂、交联剂、固化剂、催化剂
赋予特殊功能	杀生物剂、阻燃剂、防藻剂、导电剂、抗静电剂、腐蚀抑制剂、防锈剂

根据使用的溶剂和分散介质的不同，涂料可以分为油性涂料和水性涂料。涂料助剂也相应地分为油性涂料助剂和水性涂料助剂。随着全球对环境保护和人类健康的日益重视，水性涂料及其助剂得到飞速发展，新型环保型助剂的品种不断增加，应用日趋广泛，成为涂料助剂发展的主流方向。

5.3.1 催干剂

催干剂是涂料工业的主要助剂，能加快涂膜氧化、聚合交联和干燥，从而达到快速成膜的目的。它可使油膜的干结时间由数日缩短到数小时，施工方便，可防止未干涂膜的沾污和损坏。

很多金属的氧化物、盐类和皂类都有一定的催干作用，但具备实用价值的主要是二氧化锰、氧化铅(红丹、黄丹)、硝酸铅、乙酸铅、氯化锰、硫酸锰、乙酸锰、硼酸锰、乙酸钴，以及铅、钴、锰的亚麻油酸皂、环烷酸皂和松香酸皂等。其中，皂类催干剂油溶性好，催干效力较高。现代涂料工业中使用较多的环烷酸皂催干剂通常采用复分解法生产。例如，先用氢氧化钠皂化环烷酸，然后与氯化钙进行复分解反应得到环烷酸钙粗品。

$$\text{C}_5\text{H}_9\text{—(CH}_2)_n\text{—COOH} \xrightarrow{\text{NaOH}} \text{C}_5\text{H}_9\text{—(CH}_2)_n\text{—COONa} \xrightarrow{\text{CaCl}_2} [\text{C}_5\text{H}_9\text{—(CH}_2)_n\text{—COO}^-]_2\text{Ca}^{2+}$$

5.3.2 流平剂

流平剂是有助于形成光滑涂饰面的物质，通常是能够提高涂料表面张力的物质。影响涂料流平性的因素很多，如溶剂的挥发梯度和溶解性能、涂料的表面张力、湿膜的厚度和表面张力梯度、涂料的流变性、施工工艺和环境等。其中最为重要的是涂料的表面张力、成膜过程中湿膜产生的表面张力梯度和湿膜表层的表面张力均匀化能力。因此，改善涂料的流平性首先考虑调整涂料的表面张力和降低表面张力梯度。工业上已使用的流平剂主要有醋酸丁酸纤维素(醋丁纤维素)、乙基纤维素、SN-416 流平剂、SN-417 流平剂和 Byk 流平剂等。

5.3.3 消泡剂

消泡剂是具有化学和界面化学消泡作用的物质。消泡剂分子无序地分布于涂料体系中，抑制泡沫弹性膜的形成，终止泡沫的产生。

消泡剂的形态可以是油型、溶液型、泡沫型和乳液型。消泡剂的品种主要有低碳醇、矿物油、有机极性化合物及硅树脂等。其中，常用的是有机硅消泡剂，该消泡剂由硅树脂、乳化剂、防水剂、稠化剂以及适量的水，经机械乳化制成，具有表面张力小、活性高、用量少、消泡力强等优点。

5.3.4 防结皮剂

防结皮剂是能够延迟涂料结皮时间，防止涂料在储存过程中结皮，但不改变涂料自身特性的涂料助剂。防结皮剂的作用机理主要有抗氧化作用、络合作用和隔氧作用。防结皮剂的抗氧化作用主要指捕获涂料成膜过程中的自由基，阻断漆膜的氧化聚合过程；络合作用主要指与钴或锰等催干剂反应生成络合物，使催干剂暂时失去活性；隔氧作用是指防结皮剂因自身蒸气压高和极易挥发而产生的蒸气填充罐内的空间，使漆膜表面与空气隔绝。

防结皮剂主要有酚类和肟类两类。酚类防结皮剂的代表产品是 Ascinin P，即取代酚的二甲苯和丁醇混合液，主要用于氧化干燥型油漆和油墨。肟类防结皮剂，如甲乙酮肟、丁醛肟等，主要用于氧化干燥型的油性漆、醇酸漆和环氧脂漆等。其中，甲乙酮肟的制备可由甲乙酮与盐酸羟胺反应，或与氢氧化铵和硫酸反应获得。

5.4 其他助剂

助剂种类繁多，应用广泛。除前面所述的合成材料助剂、涂料助剂以外，还有染料助剂、农药助剂、纺织助剂、石油助剂、日化产品助剂、电子产品助剂、造纸助剂、皮革助剂等。

染料助剂的主要类型和功能如表 5-3 所示。

表 5-3 染料助剂的主要类型和功能

助剂类型	主要功能
匀染剂	使染料对纺织品均匀染色
促染剂	提高上染速率或染色深度

续表

助剂类型	主要功能
还原剂	对染料或纤维中杂质具有还原作用
固色剂	促进和增加染料在纤维上的固着能力
消泡剂	抑制、消除泡沫或显著降低泡沫持久性
助溶剂	增加或提高染料在水中的溶解度
分散剂	提高染料分散均匀性
胶黏剂	将着色物质固着于织物纤维的高分子化合物
荧光增白剂	增加纺织品的光学作用增白

农药助剂通常自身没有生物活性，用以改善农药原药的理化性质，提高农药防害能力，延长农药的有效期，辅助农药制剂和施用等。农药助剂主要有天然助剂和合成助剂两类。天然助剂主要包括动植物油、动物胶、废糖蜜、松脂皂、皂角、茶枯等。有机合成助剂品种较多，按其用途可分为填料、乳化剂、润湿剂、溶剂、助溶剂、稳定剂、分散剂、增效剂、黏着剂和赋形剂等。

日化产品助剂也是一类重要的助剂。日用化学品涵盖的范围很广，主要分为居室洗涤用品、个人保护用品和其他家用化学品。其中，居室洗涤用品包括洗衣用品、硬表面清洗剂、室内空气用品等；个人保护用品包括洁肤、护肤、洗发、护发、美容、口腔卫生等用品。日化产品助剂在提高产品品质、增强功效和丰富品种等方面发挥着重要的作用。

石油助剂是指在石油加工过程和石油产品中添加的起物理和化学作用的少量物质。石油加工助剂主要指在炼油过程中使用的助剂，如破乳剂、缓蚀剂、阻垢剂、金属钝化剂、消泡剂、CO 助燃剂、FCC 汽油辛烷值助剂等；石油产品助剂主要指在石油产品中添加的助剂，如抗爆剂、石榴烷值改进剂、润滑油抗磨剂、润滑脂添加剂、沥青乳化剂等。

习　题

1. 什么是助剂？添加助剂的作用是什么？
2. 助剂的分类方法有哪些？各包含哪些类型？
3. 助剂的发展趋势是什么？
4. 增塑剂的增塑机理是什么？增塑剂应该符合什么性能要求？
5. 举例说明什么是主增塑剂、辅助增塑剂和增量剂。
6. 抗氧剂的作用机理是什么？应该符合什么性能要求？选择抗氧剂的原则是什么？
7. 举例说明抗氧剂的主要结构类型、典型品种及合成方法。
8. 阻燃剂是通过什么途径阻燃的？什么是气相阻燃、凝聚相阻燃和中断热交换阻燃？
9. 按照元素类型的不同，阻燃剂可以分为哪几类？其特点是什么？

10. 举例说明光稳定剂和热稳定剂的主要类型及作用机理。

11. 举例说明涂料助剂的主要作用。

参考文献

杜孟成, 李剑波, 马松, 等. 2011. 国内外橡胶助剂发展现状及趋势. 中国橡胶, 27(15): 12-18

冯亚青, 王利军, 陈立功, 等. 1997. 助剂化学及工艺学. 2版. 北京: 化学工业出版社

郭振宇, 王玉民, 宁培森, 等. 2011. 受阻胺光稳定剂(HALS)在聚合物材料上的应用. 塑料助剂, 8(2): 1-15

何宽新. 2008. 有机磷系阻燃剂的作用机理及研究现状. 科技信息, 25(22): 28

康永, 王超. 2010. 聚酯增塑剂的性能研究进展. 增塑剂, 21(4): 25-27

李荣勋, 梁坤, 刘光烨. 2009. 塑料助剂的环保化发展趋势与研究进展. 聚合物与助剂, 25(6): 1-6

李祥高, 冯亚青. 2013. 精细化学品化学. 上海: 华东理工大学出版社

李玉芳, 伍小明. 2011. 膨胀型阻燃剂及其在塑料中的应用研究进展. 国外塑料, 29(8): 36-40

唐若谷, 黄兆阁. 2012. 卤系阻燃剂的研究进展. 科技通报, 28(1): 129-132

王刚. 2006. 抗氧剂作用机理及研究进展. 合成材料老化与应用, 35(2): 38-42

王勇利, 王峰, 徐玥. 2010. 光稳定剂发展现状. 中国科技博览, 17(31): 330-330

张启兴. 2007. 环氧增塑剂的生产工艺及其在PVC塑料加工中的应用. 聚氯乙烯, 35(12): 1-4

周永芳. 2012. 柠檬酸酯的生产现状和发展趋势. 增塑剂, 22(2): 15-19

第6章

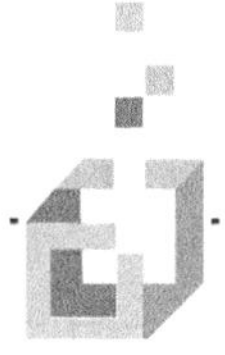

药物及其中间体

6.1 概　　述

6.1.1 药物的定义和分类

药物是用以预防、治疗和诊断人类或动物疾病，有目的地调节生物生理机能，并规定有适应证或者功能主治、用法和用量的物质的总称。药物是一类十分重要的精细化工产品，通常意义上的药物都是针对人类疾病而言的，是人类用以同疾病做斗争的一大类武器。

药物的种类繁多，目前对药物的分类主要有三种方法。

(1) 按照来源分类。药物按照来源可以分为天然药物、化学合成药物和生物药物等三类。

(2) 按照功能分类。根据功能的不同，可以将药物分为三类，即预防药、疫苗、干扰素类，诊断药、血管造影剂、试剂盒类，以及治疗药。

(3) 按照药理作用分类。根据药理作用的不同，可以分为镇静催眠药、镇痛药、抗菌药、抗肿瘤药、心血管系统用药和麻醉药等。

6.1.2 药物的发展历程

药物的起源和发展主要经历了三个阶段，即以天然产物为主的发现阶段、以合成药物为主的发展阶段和设计阶段。

以天然药物为主的发现阶段：自公元1～2世纪起，人类为了生存开始利用天然物质来治疗疾病和伤痛，并将民间医药实践经验著书流传至今。例如，中国的《诗经》、《山海经》、《神农本草经》、《本草纲目》，以及埃及的《埃伯斯医药籍》(*Ebers' Papyrus*)等。我国明朝李时珍编著的《本草纲目》共52卷，记载药物1892种，收集医方11096个，书中还绘制了1100余幅精美的插图，是我国医药宝库中的一份珍贵遗产。18世纪后期，随着工业革命的发展，人们开始应用化学方法从植物药中提取有效成分。例如，从茶叶中提取咖啡因(caffeine)，从阿片中提取吗啡(morphine)，从颠茄中提取阿托品(atropine)，从金鸡纳树皮中提取奎宁(quinine)，从古柯叶中提取古柯碱等。随着生物化学、生理学、药理学的发展，人类逐渐认识到一些药物的化学结构与其活性的关系，发现了某些类型药物呈现药效的基本结构，提出了药效团(pharmacophore)的概念，并以此为理论指导，简化改造天然产物的化学结构，合成了作用相似、结构简单的合成药物。

以合成药物为主的发展阶段：20 世纪 30～60 年代，有机合成化学的进步极大地促进了合成药物的开发，内源性生物活性物质的分离、检测和活性的确定，以及酶抑制剂的临床应用等，促使药物的发展进入“黄金时期”。1935 年德国人 Domagk 发现含有磺酰胺基的偶氮染料百浪多息(prontosil)对链球菌和金黄色葡萄球菌感染有抑制作用，在对其构效关系和作用机理进一步研究的基础上，发展了磺胺类抗菌药，并创立了抗代谢学说。20 世纪 40 年代英国细菌学家 Fleming 发现了青霉素，开创了抗生素临床应用。20 世纪 40～50 年代，先后合成出了抗肿瘤药、抗病毒药、抗疟药、利尿药和抗菌防腐剂等，50～60 年代合成出了非甾体抗炎药和甾体口服避孕药等。

设计阶段：20 世纪 50 年代以后，生物学科、医学迅速发展，人们对体内的代谢过程、身体调节系统、疾病的病理过程等有了更加清晰的认识和了解，对蛋白质、酶、受体、离子通道的性能和作用进行了更加深入的研究。在此基础上研发了酶抑制剂、受体调控剂和离子通道调控剂类药物。60～70 年代，合成出受体阻滞剂类心血管药物和受体阻滞剂类抗溃疡病药物。70～80 年代，钙通道拮抗剂和前列腺素类药物，免疫调节剂及各种酶抑制剂等取得了突破性进展。与此同时，生物化学的巨大进展推动了生物医药的发展。

6.2　药物作用的理化基础及药物代谢

6.2.1　药物作用机制

药物作用指药物对机体的作用，也就是使机体原有的生理、生化功能发生改变的作用。药物作用也包括药物对寄生虫和病原微生物的作用。药物作用机制是指药物引起机体反应的内在过程和规律，是开发新药、临床用药和防止不良反应的理论依据。目前，人们对药物作用机制的认识已经从器官水平深入到细胞、亚细胞甚至分子水平。

药物一般是通过参与或干扰机体的各种生理或生化过程而发挥药效和实现治疗。各类药物的作用机制各不相同，主要有以下 5 种方式。

(1) 理化反应。理化反应是指药物通过简单的物理作用或化学反应产生药理效应。例如，抗酸药通过中和胃酸治疗溃疡病；甘露醇在肾小管内通过物理性渗透作用提升渗透压而利尿；二巯基丙醇等重金属解毒剂与重金属阳离子发生螯合作用而解救重金属中毒等。

(2) 参与或干扰细胞代谢。参与或干扰细胞代谢是指药物补充维生素、各种微量元素、激素及某些生命代谢物质以治疗相应缺乏症。例如，铁盐补血、胰岛素治糖尿病等。有些药物的化学结构与正常代谢物非常相似，参与代谢过程却不能引起正常代谢的生理效果，实际上导致抑制或阻断代谢的结果，这类药物称抗代谢药(antimetabolite)，也称伪品掺入(counterfeit incorporation)。例如，5-氟尿嘧啶是尿嘧啶的衍生物，结构与其相似，掺入癌细胞 DNA 及 RNA 中，能够干扰蛋白合成而发挥抗癌作用。

(3) 影响生理物质转运。很多无机离子、代谢物、神经递质、激素在体内的主动转运需要载体参与，干扰这一环节可以产生明显的药理效应。例如，利尿药通过抑制肾小

管 Na^+-K^+、Na^+-H^+交换而发挥排钠利尿作用。

(4) 影响免疫机制。影响免疫机制的药物主要有免疫增强药和免疫抑制药两类。除免疫血清和疫苗外，免疫增强药能提高免疫功能低下者的免疫力，如左旋咪唑；免疫抑制药可以抑制免疫活性过强者的免疫反应，如环孢霉素。

(5) 作用于特定的靶位。作用于特定的靶位是指药物通过影响酶、离子通道、核酸、受体等靶向物质而起作用。酶的品种很多，在体内分布极广，是人体内新陈代谢的催化剂，参与所有细胞生命活动，保证细胞内错综复杂的物质代谢过程正常进行。酶极易受各种因素的影响，因此许多药物都是通过影响酶而发挥药效。例如，磺胺类药物可以抑制二氢叶酸合成酶起到治疗感染的作用；异烟肼通过不可逆地抑制单胺氧化酶来治疗抑郁症；酪氨酸激酶抑制剂甲磺酸伊马替尼可以选择性地与 Bcr-Abl 酪氨酸激酶作用，进而抑制 Bcr-Ab1 阳性细胞、费城染色体、慢性及骨髓性白血病细胞的增殖并诱导其程序性死亡。有些药本身就是酶，如胃蛋白酶。

有的药物可以控制细胞膜上的无机离子通道，调节 Na^+、Ca^{2+}、K^+、Cl^- 等离子的跨膜转运进而影响细胞功能。例如，钙通道拮抗剂可阻滞 Ca^{2+}的通道，降低细胞内 Ca^{2+}的浓度从而使血管扩张；局部麻醉剂可以通过抑制 Na^+通道从而阻断神经传导而达到局部麻醉的作用。

核酸(DNA 及 RNA)是控制蛋白质合成及细胞分裂的生命物质。很多抗癌药物是通过干扰癌细胞 DNA 或 RNA 代谢过程而发挥疗效的。例如，6-巯基嘌呤的分子结构与黄嘌呤相似，在体内经酶的作用转化为有活性的 6-硫代次黄嘌呤核苷酸，可以抑制肌苷酸脱氢酶，阻止肌苷酸氧化为黄嘌呤核苷酸，从而抑制 DNA 和 RNA 的合成，用于各种急性白血病的治疗。再如，很多抗生素，如喹诺酮类抗菌药，也是作用于细菌核酸代谢而发挥抑菌或杀菌效应的。

绝大多数药物具有特异性的化学结构，能够选择性地与组织细胞大分子的功能性组分即受体相互作用，改变、增强或抑制其功能，从而激发一系列生化与生理变化。

6.2.2 药物-受体相互作用理论

目前公认的药物作用理论是受体学说。受体是细胞在进化过程中形成的细胞蛋白组分，能选择性地识别和结合特异的化学信息，与药物中的互补功能性基团结合，通过信息转导与放大系统对信息的传递，从而引起一系列的生理反应或药理效应。通常受体的某个部位的构象具有高度的选择性，能正确识别并特异性地结合某些立体特异性配体，这个结合部位称为受点。能与受体特异性结合的物质称为配体，主要包括内源性的神经递质、激素和自体活性物质以及结构特异的药物等。

受体按其分子结构和功能的不同，主要分为 4 类，即离子通道受体、G-蛋白偶联受体、具有酪氨酸激酶活性的受体和细胞内受体。

(1) 离子通道受体，即直接配体门控通道型受体，存在于快速反应的细胞膜上，由配体结合部位和离子通道两部分构成。单一肽链 4 次穿透细胞膜形成 1 个亚单位，4～5 个亚单位组成穿透细胞膜的离子通道。当受到神经递质刺激时，离子通道开放使细胞膜去极化或超极化，引起兴奋或抑制效应。离子通道型受体分为阳离子通道和阴离子通道，阳离子通道如乙酰胆碱、谷氨酸和五羟色胺的受体，阴离子通道如甘氨酸和 γ-氨基丁酸的受体等。例如，N 型乙酰胆碱受体作为钠离子通道以三种构象存在(图 6-1)，当两分子乙酰胆碱与之结合后，钠离子通道开放，外界钠离子内流，细胞膜去极化。但该受体处于通道开放构象状态的时间非常短，在几十毫微秒内即回到关闭状态，乙酰胆碱与之解离，受体恢复初始状态，做好重新接受配体的准备。

(2) G-蛋白偶联受体是数量最多的一类受体，数十种神经递质及激素的受体需要 G-蛋白介导其细胞作用。其基本特征结构如图 6-2 所示，单一肽链形成 7 个 α-螺旋来回穿透细胞膜 7 次，氨基末端位于细胞外侧，而羧基末端位于细胞内侧。G-蛋白偶联受体的信号传递过程包括 5 个步骤，即受体与配体结合，受体活化 G-蛋白，G-蛋白抑制或激活细胞中的效应分子，效应分子改变细胞内信使的含量与分布，细胞内信使作用于相应的靶分子，从而最终改变细胞的代谢过程及基因表达等功能。

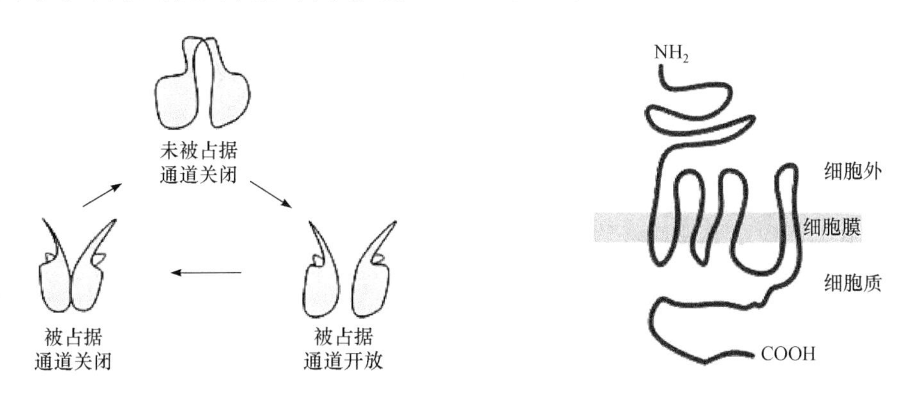

图 6-1　乙酰胆碱受体的三种构象

图 6-2　G-蛋白偶联受体

(3) 具有酪氨酸激酶活性的受体是存在于细胞膜上的一类受体，由 3 个部分组成：细胞外有一段与配体的结合区；与之相连的跨膜结构穿透细胞膜；细胞内区段具有酪氨酸激酶的催化部位。具有酪氨酸激酶活性的受体的作用机制主要包括 3 个过程：①激动剂(能增强另一种分子活性、促进某种反应的药物)与细胞膜外的部位结合后，细胞内的激酶被激活，促进本身酪氨酸残基的自我磷酸化进而增强酶活性；②对细胞内的其他底物作用，促进酪氨酸磷酸化，激活胞内蛋白激酶，增加 DNA 及 RNA 合成，加速蛋白合成；③产生细胞生长、分化等效应。此类受体的配体有胰岛素样生长因子、上皮生长因子、血小板生长因子、心房肽、转化生长因子-β 和某些淋巴因子等。

(4) 细胞内受体按照其存在部位可分为核内受体和胞质受体。类固醇激素受体是一种胞质受体，当其与相应类固醇激素结合后，分离出一个磷酸化蛋白，受体构象发生改变，暴露出 DNA 结合区，受体-配体以二聚体形式进入细胞核后，识别并与特异 DNA 碱基区结合，使特异基因的表达发生改变。

药物与受体的相互作用力是其产生生物效应的原动力，主要通过形成共价键、离子键、离子-偶极键、氢键、疏水作用、电荷转移复合物和范德华力等方式产生相互作用，推动生物效应的生成。药物和受体的上述作用与简单分子间的相互作用并无本质上的不同，只是通常采用多种结合方式共同作用，如图 6-3 所示。

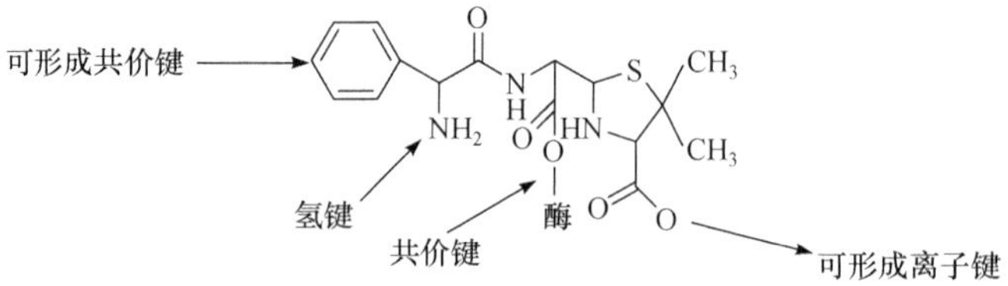

图 6-3 药物与受体的常见作用方式示意图

药物与受体的相互作用包括不可逆结合和可逆结合两种方式。不可逆结合主要是共价键结合，如青霉素的作用机制是与黏肽转肽酶发生酰化反应。可逆结合主要指以离子键、离子-偶极键、氢键、疏水作用、电荷转移复合物和范德华力等方式的结合。

6.2.3 药物的代谢与转化

药物代谢又称生物转化，指药物分子被有机体吸收后，在机体酶的作用下发生的一系列化学反应。药物代谢所涉及的反应包括Ⅰ相反应和Ⅱ相反应两大类。

1. Ⅰ相反应

Ⅰ相反应即官能团化反应，包括药物分子在酶的催化下进行的氧化、还原和水解等化学反应。Ⅰ相反应主要是在药物的分子结构中引入羟基、羧基、氨基和巯基等极性官能团。

氧化反应是药物在生物体内进行的最主要的转化反应之一。氧化反应按照药物的结构可以分为芳烃的氧化、烯烃和炔烃的氧化、烃基的氧化、脂环的氧化、胺的氧化，以及醚和硫醚的氧化。

含芳环的药物的氧化代谢过程如下式所示。芳环被氧化成环氧化物，环氧化物进一步被氧化成酚、二羟基化合物；或者与谷胱甘肽(GSH)结合生成硫醚、与生物大分子(如DNA、RNA)中的亲核基团生成加成物。

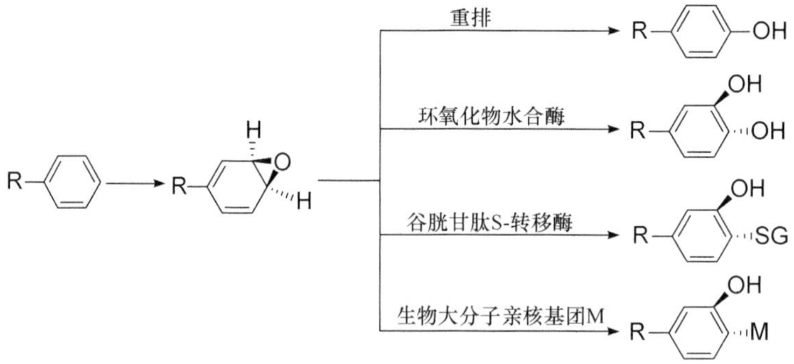

含烯烃药物的氧化主要是在双键位置形成环氧化物，进而与水结合生成反式二醇，或与谷胱甘肽等结合。例如，抗癫痫药卡马西平的氧化代谢如下式所示。

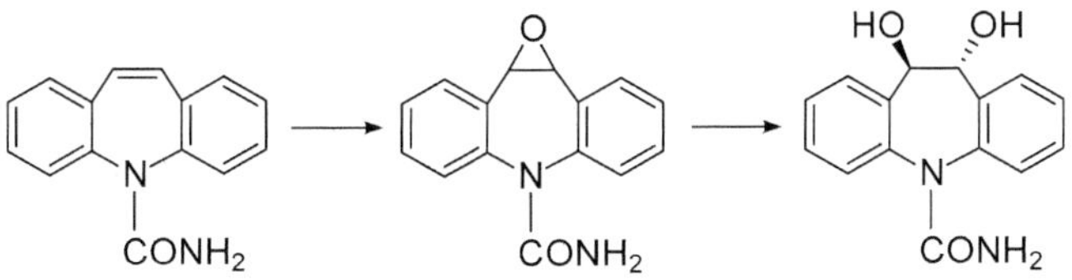

O　HO　OH

N　N　N

$CONH_2$　$CONH_2$　$CONH_2$

烃基的氧化主要有三类。第一类是活性基团上的甲基或亚甲基的 α-氧化，如苯环的 α-位(苄位)、双键的 α-位(烯丙基)、羰基的 α-位、杂原子的 α-位的氧化等。第二类是长链烷基的 ω-氧化和 ω-1-氧化，即空间位阻小的侧链处进行的氧化，生成 ω-羟基或 ω-1 羟基化合物，并可进一步氧化生成醛、酮或羧酸。第三类是连在杂原子上的烷基的氧化，药物分子中 N、O、S 等杂原子上连接的烷烃在生物转化过程中易被氧化脱去，此类反应称为脱烷基氧化反应。N、O、S 等杂原子上发生脱烷基氧化反应后，生成胺、酚和巯基化合物。非甾体抗炎药布洛芬(ibuprofen)上异丁基的氧化过程如下。

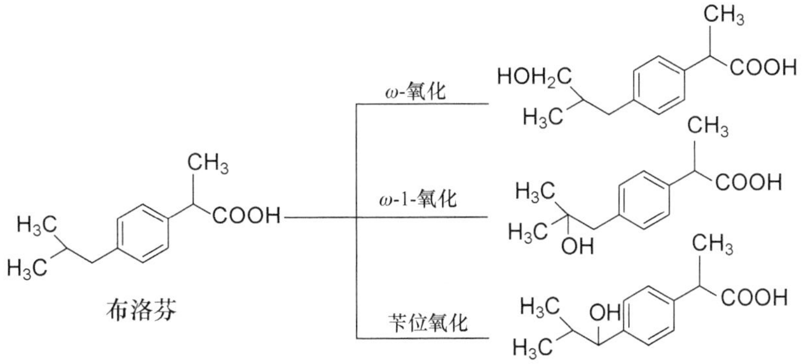

CH_3　HOH_2C　COOH　H_3C

ω-氧化

CH_3　CH_3　H_3C　COOH

ω-1-氧化

H_3C　COOH　H_3C　OH

H_3C　CH_3

布洛芬　苄位氧化　H_3C　OH　COOH　H_3C

胺的氧化主要以 N-脱烃基、N-氧化和脱胺基等方式进行。例如，β受体阻断剂普萘洛尔的氧化过程如下。

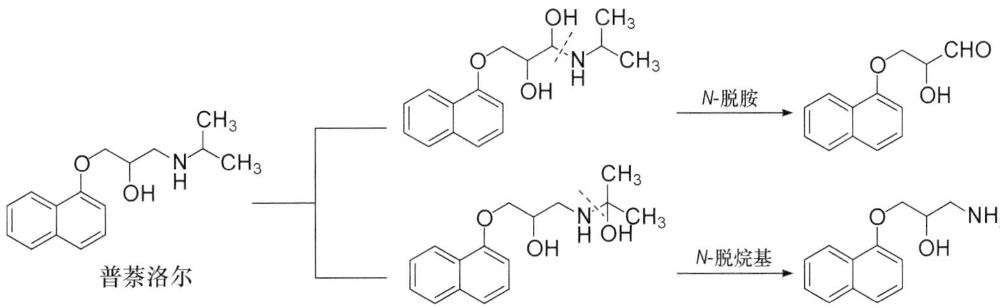

OH　CH_3　O　N　CH_3　CHO

OH　H　O　N-脱胺　OH

CH_3　O　N　CH_3　OH　H

CH_3　O　N　CH_3　O　NH_2

OH　H　OH

普萘洛尔　N-脱烷基

芳醚的氧化是以 O-脱烃基的方式进行的。例如，可待因(codeine)发生 O-脱甲基化生成吗啡。

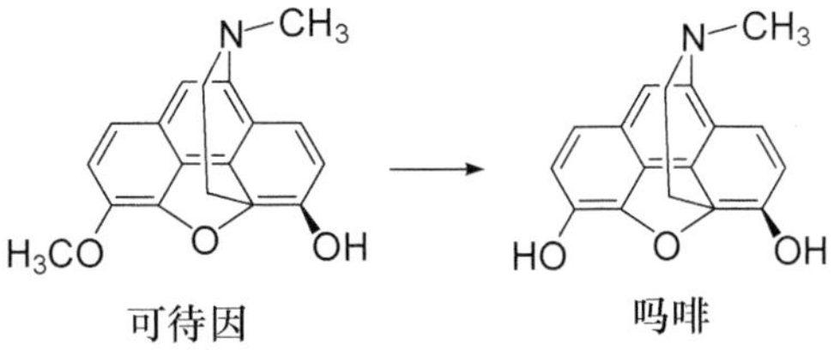

N—CH_3　N—CH_3

H_3CO　O　OH　HO　O　OH

可待因　吗啡

硫醚的氧化方式有 *S*-脱烃基、*S*-氧化和脱硫等三种。例如，第一个抗精神病药氯丙嗪的氧化主要是以 *S*-氧化方式进行。

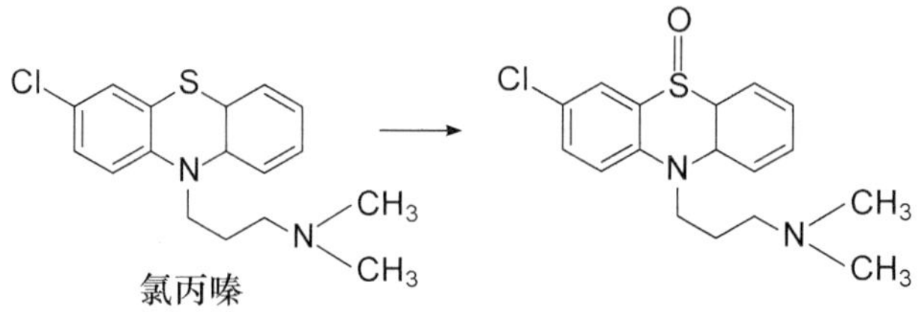

氯丙嗪

药物在体内的还原反应主要包括羰基的还原、硝基及偶氮化合物的还原。羰基的还原主要涉及醛或酮还原为醇，如阿片受体拮抗药纳洛酮的还原；硝基和偶氮化合物通常被还原为伯胺，如抗惊厥药氯硝西泮的还原。

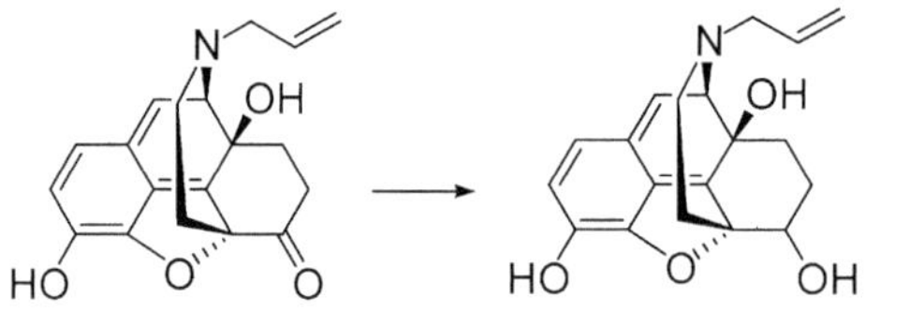

纳洛酮

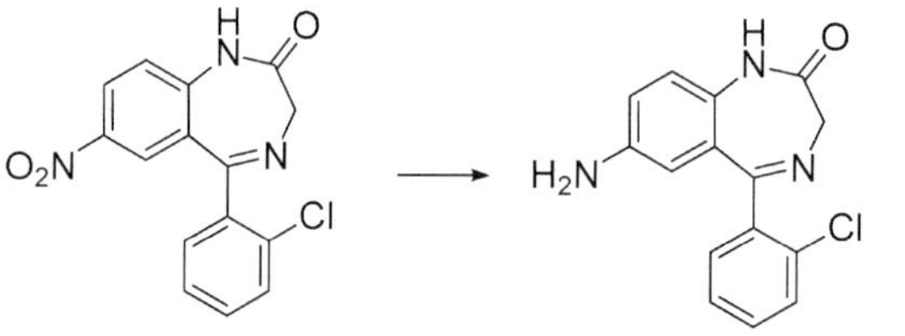

氯硝西泮

水解反应包括酯和酰胺的水解，水解产物主要是羧酸、醇或酚、胺等。例如，局部麻醉药普鲁卡因的水解，生成羧酸和羟胺。

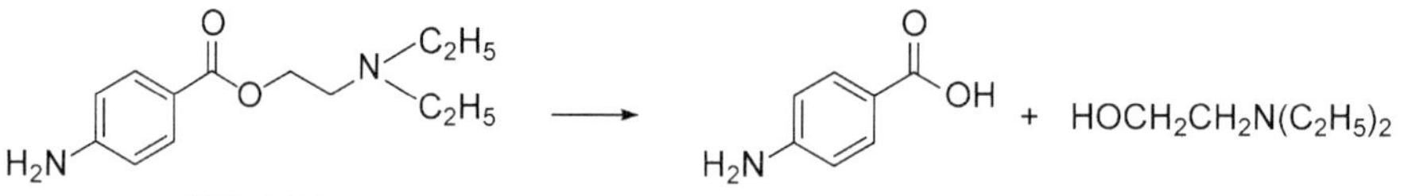

普鲁卡因

2. Ⅱ相反应

Ⅱ相反应又称为结合反应，指药物分子或者经体内官能团化反应后的代谢产物中的羟基、氨基、羧基和巯基等极性基团，在酶的催化作用下与葡萄糖醛酸、氨基酸、硫酸和 GSH 等活化的内源性的小分子结合，生成极性较大、易溶于水从而容易排出体外的结合物。

代谢结合反应可以分为 6 类，即与葡萄糖醛酸结合、与硫酸结合、与氨基酸结合、与 GSH 结合、乙酰化结合反应和甲基化结合反应。例如，甲烷磺酸类烷化剂白消安的代谢如下式所示。

$$CHSO_2OCH_2CH_2CH_2OSO_2CH_3 \xrightarrow{GSH} CHSO_2OCH_2CH_2CH_2GSH$$

白消安

6.3　药物的构效关系

药物的化学结构与生物活性之间的关系称为药物的构效关系(structure-activity relationship, SAR)。按照受体学说，药物的化学结构必须与受体相互匹配才能引发生物活性。药物的化学结构主要指基本骨架、活性基团、侧链长短和立体构型等，均会对药理效应产生影响。此外，药物的化学结构还决定了其理化性质，影响其在体内的吸收、分布和代谢。

6.3.1　药物的理化性质

药物的理化性质包括药物的溶解度、分配系数、解离度、氧化还原势、热力学性质和光谱性质等，直接影响药物在机体内的吸收、转运、分布、代谢和排泄，从而影响其药效，其中影响较大的因素是溶解度、分配系数和解离度。

药物的溶解度通常用脂水分配系数表示，即药物在有机相中和水相中达到分配平衡时，其在两相中的物质的量浓度之比。为了让药物更好地在机体内吸收、转运、分布、代谢和排泄，需要药物同时具有水溶性和一定的脂溶性。在药物分子中引入—COOH、—NH_2、—OH 等极性基团可以增强其水溶性；反之，在药物中引入烃基、卤素原子、芳环等基团，会使其脂溶性提高。一般，增强药物的脂溶性可以延长其作用时间，但脂溶性太强又不利于药物在机体内的转运。

大多数有机药物为弱酸或弱碱，在体液中发生部分解离，因此药物会以离子和分子两种形态同时存在。药物通常以分子状态通过生物膜，进入细胞后，在膜内的水介质中解离成离子形态，以离子起作用，因此药物需要有适当的解离度。药物解离形式与未解离形式的比例与药物的解离常数(pK_a)和体液介质的 pH 有关，可通过下式进行计算。

酸性药物：

$$\lg\frac{[HA]}{[A^-]} = pK_a - pH$$

碱性药物：

$$\lg\frac{[B]}{[HB^+]} = pK_a - pH$$

由上式可知，酸性药物随介质 pH 的增大，解离度增加，体内吸收率降低；碱性药物随介质 pH 的增大，解离度减小，体内吸收率提高。药物的解离度越大，离子型药物的浓度越高，不利于其在亲脂性组织中的吸收；但解离度和离子浓度过低，不利于药物在体内的转运。例如，水杨酸和巴比妥类弱酸性药物，在 pH 较低的环境中解离度低，易于吸收，因此一般在胃中吸收；而奎宁、麻黄碱、氨苯砜、地西泮等弱碱性药物，在酸性条件下几乎全部呈解离形式，不易于吸收，因此主要在 pH 比较高的肠道内吸收。

6.3.2 药物的化学结构

药物的药理作用主要依赖于分子整体的化学结构，但引入或改变某些特定的官能团会改变其理化性质以及在体内的转运和代谢，还可以影响药物与受体的结合，从而改变药物代谢的动力学性质，提高药物的疗效，降低毒副作用，方便应用。药物分子中常见的基团主要有烃基、卤基、磺酸基和羧酸基、羟基和巯基、醚和硫醚、氨基、酰胺基等。

药物分子中引入烃基，可以增强药物与受体的疏水性结合，提高药物的脂水分配系数，降低解离度。体积较大的烃基会增加空间位阻，从而提高药物的稳定性。例如，雌二醇因在体内易被氧化而口服无效，然而在其 17-位碳上引入乙炔基后，空间位阻增大，使其不易代谢，口服有效。

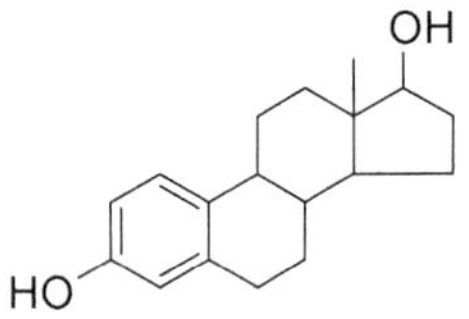

雌二醇 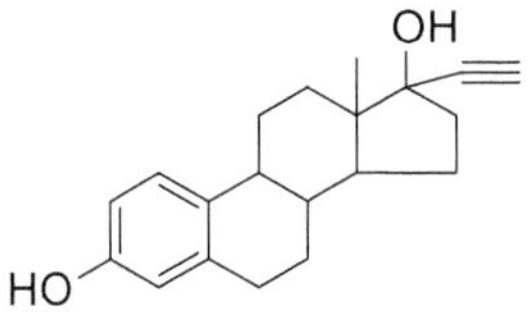　　炔雌醇 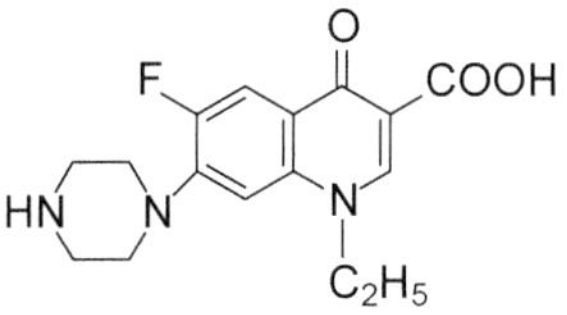　　诺氧沙星

卤素是一类吸电子性较强的基团。在药物中引入卤素，可影响药物分子间的电荷分布、脂溶性及作用时间，增强药物与受体的电性结合作用。例如，第三代喹诺酮类抗菌药物诺氧沙星，由于 6-位引入氟原子，抗菌活性比其氢原子的类似物强。

磺酸基的引入通常用来增大药物的水溶性和解离度，使药物难以穿过细胞膜，生物活性和毒性显著降低。羧酸的水溶性及解离度均比磺酸小，可与受体的碱性基团结合成盐，水溶性增大，药物活性提高。羧酸成酯可增大脂溶性，易被吸收，在体内酶的作用下发生水解反应生成羧酸，有时可利用这一性质将羧酸制成酯的前药，降低药物的酸性，减少对胃肠道的刺激性。

在药物中引入羟基可增加其与受体的结合力，还可形成氢键，增加水溶性，改变生物活性。例如，在硫恩酮分子的甲基上引入羟基后得到抗血吸虫病的海恩酮，活性提高了 10 倍。巯基形成氢键的能力比羟基低，引入巯基后，脂溶性比相应的醇高，更易吸收。巯基还可以与重金属作用生成不溶性的硫醇盐，可作解毒药，如硫喷妥钠和异戊巴比妥。

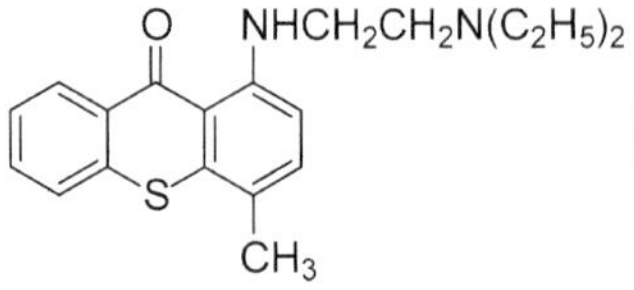

硫恩酮 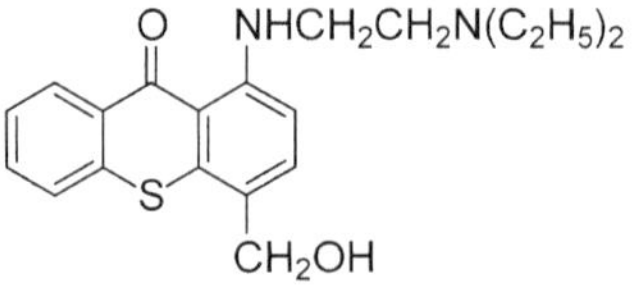　　海恩酮 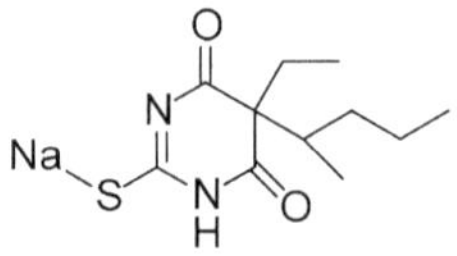　　硫喷妥钠 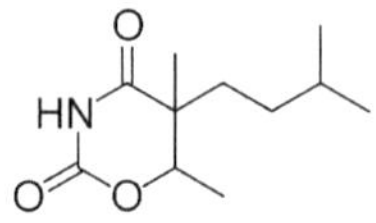　　异戊巴比妥

醚类化合物因其氧原子上具有孤对电子，且具有较强的电负性，能吸引质子，具有亲水性，碳原子具有亲脂性，使醚类化合物在酯-水交界处定向排布，易于通过生物膜。氧与亚甲基为生物电子等排体，互相替换对生物活性影响不大。硫醚易被氧化成亚砜或砜，砜为对称结构，使分子的极性减小，脂溶性增大。亚砜为棱锥型结构，形成新的手

性中心，可拆分为对应异构体，如奥美拉唑等。

酰胺类药物易与生物大分子形成氢键，与受体的结合能力增强，往往具有结构特异性。例如，β-内酰胺类抗生素和多肽类的胰岛素等均显示独特的生物活性。

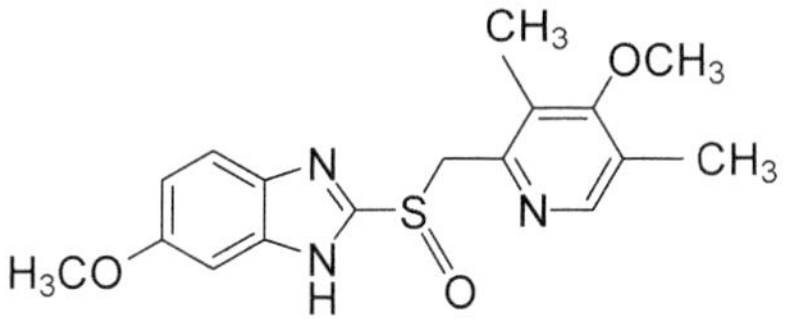

奥美拉唑　　β-内酰胺类抗生素

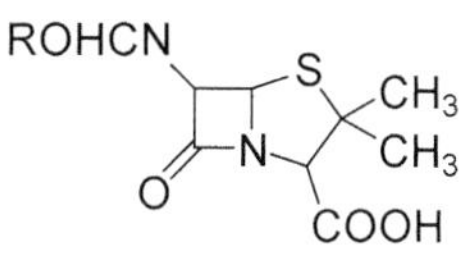

胺类药物的氮原子上含有未共用电子对，一方面显示碱性，易与核酸或蛋白质的酸性基团成盐；另一方面氮原子含有未共用电子对，是较好的氢键受体，能与多种受体结合，表现出多样的生物活性。例如，去甲肾上腺素主要是激动 α-受体，具有很强的血管伸缩作用，使全身的小动脉与小静脉都收缩(但冠状血脉扩张)，外周阻力增强，血压升高。

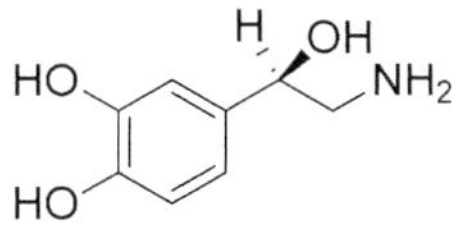

去甲肾上腺素

6.3.3 药物的立体异构

生物体对药物的吸收、分布、排泄等均具有立体选择性，因此，药物的立体结构影响其与受体之间的相互作用和生物活性。药物的立体异构主要包括几何异构、光学(对映)异构和构象异构。

药物的几何异构是由双键或刚性、半刚性的环状结构导致分子内旋转受到限制而产生的。几何异构体的理化性质和生理活性差异较大，例如，反式雷尼替丁具有抗溃疡作用，而其顺式异构体无活性；己烯雌酚的反式异构体表现出与雌二醇相同的生理活性，而顺式异构体不具有雌激素活性。

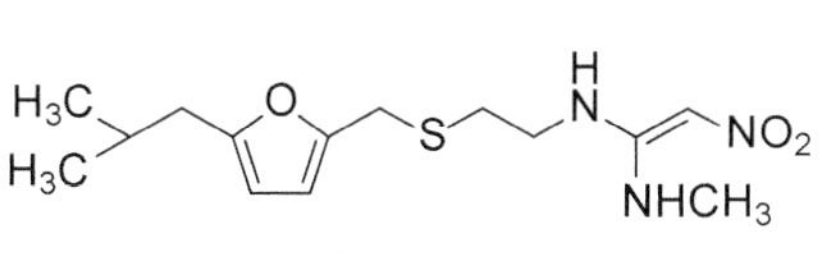

顺式雷尼替丁 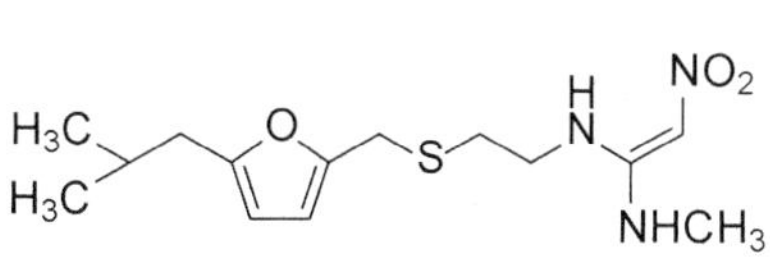　　反式雷尼替丁

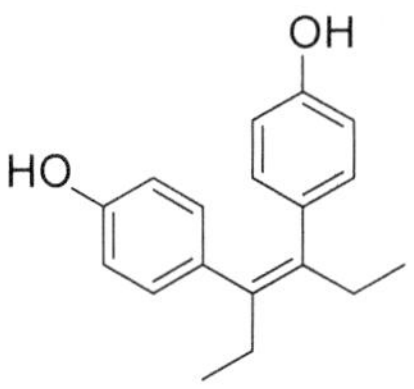

顺式己烯雌粉 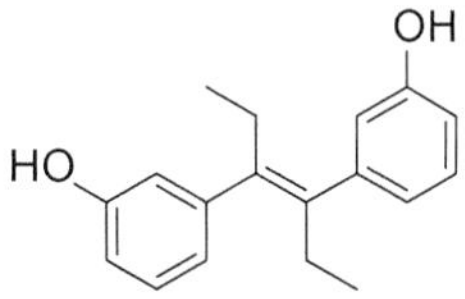　　反式己烯雌粉

手性是生物体的基本特征之一。例如，所有的动物蛋白质都是由L-氨基酸构成，而DNA和RNA中以及代谢途径中涉及的所有糖都是R型的。手性药物的两个异构体具有

完全相同的理化性质，但由于旋光性不同，其生理活性不同甚至完全相反。原则上，手性药物的立体选择性涉及药物的转运和存储、药物与受体的相互作用、药物的代谢和排泄等各个阶段。一个著名的例子就是药物史上的悲剧之一“反应停”事件。20 世纪 60 年代前后，沙利度胺(反应停)在欧美被用于治疗妊娠反应，疗效明显，但随即而来的是许多短肢畸形婴儿的出生。就是因为该药物的 *S*-异构体具有治疗作用，而其 *R*-异构体有致畸作用。又如，青霉胺的 D-异构体可以治疗风湿性关节炎，而其 L-异构体毒性很高。

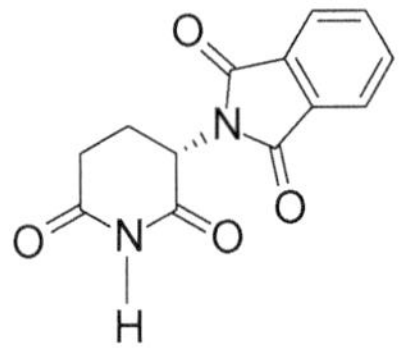

S-沙利度胺(反应停) 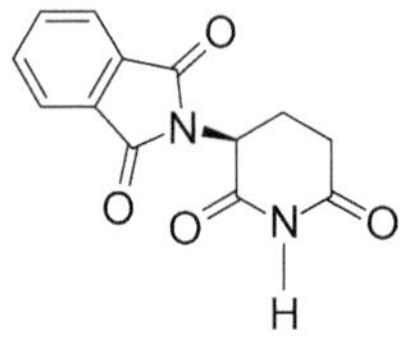　*R*-沙利度胺(反应停) 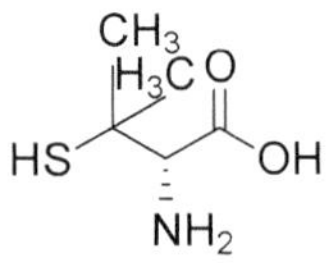　L(*R*)-青霉胺 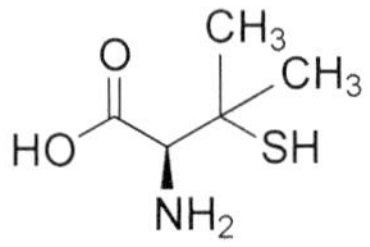　D(*S*)-青霉胺

药物分子的构象异构是由于碳碳单键的旋转或扭曲而产生的分子内各原子和基团空间排列的不同。药物分子构象主要有两种类型，一种是稳定出现、概率高、自由能低的优势构象，另一种是只在药物与受体结合时的药效构象。药物的生理活性与其构象密切相关，许多受体只能与特定构象的药物结合，能量最低的优势构象并不一定是药效构象。例如，作为柔性分子的多巴胺可以有多种构象体存在，其中以一种反式体和两种歪扭体为主要存在形式，理论计算表明反式体为优势构象，由刚性或半刚性的多巴胺类似物研究表明，呈现药效构象的为反式构象。

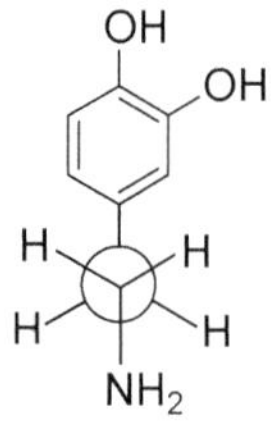

多巴胺反式体 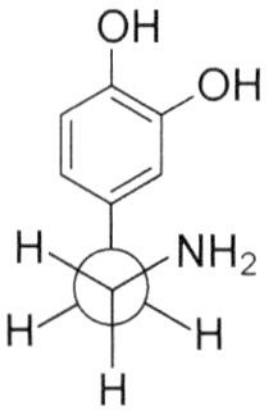　多巴胺歪扭体 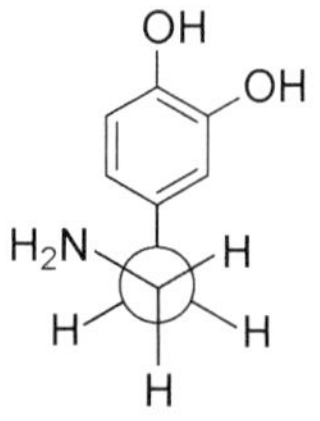　多巴胺歪扭体

6.4 主要类型药物的品种及合成

6.4.1 镇静催眠药和抗精神失常药

1. 镇静催眠药

镇静药是用来缓和激动、消除躁动、恢复安静情绪的药。催眠药是诱导和维持近似生理睡眠的药物。二者的区别取决于剂量的大小，因此统称镇静催眠药。主要是巴比妥类和苯二氮卓类，此外还有氨基甲酸酯类、喹唑酮类、对羟苄醇及其衍生物类、咪唑并吡唑类、吡咯酮类和吡唑并嘧啶类等。

巴比妥类镇静催眠药均为巴比妥酸的衍生物，巴比妥酸并无中枢抑制作用，用不同的基团取代 C_5 上的两个氢原子后，可获得一系列中枢抑制药。例如，苯巴比妥、异戊巴比妥、司可巴比妥、硫喷妥钠等，其结构通式如下。

O, R_1, NH, O, R_2, NH, O

巴比妥类药物一般是用卤代烷对丙二酸二乙酯进行烷基化反应，然后与脲缩合得到最终产物。例如，临床常用的镇静催眠药物异戊巴比妥，其合成路线如下。

O, CH_3, O, CH_3 + CH_3, H_3C, Br $\xrightarrow{C_2H_5ONa}$ CH_3, O, H_3C, CH_3, O, CH_3 $\xrightarrow[C_2H_5ONa]{CH_3CH_2Br}$

CH_3 H_3C, O, H_3C, CH_3, O, CH_3 $\xrightarrow[C_2H_5ONa]{NH_2CONH_2}$ CH_3 H_3C, O, H_3C, N, O, N, H, ONa $\xrightarrow{HCl}$ CH_3 H_3C, O, H_3C, NH, O, N, H, O

异戊巴比妥

带有芳基的巴比妥类药物，如苯巴比妥，由于卤代芳烃不活泼，故以苯乙酸乙酯为原料与丙二酸二乙酯反应，先合成苯基乙基丙二酸二乙酯，然后与脲缩合。

$-CH_2COOC_2H_5$ $\xrightarrow[C_2H_5ONa]{C(COOC_2H_5)_2}$ $COOC_2H_5$, $-C-C_2H_5$, $COOC_2H_5$ $\xrightarrow[(2)\ HCl]{(1)\ H_2NCONH_2,\ C_2H_5ONa}$ O, C_2H_5, NH, O, NH, O

苯巴比妥

苯二氮卓类镇静催眠药多为 1,4-苯并二氮的衍生物，临床常用的有 20 多种，如地西泮、奥沙西泮、氟西泮、氯氮卓、三唑仑等。地西泮(安定)为其典型代表，可抑制中枢神经系统。目前认为，苯二氮卓类的中枢作用主要与药物加强中枢抑制性神经递质γ-氨基丁酸(GABA)功能有关，还可能和药物作用于不同部位的 $GABA_A$ 受体密切相关。地西泮的合成路线有多种，举例如下。

Cl, O $\xrightarrow[ZnCl_2]{Cl-C_6H_4-NHCH_3}$ $NHCH_3$, Cl, O $\xrightarrow[C_6H_{11}-N=C=N-C_6H_{11}]{HOOCCH_2NHCOOCH_2C_6H_5}$

H_3C, O, H, N, O, N, O, Cl, O $\xrightarrow[HBr]{CH_3COOH}$ H_3C, O, N, NH_2, Cl, O $\xrightarrow{NH_4OH}$ H_3C, N, O, Cl

地西泮

扎来普隆是新一代的吡唑并嘧啶类镇静催眠药，其结构式如下所示：

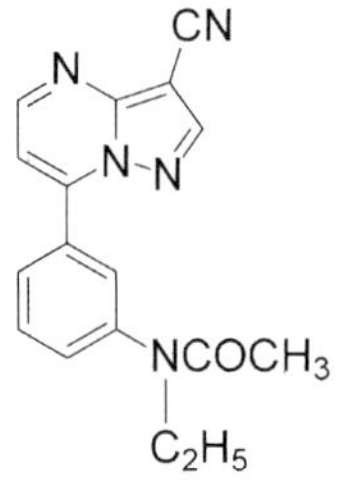

扎来普隆

2. 抗精神病药

抗精神病药按照结构可以分为吩噻嗪类、苯酰胺类、硫杂蒽类和其他类型。

吩噻嗪是由硫、氮联结两个苯环的一种三环结构，其2,10-位被不同基团取代则获得吩噻嗪类抗精神病药，常用的药物有氯丙嗪、三氟丙嗪、奋乃静、泰尔登和氟哌噻吨等。

氯丙嗪作为第一个吩噻嗪类药物，具有较强的安定作用，但副作用较大。奋乃静为吩噻嗪的哌嗪衍生物，其药理效果与氯丙嗪相当，但对心血管等系统的副作用较氯丙嗪小，其合成路线举例如下。

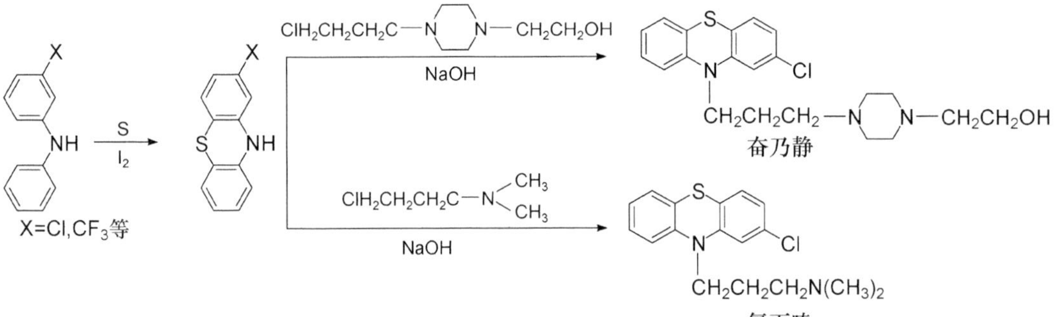

X=Cl, CF_3等

奋乃静

氯丙嗪

苯酰胺类是20世纪70年代后期发展起来的抗精神病药物，药效强且副作用较低。代表性药物有舒必利、舒托必利等。舒必利的合成路线如下。

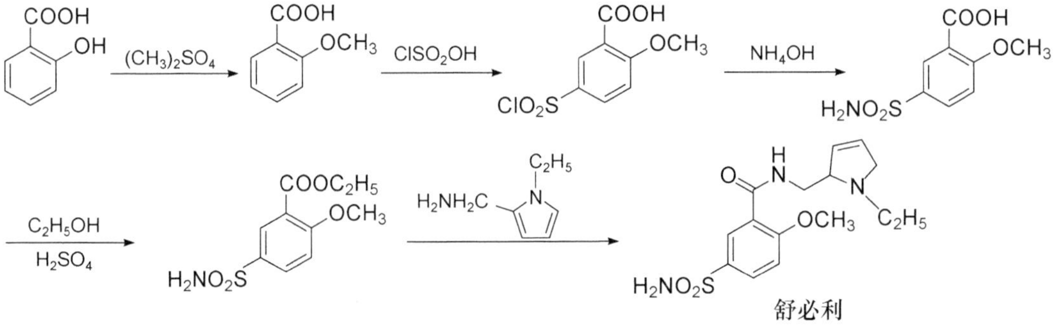

舒必利

3. 抗抑郁症药

抗抑郁症药主要有5类：去甲肾上腺素重摄取抑制剂，如丙米嗪、阿米替林和托莫西汀等；单胺氧化酶抑制剂(MAOIs)，如吗氯贝胺和托洛沙酮；选择性 5-HT 再摄取抑制剂(SSRIs)，如盐酸氟西汀等；四环类抗抑郁药，如马普替林；去甲肾上腺能及特异性 5-HT 再摄取抑制剂，如米氮平等。

托莫西汀是去甲肾上腺素重摄取抑制剂类抗抑郁症药的典型代表，可用于治疗注意障碍和多动症。可以进行全有机合成，也可以由酵母通过生物催化合成。其结构式如下。

托莫西汀

阿米替林是三环类抗抑郁症药中镇静效应最强的药物，能有效改善抑郁患者的情绪，适用于治疗焦虑性或激动性抑郁症。其合成路线一般是以二苯环庚酮为原料，经过 Grignard 反应得到。

$H_2C{=}CHCH_2MgBr$　H^+　(1) 二异戊基硼烷 (2) H_2O_2　TsCl　$(CH_3)_2NH$

阿米替林

吗氯贝胺属于单胺氧化酶抑制剂，可以选择性抑制单胺氧化酶 A，对肝脏毒性较小。目前其合成主要以 4-氯-*N*-(2-溴乙基)苯甲酰胺与吗啉反应制备。

$HOCH_2CH_2NH_2 \xrightarrow{HBr} BrCH_2CH_2NH_2\cdot HBr \xrightarrow[NaOH]{Cl-C_6H_4-COCl} Cl-C_6H_4-C(=O)-NHCH_2CH_2Br$

$\xrightarrow{\text{吗啉}}$ $O(CH_2CH_2)_2NCH_2CH_2NH-C(=O)-C_6H_4-Cl$

吗氯贝胺

盐酸氟西汀是选择性 5-HT 再摄取抑制剂类抗抑郁症药，其合成主要采用对氯三氟甲苯与 3-甲胺基-1-苯基丙醇进行 S_N2 芳基醚化反应制得。

$C_6H_5COCH_3 \xrightarrow[(HCHO)_n]{CH_3NH_2\cdot HCl} C_6H_5COCH_2CH_2NHCH_3\cdot HCl \xrightarrow[MeOH]{KBH_4} C_6H_5CH(OH)CH_2CH_2NHCH_3$

$\xrightarrow{Cl-C_6H_4-CF_3} C_6H_5CH(O-C_6H_4-CF_3)CH_2CH_2NHCH_3 \xrightarrow{HCl} C_6H_5CH(O-C_6H_4-CF_3)CH_2CH_2NHCH_3\cdot HCl$

盐酸氟西汀

4. 抗焦虑症药

目前临床上广泛应用的抗焦虑症药主要分为两类，即苯二氮卓类，如地西泮、去甲羟安定等(参见镇静催眠药苯二氮卓类等药物部分)，以及丁螺环酮类，如丁螺环酮、替螺酮等。

去甲羟基安定又称舒宁、奥沙西伴、羟苯二氮卓，主要用于治疗焦虑、紧张、失眠等神经官能症，对控制癫痫患者的大小发作也有一定效果，其结构式如下。

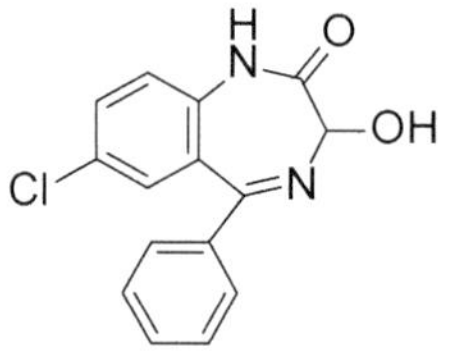

去甲羟基安定

丁螺环酮是氮杂螺环癸烷双酮类抗焦虑症药，选择性高，容易代谢且不会引起嗜睡，其合成步骤如下。

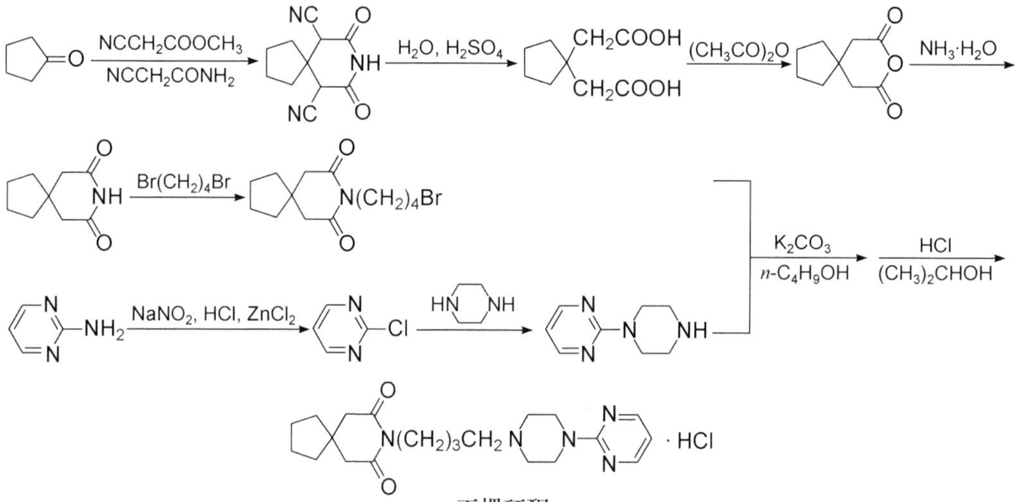

丁螺环酮

6.4.2 抗菌药物

抗菌药是抑制或杀灭病原微生物的药物。细菌种类成千上万，分为能被革兰氏试剂(结晶紫及碘)染为蓝色的革兰氏阳性细菌，和对革兰氏试剂没有反应或呈红至粉红色的革兰氏阴性细菌。革兰氏阴性细菌比革兰氏阳性细菌多一层含脂多糖的膜壁，能阻止杀菌剂进入细胞膜，因而难以杀死。根据药物的结构和能抑制或杀灭的病原微生物种类不同，抗菌药物可分为磺胺类药物、抗生素类药物和喹诺酮类药物。

1. 磺胺类

磺胺类抗菌药是用于预防和治疗细菌感染性疾病的一类化学治疗药物，主要通过抑制细菌繁殖达到抗菌目的，其结构和对氨基苯甲酸(PABA)相似，因而可与 PABA 竞争二氢叶酸合成酶，阻碍二氢叶酸的合成，从而影响核酸的生成，抑制细菌生长繁殖。磺胺类抗菌药目前在临床上已经不经常使用，但由于对流脑、鼠疫等某些感染性疾病具有良好的疗效，且使用方便、性质稳定、价格低廉，故在抗感染药物中仍占有一定地位。

磺胺类抗菌药的结构通式如下：

$$H_2N-C_6H_4-SO_2NHR$$

其中，苯环上的氨基与磺酰胺基必须处于对位，且氨基上一般没有其他取代基；用取代苯环或其他环代替苯环时，会使抑菌作用降低或完全失去；*N*-单取代的磺酰胺化合物抑菌作用较强，当用杂环取代时，抑菌作用增强更为明显；*N,N*-双取代磺胺化合物一般没有活性。常见的磺酰胺类药物有对氨基苯磺酰胺、磺胺嘧啶 SD、新诺明 SMZ 和周效磺胺 SDM 等。

磺胺类药物的通用合成方法是用对氨基苯磺酰氯及其衍生物与不同的杂环化合物缩合。例如，用于肺炎、肠道感染等的高效磺胺药磺胺甲基异噁唑(3-磺胺-5-甲基异噁唑，SMZ)的合成路线如下。

$$C_2H_5O-\overset{O}{\overset{\|}{C}}-\overset{O}{\overset{\|}{C}}-OC_2H_5 + H_3C-\overset{O}{\overset{\|}{C}}-CH_3 \xrightarrow[(2)H^+]{(1)C_2H_5ONa} C_2H_5\overset{O}{\overset{\|}{C}}-\overset{O}{\overset{\|}{C}}-\overset{O}{\overset{\|}{C}}-OC_2H_5 \xrightarrow{NH_2OH\cdot HCl} \left[H_3C-C(OH)=CH-C(=N-OH)-\overset{O}{\overset{\|}{C}}-OC_2H_5\right]$$

$$\xrightarrow{H_2O} \text{5-甲基异噁唑-3-}COOC_2H_5 \xrightarrow{NH_3\cdot H_2O} \text{5-甲基异噁唑-3-}CONH_2 \xrightarrow[NaOCl]{NaOH} \text{5-甲基异噁唑-3-}N=C=O \xrightarrow{H_2O}$$

$$\text{3-}NH_2\text{-5-甲基异噁唑} \xrightarrow{H_3COCHN-C_6H_4-SO_2Cl,\ NaHCO_3} H_3COCHN-C_6H_4-SO_2-NH-(\text{5-}CH_3\text{-异噁唑-3-基}) \xrightarrow{NaOH}$$

$$H_2N-C_6H_4-SO_2-N(Na)-(\text{5-}CH_3\text{-异噁唑-3-基}) \xrightarrow{H^+} H_2N-C_6H_4-SO_2-NH-(\text{5-}CH_3\text{-异噁唑-3-基})$$

SMZ

长效磺胺药周效磺胺(4-磺胺-5,6-二甲氧基嘧啶，SDM)是用对乙酰氨基苯磺酰胺(ASN)与 5-溴双氯嘧啶缩合制得，各步反应如下。

$$C_2H_5O\overset{O}{\overset{\|}{C}}CH_2\overset{O}{\overset{\|}{C}}OC_2H_5 + H_2NCONH_2 \xrightarrow[C_2H_5OH]{C_2H_5ONa} \text{4,6-二羟基嘧啶} \xrightarrow[CH_3COOH,\ CH_3COONa]{Br_2} \text{5-}Br\text{-4,6-二羟基嘧啶} \xrightarrow[\text{二甲苯胺}]{POCl_3}$$

$$\text{5-}Br\text{-4,6-二}Cl\text{嘧啶} \xrightarrow[DMF,Na_2CO_3]{CH_3CONH-C_6H_4-SO_2NH_2} CH_3CONH-C_6H_4-SO_2N(Na)-(\text{5-}Br\text{-6-}Cl\text{-嘧啶-4-基}) \xrightarrow[CuO,10atm^{①}]{CH_3ONa}$$

①1atm＝1.01325×10^5 Pa。

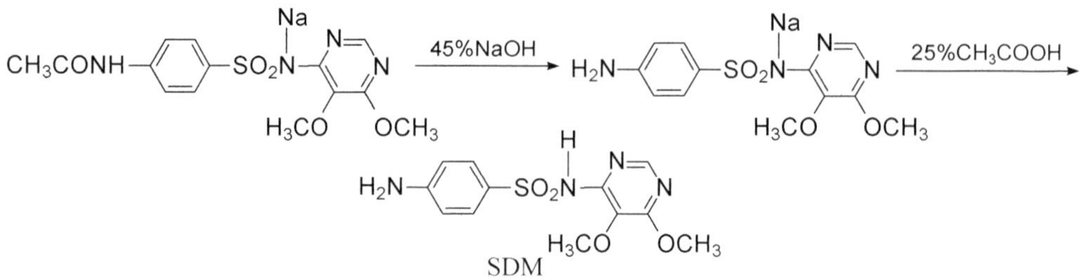

$$CH_3CONH-C_6H_4-SO_2N(Na)-C_4HN_2(OCH_3)_2 \xrightarrow{45\%NaOH} H_2N-C_6H_4-SO_2N(Na)-C_4HN_2(OCH_3)_2 \xrightarrow{25\%CH_3COOH} H_2N-C_6H_4-SO_2NH-C_4HN_2(OCH_3)_2$$

SDM

2. 抗生素类

抗生素是某些微生物或其他动植物在代谢过程中的代谢产物，或者化学合成的类似物，在小剂量下即对各种病原微生物有强烈的杀灭、抑制作用，同时对宿主不会产生严重毒害的药物。抗生素主要是通过干扰细菌细胞壁合成、损伤细菌细胞膜、干扰细菌蛋白合成和抑制细菌核酸合成起作用。抗生素按其化学结构主要分为β-内酰胺类、大环内酯类、四环素类、氨基糖苷类和氯霉素类。

1) β-内酰胺类抗生素

β-内酰胺类抗生素的药效基团是四个原子组成的β-内酰胺环，当与细菌作用时，内酰胺环开环，与细菌发生酰化作用抑制细菌的生长。但四个原子的β-内酰胺环张力较大，化学性质不稳定，易发生开环导致失活。

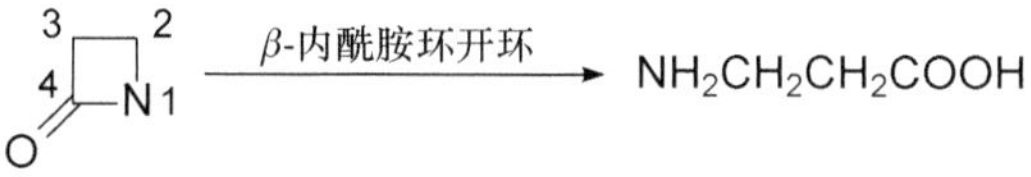

$$\text{β-内酰胺环} \xrightarrow{\text{β-内酰胺环开环}} NH_2CH_2CH_2COOH$$

β-内酰胺类抗生素主要有经典结构的青霉素类和头孢菌素类，以及青霉烯、氧青霉烷类和单环β-内酰胺类等其他非经典的结构类型。

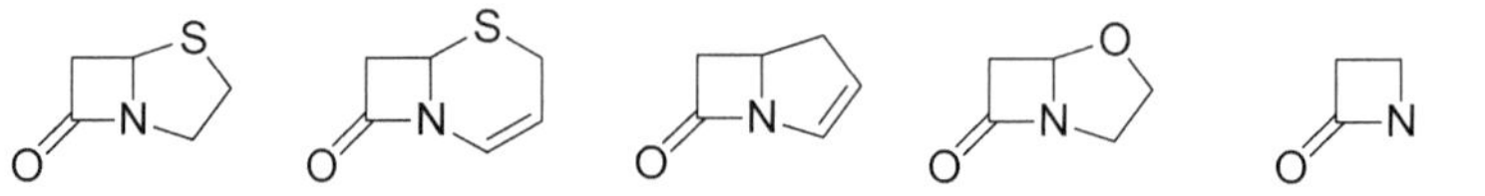

青霉烷　头孢烯　碳青霉烯　氧青霉烷　单环β-内酰胺

β-内酰胺类抗生素具有以下结构特点：有一个β-内酰胺四元环，除单环β-内酰胺类外，均与一个五元或六元环稠合；β-内酰胺环N原子的3-位都有一酰胺基侧链，除单环β-内酰胺类外，稠合的环上通常有一个羧基；β-内酰胺环与稠合环不共平面；药物的生理活性与其立体结构密切相关，各旋光异构体之间活性差别很大。

青霉素(penicillin)是青霉菌所产生的抗生素的总称，结构通式如下(R^2一般为H)。

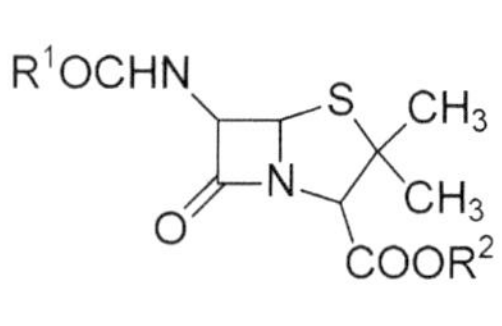

(R^1OCHN-, CH_3, CH_3, $COOR^2$)

天然的青霉素有青霉素F、双氢青霉素F、青霉素G、青霉素K、青霉素N、青霉素V、青霉素X共7种，其中青霉素G药用价值最高。

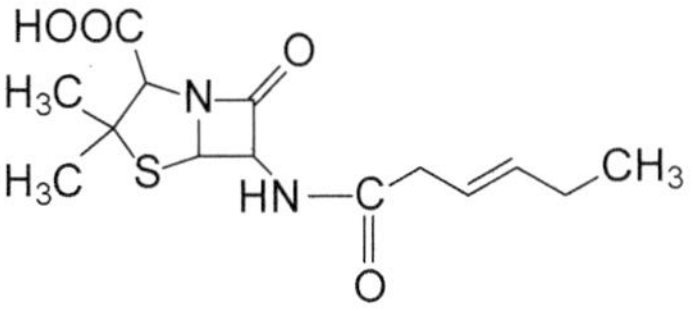

青霉素F 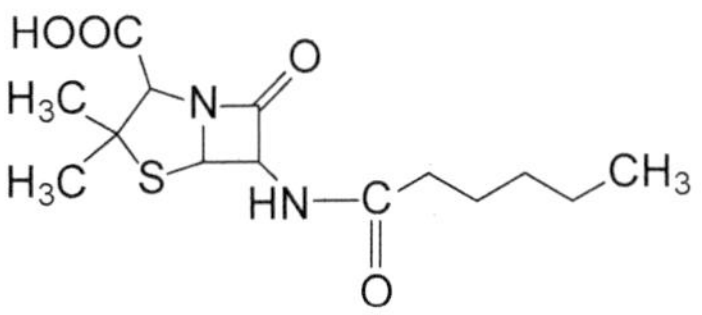　　双氢青霉素F 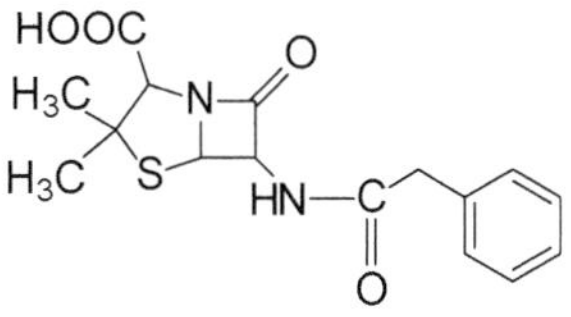　　青霉素G

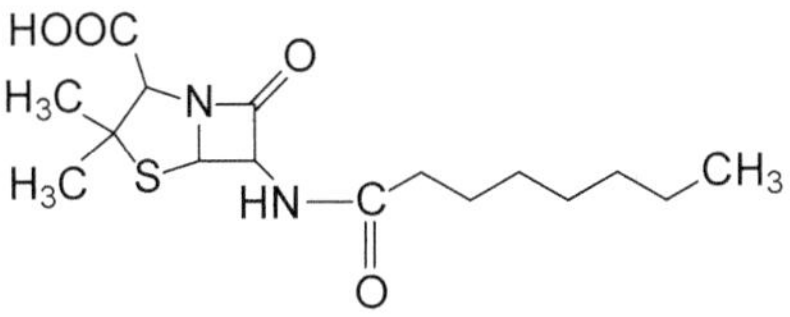

青霉素K 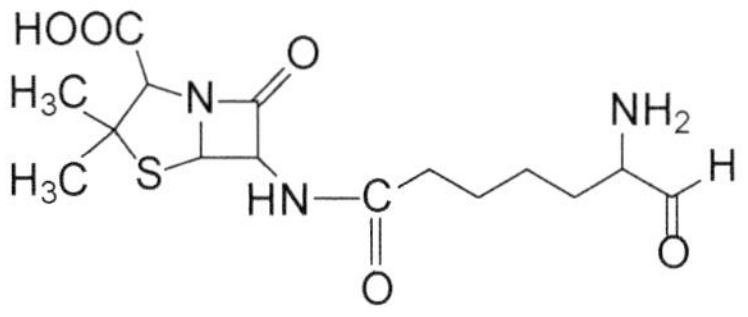　　青霉素N

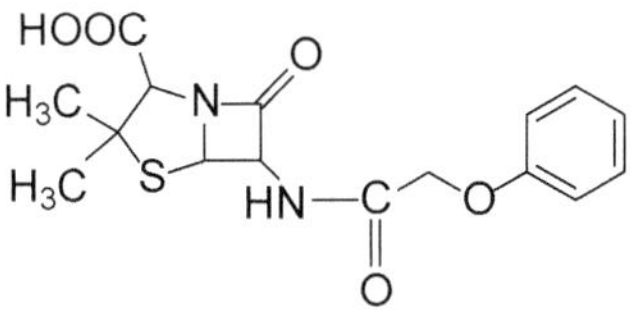

青霉素V 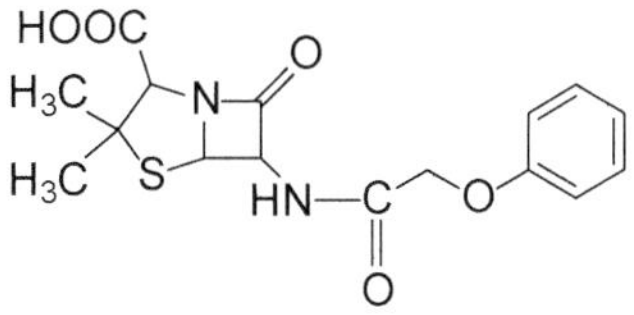　　青霉素X

1959 年从青霉素发酵液中分离得到了 6-氨基青霉烷酸(6-APA)。将各种不同的酰基化合物加入生产青霉素的发酵液中，在霉菌作用下酰基可与 6-APA 缩合，这种合成青霉素的方法为半合成法。采用半合成法可以制备多种耐酸、耐酶及广谱的青霉素。

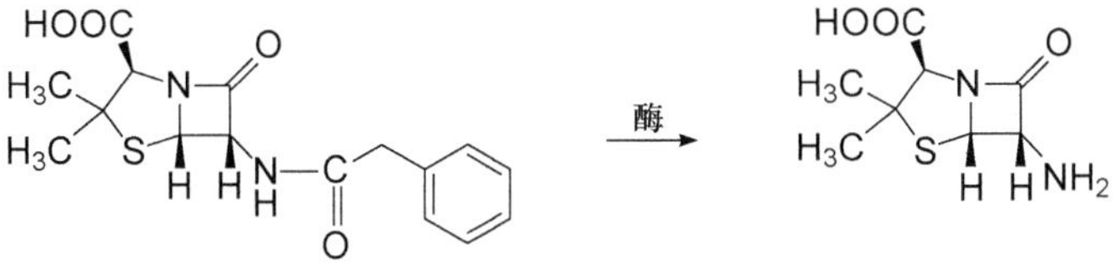

青霉素G —酶→ 6-氨基青霉烷酸

异噁唑类青霉素是含有取代 4-异噁唑基侧链的一类青霉素，耐酶、耐酸性好，临床应用的有苯唑西林、氯唑西林、双氯西林和氟氯西林等 4 种，其结构及品种如表 6-1 所示。

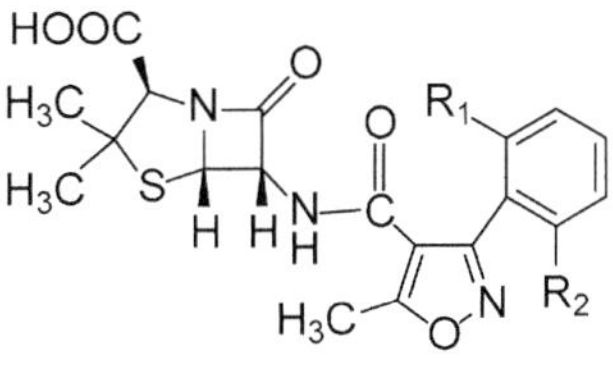

表 6-1　异噁唑类青霉素品种及结构

药物名称	苯唑西林	氯唑西林	双氯西林	氟氯西林
R_1	H	Cl	Cl	F
R_2	H	H	Cl	Cl

此类青霉素通过 6-APA 与含异噁唑结构的酰氯缩合得到。例如，苯唑西林的合成路线如下。

CHO　$\xrightarrow{NH_2OH\cdot HCl}$　CH=NOH　$\xrightarrow{Cl_2}$　C(=NOH)—Cl　$\xrightarrow[C_2H_5OH,\ NaOH]{CH_3COCH_2COOC_2H_5}$

NOH　C—CHCOOC$_2$H$_5$　COCH$_3$　$\xrightarrow{H_2O}$　COOC$_2$H$_5$　N　O　CH$_3$　$\xrightarrow[(2)HCl]{(1)NaOH}$　$\xrightarrow[\triangle]{SOCl_2}$　COCl　N　O　CH$_3$

$\xrightarrow[C_2H_5OH, CH_3COONa]{6\text{-}APA,\ pH=7}$　O　C—NH　O　N　COONa　CH$_3$　CH$_3$　S　H　H　N　O　CH$_3$

苯唑西林

氨苄西林(ampicillin)是临床上第一例广谱青霉素，可通过在苄青霉素的侧链上引入氨基得到。阿莫西林(amoxicillin)是在氨苄西林苯基的4-位引入羟基得到的，其克服了氨苄西林口服效果不佳的缺点。阿莫西林的典型合成路线是用 α-氨基-4-羟基苯乙酸和6-APA 缩合得到。

OH　+ OHC—COOH　$\xrightarrow[H_2O]{NH_2SO_3H}$　HO—　NH$_2$　COOH　$\xrightarrow[\text{青霉素酰胺酶}]{6\text{-}APA}$　HCOCHN　H$_2$N　O　N　COONa　CH$_3$　CH$_3$　S　H　H

阿莫西林

头孢菌素主要用于治疗耐药金黄色葡萄球菌和某些革兰氏阴性杆菌所引起的各种感染。其药效基本结构为7-氨基头孢烷酸(7-ACA)，噻唑环的双键会与β-内酰胺 N 原子的孤对电子形成共轭，另外四元环与六元环稠合后，分子内张力变小，因此头孢菌素比青霉素稳定。

作为头孢菌素类抗生素合成的重要中间体，7-ACA 的合成主要有头孢菌素 C 的化学裂解法和青霉素扩环法。化学裂解法以头孢菌素 C 钠为原料，经酯化、氯化、醚化和水解四步反应。

HOOC　NH$_2$　O　H N　O　N　COOH　CH$_2$OAc　S　$\xrightarrow{(CH_3)_3SiCl}$　(H$_3$C)$_3$SiOOC　NH$_2$　O　H N　O　N　COOH　CH$_2$OAc　S

$\xrightarrow{PCl_5}$　(H$_3$C)$_3$SiOOC　NH$_2$　Cl　H N　O　N　COOH　CH$_2$OAc　S　$\xrightarrow{n\text{-BuOH}}$

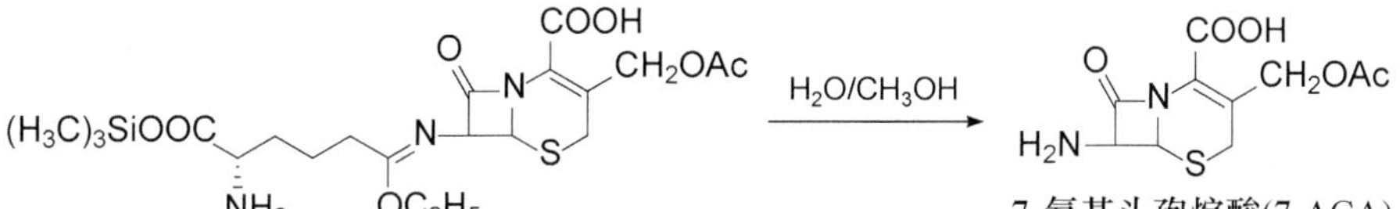

7-氨基头孢烷酸(7-ACA)

青霉素扩环法通常是将青霉素 G 的钾盐进行羧基保护后，用双氧水将其氧化，再经磷酸处理，然后经氯化、醚化和水解得到 7-ACA。

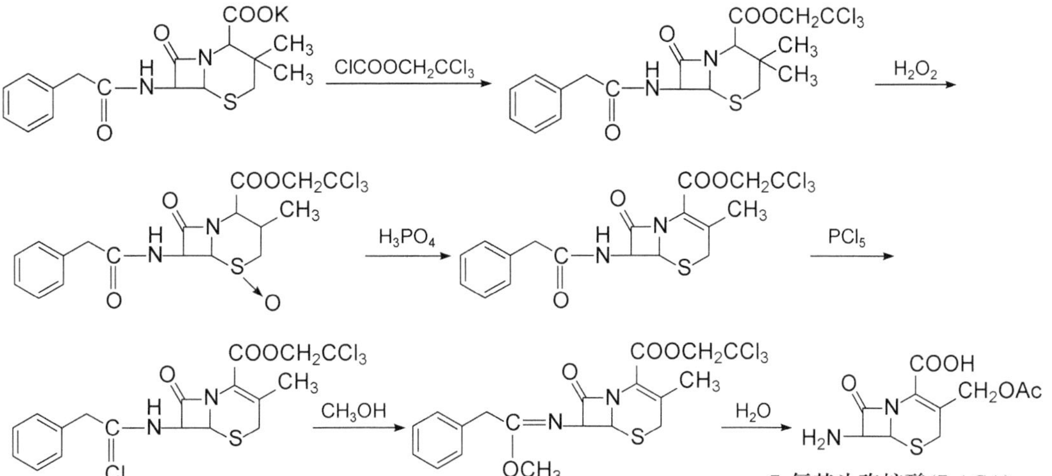

7-氨基头孢烷酸(7-ACA)

目前已有四代头孢菌素抗生素。第一代对革兰氏阴性菌的β-内酰胺酶的抵抗力较弱，较易产生耐药性，如头孢氨苄(先锋霉素Ⅳ)、头孢唑啉(先锋霉素Ⅴ)和头孢拉啶(先锋霉素Ⅵ)等。第二代的化学结构与第一代相近，对革兰氏阳性菌的抗菌效能比第一代低，但对革兰氏阴性菌的作用较为优异，抗酶性强，抗菌谱广，如头孢孟多、头孢替定、头孢呋辛和头孢丙烯等。第三代侧链上的化学结构大多是 2-氨基噻唑-α-甲氧亚胺基乙酰基，革兰氏阳性菌的抗菌效能普遍低于第一代，对革兰氏阴性菌的作用较第二代更为优越，如头孢地尼、头孢哌酮(先锋必)、头孢三嗪(菌必治)和头孢他啶等。第四代含有 2-氨基噻唑-α-甲氧亚胺基乙酰基侧链和带正电荷的季铵基团，增加了药物对细胞膜的穿透力，具有较强的抗菌活性，如头孢匹罗、头孢吡肟、头孢唑兰等。

头孢氨苄作为第一代头孢类广谱抗生素的典型代表，对多种耐药菌有效，口服吸收良好、血浓度高，作用时间长。对治疗呼吸道、尿道和软组织感染有显著疗效。其合成经过了酯化、氧化、重排、扩环、氯化、醚化、水解、成盐等多步反应。

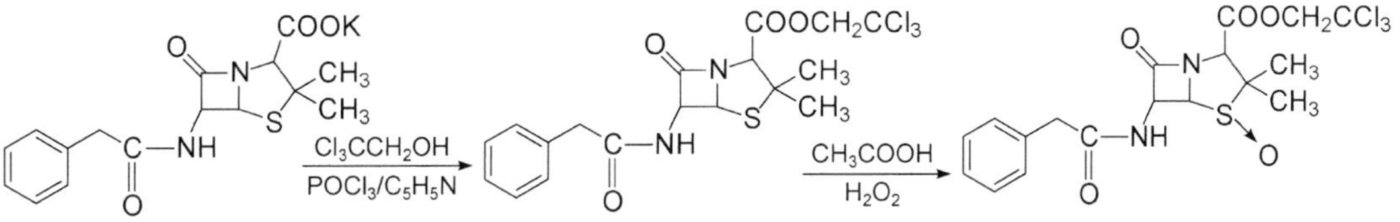

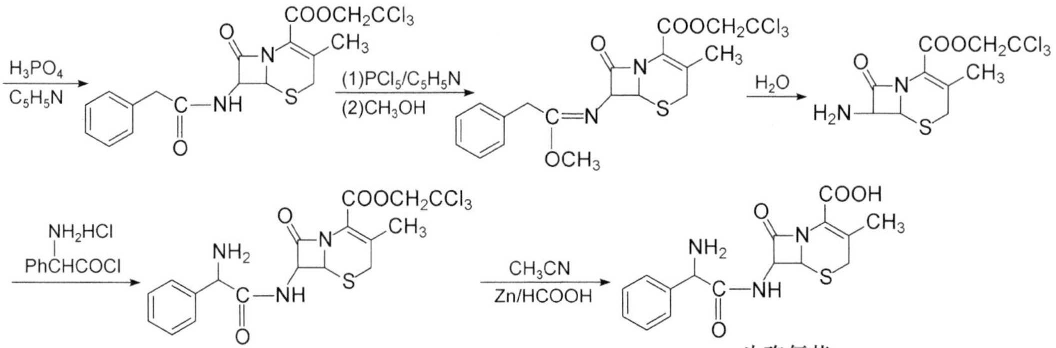

头孢氨苄

头孢丙烯属于第二代头孢类抗生素，可用于敏感菌所致的各种感染。第三代口服头孢菌素头孢地尼的化学结构特点是在 7-氨基头孢烷酸骨架的 7-位侧链上引入氨基噻唑基、羟亚氨基，3-位侧链上引入乙烯基得到的。头孢地尼可抑制 90%～100% 的临床分离菌，主要适用于慢性支气管炎急性发作、细菌性肺炎、上呼吸道感染、皮肤及软组织感染等的治疗。

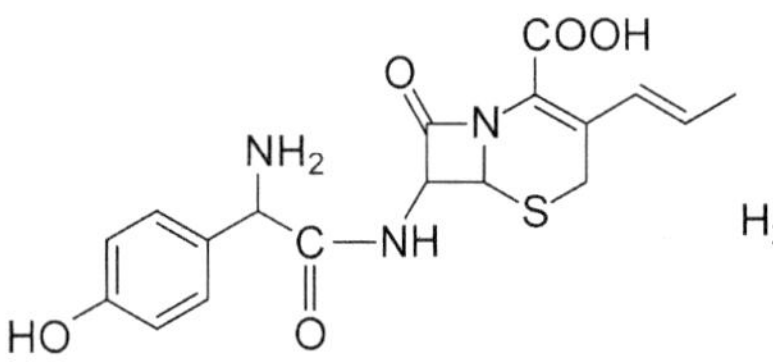

头孢丙烯 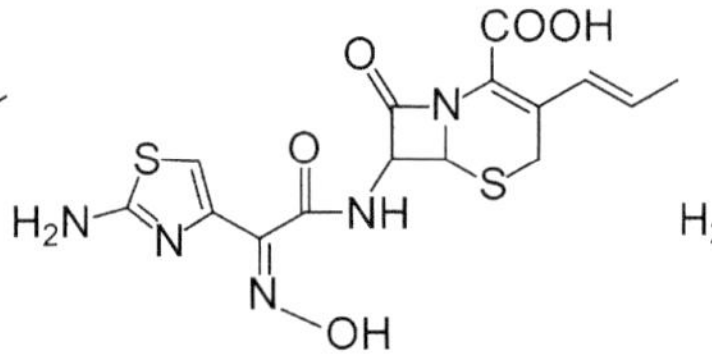　　头孢地尼 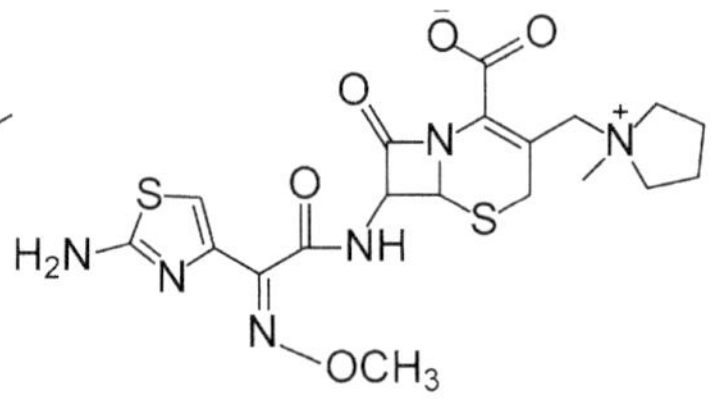　　头孢吡肟

头孢吡肟是新型的第四代头孢菌素类抗生素，其结构中的 4 价 *N*-甲基吡咯烷基团赋予了其两性离子特征。主要作用于细菌细胞壁，体外抗菌活性谱广，覆盖了革兰阳性与阴性菌，且对一般染色体和质粒介质的内酰胺酶的水解更稳定，临床上可用于治疗皮肤、软组织、下呼吸道和尿路感染等。

非经典结构的其他β-内酰胺类抗生素包括青霉烯、氧青霉烷类和单环β-内酰胺类等。青霉素噻唑环上硫原子被亚甲基的碳原子取代即为青霉烯，青霉烯有较广的抗菌谱和较强的抗菌作用。美罗培南是第一个应用于临床的 1-甲基碳青霉烯类抗生素。

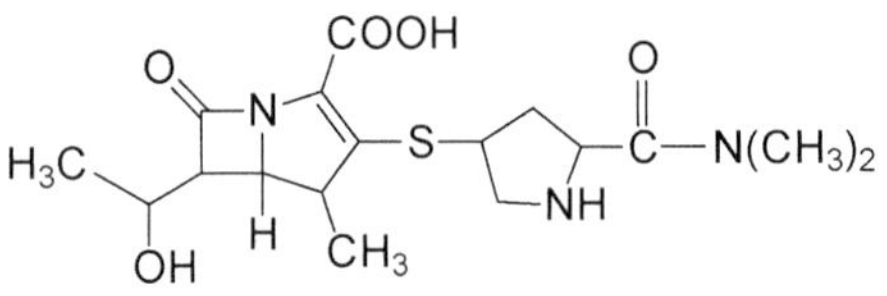

美罗培南

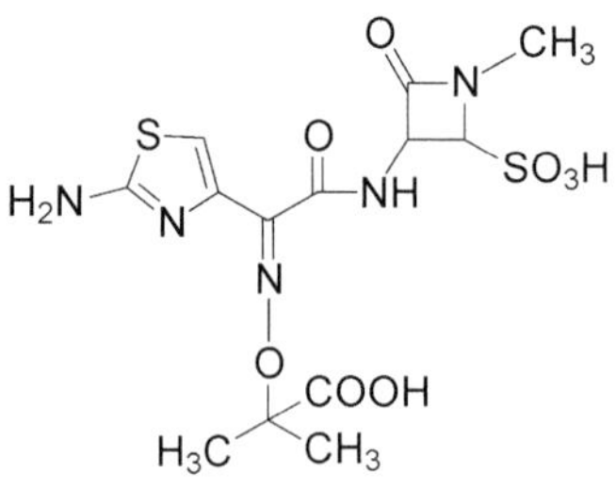

氨曲南

氨曲南是第一个全合成的单环β-内酰胺类抗生素，临床主要用于治疗由革兰氏阴性菌引发的感染，包括肺炎、胸膜炎、腹腔感染、骨和关节感染等。

2) 大环内酯类抗生素

大环内酯类抗生素的基本结构为十四～十六元环的大环内酯，酯环上的—OH 与一些糖类以苷键相连。十四元环的主要有红霉素、罗红霉素等，十五元环的代表品种是阿奇霉素，十六元环的主要有螺旋霉素、麦迪霉素等。大环内酯类抗生素对革兰氏阳性和某些阴性菌、衣原体和支原体等都有较强的作用，在临床上的应用仅次于β-内酰胺类抗生素。

红霉素是最早发现的大环内酯类抗生素，由 A、B、C 三种结构相似的组分混合组成。通常所说的红霉素是指红霉素 A，是抗菌的主要活性成分；而红霉素 B 活性小、毒性大，红霉素 C 活性小于 A，B 和 C 被视为杂质。红霉素临床上主要用于治疗耐青霉素的金黄色葡萄球菌感染和青霉素过敏。

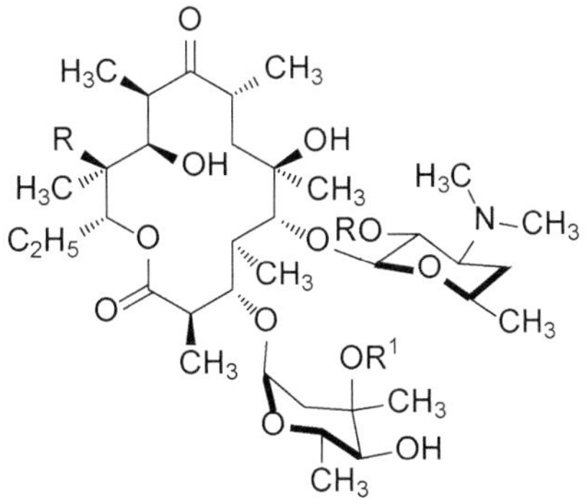

R	R^1	
OH	CH_3	红霉素A
H	CH_3	红霉素B
OH	H	红霉素C

为了提高红霉素的稳定性和抗菌性，可以将其与盐酸羟肟反应生成红霉素肟，然后再与卤代烷缩合引入侧链，得到罗红霉素。

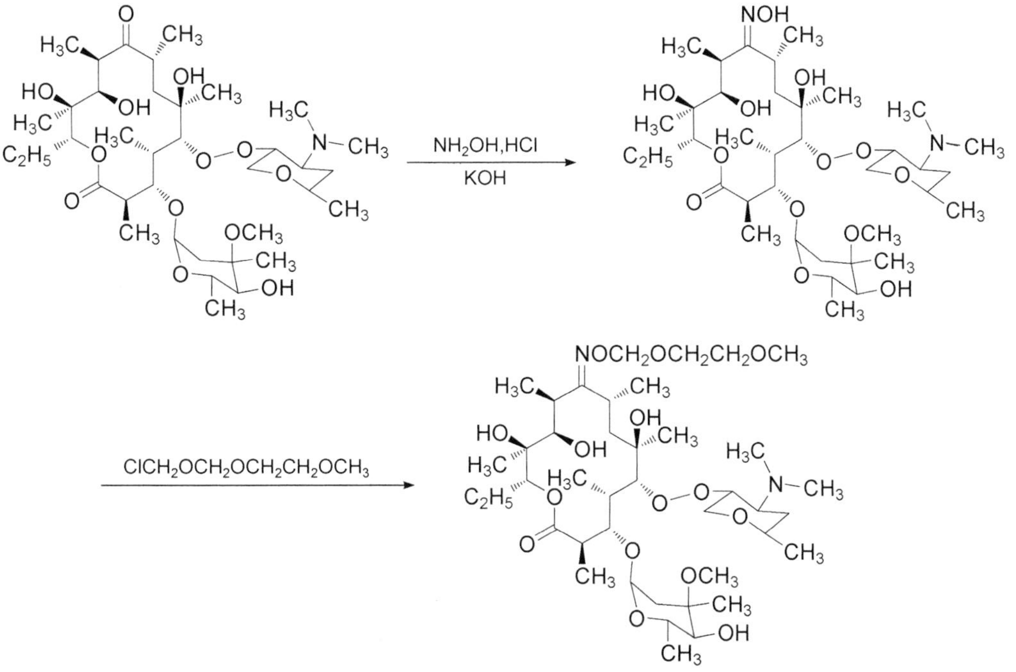

NH_2OH,HCl / KOH

$ClCH_2OCH_2OCH_2CH_2OCH_3$

罗红霉素

红霉素肟经 Beckmann 重排扩环后，再经还原、*N*-甲基化得到十五元环的阿奇霉素。阿奇霉素的抗菌谱比红霉素更广，对金黄色葡萄球菌、酿脓链球菌、肺炎(链)球菌、白喉(棒状)杆菌和其他链球菌等都有快速杀灭作用。

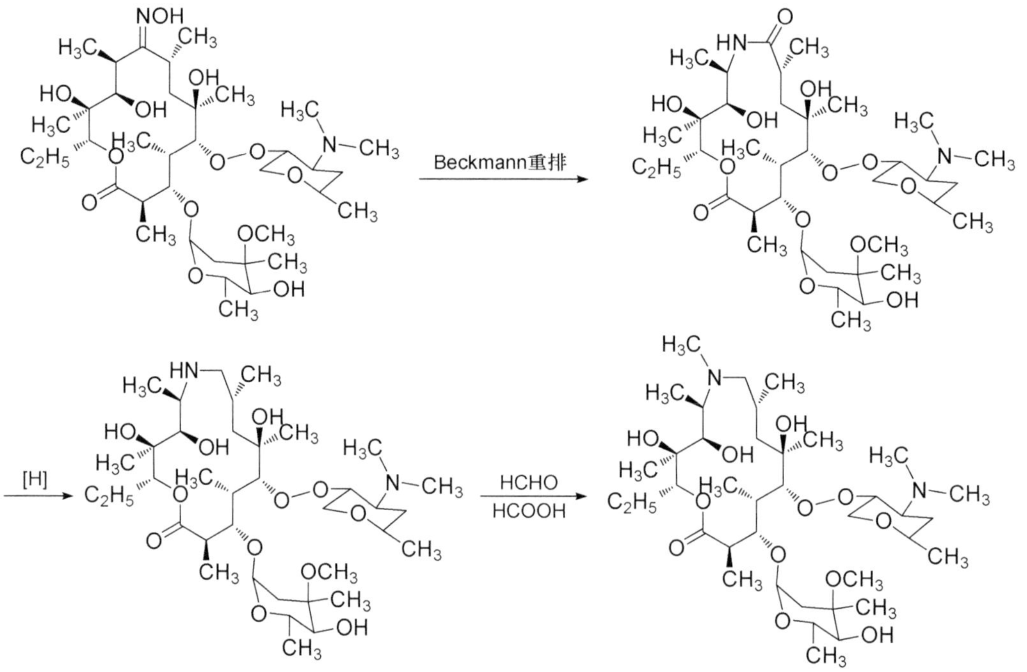

Beckmann重排

[H]

HCHO
HCOOH

阿奇霉素

3) 四环素类抗生素

四环素类抗生素为并四苯衍生物，因其基本结构为十二氢化并四苯而得名。

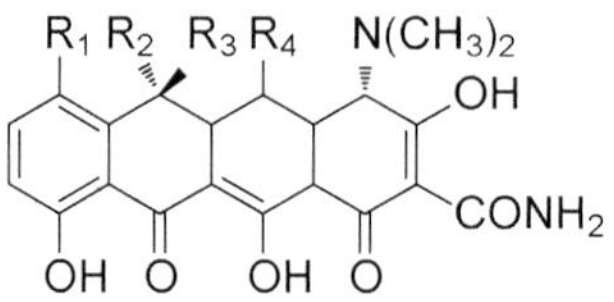

四环素类抗生素包括四环素(tetracycline)、金霉素(chlortetracycline)、土霉素(oxytetracycline)等天然产物，及半合成的甲烯土霉素、强力霉素和二甲胺基四环素等，临床上广泛用于治疗支原体、衣原体、螺旋体等的感染。

为了克服天然四环素类药物在酸、碱条件下不稳定，易产生耐药性等缺点，通过对天然四环素类药物进行结构修饰，获得了多种四环素抗生素，如盐酸多西环素、米诺环素、吗啡强力霉素等。例如，盐酸多西环素的合成路线如下。

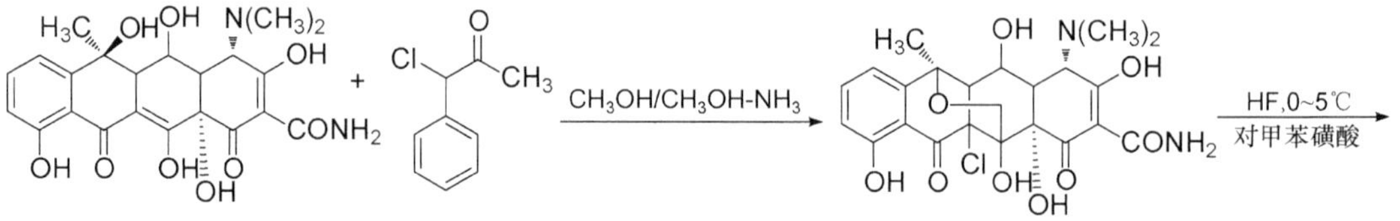

$CH_3OH/CH_3OH\text{-}NH_3$

HF,0~5℃
对甲苯磺酸

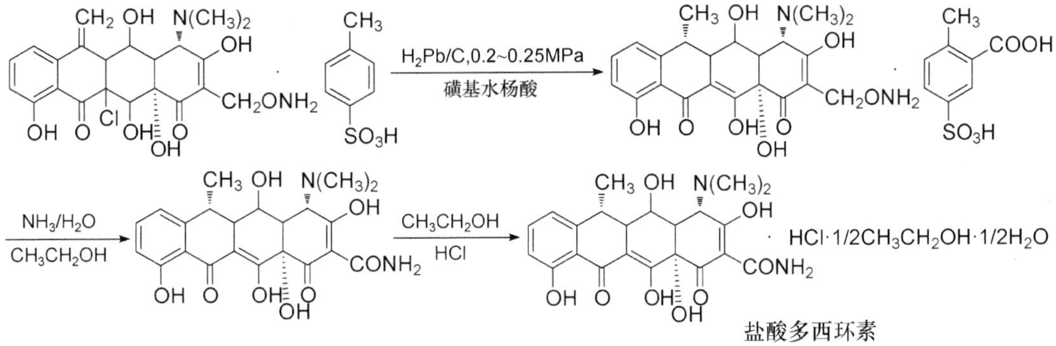

H_2Pb/C, 0.2~0.25MPa　磺基水杨酸

NH_3/H_2O, CH_3CH_2OH

CH_3CH_2OH, HCl

$\cdot HCl\cdot 1/2CH_3CH_2OH\cdot 1/2H_2O$

盐酸多西环素

4) 氨基糖苷类抗生素

氨基糖苷类抗生素是由一个或多个氨基糖分子与氨基环醇通过氧桥连接而成的苷类抗生素。这类抗生素的化学结构通常由 1,3-二氨基肌醇部分(链霉胺、2-脱氧链霉胺、放线菌胺)与某些特定的氨基糖通过苷键相连而成。氨基糖苷类药物的作用机制是在细菌的核糖体上，影响细菌蛋白合成过程的多个环节。主要用于敏感需氧革兰阴性杆菌所致的全身感染，如脑膜炎、呼吸道、泌尿道、皮肤软组织、胃肠道、烧伤、创伤及骨关节感染等。目前临床应用的氨基糖苷类抗生素有天然的和半合成的两类，天然的如链霉素、卡拉霉素、庆大霉素等，半合成的如阿米卡星和奈替米星等。

链霉素(streptomycin)是第一个氨基糖苷类抗生素，也是第一个用于治疗结核病的药物，主要用作抗结核药。但其对第八对颅神经有损害作用，可引起前庭功能障碍和听觉丧失。

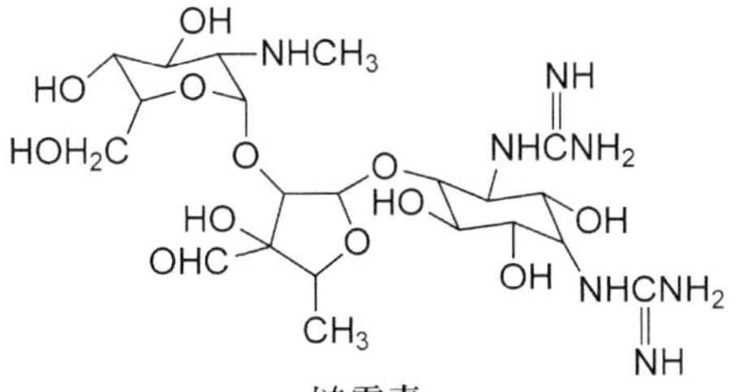

链霉素

庆大霉素是由小单孢菌发酵得到的，主要用于绿脓杆菌、大肠杆菌、痢疾杆菌等革兰阴性菌引起的系统或局部感染，可与青霉素或其他抗生素合用，协同治疗严重的球菌感染。也可用于术前预防和术后感染，还可局部用于皮肤、黏膜表面感染和眼、耳、鼻部感染。

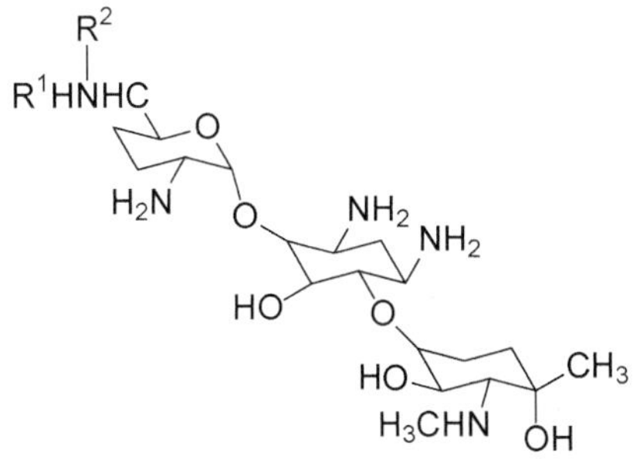

$R^1=R^2=CH_3$　庆大霉素 C_1

$R^1=R^2=H$　庆大霉素 C_{1a}

$R^1=CH_3, R^2=H$　庆大霉素 C_2

西索米星是由小单孢菌产生的另一种氨基糖苷类抗生素，结构与庆大霉素相似。西索米星经过乙酰化、三甲基硅烷化、亚胺化、还原、水解等一系列反应得到奈替米星，其对铜绿假单胞菌以及 G-杆菌等部分庆大霉素耐药菌仍有效，对耳、肾毒性较低，临床安全性高。

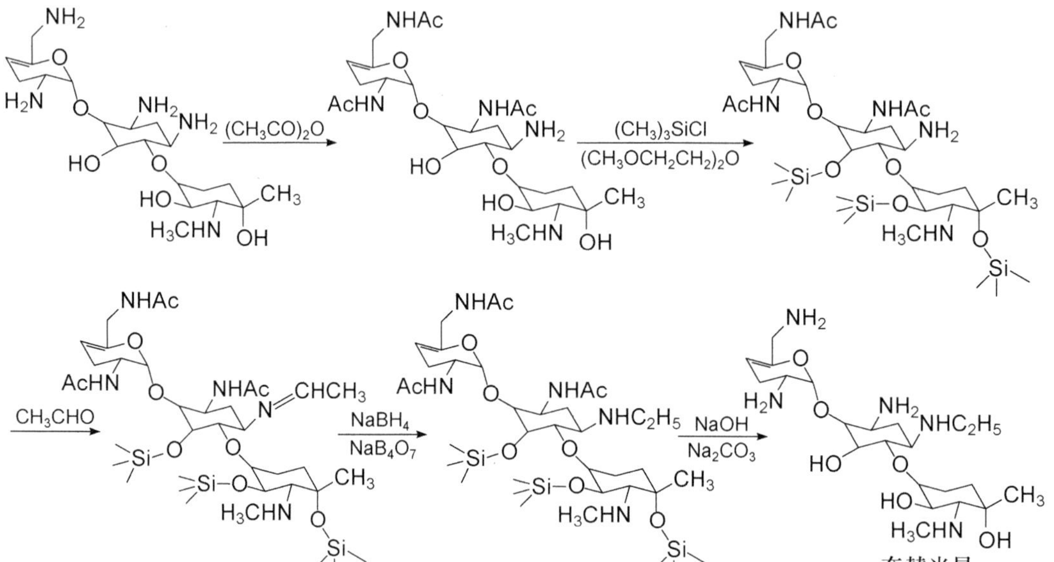

5) 氯霉素类抗生素

氯霉素类抗生素是一类广谱抗生素，其分子结构如下。

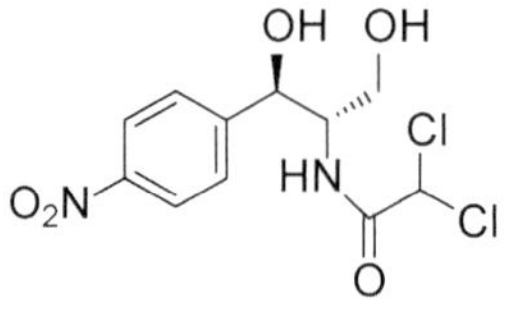

氯霉素是白色或微带黄绿色的针状、长片状结晶或结晶性粉末，在甲醇、乙醇或丙酮中易溶，在水中微溶，在强酸介质中易水解。其分子中含有 2 个手性碳原子。存在 D-(–)-苏阿糖、L-(+)-苏阿糖和 D-(–)-赤鲜糖、L-(+)-赤鲜糖等 2 对对映体，其中仅 D-(–)-苏阿糖有抗菌活性，临床主要用于伤寒、菌痢、百日咳、砂眼、化脓性脑膜炎及尿道感染等。

3. 喹诺酮类抗生素

1962 年 Sterling-Winthrop 研究所发现萘啶酸，开始喹诺酮类药物的研究。喹诺酮类药物具有两个显著特点：一是抗菌谱广，毒性低，不易产生耐药性，抗菌作用可以与第三、四代头孢菌素相比；二是可以通过化学合成方法得到，比用发酵法制备抗生素来源容易，价格低廉。喹诺酮类抗生素按照结构分为四类：萘啶酸类，如萘啶酸、依诺沙星；吡啶并嘧啶酸类，如吡咯米酸；喹啉羧酸类，如诺氟沙星、环丙沙星、哌氟沙星、氧氟沙星等；以及噌啉羧酸类。其基本结构如下。

O, COOH, N, N — 萘啶酸类
O, COOH, N, N, N — 吡啶并嘧啶酸类
O, COOH, N — 喹啉羧酸类
O, COOH, N, N — 噌啉羧酸类

诺氟沙星是目前应用较多的一种高效、广谱抗菌药物，属于第三代喹诺酮类抗生素。具有抗菌谱广、抗菌作用强、生物利用率高、组织渗透性好、副作用小等优点，对大肠杆菌、肺炎杆菌、产气杆菌等具有良好的抗菌效果。

Cl, F, NH_2 —[$C_2H_5OCH{=}C(COOC_2H_5)_2$, 120～130℃]→ Cl, F, NH, C_2H_5O, O, $COOC_2H_5$ —[二苯醚, 150℃]→ Cl, F, H, N, O, $COOC_2H_5$

—[$(C_2H_5)_2SO_4$, DMF]→ Cl, F, C_2H_5, N, O, $COOC_2H_5$ —[NaOH]→ Cl, F, C_2H_5, N, O, COOH —[哌嗪]→ HN, N, F, C_2H_5, N, O, COOH

诺氟沙星

左氟沙星即左旋氧氟沙星，其抗菌活性是其右旋异构体的 8～128 倍。抗菌谱广，抗菌活性是氧氟沙星的 2 倍，是上市的毒副作用最小的喹诺酮类抗菌药之一。其合成路线如下。

C_2H_5O, O, CH_3, O, Ph —[$NaBH_4$, PhMe]→ HO, O, CH_3, O, Ph —[F, F, F, NO_2; K_2CO_3,PhMe]→ F, F, O, CH_3, NO_2, Ph —[H_2,Pt, EtOH]→ F, F, O, CH_3, OH, NO_2

—[OEt, EtO_2C, CO_2Et]→ F, F, O, CH_3, OH, NH, EtO_2C, CO_2Et —[$MeSO_2Cl$, Et_3N]→ F, F, O, CH_3, OSO_2Me, NH, EtO_2C, CO_2Et —[K_2CO_3,DMF]→ F, F, O, N, CH_3, EtO_2C, CO_2Et

—[BF_3,THF, Ac_2O]→ F, F—B, O, O, O, F, F, O, N, CH_3 —[HN, N—CH_3; Et_3N,DMSO]→ F, O, COOH, N, N, N, H_3C, O, CH_3

左氟沙星

环丙沙星是喹诺酮类抗菌药的优秀代表之一，具有较强的广谱抗菌活性，对大多数细菌的抗菌活性是诺氟沙星的 2～4 倍。其合成路线如下。

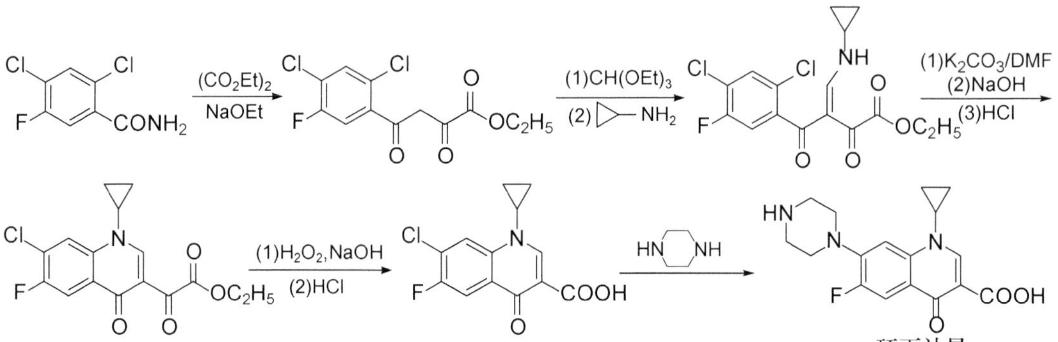

Cl Cl F $CONH_2$ —$(CO_2Et)_2$, NaOEt→ Cl Cl F O O OC_2H_5 —(1)$CH(OEt)_3$ (2) ▷—NH_2→ Cl Cl NH F O O OC_2H_5 —(1)K_2CO_3/DMF (2)NaOH (3)HCl→

Cl N F O O O OC_2H_5 —(1)H_2O_2,NaOH (2)HCl→ Cl N F O COOH —HN NH→ HN N N F O COOH

环丙沙星

6.4.3 心血管系统药物

心血管系统药物主要用于人体的心脏及血管系统，改进心脏功能，调节心脏血液的总输出量，改变循环系统各部分的血液分配。一般可分为降血脂药、抗心绞痛药、降压药、抗心律失常药、强心药等。

1. 降血脂药

降血脂药也称抗动脉粥样硬化药。降血脂药物按照结构可以分为三大类：苯氧乙酸类，如氯贝丁酯、甲基安妥明、吉非罗齐、降脂新等；烟酸类，如烟酸肌醇酯、烟酸戊四醇酯、哌啶贾春等；以及羟甲戊二酰辅酶 A 还原酶抑制剂，如洛伐他汀、阿托伐他汀等。

氯贝丁酯是临床上使用最广泛的苯氧乙酸类降血脂药，其作用机制与抑制肝脏甘油三酯的合成、减少甘油三酯的生成有关，其合成路线如下。

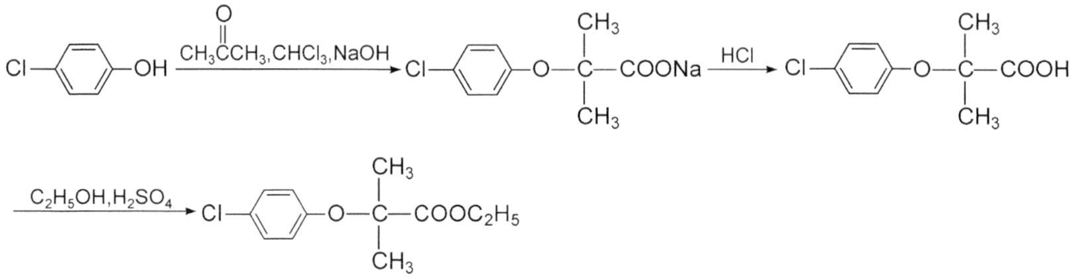

Cl—C₆H₄—OH —$CH_3\overset{O}{C}CH_3$, $CHCl_3$, NaOH→ Cl—C₆H₄—O—C(CH_3)₂—COONa —HCl→ Cl—C₆H₄—O—C(CH_3)₂—COOH

—C_2H_5OH, H_2SO_4→ Cl—C₆H₄—O—C(CH_3)₂—$COOC_2H_5$

氯贝丁酯

烟酸肌醇酯是一种烟酸类降血脂药，其作用机制是抑制脂肪酶或脂肪酶组织的脂解，减少游离脂肪酸，从而减少甘油三酯的合成和极低密度脂蛋白(VLDL)的释放，还可以直接抑制肝脏中 VLDL 和胆固醇的合成。

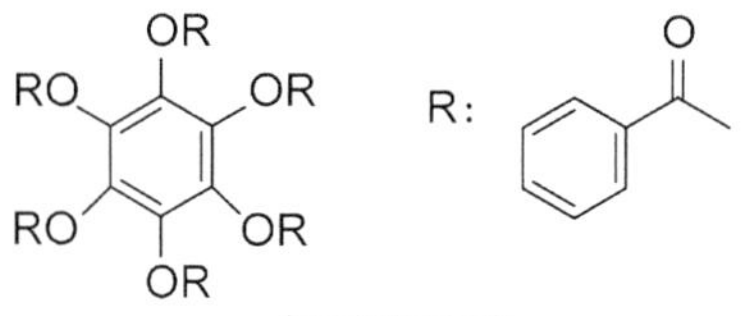

RO OR OR RO OR OR　R: O

烟酸肌醇酯

HMG-CoA 还原酶抑制剂通过抑制内源性胆固醇的合成来达到降血脂的作用。临床上常用的 HMG-CoA 还原酶有洛伐他汀、辛伐他汀、普伐他汀、阿托伐他汀、氟伐他汀、西立伐他汀等 6 种。氟伐他汀是第一个实现全合成的他汀类药物。

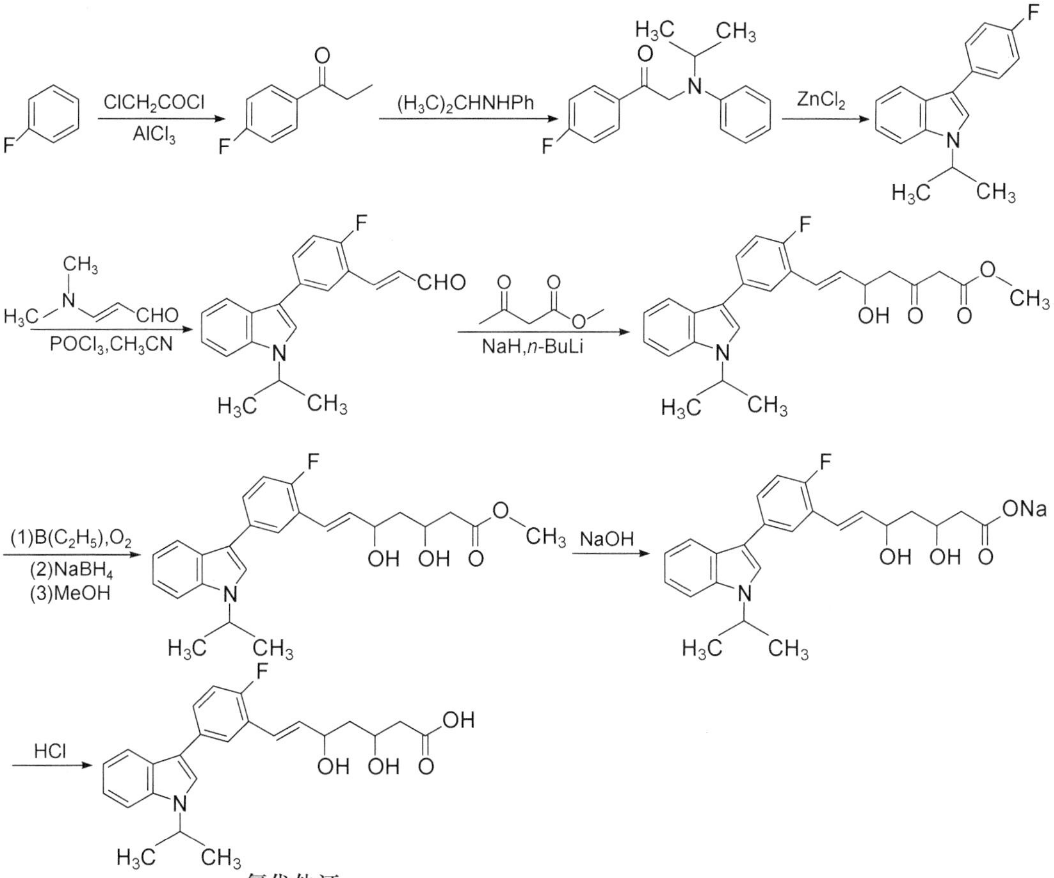

氟伐他汀

2. 抗心绞痛药

现有的抗心绞痛药物主要是通过提高心肌氧的供需平衡或降低心肌耗氧量或两者兼有来达到缓解、治疗的目的。抗心绞痛药物主要有三大类：硝酸酯类，主要包括亚硝酸异戊酯、硝酸甘油酯、四硝基赤醇酯、四硝酸戊四醇酯等；β-受体阻断类，如普萘洛尔、阿替洛尔、阿普洛尔等；钙拮抗剂，主要包括二氢吡啶类(DHP，如硝基吡啶、尼卡地平、尼索地平等)、苯烷基胺类(如维拉帕米)和苯并噻唑类(如地尔硫卓)。

硝酸甘油是最常用的抗心绞痛药之一，可由丙三醇硝化得到，合成路线简单。

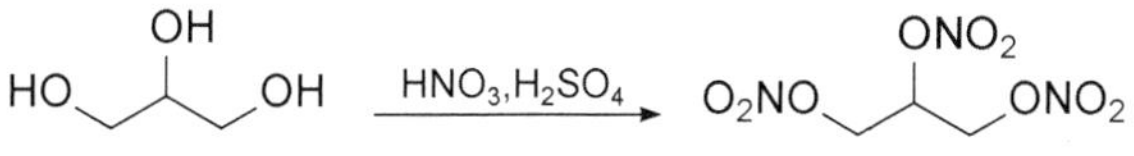

硝酸甘油

硝酸异山梨酯是长效硝酸酯类抗心绞痛药，作用较硝酸甘油弱，但药效较持久，其合成路线如下。

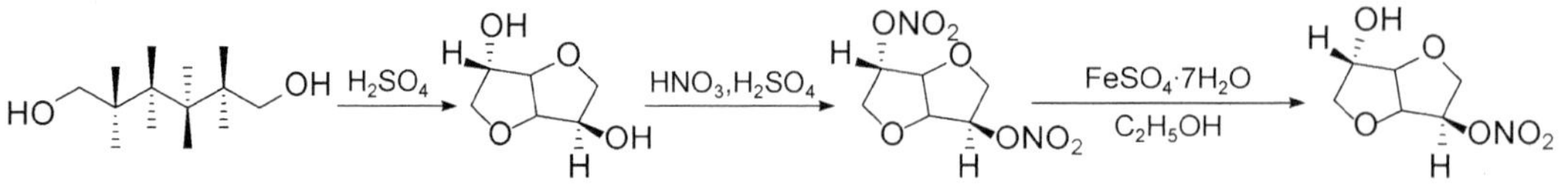

H_2SO_4 HNO_3,H_2SO_4 $FeSO_4·7H_2O$ C_2H_5OH

硝酸异山梨酯 5-单硝酸异山梨酯

普萘洛尔是典型的β-受体阻断类抗心绞痛药物，通过阻断β-受体达到降低心肌耗氧量、改善心肌供血和代谢、促进氧合血红蛋白解离的作用。

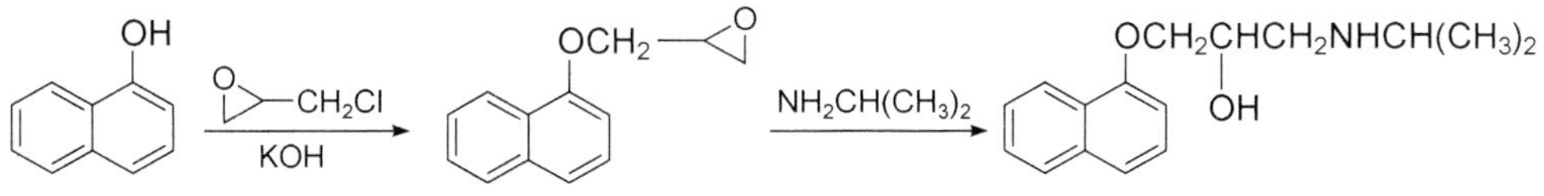

CH_2Cl KOH $NH_2CH(CH_3)_2$ $OCH_2CHCH_2NHCH(CH_3)_2$

普萘洛尔

硝苯地平是20世纪80年代末出现的第一个二氢吡啶类抗心绞痛药，通过阻滞钙离子内流，减轻细胞内“钙超载”，从而包合线粒体达到抗心绞痛的目的。由邻硝基苯甲醛、乙酰乙酸甲酯和碳酸氢铵通过三组分反应合成。

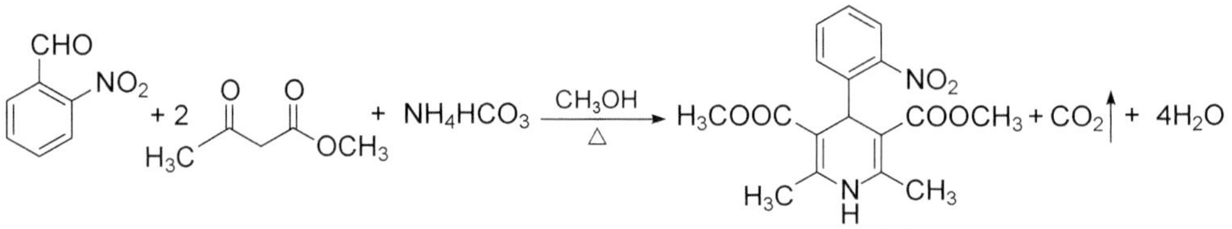

$+ 2$ $+ NH_4HCO_3$ $\xrightarrow[\triangle]{CH_3OH}$ $+ CO_2\uparrow + 4H_2O$

硝苯地平

地尔硫卓是苯并噻唑类钙离子通道阻滞剂，能够扩张心脏内、外膜的冠状动脉，缓解自发性或由麦角新碱诱发的冠状动脉痉挛所致的心绞痛。

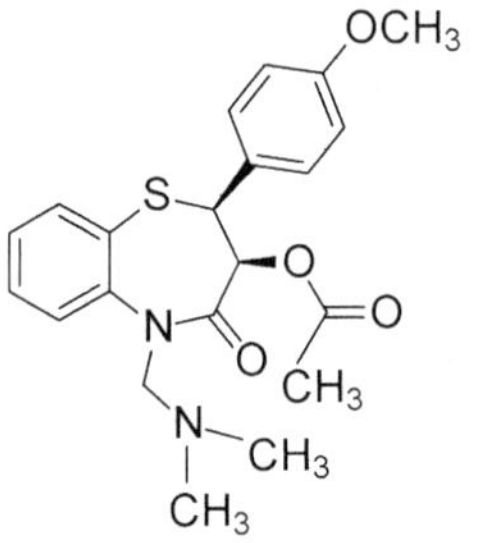

地尔硫卓

3. 抗心律失常药

表6-2列出抗心律失常药物的类型和实例。

表 6-2　抗心律失常药物的类型和实例

类型			实例
心动过缓型治疗药物			阿托品、异丙肾上腺素
心动过速型治疗药物	Na^+通道阻滞剂	I_a类（适度阻滞 Na^+通道）	奎尼丁、双异丙吡胺、缓脉灵、西苯唑啉
		I_b类（轻度抑制 Na^+内流）	利多卡因
		I_c类（明显抑制 Na^+通道）	氟卡尼、氯卡尼、普罗帕酮
	β-受体阻断类		普萘洛尔、氟司洛尔、阿替洛尔、美托洛尔、拉贝洛尔、吲哚苯酯心胺等
	延长动作电位过程的药物		乙胺碘呋酮、索他洛尔、多非利特等
	钙拮抗剂		维拉帕米等

异丙肾上腺素是一种β-肾上腺素受体激动剂，主要通过兴奋心脏β_1受体，使心脏收缩力增强、心跳加快。

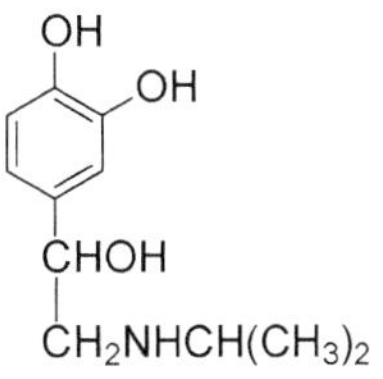

异丙肾上腺素 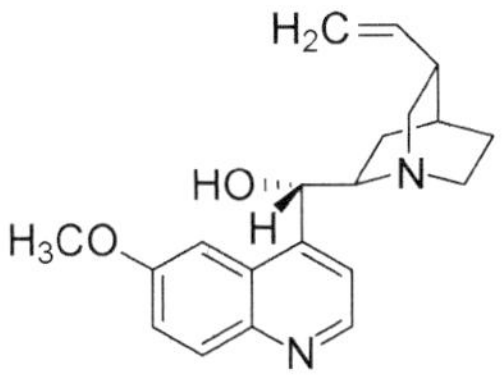　　奎尼丁 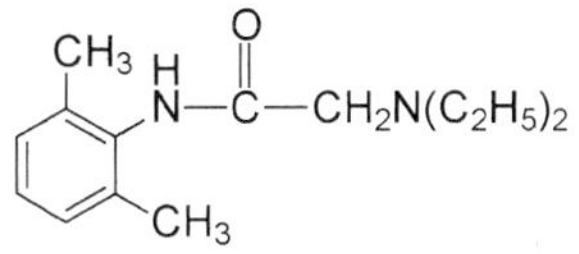　　利多卡因 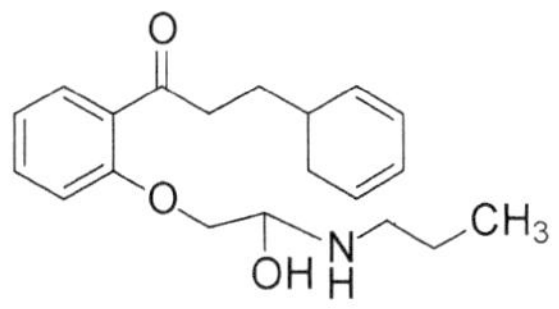　　普罗帕酮

奎尼丁是最早发现并应用于临床的 I_a类 Na^+通道阻滞剂，是一种存在于茜草科植物金鸡纳树皮中的生物碱，为膜抑制性抗心律失常药，直接作用于心肌细胞膜。利多卡因是 I_b类 Na^+通道阻滞剂，是可卡因的一种衍生物，但不会产生幻觉和上瘾。普罗帕酮是 I_c类 Na^+通道阻滞剂，结构中含有β-受体阻断剂的结构片断，所以有一定程度的β-阻滞活性并兼具钙拮抗活性。

盐酸索他洛尔具有β-受体阻断剂的基本结构，同时兼具 Na^+通道阻滞剂和延长动作电位过程类抗心绞痛药的特性，具有广泛的应用前景。

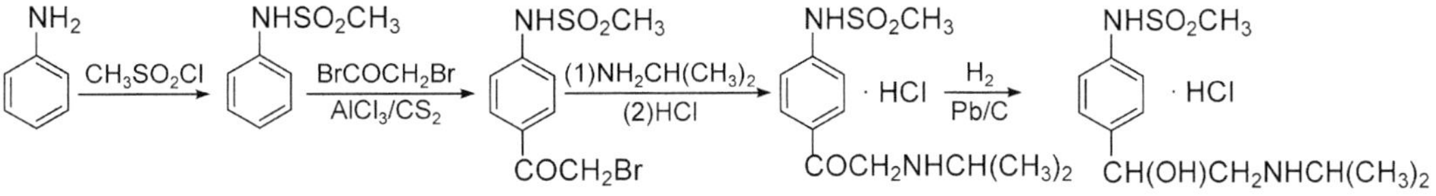

盐酸索他洛尔

4. 强心药

强心药为正性肌力药，即加强心肌收缩力的药，主要有强心苷类和非苷类两种。其中，非苷类又包括磷酸二酯酶抑制剂、β-受体激动剂和钙敏化剂等。

强心苷类药物主要是天然强心苷类植物的提取物，目前临床上应用的有二三十种，如地高辛、洋地黄毒苷、铃兰毒苷等。其基本结构是由甾体衍生物的苷元(环戊烷骈多氢菲)与糖(葡萄糖、鼠李糖、洋地黄春糖等)缩合的一类苷。

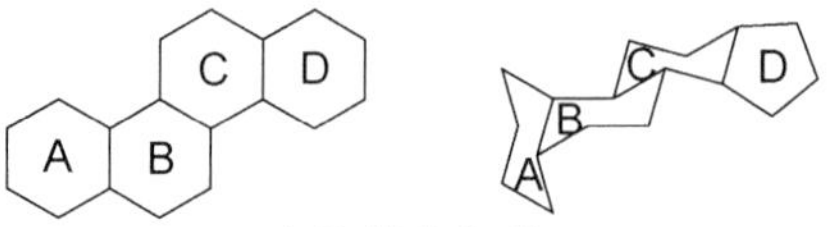

A B C D

环戊烷骈多氢菲

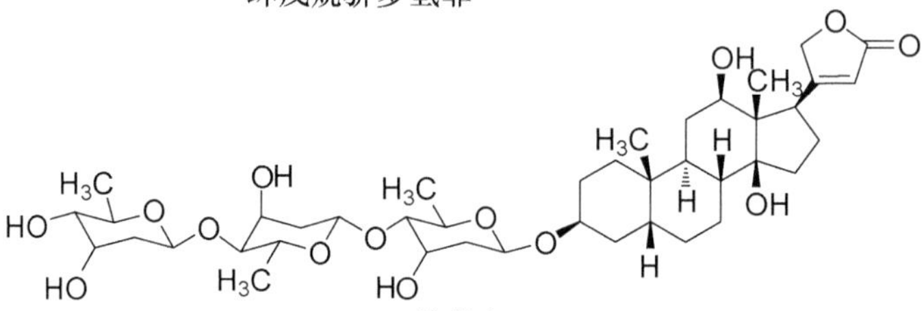

OH, CH_3, O, O, H_3C, H, H, OH, HO, OH, H_3C, O, O, HO, H_3C, O, O, HO, O, H

地高辛

O, O, CH_3, H_3C, H, H, OH, HO, OH, H_3C, O, O, HO, H_3C, O, O, HO, O, H

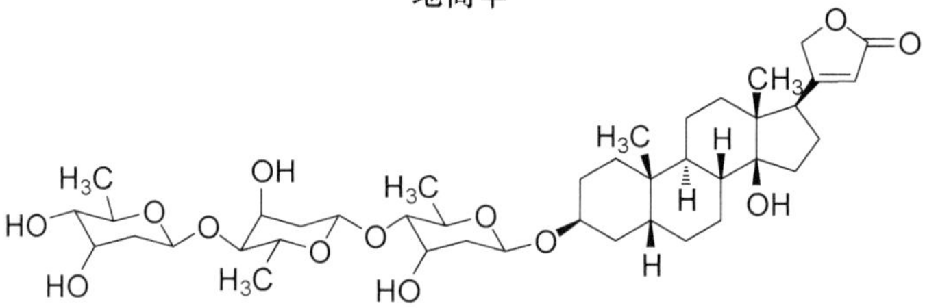

洋地黄毒苷

米力农是一种磷酸二酯酶抑制剂，其作用机制是通过选择性地抑制心肌细胞膜上的磷酸二酯酶，阻碍心肌细胞内环磷酸腺苷(cAMP)的降解，从而激活多种蛋白酶，开放心肌膜上的 Ca^{2+} 通道，Ca^{2+} 内流引起心肌纤维收缩而产生强心作用。

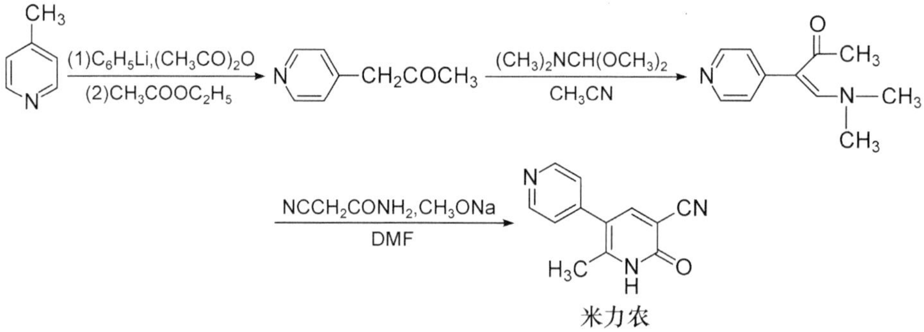

CH_3-吡啶 $\xrightarrow[(2)CH_3COOC_2H_5]{(1)C_6H_5Li,(CH_3CO)_2O}$ 吡啶-CH_2COCH_3 $\xrightarrow[CH_3CN]{(CH_3)_2NCH(OCH_3)_2}$ 吡啶-C(=CH-N(CH_3)_2)-CO-CH_3

$\xrightarrow[DMF]{NCCH_2CONH_2,CH_3ONa}$ N, CN, H_3C, N, H, O

米力农

此外，磷酸二酯酶抑制剂还有咪唑酮类衍生物依洛昔酮和匹罗昔酮等。

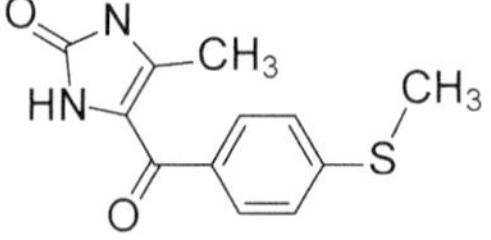

H, O, N, CH_3, CH_3, HN, S, O

H, O, N, CH_3, HN, N, O

依诺昔酮 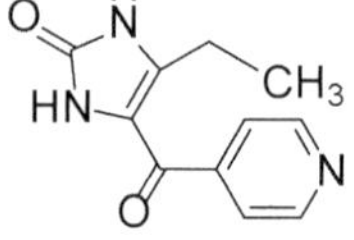　　匹罗昔酮

临床上治疗心衰用的β-受体激动剂多为多巴胺衍生物，如多巴酚丁胺、异波帕胺等。非多巴胺衍生物的β-受体激动剂主要有扎莫特罗和普瑞特洛。多巴酚丁胺是多巴胺类强

心药的典型代表，临床上应用的主要是盐酸多巴酚丁胺，其结构式如下。

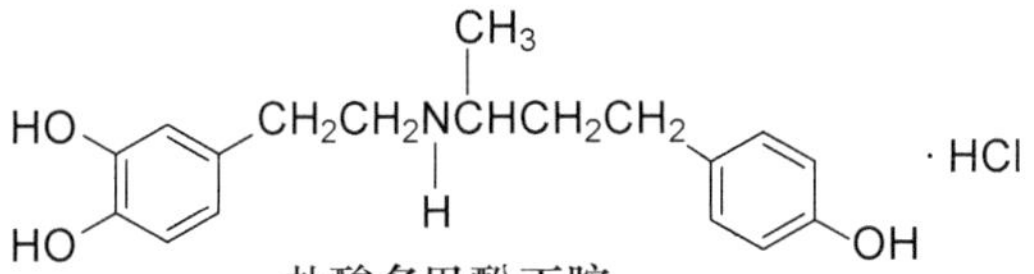

盐酸多巴酚丁胺 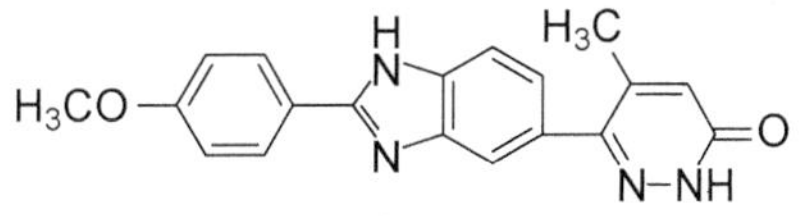　　匹莫苯

钙敏化剂类强心药可以增强肌纤维丝对的敏感性，在不增加细胞内的浓度的条件下，增强心肌收缩力。其代表药物为苯并咪唑-哒嗪酮衍生物匹莫苯(pimobendan)等。

6.4.4 抗组胺药

在动物体内，组织酸在组织酸脱羧酶催化作用下生成组织胺(histamine)。

组织酸 —脱羧酶→ 组织胺

组织胺是一种化学传导物质，在机体内的积存会引起过敏、发炎、胃酸分泌，甚至影响脑部神经传导。组织胺必须与组织胺受体作用才能产生效应，组织胺受体分为 H1 受体和 H2 受体，相应地抗组胺药也可分为 H1 受体拮抗剂和 H2 受体拮抗剂。H1 受体拮抗剂主要作用为抗过敏，H2 受体拮抗剂主要作用为抗溃疡。

1. H1 受体拮抗剂

H1 受体拮抗剂选择性地与组胺靶细胞上的 H1 受体结合，阻断组胺 H1 受体，发挥抗组胺作用。H1 受体拮抗剂分为两类：第一类是镇静性抗组胺药，中枢活性强，受体特异性差，具有明显的镇静催眠和抗胆碱作用，如盐酸苯海拉明、氯苯那敏(扑尔敏)和异丙嗪等；第二类是非镇静抗组胺药，受体选择性高，无镇静作用，如西替利嗪、阿司咪唑(息斯敏)等。

氯苯那敏是最强的抗组胺药之一，通过竞争性阻断组胺 H1 受体，使组胺不能与 H1 受体结合，达到抑制组胺引起过敏反应的作用。氯苯那敏的抗组胺作用较强，用量小，副作用小，镇静作用较异丙嗪弱，还具有一定的抗胆碱作用。临床应用的药物是其马来酸盐，以 2-甲基吡啶为原料，经过氯化、缩合、Sandmeyer 反应、缩合、Leuckart 反应，最后成盐得到。

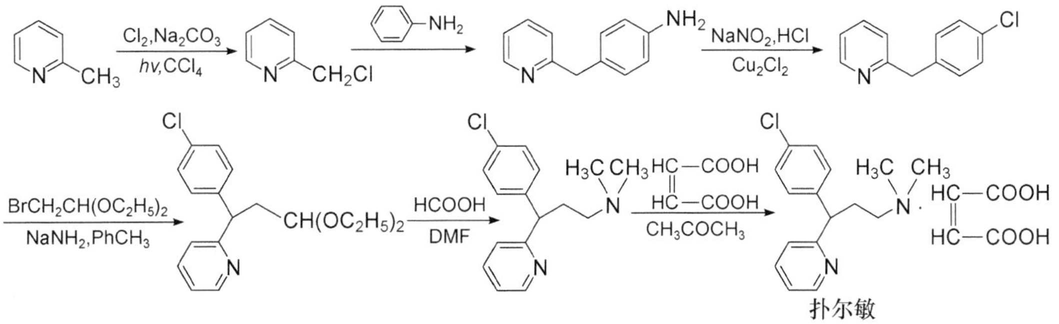

扑尔敏

西替利嗪属于非镇静抗组胺药，常用于由过敏引起的鼻炎、荨麻疹及皮肤瘙痒，其合成路线如下。

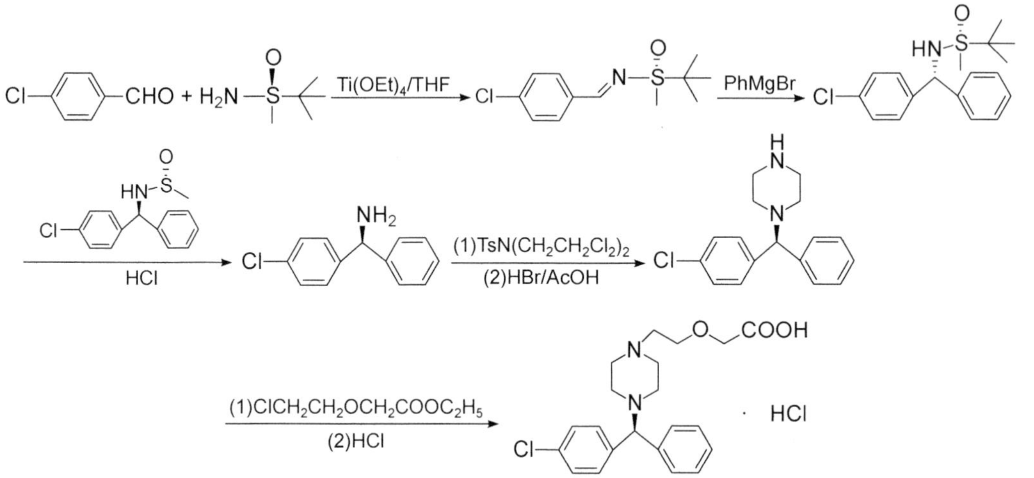

盐酸西替利嗪

阿司咪唑(息斯敏)是常用的强效、长效 H1 受体拮抗剂，其合成的关键是取代苯并咪唑的合成。

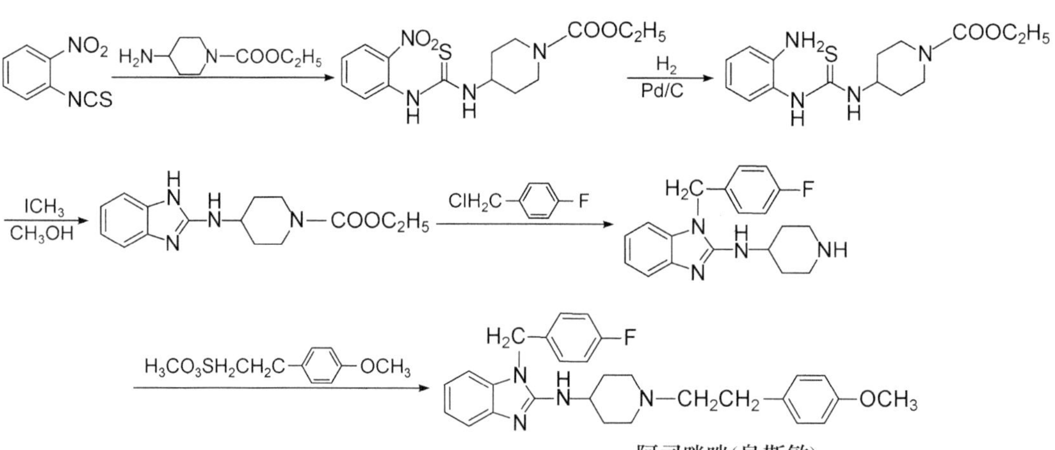

阿司咪唑(息斯敏)

2. H2 受体拮抗剂

H2 受体拮抗剂能抑制由组胺引起的胃酸分泌，主要用作抗溃疡药，其构效关系主要有三点：咪唑环及类似杂环可能是 H2 受体拮抗剂所需的环状结构；延长侧链形成胍基可以增强其对组胺的拮抗作用，但是选择性会有所降低；侧链长度以 4 个原子左右为宜。H2 受体拮抗剂的代表性药物有西咪替丁和盐酸雷尼替丁等。

西咪替丁是 1975 年上市的可选择性 H2 受体拮抗剂，用于消化性溃疡的治疗。其合成方法较多。例如，可以通过 5-甲基-4-咪唑甲醇与半胱胺脱水反应制备，也可以采用 4-

氯甲基-5-甲基咪唑与 *N*-氰基-*N'*-甲基-*N''*-(2-巯乙基)-胍通过 *S*-烷基化反应制得，反应过程如下。

HS NH2 · HCl + H3C S NCN N CH3 H —C_2H_5OH→ HS N NCN N CH3 H H —(H3C CH2Cl HN N)→

H3C S H N H N CH3 HN N NCN

西咪替丁

盐酸雷尼替丁的基本结构是呋喃环，属于呋喃类 H2 受体拮抗剂，其结构式如下。

NO2 CH H3C N O S N N CH3 · HCl CH3 H H

6.4.5　抗肿瘤药

抗肿瘤药主要包括 5 类，即烷化剂类，如环磷酰胺、六甲嘧啶、二溴甘露醇、卡莫司汀等；抗代谢药类，如氟尿嘧啶、6-巯基嘌呤、甲氨蝶呤等；金属络合物类，如顺铂和卡铂等；抗生素类；以及植物提取物，如紫杉醇等。

烷化剂类抗肿瘤药在体内会形成碳正离子或其他活性亲电性基团，与 DNA 分子的亲核中心以共价键形成交链，使其失去活性；或破坏 DNA 双螺旋间的氢键，使 DNA 分子断裂，干扰 DNA 的复制或转录。烷化剂主要可以有氮芥类、乙撑亚胺类、磺酸酯类、多元醇类和亚硝基脲类等。

甲酰溶肉瘤素作为氮芥类烷化剂，临床主要适用于睾丸精原细胞瘤，治愈率高，疗效较突出，并且对多发性骨髓瘤疗效较明显，缓解期较长。其合成路线如下。

NH2 —(O, CH_3COOH)→ N(CH2CH2OH)2 —($POCl_3$/DMF, 10～30℃)→ OHC— —N(CH2CH2Cl)2 —($C_6H_5CONHCH_2COOH$, $(CH_3CO)_2O$)→

O C6H5 N =C H —N(CH2CH2Cl)2 —(H^+/H_2O)→ HOOCC=C H C6H5OCHN —N(CH2CH2Cl)2 —((1)Zn/HAc (2)HCl/△)→

HOOCHCH2C H2N —N(CH2CH2Cl)2 —(HCOOH, $(CH_3CO)_2O$)→ HOOCHCH2C HN—CHO —N(CH2CH2Cl)2

甲酰溶肉瘤素

环磷酰胺在机体内可被分解为去甲氮芥，选择性好，毒性低。其合成是以二乙醇胺为原料，以氯化亚砜或三氯氧磷氯化后，再与 3-丙醇胺缩合，最后经水化得到。

$HN(CH_2CH_2OH)_2 \xrightarrow{POCl_3} O{=}PCl_2{-}N(CH_2CH_2Cl)_2 \xrightarrow{H_2NCH_2CH_2CH_2OH}$ (NH—P—O 六元环)$—N(CH_2CH_2Cl)_2 \xrightarrow{H_2O}$ (NH—P—O 六元环)$—N(CH_2CH_2Cl)_2 \cdot H_2O$

环磷酰胺

塞替哌为乙撑亚胺类烷化剂，在生理条件下可以形成不稳定的亚乙基亚胺基，与 DNA 作用发挥抗肿瘤作用，其合成路线如下。

$H_2NCH_2CH_2O{-}SO_2{-}OH \xrightarrow[(2)K_2CO_3,PSCl,CHCl_3]{(1)NaOH,H_2O}$ S=P(N◁)$_3$

塞替哌

白消安属于磺酸酯类烷化剂抗肿瘤药，具有 4 个次甲基，具有很强的烷化反应活性，可以由丁二醇通过酯化反应得到。

$HOCH_2CH_2CH_2CH_2OH \xrightarrow[EtN_3]{CH_3SO_2Cl} H_3C{-}SO_2{-}OCH_2CH_2CH_2CH_2O{-}SO_2{-}CH_3$

白消安

亚硝基脲类烷化剂抗肿瘤药一般为β-氯乙基亚硝基脲类化合物，是典型的烷化剂，该类药物是通过形成异氰酸酯抑制 DNA 的修复。其代表药物如卡莫司汀，其合成一般是通过双(β-氯乙基)脲制得，其合成路线如下。

$O{=}C(NH_2)_2 \xrightarrow[DMF]{NH_2CH_2CH_2OH}$ (噁唑烷-2-酮, O/NH) $\xrightarrow{NH_2CH_2CH_2OH} O{=}C(NHCH_2CH_2OH)_2 \xrightarrow{SOCl_2}$

$ClCH_2CH_2NH{-}CO{-}NHCH_2CH_2Cl$ → ($NaNO_2, SnCl_4, CH_2Cl_2$；$AcOH, NaNO_2, HCl$；$H_2SO_4, NaNO_2, H_2O, CH_2Cl_2$) → $ClCH_2CH_2N(NO){-}CO{-}NHCH_2CH_2Cl$

卡莫司汀

抗代谢类抗肿瘤药物主要是通过干扰 DNA 合成所需要的叶酸、嘌呤、嘧啶和嘧啶核苷酸等代谢物的合成和阻止代谢物的利用，抑制肿瘤细胞的存活和复制所必需的代谢途径而起作用。常用的有嘧啶拮抗物、嘌呤拮抗物和叶酸拮抗物。嘧啶拮抗物主要有尿嘧啶和胞嘧啶的衍生物，如氟尿嘧啶，具有很好的抗肿瘤效果，可以用氯乙酸乙酯为原料经过氟化、缩合、环合和水解得到。

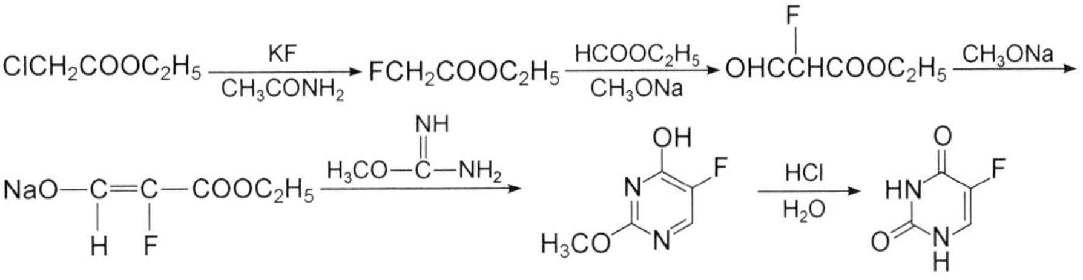

$$ClCH_2COOC_2H_5 \xrightarrow[CH_3CONH_2]{KF} FCH_2COOC_2H_5 \xrightarrow[CH_3ONa]{HCOOC_2H_5} OHCCF(H)COOC_2H_5 \xrightarrow{CH_3ONa}$$

$$NaO-CH=CF-COOC_2H_5 \xrightarrow{H_3CO-C(=NH)-NH_2} \text{(2-甲氧基-4-羟基-5-氟嘧啶)} \xrightarrow[H_2O]{HCl} \text{氟尿嘧啶}$$

氟尿嘧啶

叶酸拮抗物主要用于急性白血病的治疗，代表药物有甲氨蝶呤，其合成是由蝶呤母核和侧链两部分缩合而得，具体过程如下。

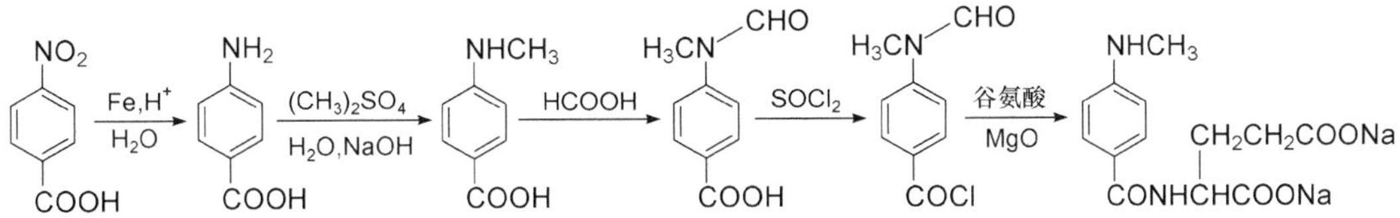

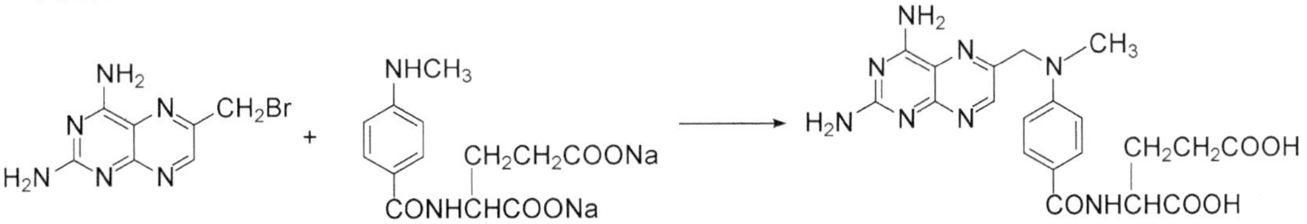

$$\text{对硝基苯甲酸} \xrightarrow[H_2O]{Fe,H^+} \text{对氨基苯甲酸} \xrightarrow[H_2O,NaOH]{(CH_3)_2SO_4} \text{对甲氨基苯甲酸} \xrightarrow{HCOOH} \text{N-甲酰基-N-甲基对氨基苯甲酸} \xrightarrow{SOCl_2} \text{酰氯(COCl)} \xrightarrow[MgO]{谷氨酸} \text{NHCH}_3\text{-C}_6\text{H}_4\text{-CONHCH(COONa)CH}_2\text{CH}_2\text{COONa}$$

$$\text{蝶呤母核(2,4-二氨基-6-溴甲基蝶啶)} + \text{NHCH}_3\text{-C}_6\text{H}_4\text{-CONHCH(COONa)CH}_2\text{CH}_2\text{COONa} \longrightarrow \text{甲氨蝶呤}$$

蝶呤母核　　　　甲氨蝶呤

金属络合物类抗肿瘤药主要是铂络合物类。顺铂是第一个用于临床的抗肿瘤铂络合物，该类药物进入肿瘤细胞水解后破坏 DNA 双螺旋结构，从而达到抗肿瘤的效果。

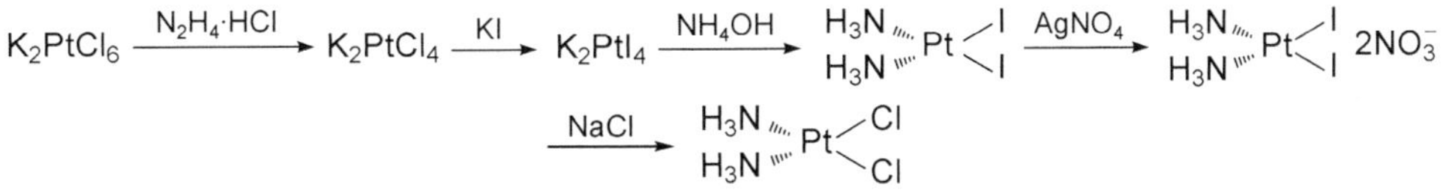

$$K_2PtCl_6 \xrightarrow{N_2H_4\cdot HCl} K_2PtCl_4 \xrightarrow{KI} K_2PtI_4 \xrightarrow{NH_4OH} (H_3N)_2PtI_2 \xrightarrow{AgNO_4} (H_3N)_2PtI_2\ 2NO_3^- \xrightarrow{NaCl} (H_3N)_2PtCl_2$$

顺铂

抗生素类抗肿瘤药物直接作用于 DNA 或嵌入 DNA 干扰其模板功能，其主要类型有多肽类和蒽醌类。博来霉素是一种天然多肽类抗肿瘤抗生素，目前尚不能化学合成，临床应用的为多种糖肽抗生素的混合物，其主要结构如下。

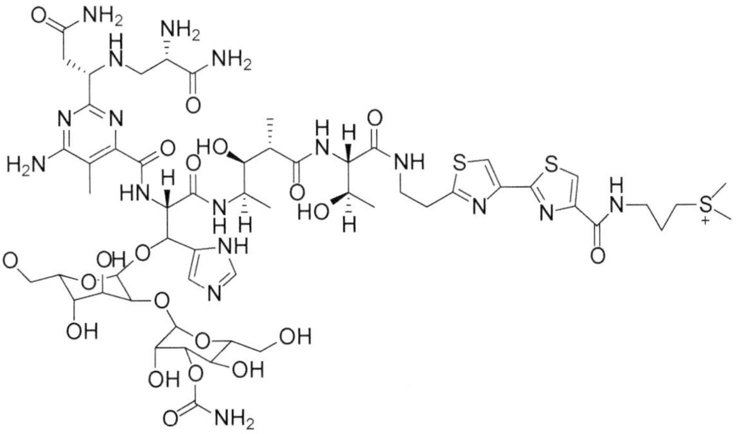

博来霉素

植物提取天然抗肿瘤药物的代表如紫杉醇，主要通过诱导和促使微管蛋白的聚合，并抑制其解聚达到抗肿瘤的目的。1994 年，美国的 R. A. Holton 和 K. C. Nicolaou 两个研究小组同时完成了紫杉醇的全合成，目前已经有多条全合成路线，均较为复杂。

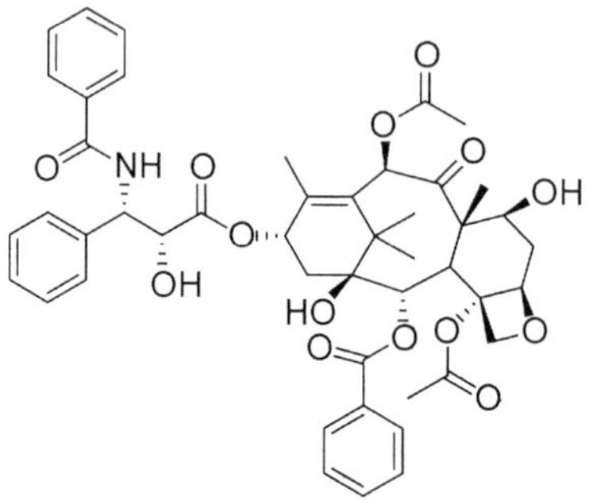

紫杉醇

6.5 药物剂型

任何药物在供给临床使用前都会制成适合用于医疗和预防应用的形式，这种形式称为药物的剂型，简称药剂。根据用药途径不同，同一种药物会加工成不同的剂型。药物制成不同的剂型后，患者使用方便，药物用量准确，同时增加了药物的稳定性，减少了毒副作用，便于药物的储存、运输和携带。药物常用的剂型有 40 余种，可以按照以下方式进行分类。

1. 按照给药途径分类

这种分类方法是根据给药途径进行划分的，主要包括经胃肠道给药剂型和非经胃肠道给药剂型两大类。

经胃肠道给药剂型是指药物制剂经口服用后进入胃肠道，起局部作用或经吸收发挥全身作用的剂型。这类药物不会被胃肠道中的酸或酶破坏，如常用的散剂、片剂、颗粒剂和胶囊剂等。口腔黏膜吸收的剂型不属于胃肠道给药剂型。

非经胃肠道给药剂型是指除口服给药途径以外的所有其他剂型，可在给药部位起局部作用或被吸收后发挥全身作用。这类剂型具体可划分为 5 类：注射给药剂型，如注射剂，包括静脉注射、皮下注射、腔内注射等多种注射途径；呼吸道给药剂型，如喷雾剂、气雾剂、粉雾剂等；皮肤给药剂型，如外用溶液剂、软膏剂、硬膏剂及贴剂等；黏膜给药剂型，如滴眼剂、眼用软膏剂、含漱剂及粘贴片等；腔道给药剂型，如气雾剂、泡腾片及滴剂等。

2. 按照分散系统分类

这种分类方法以药物的物理化学性质作为分类依据，不能反映用药部位与用药方法对剂型的要求。具体分为以下 7 种类型。

(1) 溶液型。药物以分子或离子状态(直径<1nm)分散到分散介质中形成的均匀分散体系，如溶液剂、糖浆剂、甘油剂及注射剂等。

(2) 胶体溶液型。药物以高分子(直径为 1～100nm)分散到分散介质中形成的均匀分散体系，如胶浆剂、火棉胶剂、涂膜剂等。

(3) 乳剂型。油类药物或油溶液以液滴状态分散到分散介质中所形成的非均匀分散体系，如口服乳剂、静脉注射乳剂等。

(4) 混悬型。固体药物以微粒状态分散到介质中形成的非均匀分散体系，如洗剂、混悬剂等。

(5) 气体分散型。液体或固体药物以微粒状态分散到气体介质中形成的分散体系，如气雾剂。

(6) 微粒分散型。药物以不同大小微粒呈液体或固体状态分散，如微球制剂、微囊制剂、纳米囊制剂等。

(7) 固体分散型。固体药物以聚集体存在的分散体系，如片剂、散剂、颗粒剂、胶囊剂、丸剂等。

3. 按照制备方法分类

由于这种分类法不能包含全部剂型，故不常用。主要包括：浸出制剂，如流浸膏剂、酊剂等；无菌制剂，如注射剂等。

4. 按照形态分类

此分类方法是根据物质形态对药物剂型进行分类，包括液体剂型，如芳香水剂、溶液剂和注射剂等；固体剂型，如散剂、丸剂、片剂和膜剂等；半固体剂型，如软膏剂、糊剂等；气体剂型，如气雾剂、喷雾剂等。剂型的形态不同，药物发挥作用的速度不同，如口服给药时，液体剂型发挥作用快，而固体剂型则较慢。

习　　题

1. 药物的作用机制有哪 5 种方式？
2. 什么是药物的受体？有哪几种类型？
3. 药物的代谢方式有哪些？
4. 药物分子中常见的基团有哪些？其主要作用是什么？
5. 写出合成下列镇静催眠药和抗精神失常药的过程：异戊巴比妥、地西泮、氯丙嗪。
6. 写出合成抗菌药 SMZ、阿莫西林、诺氟沙星的过程。
7. 举例说明降血脂药物和抗心绞痛药物的主要类型。
8. 举例说明抗肿瘤药物有哪些主要类型。
9. 什么是药物的剂型？药物主要有哪些剂型？

参 考 文 献

陈清奇, 杨定乔, 陈新. 2011. 新药化学全合成路线手册(2007-2010). 北京: 科学出版社

李公春, 田源, 李存希, 等. 2015. 硝苯地平的合成. 浙江化工, 46(3): 26-29

李祥高, 冯亚青. 2013. 精细化学品化学. 上海: 华东理工大学出版社

刘新泳, 刘洛生, 王慧才, 等. 2002. 铂(Ⅳ)类配合物的合成及其抗肿瘤活性. 中国药物化学杂志, 12(5): 272-275

唐兆龙. 2003. 盐酸索他洛尔的合成及工艺改进. 天津化工, 17(2): 34-35

杨宝峰. 2018. 药理学. 9 版. 北京: 人民卫生出版社

张秋, 邱宗荫, 兰志银, 等. 2008. 氨曲南的合成. 中国新药杂志, 17(5): 393-395

朱宝泉, 李安良, 杨光中, 等. 2003. 新编药物合成手册. 北京: 化学工业出版社

Charest M G, Lerner C D, Brubaker J D, et al. 2005. A convergent enantioselective route to structurally diverse 6-deoxytetracycline antibiotics. Science, 308 (5720): 395-398

Pflum D A, Krishnamurthy D, Han Z, et al. 2002. Asymmetric synthesis of cetirizine dihydrochloride. Tetrahedron Letters, 43(6): 923-926

第 7 章

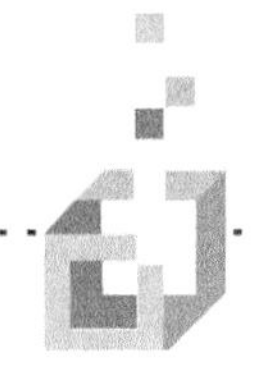

农药及其中间体

7.1　概　　述

农药是一类重要的精细化学产品。由于农药对蚊虫、螨虫、线虫、鼠类等诸多传染媒介的控制，阻断了传染病和病虫害的传播，使人类在防治病虫害，预防和治疗疟疾、伤寒等疾病，以及提高粮食产量等方面取得了重大突破。

农药的使用可以追溯到古希腊罗马时代，公元前 9 世纪的古希腊诗人 Homer 提出用燃烧的硫磺作为熏蒸剂，我国在 16 世纪已开始有限地使用砷化物作为杀虫剂，并从烟叶中提取尼古丁用于象鼻虫的防治。19 世纪初期，大部分农药是无机化合物及其混合物，如砷化物、波尔多液、汞化物等。1900 年诞生了世界上第一个立法的农药亚砷酸铜。第二次世界大战期间，农药在数量上不断增长，在品种上逐渐向有机化合物发展。至第二次世界大战末期，具有选择性的苯氧乙酸除草剂、有机氟和有机磷杀虫剂等进入商品应用阶段，标志着大规模农药工业开始建立，农药的化学合成进入了新的阶段。自 19 世纪 70 年代，在世界范围内开始发展低毒、低残留的超高效农药新品种，并且加强了对农药的作用机制、农药毒理、抗性机理等基础理论方面的深入研究，旨在为安全、高效的农药品种的开发和使用，以及农药科学的发展奠定坚实的理论基础。

我国的农药工业是新中国成立以后逐步建立和发展起来的。20 世纪 50 年代初，滴滴涕和六六六等有机氯杀虫剂首先在我国投入生产使用。20 世纪 50 年代和 60 年代，有机磷杀虫剂、除草剂和杀菌剂逐步发展，基本上改变了单一生产杀虫剂的状况。改革开放以来，农用抗菌素、内吸杀菌剂及多种拟除虫菊酯相继投入生产，我国的农药行业形成了品种多、门类较为齐全的新格局。目前，我国农药正向安全、高效、低毒、低残留的方向发展。

7.1.1　农药的概念和作用

农药(pesticide)是指用来防治危害农、林、牧业生产的有害生物(包括害虫、害螨、线虫、病原菌、杂草及鼠类等)和调节植物生长的化学物质。广义上讲，除化肥以外，凡是可以提高和保护农业、林业、畜牧业、渔业生产及环境卫生的化学药品均可称为农药。

农药的作用主要体现在两个方面。一方面是增加粮食和蔬菜产量，改善粮食和蔬菜供应。截至 2018 年世界人口已突破 78 亿，并且还在以 1%～2%的年增长率递增，提高粮食和蔬菜的产量具有十分重要的意义。农作物在整个生长过程中不断遭受病菌、害虫和杂草的侵扰，农药的使用不仅可以防治农作物种植生长过程中的病虫害，提高农作物的产量，还可以避免储存、保鲜、运输、销售及加工中的病菌、害虫侵扰，节省劳动力，便于收获，降低成本和提高经济效益。

农药的另一个作用是防治锥虫病、疟疾、黄热病等疾病的传播媒介。例如，由于杀虫剂的使用，毛里求斯、印度、斯里兰卡等国家疟疾发病率大为降低，甚至得到了根除。

7.1.2　农药的分类

农药的分类方法很多，一般可以按照防治对象、来源、化学组成和结构、作用方式、加工剂型及形态等进行分类。

按照防治对象的不同，农药可以分为杀虫剂、杀螨剂、杀菌剂、杀鼠剂、杀软体动物剂、杀线虫剂、除草剂、植物生长调节剂等。这是对农药最常用和最重要的分类方法，由于害虫、病菌、杂草等害物在形态、行为、生理代谢等方面的差异很大，因此一种农药往往仅能防治一类对象。

按照来源的不同，农药可以分为化学农药、植物农药和微生物农药。化学农药如滴滴涕、敌百虫、乐果等，植物农药如除虫菊素、烟碱、鱼藤酮等，生物农药如春雷霉素、井冈霉素、苏云金杆菌等。

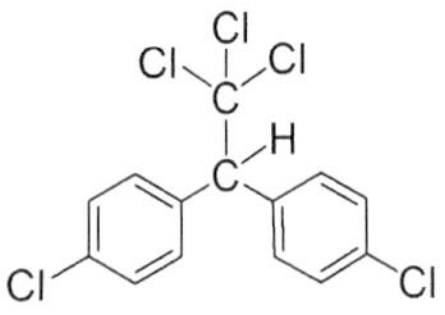

滴滴涕 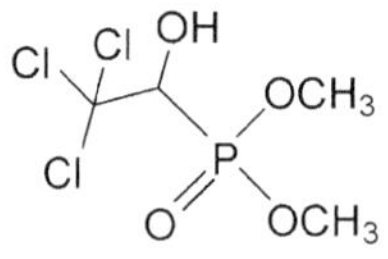　　敌百虫 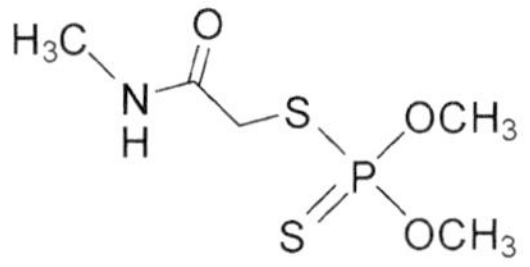　　乐果

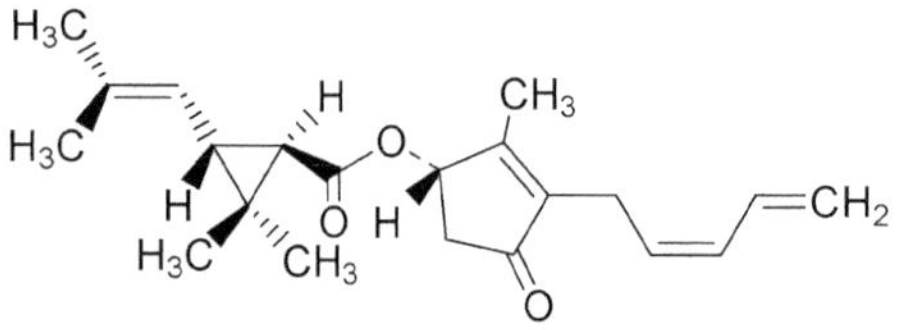

除虫菊素 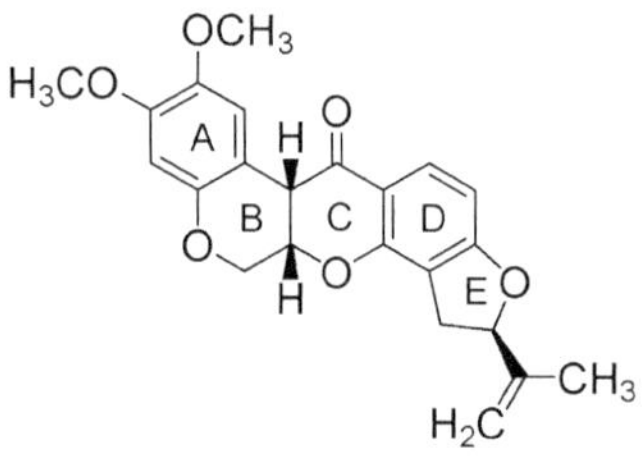　　鱼藤酮 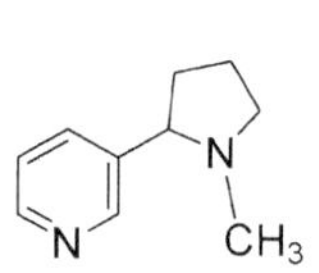　　烟碱

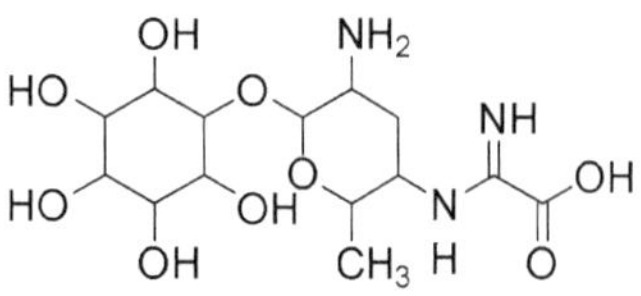

春雷霉素 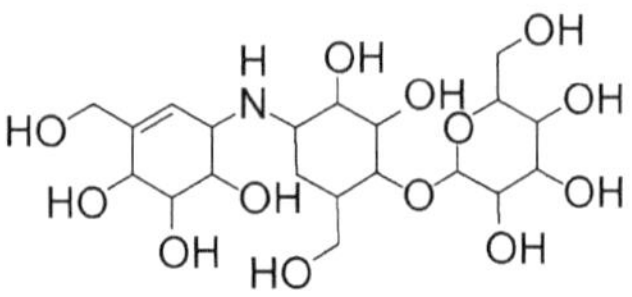　　井冈霉素 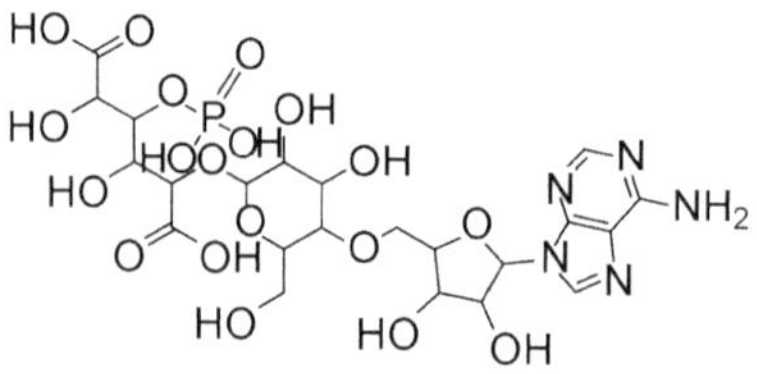　　苏云金杆菌

按照化学组成和结构的不同，农药可以分为有机农药和无机农药。有机农药主要包括元素有机化合物，如有机磷、有机砷、有机氟和有机硅化合物；金属有机化合物，如有机汞、有机锡化合物；以及一般有机化合物，如卤代烃、醛、酮、酸、酯、酰胺、脲、

腈和杂环等化合物。无机农药品种较少，如硫和硫化物、无机铜化合物等。

根据作用方式分类，农药主要有胃毒剂、触杀剂、熏蒸剂、内吸剂等 4 种最常见的类型。胃毒剂是通过消化器官吸收药剂而显示毒杀作用；触杀剂是通过体表侵入体内而发生毒效；熏蒸剂是药剂以气体状态通过呼吸道侵入虫体使其致死；内吸剂是药剂被植物吸收传导于各部位，再被昆虫吸食。此外农药还有诱捕剂、驱避剂、拒食剂、不育剂等类型。针对不同害物，农药的作用方式不同，如杀虫剂以胃毒剂、触杀剂、熏蒸剂和内吸剂为主；除草剂主要是触杀剂和内吸剂；杀菌剂可分为内吸剂和非内吸；杀鼠剂主要有胃毒剂、熏蒸剂、驱避剂和不育剂等。

按照剂型的不同，农药可分为乳剂、乳油、浓乳剂、乳膏、糊剂、胶体剂、可湿性粉剂、可溶性粉剂、熏烟剂、熏蒸剂、烟雾剂、油剂、颗粒剂及微粒剂等。

按照形态的不同，农药可分为气态、液态和固态药剂。根据病害虫害的类别及农药本身物理性质的不同，可将农药制成粉末撒布，或制成水溶液、悬浮液、乳浊液喷射，或制成蒸气或气体熏蒸等。

7.1.3　农药的毒理

农药毒理学主要研究作为农药对有机体的有害作用，即对机体组织结构及功能的改变。农药的毒害作用类型主要包括急性毒性和慢性毒性。

1. 急性毒性

农药的急性毒性是指一次性口服、吸入或皮肤接触大量农药后短时间引起的中毒现象。急性毒性的大小主要取决于农药本身固有的毒性和其作用于有机体的方式和部位。

评价农药急性毒性最重要的指标是半致死剂量，即 LD_{50}。LD_{50} 的获得方法是通过随机选取一批指定的实验动物，在特定的给药方式和实验条件下，求取杀死一半供试动物时所需的药剂的量，其单位为毫克/公斤体重($mg \cdot kg^{-1}$)。通常的给药方式有经口(灌胃)、经皮(涂到皮肤上)、经呼吸道(从空气中吸入) 3 种，常用的实验动物为大白鼠和小白鼠，也有少部分狗、鱼和其他养殖动物。

评价急性毒性的另一个常用指标是 LC_{50}，指杀死一半供试动物所需的药剂浓度，单位为 $mg \cdot m^{-3}$。适用于动物从空气中吸入药剂蒸气或鱼与溶有药剂的水接触等情况。

根据对大白鼠口服施药测得的 LD_{50} 值，可以将化学物质分为 6 个毒性级别，如表 7-1 所示。不同国家对农药急性毒性有不同的分级标准，表 7-2 是我国暂用的分级标准。

表 7-1　化学物质的毒性分级标准(大白鼠经口)

毒性级别	剧毒	高毒	中等毒	低毒	微毒	无毒
$LD_{50}/(mg \cdot kg^{-1})$	＜1	1～50	50～500	500～5000	5000～15000	＞5000

表 7-2 我国农药急性毒性分级标准

毒性级别	高毒	中等毒	低毒
大鼠经口 $LD_{50}/(mg\cdot kg^{-1})$	<50	50～500	>500
大鼠经皮 $LD_{50}/(mg\cdot kg^{-1})$	<200	200～1000	>1000
大鼠吸入 $LC_{50}/(mg\cdot m^{-3})$	<2	2～10	>10

2. 慢性毒性

农药的慢性毒性是指药剂长期反复作用于机体后，引起药剂在体内的积蓄，或者造成体内机能损害的积累而引起的中毒现象。农药具有较高的稳定性和代谢困难是引起慢性毒性的主要原因。农药慢性毒性的大小一般采用最大无作用量(MNL)或每日允许摄入量(ADI)表示。

在慢性毒性试验中，对受试动物分组喂食加入不同浓度农药的饲料，观察和测量动物的体重、饲料摄取量、饮水量、行为、一般症状、死亡率，化验其血液、尿液、排泄物，并定期在各组中抽取一定数量的动物进行解剖，对其肝、肾、肺、脑等进行组织学检查，观察是否异常。对于大白鼠、小白鼠等动物，常观察其一生，一般为 2 年左右；对于狗等动物，实验周期可以是其寿命的 1/10。通过慢性毒性试验，确定农药在饲料中的最大无作用浓度或最小中毒浓度等数据，并最终确定农药的 MNL 和 ADI。

ADI 是指将动物试验终生，每天摄取不发生不利影响的药剂的量，其数值是由 MNL 除以 100 乃至几千的安全系数计算得到，单位为毫克/千克体重($mg\cdot kg^{-1}$)。安全系数的确定主要考虑两方面的因素：一是动物种属间的差别，二是在种属内存在的统计性质方面的影响。这是由于不同个体的敏感程度不同，安全系数必须考虑对最高敏感个体可能产生的不利影响，而不是平均值。表 7-3 列举了部分农药的 ADI。

表 7-3 部分农药的人体 ADI

农药名称	ADI/$(mg\cdot kg^{-1})$	农药名称	ADI/$(mg\cdot kg^{-1})$
乐果	0.02	抑菌灵	0.3
滴滴涕	0.005	灭菌丹	0.1
六六六	0.0025	百菌清	0.03
杀草快	0.05	氯杀螨	0.01
百草枯	0.02	溴螨酯	0.008
杀草强	0.0003	乐杀螨	0.0025

农药对生物体的毒害作用方式，可以是特异性作用或非特异性作用，也可以是物理性作用或化学性作用，其中大多数有害作用属于特异性作用或化学作用。农药与酶的作用是特异性的化学损伤或生化损伤。例如，有机磷化合物和某些氨基甲酸酯类抑制胆碱酯酶，砷化物抑制巯基酶，氰离子抑制细胞色素氧化酶等。此外，农药对生物体各种器

官的毒害作用也大都具有特异性。例如，百草枯对动物的重要病损局限于肺脏，伐草快急性中毒的动物肾脏的近曲小管会发生退行性变和坏死。

7.1.4　农药代谢

农药代谢是指作为外源化合物的农药进入生物体后，通过多种酶对这些外源化合物所产生的化学作用，也称生物转化。酶的化学作用使外源化合物的分子结构发生改变，生成代谢产物，而这些代谢产物往往或者毒性减小，或者极性更强，更易溶于水和从体内排出。

农药代谢影响农药的选择活性，从而影响人和家畜的安全。代谢的程度决定了农药在土壤、植物和动物体内的持效性，代谢程度越高、代谢越快，持效越短，对环境的污染也越小。代谢还与害物抗性的增加有关，当有机体特别是快速繁殖的有机体(如昆虫)，处于不足以使整个种群死亡的剂量中时，残存的生物体相互交配、繁殖，能够产生比原来种群抗性更大的种群。

农药的代谢反应主要包括初级代谢反应、谷胱甘肽代谢结合反应和次级代谢反应。

1. 初级代谢反应

大多数农药难溶于水，初级代谢反应是指农药经氧化或水解作用引起极性基团的插入或显露的反应。对农药等外源化合物起作用的初级代谢酶主要是水解酶和氧化酶。

水解酶广泛分布于动物和植物的各种组织和细胞中。在农药的初级代谢反应中发挥作用的主要有磷酸酯酶、羧酸酯酶、酰胺酶和环氧化水解酶等，它们分别作用于磷酸酯键、羧酸酯键、酰胺键和环氧键。例如，马拉松和乐果在羧酸酯酶和酰胺酶作用下水解生成羧基化合物的反应如下。

$$(H_3CO)_2P(=S)-S-CH(COOC_2H_5)CH_2COOC_2H_5 \xrightarrow[H_2O]{\text{羧酸酯酶}} (H_3CO)_2P(=S)-S-CH(COOH)CH_2COOC_2H_5 + C_2H_5OH$$

马拉松

$$(H_3CO)_2P(=S)SCH_2CONHCH_3 \xrightarrow[H_2O]{\text{酰胺酶}} (H_3CO)_2P(=S)SCH_2COOH + CH_3NH_2$$

乐果　　　　乐果酸

初级代谢氧化酶主要是微粒体单氧化酶，也称多功能氧化酶(MFO)，主要存在于微粒体组分特别是肝微粒体组分中。MFO 在农药代谢中发生 5 种重要的反应：C—H 键中插入氧的反应，包括烷烃羟基化生成醇的反应和芳基羟基化生成酚的反应；*O*-或 *N*-脱烷基化生成醇的反应；C═C 键氧化生成环氧化物的反应；氧取代硫的反应，如硫代磷酸酯生成磷酸酯的反应；以及氧与硫或氮原子配位生成砜、亚砜或氮氧化物的反应。

2. 谷胱甘肽代谢结合反应

谷胱甘肽(GSH)是含有甘氨酸、半胱氨酸和谷氨酸的三肽，是最重要的内源代谢结合反应物，能与侵入生物体内的外源化合物形成结合物，其结合作用大多是在谷胱甘肽*S*-转移酶的存在下进行的，但也有些反应是不涉及酶的非酶反应。例如，DDT[2,2-双(4-氯苯基)-1,1,1-三氯乙烷]在谷胱甘肽的催化下脱氯化氢生成 DDE[2,2-双(4-氯苯基)-1,1,1-二氯乙烯]的反应。

谷胱甘肽 *S*-转移酶主要存在于动物肝脏的可溶细胞组，相对分子质量约为 45000。已发现的谷胱甘肽 *S*-转移酶有很多种，但在农药解毒代谢中起重要作用的是谷胱甘肽 *S*-环氧转移酶、谷胱甘肽 *S*-芳基转移酶和谷胱甘肽 *S*-烷基转移酶，其反应式如下。

$$C_6H_5-OCH_2CH(-O-)CH_2 \xrightarrow{GSH} C_6H_5-OCH_2CH(SG)-CH_2OH$$

$$(C_2H_5O)_2P(=S)-O-\text{嘧啶}(CH(CH_3)_2)(CH_3) \xrightarrow{GSH} GS-\text{嘧啶}(CH(CH_3)_2)(CH_3) + (C_2H_5O)_2P(=S)OH$$

$$(H_3CO)_2P(=O)-O-C_6H_4-NO_2 \xrightarrow{GSH} (HO)(H_3CO)P(=O)-O-C_6H_4-NO_2 + GS-CH_3$$

3. 次级代谢反应

次级代谢反应是指初级代谢产物与生物体的内源物质结合，形成更易排出的分子的反应。能够与初级代谢产物结合的内源代谢反应物主要有存在于大多数脊椎动物体内的尿苷二磷酸葡萄糖醛酸(UDPGA)、存在于昆虫和植物体内的尿苷二磷酸葡糖(UDPG)、存在于脊椎动物和水陆两栖生物体内的硫酸酯结合物，以及存在于脊椎动物体内的氨基酸等。

例如，在大鼠中西维因首先被转换成 4-羟基西维因和 1-萘酚，随后与葡萄糖醛酸发生结合反应，以 *O*-葡萄糖醛酸的形式排出体外。

$$1-\text{萘基}-OCONHCH_3 \xrightarrow{H_2O} 1-\text{萘酚}(OH) \longrightarrow 1-\text{萘基}-O-\text{葡糖醛酸}$$

$$1-\text{萘基}-OCONHCH_3 \xrightarrow{O_2} 4-OH-1-\text{萘基}-OCONHCH_3 \longrightarrow 4-(O-\text{葡糖醛酸})-1-\text{萘基}-OCONHCH_3$$

再如，除草剂二氯丙酰苯胺的代谢过程是首先水解成 3,4-二氯苯胺，然后与葡萄糖给体 UDPG 结合成 *N*-3,4-二氯苯基葡糖基胺。

Cl—(3-Cl-苯基)—$NHCOC_2H_5$ $\xrightarrow{H_2O}$ Cl—(3-Cl-苯基)—NH_2 $\xrightarrow{UDPG}$ Cl—(3-Cl-苯基)—NH—葡萄糖

7.1.5　农药的残留和使用安全

1. 农药残留

农药残留是农药使用后一段时期内没有被分解而残留于生物体、收获物、土壤、水体、大气中的微量农药原体、有毒代谢物、降解物和杂质的总称。

农药施用于作物上，其中一部分附着于作物上，一部分散落在土壤、大气和水等环境中，环境残存的农药中又会有一部分被植物吸收。这些残留农药在食物上达到一定浓度或残留量后，人或其他食物链终端的高等动物长期进食这些食物，便会导致农药在动物体内的积累，引起慢性中毒，这就是因农药残留而产生的毒害，即残留毒性，也称残毒。农药残毒主要有 3 个来源。

(1) 施用农药后药剂对作物的直接污染。一些化学性质稳定的农药在田间使用后，黏附在作物外表，渗透到植物组织内部，还有一些被作物吸收于植株汁液中。由于农药分解速度缓慢，在收获时，农产品中往往残留微量的农药及其有毒的代谢产物。

(2) 作物对污染环境中农药的吸收。在田间施用农药时，会有较多农药散落在农田或飞散于空气中，也有的残存于土壤中，或被雨水冲刷至江河湖泊中，造成对自然环境的污染。有些性质稳定不易消失的农药甚至能够在土壤中残留数年乃至数十年。

(3) 生物富集与食物链。生物富集是指生物体从生活环境中不断吸收低剂量的农药，并逐渐在其体内积累的能力。食物链是导致农药在生物体间转移和传递，造成生物体内农药富集的原因之一。

2. 农药的使用安全

由于农药对环境和生物体均有不同程度的伤害，因此其安全性极为重要。关于农药的使用安全，概括起来主要有以下几方面。

(1) 合理使用农药。解决农药残留问题必须从根源上杜绝农药残留污染。根据现有农药的性质和病虫草害的发生发展规律，合理使用农药不仅可以有效地控制病虫草害，还可以减少农药的使用和浪费，更重要的是可以避免农药残留超标。

(2) 制定安全用药制度。加强《农药管理条例》、《农药合理使用准则》、《食品中农药残留限量》等法律法规的贯彻执行，加强对违反有关法律法规行为的处罚，是防止农药残留超标的有力保障。

开展全面、系统的农药残留监测工作以及农药对人畜慢性毒性的研究，能够及时掌握农产品中农药残留的状况和规律，查找农药残留形成的原因。制定各种作物与食品中农药最大残留允许量是从食品安全角度考虑防止农药残毒的安全措施。农药的最大残留允许量可根据下式由农药的每日允许摄入量推算而得，其中，食品系数是根据各地取食情况，通过调查并考虑各方面因素获得的。

$$最大残留允许量 = \frac{ADI \times 人体标准体重}{食品系数}$$

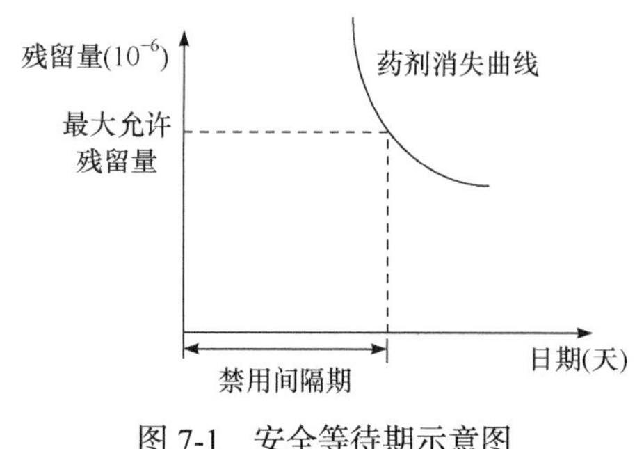

图 7-1　安全等待期示意图

农药施药安全等待期也称安全施药间隔期，指最后一次施药离作物收割的间隔天数。在农药大面积推广应用之前，按其实际需要的用药方法在作物上喷洒，间隔不同天数采样测定残留量，绘出此农药在供试作物上的消失曲线，再按最大允许残留量从曲线中找出禁用间隔天数，也就是安全等待期，如图 7-1 所示。

(3) 发展无污染农药。发展无污染农药是从根本上防止农药残毒的方法，也是农药分子设计和新品种开发的重要方向。

(4) 生物净洗。利用一些蛋白酶的活性破坏残留农药的结构，可以使农药因子脱落降解。例如，农药降解酶可以水解有机磷农药分子中的磷酯键而破坏其毒性成分的结构，使剧毒的农药变为无毒、可溶于水的小分子，从而达到迅速脱毒的效果。某些净洗液能够穿透果蔬表层，深入果蔬肉质 4mm 之内清洗，达到高效、快速、深层解除果蔬中残留农药的目的。

7.1.6　农药的剂型与助剂

1. 农药剂型

1) 农药剂型简介

农药剂型是指农药原药经过加工成为可用适当的器械应用的成品。这种将原药制成使用形态的过程称为农药加工或农药制剂化。制剂的目的是优化农药生物活性，提高安全性和便于使用。

农药的使用一般需要经过稀释、撒布和扩散等 3 个过程。稀释过程即是将原药稀释、加工，制成可供一定施药方法应用的制剂的过程。撒布过程是采用一定的施药方法，将稀释后的制剂均匀撒布于作物、土壤、水面或空气的过程。最后，制剂有效成分经溶解、气化、吸收、传导等渗入昆虫、植物、微生物的体表或内部组织，到达作用部位产生防治效果，这个过程即扩散过程。为了提高扩散过程的效率，制剂中的有效成分应具有良好的溶出、气化和膜渗透性能，这需要根据原药的性质和使用对象，设计制造不同剂型的制剂。

农药剂型的分类方法较多。按照施药方法，可分为直接施用、稀释后施用和特殊施用等 3 类。其中，直接施用的剂型包括粉剂、粒剂、毒饵、化学型缓释剂、大多数物理型缓释剂、油剂及超低容量喷雾剂等。稀释后施用的剂型有可湿性粉剂、悬浮剂、乳剂、水剂等。特殊施用的剂型有借助于加热施用的烟剂、烟熏剂、蚊香，借助于压缩气体施用的气雾剂、某些物理型缓释剂、各种熏蒸性片剂、蜡块剂等。

按照有效成分的释放特性，农药可分为自由释放型和控制释放型。大多数常规农药剂型，如粉剂、粒剂、乳剂、油剂、水剂等，均属于自由释放型。控制释放型主要是各种类型的缓释剂，包括物理型和化学型两类。

按照制剂的物态，可将农药剂型分为液体制剂和固体制剂两类。

2) 农药液体制剂

农药的液体剂型主要包括水剂、油剂、乳剂、雾剂、悬浮剂等。

对于能够溶于水的农药原药，均可以将其与水和适当的助剂一起调配成一定浓度的水剂，由于很多溶于水的原药在水中容易水解，不能长期储存，因此水剂品种较少。

油剂主要是适用于超低容量喷雾器械的超低容量喷雾剂和超低容量静电喷雾剂，具有浓度高、雾滴细、喷量少、功效高、持效长等特点。超低容量喷雾油剂中，溶剂用量通常达到总重量的 50%以上，有的甚至达到 99%以上，此外，还需加入增溶剂、降黏剂、减害剂和抗静电剂等助剂。超低容量静电喷雾油剂是专供静电喷雾技术使用的剂型，除原药和溶剂外，还需加入抗静电剂以调整药液的介电常数和导电率，使其在电场作用下雾化成一定粒度的带电雾滴，所带电荷与被保护作物的电荷相反。

乳剂中除原药、溶剂、乳化剂外，还需加入分散剂、稳定剂、防漂移剂、展着剂和增效剂等。乳化分散性、分散液稳定性和储存稳定性是乳剂最重要的性能指标。

雾剂又可分为热雾剂和气雾剂。热雾剂是将液体药剂溶解于具有适当闪点和黏度的溶剂中，再添加助溶剂、黏着剂、闪点和黏度调节剂、稳定剂、增效剂等助剂制成的液体剂型。使用时将制剂定量地压送至烟雾机的烟化管中，与高温高速气流混合，被喷至大气中并迅速挥发形成直径为几微米至几十微米的微粒。气雾剂则是依靠气雾罐中的压力将药液雾化。

液体悬浮剂是在研磨或高速搅拌下，将原药均匀分散于分散介质(水或有机溶剂)，形成的一种颗粒细小、高悬浮、可流动的液体制剂。悬浮剂的粒径一般为 0.5～5μm。将固体原药颗粒分散于水中形成的悬浮剂称为水悬剂，是应用较多的一种剂型；将液体原药分散于水中形成的悬浮剂称为乳悬剂或浓乳剂；以有机溶剂或矿物油为分散介质的悬浮剂称为油悬剂。

3) 农药固体制剂

农药的固体剂型很多，主要有粉剂、可湿性粉剂、粒剂、缓释剂、烟剂及熏蒸性片(块)剂等。

粉剂是将原药、大量填充剂或载体与适当的稳定剂、抗结块剂、防静电剂、防尘防漂移剂等一起混合粉碎得到的干粉剂型，有效成分含量一般为 0.5%～5%。粒径为 10～30μm 的一般粉剂不仅具有较好的附着力，还具有与生物体较大的接触面积。过小和过大的粒径均会导致附着力降低。粉剂是较早使用的剂型，缺点是沉降性和黏着性差，易漂移，容易污染环境；有效成分含量低，用量大，包装、储藏、运输费用高。

可湿性粉剂是将原药、填料、分散剂、润湿剂及稳定剂、抗结块剂、防漂移剂等其他助剂一起混合、粉碎得到的固体剂型。其粒径一般为 5～44μm，有效成分含量可达 25%～90%，用水分散或稀释可形成稳定的悬浮液。

粒剂中有不同粒径和使用特性的剂型，包括大粒剂(粒径：2000～6000μm)、颗粒剂(粒径：297～2500μm)、细粒剂(粒径：297～1860μm)、微粒剂(粒径：100～600μm)、微粒剂 F(粒径：63～210μm)，以及可溶性粒剂和水分散粒剂。粒剂的制造方法主要有 3 种：

浸渍法是将粒状载体浸渍于液体原药或原药溶液中，使其均匀吸附有效成分于固体颗粒上；包衣法是以非吸油性粒状载体为核心，将原药借助包衣剂和黏合剂包覆于载体表面；捏合法是将原药、助剂、粉状载体均匀混合，加入适量的水进行捏合，并通过挤出机造粒制成一定大小的颗粒，再经干燥、筛分得到的柱状或球状颗粒剂。粒剂产品方向性强，便于沉降，撒播时无粉尘，对环境污染小，便于控制释放速度，但制造成本较高。

缓释剂是将原药储存于高分子物质中形成的固体剂型，通过控制药物释放的速度，达到持续、稳定施药的目的。缓释的原理可以分为物理型缓释和化学型缓释。物理型缓释主要依靠原药与高分子化合物间的物理结合和封闭作用来完成，包括微胶囊剂、包结化合物、多层制品、空心纤维、吸附体和发泡体等储存方式的剂型，以及固溶体、分散体和复合体等均一体剂型。化学型缓释主要依靠原药与高分子化合物之间的化学反应结合来实现，可以是原药自身加聚或缩聚成高分子农药、原药与高分子化合物直接结合、原药与高分子化合物通过桥联剂结合，也可以与无机物或有机物形成络合物等。

烟剂是用适当的热源使易挥发和升华的药剂气化，并维持一定时间的剂型。除有效成分外，烟剂中还应有燃料、助燃剂和发烟剂等。根据发烟性质的不同，烟剂又可分为一般烟剂、重烟剂、烟熏剂和蚊香等。

熏蒸剂是指在常温下易挥发、气化、升华或与空气中的水、二氧化碳反应生成具有生物活性的分子态物质的药剂。熏蒸剂不需要外界热源，而是靠自身的挥发、气化和升华放出有效成分。熏蒸性片(块)剂物理化学性质稳定，剂量准确，使用时无需称量，操作方便，但制造中需加工成型工序。除有效成分外，其组成中还有填料或吸附剂、黏合剂、润滑剂、助流动剂、抗黏着剂、崩解剂、香料、色素等。

当前越来越多的国家农药登记管理机构要求农药剂型对使用者更加安全、对环境影响更小、使用剂量更低，这些要求促进了农药粉剂向水剂、粒剂、悬浮剂、缓蚀剂等剂型的转变，有利于增强农药产品的竞争力，提高农药的价值，延长农药活性成分的使用寿命。

2. 农药助剂

农药助剂是在农药剂型的加工和施用中使用的各种辅助物料的总称。虽然助剂本身一般没有生物活性，但是为了最大限度地发挥药效或有助于安全施药，其在剂型配方中或施药过程中是不可缺少的。每种农药助剂有其特定的功能，概括起来主要有 4 个方面的作用。

(1) 保证药效。某些农药必须同时使用特定的配套助剂才能充分发挥药效。例如，草甘膦等除草剂必须配合使用润湿剂、渗透剂和安全剂；杀虫剂马拉硫磷使用展着剂 Triton CST，植物生长调节剂调节膦使用农乳 100 号、吐温 80、渗透剂 TX，才能获得明显提高的药效。

(2) 分散作用。将每公顷用量只有几十克甚至几克的原药均匀地分散到广阔的田地或防治对象上，需要借助助剂的分散作用才能实现。

(3) 满足应用技术的特殊性能要求。如前所述，各种剂型的制备均需要特定的助剂。例如，泡沫喷雾法对起泡剂和稳泡剂有专门的要求；静电喷雾技术则需要既满足超低容量喷雾要求的性能，又要具有专有的抗静电剂系统；微胶囊型缓释剂对囊材及悬浮助剂等有特殊考虑。

(4) 保证安全。有些缺少选择性的除草剂，为保证作物免遭药害，常需配合安全剂(解毒剂)一同施用。再如，加入特殊臭味的拒食助剂、特殊颜料，可向人们发出警告，避免误食或中毒等。

根据助剂在农药剂型和施用过程中的作用，可以将农药助剂分为 4 类：促进农药有效成分分散的助剂，如分散剂、乳化剂、溶剂、稀释剂、载体、填料等；有助于药效发挥、延长和增强的助剂，如稳定剂、控制释放助剂、增效剂等；有助于农药接触和吸收的助剂，如润湿剂、渗透剂、展着剂、黏着剂等；增加安全性和方便使用的助剂，如防漂移剂、药害减轻剂、安全剂、解毒剂、消泡剂、警戒色等。

农药助剂还可以分为表面活性剂助剂和非表面活性剂助剂。其中，表面活性剂是农药助剂的主体，使用广泛，主要有分散剂、乳化剂、润湿剂、渗透剂、展着剂、黏着剂、消泡剂、抗泡剂、增黏剂、触变剂、抗絮凝剂、稳定剂、发泡剂等。属于非表面活性剂类的助剂有稀释剂、载体、填料、防静电剂、警戒色、药害减轻剂、安全剂、解毒剂、熏蒸助剂、推进剂、增效剂等。

7.2　杀虫剂及其他动物害物防治剂

7.2.1　有机氯杀虫剂

1. 有机氯杀虫剂概述

有机氯杀虫剂是具有杀虫活性的氯代烃的总称，主要包括滴滴涕及其类似物、六六六和环戊二烯衍生物等 3 种类型。有机氯杀虫剂杀虫活性高，杀虫谱广，持效性较长，是神经毒性物质；对温血动物的毒性较低；生产方法简单，价格低廉。由于杀虫效果优良，在第二次世界大战后很快成为最常用的杀虫剂，为植物保护和防止人类疾病做出了重要贡献。

但是，有机氯杀虫剂多数品种的分子中只含有 C—C、C—H 和 C—Cl 键，化学稳定性高，在正常环境中不易分解，导致残留和持效长。同时，多数品种水溶性极低，常温下为蜡状固体，亲脂性很强，容易通过食物链在生物体的脂肪中富集和积累。长期过分使用导致残留严重，害虫抗性增加。因此，20 世纪 70 年代初开始，许多国家开始限制使用或禁止使用滴滴涕、六六六和狄氏剂。

2. 有机氯杀虫剂主要类型及合成

1) 滴滴涕及其类似物

滴滴涕(DDT)的化学名称为 2,2-双(对氯苯基)-1,1,1-三氯乙烷，是一种广谱杀虫药剂，主要防治对象是双翅目昆虫(如蝇、蚊等)和咀嚼口器害虫(如棉铃虫、玉米螟、午毒蛾等)。DDT 对上述两类昆虫具有突出的活性，但对蚜虫的活性很低，对螨类几乎无效。

DDT 主要作用于周围神经系统，对轴突膜特别是感觉神经轴突膜起毒害作用，能够引起神经膜三维结构的改变，从而影响 Na^+ 通道，加强负后电位，造成重复后放。同时，DDT 还能抑制神经膜外表的 Ca^{2+}ATP 酶，使膜外表 Ca^{2+} 浓度和电位差降低，更易产生重复后放。重复后放产生神经毒素和导致麻痹，使神经传导受阻并最终导致昆虫死亡。第二次世界大战期间和战后的一段时期，许多国家使用 DDT，有效防治了疟蚊、虱子和苍蝇，从而使疟疾、伤寒、霍乱等的发病率急剧下降。

DDT 由氯苯与三氯乙醛缩合得到，反应需要在硫酸或发烟硫酸存在下进行。

$$Cl-C_6H_5 + CCl_3CHO \xrightarrow[-H_2O]{H^+} p,p'\text{-}(ClC_6H_4)_2CHCCl_3 + o,p'\text{-}(ClC_6H_4)_2CHCCl_3$$

p,p'-DDT(70%)　　*o,p'*-DDT(20%)

工业级别的 DDT 为微黄或白色固体，杀虫活性较弱，其中含有约 70%的 *p,p'*-DDT 和约 20%的 *o,p'*-DDT，后者是主要副产物。DDT 对光、空气和酸均很稳定，但在碱性条件下可以失去 1 分子氯化氢，得到 1,1-双(对氯苯基)-2,2-二氯乙烯(DDE)，在强烈水解条件下可以生成 α-(4-氯苯基)-4-氯苯乙酸。

甲氧滴滴涕是 DDT 的类似物，是由茴香醚和三氯乙醛缩合制得。甲氧滴滴涕对氧和碱的稳定性均比 DDT 高，不易与醇钠发生反应。可用于防治家畜的体外寄生虫、卫生害虫等，也可用于饲料、谷仓和蔬菜中害物的防治。此外，甲氧滴滴涕的毒性很低，不会在动物脂肪中积蓄，至今仍然广泛应用。

$$H_3CO-C_6H_5 + CCl_3CHO \xrightarrow[\text{或}BF_3]{H_2SO_4} (H_3CO-C_6H_4)_2CH-CCl_3$$

2) 六六六

六六六(BHC)的化学名称为 1,2,3,4,5,6-六氯环己烷，是多种立体异构体的混合物，且以 γ-六六六(林丹)为杀虫有效成分。BHC 是广谱性杀虫剂，杀虫谱与 DDT 相似，对昆虫有触杀、胃毒和熏蒸作用，主要防治对象是咀嚼和刺吸口器害虫，但对蚜螨效果不好。可用来防治水稻、经济作物、果树、蔬菜等的多种害虫，如水稻三化螟、稻飞虱、稻苞虫、稻蓟马等。六六六也是一种重要的土壤杀虫剂，用于防治蝼蛄、地老虎、金针虫、甜菜象甲等。

BHC 与 DDT 不同，主要作用于中枢神经系统，虽然对周围神经系统也有作用，但作用的部位是突触。BHC 促使突触前膜过多地释放乙酰胆碱，从而引起典型的兴奋、痉挛、麻痹等征象，并进一步导致昆虫死亡。

BHC 的合成方法十分简单，在光照下将氯气通入纯苯中，就能得到工业品 BHC。工业品 BHC 为白色固体，具有强烈刺鼻恶臭，65℃开始熔化。其中活性组分 γ-BHC 仅占 12%～16%，通过甲醇提取可以得到高纯度γ-BHC，当其含量达到 99%以上时称为林丹，为白色无臭的结晶。

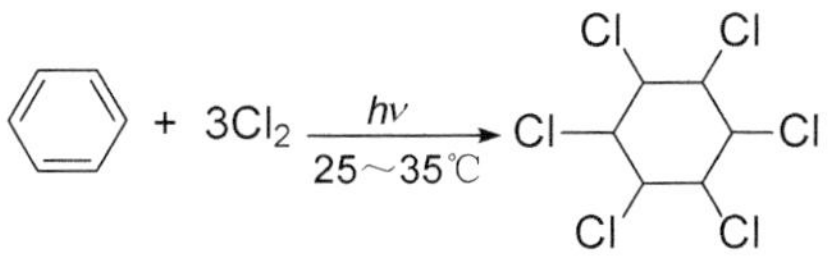

$$C_6H_6 + 3Cl_2 \xrightarrow[25\sim35℃]{h\nu} C_6H_6Cl_6$$

林丹的急性毒性 LD_{50} 为 76～200mg · kg^{-1}，较 DDT(LD_{50}=250～500mg · kg^{-1})高，但能较快地排出体外，在体内积蓄的危险性较小。工业品 BHC 中含有一定量的β-BHC，积蓄的可能性和慢性毒性会大大提高。因此，我国早已停止使用 BHC，但林丹仍在生产和使用。

3) 环二烯类杀虫剂

环二烯类杀虫剂是高度氯化的环状碳氢化合物，其杀虫的作用机制与 BHC 相同。由于这类杀虫剂有较大残留，目前在很多国家已被限制使用。环二烯类杀虫剂可以用六氯环戊二烯(HCCP)与亲双烯体发生第尔斯-阿尔德反应或二聚反应得到。亲双烯组分可以是无环(如顺丁烯二醇)、单环(如环戊二烯、二氢呋喃)或双环化合物(如降冰片二烯)。

艾氏剂是环二烯类杀虫剂中的重要代表，可以颗粒剂的形式作为土壤杀虫剂。其作用方式以熏蒸为主，也有良好的胃毒与触杀活性。除作为土壤杀虫剂外，艾氏剂还能防治稻、麦的根蚜，小麦和马铃薯金针虫，蝼蛄，曲条跳甲，蚁，甘薯象虫等。艾氏剂大鼠口服急性毒性 LD_{50} 为 67mg · kg^{-1}。对大鼠以 0.5×10^{-6} 剂量喂食两年，可引起其肝肿大。由于其在血液中有较高的溶解度，因此易于扩散到所有组织中，特别是脂肪组织。

艾氏剂是六氯环戊二烯与双环[2,2,1]庚-2,5-二烯(降冰片二烯)的第尔斯-阿尔德反应的产物，其工业产品为棕褐色固体，对热、碱和弱酸稳定，但氧化剂、强酸则能与未氯化部分环的双键发生反应。

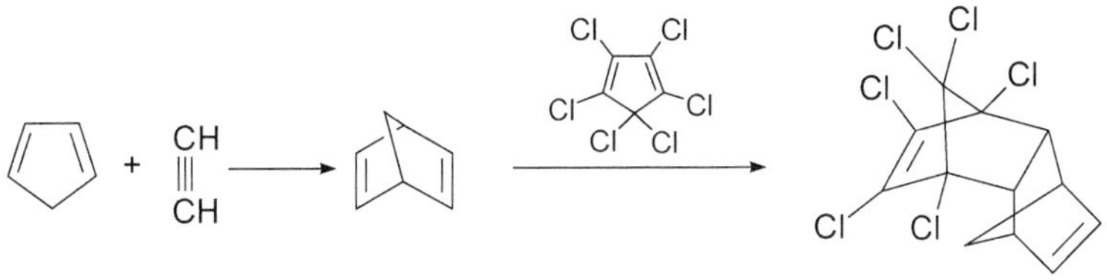

降冰片二烯　　　艾氏剂

7.2.2　有机磷杀虫剂

1. 有机磷杀虫剂概述

有机磷杀虫剂的结构通式如下：

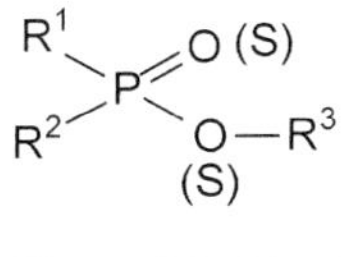

$$R^1R^2P(=O(S))-O(S)-R^3$$

式中，R^1、R^2 是烷基、烷氧基、胺基等；R^3 是烷基、烯基、芳基、胺基，以及取代的烷基、烯基、芳基等。

有机磷农药品种很多，杀虫谱广，多数品种药效很高。但有些品种的高毒性质容易造成使用者等高等动物中毒，因此有必要研发高生物活性、对高等动物低毒的高效农药品种，替代使用量较大的有机磷农药品种。由于不乏高效、低毒的产品，有机磷农药仍然具有举足轻重的地位。

2. 有机磷杀虫剂的类型与合成

有机磷杀虫剂按照化学结构可分为磷酸酯型、硫(酮)代磷酸酯型、硫(醇)代磷酸酯型、二硫代磷酸酯型、焦磷酸衍生物型、磷酰胺酯型和膦酸酯型等。

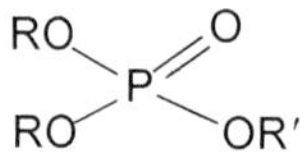

磷酸酯型 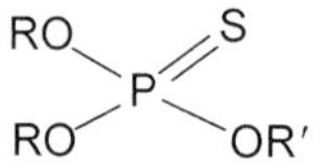　　硫(酮)代磷酸酯型 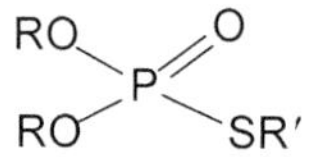　　硫(醇)代磷酸酯型

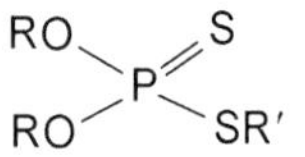

二硫代磷酸酯型 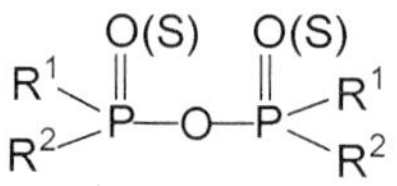　　焦磷酸衍生物 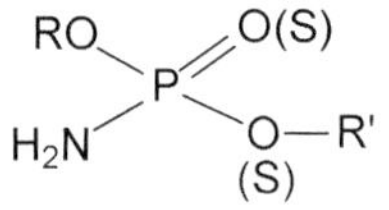　　磷酰胺酯型 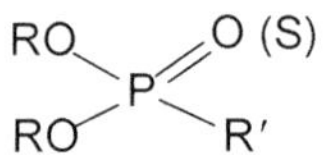　　膦酸酯型

磷酸酯型杀虫剂主要有芳基磷酸酯、乙烯基磷酸酯、磷酸肟酯等类型。代表产品如敌敌畏(DDV)、二溴磷、久效磷等。敌敌畏，即 *O*,*O*-二甲基-*O*-(2,2-二氯)乙烯基磷酸酯，属于触杀和胃毒性杀虫剂，也有熏蒸和渗透作用，对蝇、蚊、飞蛾击倒速度很快，残留极小，大鼠口服 LD_{50} 为 $80mg \cdot kg^{-1}$。二溴磷化学名称为 *O*,*O*-二甲基-*O*-(1,2-二溴-2,2-二氯)乙基磷酸酯，属于速效、触杀和胃毒性杀虫剂和杀螨剂，有一定熏蒸作用，无内吸性，可作短期残留杀虫剂，用于蔬菜、果树害虫防治，对温血动物毒性低，大鼠口服 LD_{50} 为 $430mg \cdot kg^{-1}$。久效磷属于速效杀虫剂，兼有内吸和触杀活性，用于各种作物防治螨类、刺吸口器害虫、食叶害虫、棉铃虫和其他鳞翅目幼虫，大鼠口服 LD_{50} 为 $21mg \cdot kg^{-1}$。膦酸酯型杀虫剂的合成反应主要包括磷酰氯与羟基化合物的反应、Perkow 重排反应、乙基膦酸酯重排反应制得。

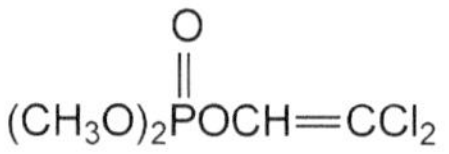

$(CH_3O)_2P(=O)OCH{=}CCl_2$　敌敌畏

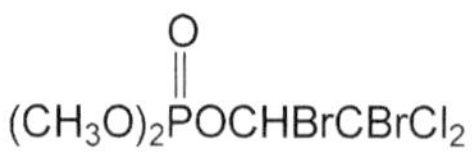

$(CH_3O)_2P(=O)OCHBrCBrCl_2$　二溴磷

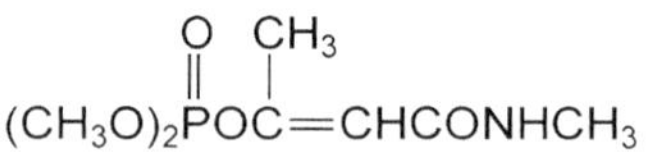

$(CH_3O)_2P(=O)OC(CH_3){=}CHCONHCH_3$　久效磷

硫(酮)代磷酸酯型杀虫剂的代表性产品有对硫磷(1605)和甲基对硫磷(甲基 1605)，是由相应的硫(酮)代磷酰氯与4-硝基苯酚钠反应制得。对硫磷，即 *O*,*O*-二乙基-*O*-(4-硝基苯基)硫(酮)代磷酸酯，是一种广谱高效杀虫剂，胃毒、触杀作用强。大鼠口服 LD_{50} 为 $7mg \cdot kg^{-1}$，由于毒性较大已经被限制使用。甲基对硫磷，*O*,*O*-二甲基-*O*-(4-硝基苯基)硫(酮)代磷酸酯，杀虫活性与对硫磷相似，但对哺乳动物毒性较小，大鼠口服 LD_{50} 为 25～$50mg \cdot kg^{-1}$。

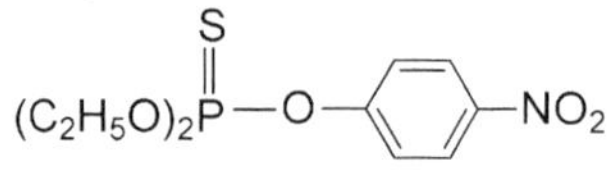

$(C_2H_5O)_2P(=S)-O-C_6H_4-NO_2$　对硫磷

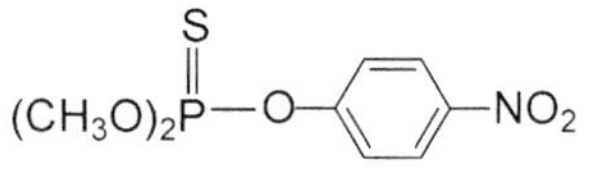

$(CH_3O)_2P(=S)-O-C_6H_4-NO_2$　甲基对硫磷

倍硫磷，*O,O*-二甲基-*O*-(3-甲基-4-甲硫苯基)硫(酮)代磷酸酯是一种广谱、速效、中毒的有机磷杀虫剂，对螨类也有效，具有较强的触杀和胃毒作用，渗透性较强，有一定的内吸作用，残效期长。可用于水稻、棉花、果树、大豆等作物防治二化螟、三化螟、稻叶蝉、稻苞虫、稻纵卷叶虫、棉红铃虫、棉铃虫、棉蚜、菜青虫、菜蚜、果树食心虫、介壳虫、柑橘锈壁虱、网蝽象、茶毒蛾、茶小绿叶蝉、大豆食心虫及卫生害虫。倍硫磷的合成反应方程式如下：

$Na_2S + S \rightarrow Na_2S_2$；$Na_2S_2$ + $(CH_3)_2SO_4$ → CH_3SSCH_3 —(间甲酚 / H_2SO_4)→ 3-甲基-4-甲硫基苯酚 —($(CH_3O)_2P(S)Cl$ / NaOH)→ H_3CS-C$_6$H$_3$(CH_3)-$OP(S)(OCH_3)_2$

倍硫磷

硫(醇)代磷酸酯型杀虫剂的合成反应主要有硫(醇)磷酸盐与卤代烷的反应、硫(醇)磷酰氯与羟基化合物的反应，其代表性产品有氧乐果和丙溴磷。氧乐果，即 *O,O*-二甲基-*S*-(*N*-甲基胺基甲酰甲基)硫(醇)代磷酸酯，是一种内吸杀虫螨杀剂，对蚜虫、蓟马、介壳虫、毛虫、甲虫等均有效，也用于防治果树上的刺吸口器害虫。其大鼠口服 LD_{50} 为 $50mg \cdot kg^{-1}$，储存不稳定。丙溴磷，*O*-乙基-*S*-丙基-*O*-(4-溴-2-氯苯基)硫(醇)代磷酸酯，是一种新型的含丙硫基的不对称硫代磷酸酯，属于非内吸性的广谱杀虫剂，具有很强的触杀和胃毒作用，能防治棉花及蔬菜害虫和螨虫，对棉铃虫、棉铃象效果突出。

$(CH_3O)_2P(O)SCH_2C(O)—NHCH_3$　氧乐果

$(C_2H_5O)(C_3H_7S)P(O)—O—C_6H_3(Cl)Br$　丙溴磷

$(CH_3O)_2P(S)SCH_2C(O)—NHCH_3$　乐果

二硫代磷酸酯包括二硫(酮、醇)代磷酸酯(简称二硫代磷酸酯)和二硫(醇)代磷酸酯，其中，二硫(醇)代磷酸酯是一类较新的品种，尚无大规模商品化品种。乐果化学名称为 *O,O*-二甲基-S-(N-甲基胺基甲酰甲基)二硫代磷酸酯，是高效广谱的触杀性和内吸性杀虫杀螨剂，杀虫谱广，可用于防治观赏作物、蔬菜、棉花及果树上的刺吸口器害虫和螨虫。其储存稳定性不高，纯品大鼠口服 $LD_{50}>600mg \cdot kg^{-1}$，工业品大鼠口服 LD_{50} 为 $150\sim300mg \cdot kg^{-1}$。

焦磷酸酯包括对称型焦磷酸酯和非对称型焦磷酸酯，合成对称型焦磷酸酯的较佳方法是用二烷氧基磷酰氯和水在碱的存在下，进行部分水解反应，其产物与未水解的酰氯经氧酰化反应得到产品。八甲磷(OMPA，八甲基焦磷酰四胺或 *N,N,N′,N′*-四甲基胺基磷酸酐)是内服性杀虫剂，对刺吸口器害虫和螨类有效，可防治柑橘、苹果、花卉等植物上的蚜虫和红蜘蛛。广谱杀虫杀螨剂治螟磷[S-TEPP，*O,O,O′,O′*-四乙基二硫(酮)代焦磷酸酯]具有较高触杀和熏蒸作用，持效性短，对哺乳动物毒性很高，其大鼠口服 LD_{50} 仅为 $5mg \cdot kg^{-1}$。非对称型焦磷酸酯可以由磷酸盐和磷酰氯反应制得。

$[(CH_3)_2N]_2P(O)—O—P(O)[N(CH_3)_2]_2$　八甲磷

$(C_2H_5O)_2P(S)—O—P(S)(OC_2H_5)_2$　治螟磷

磷酰胺酯型杀虫剂的代表性的产品有甲胺磷和乙酰甲胺磷。甲胺磷结构简单，活性高，杀虫谱广，用于防治毛虫、蚜虫等，有杀螨作用，对刺吸、咀嚼口器害虫有触杀和内吸作用，大鼠口服 LD_{50} 约为 $30mg \cdot kg^{-1}$。乙酰甲胺磷属于内吸杀虫剂，残效较长，对刺吸、咀嚼口器害虫有效，大鼠口服 LD_{50} 约为 $945mg \cdot kg^{-1}$。

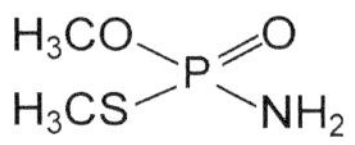

H_3CO、H_3CS—P(=O)—NH_2

甲胺磷

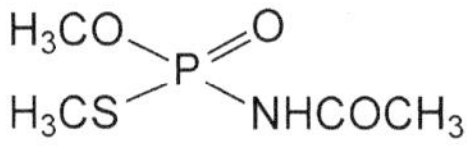

H_3CO、H_3CS—P(=O)—$NHCOCH_3$

乙酰甲胺磷

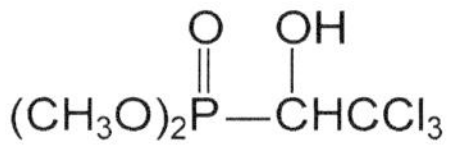

$(CH_3O)_2P(=O)—CH(OH)CCl_3$

敌百虫

C_2H_5O—P(=S)(—C_6H_5)—O—C_6H_4—NO_2

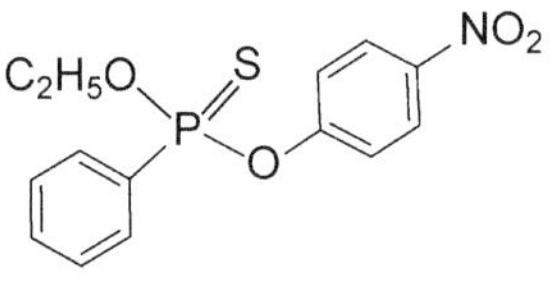

苯硫磷

膦酸酯型杀虫剂代表性的产品有敌百虫和苯硫磷。敌百虫属于触杀和胃毒剂，兼有渗透作用，可防治刺吸、咀嚼口器害虫，杀虫活性高，特别是对双翅目昆虫效果极佳，毒性低，大鼠口服 LD_{50} 约为 $630mg \cdot kg^{-1}$。苯硫磷也属于触杀和胃毒剂，对鳞翅目幼虫有广泛的活性，尤其是棉铃虫、稻螟，对哺乳动物毒性较高，雄、雌大鼠口服 LD_{50} 分别为 $40mg \cdot kg^{-1}$ 和 $12mg \cdot kg^{-1}$。

3. 有机磷杀虫剂作用机制

动物神经中，两个神经元之间通过神经递质或神经激素等化学物质来传递信息。乙酰胆碱是重要的神经传递物质，其结构如下。

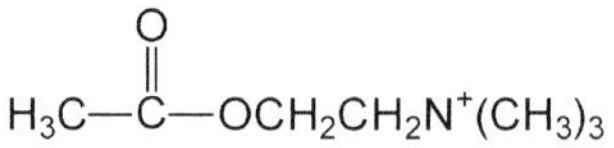

$$H_3C—C(=O)—OCH_2CH_2N^+(CH_3)_3$$

乙酰胆碱储存于突触小泡中，当受到动作电流刺激时，小泡破裂，迅速大量释放乙酰胆碱，使突触后膜兴奋。在下一个兴奋来临之前，乙酰胆碱很快被乙酰胆碱酯酶水解，变为无活性的乙酸和胆碱。然而只要突触间隙附近有乙酰胆碱存在，突触后膜就不能恢复静止状态。

乙酰胆碱酯酶的作用机制如下式所示。其中，AX 为胆碱酯，EH 为胆碱酯酶，A 为酰基，X 为胆碱。酶解时先形成一个乙酰胆碱酶-胆碱酯络合物(EH · AX)，然后酰基转移到酯酶分子上，形成酰化酯酶(EA)，最后迅速水解，使酶复活。

$$EH + AX \underset{k_{-1}}{\overset{k_1}{\rightleftharpoons}} EH \cdot AX \xrightarrow[-HX]{k_2} EA \xrightarrow[H_2O]{k_3} EH + AOH$$

有机磷杀虫剂主要是磷酸酯类化合物，与神经递质乙酰胆碱酯类似，通过与乙酰胆碱酯酶结合，生成磷酰化酶，抑制乙酰胆碱酶的活性。乙酰胆碱酶与乙酰胆碱反应生成的乙酰化酶不稳定，很快水解(约 0.1ms)。而磷酰化酶则十分稳定，两者的稳定性相差 10^7 倍以上。这是由于虽然酶的磷酰化反应与磷酸酯的碱性水解反应均为 S_N2 反应，但酶的磷酰化作用速度很快，比碱性水解反应快百万倍以上。磷酸酯与乙酰胆碱脂酶的反应如下：

$$\mathrm{EH + PX} \underset{k_{-1}}{\overset{k_1}{\rightleftharpoons}} \mathrm{EH\cdot PX} \xrightarrow{k_2} \mathrm{EP + HX}$$

式中，PX 为有机磷酸酯化合物；X 为离去基团。反应首先形成一个酶抑制剂络合物 EH · PX，该络合物进一步发生磷酰化反应生成稳定的磷酰化酶 EP，这个过程有利于上一步生成酶抑制剂络合物的可逆反应的正向进行。研究表明，有机磷杀虫剂的分子结构与乙酰胆碱的越相近，其对乙酰胆碱酶的抑制作用越强。

7.2.3 氨基甲酸酯杀虫剂

氨基甲酸酯杀虫剂的结构通式如下。式中，R^1 大多是甲基，R^2 大多是氢或甲基，与酯基对应的羟基化合物 R^3OH 通常是烯醇、酚、羟肟等弱酸性物质。

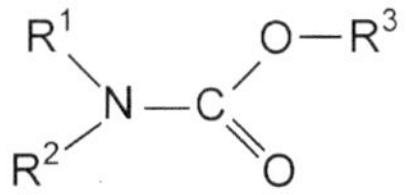

$$(R^1)(R^2)N-C(=O)-O-R^3$$

与磷酸酯杀虫剂类似，氨基甲酸酯杀虫剂也主要通过抑制乙酰胆碱酶起作用，杀虫作用迅速，选择性高，多数具有内吸性，对温血动物毒性低，残毒低，尤其对叶蝉和飞虱有特效。

氨基甲酸酯类杀虫剂可分为 *N,N*-二甲基氨基甲酸酯、*N*-甲基氨基甲酸芳基酯、*N*-酰基-*N*-甲基氨基甲酸酯或 *N*-烃硫基-*N*-甲基氨基甲酸酯、*N*-甲基氨基甲酸肟酯等 4 类。氨基甲酸酯类杀虫剂的部分商品化产品的结构和急性毒性 LD_{50} 列于表 7-4 中。

表 7-4 部分商品化的氨基甲酸酯类杀虫剂

农药类型	农药名称	分子结构	$LD_{50}/(mg\cdot kg^{-1})$
N,N-二甲基氨基甲酸酯	地麦威	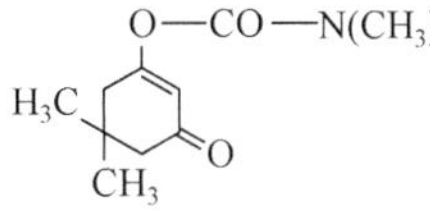 $O-CO-N(CH_3)_2$；H_3C，CH_3，O	150
	吡唑威	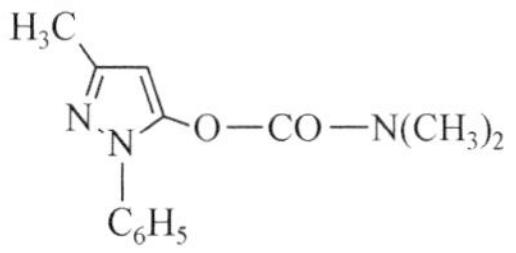 H_3C；N，N；$O-CO-N(CH_3)_2$；C_6H_5	62
N-甲基氨基甲酸芳基酯	西维因	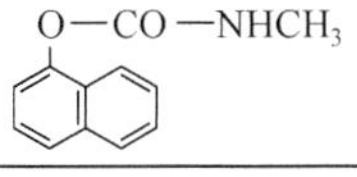 $O-CO-NHCH_3$	850
	呋喃丹	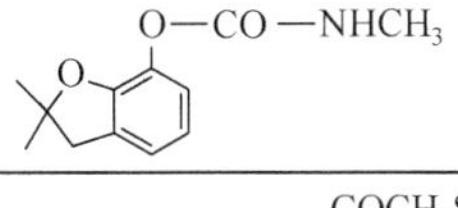 $O-CO-NHCH_3$；O	8～14
N-酰基-*N*-甲基氨基甲酸酯	RE 17955	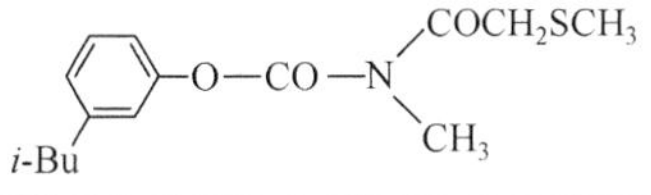 $O-CO-N(COCH_2SCH_3)(CH_3)$；*i*-Bu	低毒

续表

农药类型	农药名称	分子结构	$LD_{50}/(mg \cdot kg^{-1})$
N-烃硫基-*N*-甲基氨基甲酸酯	RE 11775	$H_3C-HC(C_2H_5)-C_6H_4-O-CO-N(CH_3)-S-C_6H_5$	131～275
N-甲基氨基甲酸肟酯	涕灭威	$CH_3SC(CH_3)_2-CH=N-O-CO-NHCH_3$	0.93
	灭多威	$(H_3CS)(H_3C)C=N-O-CO-NHCH_3$	17～24

大多数氨基甲酸酯杀虫剂是由异氰酸酯与酚类的羟基、杂环化合物的羟基或肟相互作用得到的，具体方法主要有以下 3 种。

(1) 氯甲酸甲酯法。先将光气与酚、杂环羟基化合物或肟反应生成氯甲酸甲酯，再进一步与烷基胺反应得到产物。由于两步反应均需在低温下进行，因此又称冷法。第一步反应产率通常为 60%～80%，第二步反应产率可达 95%。

$$X-C_6H_4-OH + ClCCl(=O) \xrightarrow{NaOH} X-C_6H_4-OCCl(=O) \xrightarrow{CH_3NH_2} X-C_6H_4-OC(=O)NHCH_3$$

(2) 氨基甲酰氯法。先将光气与烷基胺反应生成氨基甲酰氯，再进一步与酚、杂环羟基化合物或肟反应得到产物。由于两步反应均需在加热条件下进行，因此又称热法。两步反应的产率分别可达 95%和 90%以上。

$$CH_3NH_2 + ClCCl(=O) \longrightarrow CH_3NH-CCl(=O) \xrightarrow[NaOH]{X-C_6H_4-OH} X-C_6H_4-O-C(=O)NHCH_3$$

(3) 异氰酸酯法。该法是制备 *N*-取代氨基甲酸酯的专用方法。光气与烷基胺在三乙胺的催化下反应生成甲基异氰酸酯，并进一步与酚等羟基化合物反应得到产物，反应产率可达 95%以上。

$$CH_3NH_2 + ClCCl(=O) \xrightarrow{(CH_3CH_2)_3N} CH_3NCO \xrightarrow{X-C_6H_4-OH} X-C_6H_4-O-C(=O)NHCH_3$$

以呋喃丹为例，其合成路线如下。呋喃丹系美国 FMC 公司 1965 年研制的品种，又名克百威，化学名称为 *N*-甲基氨基甲酸(2,3-二氢-2,2-二甲基-7-苯并呋喃基)酯。其产品为白色结晶，熔点为 153～154℃，是一种高效、内吸性广谱性氨基甲酸酯类杀虫剂，具有触杀、内吸和胃毒作用，对刺吸口器及咀嚼口器害虫有效，并具有杀螨和杀线虫活性。

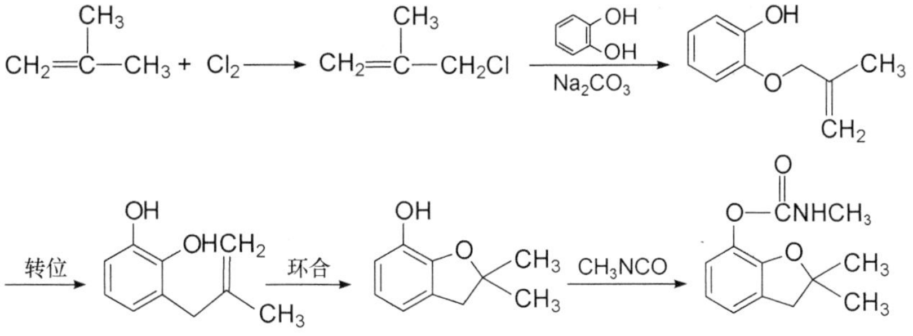

$$CH_2=C(CH_3)-CH_3 + Cl_2 \longrightarrow CH_2=C(CH_3)-CH_2Cl \xrightarrow[Na_2CO_3]{\text{邻苯二酚}} \text{(2-甲基烯丙氧基)苯酚} \xrightarrow{\text{转位}} \xrightarrow{\text{环合}} \xrightarrow{CH_3NCO} \text{克百威}$$

7.2.4　除虫菊酯杀虫剂

除虫菊素是用石油醚/甲醇混合溶剂从除虫菊干花中提取出的击倒快、杀虫力强、广谱、低毒、低残留的杀虫剂。由于除虫菊素对日光和空气不稳定，通常只能用于家庭卫生害虫，不宜农业大规模使用。

除虫菊素中共有 6 个活性成分，其结构如下。其中，除虫菊素Ⅰ对蚊、蝇有很高的杀虫活性，除虫菊素Ⅱ有较快的击倒作用，而茉酮除虫菊素Ⅰ和茉酮除虫菊素Ⅱ的毒效则很低。

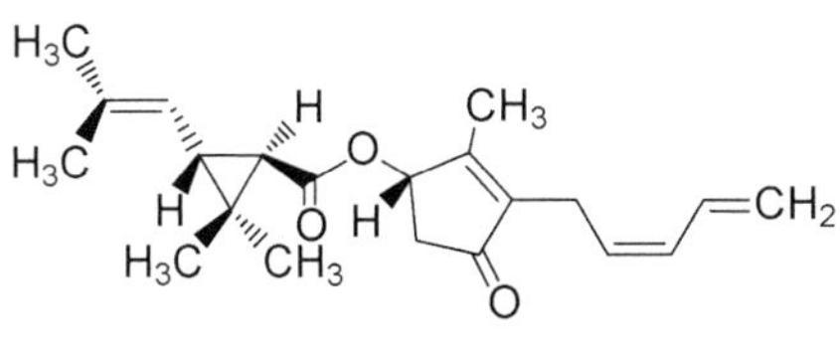

除虫菊素Ⅰ 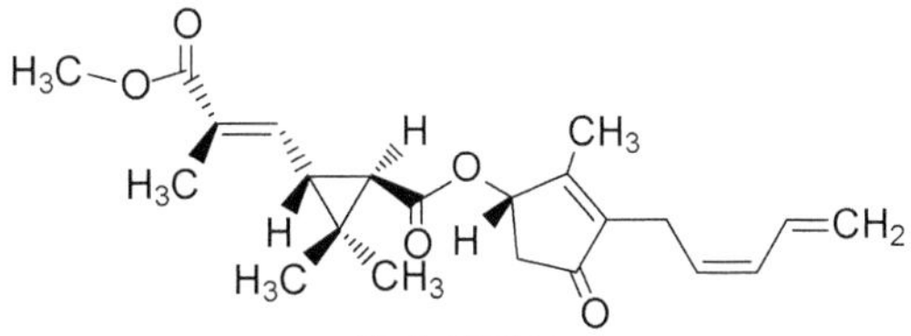　　除虫菊素Ⅱ

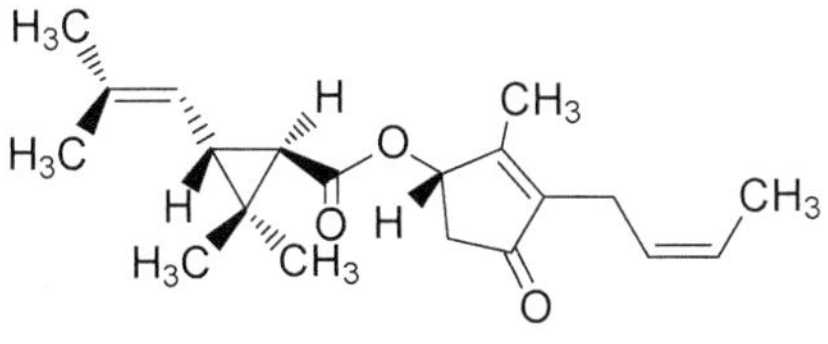

瓜地除虫菊素Ⅰ 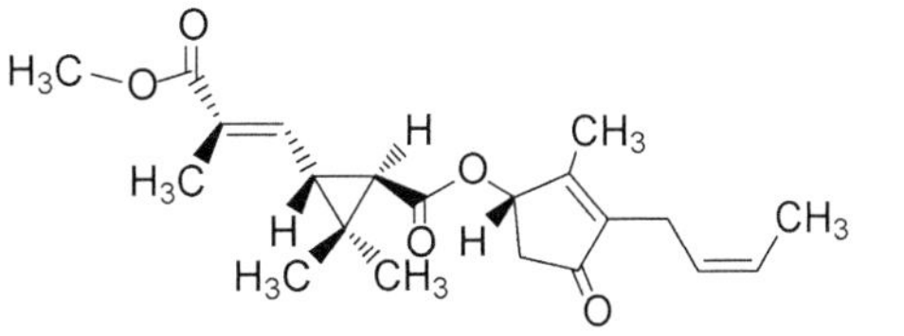　　瓜地除虫菊素Ⅱ

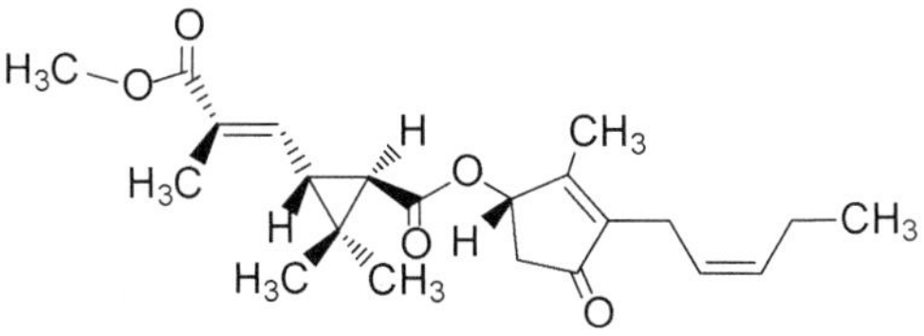

茉酮除虫菊素Ⅰ 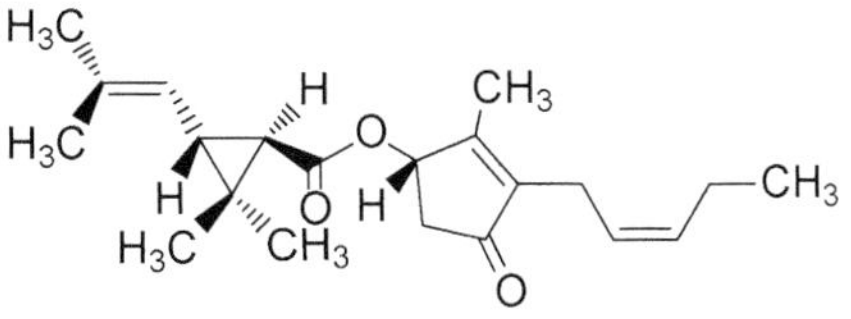　　茉酮除虫菊素Ⅱ

在天然除虫菊酯结构研究的基础上，F. B. Laforge 模拟合成了第一个拟除虫菊酯——烯丙菊酯。它是一类仿生农药，具有杀虫活性强、毒性低、使用安全、易分解、无污染、原料来源丰富、价格低廉等优点。拟除虫菊酯类杀虫剂主要有菊酸酯、卤代菊酸酯、其他环丙烷羧酸酯、非环羧酸酯和非酯类等 5 种类型，具有驱避、击倒及毒杀 3 种作用，毒杀作用主要表现在触杀和胃毒，也有一些拟除虫菊酯具有内吸和熏蒸作用。

烯丙菊酯是最重要的菊酸酯类品种，其化学名称为 2-甲基-4-氧代-3-(2-丙烯基)-2-环戊烯-1-基-2′,2′-二甲基-3′-(2-甲基-1-丙烯基)环丙烷羧酸酯，属于扰乱轴突传导的触杀型神经毒剂，作用于昆虫引起剧烈的麻痹作用，倾仰落下，直至死亡。主要用于家蝇和蚊子等卫生害虫，有很强的触杀和驱避作用，击倒力较强，是蚊香、电热蚊香片、气雾剂的有效成分。烯丙菊酯产品均应避免在直射阳光及高温下保存。

烯丙菊酯的制备过程首先是合成富右旋反式菊酸。采用(±)-顺反菊酸乙酯水解得到相应的菊酸，然后在转化催化剂存在下，于 120℃反应 2h，转位得(±)-富反式菊酸(顺/反=10/90)，再经−5℃冷冻结晶得(±)-反式菊酸(顺/反=2/98)。用右旋拆分剂于−5℃冷冻结晶，过滤，稀盐酸洗涤滤液，分出水层，油层洗至中性，减压蒸馏拆分得(+)-反-菊酸和(−)-反-菊酸。其反应方程式如下。

(±) —C(=O)—OC_2H_5 —(120℃, 液碱)→ (±) —C(=O)—OH

(反：顺=65：35)　　(反：顺=9：1)

—(重结晶)→ (±) —C(=O)—OH —(拆分)→ (+)-反 —C(=O)—OH；(−)-反 —C(=O)—OH

(反：顺=98：2)

富右旋反式烯丙菊酯的合成是将(+)-反-菊酸与 PCl_3 或 $SOCl_2$ 等酰氯化剂作用得(+)-反-菊酰氯，再在吡啶和甲苯存在下，由烯丙醇酮与(+)-反-菊酰氯作用生成目的产物，其中右旋反式体含量在 80% 以上。

CH_3— —($COCl_2$, DMF)→ CH_3— —CHO —(烯丙基氯, Mg)→ CH_3— (OH)

—(H^+, H_2O)→ (OH, CH_3) —(异构化)→ (HO, CH_3) → (+)-反 —C(=O)—O—

(+)-反 —C(=O)—OH —(PCl_3)→ (+)-反 —C(=O)—Cl

溴氰菊酯属于卤代菊酸酯，化学名称为 α-氰基苯氧基苄基(1*R*,3*R*)-3-(2,2-二溴乙烯基)-2,2-甲基环丙烷羧酸酯，商品名为敌杀死(Decis)，是活性极高的拟除虫菊酯杀虫剂，杀虫谱广、药效迅速、对作物安全。以触杀和胃毒作用为主，兼有一定的驱避和拒食作用，无内吸和熏蒸作用。对家蚕、蜜蜂、鱼类毒性大，对螨、蚧效果差，对其他拟除虫菊酯产生抗性害虫有交互抗性。此外还可防治水稻三化螟、稻蓟马、稻纵卷叶螟、大豆食心虫、柑橘潜叶蛾、梨小食心虫、桃小食心虫、甘蔗螟虫及卫生害虫等。其合成方法如下。

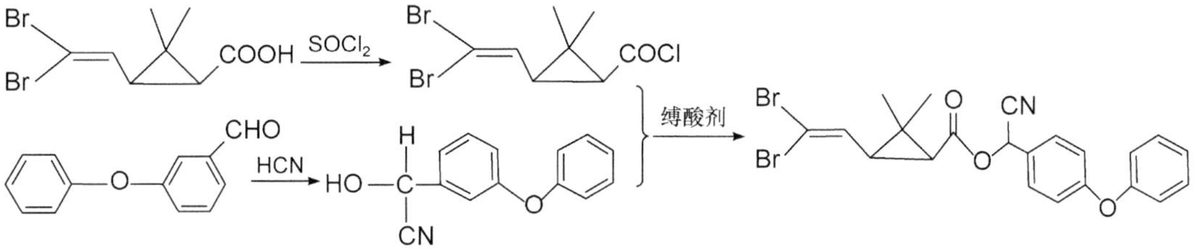

这种农药原药为白色粉末，无味，对光和酸性溶液稳定，在碱性溶液中不稳定。使用时应避免高温天气。

除此之外，其他环丙烷羧酸酯类拟除虫菊酯品种甲氰菊酯、非环羧酸酯类品种戊氰菊酯和非酯类品种醚菊酯的结构式如下。

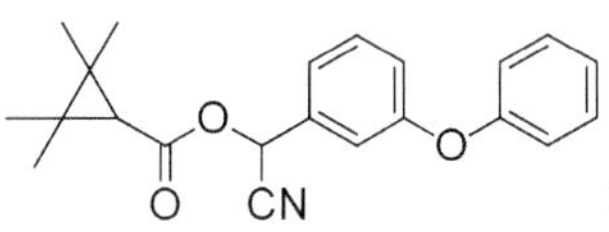

甲氰菊酯 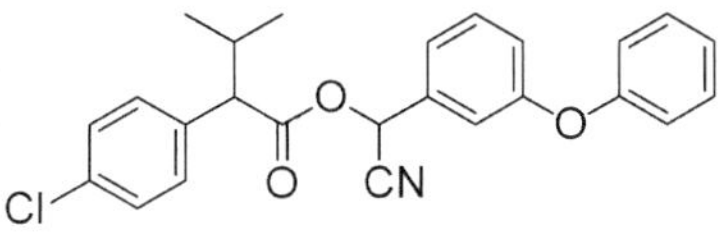　　戊氰菊酯 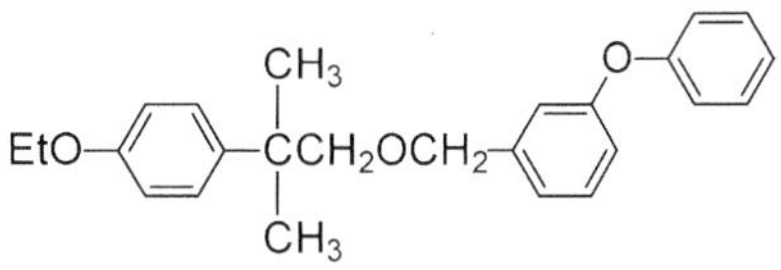　　醚菊酯

7.2.5　其他害物防治剂

1. 杀螨剂

农业害螨已形成一大有害生物类群。据估计，在我国约有 500 余种，其中成为全国性或局部性有严重危害的约 40 种，主要有叶螨类、瘿螨类、跗线螨、矮蒲螨、根螨、速生薄口螨等。

由于螨类的形状特征及其独特的生活习性，许多杀虫剂对螨类无效。这是因为一般杀虫剂选择性不强，既杀死螨又将螨虫的天敌杀死，而大多数杀虫剂无杀卵作用，因而卵又很快孵化繁殖。使用不当不仅不能治螨，反而引起迅速蔓延，甚至刺激螨繁殖。因此，寻找高效杀螨剂已成为化学防治的重要研究课题。常见的杀螨剂类别和品种如表 7-5 所示。

表 7-5　常见的杀螨剂类别和实例

杀螨剂类别	实例
有机锡	三环锡、苯丁锡、三唑锡
有机氯	三氯杀螨醇、三氯杀螨砜、杀螨酯
有机磷	甲拌磷、水胺硫磷等
脒类	双甲脒、单甲脒
菊酯类	甲氰菊酯、三氟氯氰菊酯、联苯菊酯，氨基甲酸酯类农药涕灭威
其他	噻唑烷酮基化合物噻螨酮、环己基化合物克螨特、脲基化合物卡死克、哒嗪酮类化合物哒螨灵、吡唑类化合物唑螨酯

例如，哒螨灵，化学名称为 2-特丁基-5-(4-特丁基苄硫基)-4-氯哒嗪-3-(2*H*)酮，白色无固体，熔点 111～112℃。无内吸性，主要用于果树、蔬菜、茶、烟草、棉花等作物上防治螨类，对粉虱、飞虱、蚜虫、叶蝉、蓟马防治效果也很好。其合成过程如下。

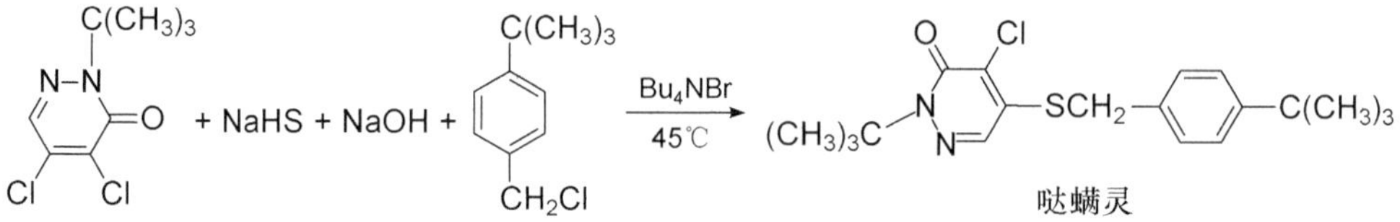

$C(CH_3)_3$　N—N　=O　Cl　Cl　+ NaHS + NaOH +　$C(CH_3)_3$　CH_2Cl　$\xrightarrow[45℃]{Bu_4NBr}$　O　Cl　$(CH_3)_3C$—N　N　—SCH_2—　—$C(CH_3)_3$

哒螨灵

其他杀螨剂及结构如下。

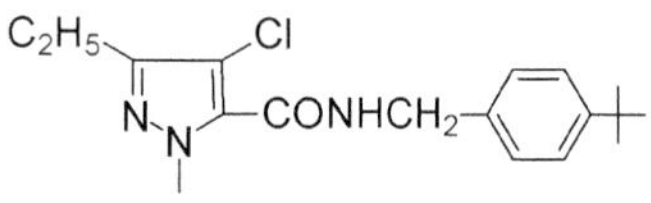

C_2H_5　Cl　N　N　$CONHCH_2$—
吡螨胺

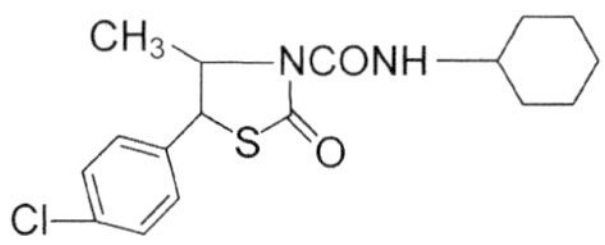

CH_3　NCONH—　S　O　Cl—
噻螨酮

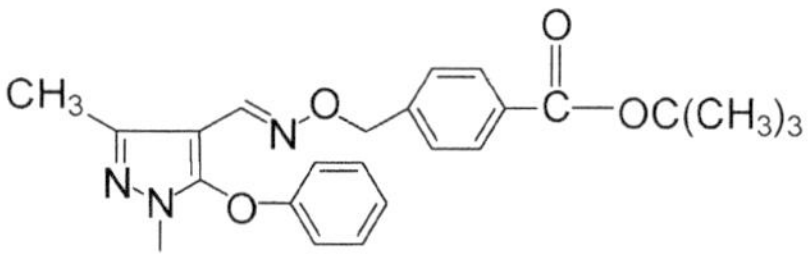

CH_3　N　O　N　N　O—　C—$OC(CH_3)_3$　O
唑螨酯

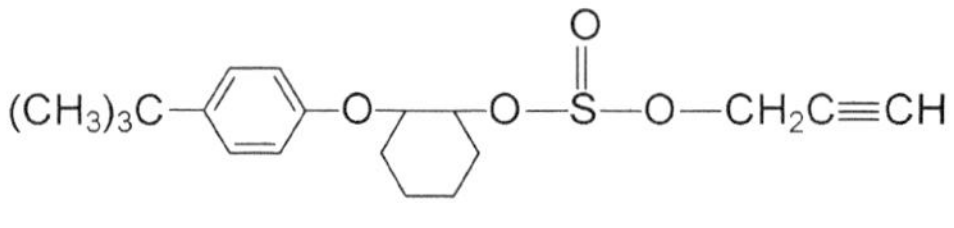

$(CH_3)_3C$—　—O—　—O—S(=O)—O—$CH_2C\equiv CH$
炔螨特

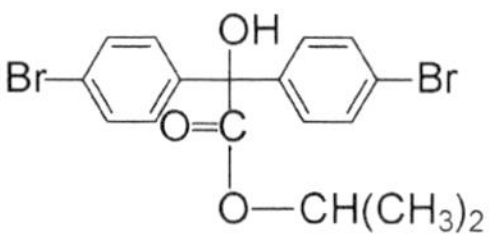

OH　Br—　—Br　O=C　O—$CH(CH_3)_2$
溴螨酯

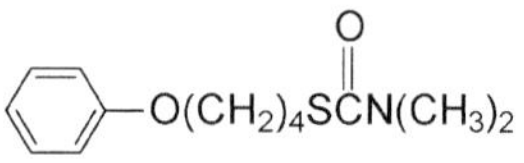

—$O(CH_2)_4SCN(CH_3)_2$　O
苯硫威

2. 杀线虫剂

线虫是一种非常小的虫类，它表现出对作物的危害与菌类对作物的危害极为相似，与植物有关的线虫达 100 多属，2000 多种，可造成植物病害，延迟生育，矮化，皱缩，枯萎及死亡，导致不同程度的减产。有些线虫除造成寄主危害外，还可传播一种或多种病害，或与某些真病、细菌病原相互结合，形成复合病害，加重病情。我国的气候适宜线虫活动和繁殖。

杀线虫剂苯线磷，即 *O*-乙基-*O*-(3-甲基-4-甲硫苯基)异丙氨基磷酸酯，属于有机磷杀线虫剂。其产物为白色晶体，熔点为 49.2℃，在碱性、酸性条件下易水解，在中性条件下稳定。该品种毒性高，具有触杀性和内吸性，残效期长。药剂进入植物体内可上下传导，防治多种线虫，主要用于防治根瘤线虫、结节线虫和自由生活线虫，也可防治蚜虫、红蜘蛛等刺吸口器害虫，对作物无害。其合成过程如下。

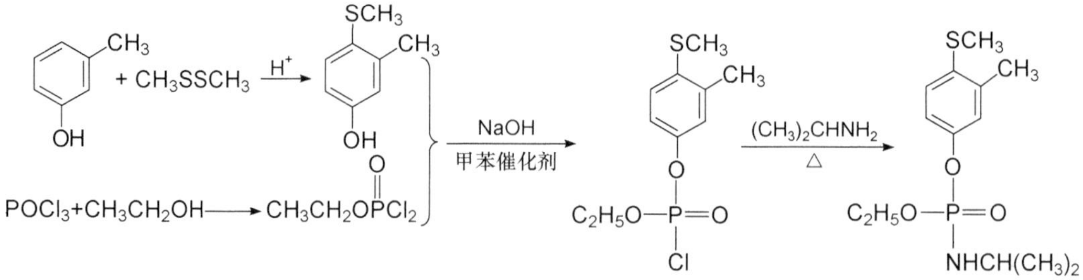

CH_3　OH　+ CH_3SSCH_3 $\xrightarrow{H^+}$ SCH_3　CH_3　OH

$POCl_3+CH_3CH_2OH \longrightarrow CH_3CH_2OPCl_2$ (O)

$\xrightarrow[\text{甲苯催化剂}]{NaOH}$　SCH_3　CH_3　O　C_2H_5O—P=O　Cl　$\xrightarrow[\triangle]{(CH_3)_2CHNH_2}$　SCH_3　CH_3　O　C_2H_5O—P=O　$NHCH(CH_3)_2$

苯线磷

3. 杀鼠剂

老鼠既是传播疾病的媒介，又是盗食粮谷、破坏林木草原、毁坏堤防水坝的大害。据资料报道，全世界有 65 亿～120 亿只老鼠，每年被鼠伤害的谷物达 3300 多万吨。危害较大的鼠种有大仓鼠、黑钱仓鼠、黄鼠、布氏田鼠、社鼠、长爪莎鼠、黑钱姬鼠、褐鼠、高山姬鼠、黄胸鼠、拟家鼠、鼷形白鼠、板齿鼠、东方田鼠、小家鼠、东北鼢鼠、中华鼢鼠等。杀灭老鼠最简便、有效的方法是化学杀鼠。

杀鼠剂的种类很多，可分为无机杀鼠剂和有机杀鼠剂。20 世纪 30 年代出现速效、剧毒的有机杀鼠药剂，如鼠立死。20 世纪 40 年代后期出现了 4-羟基香豆素和茚满二酮类杀鼠剂，被称为第一代抗凝血剂，属缓效杀鼠剂，在数日内连续摄取此类药剂有很高的灭鼠效果，是一类积累性毒物。20 世纪 60 年代后期出现鼠不育剂类杀鼠剂。

由于第一代抗凝血杀鼠剂的广泛使用，鼠类产生了抗药性。20 世纪 70 年代开始，针对第一代抗凝血剂杀鼠剂产生耐药性，又出现了氟鼠酮、噻鼠酮等杀鼠剂，即第二代抗凝血杀鼠剂。害鼠在一两天内微量摄取这些药剂后 1 周即被杀死。其特点是能有效防治鼠类抗性品系，比第一代杀鼠剂高效。

按照作用方式，可将杀鼠剂分为速效剂、缓效剂、熏蒸剂、驱避剂和不育剂等。速效有机杀鼠剂主要作用于鼠类的神经系统、代谢过程和呼吸系统，使之生命过程出现异常、衰竭或致病死亡，具体品种可分为含氟脂肪酸类，脲类及氨基甲酸酯类，杂环类，有机磷、硅类等。缓效有机杀鼠剂的作用机制是竞争性抑制维生素 K 的合成，使与其相配的凝血因子的合成也不能进行，导致血凝活性下降，引起血管破裂或器官内部摩擦自动出血，因血不能凝固致死。该类药剂在鼠体内短期积累而生效，具体品种主要有香豆素类、茚满二酮类以及含氮杂环类等。

理想的杀鼠剂应具有较强的毒效，选择性高，且毒力作用缓慢，使鼠在药力发作前吃下致死剂量；无臭无味，配诱饵后使鼠类摄取性良好，不致产生拒食现象；具有广谱性，对不同鼠龄、性别或习性的鼠都有效；不易或阻止鼠耐药性产生；性质稳定，可在各种环境条件下使用；其他动物吃了死鼠，不致产生二次中毒的危险；施药后不污染环境，对人畜无累积毒害。通常，应用杀鼠剂时应选择速效和缓效杀鼠剂交替使用。

毒鼠磷又名毒鼠灵，1965 年由拜耳公司开发成功，我国在 20 世纪 80 年代后期开始生产和使用。纯品为白色结晶，工业品为浅粉色或浅黄色粉末，纯度 80%以上。毒鼠磷是一种高效、高毒、广谱性有机磷杀鼠剂，其作用是通过抑制鼠体内胆碱酯酶，导致动物生理机能严重失衡。主要用于杀灭黄鼠、砂土鼠、鼷鼠、布氏田鼠、高原鼠兔、黑线姬鼠、田鼠和地鼠，对家鼠灭效不稳定。鼠类摄入致死剂量的毒饵后，一般在 4～6h 出现中毒症状，大多在 24h 内死亡。

其合成方法是先以苯为溶剂，三乙胺为缚酸剂，三氯硫磷与对氯苯酚在室温下反应，生成 *O,O*-二对氯苯基硫代磷酰氯(简称磷酰氯)。然后将其滴入盐酸乙脒和适量水的溶液中，同时滴加计量的碱。反应结束后，真空过滤，滤饼经水洗于 90℃干燥得到毒鼠磷原粉。

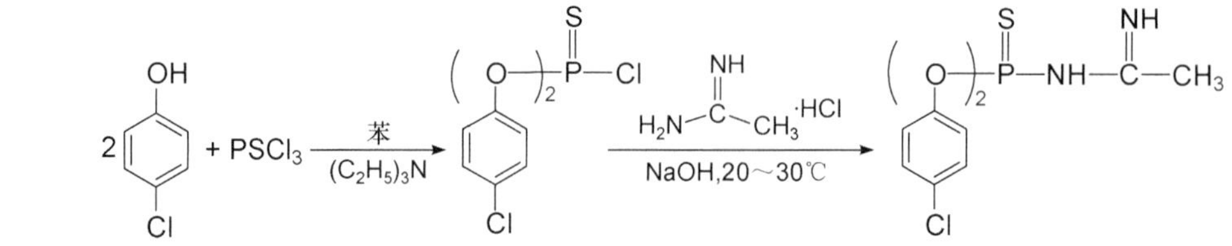

其他重要杀鼠剂品种还有：

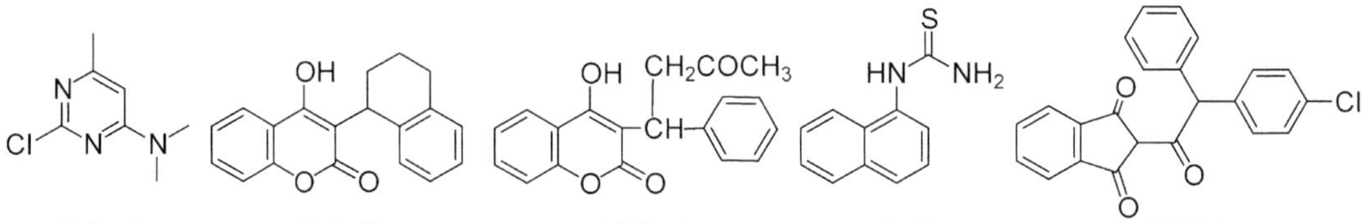

鼠立死　杀鼠醚　杀鼠灵　安妥　氯鼠酮

4. 杀软体动物剂

除前面所述各类害虫外，陆栖软体动物蛞蝓和蜗牛是两种重要害物。它们咬坏农作物、果树、观赏植物的幼苗，造成危害，严重时甚至发生毁灭性灾害。目前已发现的杀软体动物的化合物还比较少。

例如，蜗牛敌(metaldehyde)，即四聚乙醛，具有触杀及胃毒作用，通常做成毒饵，用于防治蛞蝓和蜗牛，狗口服急性毒性 LD_{50} 为 600～1000mg · kg^{-1}。灭梭威(methiocarb)是一种氨基甲酸酯类杀虫、杀螨剂，也具有很强的杀软体动物活性，具有触杀和胃毒作用，雄大鼠口服急性毒性 LD_{50} 为 100mg · kg^{-1}，常以 4%毒饵防治蛞蝓。五氯酚钠主要用于防治生长于静水及慢流水域的血吸虫中间宿主蜗牛，即钉螺，其大鼠口服急性毒性 LD_{50} 为 210mg · kg^{-1}。

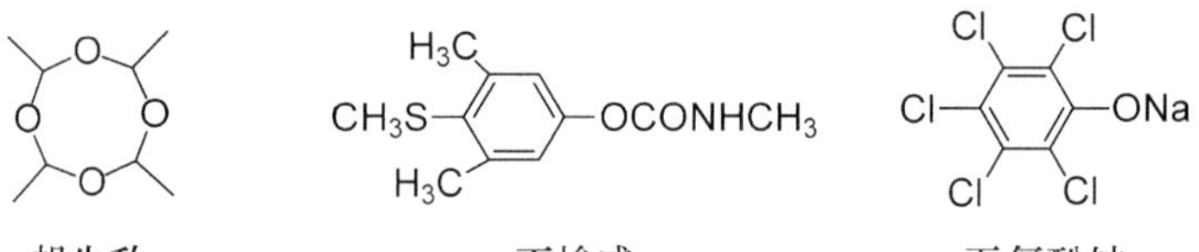

蜗牛敌　灭梭威　五氯酚钠

7.2.6　防治害虫的其他化学药剂

防治害虫的其他化学药剂主要有 3 种：调节昆虫生长的化学药剂，如蜕皮激素、保幼激素、抗保幼激素；控制昆虫行为的化学药剂，如引诱剂、驱避剂；以及影响昆虫生殖系统的化学药剂，如不育剂等。

控制昆虫生长、行为、生育等的化学药剂被称为继以无机化合物为代表的第一代杀虫剂，和以有机氯、有机磷、氨基甲酸酯等有机合成化合物为代表的第二代杀虫剂之后的第三代杀虫剂；抗保幼激素则被认为是第四代杀虫剂。它们能够克服传统杀虫剂的急性毒性和残留毒性带来的危害，但是不能将昆虫直接杀死，因此使用过程中常需要传统杀虫剂的配合。

1. 保幼激素

昆虫正常生长发育所需的昆虫内激素是指由其脑、咽侧体、前胸腺组成的分泌系统所分泌的激素。昆虫内激素主要有脑激素、蜕皮激素和保幼激素等 3 种。其中，保幼激素是由咽侧体分泌，其主要功能是保持昆虫幼龄期的特征，防止昆虫内部器官的分化与变态。

激素的正常分泌能保证昆虫正常生长发育。如果分泌失常，发育就会停止或者变得不正常。例如，在幼虫期如果蜕皮激素过多，就会加速发育，使昆虫过早死亡。如果保幼激素在蛹期长期存在，发育就会被打乱或停止。使用外加激素，干扰昆虫体内的激素水平，破坏其发育过程，能够起到使昆虫死亡或不育和防治病虫害的目的。

脑激素的结构尚未完全清楚；蜕皮激素大都为类固醇化合物，合成复杂，且使用剂量较大，因此离实际应用较远。而保幼激素合成较蜕皮激素容易，且用量低，因此已得到实际应用。

天然保幼激素主要指以 10-顺式环氧基-2,6-反,反十三碳二烯酸甲酯(保幼酸甲酯)为骨架的 JH-1、JH-2、JH-3 和 JHO。之后发现从黄粉甲虫粪便中提取出的法尼醇(farnesol)、从香枞木中提取的保幼生物素(juvabione)也对特定的昆虫具有保幼活性。

目前已实现人工合成的保幼激素和保幼活性物质主要有保幼酸甲酯系列(表 7-6)、法尼醇及其类似物(表 7-7)、保幼生物素及其类似物，以及一些无环萜烯化合物、芳香萜烯醚等。

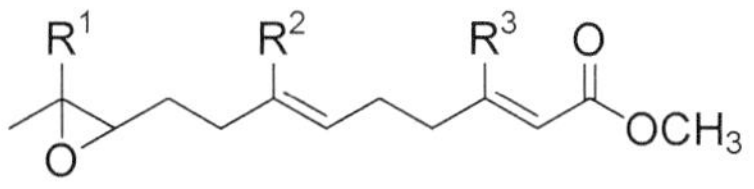

R^1　R^2　R^3　O　OCH_3　O　R

保幼酸甲酯 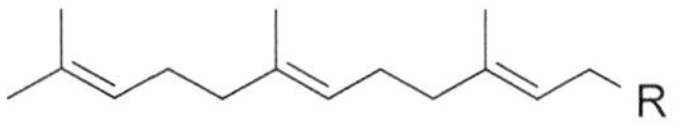　　法尼醇及其类似物

表 7-6　保幼酸甲酯类保幼激素的品种及结构

保幼酸甲酯	R^1	R^2	R^3
JH-1	CH_3	C_2H_5	C_2H_5
JH-2	CH_3	CH_3	C_2H_5
JH-3	CH_3	CH_3	CH_3
JHO	C_2H_5	C_2H_5	C_2H_5

表 7-7　法尼醇及其类似物的品种及结构

R	OH	CH_2OCH_3	$CH_2N(C_2H_5)_2$
法尼醇及其类似物	法尼醇	法尼甲基醚	法尼二乙胺

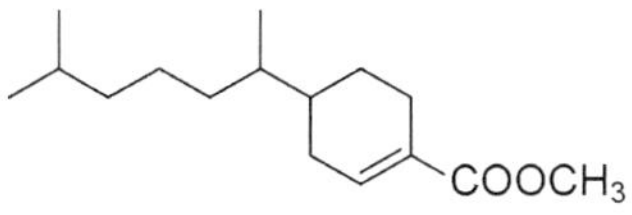

$COOCH_3$　Cl　Cl　$COOCH_3$　O　$COOCH_3$

保幼生物素 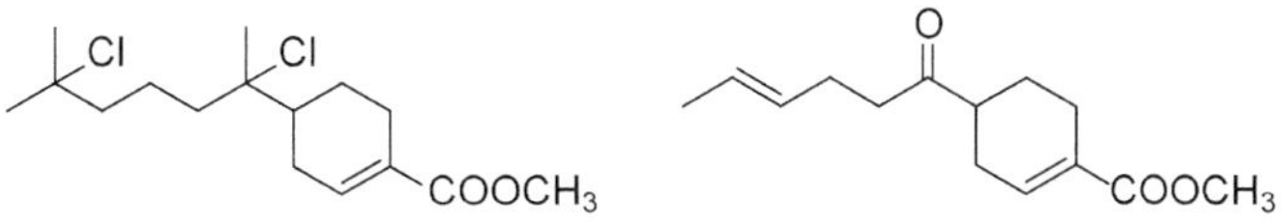　　保幼生物素类似物

2. 几丁质抑制剂

几丁质广泛存在于甲壳类动物的外壳、昆虫的甲壳和真菌的胞壁中，主要起支撑身体骨架和保护身体的作用。几丁质抑制剂能够抑制昆虫表皮中几丁质的合成，使昆虫在蜕皮时不能形成新的表皮，发生变态受阻、畸形甚至死亡。

目前发现的具有几丁质抑制剂作用的化合物主要是脲类化合物，如苯甲酰基苯基脲类化合物灭幼脲(PH 6038)、除虫脲(PH 6040)、杀虫隆；苯甲酰基吡嗪基脲类化合物嗪虫脲、二氯嗪虫脲、EL 588；吡唑啉化合物灭虫唑、灭幼唑。此外还有一些噻二唑类杂环化合物，如几噻唑(L-1215)等。

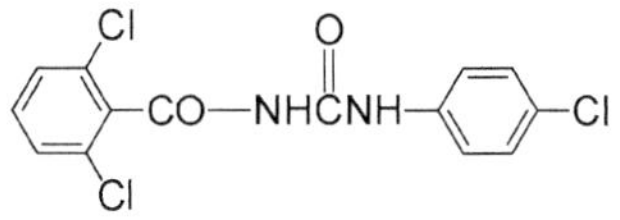

灭幼脲(PH 6038) 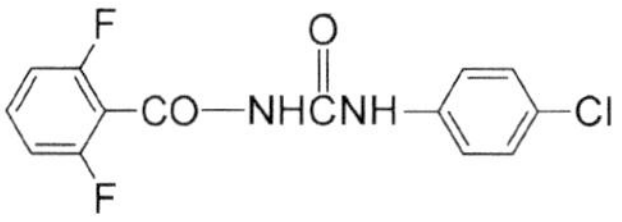　除虫脲(PH 6040) 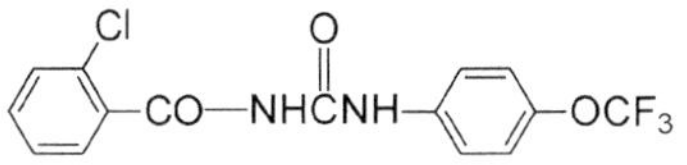　杀虫隆

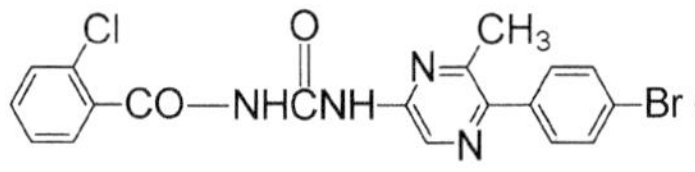

嗪虫脲 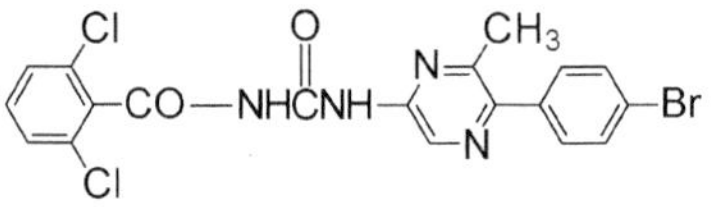　二氯嗪虫脲 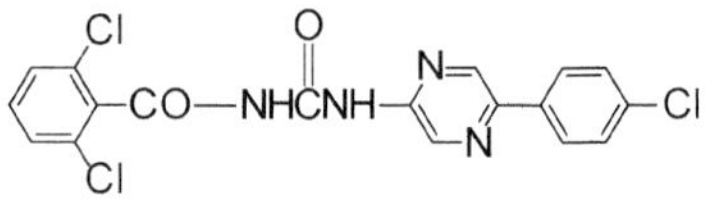　EL 588

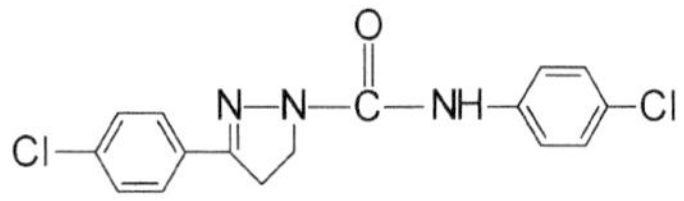

灭虫唑 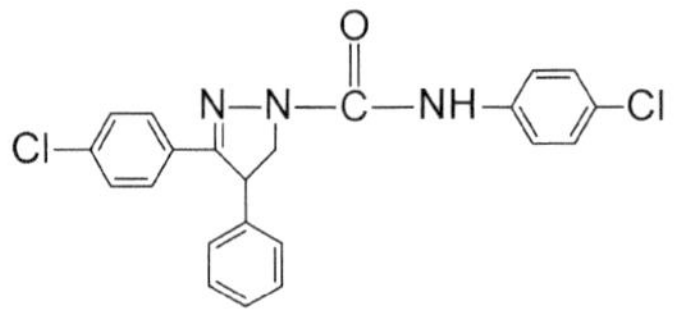　灭幼唑 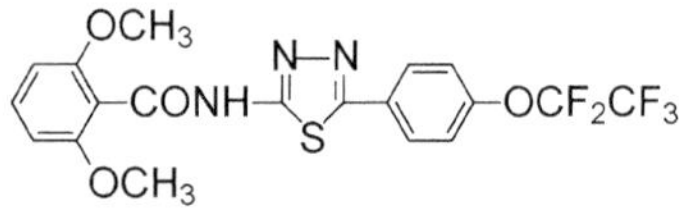　几噻唑(L-1215)

3. 昆虫外激素

昆虫外激素又称昆虫信息素，是由雌性或雄性昆虫的某些特有腺体分泌到体外的微量化学物质。昆虫通过对同种发出某种信息，影响其行为，从而获得生育、觅食、群聚、自卫等方面的需要。

昆虫性外激素也称昆虫性信息素。使用昆虫性外激素诱杀害虫，可减少常规农药的使用及其急性毒性和对环境的污染。同时，昆虫性外激素具有高选择性，有利于保护害虫的天敌和益虫。昆虫性外激素大多数为酯、醇或有机酸等化合物，稳定性较好，合成难度不大，用量极低，使用方便。使用昆虫性外激素应注意气候条件，如风力、温度、湿度等对引诱效果的影响，特别是风力的影响非常突出。主要的合成昆虫外激素类型如表 7-8 所示。

表 7-8 昆虫外激素的类型

结构类型	结构	名称
烯醇及其乙酸酯类	 OAc	(*Z*)-8-十二碳烯基乙酸酯
烯醛类	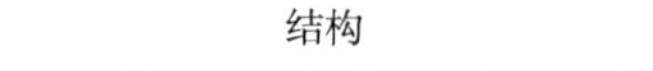 CHO	(*Z*)-9-十四碳烯醛

续表

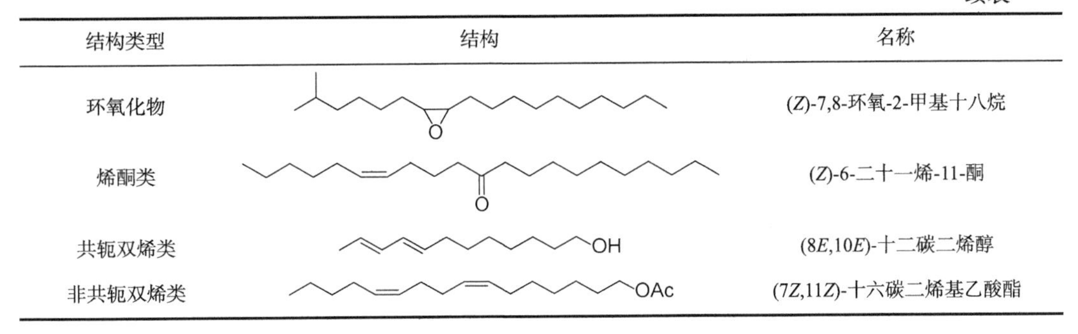

结构类型	结构	名称
环氧化物		(*Z*)-7,8-环氧-2-甲基十八烷
烯酮类		(*Z*)-6-二十一烯-11-酮
共轭双烯类		(8*E*,10*E*)-十二碳二烯醇
非共轭双烯类		(7*Z*,11*Z*)-十六碳二烯基乙酸酯

7.3　杀　菌　剂

杀菌剂是指对真菌、细菌、病毒等植物病原微生物起抑制或杀灭作用的化学物质，具有杀死病菌孢子、菌丝体或抑制其发育、成长的作用。植物病虫害不易被及时察觉，容易造成防治上的忽视和困难，危害更为严重。而且，植物病害种类很多，全世界仅由病原真菌引起的植物病害就多达上万种。因此，杀菌剂是一类十分重要的农药。

杀菌剂对病原菌的作用主要有在能量代谢中抑制能量生成，以及在物质代谢中抑制生物合成两个方面。病原菌的能量来自体内的糖类、脂肪和蛋白质等营养物质的氧化分解生成二氧化碳和水，同时伴随脱氢过程和电子传递的一系列氧化还原反应，该过程也称细胞生物氧化或生物呼吸。根据被抑制的与能量生成有关的酶或能量生成的不同过程，能量生成抑制剂主要包括巯基(—SH)抑制剂、糖的酵解和脂肪酸β-氧化抑制剂、三羧酸循环抑制剂、电子传递和氧化磷酸化抑制剂等。生物合成抑制剂主要是抑制病原菌生长和维持生命所需的新细胞的产生过程，包括细胞壁组分合成抑制剂、细胞膜组分合成抑制剂、甾醇(细胞膜脂)合成抑制剂、核酸合成抑制剂、蛋白质合成抑制剂等。

杀菌剂分子主要由活性基和成型基两部分构成。活性基也称毒团(toxiphore)，是起主要毒杀作用的基团或结构单元，通常具有较强的极性，如能与微生物体中的—SH、—NH_2等发生加成作用的不饱和双键或三键，能与微生物中的金属形成螯合物的二硫代甲酰胺，能使微生物中的—SH 钝化或与—SH 生成硫代光气的三氯甲基或四氯乙基，与核酸中的碱基类似、能破坏核酸合成的基团，能抑制真菌细胞膜中麦角甾醇的生物合成的 1,2,4-三氮唑等基团。

成型基是有助于杀菌剂穿透病原菌细胞膜的基团，其结构特点应保证杀菌剂具有良好的透性，即穿透能力。穿透能力是指杀菌剂通过菌体细胞防御屏障(细胞膜、细胞壁)，进入细胞内部，从而破坏细胞内某些生物活性系统的能力。除了对细胞膜外层极性基具有相容性的一个以上的极性基团以外，杀菌剂分子中还应拥有一个以上的与脂肪基相容的非极性基团，如 C_{16}～C_{18} 的饱和或不饱和的烃基等。

杀菌剂的分类方法较多。按照化学组成和分子结构，可以分为无机杀菌剂和有机杀菌剂。无机杀菌剂主要有：硫和硫化物，如硫磺、胶体硫、石硫合剂；无机铜化合物，如波尔多液等。有机杀菌剂又可分为元素有机化合物和一般有机化合物，元素有机化合物主要指有机硫、有机汞和有机磷化合物。一般有机化合物结构类型很多，其中，酰胺类化合物有二硫代氨基甲酸衍生物、酰苯胺衍生物、丁烯酰胺衍生物和三氯乙基酰胺衍生物等；杂环化合物有吡啶衍生物、嘧啶衍生物、吗啉衍生物、咪唑衍生物、苯并咪唑衍生物、三唑衍生物、异噁唑及异噻唑衍生物、噻二唑衍生物等；其他类型化合物还有*N*-氯代烷基和*N*-氯代烷硫基衍生物、取代苯衍生物、取代醌衍生物、硫氰酸衍生物和取代甲醇衍生物等。

按照作用方式，可以分为内吸性杀菌剂和非内吸性杀菌剂。内吸性杀菌剂能够进入植物体内产生杀菌和抑菌作用，抑菌效果好，选择性强，但易产生抗性。非内吸性杀菌剂不能渗透植物的角质层，不能被植物吸收和传导，主要功能是在植物表面形成毒性屏障，起保护作用。

按照使用方法，可以分为茎叶喷洒剂、种子处理剂、土壤处理剂、根部浇灌剂、果实保护剂和烟雾熏蒸剂等。

按照作用效果，可以分为保护性杀菌剂、治疗性杀菌剂和铲除性杀菌剂。保护性杀菌剂在病原菌侵入寄主并在寄主组织内部形成侵染之前施药，防止病菌的侵染。治疗性杀菌剂在病原菌感染后施药，消灭或抑制在寄主组织内部形成侵染。铲除性杀菌剂在病原菌已侵染到寄主后，在感染处施药，根除患病处及病菌繁殖点周围区域的病原菌。

7.3.1 保护性杀菌剂

保护性杀菌剂的化学结构类型主要有二硫代氨基甲酸盐类，如福美类和代森类杀菌剂；取代苯类，如百菌灵、五氯硝基苯等；三氯甲硫基类，如克菌丹、灭菌丹等；有机磷类，如绿稻宁等；胍类，如双胍盐等；氨基磺酸类，如敌锈钠、敌磺钠等；二甲基亚苯胺类，如乙烯菌核利、纹枯利等；醌类，如四氯对醌、2,3-二氯-1,4-萘醌等；杂环类，如哒菌清、拌种咯、噻酰菌胺等；以及硫黄和有机金属等其他类型。

福美类和代森类杀菌剂具有高效、低毒、对人畜和植物安全、广谱等优点，而且价格低廉。福美类杀菌剂的结构通式如下。

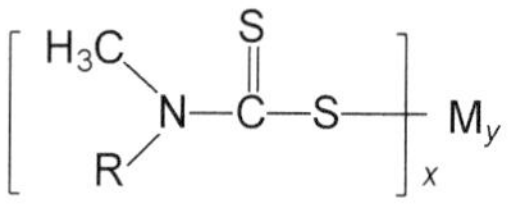

$$\left[(H_3C)(R)N{-}\overset{\displaystyle S}{\overset{\|}{C}}{-}S{-} \right]_x M_y$$

R=H, CH_3
M=Na, NH_4, Ni, Zn, Fe, $AsCH_3$
x=1～3; y=0,1

福美类杀菌剂的合成方法是先将甲胺或二甲胺与二硫化碳和氢氧化钠或氨水反应生成福美钠或福美铵，然后与锌等金属盐反应生成福美锌等其他福美类杀菌剂。

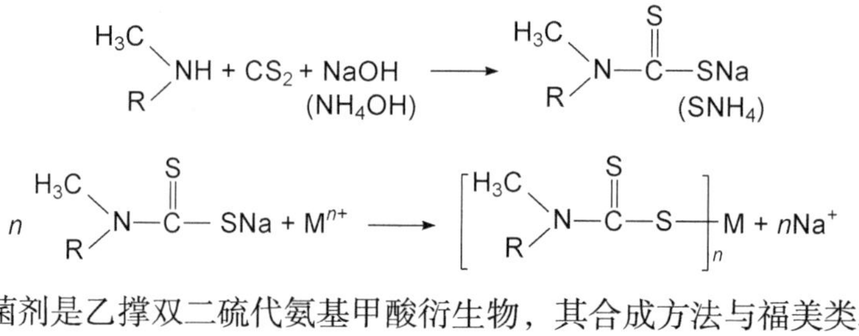

$$(H_3C)(R)NH + CS_2 + \underset{(NH_4OH)}{NaOH} \longrightarrow (H_3C)(R)N{-}\overset{\displaystyle S}{\overset{\|}{C}}{-}\underset{(SNH_4)}{SNa}$$

$$n\,(H_3C)(R)N{-}\overset{\displaystyle S}{\overset{\|}{C}}{-}SNa + M^{n+} \longrightarrow \left[(H_3C)(R)N{-}\overset{\displaystyle S}{\overset{\|}{C}}{-}S{-} \right]_n M + nNa^+$$

代森类杀菌剂是乙撑双二硫代氨基甲酸衍生物，其合成方法与福美类相似。

$$\begin{array}{l} CH_2NH_2 \\ | \\ R-CHNH_2 \end{array} + 2CS_2 + \underset{(2NH_4OH)}{2NaOH} \longrightarrow \begin{array}{l} \qquad\qquad\quad S(SNH_4) \\ \qquad\qquad\quad \| \\ CH_2NH-C-SNa \\ | \\ R-CHNH-C-SNa \\ \qquad\qquad\quad \| \\ \qquad\qquad\quad S(SNH_4) \end{array} + H_2O$$

$$\begin{array}{l} \qquad\qquad\quad S(SNH_4) \\ \qquad\qquad\quad \| \\ CH_2NH-C-SNa \\ | \\ R-CHNH-C-SNa \\ \qquad\qquad\quad \| \\ \qquad\qquad\quad S(SNH_4) \end{array} + M^{2+} \longrightarrow \begin{array}{l} \qquad\qquad\quad S \\ \qquad\qquad\quad \| \\ CH_2NH-C-S \\ | \qquad\qquad\qquad\quad \rangle M \\ R-CHNH-C-S \\ \qquad\qquad\quad \| \\ \qquad\qquad\quad S \end{array} + \underset{(2NH_4^+)}{2Na^+}$$

百菌灵的化学名称为四氯间苯二腈或 2,4,5,6-四氯-1,3-苯二腈，白色结晶，熔点 250～251℃，是一种广谱性保护性杀菌剂，主要用于麦类、水稻、蔬菜、果树、花生、茶叶等作物，抑制真菌孢子发芽，药效稳定，残效期长。对蚕安全，可用于防治家蚕的蚕僵病。百菌灵的合成过程是先用间二甲苯与氨和氧反应生成间苯二腈，然后再经高温气相氯化得到产品。由于产品中可能含有六氯苯，对百菌灵的生产工艺提出了越来越严格的要求。

$$\text{间二甲苯 } (C_6H_4(CH_3)_2) + 2NH_3 + 6O_2 \xrightarrow[350\sim450℃]{\text{催化剂}} \text{间苯二腈 } (C_6H_4(CN)_2) + 6O_2$$

$$C_6H_4(CN)_2 + 4Cl_2 \xrightarrow[250\sim350℃]{\text{催化剂}} C_6Cl_4(CN)_2 + 4HCl$$

7.3.2　治疗性杀菌剂

治疗性杀菌剂是内吸性杀菌剂，结构类型主要有酰胺类，如甲霜灵、环丙酰菌胺、环酰菌胺等；丁烯酰胺类，如萎锈灵、氟纹胺等；三氟乙酰胺类，如双胺灵等；取代甲醇类，如嘧菌醇、苯吡醇等；有机磷类，如异稻瘟净、三乙膦酸铝等；三唑类，如氟硅唑、三唑酮等；苯并咪唑类，如多菌灵、麦穗宁等；嘧啶类，如甲菌定等；吗啉类，如克啉菌等；吡啶类，如吡氯灵；噻二唑类，如敌枯双等。

甲霜灵杀菌活性高，兼有预防和治疗作用，持效长，大鼠 LD_{50} 为 $669mg \cdot kg^{-1}$。

$$2,6\text{-}(CH_3)_2C_6H_3-NH_2 + CH_3\underset{\underset{Cl(Br)}{|}}{C}HCOOCH_3 \xrightarrow{NaHCO_3} 2,6\text{-}(CH_3)_2C_6H_3-NH-\overset{\overset{CH_3}{|}}{C}H-COOCH_3$$

$$\xrightarrow{CH_3OCH_2\overset{\overset{O}{\|}}{C}-Cl} 2,6\text{-}(CH_3)_2C_6H_3-N\begin{array}{l} \diagup \overset{\overset{CH_3}{|}}{C}H-\overset{\overset{O}{\|}}{C}-OCH_3 \\ \diagdown \underset{\underset{O}{\|}}{C}-CH_2OCH_3 \end{array}$$

甲霜灵

丁烯酰胺衍生物大多是内吸性杀菌剂，其代表性品种萎锈灵的合成路线如下。萎锈灵进一步用双氧水氧化可以得到氧化萎锈灵。

$$H_3C-\overset{O}{\overset{\|}{C}}-CH_2-\overset{O}{\overset{\|}{C}}-OC_2H_5 \xrightarrow{SO_2Cl_2} H_3C-\overset{O}{\overset{\|}{C}}-\underset{Cl}{\underset{|}{C}H}-\overset{O}{\overset{\|}{C}}-OC_2H_5 \xrightarrow[30℃,\ KOH,\ C_6H_6]{HSCH_2CH_2OH}$$

$$\xrightarrow[-C_2H_5OH]{NaOH} \xrightarrow{SOCl_2} \xrightarrow{C_6H_5NH_2}$$

$$\xrightarrow{H_2O_2}$$

萎锈灵　　　　氧化萎锈灵

取代甲醇衍生物也是内吸性杀菌剂，嘧菌醇和苯吡醇的大鼠口服 LD_{50} 分别为 $670mg \cdot kg^{-1}$ 和 $5000mg \cdot kg^{-1}$。它们的合成路线如下。

$$C_4H_9Br + Li \xrightarrow[10℃]{(C_2H_5)_2O} C_4H_9Li$$

$$\text{5-溴嘧啶} + C_4H_9Li \xrightarrow[-125℃]{THF} \text{5-嘧啶基锂}$$

$$C_6H_5COCl + \text{间二氯苯} \xrightarrow{[AlCl_3]} C_6H_5CO\text{-}C_6H_3Cl_2\ (2,4\text{-二氯}) + HCl$$

$$\text{5-嘧啶基锂} + C_6H_5CO\text{-}C_6H_3Cl_2 \longrightarrow \text{(OLi 加成物)} \xrightarrow{H_2O} \text{嘧菌醇}$$

嘧菌醇

$$Mg + Br\text{-}C_6H_4\text{-}Cl \xrightarrow{(C_2H_5)_2O} BrMg\text{-}C_6H_4\text{-}Cl$$

$$\text{3-吡啶甲酰氯} + HC(O)\text{-}C_6H_4\text{-}Cl \xrightarrow[-HCl]{[AlCl_3]} \text{3-吡啶基-}C(O)\text{-}C_6H_4\text{-}Cl$$

$$\text{(3-吡啶基)(4-氯苯基)}C{=}O + BrMg\text{-}C_6H_4\text{-}Cl \xrightarrow{(C_2H_5)_2O} \text{(OMgBr 加成物)} \xrightarrow{[H^+]} \text{苯吡醇} + BrMgOH$$

苯吡醇

三唑类杀菌剂是强内吸性杀菌剂，广谱、高效，持效长，近年来发展较快，产品数量较多，其分子具有立体选择性。三唑酮和其他杂环类内吸性杀菌剂的实例和结构如下。

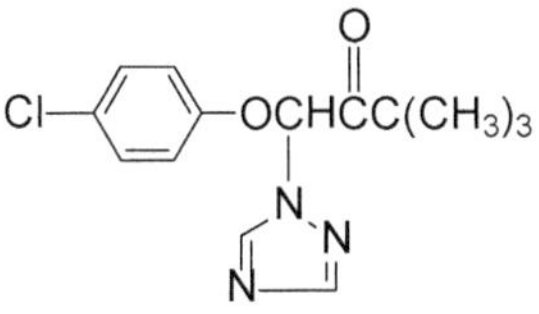

三唑酮 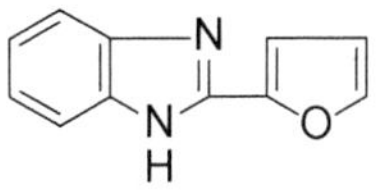　麦穗宁 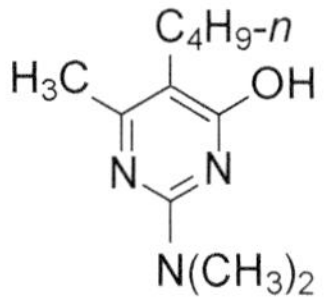　甲菌定

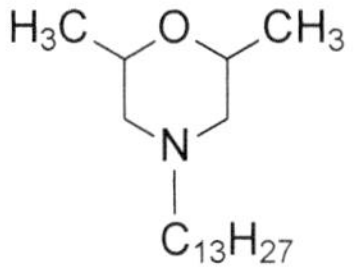

克啉菌 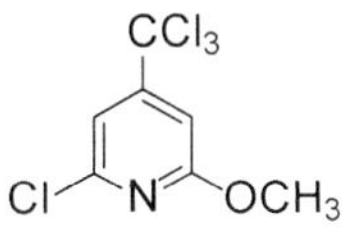　吡氯灵 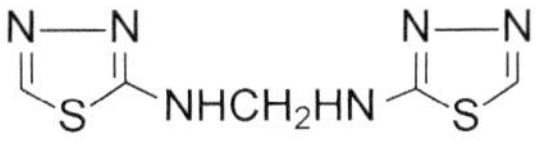　敌枯双

7.3.3 农用抗菌素

农用抗菌素是一类生物来源的杀菌剂，是由真菌、细菌、放线菌产生的，在很低浓度下能抑制或杀死其他危害作物的病原微生物。其优点是选择性强，毒性低，安全性高，大都有内吸和保护作用；缺点是易引起抗药性，药效不稳定，残效期短，应用成本高。农用抗菌素的作用可以有抑制核酸和蛋白合成，改变细胞膜透性，干扰细胞壁的形成，也可作用于能量代谢系统或作为抗代谢物。

农用抗菌素的主要品种有稻瘟散(灭瘟素)、灰黄霉素、春雷霉素等。稻瘟散来源于灰色链霉菌代谢产物，有内吸性，兼有治疗和铲除作用，小鼠口服 LD_{50} 为 $39mg \cdot kg^{-1}$，可抗革兰氏阳性和阴性细菌，对稻瘟病病原菌梨形孢的最小抑制浓度为 $5 \sim 10 \mu g \cdot mL^{-1}$。灰黄霉素是从灰黄青霉菌的菌丝中分离得到的抗真菌抗生素，主要用于防治作物的白粉病、苹果花腐病和西瓜蒌蔫病等，耐热性好，有内吸性。春雷霉素是由放线菌产生的医、农两用抗菌素，呈碱性，在 pH>7.5 的碱性条件下药效极易破坏，小鼠 LD_{50} 为 $2000mg \cdot kg^{-1}$，选择性高，对稻瘟病有特效，具有内吸性和保护、治疗作用。

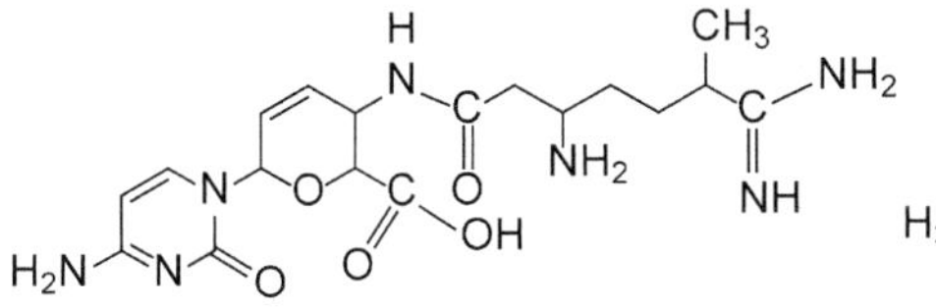

稻瘟散 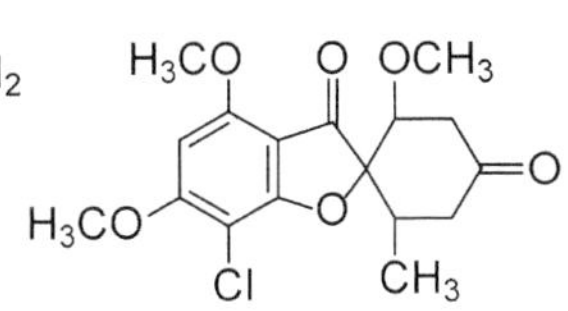　灰黄霉素 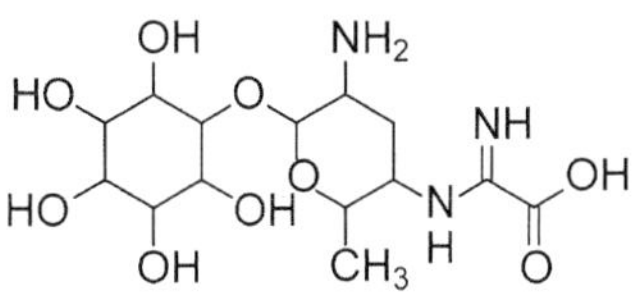　春雷霉素

7.4 除草剂和植物生长调节剂

7.4.1 除草剂

除草剂是能够杀灭杂草而又对农作物无害的一类药剂。化学除草具有高效、省时的优点，是保证农业稳产、高产的主要措施之一。除草剂主要通过抑制植物光合作用、呼

吸作用、生物合成、细胞分裂，以及农药的选择性机理来达到杀死杂草的目的。

按照植物的吸收方法不同，可将除草剂分为土壤处理除草剂和叶面处理除草剂。前者是由植物根部吸收的除草剂，后者是由植物茎叶吸收的除草剂。叶面处理除草剂又可分为两种：一种是触杀性除草剂，其药效仅显示在直接与药剂接触的植物组织上；另一种是内吸性或传导性除草剂，药剂被吸收后可在植物体内传导，其作用的位置与吸收的位置不同。

按照施用的时间不同，可将除草剂分为播前除草剂、苗前除草剂和苗后除草剂。

按照药剂的作用范围不同，可将除草剂分为灭生性除草剂和选择性除草剂。灭生性除草剂可将作物全部杀死，适用于工业区、铁路沿线、航道等地域，要求药剂的残留作用长。在农田中使用灭生性除草剂，一般是在播后或苗前施用，要求药剂的持效期适当。选择性除草剂应对杂草有很高的选择性，而对作物没有影响。

按照作用的机制不同，可将除草剂分为光合作用抑制剂、呼吸作用抑制剂、生物合成抑制剂和生长抑制剂。生物合成抑制剂主要是抑制氨基酸、蛋白质、叶绿素、胡萝卜素和类脂等的合成，而生长抑制剂主要抑制细胞分裂与伸长。

除草剂的大部分品种是有机化合物，主要有苯氧羧酸类，羧酸及其衍生物类，脲和酰胺类，氨基甲酸酯和硫代氨基甲酸酯类，二硝基苯胺类，醚类，磺酰脲和磺酰胺类，杂环类等。

1. 苯氧羧酸类

苯氧羧酸类除草剂是除草剂的重要品种之一，其结构通式如下：

$$\text{R}-C_6H_4-O-C_nH_{2n}-\overset{\overset{\text{O}}{\|}}{C}-XR'$$

式中，R 为 Cl 或 CH_3；X 为 S、O 或 N，R′为烷基、芳基或取代的烷基、芳基，XR′在水解后生成 OH；n 为 1 或 3，当 n 为 2 时，化合物在β-氧化酶的作用下生成酚，没有活性。此外，具有活性的分子还应在与羰基相连的α-碳上有活泼氢原子。

苯氧羧酸类除草剂选择性高，双子叶植物对其最为敏感，容易被杀死，而单子叶植物不受其害，既可用于水稻田除草，也可用于小麦、高粱、玉米等旱地作物。这类农药具有内吸性，能迅速地传导至植株全身，使药效充分发挥。此外，还具有易于制造，易于生物降解，对环境危害少，对人畜毒性低，使用安全等优点。苯氧羧酸化合物在高剂量时为除草剂，在低用量时可作为植物生长调节剂，防止落花、落果和促进开花。这类除草剂的典型品种如 2,4-滴(2,4-D)、2,4-滴丁酯(2,4-DB)、二甲四氯(MCPA)、除草佳(MCPCA)和硫酚杀等。

2,4-滴的化学名为 2,4-二氯苯氧乙酸，白色结晶粉末，主要以 30% 钠盐水溶液或 72% 丁酯乳油的形式应用。2,4-滴是最早使用的除草剂之一，为广谱性、激素型除草剂，有良好的展着性和内吸性。通常用于水田和麦田等，主要防除禾本科作物田中的双子叶杂草、异性莎科及某些恶性杂草等。在我国使用较多的是其丁酯，即 2,4-滴丁酯，化学名称为 2,4-二氯苯氧乙酸丁酯，其纯品为无色油状液体，遇碱分解为 2,4-滴钠盐及丁醇。

2,4-滴的合成主要有两种方法。一种是苯酚先用氯气氯化生成 2,4-二氯苯酚，再与氯乙酸缩合。另一种是苯酚先与氯乙酸缩合生成苯氧乙酸，再用氯气进行氯化。2,4-滴用丁醇酯化得到 2,4-滴丁酯。

$$C_6H_5\text{—}OH \xrightarrow{2Cl_2} Cl\text{—}C_6H_3(Cl)\text{—}OH \xrightarrow[NaOH]{ClCH_2COOH} Cl\text{—}C_6H_3(Cl)\text{—}OCH_2COOH$$

$$C_6H_5\text{—}OH + ClCH_2COOH \xrightarrow{NaOH} C_6H_5\text{—}OCH_2COOH \xrightarrow{2Cl_2} Cl\text{—}C_6H_3(Cl)\text{—}OCH_2COOH$$

2,4-滴

$$Cl\text{—}C_6H_3(Cl)\text{—}OCH_2COOH + C_4H_9OH \longrightarrow Cl\text{—}C_6H_3(Cl)\text{—}OCH_2COOC_4H_9 + H_2O$$

2,4-滴丁酯

二甲四氯的化学名称是 2-甲基-4-氯苯氧乙酸，产品为白色结晶，熔点 118～119℃，剂型主要是 20% 钠盐原粉或水溶液。属于激素型选择性除草剂，易为根部和叶部吸收传导。用于水稻等禾本科作物田间，芽后防除多种一年生或多年生阔叶杂草和某些单子叶杂草。对杀灭阔叶草及三棱草有特效，但对稗草类杂草无效。其合成方法如下。

$$CH_3\text{—}C_6H_4\text{—}ONa \xrightarrow{ClCH_2COONa} CH_3\text{—}C_6H_4\text{—}OCH_2COONa \xrightarrow{HCl} CH_3\text{—}C_6H_4\text{—}OCH_2COOH$$

$$\xrightarrow{Cl_2} Cl\text{—}C_6H_3(CH_3)\text{—}OCH_2COOH \xrightarrow{NaOH} Cl\text{—}C_6H_3(CH_3)\text{—}OCH_2COONa$$

二甲四氯钠盐

除草佳和硫酚杀的结构式如下。

$$Cl\text{—}C_6H_3(CH_3)\text{—}OCH_2\overset{O}{\overset{\|}{C}}\text{—}NH\text{—}C_6H_4\text{—}Cl$$

除草佳(MCPCA)

$$Cl\text{—}C_6H_3(CH_3)\text{—}OCH_2\overset{O}{\overset{\|}{C}}\text{—}SC_2H_5$$

硫酚杀

苯氧羧酸类除草剂在植物组织以及分子水平上的作用方式与天然生长素 IAA 类似，其浓度不可被植物自身调节，导致许多植物组织内生长素浓度增高。由于留存在植物组织内的时间较长，破坏了植物的正常发育。苯氧羧酸类除草剂在植物体内主要以侧链断裂和β-氧化两种方式降解；在动物体内，由于自身水溶性较大，可以直接随尿液排出；在土壤中主要由微生物降解。

2. 羧酸及其衍生物类

羧酸及其衍生物类除草剂的主要结构类型有卤代苯甲酸，如草芽平(TBA)；苯甲酰胺衍生物，如草克乐；苯腈衍生物，如碘苯腈；对苯二甲酸衍生物，如敌草索(DCPA)；以及氯代脂肪酸化合物，如柔草枯[$CH_3CCl_2COOH(Na)$]等。

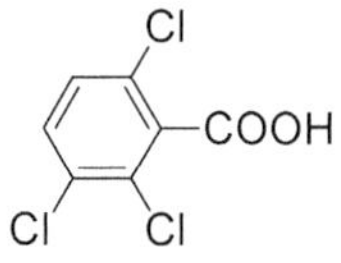

草芽平 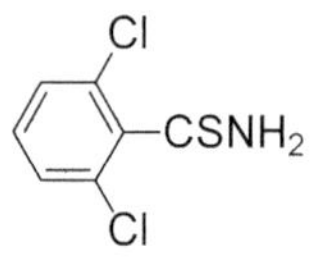　草克乐 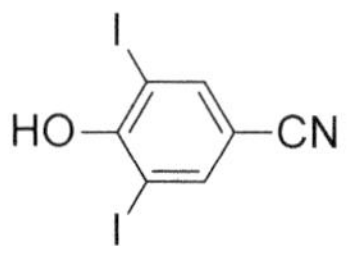　碘苯腈 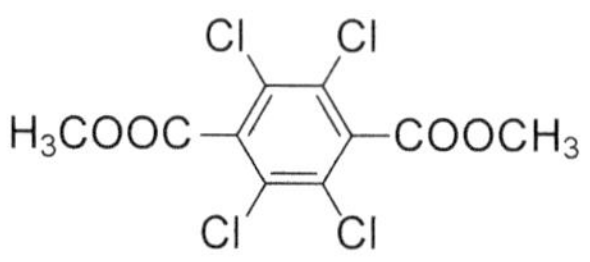　敌草索

草芽平用于非农耕地，除一年生阔叶及多年生杂草。其合成方法是以甲苯氯化的产物邻氯甲苯为原料，经氯化得到 2,3,6-三氯甲苯，再在高温下侧链氯化，最后水解得到产物。2,3,6-三氯甲苯也可由对甲基苯磺酰氯三氯化，再酸性水解脱掉磺酰氯基团得到；2,3,6-三氯甲苯也可直接用硝酸氧化得到草芽平。

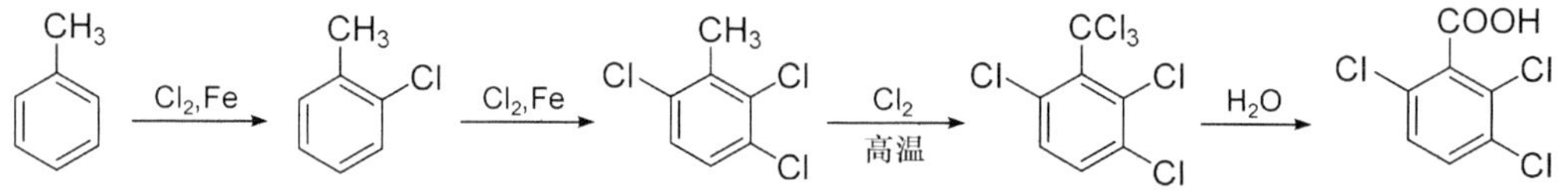

Cl_2,Fe　Cl_2,Fe　Cl_2 高温　H_2O

草克乐可以由 2,6-二氯苯甲腈与硫化氢反应制得。碘苯腈的合成是以对羟基苯甲醛为原料，经碘化反应生成 3,5-二碘-4-羟基苯甲醛，再与羟胺反应生成 3,5-二碘-4-羟基苯基肟，最后在乙酸酐的作用下脱水。敌草索的合成有两条路线：一条是对二甲苯先氯化，再氧化和酯化的路线；另一条是对二甲苯先氧化、酰氯化生成对苯二甲酰氯，然后氯化、酯化。

3. 脲和酰胺类

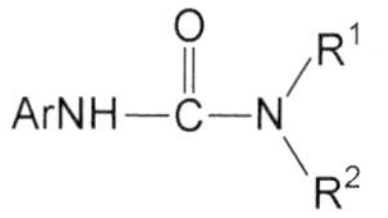

$$\mathrm{ArNH-\overset{O}{\overset{\|}{C}}-N(R^1)(R^2)} \qquad \mathrm{(R^1)(R^2)N-\overset{O}{\overset{\|}{C}}-R}$$

R^1主要是甲基；R^2是氢、甲氧基、烷基、芳基 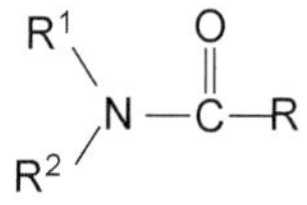　　R、R^1和R^2是烷基、芳基或取代的烷基、芳基

脲类除草剂大都是内吸传导型土壤处理剂，兼有一定的触杀作用，具有药效高、用量少、杀草谱广、水溶性小、残效期长等特点。能够强烈地影响植物的光合作用，抑制电子传递过程，主要用来防治一年生浅根杂草，对多年生杂草只能抑制不能杀死。

脲类除草剂的合成一般以光气为原料，通过异氰酸酯法或氨基甲酰氯法制得。也有的以尿素为原料合成。

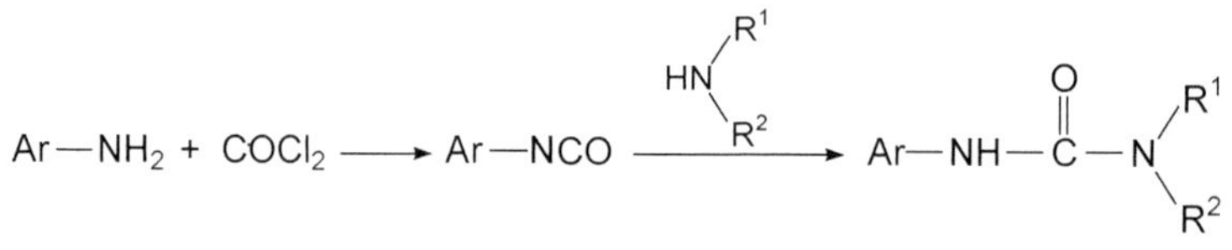

$$\mathrm{Ar-NH_2 + COCl_2 \longrightarrow Ar-NCO \xrightarrow{HN(R^1)(R^2)} Ar-NH-\overset{O}{\overset{\|}{C}}-N(R^1)(R^2)}$$

$$COCl_2 + HNR^1R^2 \longrightarrow Cl-C(=O)-NR^1R^2 \xrightarrow{Ar-NH_2} Ar-NH-C(=O)-NR^1R^2$$

$$NH_2-C(=O)-NH_2 + ArNH_2 \xrightarrow{HCl} Ar-NH-C(=O)-NH_2 \xrightarrow{HNR^1R^2} Ar-NH-C(=O)-NR^1R^2$$

脲类除草剂的典型品种有敌草隆、甲氧隆、利谷隆和绿麦隆等，其结构式和绿麦隆的合成方法如下。

敌草隆　　甲氧隆　　利谷隆

$$H_3C-C_6H_4-NO_2 + Cl_2 \xrightarrow{FeCl_3} H_3C(Cl)C_6H_3-NO_2 \xrightarrow[NiAl]{H_2} H_3C(Cl)C_6H_3-NH_2$$

$$\xrightarrow{COCl_2} H_3C(Cl)C_6H_3-NCO \xrightarrow{NH(CH_3)_2} H_3C(Cl)C_6H_3-NHCON(CH_3)_2$$

绿麦隆

酰胺类除草剂是 20 世纪 60 年代开发的高效、高选择性的触杀型除草剂，对多种禾本科双子叶植物具有强烈的毒杀作用，主要用于防除一年生禾本科杂草幼芽，对成株杂草、宽叶杂草防除效果较差。这类除草剂具有中等水溶性，挥发性较低，用作土壤处理剂，在土壤中残效为 1～3 个月。

敌草胺是 1971 年由美国施多福(Stauffer)公司开发成功，纯品为白色晶体，熔点 75℃。原药为棕色固体，熔点 69.5℃。该产品是选择性的芽前土壤处理剂，药剂持效期长，一次施药即可。用于油菜、花生、蔬菜、烟草、西瓜、果、桑、茶园防除稗草、马唐、狗尾草、野燕麦等禾本科杂草，也可防除猪殃殃、马齿苋、野苋等双子叶杂草。其合成方法如下。

$$CH_3CH_2COOH \xrightarrow{Cl_2} CH_3CH(Cl)COOH \xrightarrow[(1)NaOH;(2)HCl]{\text{1-萘酚 (OH)}} C_{10}H_7-O-CH(COOH)-CH_3 \xrightarrow[POCl_3]{(C_2H_5)_2NH} C_{10}H_7-O-CH(CON(C_2H_5)_2)-CH_3$$

乙草胺由美国孟山都公司开发成功，为浅棕色液体，选择性芽前除草剂，可用于玉米、棉花、大豆、花生、油菜、马铃薯、甘蔗、芝麻、向日葵和豆科、十字花科、茄科、菊科、伞形花科等多种蔬菜田及果园防除一年生禾本科杂草，一次施药可控制作物整个生育期无杂草危害，对多年生杂草无效，属低毒性除草剂。其合成方法如下。

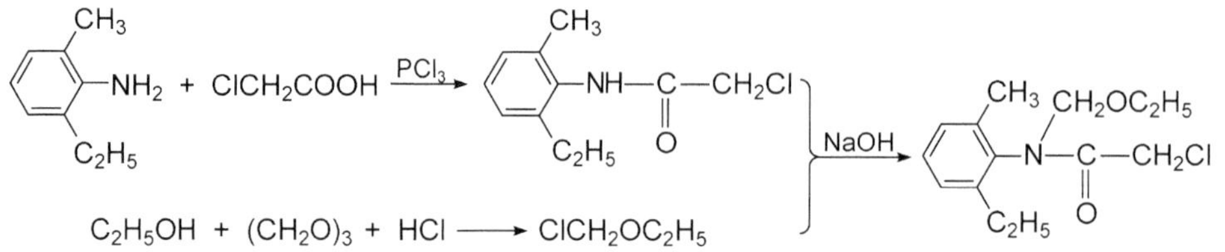

$$\text{2-CH}_3\text{-6-C}_2\text{H}_5\text{-C}_6\text{H}_3\text{NH}_2 + ClCH_2COOH \xrightarrow{PCl_3} \text{2-CH}_3\text{-6-C}_2\text{H}_5\text{-C}_6\text{H}_3\text{NH—CO—CH}_2Cl$$

$$C_2H_5OH + (CH_2O)_3 + HCl \longrightarrow ClCH_2OC_2H_5$$

$$\xrightarrow{NaOH} \text{2-CH}_3\text{-6-C}_2\text{H}_5\text{-C}_6\text{H}_3\text{N(CH}_2OC_2H_5)\text{—CO—CH}_2Cl$$

其他重要酰胺类除草剂有：

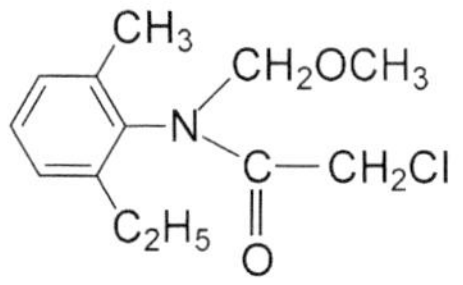

甲草胺 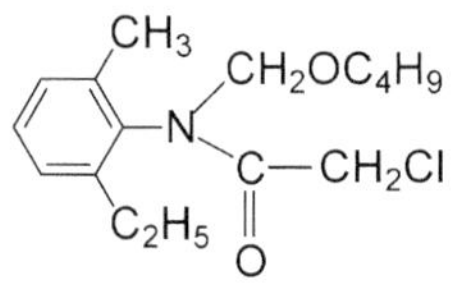　丁草胺 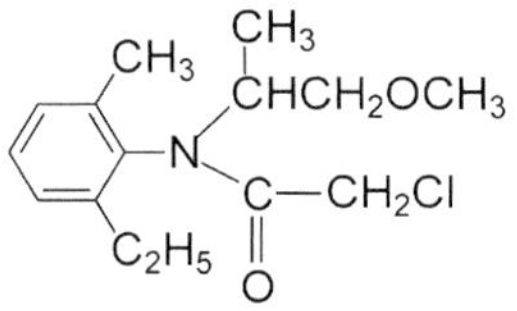　异丙甲草胺 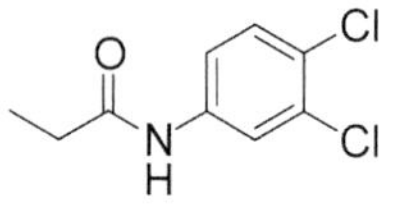　敌稗

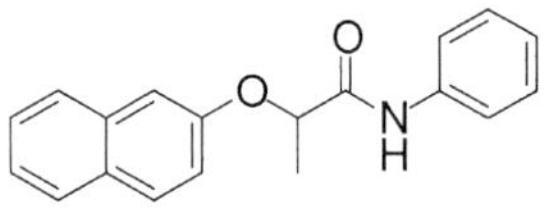

萘丙胺 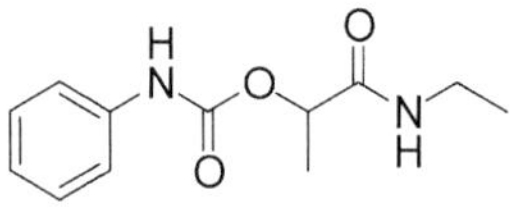　卡草胺 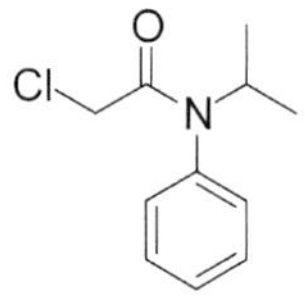　毒草胺 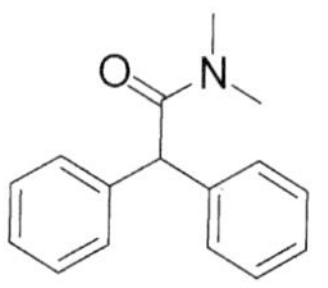　双苯酰草胺

4. 氨基甲酸酯和硫代氨基甲酸酯类

氨基甲酸酯和硫代氨基甲酸酯类除草剂的结构通式如下。

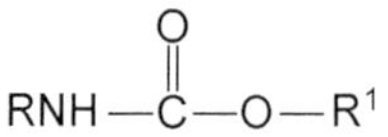

$$RNH—\overset{O}{\overset{\|}{C}}—O—R^1 \qquad R_2N—\overset{O}{\overset{\|}{C}}—S—R^1$$

R和R[1]是烷基、芳基或取代的烷基、芳基 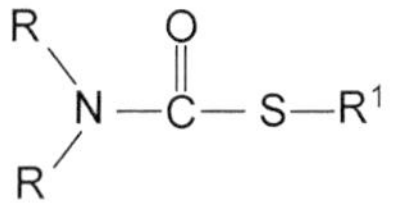　R是烷基、环烷基；R[1]是烷基、烯基、苄基等

此类除草剂品种繁多，大部分是内吸收传导型，有很高的选择性，主要用于防除一年生禾本科杂草和部分阔叶杂草，在土壤中易被水解。硫代氨基甲酸酯还是具有触杀、拮抗、激素等多种作用的植物生长抑制剂。

氨基甲酸酯型除草剂的品种有苯胺灵、氯苯胺灵、灭草灵、燕麦灵、甜菜宁等。

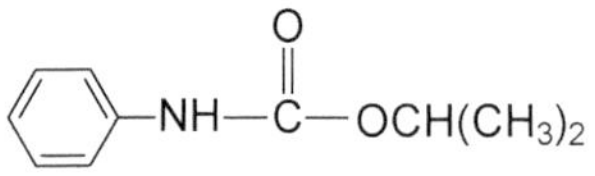

$$C_6H_5—NH—\overset{O}{\overset{\|}{C}}—OCH(CH_3)_2 \qquad 3\text{-}ClC_6H_4—NH—\overset{O}{\overset{\|}{C}}—OCH(CH_3)_2 \qquad 3,4\text{-}Cl_2C_6H_3—NH—\overset{O}{\overset{\|}{C}}—OCH_3$$

苯胺灵 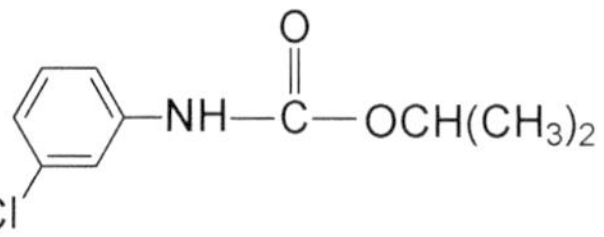　氯苯胺灵 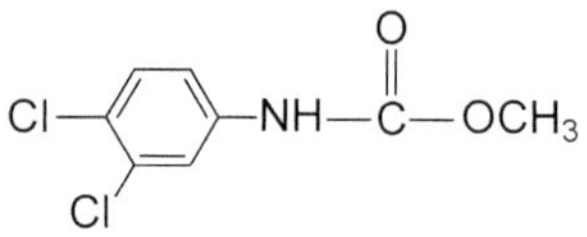　灭草灵

$$3\text{-}ClC_6H_4—NH—\overset{O}{\overset{\|}{C}}—OCH_2C\equiv C—CH_2Cl \qquad H_3CO—\overset{O}{\overset{\|}{C}}—HN—C_6H_4—O—\overset{O}{\overset{\|}{C}}—NH—C_6H_4\text{-}3\text{-}CH_3$$

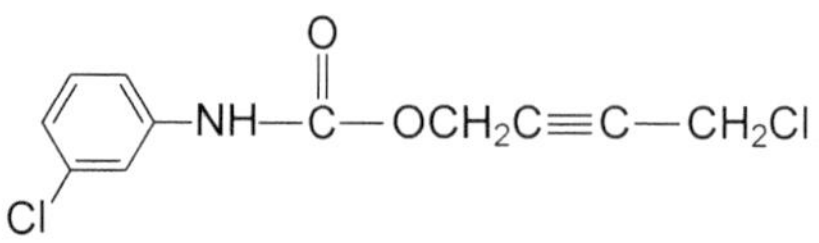

燕麦灵 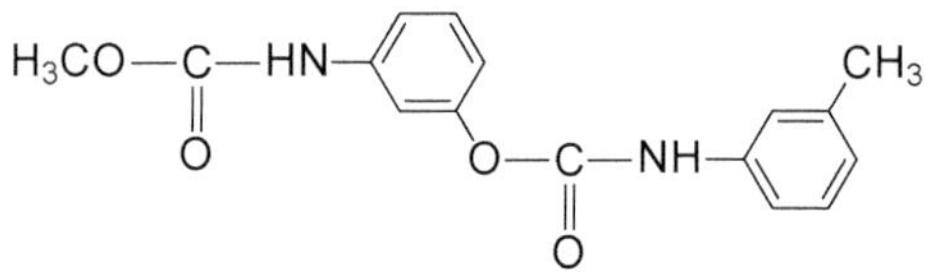　甜菜宁

硫代氨基甲酸酯类除草剂，如菌达灭、哌草丹等，可以由仲胺与光气发生*N*-酰化反

应得到氨基甲酰氯，然后与对应的硫醇反应。

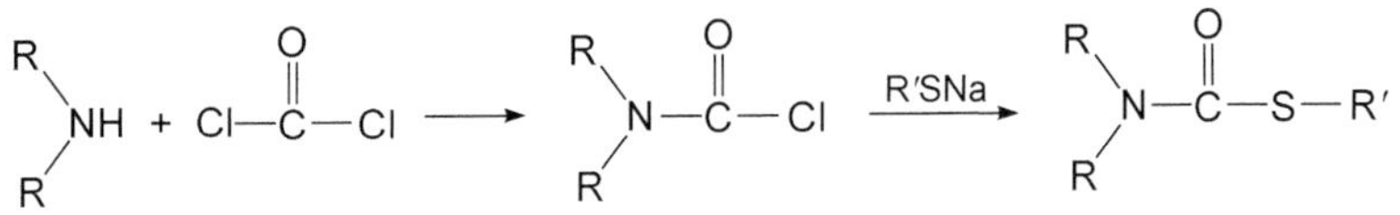

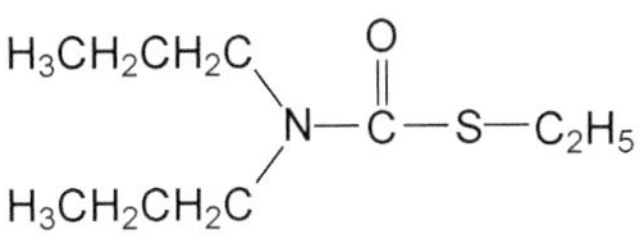

$$R_2NH + Cl-C(=O)-Cl \longrightarrow R_2N-C(=O)-Cl \xrightarrow{R'SNa} R_2N-C(=O)-S-R'$$

$$(H_3CH_2CH_2C)_2N-C(=O)-S-C_2H_5$$

菌达灭

$$C_5H_{10}N-C(=O)-S-C(CH_3)_2-C_6H_5$$

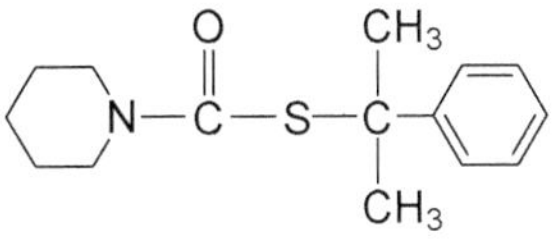

哌草丹

禾草丹是 1965 年由日本组合化学公司开发成功，在世界主要水稻产区广泛使用，我国也有生产。工业品为淡黄色至浅黄褐色液体，是一种广谱、内吸传导型、选择性稻田除草剂。可被杂草根部和幼芽吸收，对杂草的生长点和细胞的有丝分裂有强烈的抑制作用，造成杂草死亡。对一年生禾本科杂草及莎草科杂草有特效，也可防除某些阔叶杂草。其合成方法如下。

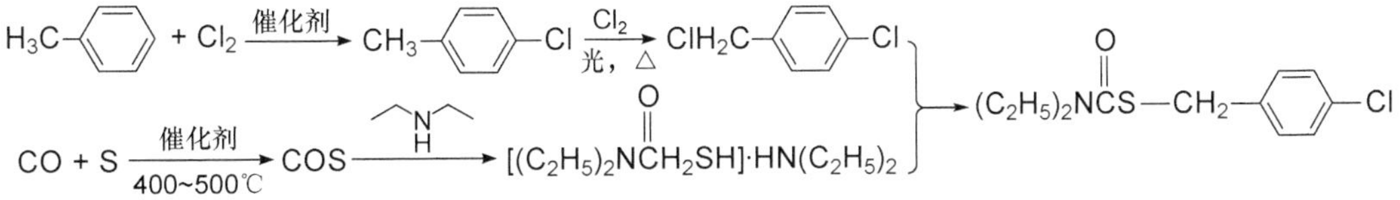

$$H_3C-C_6H_5 + Cl_2 \xrightarrow{催化剂} CH_3-C_6H_4-Cl \xrightarrow[光，\triangle]{Cl_2} ClH_2C-C_6H_4-Cl$$

$$CO + S \xrightarrow[400\sim500℃]{催化剂} COS \xrightarrow{(C_2H_5)_2NH} [(C_2H_5)_2N\overset{O}{\overset{\|}{C}}H_2SH]\cdot HN(C_2H_5)_2$$

$$\longrightarrow (C_2H_5)_2N\overset{O}{\overset{\|}{C}}S-CH_2-C_6H_4-Cl$$

硫代氨基甲酸酯的其他重要品种还有：

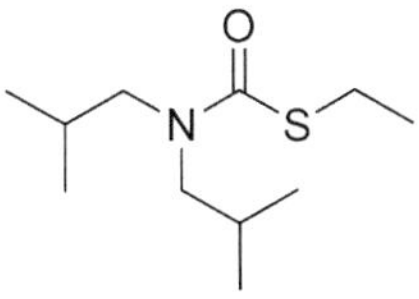

丁草特 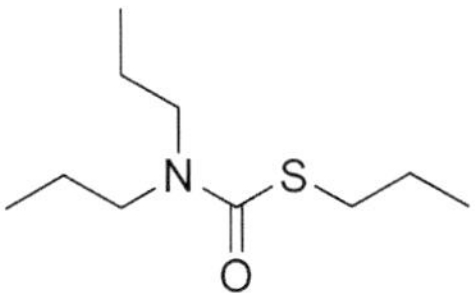　　灭草锰 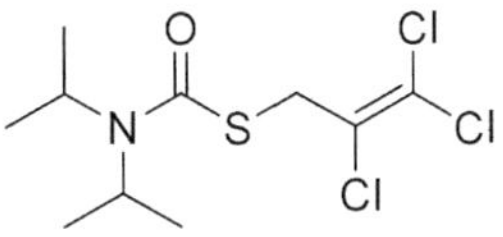　　野麦畏 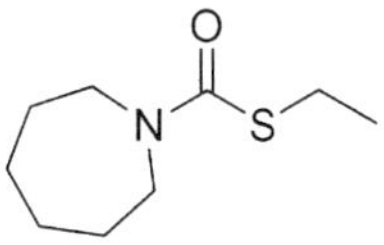　　禾草敌

5. 二硝基苯胺类

此类除草剂分子中的胺基上氮原子的取代基通常是两个含有 2～4 个碳原子的烷基，少数品种其中一个取代基是氯代烷基、烯基或环烷基，如氟硝草、乙丁烯氟灵和环丙氟灵。此外，苯环上通常还含有烷基、三氟甲基、氨基、烷基磺酰基和氨基磺酰基等基团，如氟乐灵、敌乐胺、磺乐灵、黄草消等。

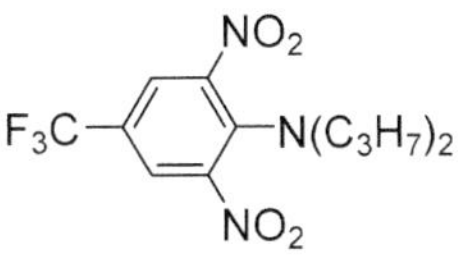

氟乐灵：F_3C-, 2,6-NO_2, -$N(C_3H_7)_2$

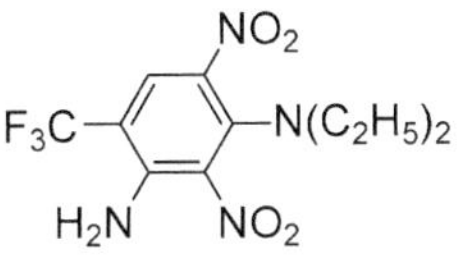

敌乐胺：F_3C-, H_2N, 2,6-NO_2, -$N(C_2H_5)_2$

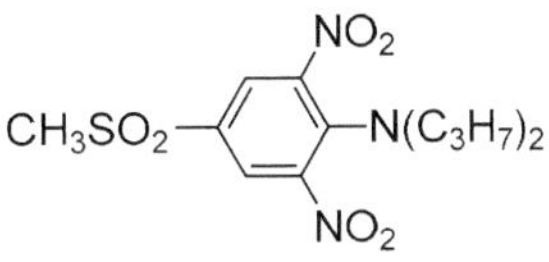

磺乐灵：CH_3SO_2-, 2,6-NO_2, -$N(C_3H_7)_2$

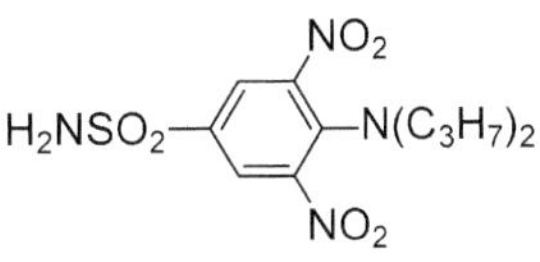

黄草消：H_2NSO_2-, 2,6-NO_2, -$N(C_3H_7)_2$

6. 醚类

醚类除草剂主要有二苯醚和芳氧苯氧羧酸酯两种类型，其结构通式分别为

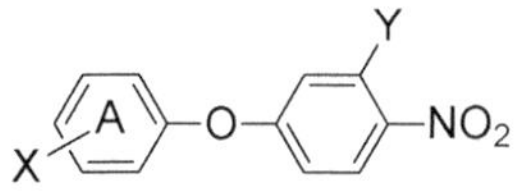

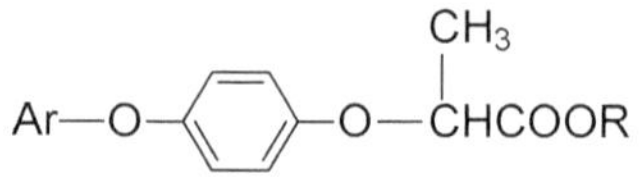

二苯醚型除草剂的作用机制是抑制光合作用，为触杀型，杀草谱广，用于防治一年生杂草幼草，出苗后使用效果不理想。对多年生杂草只能抑制，不能杀死。药剂施入土壤后被土壤胶体强烈吸附，移动性较小。在其分子中，当 A 环只有 1 个 Cl 时，其处于 3-位时显示杀草活性；有 2 个 Cl 时，处于 2,4-位活性最高；有 3 个 Cl 原子时，处于 2,4,6-位活性最高。A 环上邻、对位具有取代基的化合物，需在光的作用下才有活性；而 A 环上间位有取代基的在黑暗中也具有活性。引入 F 及含 F 原子的基团(如 CF_3)可提高生物活性，降低使用量。此外，硝基邻位有烷氧基、羧基、酰胺基等取代基时，活性较高。部分品种的结构式如下，此类除草剂主要是通过酚和对硝基氯苯衍生物经氧芳基化反应，脱氯化氢制得的。

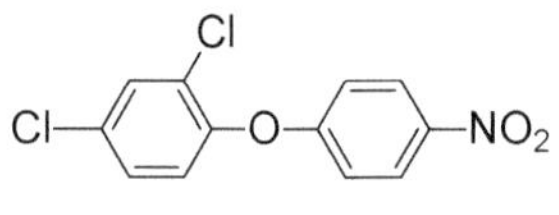

除草醚 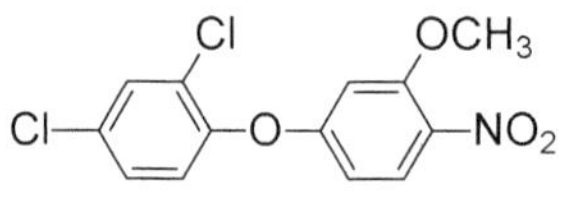　　氯硝醚 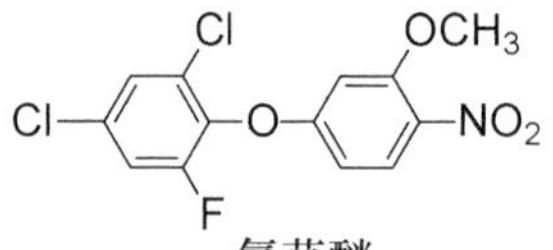　　氯草醚

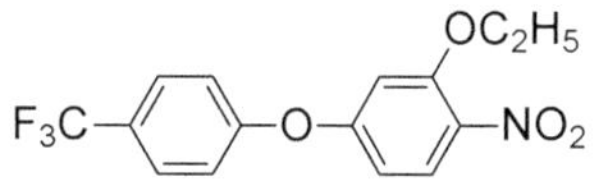

乙氧氟草醚 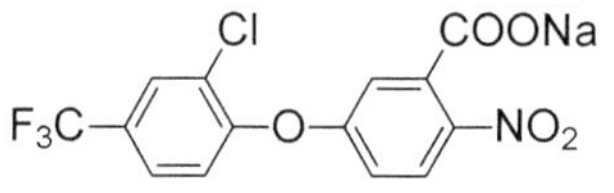　　三氟羧草醚 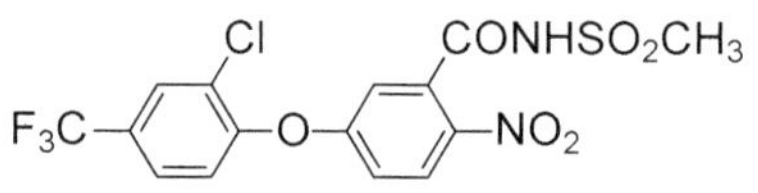　　虎威

芳氧苯氧羧酸酯型除草剂的品种有禾草灵、稳杀得、禾草克、威霸等。此类除草剂挥发性低，可被植物的根、茎、叶吸收，主要抑制植物的生长和对细胞超微结构造成破坏，导致植物死亡。

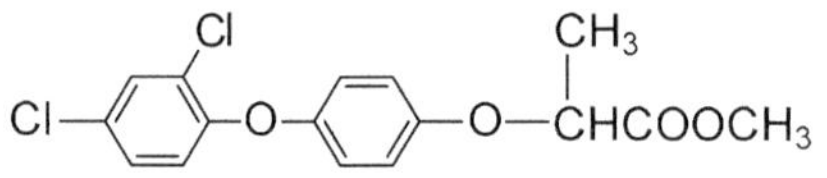

禾草灵 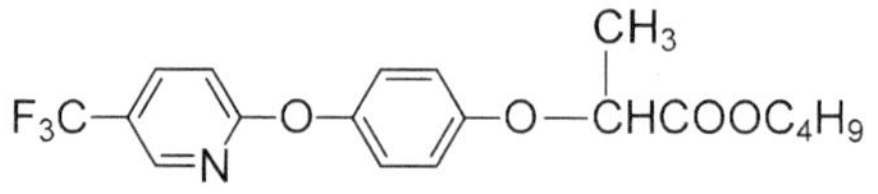　　稳杀得

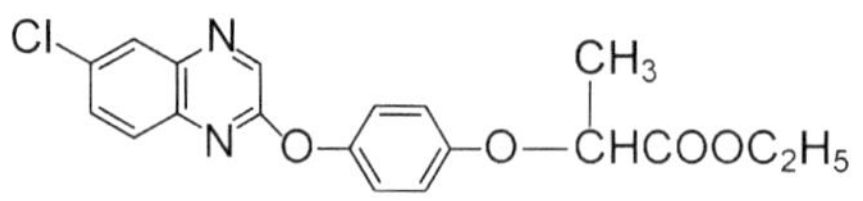

禾草克 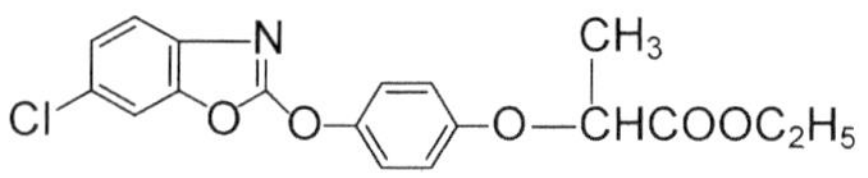　　威霸

7. 磺酰脲和磺酰胺类

磺酰脲类除草剂活性很高，使用剂量低，杀草谱广，选择性强，对哺乳动物的毒性极低，在环境中易分解，不易积累。代表品种如氯磺隆、甲磺隆。

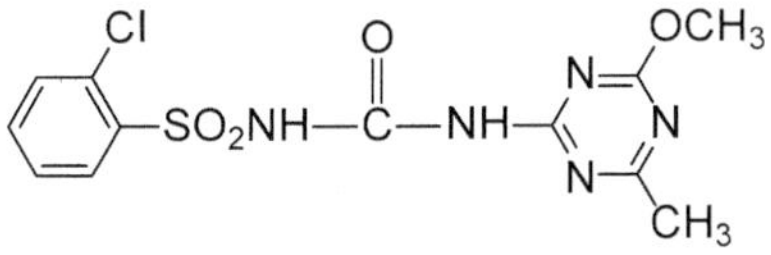

Cl　O　OCH_3
$SO_2NH—C—NH$　N　N　N　CH_3
氯磺隆

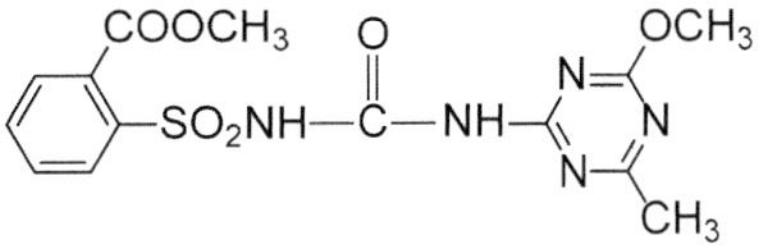

$COOCH_3$　O　OCH_3
$SO_2NH—C—NH$　N　N　N　CH_3
甲磺隆

磺酰脲化合物的合成可以以磺酰基异氰酸酯为原料，与对应的杂环胺反应；也可以以磺酰胺为原料，先与氯甲酸酯反应生成磺酰胺基甲酸酯，再与杂环胺反应；还可以以磺酰胺为原料，直接与杂环异氰酸酯、杂环氨基甲酰氯等反应。

磺酰胺类除草剂与磺酸脲类除草剂一样，是乙酰乳酸合成酶(ALS)的强抑制剂，可抑制蛋白质合成，活性很高。此类除草剂的分子中常带有杂环，如 DE-511、DE-498 等，也有的将其划分为杂环类除草剂。

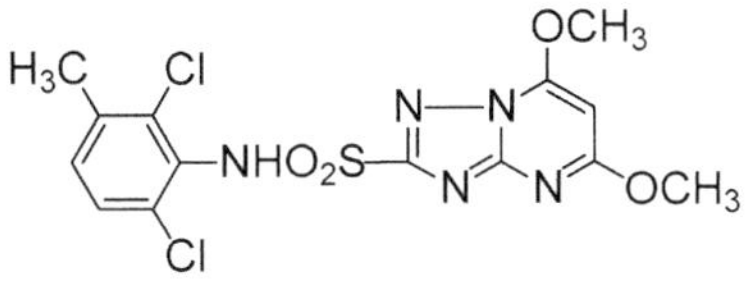

H_3C　Cl　OCH_3
NHO_2S　N　N　N　N　OCH_3
Cl
DE-511

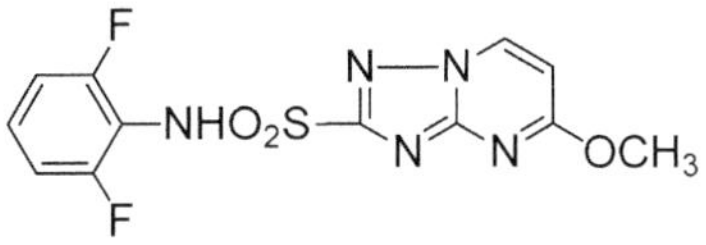

F
NHO_2S　N　N　N　N　OCH_3
F
DE-498

氟磺胺草醚是高效、选择性除草剂。主要用于豆田芽后除草，对防除阔叶杂草有特效。其合成方法如下。

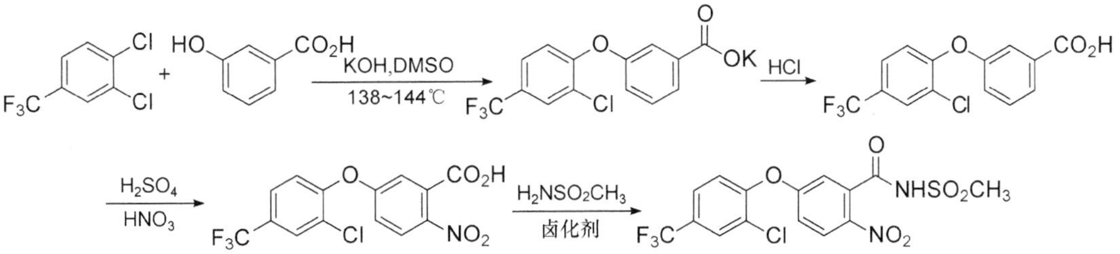

F_3C　Cl　Cl　+　HO　CO_2H　$\xrightarrow[138\sim144℃]{KOH,DMSO}$　F_3C　Cl　O　O　OK　$\xrightarrow{HCl}$　F_3C　Cl　O　CO_2H

$\xrightarrow[HNO_3]{H_2SO_4}$　F_3C　Cl　O　CO_2H　NO_2　$\xrightarrow[卤化剂]{H_2NSO_2CH_3}$　F_3C　Cl　O　O　$NHSO_2CH_3$　NO_2

8. 杂环类

杂环化合物在农药中占有十分重要的地位，并成为除草剂发展的主流，属于超高效农药，使用药量少、成本低、环境污染小，而且大多数品种对人畜和鱼鸟低毒。根据结构不同，有机杂环类除草剂主要有均三氮苯型、联吡啶型、哒嗪酮型、尿嘧啶型、三唑型、吡唑型、咪唑啉酮型等。

均三氮苯型又称均三嗪型，以均三氮苯环为核心结构，是一类非常重要的杂环类除草剂，其结构可表示为

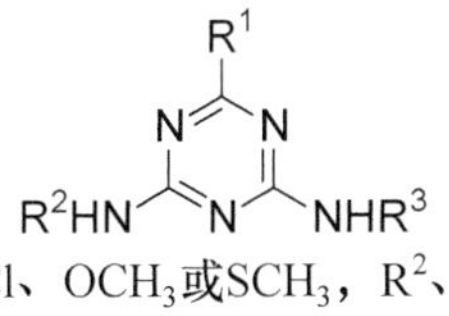

R^1
N　N
R^2HN　N　NHR^3

R^1可以是Cl、OCH_3或SCH_3，R^2、R^3为烷基

均三氮苯类除草剂多数为固体，个别为液体，大多数不溶于水或微溶于水，可溶于

氯苯、硝基苯、1,4-二氧六环、二甲基亚砜等溶剂。均三氮苯类除草剂的作用机制是抑制光合作用，阻碍同化产物合成，致使杂草死亡，其在水中的溶解性直接影响杀草活性。该类除草剂的很多品种还具有内吸传导作用。均三氮苯类除草剂的合成一般以三聚氯氰为原料，具体过程如下。

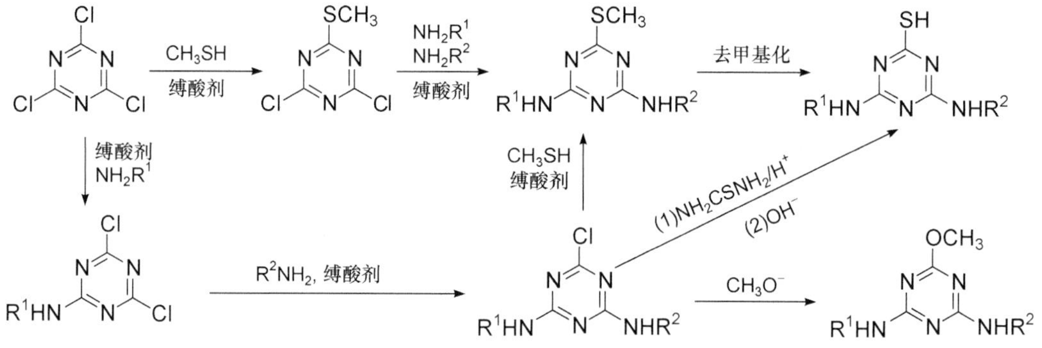

例如，莠去津的合成反应如下。

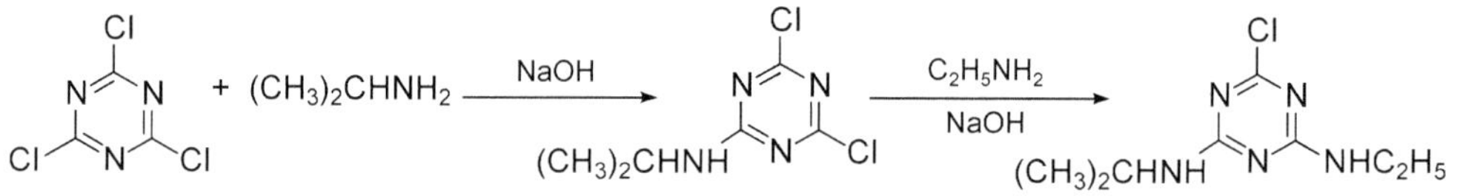

其他杂环除草剂的实例及结构如下。

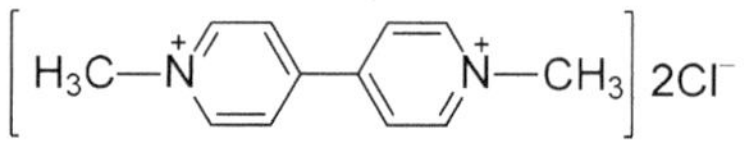

百草枯 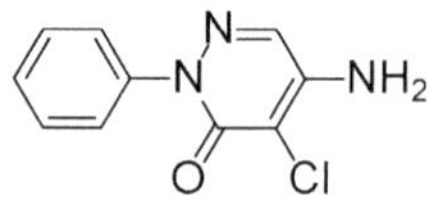　　杀草敏 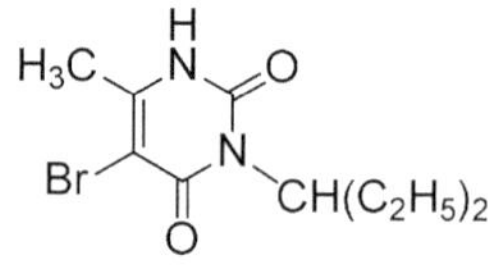　　除草定

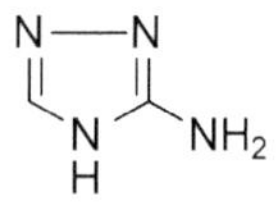

杀草强 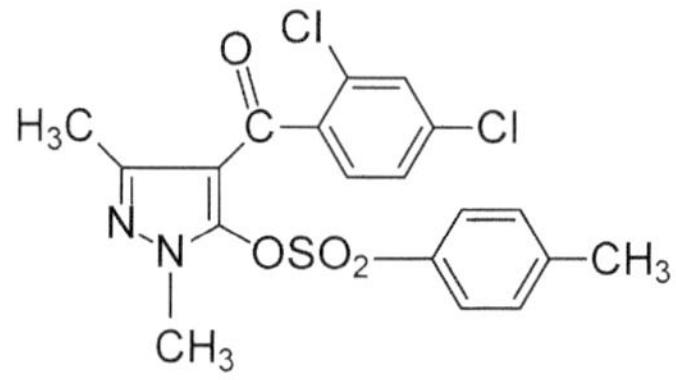　　吡唑特 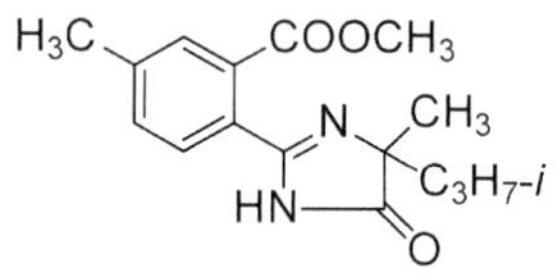　　Assert

7.4.2　植物生长调节剂

广义上的植物生长调节剂包括内源性的植物激素和外源性的植物生长调节剂。植物激素是存在于植物体内的微量的、非营养的、能促进或抑制植物生长，或影响植物形态的物质。外源性植物生长调节剂是人工合成的化学物质，分子结构与植物激素不一定相同，但与植物激素具有相似的调节植物生长发育的作用。

1. 天然植物激素

目前已知的内源性植物激素有生长素、赤霉素、细胞分裂素、脱落酸、乙烯和油菜素内酯等 6 个类型。它们对植物生长的各个阶段，如生长高矮、开花多少、果实数量、质量及颜色、成熟早晚、种子休眠长短等起着重要的调节和控制作用。

生长素可促进植物茎的伸长，抑制根的伸长，还可促进开花、防止落果等。3-吲哚乙酸(IAA)是最重要的天然生长素，此外，还有 4-氯吲哚乙酸、吲哚乙腈、对羟基苯乙酸和苯乙酰胺等。

赤霉素最早是从水稻恶苗病菌中提取出的，目前已分离出了 70 余种结构略有不同的赤霉素，其中最有实用价值的是 GA_3。赤霉素可以促进茎叶伸长，打破种子休眠，促进块根、种子发芽，促进开花。

细胞分裂素普遍存在于高等植物中，特别是在根茎尖、萌发及未成熟的种子中，能显著地促进细胞分裂、叶子生长、侧芽发生及蛋白质合成等，促使植物生长健壮，延缓叶绿素的降解及其他老化过程。天然细胞分裂素主要有激动素(kinetin，6-呋喃甲基氨基嘌呤)、玉米素[zeatin，6-(4-羟基-3-甲基-2-丁烯氨基)嘌呤]。

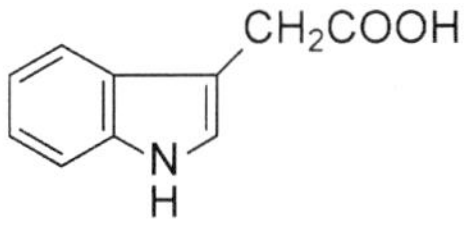

IAA 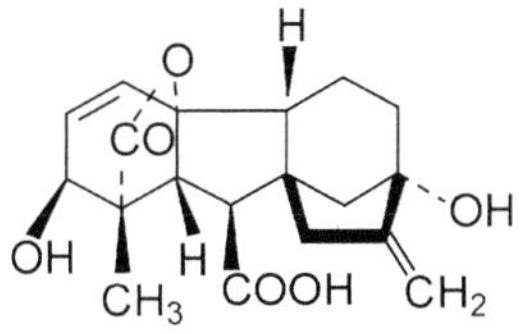　　GA_3 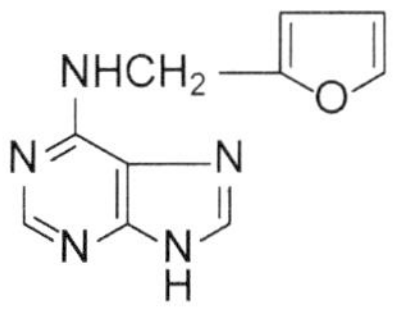　　激动素 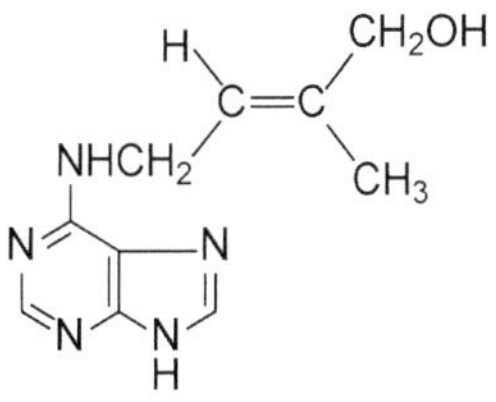　　玉米素

天然存在的脱落酸(ABA)是 *S*-ABA，主要作用是抑制植物生长，促进休眠、叶子脱落，促进叶绿素分解从而加速老化。

乙烯普遍存在于植物的根、茎、叶、花和果实中，对植物的各个发育阶段都有调节作用，可以抑制生长，促进开花、脱花和脱叶，最明显的作用是催熟。

油菜素内酯也称油菜素、芸苔素内酯，是具有极高生理活性的新型甾体天然植物激素，可以促进细胞伸长和分裂，具有生长素、赤霉素和细胞分裂素的部分生理作用。

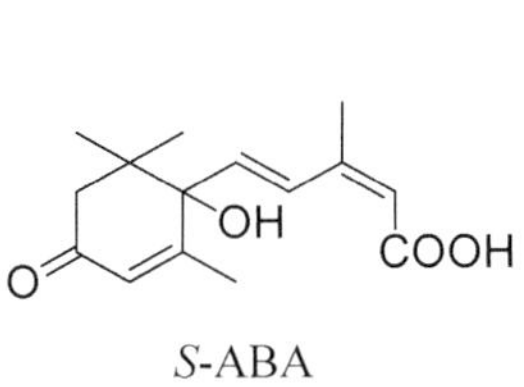

S-ABA 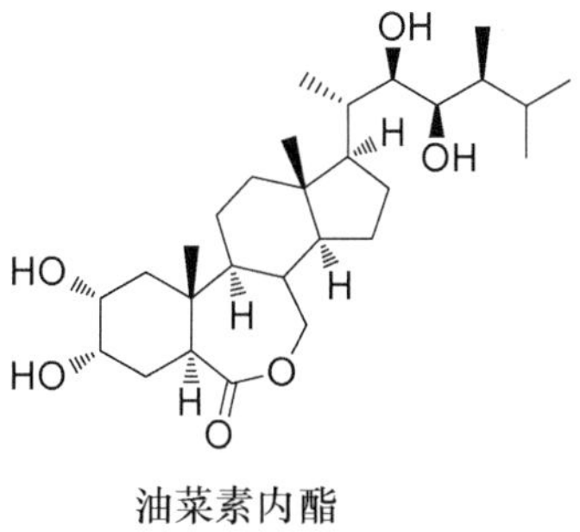　　油菜素内酯

2. 合成植物生长促进剂

人工合成的植物生长促进剂主要有生长素型植物生长调节剂、人工发酵赤霉素、细胞分裂素类植物生长调节剂和乙烯发生剂。

除了天然生长素 IAA，人们还合成了非天然生长素结构的植物生长调节剂，具有与

IAA 相似的活性。主要品种如下。

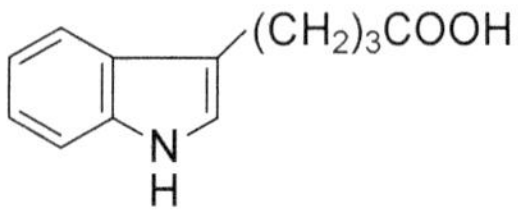

吲哚丁酸(IBA) 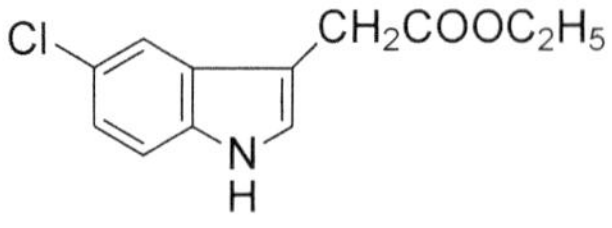　吲熟酯 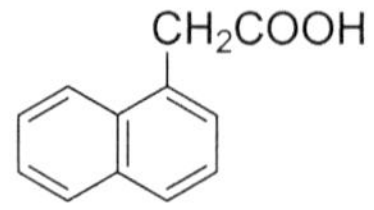　萘乙酸(NAA) 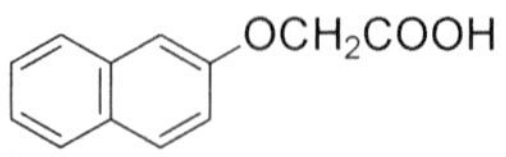　萘氧乙酸(BNOA)

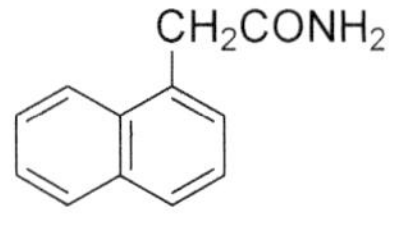

萘乙酰胺(NAD) 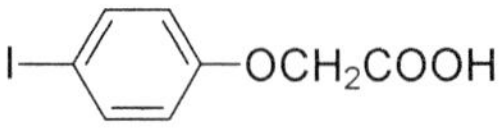　增产灵 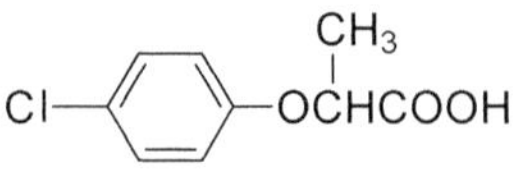　氯苯氧丙酸 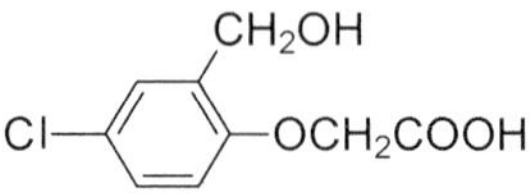　座果酸

人工发酵赤霉素以 GA_3 为主，也有 GA_4 和 GA_7 的混合物，通过改良发酵方法，可以得到单一的 GA_4。

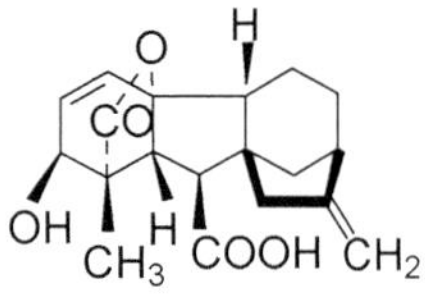

GA_4 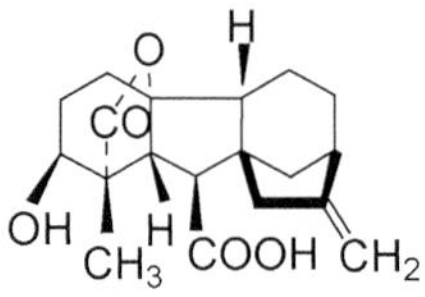　GA_7 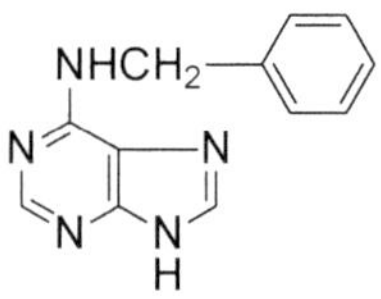　6-苄基氨基嘌呤 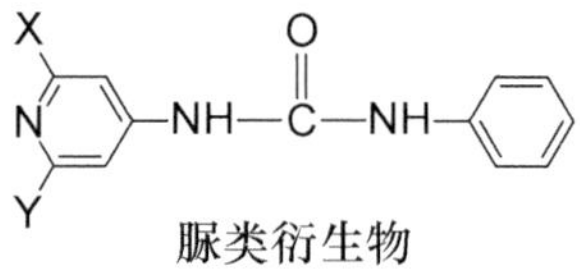　脲类衍生物

X=H, Y=CH_3, Cl, Br, F
X=CH_3, Y=Cl
X=Y=Cl

细胞分裂素类植物生长调节剂有 6-苄基氨基嘌呤，可促进苹果果实增长，提高柑橘坐果率，还可用于蔬菜保鲜。此外，有些脲类衍生物也具有细胞分裂素的作用。

乙烯发生剂是能在植物体内释放乙烯的植物生长调节剂。主要品种有乙烯利、乙二膦酸、双-(苄氧基)-2-氯乙基甲基硅烷等。

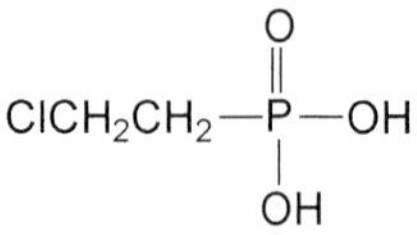

乙烯利 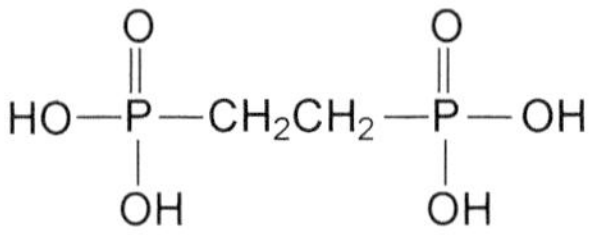　乙二膦酸 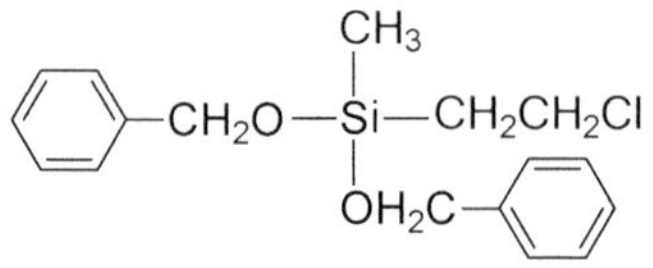　双-(苄氧基)-2-氯乙基甲基硅烷

3. 合成植物生长抑制剂

人工合成的植物生长抑制剂结构类型和品种较多。抑芽醚的化学名称为α-萘甲基甲醚，是由萘、甲醛和甲醇为原料合成的，主要作用是抑制马铃薯发芽。矮壮素(CCC)的化学名称为(2-氯乙基)三甲基氯化铵，是由二氯乙烷与三甲胺经季铵化反应制得，能够抑制细胞伸长，使植物茎部缩短，节间距减少，起到矮化植物、加粗茎秆、加宽加厚叶片和抗倒伏等作用。抗倒酯的化学名称为 4-环丙基(羟基)亚甲基-3,5-二氯代环己烷羧酸乙酯，主要用于禾谷类作物、水稻和草皮的抗倒伏。芴类整形素能抑制植物顶端分生组织细胞的有丝分裂，影响植物根的向地性和茎的向光性，从而起到调节植物形态的作用。其作用的机理可能是使植物体内的生长素重新分布，干扰吲哚乙酸的传递。三唑类衍生物不仅具有杀菌性，同时具有使植物矮化和抗倒伏作用，重要的品种如多效唑、烯效唑、

抑芽唑等，都具有抑制赤霉素生物合成的作用，使植物矮化。

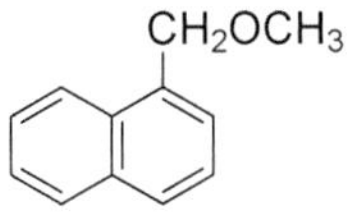

抑芽醚 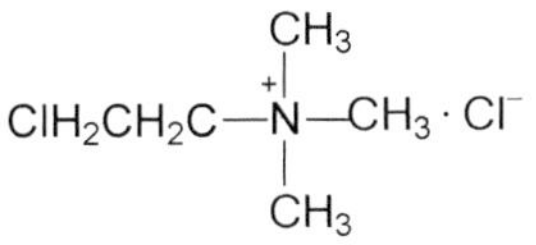　矮壮素 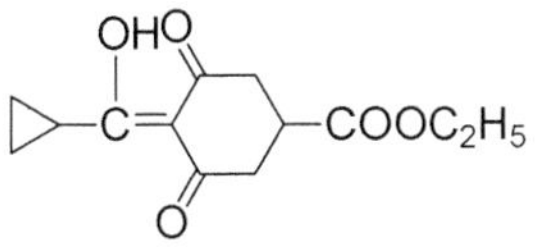　抗倒酯 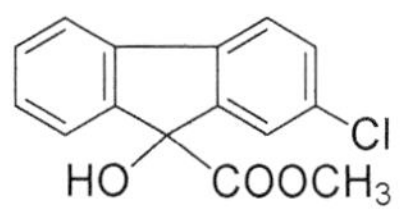　整形素

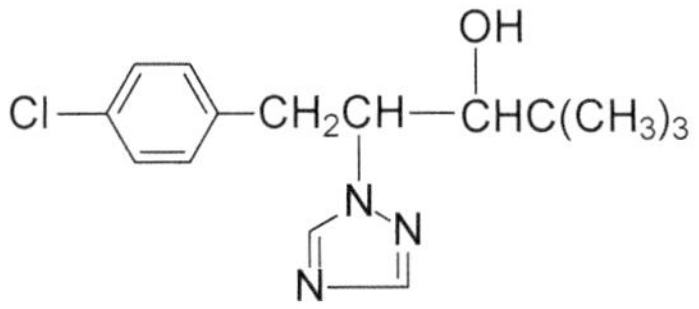

多效唑 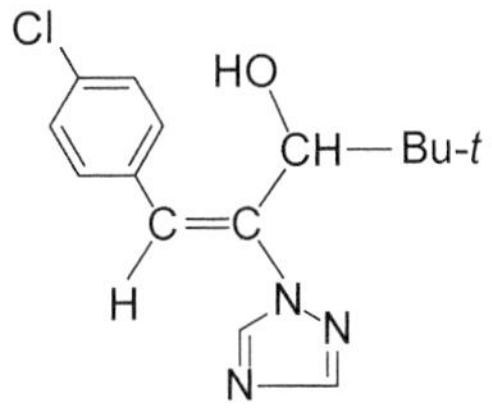　烯效唑 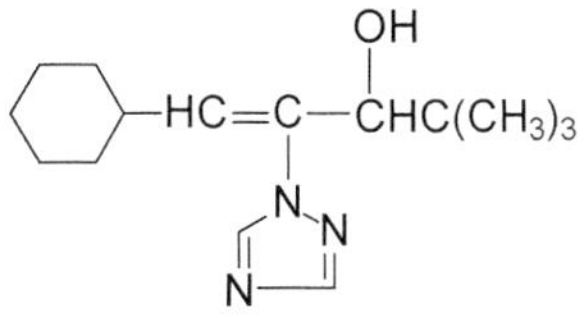　抑芽唑

习　题

1. 农药的急性、慢性毒性评价指标是什么？如何获得？
2. 杀菌剂的作用机制是什么？简述杀菌剂的分子结构组成和各部分的作用。
3. 除草剂的作用方式主要有哪些？
4. 以苯酚、P、S 等为原料合成杀虫剂对硫磷。
5. 写出福美锌、代森铵、甲霜灵、萎锈灵等杀菌剂的合成方法。
6. 写出除草剂二甲四氯的两种合成方法。
7. 以苯、甲苯、二甲苯等为主要原料合成除草剂草芽平、碘苯腈、敌草索、利谷隆。
8. 什么是农药的剂型？从物理形态上讲，农药主要有哪些剂型？

参 考 文 献

陈芝, 宋渊, 文莹, 等. 2007. 阿维菌素的生物合成研究进展与展望. 自然科学进展, 17(3): 290-296
孔勇. 2003. 溴氰菊酯合成. 现代农药, 2(6): 5-6
李祥高, 冯亚青. 2013. 精细化学品化学. 上海: 华东理工大学出版社
李煜昶, 石素娥. 1994. 多效唑新合成方法的研究. 农药, 33(4): 19-20
刘长令. 2006. 世界农药大全 · 杀菌剂卷. 北京: 化学工业出版社
尚祖卫. 2009. 国外农药工业近况. 今日农药, (7): 38, 25
宋小平, 韩长日, 舒火明. 2000. 农药制造技术. 北京: 科学技术文献出版社
孙家隆. 2011. 现代农药合成技术. 北京: 化学工业出版社
唐除痴, 李煜昶, 陈彬, 等. 1998. 农药化学. 天津: 南开大学出版社
屠豫钦, 李秉礼. 2006. 农药应用工艺学导论. 北京: 化学工业出版社
王鸿畴. 2003. 百菌清的现状及展望. 云南化工, (17): 11-12
余慧群, 廖艳芳, 周海, 等. 2010. 拟除虫菊酯杀虫剂研究进展. 企业科技与发展, (20): 46-49
朱良天. 2004. 农药. 北京: 化学工业出版社
邹坚. 2003. 井冈霉素高产菌种的选育. 世界农药, 25(6): 42-43
Knowles A, 商建. 2011. 安全农药剂型和农药助剂的发展趋势. 世界农药, 33(4): 52-56

第 8 章

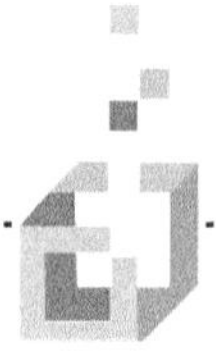

香精和香料

8.1 概 述

8.1.1 香料的定义和分类

香料是一种能被嗅觉嗅出气味或味觉品出香味，用来配制香精或直接给产品加香的物质。香料是一类重要的精细化学品，可以从天然产物中提取或人工合成。香料可以是单一的有机化合物，也可以是几种化合物组成的混合物。我国自黄帝神农时代开始使用香料，迄今已有 5000 多年的历史。经过数千年的发展，香料已经广泛应用到食品、日用化工、轻工及制药等领域。

根据来源不同，香料可分为天然香料和人造香料两大类，目前已知的天然香料有 3000 多种，人造香料多达 7000 余种。天然香料是从各种天然植物的花、果、叶、茎、根、皮或动物的分泌物中提取出来的致香物质。人造香料包括单离香料和合成香料。单离香料是通过化学或物理方法从天然香料中分离提纯出的单体香料化合物；合成香料也称人工合成香料，是人类模仿天然香料的结构，经过化学或生物合成方法制备出的单体香料化合物。

1. 动物性天然香料

动物性天然香料(fauna natural perfume) 是从动物体中提取的分泌物或排泄物。在调香过程中，可以谐调和增强香气，有时起到定香的作用。麝香、灵猫香、海狸香、龙涎香和麝鼠香是最常见的 5 种动物性天然香料。通常用乙醇溶解配成酊剂并储存，等其圆熟后使用。未经稀释的动物性香料，其香气十分浓艳且具有腥骚气味，经稀释后的动物性天然香料具有赋香效果。除龙涎香外，麝香、灵猫香、海狸香和麝鼠香都是由动物腺体分泌的产物。

2. 植物性天然香料

从芳香植物的花、草、叶、茎、果、种子等含有精油的组织和器官中提取出来的有机混合物称为植物性天然香料(flora natural perfume)。大部分天然香料属于植物性香料。大多数植物香料呈油状或膏状，少数呈树脂状或半固态。在全球热带和亚热带地区，生长和栽培着多种芳香植物，虽然可以作为精油原料的植物很多，但常用的仅有 200 余种。

其中，松节油、薄荷油、香茅油、柑橘油、桉叶油等精油产量较大。玫瑰花干、桂皮、八角、月桂叶等天然植物经过采集、整理、筛选以及适当的处理后可以直接作赋香原料或调味料使用，但大多数植物性香料需要提炼成精油再使用。因此，精油是植物性香料的主要产品，浸膏、酊剂、香脂、油树脂和净油也是常见的植物性天然香料的制品。

3. 单离香料

从天然香料的混合物中，通过物理或化学方法分离提纯出的单一结构的香料称为单离香料。由于分离出的单体化合物较为纯净，因此单离香料的香气比原来精油更为独特且具有较高的应用价值。单离香料在生活中十分常见，如薄荷醇、柠檬醛、丁子香酚、鸢尾酮及大环酮类化合物都是从天然香料混合物中单离得到的。单离香料可作为调和香料(香精)和合成香料的重要原料。

4. 合成香料

人类根据天然香料的化学结构，经过化学或生物合成方法制备的香料称为合成香料，也称人工合成香料。世界上的合成香料已达 7000 多种，常用的就有 400 多种。在精细有机化工中，合成香料工业已成为不可或缺的组成部分。

8.1.2　香精的定义与组成

香精是由多种香料、载体和其他辅料调配出来的，具有特定的香型，是可直接赋予产品一定香味的混合物，也称为调合香料。由于组成不同，香精往往以液态、半固态和固态三种形式存在。香精是一种混合物，往往由几种或上百种香料按照比例调配而成，它们具有一定的香型。由于天然香料和合成香料的香味比较单调，大多数天然香料和合成香料都不能单独作为调香剂直接使用，而是将香料调配成香精后，应用于食品、日化、制药、烟草等众多产品的香气、香味的加香。香精的调配既是一门综合的科学技术，又具备很高的艺术创造性。

香精是“科技与艺术”完美结合的产物，既需要调香师的经验和艺术创造力，也要求企业拥有先进的分析、生产、检测设备。目前先进的香精技术主要包括：自动调香技术、香气模拟技术、仿真香气合成系统、香味释放系统等。

1. 香精的分类

香精可以根据其用途、香型及形态的不同进行分类。

按照香精的用途可以分为食用香精、日用香精和其他香精等 3 类。食用香精主要包括食品香精、烟用香精、酒用香精及药用香精；日用香精有香水、洗涤剂、空气清新剂及化妆品等；其他香精包含塑料、橡胶、涂料用香精，以及除臭剂、昆虫引诱剂等。

按照香精的香型可以分为花香型和非花香型。花香型香精主要有：玫瑰、茉莉、晚香玉、铃玉、玉兰、丁香、水仙、葵花、橙花、风信子、金合欢、薰衣草、刺葵花、香竹石、桂花、紫罗兰、菊花、依兰等，模仿天然花香调配而成；非花香型有檀香、木香、粉香、麝香、幻想型、各种果香型、各种酒香型及咖啡、奶油、香草、薄荷、杏仁等。

按照香精的形态可以分为液体香精和粉末香精。其中，液体香精包括水溶性香精、油溶性香精及乳化香精；粉末香精包括粉碎型、吸附型及微胶囊型。

水溶性香精是用乙醇、乙醇水溶液、甘油或丙二醇等溶剂溶解天然香料、合成香料后调合而成的。水溶性香精广泛应用于饮料、食品和酒类等产品中。

油溶性香精是用油性溶剂将天然香料、合成香料溶解调配，或直接用天然香料、合成香料调配而成香精。油溶性香精多用于食品及化妆品中。

乳化香精是利用适当的表面活性剂如硬脂酸甘油酯、大豆磷脂、山梨醇酐脂肪酸酯等乳化剂和果胶、明胶、阿拉伯树胶、琼脂、淀粉、海藻酸钠、酪蛋白酸钠、羧甲基纤维素钠等稳定剂，使香基在水中分散成微粒，形成乳液类香精。乳化香精主要应用于糕点、糖果、巧克力、果汁、冰淇淋和奶制品等食品中。

粉末香精主要有粉末型、吸附型、微胶囊型。这类香精广泛应用于糕点、固体汤料、食品、香粉、固体饮料、快餐食品等产品中。

2. 香精的组成

香精的组成比较复杂，一个完整的香精配方主要由以下 5 部分组成。

(1) 主香剂。主香剂也称为主香香料，是形成香精主体香韵(香型)的基本原料，占比最大。主香剂的香型与所要配制的香精香型必须一致。在香精的配方中，有的只有一种香料作为主香剂，但多数情况下用多种香料作为主香剂。

(2) 辅助剂。辅助剂主要用于弥补或调解主香剂的香气不足，使香气甜美，以满足不同类型的消费者对香精香气的需求。根据辅助剂的功能，可将辅助剂分为和香剂、协调剂和变调剂。和香剂用于调和各种成分的香气，使主香剂的香气更加明显突出、香韵更圆，和香剂与主香剂的香型相同；协调剂用于协调各种成分的香气，使主香剂的特点更加明显突出，其香气与主香剂也属于同一类型；变调剂是一种用量少，但效果明显的暗香成分，可改变香精的格调，变调剂与主香剂香型不同。

(3) 头香剂。用作头香剂的香料应该具备香气高挥发性和强扩散性两大特点，使香精的香气更加明快，增加人们的喜爱感。

(4) 定香剂。定香剂本身不易挥发，又能抑制其他易挥发香料的挥发速率，使各种香料成分均匀挥发，从而保持了香精香型的一致性和持久性。定香剂的品种较多，有动物性天然香料、植物性香料以及相对分子质量较大、沸点较高的合成香料。

(5) 稀释剂。常用于香味淡化并且能对结晶香料和树脂状香脂起溶解、稀释作用。

3. 香精的生产工艺

香精的生产工艺包括配方的拟定和批量生产的配制工艺。香精配方是根据所需的香型和香韵，通过不同调和方法研制出来的。图 8-1 为以液体香精生产工艺过程为例的香精制备介绍。

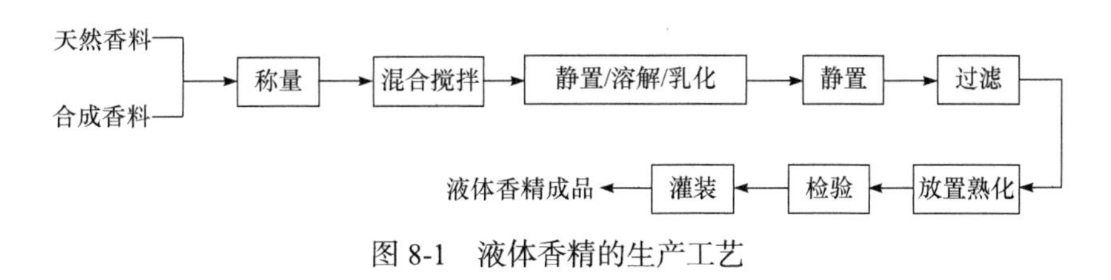

图 8-1 液体香精的生产工艺

8.1.3 香精香料的发展历程

香料的发展历史悠久，早在五千多年前的黄帝神农氏时代，人们就已经使用树皮、鲜花、野草等植物驱疫避秽，并用各种花草装点住所。在夏、商、周三代以前，我国就已经开始使用香料。希腊和埃及等古国也具有悠久的香料使用历史。

据史料记载，香料贸易在公元前 1729 年就已经存在。公元前 370 年希腊著作中已经记载了“吸附”、“浸提”等香料的提取方法，并介绍了很多至今仍在使用的天然香料植物。13 世纪，意大利的马可·波罗(M. Polo)对我国香料进行了十分详细的描述。14 世纪，阿拉伯人首次采用蒸馏法从玫瑰花中提取玫瑰油和玫瑰水。中世纪以后，我国的香料被当作药品沿丝绸之路远销欧洲。15 世纪，在斐迪南·麦哲伦(F. Magellan)和伽玛氏环球记中均记载了中国香料的发展。

世界上第一支乙醇香水(匈牙利水)出现于 1370 年，它主要是通过蒸馏法从迷迭香、薰衣草及甘牛等植物中提取的。1420 年，人们使用蛇形冷凝器改进蒸馏装置，精油提取效率显著提高，精油产业得以迅猛发展。法国格拉斯采用蒸馏法大量生产花油和香水，从此成为世界著名的天然香料(特别是香花)的生产基地。1670 年，闻名于世的含香粉被马里谢尔都蒙研制成功。1710 年，著名的古龙香水问世，这是一种极为成功的调香制品。

18 世纪起，有机化学得到了迅速的发展，人类开始分析天然香料的成分与结构，并根据研究结果采用化学合成的方法仿制天然香料。19 世纪，合成香料在单离香料之后陆续问世。以煤焦油为原料的合成香料加快了香料的发展速度并降低了香料的成本，进入了合成香料的新时代。

随着香精香料工业的迅速发展，世界上香料已达到了 7000 多种，其中美国、英国、日本、荷兰、瑞士、法国等国家香料工业的发展遥遥领先。1970 年，香精香料在国际香精市场销售额达到 13 亿美元，1990 年，香精香料的销售额为 51 亿美元，几乎是 1970 年的 4 倍。2000 年香精香料销售额再次创造新高，达到了 100 亿美元。到了 2008 年，香精香料产品在国际香料市场的销售再次翻倍，达到 200 亿美元。虽然随后出现了全球性的金融危机，2010 年全球香精香料销售额仍维持在 200 亿美元左右。近年来，全球香精香料行业平稳增长。2017 年，全球香精香料市场规模达到 263 亿美元，较 2016 年同比增长 7.37%，2012 年到 2017 年五年间的年复合增长率达到 2.81%。

香精香料与人们生活水平的提高和食品工业的发展密切相关，未来香精香料行业还会持续高速发展且竞争激烈。随着香精香料相关法律法规的制定，研发经费的提高，新产品上市日趋缓慢，我国应抓住经济全球化的机遇，注重新产品的开发，研制具有我国特色的新型香精香料。近年来，超临界萃取技术、分子蒸馏技术、生物工程技术、微波技术和计算机技术等在香料工业中的广泛应用，对天然香料的发展起到很大的推动作用。

随着人们回归大自然意识的逐渐增强，天然香料越来越受到人们的重视。

8.2 天然香料及提取方法

8.2.1 动物性天然香料

1. 麝香

麝香是雄性麝科动物的腺囊分泌物，干燥后呈块状或颗粒状，有特殊的香气，稀释后可以制成香料。麝主要生活在寒冷地带，如北印度、尼泊尔、西伯利亚及中国的东北地区、华北地区、西北的祁连山区、青藏高原、云贵高原等地。

每年8～9月为麝腺囊分泌麝香的旺盛期,取香方法主要有猎麝取香和活麝取香两种。其中，活麝取香是目前最为普遍采用的快速取香法，是将人工饲养的麝直接固定在采集者的腿上，除去香囊口上覆盖的毛，酒精消毒，用挖勺伸入囊内徐徐转动后抽出，挖取麝香。猎麝取香是捕到野生成年雄麝，将其腺囊直接割下，除毛、阴干，剖开香囊，除去囊壳，得到“麝香仁”。鲜麝香呈黑褐色软膏状，阴干后为棕黄色粉末，并有大小不同的黑色块状颗粒。其香气浓烈且伴有骚臭味，味道稍苦，微辣。麝香呈现仁黑或棕黄色粉末且香气浓烈等特征时，品质极佳。

麝香混合物的组成比较复杂，含有水分、含氧化合物、粗纤维、脂肪酸、麝香酮和胆甾醇等。其中，麝香酮(3-甲基环十五烷酮)为最主要的芳香成分，占2%左右。其他芳香组分还有5-环十五烯酮、麝香吡喃和麝香吡啶等，结构如下。

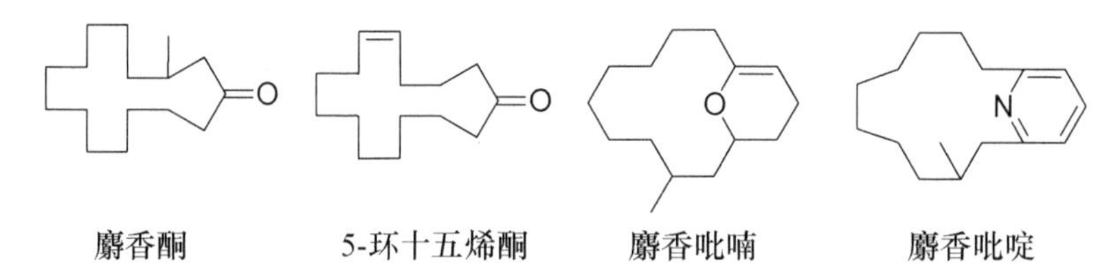

麝香酮　5-环十五烯酮　麝香吡喃　麝香吡啶

麝香作为香料可使室内清香，气味迥异；作为药材可主治中风、痰厥、惊痫、中恶烦闷、心腹暴痛、跌打损伤、痈疽肿毒等症状，西药中麝香被用作强心剂、兴奋剂等急救药。

2. 灵猫香

灵猫香是猫科动物大灵猫、小灵猫香腺囊中的分泌物。大灵猫分布于我国秦岭和长江流域等地，小灵猫分布于我国淮河流域、长江流域、珠江流域等地。灵猫长有两个囊状的分泌腺，雄雌灵猫均可分泌灵猫香。灵猫香采集与麝香类似，主要有刮香、挤香和割囊取香3种方法。灵猫香为白色或黄白色的蜂蜜样稠厚液。经久，色泽由黄色渐变为褐色。具有尿臭味，远闻类似麝香的气味。味苦，不溶于水，乙醇仅能溶解一部分。

动物性树脂、动物性黏液质及色素等是灵猫香的主要组分，其中不饱和大环酮——灵猫酮(9-环十七烯酮)为灵猫香的主要芳香成分(占比 3%)。此外二氢灵猫酮、6-环十七烯酮、环十六酮等 8 种大环酮化合物也存在于灵猫香中。

灵猫酮　　二氢灵猫酮　　6-环十七烯酮　　环十六酮

灵猫香比麝香更为优雅，常作高级香水香精的定香剂。灵猫香也可应用于医药行业，具有行气、活血、安神、止痛等功效。

3. 海狸香

海狸香是捕杀海狸后取其香囊、干燥，再从香囊内部取出的褐色树脂状物质。将海狸香稀释成乙醇酊剂，即释放出愉快温和的动物香气。用丙酮、苯或乙醇等溶剂萃取干燥的腺囊碎末也可以得到海狸香。海狸香存在于海狸的腺囊中，雌雄两性海狸均可分泌。生长环境不同的海狸，香气差别很大。俄罗斯的海狸香具有皮革香气，加拿大的海狸香具有松节油香，但稀释后均呈现为动物香气。

动物性树脂是海狸香主要组分。海狸香中还含有微量的水杨苷($C_{17}H_{18}O_7$)、苯类衍生物和海狸香素等。其中，海狸香胺、喹啉衍生物、三甲基吡嗪和四甲基吡嗪(结构如下)等含氮化合物为海狸香的主要芳香组分。

海狸香常作为定香剂，应用于高级化妆品及香精中。

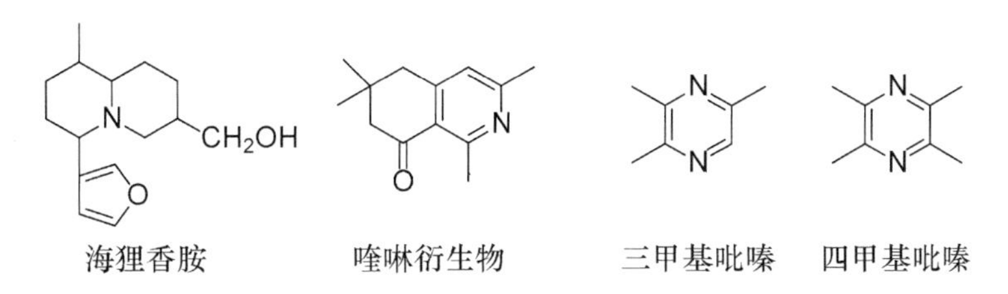

海狸香胺　　喹啉衍生物　　三甲基吡嗪　　四甲基吡嗪

4. 龙涎香

龙涎香也称龙腹香，呈阴灰色或黑色，蜡状可燃，具有独特的甘甜土质香味(类似异丙醇的气味)。龙涎香产自抹香鲸肠内的病态分泌结石，一般认为是抹香鲸吞食动物身体后，动物体内坚硬、锐利的角质喙和软骨不能被消化，在痛苦的刺激下，抹香鲸通过消化道产生一些特殊的分泌物，包裹住那些尖锐的物质以缓解伤口疼痛。每隔一段时期，抹香鲸就会把这些分泌物包块排出体外。经过海水浸泡、风吹日晒后这些包块就成为名贵的龙涎香。最初排入海中的龙涎香为浅黑色，渐渐地变为灰色、浅灰色，最后成为白色。龙涎香主要产于中国南部、印度、南美和非洲等热带海岸。

龙涎香主要成分为龙涎香醇(三萜醇)和一些胆甾烷醇类化合物。其中龙涎香醇是龙涎香的主要成分，研究发现龙涎香经氧化或光降解可产生以下五种物质：(−)-α-降龙涎香醇、(+)-γ-二氢紫罗兰酮、(+)-γ-降龙涎香醛、(+)-γ-环高香叶氯代物和降龙涎醚。

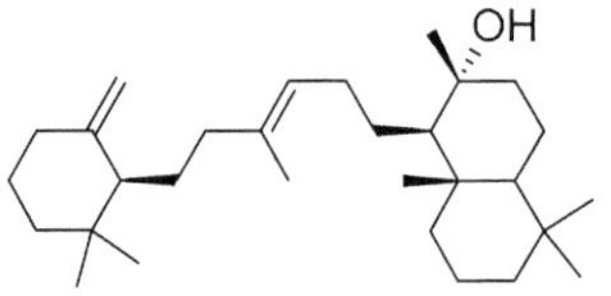

龙涎香醇 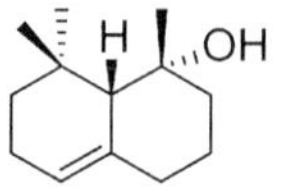　　α-降龙涎香醇 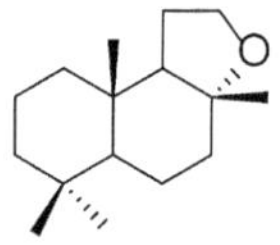　　降龙涎醚

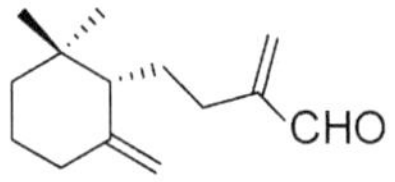

γ-降龙涎香醛 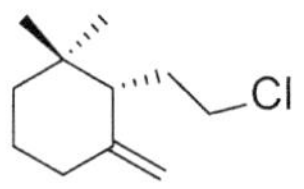　　γ-环高香叶氯代物 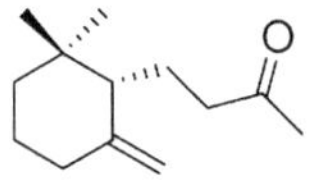　　γ-二氢紫罗兰酮

龙涎香具有温和乳香动物香气，主要用于配置高级香水，是优良的定香剂。

5. 麝鼠香

麝鼠香是雄性麝鼠香腺组织分泌的化合物。通过人工活体取香的方法得到，新鲜的麝鼠香为淡黄色黏稠物，久置颜色变深，具有麝香的香气。麝香酮、降麝香酮、烷酮等为麝鼠香的主要成分。麝鼠香常用作高级日用香精的定香剂，在医药上具有减慢心率、抗炎耐缺氧、降血压、消炎、抗过敏等作用。

8.2.2 植物性天然香料

1. 植物性天然香料的芳香成分

植物性天然香料一般是从芳香植物的花、草、叶、枝、干、根、茎、皮、果实或树脂中提取出来的有机混合物。有些天然植物原料经采集、整理、筛选及适当处理即可直接用作香料，如玫瑰花干、八角、桂皮、月桂叶等。但大多数都制成精油使用，此外还有浸膏、净油、香树脂、油树脂和酊剂等制品。随着科技的进步，约有5000多种有机化合物从植物性天然香料中分离出来，根据其结构特征可将植物性天然香料的有机化合物分为以下4类：萜类化合物、芳香族化合物、脂肪族化合物和含氮、含硫化合物。

(1) 萜类化合物。萜类化合物是以异戊二烯为基本结构单元的有机化合物及其含氧衍生物。萜类化合物在自然界中分布广泛，是构成植物精油的主要成分，如柠檬烯、姜烯、薄荷醇、柠檬醛、樟脑、玫瑰油、桉叶油、松脂等。某些动物的激素、维生素等也属于萜类化合物。根据结构特征，可以将其分为烯烃类、醇类、醛类、酮类等结构。

萜烃

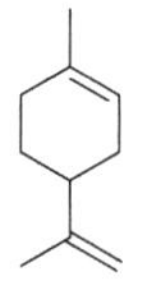

柠檬烯 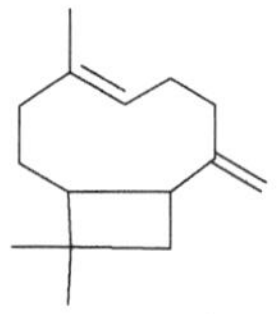　　β-石竹烯 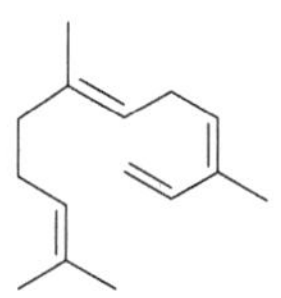　　α-金合欢烯 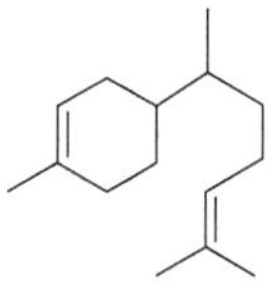　　姜烯 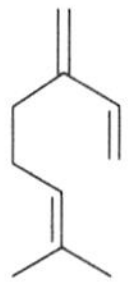　　月桂烯 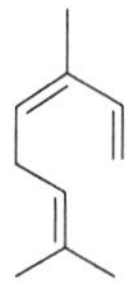　　罗勒烯

萜醇

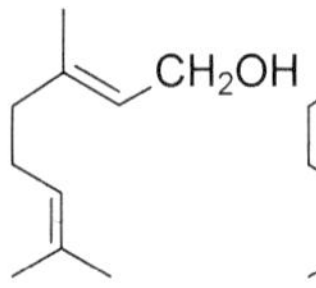

香叶醇 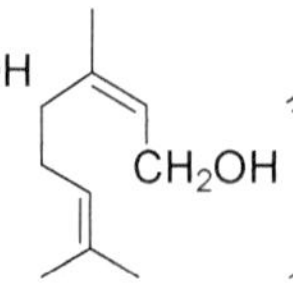　　橙花醇 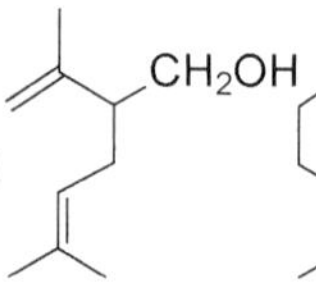　　薰衣草醇 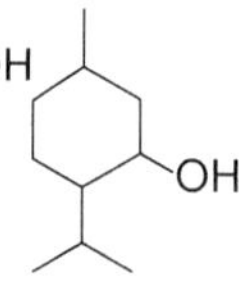　　薄荷醇 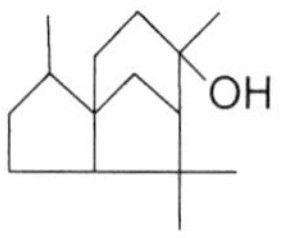　　柏木醇 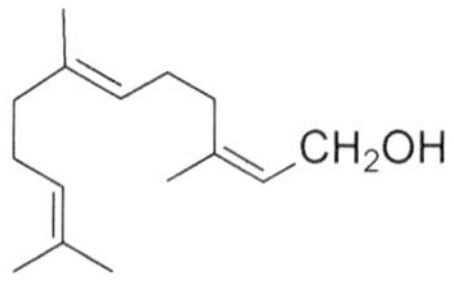　　金合欢醇

萜醛

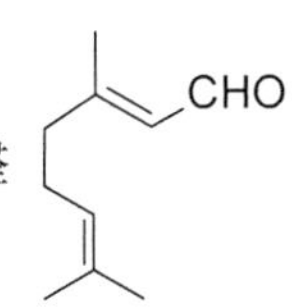

香叶醛 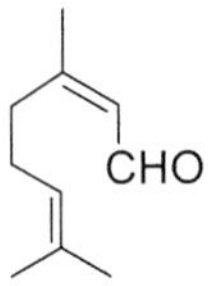　橙花醛 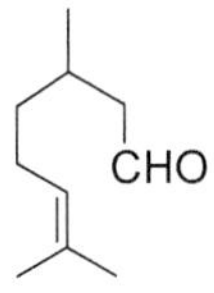　香茅醛 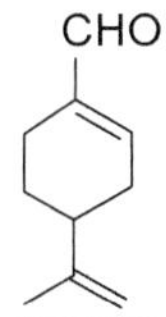　紫苏醛 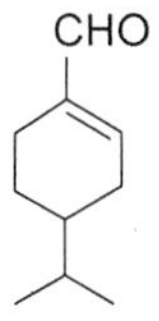　水芹醛 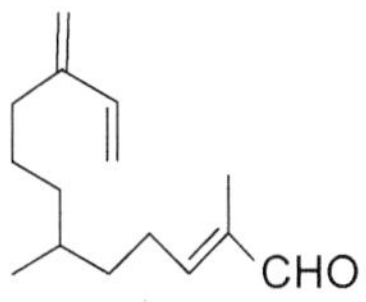　甜橙醛

萜酮

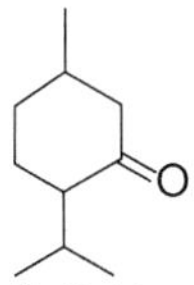

薄荷酮 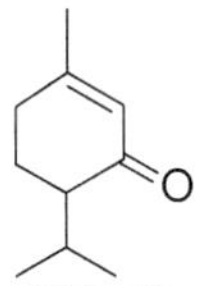　胡椒酮 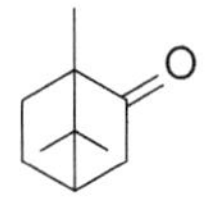　樟脑 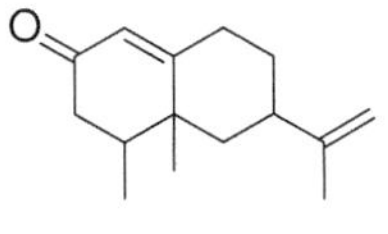　圆柚酮　β-香根酮

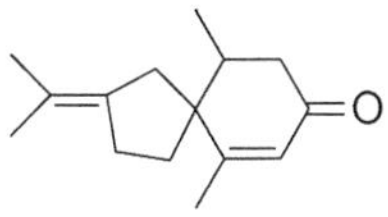

(2) 芳香族化合物。芳香族化合物是一类具有芳香环结构的芳烃衍生物。这类化合物广泛存在于天然植物中。玫瑰油中的苯乙醇、苦杏仁油中的苯甲醛、肉桂油中的肉桂醛、茴香油中的茴香脑、丁香油中丁香酚、百里香油中的百里香酚等都是常见的芳香族化合物。

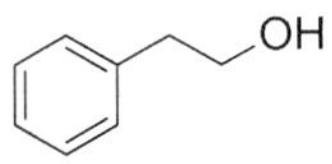

苯乙醇 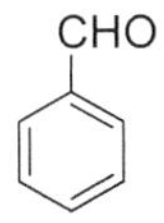　苯甲醛 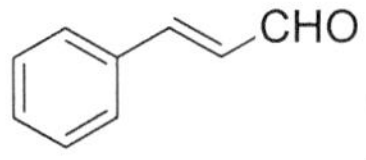　肉桂醛 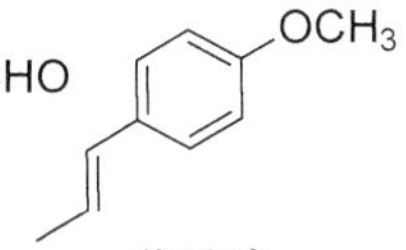　茴香脑 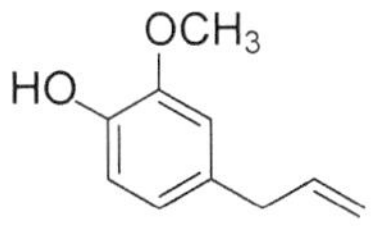　丁香酚 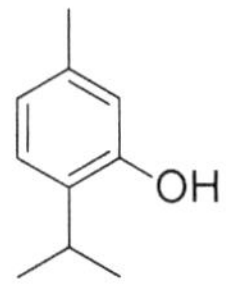　百里香酚

(3) 脂肪族化合物。脂肪族化合物可以是饱和化合物，也可以是不饱和化合物。除了碳、氢元素以外，还可以包含氧、氮、硫、氯等元素。脂肪族化合物虽然大量存在于自然界中，但其作用一般不如萜类和芳香族化合物。

顺-3-己烯醇也称叶醇，存在于茶叶及其他绿叶植物中，具有青草的清香。2-己烯醛也称叶醛，具有黄瓜的青香。2,6-壬二烯醛又称为紫罗兰叶醛，存在于紫罗兰叶中，是紫罗兰、水仙、玉兰、金合欢香精配方的重要组分。甲基壬基酮也称芸香酮，在芸香油中含量为 70% 左右。茉莉油中含有 65% 左右的乙酸苄酯，鸢尾油中的含有 85% 肉豆蔻酸。其结构如下。

$H_3CH_2CHC{=}CHCH_2CH_2OH$　叶醇

$H_3CH_2CH_2CHC{=}CHCH{=}O$　叶醛

$O{=}HC{-}CH{=}CHCH_2CH_2CH{=}CHCH_2CH_3$　紫罗兰叶醛

$H_3C{-}C({=}O){-}CH_2(CH_2)_7CH_3$　芸香酮

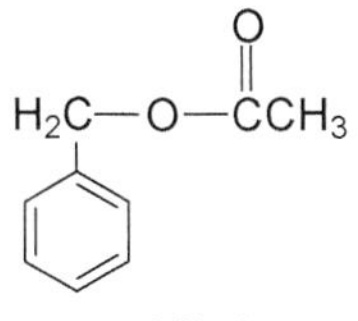

$C_6H_5{-}H_2C{-}O{-}C({=}O)CH_3$　乙酸苄酯

$HO{-}C({=}O)CH_2(CH_2)_{11}CH_3$　肉豆蔻酸

(4) 含氮、含硫化合物。在植物性天然香料中，含氮、硫等杂原子的化合物较少，但它们的香气极强，对食品的香气也会产生较大的影响。氮、硫香料化合物主要分为硫

醚类、呋喃类、噻唑类、吡咯类、吡嗪类等，例如：

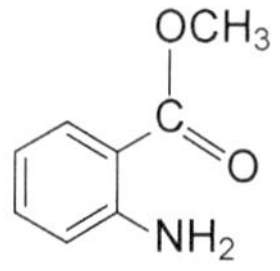

邻氨基苯甲酸甲酯 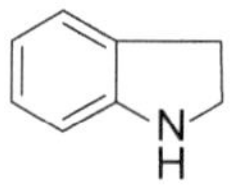　　吲哚 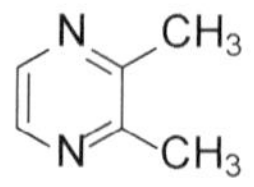　　2,3-二甲基吡嗪

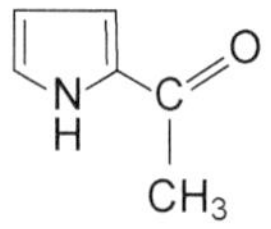

2-乙酰基吡咯 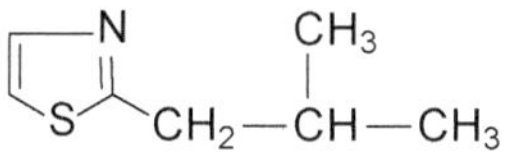　　2-异丁基噻唑 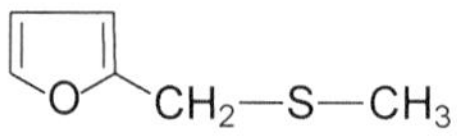　　糠基甲硫醚

2. 植物性天然香料的提取方法

为了使植物性原料符合加工要求，在提取之前需要对其进行前处理，如发酵、粉碎、浸渍、储存陈化或干燥处理等。再经过水蒸气蒸馏法、压榨法、浸提法、吸收法等得到所需要的香料。随着科技的进步，近年来出现了很多提取植物性天然香料的新方法，如超临界二氧化碳萃取法、微波辅助萃取法、超声波萃取法和分子蒸馏法等。

(1) 水蒸气蒸馏法。水蒸气蒸馏法是提取植物性天然香料最常用的一种方法，适用于香气成分不因水蒸气加热而产生显著变化的原料。其原理是利用香料与水构成互不相溶体系，虽然大多数精油的沸点在 150～300℃，但由于其具有挥发性，通入水蒸气后在低于 100℃时即可被蒸出。蒸馏前先将原料干燥并粉碎后装入带筛板的蒸锅中，从筛板下面通入水蒸气，水蒸气均匀地通过料层，精油通过水渗作用从植物组织中逸出，随水蒸气上升，冷凝后进入油水分离器，最后分离出精油。此方法设备简单、易于操作，具有成本低、产量大的优点。

水蒸气蒸馏法根据设备的结构可以分为水中蒸馏、水上蒸馏和水气蒸馏 3 种形式。水中蒸馏又称为泡蒸或水煮蒸馏，将原料放入装有清水的蒸馏锅中，直火加热，使原料与沸水直接接触；水上蒸馏又称为隔水蒸馏，是在蒸锅的下部安装一块多孔隔板，并铺上粗麻布防止植物碎料落入锅底，再将植物原料放在隔板上，水面与隔板保持一定距离，通过直接加热方法进行蒸馏；水气蒸馏又称直接蒸汽蒸馏，其原理与水上蒸馏的方法大致相同，但锅底不加水，以饱和或过热的水蒸气，通过压力专用设备使水蒸气由穿孔的汽管喷入锅的下部，经过多孔隔板和装载的植物原料后上升，植物中的芳香成分随着蒸汽上升蒸馏出来，用该方法得到的精油质量最佳。

由于水蒸气蒸馏法提取香精的时间长、温度高、系统未密闭，精油容易发生热解和氧化，精油的组织结构被破坏。为了解决以上问题，人们通过连续蒸馏、加压串蒸及涡轮式快速水蒸气蒸馏等方法改进蒸馏设备。

(2) 压榨法。压榨法又称冷榨法，是从芳香植物原料中提取精油的重要方法之一，最大的特点是在室温下提取，加工过程不受热，一般用于柑橘类植物精油提取。室温提取使得萜烯类化合物的结构不被破坏，从而确保精油的质量，使其香气逼真。该方法是通过压榨刺磨将油囊压裂或刺破，收集流出的粗产物。粗精油中含有大量的果皮组织、细胞碎屑以及细胞液喷淋水，需进一步分离和澄清后得到精油。

水蒸气蒸馏法和压榨法分别提取柑橘香精油的对比实验表明，压榨法提取的香精油为淡黄色液体，香气更接近天然鲜橘香气，但提取的精油产率较低。

(3) 浸提法。对于一些受热易分解或溶于水的香料不能采用水蒸气蒸馏法，可将植物浸在挥发性的有机溶剂中将香料提取出来，这种方法称为浸提法或液固萃取法。分离出的萃取液，经澄清过滤后在较低温度下回收溶剂，最后脱净溶剂制成浸膏，或再经乙醇萃取，脱去植物蜡、色素、脂肪、纤维类物质制成净油。浸提法一般在低温下进行，不需加热，除了提取易挥发性的组分外，还可以提取其他重要的不挥发成分。因此，浸提法多用于娇嫩的鲜花、树脂、香豆、枣等的浸提加工。

固定浸提、搅拌浸提、转动浸提和逆流浸提是工业上常用的 4 种浸提方法。固定浸提法可使鲜花组织不受损伤，提取出来的精油质量极佳，但这种方法的效率极低。浸提效率最高的是逆流浸提法，但其设备复杂，维修困难且投资成本较大，因此并未普及。转动浸提法适用于花瓣较厚的原料。

浸提的温度、时间、次数、浸提剂的种类均会对浸提效果产生较大的影响。其中，浸提剂的选择尤为重要，不仅要保证芳香原料成分和产品质量要求，还需根据“相似相溶”的原则进行选取，而且不能有高沸点残留物。溶剂浸提法的优点是操作简单，并可采用不同溶解性的溶剂选择地提取致香成分。浸提剂必须沸点低，易于蒸除回收，不溶于水，具有化学惰性，不与芳香成分及设备材料发生化学反应，对芳香化合物的溶解能力强，对色素、植物蜡、纤维、脂肪、淀粉和糖类等杂质溶解度小，并且尽量保证无色无味，不易爆炸和燃烧，对人体危害性小等。

(4) 吸收法。与浸提法提取天然香料原理相似，吸收法只是采用了非挥发性溶剂或固体吸附剂。吸收法提取精油时加工温度较低，可保证产品中芳香组分不被破坏，香气质量极佳。因此，对于芳香成分容易释放的天然香料，如香气强的茉莉花、兰花、橙花等名贵花朵，可以采用吸收法生产出广受欢迎的高档香料。

采用吸收法提取天然香料时，主要有非挥发性溶剂吸收法和固体吸附剂吸收法两种形式。其中，非挥发性溶剂吸收法又包括温浸法和冷吸收法：温浸法是在 50～70℃下用非挥发性溶剂如橄榄油、动物油脂、麻油等提取精油，冷吸收法是用猪油和牛油作为溶剂，在室温下用脂肪基吸收鲜花芳香成分。固体吸附剂吸收法则是用活性炭、分子筛、氧化铝、硅酸、XAD-4 树脂、多孔聚合物等作为吸附剂，吸收鲜花释放出的芳香成分，再用石油醚等有机溶剂洗涤固体吸附剂，蒸除溶剂得到精油。由于吸附剂的吸附容量有限，提取精油的周期较长且效率低，一般不常使用。

8.2.3　单离香料

天然香料是多种单体香料的混合物，成分多达数百种。在这些天然香料中，含量较高的为一种或几种成分，用物理或化学方法从天然香料中分出的单体香料即为单离香料，该方法称为单离法。单离香料的制备分为物理方法(分馏、冻析、重结晶)和化学方法(硼酸酯法、酚钠盐法、亚硫酸氢钠法)。

分馏是从天然香料中单离某一种或几种组分最常用的方法。例如，从芳樟油中单离芳樟醇，从香茅油中单离香叶醇，从松节油中单离α-蒎烯、β-蒎烯等。减压蒸馏在分馏法中是最为常见的一种生产方法，可以防止分馏过程中由于受热温度过高引起香料组分的分解、聚合、相互作用。冻析是利用低温使天然香料中某些熔点较高的组分呈固态析出，减压过滤分离出较纯的单离香料。例如，从薄荷油中提取薄荷脑，从柏木油中提取柏木脑，从樟脑油中提取樟脑等。

硼酸酯法是从天然香料中获得单离醇的主要方法。例如，从芳樟油中单离芳樟醇，将得到的粗芳樟醇与硼酸或硼酸丁酯反应，生成高沸点的硼酸芳樟酯，减压蒸馏除去低沸点的有机杂质，将高沸点的硼酸芳樟酯加热水解游离出醇，再减压蒸馏即得到纯芳樟醇。

芳樟油 $\xrightarrow{\text{单离}}$ 粗芳樟醇 $\xrightarrow[\text{苯}]{B(OH)_3}$ $[\ \ \text{O—B}\ ]_3$ $\xrightarrow[\triangle]{H_2O}$ 芳樟醇

8.3　合成香料的主要类型及合成方法

合成香料包括单离香料、半合成香料及全合成香料。半合成香料是以单离香料或植物性天然香料为反应原料制成其衍生物而得到的香料化合物，如采用松节油中的蒎烯制得的松节醇。利用化工原料合成的香料称为全合成香料，如由乙炔、丙酮等合成的芳樟醇。

合成香料一般按照按官能团、碳原子骨架或香味等进行分类，也可以根据用途进行分类。

按官能团分类：如烃类、醇类、酚类、醚类、醛酮类、缩羰基类、酸类、酯类、内酯类、含氮、硫类等香料等。

按碳原子骨架分类：如萜烯类、脂肪族类、芳香族类、杂环和稠环类及合成麝香类等。

按香味类型分类：如花香型、果香型、奶香型、辛香型、草香型、肉香型、药香型、壤香型、海鲜香型、动物香型、木香型、烟草香型等。

8.3.1　烃及其卤代物香料

烃类化合物广泛存在于自然界中，如在石油和煤化学工业中。由于其香气一般较弱，很少直接用作香料，经常用作合成香料的原料、溶剂或萃取剂。由于萜烃类化合物香气较弱，化学性质不够稳定，因此仅有个别萜烃类化合物能作为香料使用。

1. 萜烯类香料

萜烯一般是指通式为$(C_5H_8)_n$的链状或环状烯烃类化合物。萜烯类化合物在自然界中分布极广，是各类植物油的主要成分。根据萜烯类化合物组成单元异戊二烯的数目，可将萜烯分为单萜、倍半萜、二萜、三萜、四萜和多萜。其中单萜有 2 个异戊二烯单元，倍半萜、二萜、三萜和四萜分别含有 3 个、4 个、6 个和 8 个异戊二烯单元，多萜中异戊二烯单元的个数多于 8 个。根据结构也可将萜类化合物分为直链萜和环萜。常见的萜类化合物主要有以下几种。

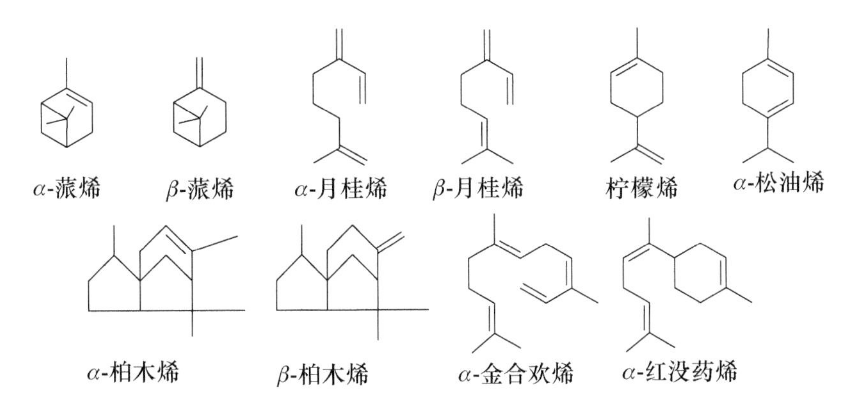

蒎烯是二环单萜，分为 α-蒎烯和 β-蒎烯。蒎烯为无色油状液体，具有松木、松节油香气。α-和 β-蒎烯多存在于多种天然精油中，可以从松节油中真空分馏单离制备。β-蒎烯的主要工业用途为热裂解成月桂烯，是合成开链萜的重要原料。

月桂烯又称为香叶烯，有 α-和 β-两种异构体，香料工业中经常用的是 β-月桂烯。β-月桂烯为无色或淡黄色油状液体，具有令人愉悦的香脂气味，主要存在于月桂油、马鞭草油、忽布油中。β-月桂烯是合成萜烯类香料的重要原料，如用于合成香叶醇、芳樟醇、新铃兰醛、柑青醛等。

柠檬烯为无色或淡黄色油状液体，具有类似柑橘和柠檬的香味。存在于甜橙、薄荷、柑橘、柠檬等精油中，主要用于调配柑橘、柠檬味的日用香精。柠檬烯可以通过以下两种方法得到：一是从柑橘类精油中单离制备；二是通过化学合成方法，由松油醇脱水得到。

OH　$\xrightarrow{H_2SO_4,NaHSO_4}$

柏木烯也含有 α-和 β-两种异构体，主要存在于柏木油中。柏木烯为无色或淡黄色黏稠液体，不溶于水，溶于乙醇等有机溶剂，具有柏木、檀香香气。可用于合成柏木烷酮、柏木烯醛、乙酰基柏木烯等价值更高的香料。柏木烯可以从柏木油、杉木油中单离制备，也可以通过柏木醇脱水制得。

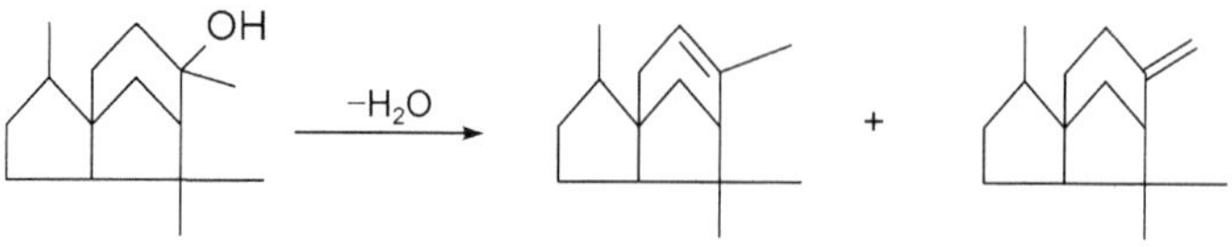

金合欢烯为无色油状液体，是 α-和 β-两种异构体的混合物，具有花香、清香和香脂香气。不溶于水，溶于乙醇等有机溶剂。主要存在于甜橙油、玫瑰油和依兰油中，常用于食用香精。金合欢烯可由橙花叔醇在酸性条件下脱水制得。

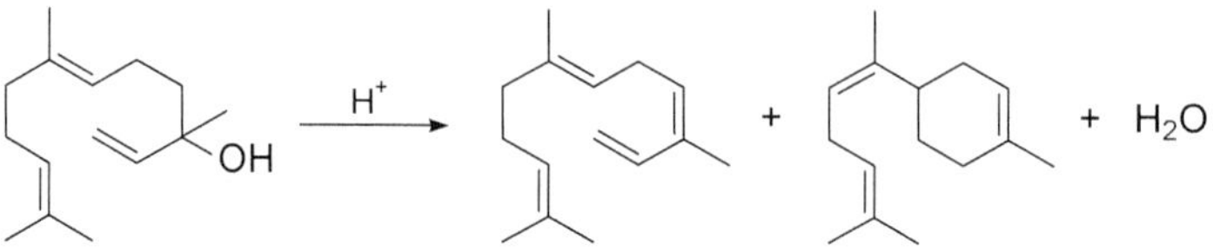

红没药烯是红没药油的主要成分，为无色油状液体。红没药烯具有温暖的柑橘香、果香、木香、花香等香气，微量用于调配柑橘、橙子、热带水果、香蕉、园柚、苹果、生梨等食用香精。红没药烯可以通过减压蒸馏的方法从天然精油中单离得到，也可以通过橙花叔醇脱水制得。

2. 芳香烃类香料

芳香族烃类香料的香气粗糙，极少直接用于调香，只有少数几种直接用于香精中，如对伞花烃、二苯甲烷等。

对伞花烃　　二苯甲烷

对伞花烃是一种无色液体，具有胡萝卜和萜烯香气。不溶于水，溶于乙醇等有机溶剂。主要存在于柏木、柠檬、肉豆蔻等精油中。可以作为定香剂，应用于肥皂、化妆品中，少量用于食用香精中。可由甲苯与丙烯通过 Friedel-Crafts 烷基化制备。

二苯甲烷在室温下为无色液体，具有强烈的香叶、甜橙香气，稀释后香气较为宜人，不溶于水，溶于乙醇等有机溶剂。常作为定香剂应用于肥皂、化妆品等的香精中。二苯甲烷通常由苄氯和苯在无水三氯化铝(或氯化锌、氯汞齐)的催化下制备。

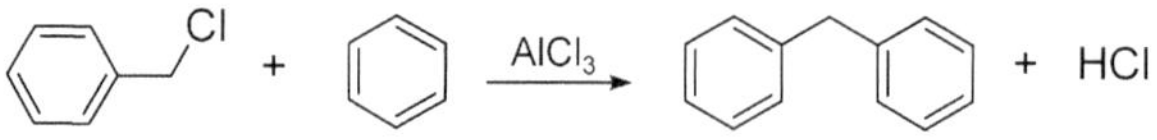

3. 含卤化合物

含有卤族元素的有机化合物多具有刺激性气味，微量的卤化物会严重影响产品的香气，所以一般香料中不使用。但是个别含卤素的有机化合物具有一定的香气，常被用于香精的调配。含卤香料主要有以下几种：

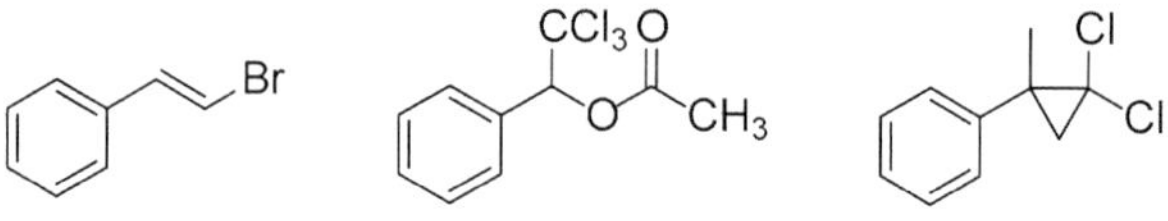

β-溴代苯乙烯　　乙酸三氯甲基苯原酯　　环玫瑰烷

β-溴代苯乙烯为淡黄色液体，是卤代烃类香料的代表性产品，具有强烈的类似素馨花清甜膏香。微溶于水，易溶于乙醇等有机溶剂。主要用于柏木、水仙、风信子、紫丁香、葵花香型的香皂和洗衣粉香精中。乙酸三氯甲基苯原酯又称为结晶玫瑰，为白色晶体，具有微弱柔和的玫瑰香气，不溶于水，溶于乙醇等有机溶剂，作为定香剂广泛应用于玫瑰、香叶、香皂、浴盐、香粉等日用及日化香精中。环玫瑰烷为无色液体，具有强烈新鲜的玫瑰香气，但香气较为尖刺。不溶于水，溶于乙醇等有机溶剂，可少量用于日化香精中。环玫瑰烷主要由 α-甲基苯乙烯和氯仿在相转移催化剂作用下制备。

$$\alpha\text{-methylstyrene} + CHCl_3 \xrightarrow[\text{TEBA}]{\text{PTC}} \text{1-(2,2-dichloro-1-methylcyclopropyl)benzene (Cl, Cl)}$$

8.3.2　醇、酚和醚类香料

1. 醇类香料

醇类香料在自然界中广泛存在，其种类约占香料总数的 20% 左右。例如，各种酒类、食醋、酱油和面包中常含有乙醇、丙醇和丁醇等。醇类香料主要分为脂肪族醇、芳香族醇、萜醇、脂环醇、杂环醇等。

饱和的脂肪伯醇大量存在于水果中，但由于其香气较弱，作为香料用于香精中很有限，一般用作合成醛类或酯类香料的原料。例如，十一醇为无色液体，具有淡甜脂腊香、玫瑰花香及菠萝样果香；叶醇具有强烈的新鲜草叶的青香，新茶叶和苹果青香。

芳香醇为含有芳环的醇类化合物，如苯乙醇为无色液体，具有柔和细腻的玫瑰香气。存在于玫瑰油、香叶油、丁香油和橙花油中。广泛用于配制香水香精、食用香精及合成香料，是玫瑰香精的主香剂。肉桂醇为无色或浅黄色晶体，具有花香、辛香、青香等香气，主要存在于肉桂叶、安息香脂及苏合香脂中。用于配制水果香型香精、化妆品香精和皂用香精，香气温和、持久、优雅。茴香醇学名对甲氧基苄醇，室温下为无色或淡黄色固体，具有丁香、香子兰等花香香气，存在于茴香籽和香夹兰豆中。主要用作茉莉、丁香、栀子等香精的调合香料，也用于香水等化妆品中。

萜醇类香料存在于许多天然精油中，如薰衣草醇为无色或淡黄色液体，具有薰衣草的香气，天然存在于薰衣草油等天然精油中，用于日化香精的调配。香茅醇为无色液体，具有甜玫瑰香，主要存在于芸香油、香茅油、玫瑰油中，是玫瑰香精的主香剂。薄荷醇为无色针状结晶或粒状，是薄荷和欧薄荷精油中的主要成分，具有薄荷香气并有清凉的作用。可用作牙膏、香水、饮料和糖果等的赋香剂。常见的醇类香料其结构如表 8-1 所示。

表 8-1　醇类香料化合物

分类	香料化合物实例
饱和脂肪醇	十一醇、月桂醇
不饱和脂肪醇	叶醇(顺-3-己烯醇)
芳香醇	$C_6H_5CH_2CH_2OH$　$C_6H_5CH{=}CHCH_2OH$　$p\text{-}H_3CO\text{-}C_6H_4\text{-}CH_2OH$

续表

分类	香料化合物实例
萜醇	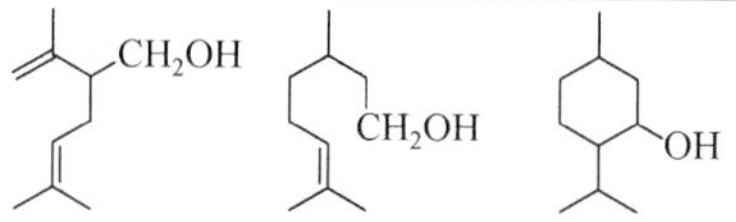
脂环醇	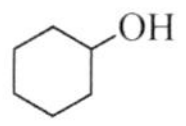
杂环醇	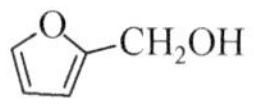
其他	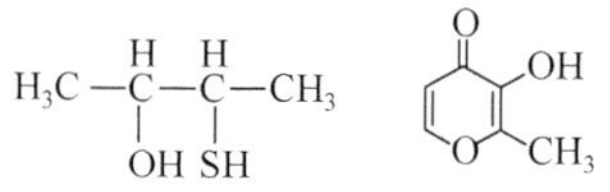

醇类香料主要通过烯烃水合、格利雅反应、还原反应及芳烃与环氧乙烷反应制备。

2. 酚类香料

酚为羟基与芳环直接连接的化合物。天然酚广泛存在于自然界中，如丁香酚存在于丁香油和月桂油中，百里香酚存在于百里香油(50%)和牛至油中，它们都是常用的香料。

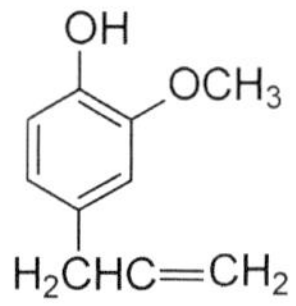

丁香酚 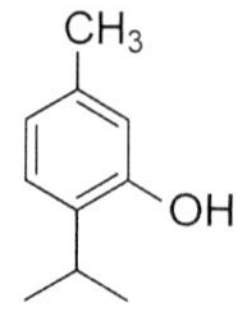　百里香酚 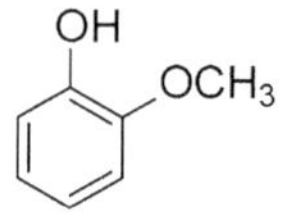　愈创木酚

丁香酚为无色或苍黄色液体，有丁香和辛香香气，不溶于水，主要用作丁香、香石竹和康乃馨等香精的主香剂，还可以用于食用香精的调配。百里香酚为无色半透明晶体，具有百里香油样辛香和草香香气，微有碱味，主要用于牙膏、爽身粉和漱口水等香精中。愈创木酚为无色或淡黄色透明油状液体，具有烟熏、药香、香荚兰和肉香等香气，主要用于熏猪肉、咖啡和烟草等食用香精。酚类香料通常通过磺酸盐碱熔法制备。

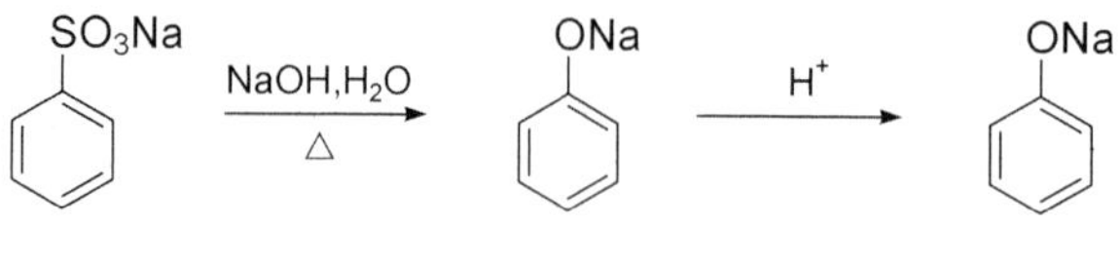

3. 醚类香料

醚类化合物多数具有香气，芳香醚、环醚、杂环醚是最为常用的醚类香料，约占香料总数的 5% 左右。常见的醚类香料有二苯醚、茴香醚、β-萘甲醚及玫瑰醚等。

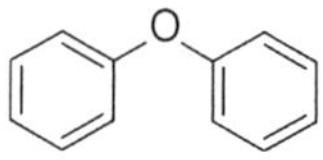

二苯醚 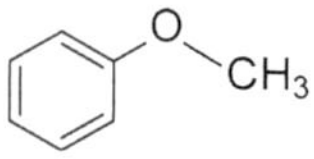　茴香醚　β-萘甲醚 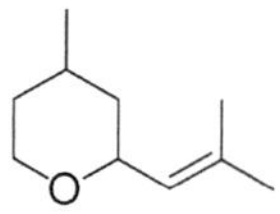　玫瑰醚

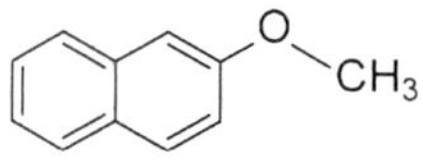

醚类香料的合成方法主要有醇脱水、Williamson 合成法及烷氧汞化-脱汞反应等 3 种方法。醇脱水和 Williamson 合成法是醚类香料最为常见的合成方法。

$$2ROH \xrightarrow{H_2SO_4} ROR$$

$$RONa + R'X \longrightarrow ROR' + NaX$$

8.3.3　醛、酮、酸和酯类香料

1. 醛类香料

醛类化合物在香料中也占有非常重要的地位，约占香料化合物总数的 10%。醛类香料主要分为脂肪醛、芳香醛及萜醛等 3 类。常见的醛类化合物如下所示。

$CH_3(CH_2)_{10}CHO$ 月桂醛　　$(H_3C)_2C{=}CHCH_2CH_2C(CH_3)CHO$ 甜瓜醛　　$CH_3CH_2CH{=}CHCH_2CH_2CH{=}CHCHO$ 黄瓜醛

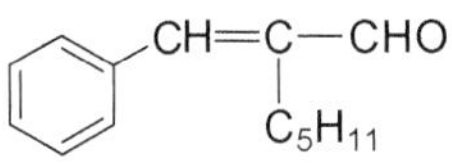

α-戊基肉桂醛 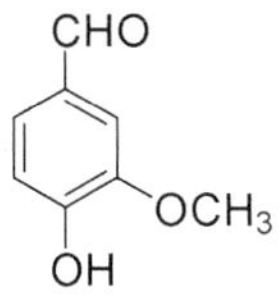　　香兰素　　α-甜橙醛　　β-甜橙醛

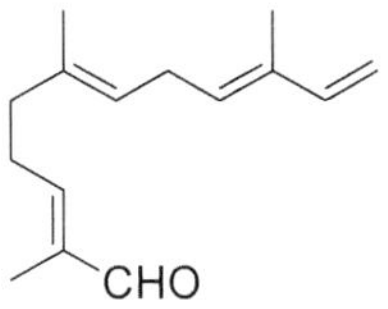

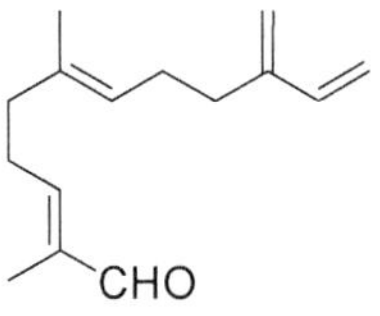

2. 酮类香料

酮类香料约占香料总数的 15%。脂肪族单酮由于香气较弱、品质欠佳，很少作为香料直接使用。但是 C_7～C_{11} 带支链的甲基酮具有坚果香韵并可用于奶酪等香精中，脂肪酮在香精中主要起加重香韵的作用。苯乙酮、对甲基苯乙酮等芳香族酮都是常用的香料，萜酮在香料中也占有重要地位。

$H_3C{-}C({=}O){-}(CH_2)_8CH_3$ 甲基壬基酮　　$H_3C{-}C({=}O){-}C({=}O){-}CH_3$ 2,3-丁二酮　　$(H_3C)_2C{=}CHCH_2CH_2C({=}O)CH_3$ 甲基庚烯酮　　$H_3CO{-}C_6H_4{-}C({=}O){-}CH_3$ 山楂花酮

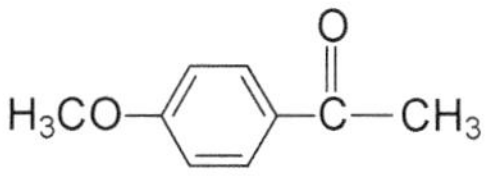

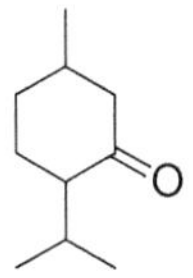

薄荷酮 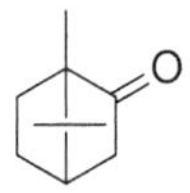　　樟脑　　α-紫罗兰酮　　β-紫罗兰酮

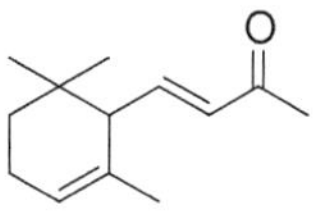

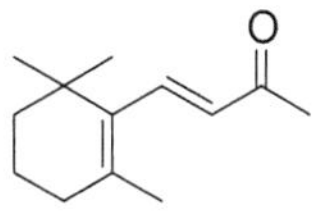

3. 酸类香料

羧酸广泛存在于自然界中，不仅可以作为食品调味剂，也是合成香料的重要原料。羧酸香料主要分为饱和脂肪酸、不饱和脂肪酸、羟基脂肪酸、芳香酸等。直链脂肪酸用于加重香味，羟基脂肪酸一般用于调节食品的酸性，芳香酸具有较强的香料气味。常见的几种酸类香料如下所示。

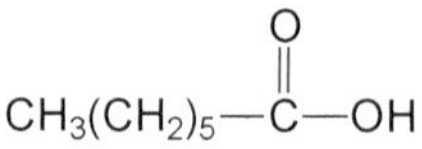

$$CH_3(CH_2)_5-\overset{O}{\overset{\|}{C}}-OH$$

庚酸

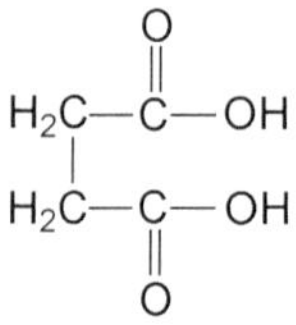

$$\begin{matrix} H_2C-\overset{O}{\overset{\|}{C}}-OH \\ | \\ H_2C-\underset{O}{\underset{\|}{C}}-OH \end{matrix}$$

琥珀酸

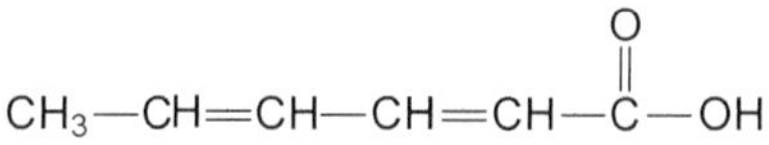

$$CH_3-CH=CH-CH=CH-\overset{O}{\overset{\|}{C}}-OH$$

山梨酸

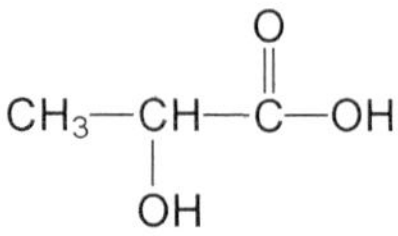

$$CH_3-\underset{OH}{\underset{|}{CH}}-\overset{O}{\overset{\|}{C}}-OH$$

乳酸

$$C_6H_5-CH=CH-\overset{O}{\overset{\|}{C}}-OH$$

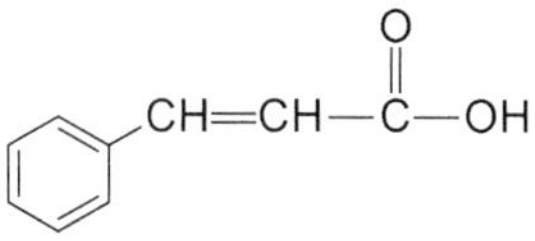

肉桂酸

4. 醛、酮、羧酸类香料的合成方法

醛、酮、羧酸类香料主要通过直接官能团化和间接官能团化两种方法合成。直接官能团化的合成方法步骤比较简短，一般产率较高，醛、酮、羧酸类香料的合成多采用此法。

醛类香料的合成方法有很多种，如醇的氧化、烯烃的氧化、芳环上取代基团的氧化、Rosemund 还原、Sabatier 还原和 Reimaer-Timann、Gattermann-Adams、Sommelet 等酰化反应。在工业上，醛的合成主要通过醇的氧化脱氢来完成。

$$R-CH_2-OH \xrightarrow[\triangle]{Cu/Ag} R-\overset{O}{\overset{\|}{C}}H + H_2$$

酮类香料的合成方法主要有醇和芳烃的氧化、羧酸的分解、酰基化、炔烃水合等 4 种方法。酸类香料的合成方法主要有氧化(醇和醛、不饱和烃、芳烃侧链等的氧化)、羧酸衍生物水解、氰基化合物水解、芳烃酰基化反应和 Perkin 反应。

$$\left.\begin{matrix} CH_3CH_2CH_2CH_2OH \\ CH_3CH_2CH_2CHO \end{matrix}\right] \xrightarrow{KMnO_4\text{-}H_2SO_4} CH_3CH_2CH_2COOH$$

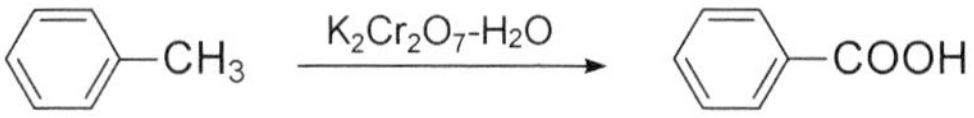

$$C_6H_5-CH_3 \xrightarrow{K_2Cr_2O_7\text{-}H_2O} C_6H_5-COOH$$

5. 酯类香料

酯类化合物一般具有果香、花香、蜜香或酒香，广泛存在于天然精油和食品中，约占香料品种的 20%，在食品、烟草、化妆品的香精中大量使用。酯类香料主要包括脂肪酸酯、芳香酸酯和其他酯类化合物，常见酯类化合物如下。

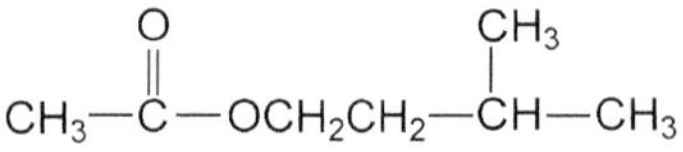

$$CH_3-\overset{O}{\overset{\|}{C}}-OCH_2CH_2-\overset{CH_3}{\overset{|}{C}H}-CH_3$$

乙酸异戊酯

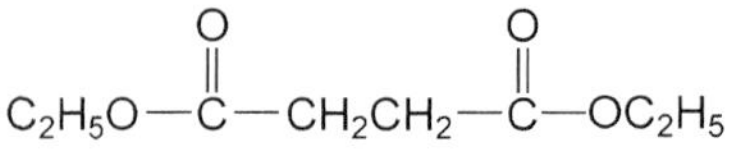

$$C_2H_5O-\overset{O}{\overset{\|}{C}}-CH_2CH_2-\overset{O}{\overset{\|}{C}}-OC_2H_5$$

丁二酸二乙酯

$$o\text{-}HO-C_6H_4-\overset{O}{\overset{\|}{C}}-OCH_2CH_2\overset{CH_3}{\overset{|}{C}}HCH_3$$

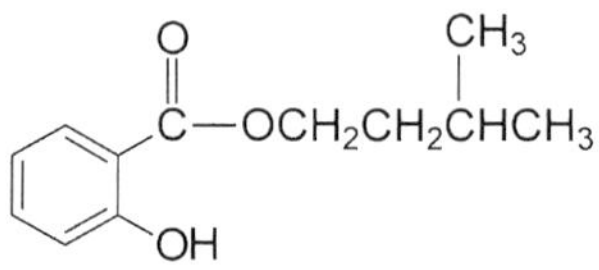

水杨酸异戊酯

酯类的合成方法主要有酸醇的缩合、酰化、酯交换、羧酸盐与卤代烷的反应、腈的醇解、烷氧羰基化等方法。

8.3.4　含氮、含硫及杂环香料

1. 含氮香料

含氮香料主要包括邻氨基苯甲酸酯类香料和腈类香料。邻氨基苯甲酸酯类化合物具有酯基和氨基两个官能团，因此同时具备酯和氨的特性。氨基与醛基易发生缩合反应生成席夫碱，使其化学性质更稳定、香气更浓郁，这些席夫碱可用作香精的定香剂。

腈类香料与相应的醛相比，香气更加持久，化学性质更加稳定，应用更加广泛。除苯乙腈对皮肤稍有刺激性外，其他相对分子质量较大的腈类化合物的毒性比相应的醛要小很多。腈类香料主要有柠檬腈、香茅腈、薰衣草腈、肉桂腈、茴香腈、枯茗腈、十二腈及柠檬腈等。

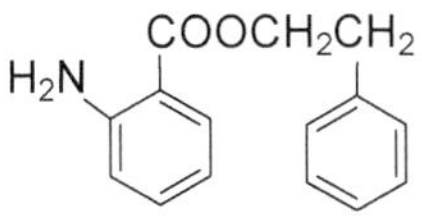

H_2N, $COOCH_2CH_2$　$COOCH_3$, N, HO　CN　CN　CN　CN, O　CN

邻氨基苯甲酸苯乙酯 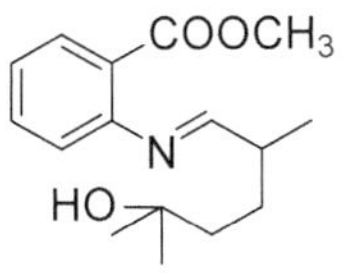　橙花素 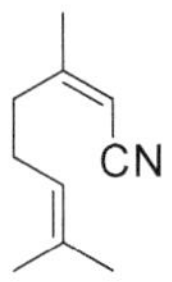　柠檬腈 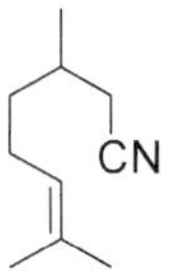　香茅腈 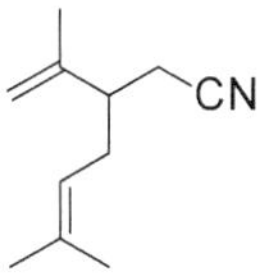　薰衣草腈 　茴香腈 　枯茗腈

2. 含硫香料

含硫香料香气阈值低，香气特征强，常用于食用香精中。由于特有的香气特征，含硫香料对于提高香精的质量和档次具有非常重要的作用。根据分子结构含硫香料可以分为硫醇类、硫醚类、硫酯类、缩硫醛(酮)类和含硫杂环类。其中，硫醇类香料和硫醚类香料最为常见。

硫醇类香料化合物是一类重要的含硫香料，也是合成其他含硫香料的重要中间体。低浓度的硫醇类化合物具有咖啡、香油、葱、蒜、萝卜、热带水果、烤肉等香味。硫醇类化合物用于很多食品中，如甲硫醇、丙硫醇和苄硫醇。

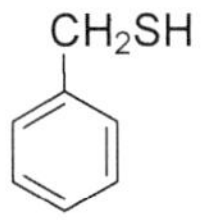

CH_2SH（苄硫醇）

CH_3SH（甲硫醇）　$CH_3CH_2CH_2—SH$（丙硫醇）　$CH_3—S—CH_3$（甲硫醚）　$CH_3—S—S—CH_3$（甲基二硫醚）

$CH_2{=}CHCH_2—S—S—CH_2CH{=}CH_2$（二烯丙基二硫醚）　$CH_3—S—S—S—CH_3$（二甲基三硫醚）

硫醚类香料化合物具有 R-(S)$_n$-R′ 的结构特征，根据 n 的个数可以将硫醚化合物分为单硫醚、二硫醚和多硫醚。在食用香精中硫醚类香料化合物的应用最为广泛，它们一般具有大蒜、肉、洋葱、杏仁等多种食物的香气，可用于调配葱蒜、肉、韭菜、瓜果等食用香精。常见的硫醚化合物有甲硫醚、甲基二硫醚、二烯丙基二硫醚、二甲基三硫醚等。

3. 杂环香料

杂环香料主要包括吡嗪、吡啶、吡咯、吲哚、呋喃、噻吩、噻唑和噁唑等 8 种杂环化合物及其衍生物。

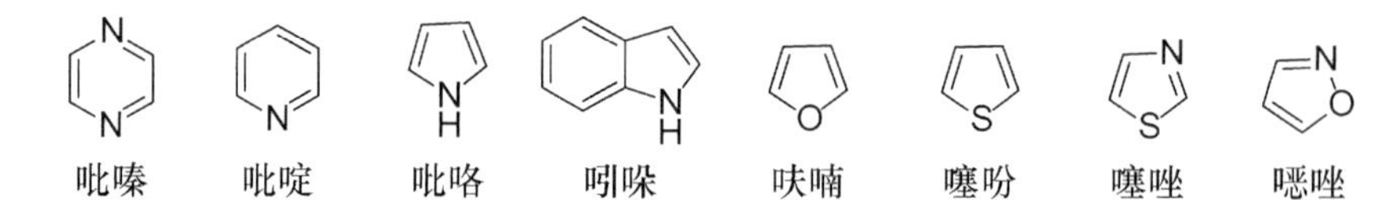

其中，吡嗪类属于含氮六元杂环化合物，主要存在于牛肉、大麦、咖啡和黑面包等热处理食品中。吡啶类化合物广泛存在于天然植物和食品中，但目前使用的吡啶类香料一般是合成品，其有青香、烤香等气味。吡咯化合物存在于咖啡、炒花生、爆玉米花、烤牛肉、绿茶、烟草、谷物等食品中，其香气特征十分广泛。吲哚不仅存在于煤焦油和植物油中，在咖啡、花菜和米糠等食品中也有微量存在。

呋喃是五元环含氧杂环化合物，在咖啡、鱼类、肉类和酒类等食品中广泛存在，其衍生物具有咖啡、烤肉和焦糖等香气。噻吩及其衍生物也是一类五元杂环化合物，酰基噻吩、噻吩硫化物和噻吩酮等在国内外应用比较广泛。噻唑类化合物存在于炒玉米、熟肉、咖啡和茶叶等食品中，具有鲜菜香和烤肉香。噁唑不存在于自然界中，为无色或淡黄色液体，具有吡啶气味。

8.3.5 合成麝香

随着社会的迅速发展，天然麝香已经不能满足市场的需求，人们通过合成麝香来替代天然麝香。近年来，约 400 种人工麝香被应用于中成药品中。商品化的合成麝香主要分为硝基麝香、多环麝香和大环麝香。

硝基麝香是最早开发的合成麝香，约占合成麝香总量的 50%。硝基麝香具有合成简单、成本低廉的特点。按结构可以将硝基麝香分为：单环硝基麝香和双环硝基麝香。代表性的硝基麝香有葵子麝、酮麝香、二甲苯麝香和伞花麝香。

多环麝香大多是苯并稠环化合物，约占合成麝香总量的 45%。香气细腻、优雅，性质稳定。常见的多环麝香有粉檀麝香(phantolide)、佳乐麝香、氢化引达省麝香和三环莀型麝香(acenaphthene musk)等。

大环麝香在合成麝香中约占 5%，根据结构可以分为大环酮麝香和大环内酯麝香。其中，常见的大环酮麝香有麝香酮、灵猫酮、环十七酮、环十五酮(黄蜀葵酮)和 5-环十六烯酮(麝香 TM-Ⅱ)，常见的大环内酯麝香有昆仑麝香、黄蜀葵内酯及麝香-105 等。

葵子麝香 酮麝香 伞花麝香 粉檀麝香 佳乐麝香

麝香酮 黄蜀葵酮 麝香TM-Ⅱ 昆仑麝香 麝香-105

麝香酮(3-甲基环十五烷酮)主要通过开链化合物分子内闭环和大环化合物扩环两种

方法合成。其中，以 16-溴-5-甲基-3-氧代十六酸甲酯为原料通过分子内闭环合成麝香酮的方法简单且产率较高。

$$\begin{array}{l} CH_3—CH(CH_2)_{10}CH_2Br \\ \qquad\; | \\ \qquad CH_2—\overset{\displaystyle O}{\overset{\|}{C}}—CH_2COOCH_3 \end{array} \xrightarrow[\text{2-丁酮}]{Na_2CO_3} \begin{array}{l} CH_3—CH(CH_2)_{10}—CH_2 \\ \qquad\; | \qquad\qquad\quad\; | \\ \qquad CH_2—\overset{\displaystyle O}{\overset{\|}{C}}—CH_2 \end{array}$$

8.4　香气与分子结构的关系

8.4.1　香气的概念与分类

香气是指令人感到愉快舒适的气味。香气通过人们的鼻腔刺激嗅觉神经，经神经传到大脑后使人器官产生嗅觉。

香气的类型千差万别，对香味的喜好也因人而异，所以香气的分类方法五花八门。其中，里曼尔(Rimmel)分类和罗伯特(Robert)分类是最为常用的两种分类方法。里曼尔分类法是根据各种天然香料香气的特征，罗伯特分类法是按照香韵或香型特征进行分类。

8.4.2　分子结构对香气的影响

在香精香料的研究过程中，香料化合物的相对分子质量一般在 50～300，相当于含有 4～20 个碳原子。碳原子的个数、不饱和性、官能团、取代基和同分异构体等是影响有机物分子香气的主要因素，这些因素对香气的影响还不能用完整的理论进行解释说明，但对香料化合物的合成有一定的指导作用。

1. 碳原子个数对香气的影响

一般来说，醇、醛、酮及羧酸中碳原子的个数对香气的影响存在很大差异，醇类化合物按照与羟基相连的主链不同，可分为脂肪醇、芳香醇和萜醇等，其结构及碳原子数对香气的影响见表 8-2。

表 8-2　醇的结构及碳原子数对香气的影响

分类	特点
脂肪醇	C_1～C_3：具有酒香气味 C_4～C_5：具有杂醇油的香气 C_6～C_7：具有青香、果香和油脂香气 C_8：香味最强 C_9～C_{14}：具有花香香气 $>C_{14}$：无香味
芳香醇	香气比脂肪醇弱，以花香、皮香为主
萜醇	开链的单萜烯醇与倍半萜烯醇以花香为主 单环或双环单萜烯醇及环状倍半萜烯醇以木香为主

在脂肪醛类化合物中，低级醛具有强烈的刺激性气味；C_8～C_{12}的醛具有花果香和油脂气味，常作香精的头香剂；C_{10}醛的香气最强，C_{16}醛几乎没有香气。

在芳香醛中，官能团在环上的位置不同，香气也不一样。通常在苯甲醛的3,4-位上有取代基的化合物，具有很好的香气香味。邻位上有羟基的一般呈现酚的气味。

在环酮类化合物中，环的大小不仅影响香气的强弱，还可以导致香气性质的改变。通常C_5～C_8的环酮具有类似薄荷的香气，C_9～C_{12}的环酮具有樟脑的香气，C_{13}的环酮具有木香香气，C_{14}～C_{17}的环酮具有麝香香气，C_{18}～C_{20}的大环酮具有灵猫香气。

2. 不饱和度对香气的影响

对于碳原子数相同和结构类似的香料化合物，其香气与分子中是否存在不饱和键及不饱和键的位置直接相关。碳骨架相同的化合物，有不饱和键的香料化合物比饱和的香料化合物香气大，如苯比环己烷的香气强、丙烯醛比丙醛的香气强。

3. 官能团对香气的影响

官能团并不是产生香气的必要条件，但官能团对香气的影响十分明显。当香料化合物分子中所含官能团不同时，其香气差别就会很大。例如，乙醇、乙醛和乙酸，虽然它们的碳原子个数相同，但官能团不同，香气有很大差别。

4. 取代基对香气的影响

在香料化合物中，取代基的类型、数量及其在分子中的位置对香气都有影响。例如，α-紫罗兰酮和α-鸢尾酮的基本结构相同，α-鸢尾酮只多了一个甲基取代基，α-紫罗兰酮表现为紫罗兰花香，而α-鸢尾酮表现为鸢尾根香。

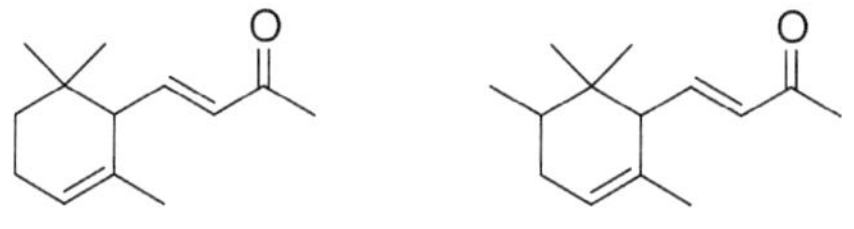

α-紫罗兰酮　　α-鸢尾酮

5. 异构体对香气的影响

在香料分子中，化合物的立体结构不同，香气也会有所差异。例如，紫罗兰酮和茉莉酮均各有一对顺反异构体，其香气特征各不相同。反-α-紫罗兰酮具有紫罗兰花香，顺-α-紫罗兰酮具有柏木香；反-茉莉酮不具有茉莉香且有油脂气味，顺-茉莉酮则具有柏木香和茉莉香，无油脂气。再如，薄荷醇分子中含有不对称碳原子，具有旋光异构体，其左旋体和右旋体香气有很大区别。

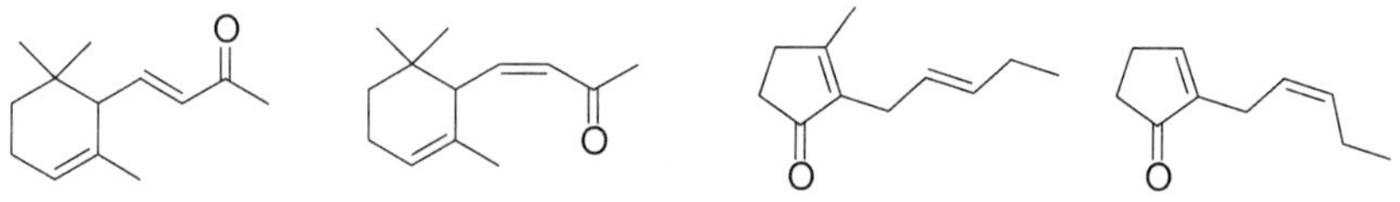

反-α-紫罗兰酮　　顺-α-紫罗兰酮　　反-茉莉酮　　顺-茉莉酮

8.5　香料的检验及香精香料的管理

8.5.1　香料的检验

1. 香料试剂的制备与取样

天然香料的制备需要经过样品的采集、脱水及脱色三个步骤。制备好的样品需要经过取样才能进行检验。取样前首先查看样品外观是否一致，再对样品进行均匀化处理，保证容器内取出的样品具有足够的代表性。取样时要对样品的不同部位、不同深度、不同数量进行取样。完成取样后，应尽快进行分析检测。

2. 感官检验

(1) 香气的评定。对于液体香料，用辨香纸分别蘸取容器内的试样和标准样品 1～2cm(二者须接近等量)，用夹子固定在测试架上，然后用嗅觉进行评香。固体香料与液体香料的评定方法几乎相同，固体香料的试样和标准试样不仅可以直接评香，还可以将香气浓烈的香料溶解并稀释到相同的浓度，然后蘸在辨香纸上进行评香。

(2) 香味的鉴定。取试样的 1% 乙醇溶液 1mL，加入 250mL 糖浆中，用味觉进行鉴定，香味应符合同一型号的标样。

(3) 外观色泽的鉴定。用 2% 的硫酸水溶液调配重铬酸钾标准溶液，将其制备成从水白到橙黄 17 个标准色。液体香料是将试样与标准比色液分别置于相同规格的比色管中，沿垂直方向观测，评定色泽。固体香料是将试样置于洁净的白纸上，用目测法观察其色泽是否在指定的范围内。

3. 理化性质测定

香料的应用很大程度上取决于它们的理化性能，通过理化性能的测试可以了解香料的性质及其应用性能的优劣。用于表示香料理化性质的参数有很多，如相对密度、折射率、旋光度、熔点、凝固点、沸点、闪点、乙醇中溶解度、蒸发后残留物、pH、酸值、酯值、醇量、羰值、酚量等。本节仅介绍几个代表性的理化性质的测定方法。

(1) 乙醇中溶解度。香料在乙醇中溶解度是指在规定温度下，1mL 或 1mg 单离香料全部溶解于一定浓度的乙醇水溶液时所需该乙醇水溶液的体积。乙醇水溶液中乙醇的含量(体积分数)为 50%、55%、60%、65%、70%、75%、80%、85%及 90%。乙醇中溶解度的测定：首先精确量取 1mL 或 1mg 试样置于量筒中，按照规定温度使水浴恒温，用滴定管缓慢滴加一定浓度的乙醇水溶液，每次加入后均需剧烈摇晃至完全溶混，当混合液澄清时记录乙醇水溶液的体积，得到溶解度。

(2) 酸值的测定。香料的酸值是指中和 1g 香料中所含游离酸所需要氢氧化钾的质量(mg)。酸值是香料的一个重要性能指标，可以计算出羧酸的摩尔质量。酸值的测定：精确称取 1g 试样，加入 70mL 中性乙醇，在充分搅拌下水浴加热至香料全部溶解，滴加酚酞试剂 3～4 滴，再以标准氢氧化钾溶液滴加至粉红色，维持 30s 内不褪色为止。

(3) 酯值的测定。酯值是指中和 1g 香料中所含的酯在水解后产生的酸所需氢氧化钾的质量(mg)。酯值也是香料的一个重要性能指标。酯值的测定：准确称取适量的试样放置于 150mL 皂化瓶中，加入 5mL 体积分数为 95% 的乙醇和两滴酚酞指示剂，滴加氢氧化钾溶液中和游离酸。再用移液管准确加入 25mL 氢氧化钾的乙醇溶液，水浴加热回流 1h。冷却至室温，取下冷凝管，加入 5～10 滴酚酞指示剂，用盐酸标准溶液滴定至粉红色消失为止，记录消耗酸的体积，根据酸的用量推算酯的含量。

(4) 含酚量的测定。酚羟基是主要发香基团之一，酚含量对香料的香气品质有直接影响。含酚量的测定为先将香料与强碱反应，生成可溶性的酚盐，然后测量未溶解的香料体积，即可计算出含酚量。酚量的测定过程中，首先要对酚类精油试样进行脱色处理。再用移液管取出 10mL 试样于醛瓶中，加入 75mL 氢氧化钾溶液，沸水浴中加热、搅拌 10min。再沿瓶壁缓慢加入氢氧化钾溶液，加热 5min，使未溶解的油层上升至醛瓶有刻度的颈部。静置、分层、冷却至室温，读取油层的体积，按照体积比计算精油中酚的含量。

8.5.2 香精香料的管理

香精香料与人们的生产生活息息相关，此行业发展迅猛，然而很多问题也随之日益显现。由于违法成本低，监管不到位，过度使用、超范围使用、违规使用劣质香精香料的事件时有发生。由于对食品香精香料行业缺乏了解，九成国人认为我国食品安全问题主要由食品添加剂造成，这些问题严重影响了香精香料行业的发展。

我国对食品香精香料实施许可证制度，国家食品药品监督管理总局对生产、流通、消费等环节的食品安全实施统一监管，国家卫生健康委员会组织开展食品安全风险监测、评估、依法制定并公布食品安全标准，负责食品添加剂等的安全性审查。国家质量监督检验检疫局负责工业香料香精产品的生产许可。

国际上也已经成立了专门组织管理香精香料的开发及应用。其中，联合国食品添加剂专家委员会(JECFA)是联合国粮食及农业组织(FAO)和世界卫生组织(WHO)共管的食品规格委员会下设机构；食用香料工业国际组织(IOFI)是 1969 年由美国、日本等 20 个国家成立的国际民间机构；国际日用香料协会(IFRA)是 1973 年由美国、日本等 13 个国家成立的协会；欧洲委员会(CE)是欧洲和中东 17 个国家组成的区域性香料组织；美国食品药物管理局(FDA)、美国食用香料制造者协会(FEMA)则是美国的民间香料管理组织。

习　题

1. 什么是香料？香料一般如何分类？各类香料之间有什么关系？
2. 试解释以下概念：天然香料，合成香料，半合成香料，单离香料。
3. 举例说明什么是主香剂、头香剂、和香剂、定香剂、辅助剂、稀释剂。
4. 常用的动物性天然香料有哪些？它们的共同特点是什么？
5. 有哪些重要的天然植物香料是用水蒸气蒸馏法生产的？试举 3～5 例说明。

6. 合成香料的分类有哪些？举例说明每一类的香料。

7. 商品化的合成麝香主要分为哪几类？每一类代表性的麝香有哪些？

8. 影响有机物分子香气的主要因素有哪些？碳原子个数对香气的影响是什么？试举例说明取代基对香气的影响。

参 考 文 献

蔡云升. 2001. 香料香精的历史、现状和发展趋势. 冷饮与速冻食品工业, 4: 35-37
董丽, 邢钧, 吴采樱. 2003. 香精香料的分析方法进展. 分析科学学报, 19(2): 188-192
何坚, 季儒英. 1993. 香料概论. 北京: 中国石化出版社
李祥高, 冯亚青. 2013. 精细化学品化学. 上海: 华东理工大学出版社
刘梅森, 何唯平. 2003. 香精香料基本原理及发展趋势. 中国食品添加剂, (5): 6-10
穆旻, 冯春华. 2008. 植物性天然香料提取新技术研究进展. 香料香精化妆品, 5: 40-44
孙保国, 何坚. 2004. 香料化学与工艺学. 2 版. 北京: 化学工业出版社
王文军, 陈莎, 戴乾圜. 2001. 龙涎香的组成及降龙涎醚的合成研究进展. 有机化学, 21(3): 167-172
文瑞明. 2000. 香料香精手册. 长沙: 湖南科学技术出版社
吴金中. 1990. 香气与分子结构关系. 安徽大学学报: 自然科学版, 14(4)：70-76
姚瑞雄. 2017. 我国香精香料工业的现状与分析. 食品安全导刊, (6): 121-122
佚名. 2011. 国际香精香料行业发展历程. 国内外香化信息, 6: 3-4
郑福平, 徐晓东, 孙宝国, 等. 2005. 我国含硫香料研究进展. 精细化工原料及中间体, 2: 5-6
中华人民共和国国家标准. 香料香气评定法. GB/T 14454. 2—2008

第9章

食品添加剂

9.1 概　　述

食品添加剂(food additive)是一类与人们日常饮食息息相关的精细化学品，能够在保证食物营养的基础上改善其色、香、味、形，提高食品的质量和档次，改善食品加工条件，延长食品的保存期。食品添加剂被广泛应用于食品加工、烹饪、运输、储存及食用等各个领域。规范使用高质量的食品添加剂能够有效改善食品质量，保证食品安全。

人类使用食品添加剂具有悠久的历史。在公元前1500年，埃及墓碑上就已经描绘有人工着色的糖果，我国周朝时期就有使用肉桂调制食品的记载，公元前164年汉淮南王刘安在炼丹过程中意外发明了豆腐，《齐民要术》中记载了从植物中提取并应用天然色素的方法，南宋时期用亚硝酸盐制作腊肉，《天工开物》中详细记载了红曲制法。

近代合成化学的发展极大地促进了人工合成食品添加剂的发展。1879年，俄国化学家法利德别尔格在实验室进行芳香族磺酸化合物的研究过程中意外发现了糖精，经分析为邻磺酰苯酰亚胺钠，1886年，他在德国建立了世界上第一个糖精生产厂。1908年，日本的池田发现海带鲜味的本质是L-谷氨酸，数年后采用植物蛋白水解法实现了谷氨酸的工业化生产。1965年美国化学家Schlatter将L-苯丙氨酸与甲醇酯化后再和L-天冬氨酸缩合酰胺化，合成了著名的甜味剂阿斯巴甜。

科学技术的发展促进了食品和食品添加剂的多样化、精细化和健康化。到目前为止，自然界中已发现可食性的植物有80000多种，昆虫500多种，蔬菜17000多种，有加工食品20000多种。各式各样的食材在变成美味可口的食物过程中都离不开食品添加剂。

目前我国的食品添加剂分23类，有2200多个品种。近年来，食品添加剂行业的产量和销售额稳步提高，2019年我国食品添加剂主要品种的产量已达1200万吨，主要产品销售额达1160亿元。同时，各种法律法规、制度政策不断完善，基础研究不断加强，国家对食品添加剂的监管力度进一步提高，均为丰富人们的物质生活、维护广大人民群众的饮食安全和身体健康提供了有力保障。

9.1.1 食品添加剂的定义

《中华人民共和国食品安全法》(2018年修正)第一百五十条规定：食品指各种供人食用或者饮用的成品和原料以及按照传统既是食品又是中药材的物品，但是不包括以治疗为目的的物品。

根据现行国家标准《食品安全国家标准 食品添加剂使用标准》(GB 2760—2014)，食品添加剂是为改善食品品质和色、香、味以及为防腐、保鲜和加工工艺的需要而加入食品中的人工合成或者天然物质。食品用香料、胶基糖果中基础剂物质、食品工业用加工助剂也包括在内。

复配添加剂是含有两种或两种以上食品添加剂的配方混合物。根据《食品安全国家标准 复配食品添加剂通则》(GB 26687—2011)定义，复配食品添加剂是为了改善食品品质、便于食品加工，将两种或两种以上单一品种的食品添加剂，添加或不添加辅料，经物理方法混匀而成的食品添加剂。

9.1.2 食品添加剂的作用和使用要求

食品添加剂在食品储存、加工制造中的作用主要包括：防止食品腐坏变质，提高食品的稳定性、耐藏性和安全性；提高和改善食品的感官性状；保持或提高食品的营养价值；增加食品的品种和方便性；有利于食品的加工处理，适应生产的机械化和自动化；以及满足不同人群的特殊营养需要和开发新的食品资源等。

食品添加剂的使用要求主要包括：必须经过严格的毒理鉴定，保证在规定使用范围内对人体无毒、无害；必须有严格的质量标准，有害杂质不得超过允许限量；进入人体后，能参与人体正常的代谢过程或能经过正常解毒过程排出体外或不被吸收而直接排出体外；用量少，功效显著，能真正提高食品的商品质量和内在质量；使用安全方便。

食品添加剂在食品中的使用，除不能对人体产生任何健康危害以外，还应做到：不掩盖食品的腐败变质和加工过程中造成的质量缺陷；不以掺杂、掺假、伪造为目的使用食品添加剂；不降低食品本身的营养价值；高效，即在达到预期效果的前提下使用量尽可能低。

9.1.3 食品添加剂的分类

食品添加剂的种类繁多，可按照来源、作用功能和安全性对其进行分类。

1. 按照来源分类

按照来源的不同，可将食品添加剂分为天然食品添加剂和化学合成食品添加剂。

天然食品添加剂是指利用动植物或微生物的代谢产物及矿物为原料，经提取所获得的天然物质，如红曲红、茶多酚、甘草提取物等。化学合成食品添加剂是指利用化学反应得到的物质，又可分为一般化学合成物，如苯甲酸钠，糖精钠等，以及人工合成天然等同物，如β-胡萝卜素、叶绿素铜等。

2. 按照作用功能分类

这是食品添加剂最重要和使用最普遍的分类方法。世界各国列出的食品添加剂的数量不同，我国为 23 类，具体为酸度调节剂、抗结剂、消泡剂、抗氧化剂、漂白剂、膨松剂、胶基糖果中基础剂物质、着色剂、护色剂、乳化剂、酶制剂、增味剂、面粉处理剂、被膜剂、水分保持剂、营养强化剂、防腐剂、稳定剂和凝固剂、甜味剂、增稠剂、食品用香料、食品工业用加工助剂和其他等。

3. 按照安全性分类

国际食品添加剂法典委员会(CCFA)在食品添加剂联合专家委员会(JECFA)评价的基础上将食品添加剂分为A、B、C三类，其中，A类指JECFA已经制定人体每日允许摄入量(ADI)或暂定ADI的品种；B类指JECFA曾经进行过安全性评价但尚未制定ADI，或者未进行过安全性评价的品种；C类指JECFA认为在食品中使用不安全或应该严格限制作为某些食品的特殊用途使用的种类。

上述三类中的每一类食品添加剂均又被进一步细分为两类。其中，A1类指毒理学资料清楚、已制定出ADI，或者毒性有限无需规定ADI的品种；A2类指毒理学资料不够完善，暂时可在食品中使用，已制定暂定ADI的品种；B1类指曾经进行过安全性评价，但毒理学资料不足以支撑建立ADI的品种；B2类指未进行安全性评价的品种；C1类指根据毒理学评价的结果认为在食品中使用不安全的品种；C2类指严格限制在某些食品中作为特殊应用的品种。由于毒理学研究不断深入，评价技术不断发展，食品添加剂的安全性评价结果和类别会进行相应的调整。

9.2 食品添加剂的类型和品种

在23类食品添加剂中，使用较为广泛和重要的类型是防腐剂、抗氧化剂、乳化剂、增稠剂、调味剂、食品色素和食品营养强化剂。

9.2.1 防腐剂

食品防腐剂(food preservative)是指加入食品中能防止或延缓食品腐败的食品添加剂，其本质是抑制微生物增殖或杀死微生物的一类化合物。狭义的防腐剂主要指苯甲酸、山梨酸、链球菌素等直接加入食品的化学物质；广义的防腐剂还包括通常具有保藏作用的食盐、醋等物质，以及通常不加入食品，但在食品储藏、加工过程中使用的消毒剂和防腐剂。

1. 食品腐败变质及防腐机理

食品中含有丰富的营养物质，适宜微生物的生长繁殖，合理使用食品防腐剂能够有效防止食物的腐败变质。食品腐败变质指食品受微生物污染，在适宜的条件下，细菌、霉菌、酵母菌等繁殖导致食品的外观和内在品质发生劣变而失去食用价值。

目前常用的食品防腐剂主要通过以下几种作用实现防腐：

(1) 破坏微生物细胞膜的结构或者改变细胞膜的渗透性，使微生物体内的酶类和代谢产物逸出细胞外，破坏微生物正常的生理平衡而使其失活。

(2) 与微生物的酶作用，干扰微生物的正常代谢，影响微生物的生长和繁殖。

(3) 与微生物的蛋白质作用，使蛋白质部分变性、交联等，进而破坏微生物的部分生理作用。

影响防腐剂防腐效果的主要因素包括：

(1) 食品防腐剂的抗菌范围。由于每种食品防腐剂往往只对某一类或几种微生物有抑制作用，而且不同的食品染菌情况不一样，因此使用的食品防腐剂也不一样。例如，苯甲酸抗酵母和霉菌能力强，常用于酸性食物、各种饮料及水果制品中；乙酸抗酵母菌和细菌的能力强，常用于蛋黄酱、泡菜中。

(2) 食品或介质的 pH。苯甲酸及其盐类、山梨酸及其盐类、亚硫酸盐等的防腐作用主要靠未解离的酸分子对微生物起抑制作用，因此其防腐效力随 pH 的增大而降低。

(3) 溶解性和分散状态。食品加工过程中常见的溶剂有水、乙醇、乙酸和油脂等，不同食品防腐剂在不同相中的分散特性不同，溶剂应与食品相配合。

(4) 食品加工工艺。一般来说，水分含量能够明显影响微生物的生长；对食物进行热处理也能够增强防腐效果。

(5) 并用和复配。食品加工中常将两种或多种不同的防腐剂并用或复配使用，以期产生协同增效效应，或增加或相加效应。协同增效效应是指防腐剂混合使用时，其效力远远超过各自单独使用时同浓度防腐剂的防腐效果。增加或相加效应是指防腐剂混合使用时，其效力等于各自防腐效果的简单叠加。防腐剂的并用和复配应防止对抗或拮抗效应，即防腐剂混合使用时，其效力低于各防腐剂单独使用的效果。表 9-1 列出了几种主要类型的防腐剂混合使用时对大肠埃希杆菌防腐作用的变化。

表 9-1　pH 6.0 时混合防腐剂对大肠埃希杆菌的作用

防腐剂名称	二氧化硫	甲酸	山梨酸	苯甲酸	对羟基苯甲酸酯
二氧化硫		–	±	+	± 或+
甲酸	–		±	±	± 或+
山梨酸	±	±		±	± 或–
苯甲酸	+	±	±		±
对羟基苯甲酸酯	± 或+	± 或+	± 或–	±	

注：“±”表示相加效应；“+”表示增效作用；“–”表示拮抗作用

2. 食品防腐剂的主要品种

世界各国使用的食品防腐剂种类较多，可以分为无机防腐剂、有机防腐剂和生物防腐剂。无机防腐剂主要有亚硫酸及其盐类、稳定态二氧化氯和过氧化氢等。生物防腐剂主要有乳酸链球菌素、纳他霉素等。有机防腐剂的品种较多，主要是酸性防腐剂和酯性防腐剂，此外还有一些其他结构的化学防腐剂。根据 GB 2760—2014，我国允许使用的防腐剂有 27 种，主要品种如下。

1) 苯甲酸及其盐类

苯甲酸(benzoic acid)又称安息香酸，分子式 $C_7H_6O_2$，食品添加剂中国编码系统 CNS：17.001，国际编码系统 INS：210。常温为具有苯或甲醛气味的鳞片状或针状结晶，使用时常用热水或乙醇溶解。制成钠盐后为苯甲酸钠，是白色颗粒或晶体粉末，极易溶于水。

苯甲酸及其钠盐在酸性较强的食品中防腐效果好，其最佳使用条件是 pH 2.5～4.0。由于苯甲酸的亲油性大，易透过细胞膜，从而干扰微生物细胞膜的通透性，抑制细胞膜对氨基酸的吸收。进入细胞内的苯甲酸分子电离酸化细胞内的碱储，并能抑制微生物细胞的呼吸酶系的活性，对乙酰辅酶A缩合反应有很强的阻止作用，从而起到食品防腐的作用。苯甲酸钠的防腐机理与苯甲酸相同，但防腐效果劣于苯甲酸。

此类防腐剂防腐范围广，安全性较高。其LD_{50}为2.7～4.44g · kg^{-1}BW(BW：体重)，MNL为0.5g · kg^{-1}BW，ADI为0～5mg · kg^{-1}BW，食品中的允许使用最大量是2g · kg^{-1}。苯甲酸被人体吸收后，大部分在酶的催化下与甘氨酸化合生成马尿酸从尿液中排出，代谢时间一般为9～15h，剩余部分则与葡萄糖化合生成葡萄糖醛酸而解毒。

2) 山梨酸及其盐类

山梨酸(sorbic acid，CNS：17.003，INS：200)又称为清凉茶酸、2,4-己二烯酸、2-丙烯基丙烯酸，分子式$C_6H_8O_2$。山梨酸与氢氧化钾反应生成的山梨酸钾也是一种常见的防腐剂，分子式$C_6H_7O_2K$，由于山梨酸难溶于水，使用不便，故常用山梨酸钾。表9-2为山梨酸和山梨酸钾在不同溶剂中的溶解度。山梨酸的抑菌作用机理在于它可以与微生物酶系统的巯基结合，从而破坏许多重要酶系统的作用；能干扰传递机能，抑制微生物增值，达到防腐的目的。此外，由于山梨酸本身是一种不饱和脂肪酸，能够参与人体新陈代谢，几乎无毒，因此是目前各国普遍使用的一种比较安全的防腐剂。

表9-2　山梨酸和山梨酸钾的溶解度[g · (100mL)$^{-1}$]

溶剂	温度/℃	山梨酸	山梨酸钾
水	20	0.16	138
水	100	3.8	—
95%乙醇	20	14.8	6.2
丙二醇	20	5.5	5.8
乙醚	20	6.2	0.1
植物油	20	0.52～0.95	—

3) 对羟基苯甲酸酯类

对羟基苯甲酸酯(*p*-hydroxy benzoate)又称尼泊金酯(CNS：17.031，INS：218)，主要有甲酯、乙酯、丙酯、丁酯、异丁酯等，各酯类产品为无色结晶或白色结晶粉末，使用量约为苯甲酸钠的1/10，主要用于酱油、果酱、清凉饮料等中。在较宽pH范围内对各种霉菌、酵母菌有抑制作用，一般认为，构成对羟基苯甲酸酯的醇的碳原子数越多，抗菌作用越强。其作用机理是破坏微生物的细胞膜，使细胞内蛋白质变性，抑制微生物细胞的呼吸酶系和电子传递酶系的活性。

9.2.2 抗氧化剂

食品抗氧化剂(food antioxidant)是能够延迟或阻碍因氧化作用而引起的食品变质，提高食品质量的稳定性和延长储存期的食品添加剂。

1. 食品的氧化变质及抗氧化机理

油脂或含油脂食品在加工和储藏期间，因空气中的氧气、日光、微生物、酶等作用而发生酸臭，产生令人不愉快的气味、苦涩味和一些有毒性的化合物，这种现象称为油脂酸败。油脂的不饱和脂肪酸在空气中易发生自动氧化，氧化产物进一步分解为低级脂肪酸、醛、酮、氢过氧化物、环氧化物、二聚物等，产生恶劣臭味，这种现象称为油脂的自动氧化。氧化变质还有光氧化和酶促氧化过程。

一般认为，油脂的氧化过程是一个自由基链式反应，主要包括链的引发、链的传递和链的终止三个阶段。

(1) 链的引发阶段。不饱和脂肪酸及甘油酯在氧、光、金属离子、热、酶、紫外线、放射线等诱导剂的催化作用下发生裂解，成为不稳定的游离基 R · 和 H · 。诱导期的长短代表油脂的稳定性。

(2) 链的传递阶段。R · 吸收空气中氧生成过氧化自由基 ROO · ，ROO · 又从其他 RH 分子的α-亚甲基上夺取氢产生氢过氧化物(ROOH)和新的 R · 。R · 与氧的作用重复以上步骤。

(3) 链的终止阶段。反应体系中存在的大量游离基，碰撞后相互结合，自由基减少，吸氧量又趋于缓慢以致停止，油脂的自动氧化进入终止期。

氢过氧化物是主要初期产物，无味，但不稳定，进一步分解成醛、酮、酸及其他双官能团氧化物，产生令人难以接受的气味。

食品抗氧化剂的种类很多，抗氧化作用的机理主要包括：

(1) 清除氧。抗氧化剂自身易被氧化，优先与氧反应，消耗食品体系中的氧。

(2) 吸收自由基。抗氧化剂能够消除或降低脂类自由基的浓度，使自动氧化过程终止或减慢。

(3) 还原过氧化物。即抑制醛、酮等氧化产物的生成。

(4) 掩蔽金属离子。减少金属离子对氧化反应的催化活性，如乙二胺四乙酸二钠(EDTA)等。

2. 抗氧化剂的主要品种

常见的合成抗氧化剂主要有没食子酸丙酯、丁基羟基茴香醚、二丁基羟基甲苯、L-抗坏血酸及其钠盐等。

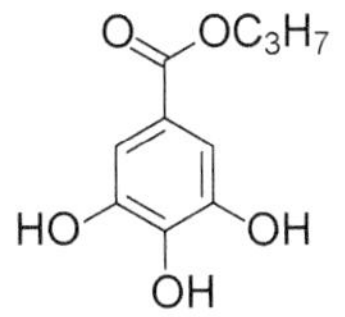

CNS:04.003
INS:310
LD_{50}:2.6g·kg^{-1}BW
公认安全物质

没食子酸丙酯

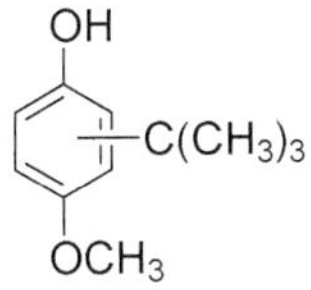

CNS:04.001
INS:320
LD_{50}:2.2~5g·kg^{-1}BW
ADI:0~0.5mg·kg^{-1}BW

丁基羟基茴香醚

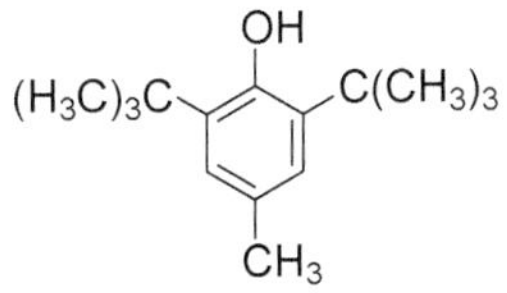

CNS:04.002
INS:321
LD_{50}:0.89g·kg^{-1}BW
ADI:0~0.3mg·kg^{-1}BW

二丁基羟基甲苯

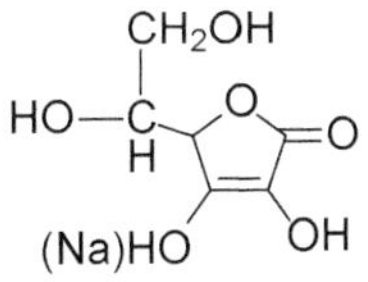

CNS:04.014
INS:300
LD_{50}:5g·kg^{-1}BW
ADI:0~15mg·kg^{-1}BW

L-抗坏血酸及其钠盐

没食子酸丙酯(propyl gallate，PG)也称棓酸丙酯，分子式 $C_{10}H_{12}O_5$。白色至淡黄褐色结晶性粉末或乳白色针状结晶。易溶于热水，对光热敏感，不宜用于焙烤。与其他抗氧化剂复配使用量约为 0.005% 时，具有良好的抗氧化效果。

丁基羟基茴香醚(butyl hydroxy anisole，BHA)又名叔丁基-4-羟基茴香醚、丁基大茴香醚，为两种成分(3-BHA 和 2-BHA)的混合物，分子式 $C_{11}H_{16}O_2$。无色或微黄色蜡样结晶粉末，不溶于水，对热稳定。3-BHA 的抗氧化效果是 2-BHA 的 1.5～2 倍。其抗氧化作用是由其解离出的氢原子阻断油脂自动氧化而实现的。

二丁基羟基甲苯(butyl hydroxy toluene，BHT)又名 2,6-二叔丁基对甲酚，分子式 $C_{15}H_{24}O$。其抗氧化作用是由于 BHT 与自动氧化中链增长的自由基反应，消灭了自由基，从而使链式反应中断。BHT 是目前国际上在水产加工方面广泛应用的廉价抗氧化剂。

L-抗坏血酸(ascorbic acid)即维生素 C，其结构类似葡萄糖，是一种多羟基化合物，分子中第 2 位及第 3 位上两个相邻的烯醇式羟基极易解离释出 H^+，故具有酸性，能够阻断油脂的自动氧化过程。

天然食品抗氧化剂主要有：生育酚(维生素 E)、类胡萝卜素、茶多酚、植酸、甘草抗氧化物，迷迭香提取物和竹叶抗氧化物等。天然维生素 E 广泛存在于高等动植物组织中，有防止动植物组织内的脂溶性成分氧化的功能。抗氧化剂生育酚混合浓缩物是天然维生素 E 的 7 种异构体的混合物，是目前国际上唯一大量生产的天然抗氧化剂。

此外，二氧化硫、焦亚硫酸钾、焦亚硫酸钠、亚硫酸钠、亚硫酸氢钠、低亚硫酸钠、山梨酸及其钾盐等也具有抗氧化功能。

9.2.3 乳化剂

乳化剂是能够使两种或两种以上互不相溶的流体(如油和水)均匀地分散，形成稳定的乳状液(或称乳浊液)的食品添加剂，一般同时带有亲水基和亲油基，可用以改善食品的组织结构、口感和外观，提高食品的品质和贮藏性。

1. 乳浊液及乳化剂的作用

乳浊液是一种或几种液体以微粒(液滴或液晶)形式分散在另一不相混溶的液体中构成具有相当稳定性的多相分散体系。乳浊液中以液珠形式被分散的一相称为分散相(或称内相、不连续相)，连成一片的另一相称为分散介质(或称外相、连续相)。乳化剂有两种类型：水包油型(O/W)乳液乳化剂，HLB 为 8～18，制备如牛乳、豆浆、稀奶油、冰淇淋等以水为连续相的乳液；油包水型(W/O)乳液乳化剂，HLB 为 3.5～6，制备如人造奶油等以油为连续相的乳液。

乳化剂能改善食品多相体系中各组分之间的表面张力，使之相互融合，其作用主要包括：

(1) 乳化作用。防止油水分离，蛋白沉淀，糖和油脂的起霜；提高食品的耐盐、耐酸、耐热、耐冷冻保藏的稳定性；乳化后营养成分更易为人体消化吸收。

(2) 对淀粉和蛋白的络合作用。与直链淀粉结合为络合物，有助于延缓淀粉的老化，起到面团调理剂的作用。

(3) 对结晶物质结构的改善。对固体脂肪结晶的形成、晶形和析出有控制作用。例如，高 HLB 的乳化剂可阻止冰淇淋中糖类等结晶，低 HLB 的乳化剂可阻止人造奶油中油脂结晶。

(4) 调节黏度。可降低黏度，提高物料的流散性，便于生产操作。

(5) 发泡、破乳和消泡，润湿和润滑，以及增溶、保鲜、防腐等其他作用。

2. 乳化剂的主要品种

我国批准使用的乳化剂有 30 余种，主要有以下几类。

1) 甘油酯及其衍生物

由脂肪酸(油酸、亚油酸、棕榈酸、山嵛酸、硬脂酸、月桂酸、亚麻酸)和过量的甘油在催化剂存在下加热酯化可得到脂肪酸甘油酯，有单酯、二酯和三酯。单硬脂酸甘油酯是最常用的乳化剂，HLB 为 3 左右。单硬脂酸甘油酯的毒性很小，经人体摄取后，在肠内安全水解，形成正常代谢的物质。

2) 蔗糖脂肪酸酯

由蔗糖和脂肪酸酯化反应得到，分为单酯、二酯、三酯及多酯，作为食品添加剂使用的脂肪酸多为软脂酸和硬脂酸，可明显提高淀粉的糊化温度，防止淀粉老化。

3) 山梨醇酐脂肪酸酯

俗称司盘(Span)，由山梨醇酐和脂肪酸经酯化反应可制得一系列不同的脂肪酸酯，具有不同的 HLB 值和性状，因此各自的适用范围也不同，如表 9-3 所示。该类乳化剂在受热后会产生焦糖化作用，使成品具有焦糖的苦味和微甜味，并使成品色泽增深。

表 9-3　司盘和吐温类乳化剂的 HLB 值

乳化剂名称	HLB 值	乳化剂名称	HLB 值
山梨醇酐单月桂酸酯 (司盘 20，Span20)	8.6	聚氧乙烯醚山梨醇酐单月桂酸酯 (吐温 20，Tween20)	16.7
山梨醇酐单软脂酸酯 (司盘 40，Span40)	6.7	聚氧乙烯醚山梨醇酐单软脂酸酯 (吐温 40，Tween20)	15.6
山梨醇酐单硬脂酸酯 (司盘 60，Span60)	4.7	聚氧乙烯醚山梨醇酐单硬脂酸酯 (吐温 60，Tween60)	14.6
山梨醇酐三硬脂酸酯 (司盘 65，Span65)	2.1	聚氧乙烯醚山梨醇酐三硬脂酸酯 (吐温 65，Tween65)	10.5
梨醇酐单油酸酯 (司盘 80，Span80)	4.3	聚氧乙烯醚山梨醇酐单油酸酯 (吐温 80，Tween80)	15.0
山梨醇酐三油酸酯 (司盘 85，Span85)	1.8	聚氧乙烯醚山梨醇酐三油酸酯 (吐温 85，Tween85)	11.0

4) 聚氧乙烯山梨醇酐脂肪酸酯

聚氧乙烯山梨醇酐脂肪酸酯由司盘在碱性催化剂存在下与环氧乙烷加成精制而成，俗称吐温(Tween)。随加入的聚氧乙烯增多，乳化剂的毒性也逐渐增大，因此常用作食品添加剂的有吐温 60 和吐温 80(见表 9-3)。

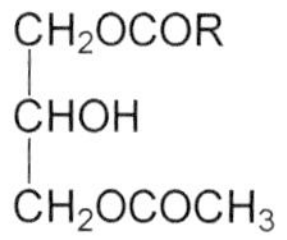

CH_2OCOR
$CHOH$
CH_2OCOCH_3

单乙酸单脂肪酸甘油酯

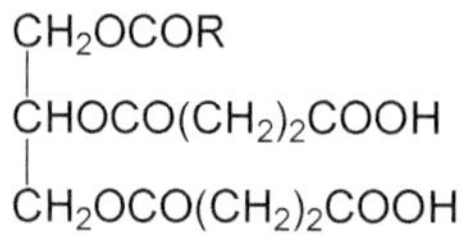

CH_2OCOR
$CHOCO(CH_2)_2COOH$
$CH_2OCO(CH_2)_2COOH$

二琥珀酸单脂肪酸甘油酯

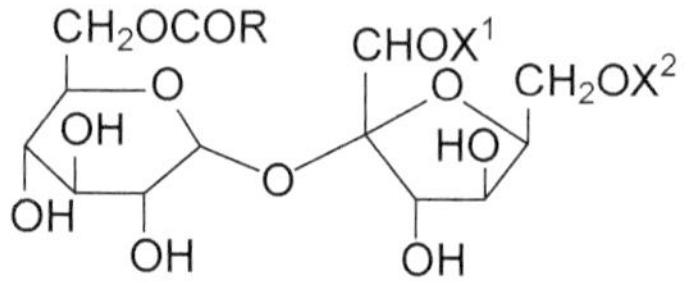

CH_2OCOR, $CHOX^1$, CH_2OX^2, OH, HO, OH, OH, OH

蔗糖脂肪酸酯

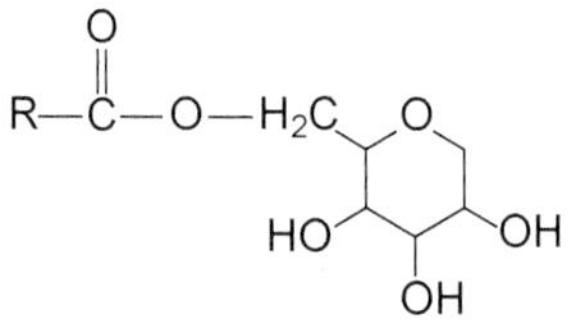

$R—C(=O)—O—H_2C$, HO, OH, OH

山梨醇酐脂肪酸酯

$R—C(=O)—O—(C_2H_4O)_x—H_2C$, $HO(C_2H_4O)_y$, $(OC_2H_4)_wOH$, $(OC_2H_4)_zOH$

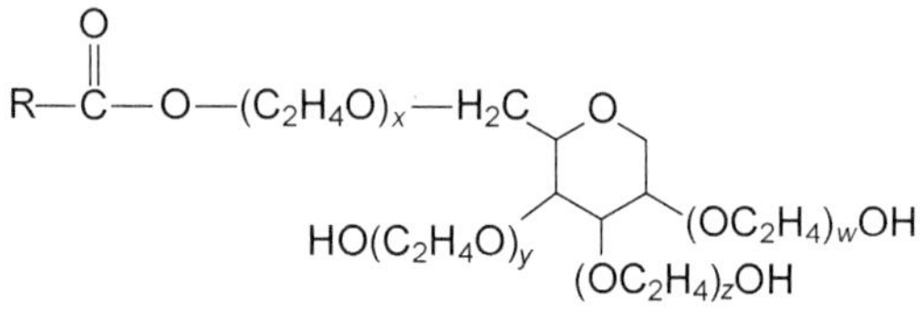

聚氧乙烯山梨醇酐脂肪酸酯

5) 其他乳化剂

其他的化学合成乳化剂还有木糖醇酐单硬脂酸酯、硬脂酰乳酸钙、硬脂酰乳酸钠、酯胶、甘油双乙酰酒石酸单酯、丙二醇脂肪酸酯等。

天然乳化剂有磷脂(主要成分有磷酸胆碱、磷酸胆胺、磷脂酸和磷酸肌醇)、田菁胶(由豆科田菁植物的种子胚乳中提取的一种天然多糖类高分子物质)等。

9.2.4 增稠剂

食品增稠剂(thickening agents)指能溶解于水，并在一定条件下充分水化形成黏稠、滑腻溶液的大分子物质。增稠剂通常是亲水性高分子化合物，也称水溶胶或食品胶。增稠剂的用量一般只有千分之一，却能起到很好的增稠作用。

1. 食品增稠剂的作用

(1) 增稠、分散和稳定作用。增稠剂是水溶性高分子，水溶液黏度高，使体系具有稠厚感。体系黏度增加后，分散相不容易聚集和凝聚，可以使分散体系稳定。

(2) 胶凝作用。有些增稠剂如明胶、琼脂等溶液在温热条件下为黏稠流体，温度降低时，溶液分子连接形成网状结构，溶剂和其他分散介质全都包含在网络结构之中，整个体系形成了没有流动性的半固体，即凝胶，这对于加工很多特色食品十分有益。

(3) 凝聚澄清作用。食品增稠剂在一定条件下可以同时吸附于多个分散介质体上使其凝聚，进而达到净化的目的。例如，在啤酒中加入少量的聚乙烯吡咯烷酮就能使啤酒澄清。

(4) 保水作用。食品增稠剂都是亲水性高分子，吸水性强，使食品保持一定的水分含量，从而使产品保持良好的口感。

(5) 成膜、保鲜作用。食品增稠剂可以在食品表面形成一层保护性薄膜，保护食品不受氧气、微生物的作用。食品增稠剂与食用表面活性剂并用时，可使水果、蔬菜等保持新鲜。

2. 食品增稠剂的主要品种

食品工业中使用的食品增稠剂已有 40 多种，按其来源主要分为 4 类，即动物胶、植物胶、微生物胶和其他增稠剂。

1) 动物来源的食品增稠剂

动物来源的食品增稠剂主要是从动物的皮、筋、骨、乳等原料中提取的，主要成分是蛋白质。常见的有明胶和酪蛋白酸钠。

明胶在各类软糖、罐头、巧克力中广泛使用，冷饮制品中可作为稳定剂使用。胶原蛋白经部分水解后得到的高分子多肽聚合物，可溶于热水，冷却后凝结成胶块。

酪蛋白酸钠也称干酪素，从牛乳中分离制成。其分子中同时拥有亲水基和疏水基，有很强的增稠、乳化作用，是一种安全无害的增稠剂、乳化剂和营养强化剂。

2) 植物来源的食品增稠剂

植物来源的食品增稠剂是由植物及其种子中取得或者由不同植物表皮损伤的渗出液制得的。成分多为多糖酸的盐，分子结构极其复杂。常用的品种如琼脂、海藻酸钠、卡拉胶等。

琼脂又称冻粉或琼胶，是一种复杂的水溶性多糖类物质，主要从红藻类植物浸出、干燥而得。主要由琼脂糖和琼脂胶组成，吸水性和持水性高，食用时不被酶分解，几乎无营养价值，常与角豆胶或明胶合并使用。

海藻酸钠又称褐藻酸钠、藻酸钠、海带胶等，是由β-1,4-D-甘露糖醛酸和α-1,4-L-古洛糖醛酸组成的线形高聚物，pH＜3 时溶于水形成黏稠状胶状液体。

卡拉胶是由红藻通过热碱分离提取制得的非均一体多糖，由硫酸基化或非硫酸基化的半乳糖和 3,6-脱水半乳糖通过α-1,3-糖苷键和β-1,4-糖苷键交替连接而成。

其他的植物性增稠剂还有果胶、阿拉伯胶、羧甲基纤维素钠、罗望子多糖胶、槐豆胶、瓜尔胶等。

3) 其他食品增稠剂

微生物来源的食品增稠剂有黄原菌、β-环糊精等。

合成食品增稠剂也称为化学改性胶、半合成胶或化学修饰胶。以多糖等高分子为原料，通过化学反应在其分子链上引入或消除某些基团而得到的多糖等高分子的化学衍生物，如纤维素胶、改性淀粉等。此外，聚丙烯酸钠、聚乙烯吡咯烷酮、聚丙烯酰胺等也作为合成食品增稠剂使用。

9.2.5　调味剂

调味剂可改善食品的感官性质，使食品更加美味可口，而且能促进消化液的分泌并增进食欲。调味剂主要包括咸味剂、甜味剂、酸味剂、鲜味剂及辛香剂等。

1. 调味剂的作用机理

味感是食物在人的口腔内对味觉器官化学传感系统的刺激所产生的一种感觉。从生理学的角度来说，有甜、苦、酸、咸四种基本味感，这四种味道是由于刺激味蕾而产生的不同感觉。辣味仅是刺激口腔黏膜、鼻腔黏膜、皮肤和三叉神经而引起的痛觉；涩味是口腔蛋白质受到刺激而凝固所产生的一种收敛的感觉，与触觉神经有关。鲜味是由于呈味物质与其他味觉物质相配合时，食品的整体风味更为鲜美，与人的主观感觉有一定的关系。

2. 调味剂的主要品种

1) 酸味调节剂

酸味调节剂(acids)又称食品酸度调节剂，是用以维持或改变食品酸碱度的物质。能够赋予爽快的口感，增进食欲；促进唾液分泌；溶解钙、磷物质，促进吸收；辅助食品加工、储藏和风味；能够抑制微生物繁殖和不良发酵过程。

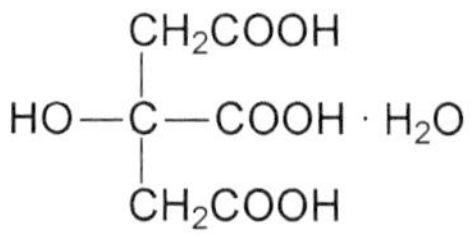

柠檬酸 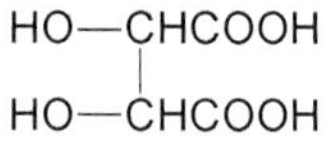　酒石酸 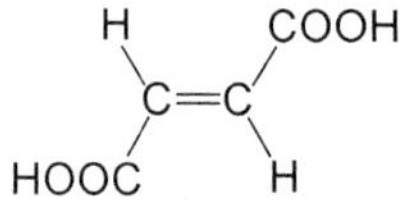　富马酸 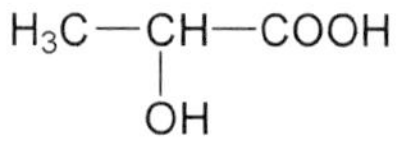　乳酸 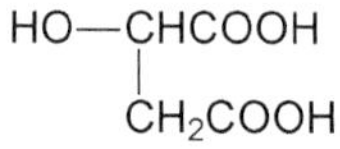　苹果酸

柠檬酸(citric acid)是一种重要的有机酸，又名枸橼酸、2-羟基丙烷-1,2,3-丙三酸，是柠檬、柚子、柑橘等天然酸味的主要成分。其酸味柔和爽快，与多种香料配合而产生清爽的酸味。

磷酸(H_3PO_4)具有强烈的收敛味和涩味，是可乐、清凉茶等饮料的风味促进剂。

乳酸是乳酸(2-羟基丙酸)和乳酸酐的混合物，广泛存在于发酵食品、腌渍物、果酒、清酒、酱油及乳制品中，在果酒及白酒调香中经常用到。

苹果酸又名羟基琥珀酸、羟基丁二酸，酸味强，呈味缓慢，保留时间长，爽口。在水果中有很好的抗褐变作用，一般多与柠檬酸并用。

2) 甜味剂

甜味是最受人类欢迎的味感。甜味剂甜味的高低称为甜度，是甜味剂的重要质量指标，具体可查阅相关的专业文献。甜味剂主要分为天然甜味剂、化学合成甜味剂、其他甜味剂。

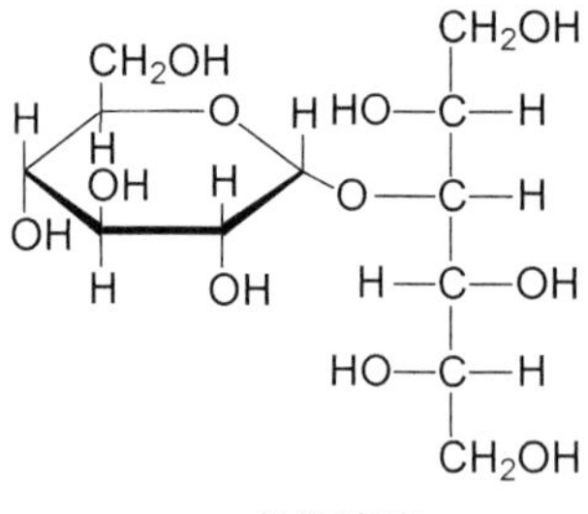

麦芽糖醇 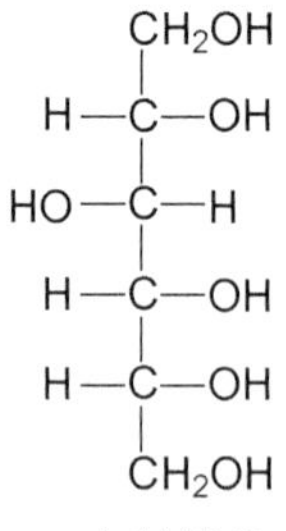　山梨糖醇 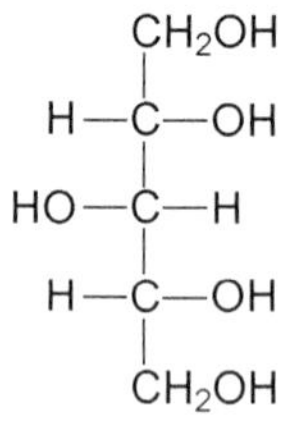　木糖醇 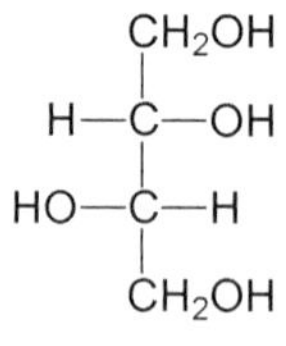　赤藓糖醇 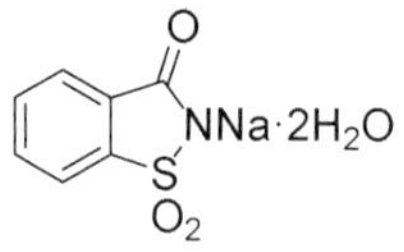　糖精钠 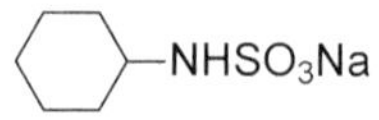　甜蜜素

天然甜味剂主要有糖和糖醇类。糖醇是世界上广泛使用的甜味剂之一，可以由相应的糖经过加氢还原制得。这类甜味剂口味好，化学性质稳定，对微生物的稳定性好。常将多种糖醇混用以代替蔗糖。木糖醇的甜度与蔗糖相当，耐热，易溶于水，食用时在口中产生愉快清凉感；在口腔内不被细菌发酵利用，不产生酸，能有效防止龋齿。进入人体内不需要胰岛素帮助就可以透过细胞膜被吸收利用，多添加于糖尿病患者的专用食品中。

山梨糖醇有良好的稳定性、吸湿性，可保持食品具有一定水分以调整食品的干湿度。

化学合成甜味剂主要有糖精、甜蜜素和甜味素。糖精化学名为邻磺苯甲酰亚胺，味极甜并微带苦，易溶于水，摄食后不供给热能，无营养价值，禁止用于婴幼儿食品和绿色食品中。甜蜜素化学名为环己基氨基磺酸钠，易溶于水，性质稳定，无营养，有一定的后苦味，常与糖精以 9∶1 或 10∶1 的比例混合使用，禁止用于绿色食品中。甜味素即天门冬酰苯丙氨酸甲酯，又名阿斯巴甜，商品名蛋白糖，是一种低热量甜味剂，有与蔗糖极其近似的清爽甜味，无苦涩后味及金属味，与糖精混合有协同增效作用。

其他甜味剂还有甜菊糖苷、甘草素、索马甜等。

3) 鲜味剂

食品鲜味剂又称增味剂，是东方食品界的概念，指补充或增强食品原有风味的物质。鲜味是一种复杂的综合味感。欧美食品界一般将这种食品添加剂称为增味剂(flavor enhancer)。

氨基酸类鲜味剂是第一代鲜味剂，其代表性品种是 L-谷氨酸钠，俗称味精，有很强的肉类鲜味；能够在不影响食物原有风味的基础上增加食物的鲜味。然而，过量食用味精会导致血糖升高，引起头、胸、肩、背的疼痛等疾病。

第二代鲜味剂是核苷酸类，主要品种有 5′-肌苷酸二钠(IMP)和 5′-鸟苷酸二钠(GMP)，它们均具有特异鲜鱼味，复配使用对食品中的腥味、焦味等异味有消杀作用。

琥珀酸二钠又名琥珀酸钠、丁二酸钠，商品名为干贝素、海鲜精，易溶于水，有特异的贝类鲜味，常与味精配合使用。

此外，动物蛋白质水解物(HAP)和植物蛋白质水解物(HVP)可用作食品调味料和风味增强剂，是近年蓬勃发展的新一代调味品。

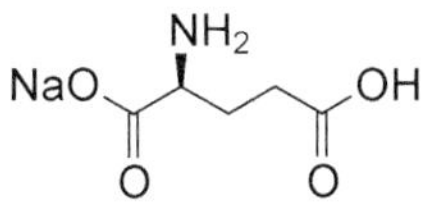

L-谷氨酸钠 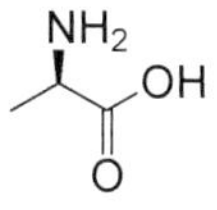　　L-丙氨酸 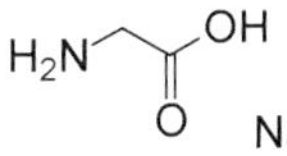　　甘氨酸 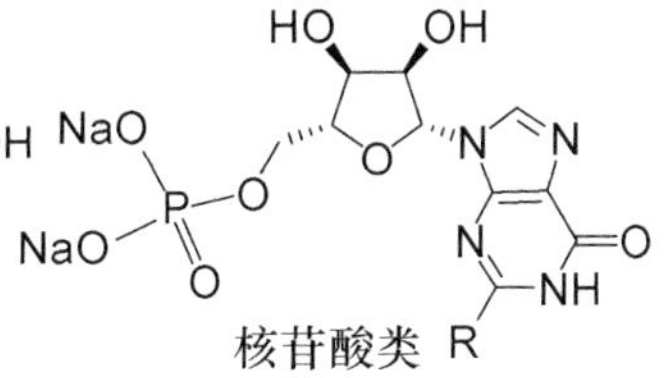　　核苷酸类 R=H, NH_2　　琥珀酸二钠

复合型增味剂是由氨基酸、味精、核苷酸、天然的水解物或萃取物、有机酸、甜味剂、无机盐、香辛料及油脂等各种具有不同增味作用的原料经科学方法组合、调配、制作而成的调味产品，也称为复合调料，如火锅料、方便面料包、酱料包、炸鸡粉等。

4) 其他呈味剂

辣味物质主要来源于植物性调料，如辣椒、胡椒、芥末、姜、蒜、葱、花椒等，以下为不同植物中辣味主要成分的结构式。

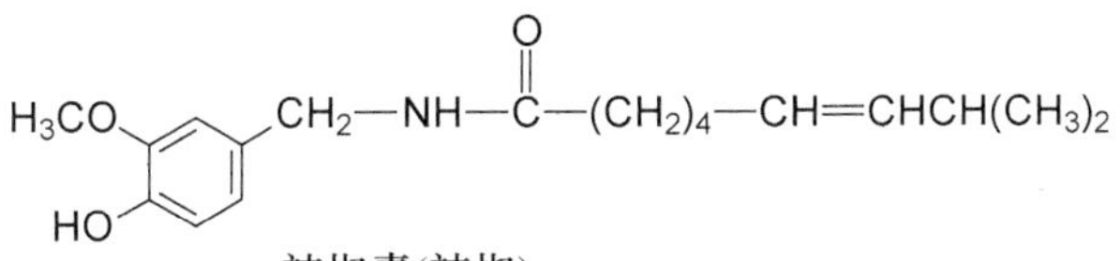

$H_3CO(HO)C_6H_3$—CH_2—NH—C(=O)—$(CH_2)_4$—CH=CHCH$(CH_3)_2$

辣椒素(辣椒) 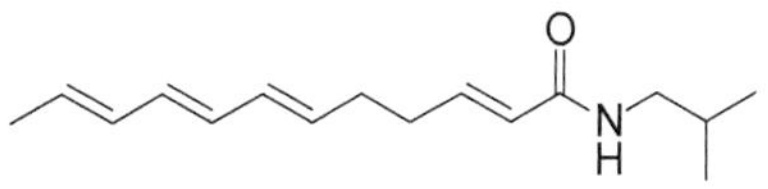　　山椒素(青椒)

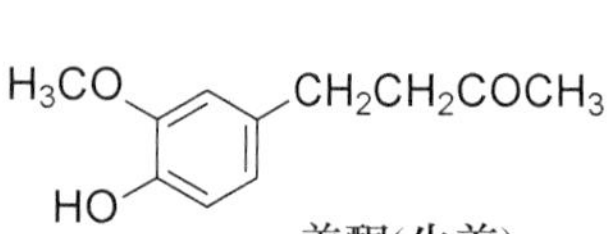

姜酮(生姜) 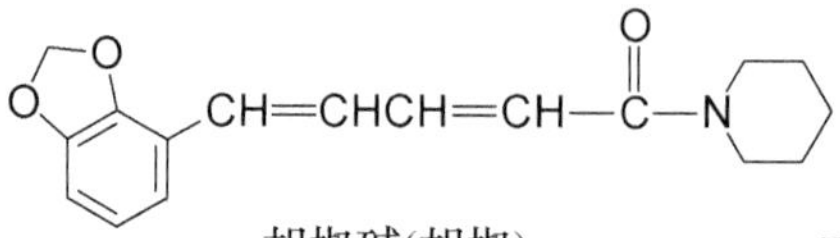　胡椒碱(胡椒)　丙烯芥子油(异硫氰酸丙烯酯) $CH_2{=}CHCH_2NCS$

苦味和涩味一般由食品中碱性或多酚类物质引起。咖啡、茶叶因其苦味而作为人类最常见的饮品，啤酒也含有苦味，以下为常见苦味物质的结构式。

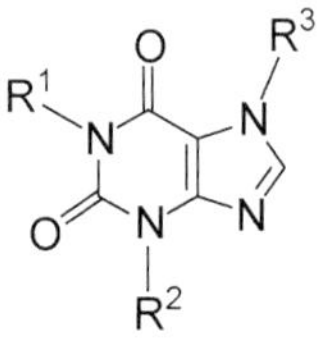

主要是异 α-酸

咖啡碱：
$R^1 = R^2 = R^3 = CH_3$
可可碱：
$R^1 = H; R^2 = R^3 = CH_3$
茶碱：
$R^1 = R^2 = CH_3; \ R^3 = H$

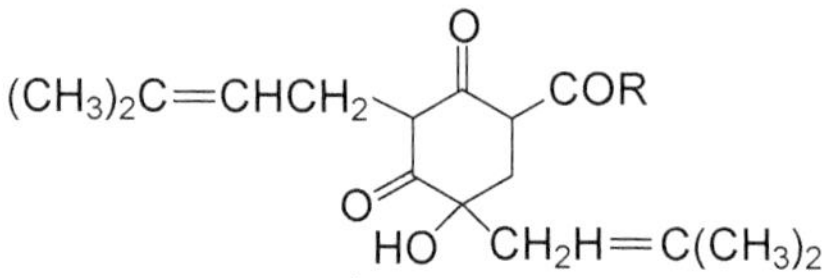

α-酸

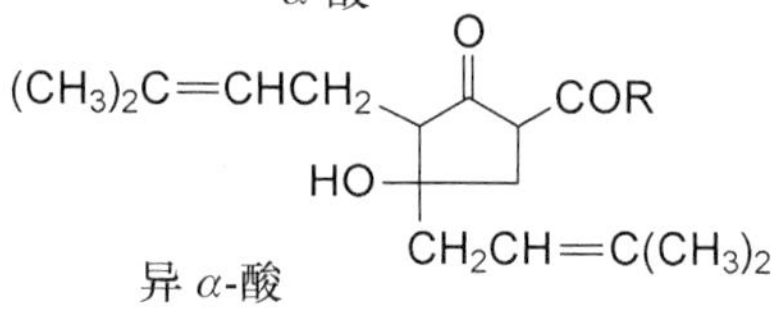

异 α-酸
$R = CH_2CH(CH_3)_2, CH(CH_3)_2$

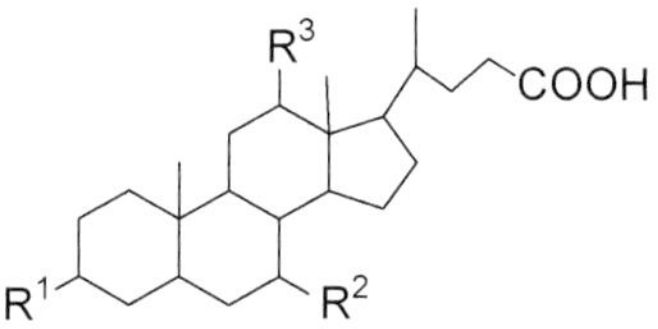

胆酸：$R^1 = R^2 = R^3 = OH$
脱氧胆酸：
$R^1 = R^3 = OH; \ R^2 = H$
鹅脱氧胆酸：
$R^1 = R^2 = OH; \ R^3 = H$

9.2.6 食品色素

食品色素指赋予食品色泽和改善食品色泽的物质，又称为食品着色剂。食品的色泽能诱导人的食欲，保持或赋予食品良好的色泽是食品科学技术中的重要问题。

如第 2 章所述，人类肉眼观察到的颜色是由于物质吸收了可见光区某些波长的光后，反射或透过其余光所呈现出的颜色，即人们看到的颜色是被吸收光的互补色。

按照来源不同，食品色素可分为食用天然色素和食用合成色素。其中，食用天然色素又可分为植物色素，如叶绿素、胡萝卜素、花青素等；动物色素，如血红素、紫胶红等；微生物色素，如红曲红等。按照溶解性不同，食品色素可分为水溶性色素，如花青素、红曲红等；脂溶性色素，如叶绿素、胡萝卜素等。

1. 食用天然色素

天然色素是从天然动植物中提取得到的粗产品，其安全性较高，但分散性、着色力、溶解度都比较差。我国目前允许使用的食用天然色素有 48 种，根据结构主要分为以下几类。

1) 卟啉类衍生物

主要品种是叶绿素，天然叶绿素由 a、b 两种物质组成，a 为青绿色，b 为黄绿色。绿色蔬菜在加工前用石灰水或 $Mg(OH)_2$ 提高 pH，有利于保持蔬菜的鲜绿色。用铜离子取代叶绿素中心镁离子，同时用碱对其进行皂化，除去甲基和烷基后形成的羧酸二钠盐，即叶绿素铜钠盐，产品为墨绿色粉末，着色性好，色彩鲜艳，其结构如下。

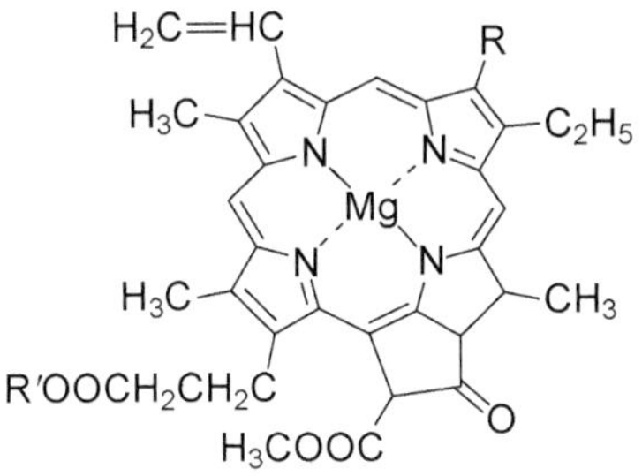

$R = CH_3$　叶绿素a系列
$R = CHO$　叶绿素b系列
$R' = C_{20}H_{39}$

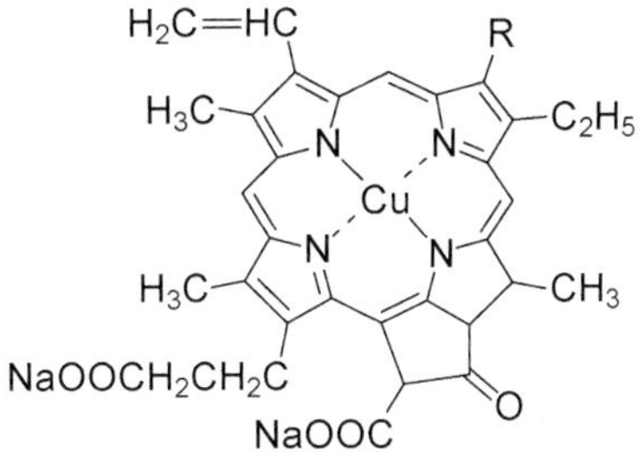

叶绿素铜钠盐

2) 异戊二烯衍生物

也称类胡萝卜素，是自然界中最为丰富的天然色素。所有类型的类胡萝卜素脂溶性均较好；对酸、碱、热等稳定，但对光、氧敏感，广泛应用于各种食品的着色。常见的有*β*-胡萝卜素、辣椒红、栀子黄、玉米黄等。

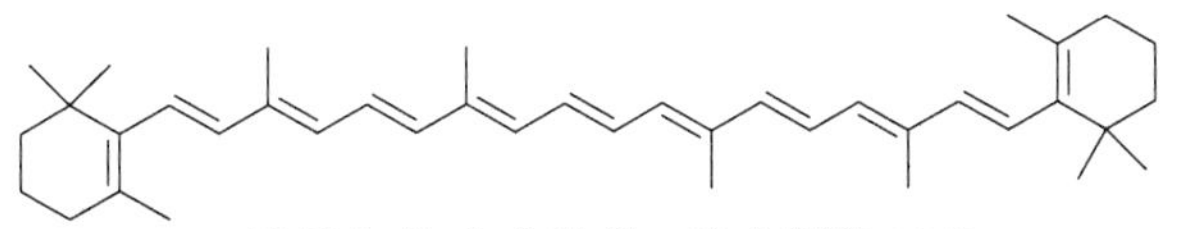

β-胡萝卜素(安全性高，尚未制定ADI)

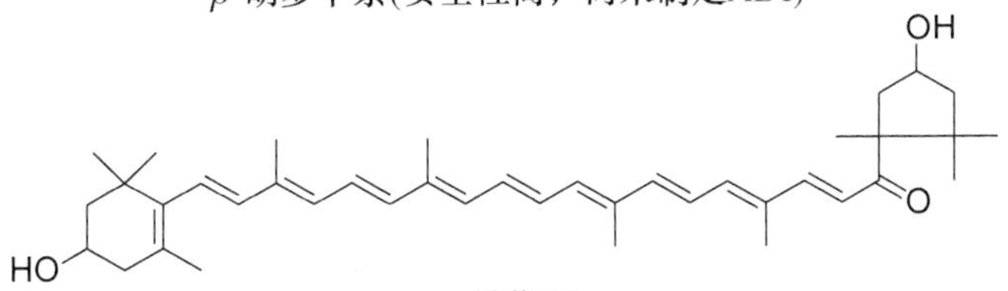

辣椒红

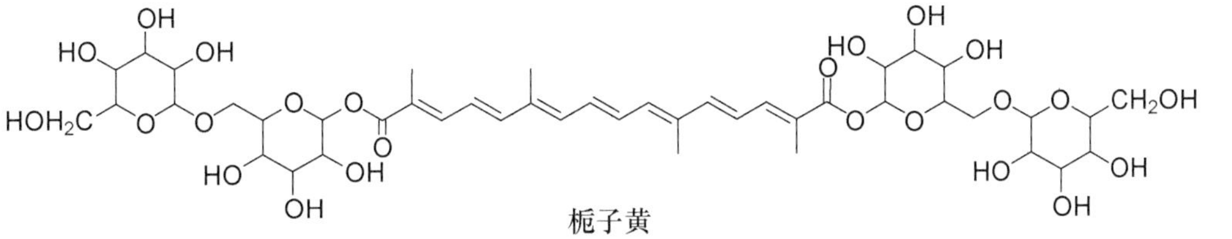

栀子黄

3) 多酚类色素

此类色素分子结构的基本母核是苯并吡喃衍生物，可以从萝卜、红米、葡萄、桑葚、玫瑰等色彩鲜艳的植物中提取，其结构如下。

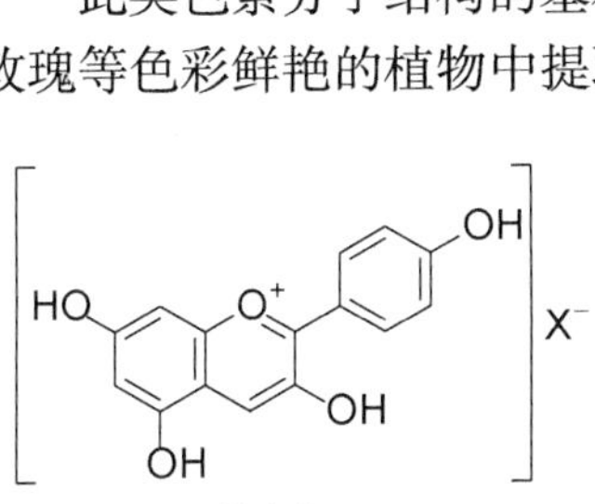

萝卜红

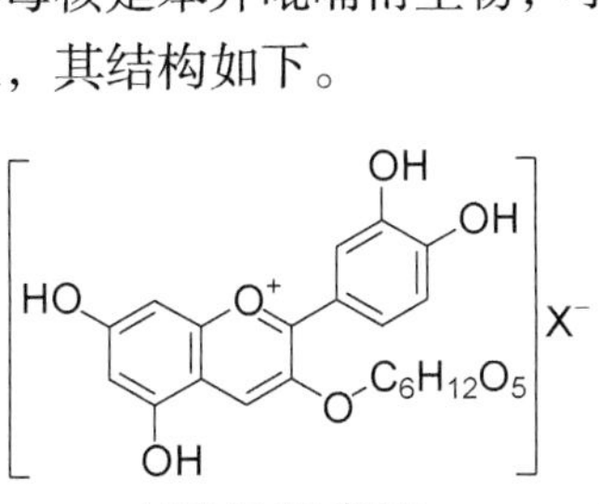

红米红(黑米红)

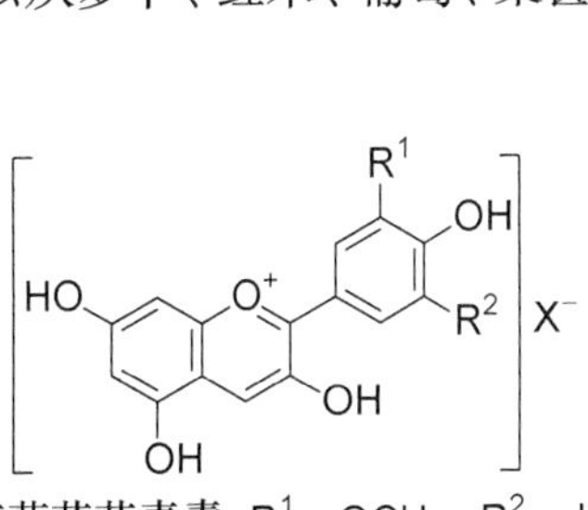

芍药花花青素：$R^1 = OCH_3$，$R^2 = H$
锦葵色素：　　$R^1, R^2 = OCH_3$
飞燕草花青素：$R^1, R^2 = OH$
牵牛花花青素：$R^1 = OCH_3$，$R^2 = H$

4) 酮类衍生物

红曲霉通过发酵能够生产一系列的色素，粗制品含 18 种成分，呈色物质 6 种，结构如下。该类色素溶于热水、酸碱溶液，对酸、碱、光、热耐受性好，对氧化、还原作用稳定、安全性高，该类着色剂在我国有悠久的使用历史。

红(橙)色色素

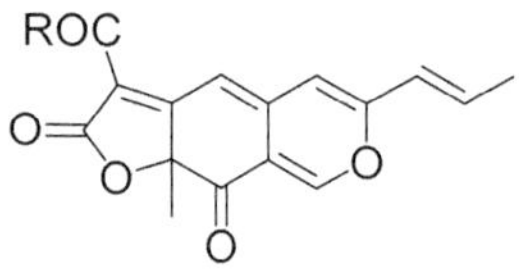

$R = C_5H_{11}$：红斑素
$R = C_7H_{15}$：红曲红素

黄色色素

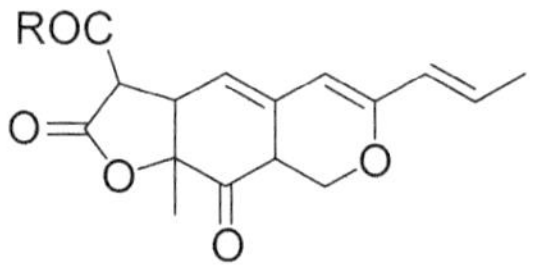

$R = C_5H_{11}$：红曲素
$R = C_7H_{15}$：红曲黄素

紫色色素

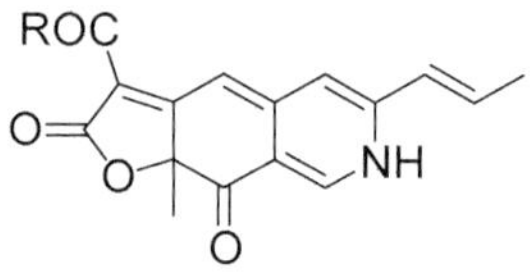

$R = C_5H_{11}$：红斑胺
$R = C_7H_{15}$：红斑红胺

此外，天然色素还有栀子蓝、姜黄、紫胶红、可可着色剂、焦糖等。

2. 食用合成色素

食品合成色素为用于食品着色的添加剂。因其价格便宜、着色性良好、稳定性优异而在食品工业中广泛应用，但对于其品种和使用量都有明确规定。允许使用的食品合成色素有 10 种，结构如下。

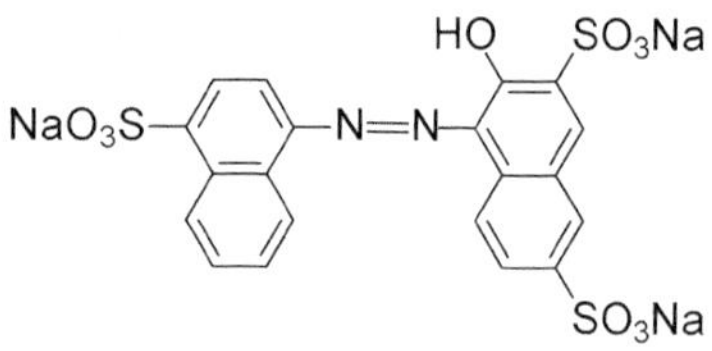

苋菜红

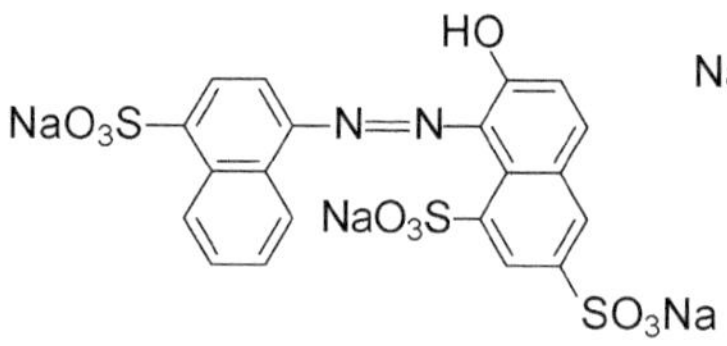

胭脂红

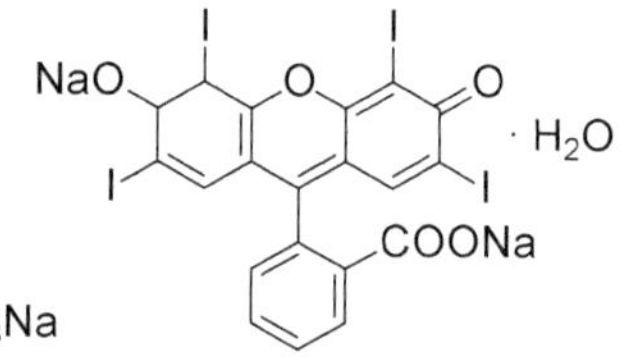

赤藓红

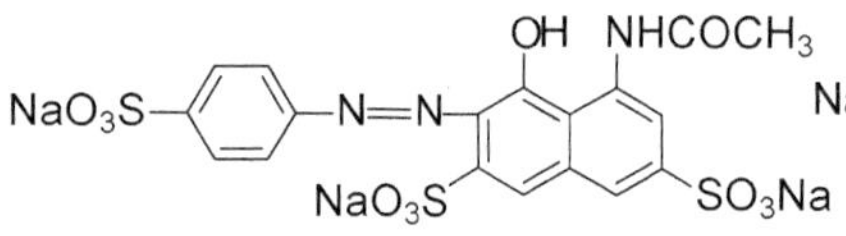

新红

诱惑红

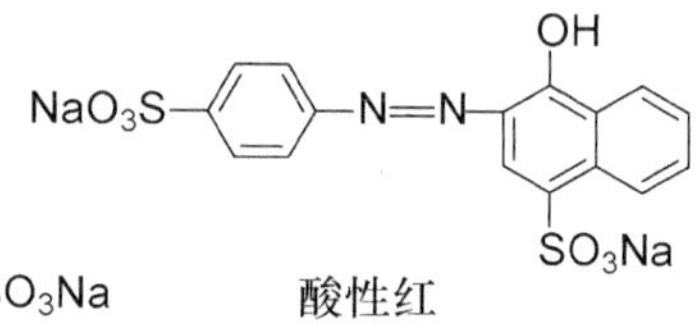

酸性红

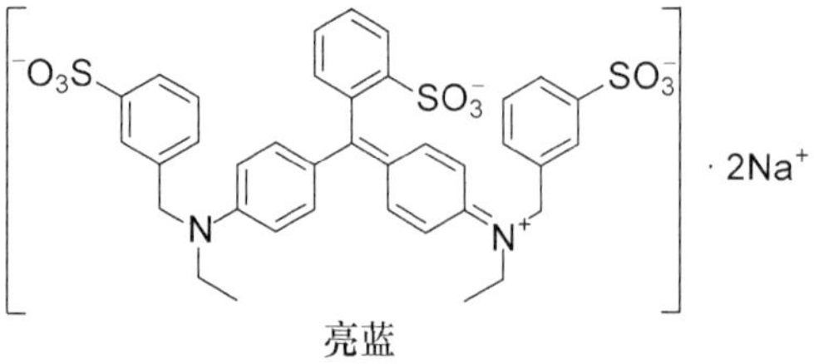

亮蓝

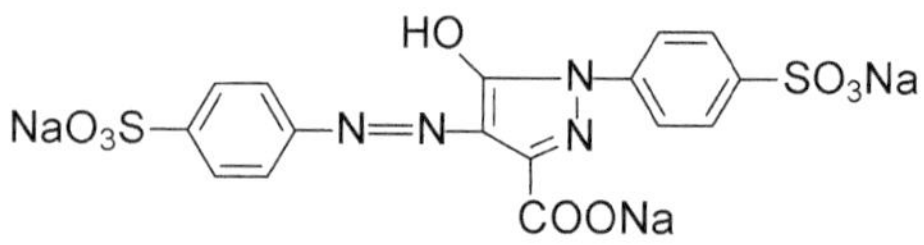

柠檬黄

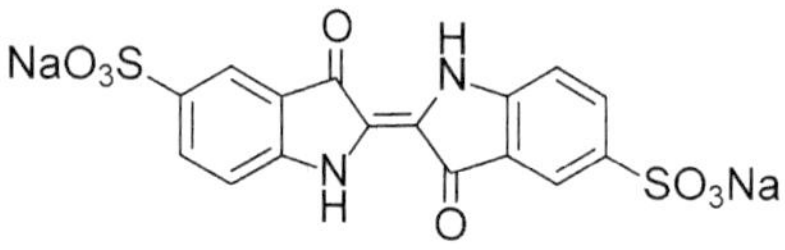

食用靛蓝

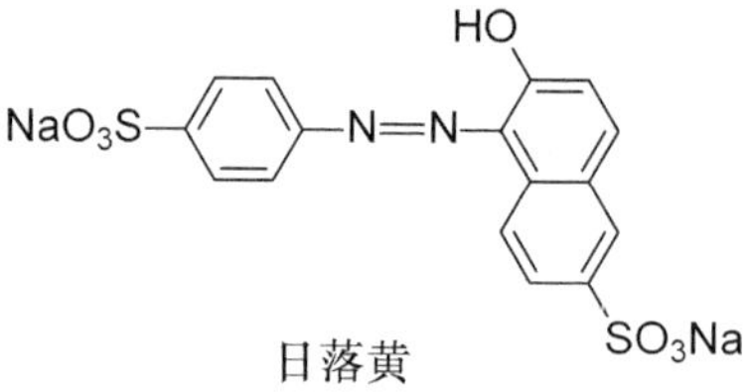

日落黄

9.2.7 食品营养强化剂

食品营养强化剂是为了增加食品的营养成分(价值)而加入食品中的天然或人工合成的营养素和其他营养成分。营养素是指食物中具有特定生理作用，能维持机体生长、发育、活动、繁殖及正常代谢所需的物质，包括蛋白质、脂肪、碳水化合物、矿物质、维生素等。其他营养成分是指除营养素以外的具有营养和(或)生理功能的其他食物成分，如左旋肉碱、叶黄素、低聚果糖、酪蛋白肽等。

1. 食品营养强化剂的作用

食品营养强化剂的作用主要有以下几个方面：

(1) 弥补食品在正常加工、储存时造成的营养损失。

(2) 在特定地域范围内，相对规模的人群营养摄入水平低或缺乏，通过营养强化剂能够改善摄入水平低或缺乏导致的健康问题。

(3) 改善某些人群因饮食习惯等造成的营养摄入水平低或缺乏。

(4) 补充和调整特殊膳食食品中营养素和其他营养成分的含量。

2. 食品营养强化剂的主要种类

食品营养强化剂的主要类型包括氨基酸、维生素和矿物质等三类。

所有蛋白质均由 22 种氨基酸组成，其中大部分可在体内由其他物质合成，但有 8 种氨基酸不能由人体合成，必须由食物供给，称为必需氨基酸。其分子结构如下。

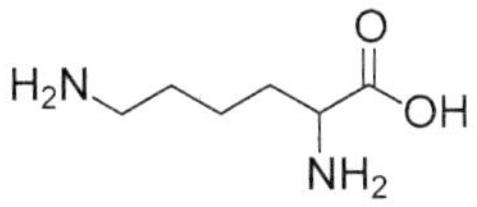

赖氨酸 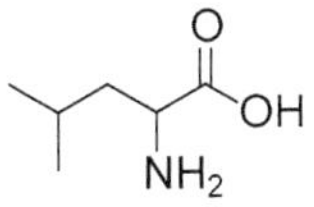　亮氨酸 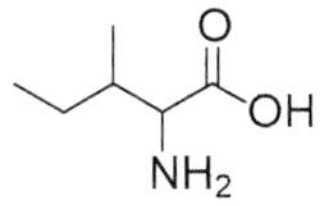　异亮氨酸 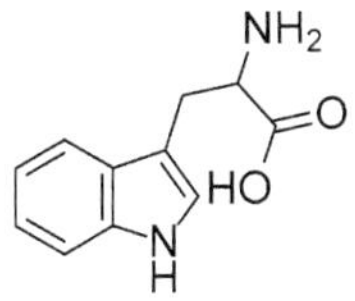　色氨酸

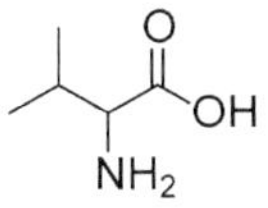

缬氨酸 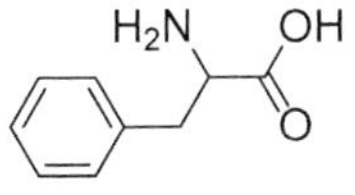　苯丙氨酸 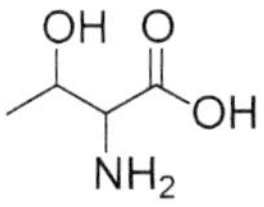　苏氨酸 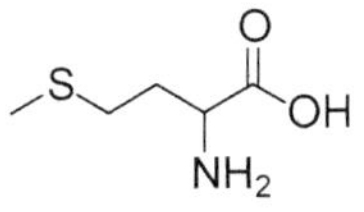　蛋氨酸

维生素是调节人体新陈代谢过程中不可缺少的营养素，许多维生素不能在人体内合成，必须从外界摄取。重要的维生素类营养强化剂如维生素 A、维生素 B_1、维生素 B_{12} 和维生素 D 等。

维生素 A 又称视黄醇，包括维生素 A_1 和维生素 A_2，能够促进生长发育与繁殖，延长寿命，维持人的视力正常，维护上皮组织结构的完整和健全等生理功能。维生素 B_1 又称硫胺素，在机体内参加糖的代谢，对维持正常的神经传导，以及心脏、消化系统的正常活动具有重要作用，多用于强化面食制品。维生素 D 是类固醇的衍生物，最主要的是维生素 D_2 和维生素 D_3，能够促进肠道中钙、磷的吸收，保持血液中有足够的钙、磷，以保证骨质正常钙化作用，常添加于乳类饮料、人造奶油、乳制品、婴幼儿食品、固体饮料、冰淇淋、火腿等中。

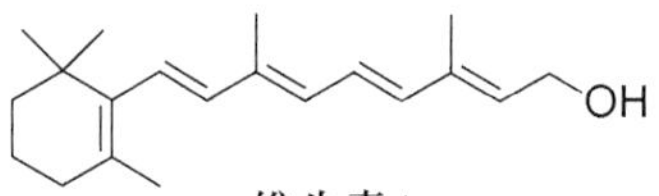

维生素A

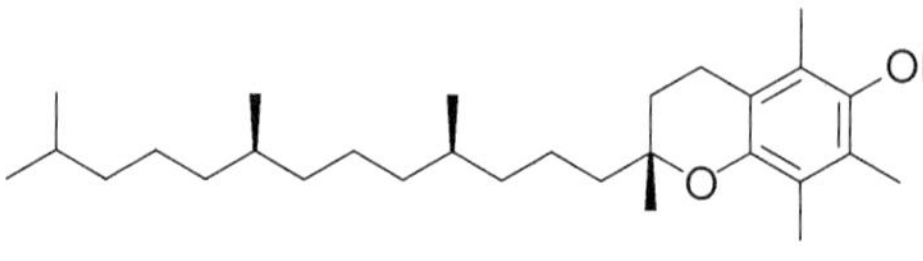

维生素E

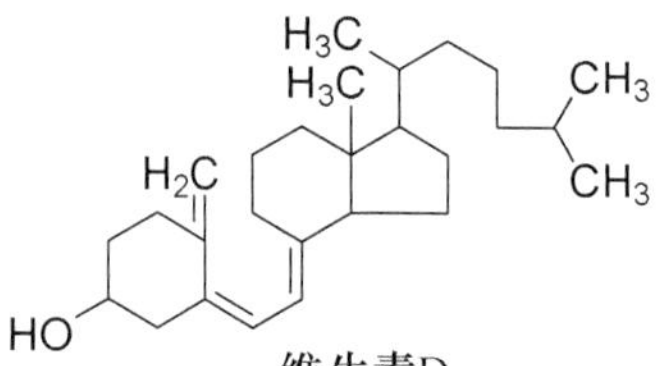

维生素D_3

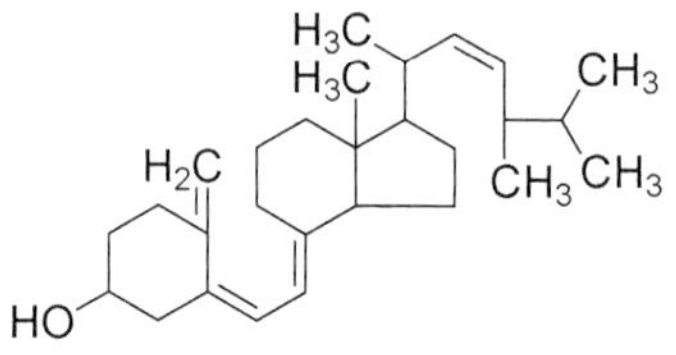

维生素D_2

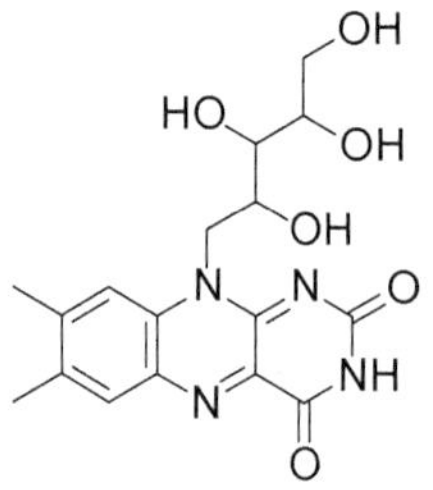

维生素B_2(核黄素)

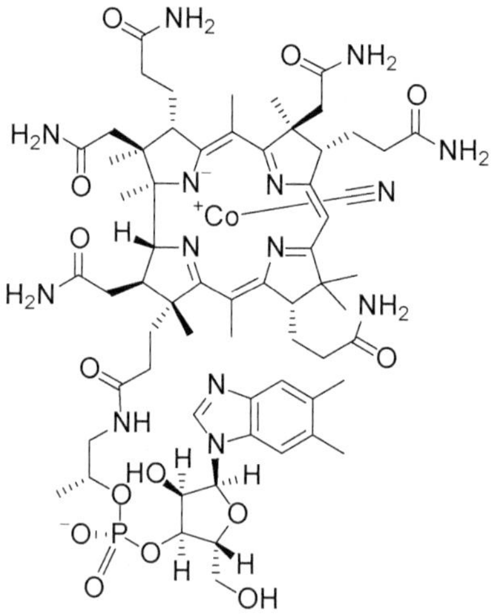

维生素B_1(硫胺素)

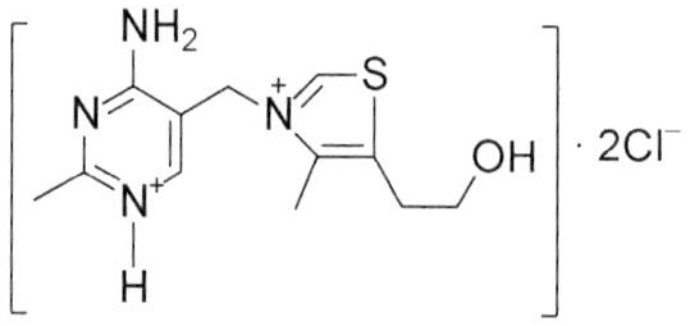

维生素B_{12}

人体中含有 80 多种化学元素，其中，含量大于人体体重 0.005% 的称为常量元素，有 Ca、Mg、K、Na、P 和 Cl。含量低于人体体重 0.005% 的称为微量元素，目前已确认的人体生理必需的微量元素有 14 种，分别是 Fe、Zn、Cu、I、Mn、Mo、Co、Se、Cr、Ni、Sn、Si、F、V。无机盐是人体的重要营养成分，不仅是构成机体组织的重要物质，也是维持机体正常生理活动及体液平衡不可缺少的物质。

9.3　食品添加剂的安全性与评价

食品添加剂的生产和使用是有关人类饮食健康的大事，务必从源头上治理，使用过程中必须严格控制。

9.3.1　安全性评价

食品添加剂的安全性指食品添加剂在规定使用方式和用量下，对人体健康不产生任何损害，即不引起急性、慢性中毒，也不会对接触者及其后代产生潜在的危害。

1. 食品添加剂的安全问题

近年来，随着生活水平的日益提高，人们对于身体健康也越来越重视。然而个别商家为了攫取暴利，滥用食品添加剂，进行不科学的广告传播，使得人们一谈食品添加剂就为之变色，这极大地影响了人们的判断和科学认知，比较典型的事件有“瘦肉精”“三鹿奶粉”“染色馒头”等。由此食品添加剂的安全问题显得尤为重要，人们要正确认识、生产、使用食品添加剂，使食品添加剂为人类造福。

2. 食品添加剂的安全风险评估

食品添加剂的安全评价是从食品添加剂的生产工艺、理化性质、质量标准、使用效果、范围、加入量等方面入手，采用毒理学评价及检验方法等做出综合性结论，其中最重要的是毒理学评价。

食品添加剂安全性评价的目的主要有两个方面：一是对人体有害，对动物致癌、致畸，并有可能危害人体健康的食品添加剂品种禁止使用；二是对怀疑的品种进行更严格的毒理学检验，以确定其是否可用、许可使用时的适用范围，最大使用量和残余量，制定质量规格，确定分析检测方法等。

9.3.2　毒理学评价

食品添加剂毒理学评价的目标是通过安全性毒理学评价，制定安全限量，提出食品添加剂中有毒有害物质的预防及管理措施，保障食品安全。现行《食品安全国家标准 食品安全性毒理学评价程序》(GB 15193.1—2014)和《食品安全国家标准 食品毒理学实验室操作规范》(GB 15193.2—2014)中相关规定适用于食品添加剂。

毒理学试验一般分为4个阶段：急性经口毒性试验；遗传毒性试验、传统致畸试验和短期喂养试验；90天经口毒性试验、生殖毒性试验和生殖发育毒性试验；慢性毒性试验(包括致癌试验)。可以根据不同的种类及相关数据进行相关试验。

对于不同类型和处于不同阶段的食品添加剂，有不同的毒理学试验选择原则。对于新的化学物质作为食品添加剂使用时，必须严格进行上述4个阶段的毒理学试验；对于其他食品添加剂，可以根据国际组织已有的毒理学试验资料和结论，进行不同阶段的试验。

例如，在评价香料时遵循的原则是：世界卫生组织(WHO)已建议批准使用或已制定日允许摄入量的，以及香料生产者协会(FEMA)、欧洲理事会(COE)和国际香料工业组织(IOFI)四个国际组织中的两个或两个以上允许使用的，一般不需要进行试验；资料不全或只有一个国际组织批准使用的，应先进行急性毒性试验和遗传毒性试验组合中的一项，经初步评价后，再决定是否需进行进一步试验；尚无资料可查、国际组织未允许使用的，应先进行急性毒性试验、遗传毒性试验和28天经口毒性试验，经初步评价后，决定是否需进行进一步试验；从动植物可食用部分提取的单一高纯度天然香料(单离香料)，如果化学结构及有关资料并未提示其不安全性，一般不要求进行毒性试验。

再如，酶制剂是由动物或者植物的可食或非可食部分直接提取，或由传统或通过基因修饰的微生物(包括但不限于细菌、放线菌、真菌菌种)发酵、提取制得，用于食品加工，具有特殊催化功能的生物制品。在我国，酶制剂作为食品添加剂使用时的安全性评价原则是：由具有长期安全食用历史的传统动物和植物可食部分生产的酶制剂，世界卫生组织已公布日允许摄入量或不需规定日允许摄入量者或多个国家批准使用的，在提供相关证明材料的基础上，一般不要求进行毒理学试验。对于其他来源的酶制剂，如果毒理学资料比较完整，世界卫生组织已公布日允许摄入量，或不需规定日允许摄入量，或多个国家已批准使用的，如果产品质量规格与国际质量规格标准一致，则应进行急性经口毒性试验和遗传毒性试验；如果产品质量规格与国际质量标准不一致，则须增加 28 天经口毒性试验，根据试验结果考虑是否进行其他相关毒理学试验。对其他来源的酶制剂，如果属于新品种，须先进行急性经口毒性试验、遗传毒性试验、90 天经口毒性试验和致畸试验，经初步评价后，决定是否需进行进一步试验；如果一个国家批准使用，世界卫生组织未公布日允许摄入量或资料不完整的，需进行急性经口毒性试验、遗传毒性试验和 28 天经口毒性试验，根据试验结果判定是否需要进一步试验。

9.3.3　食品添加剂的使用量

食品添加剂的限量使用基于食品的安全保障原则，使用量一般根据毒理学试验和人体膳食调查综合确定，一般包括以下程序。

(1) 根据动物毒性试验确定最大无作用剂量或无作用剂量(MNL)，即在毒性试验过程中，动物长期摄入该受试物而无任何中毒表现的每日最大摄入量，单位为 $mg \cdot kg^{-1}BW$。

(2) 确定人体每日允许摄入量(ADI)。ADI 是以体重为基础表示的人体每日允许摄入量，单位为 $mg \cdot kg^{-1}BW$。该值由动物试验数据 MNL 除以安全系数得到，安全系数一般取值为 100，对于毒理学资料不明确的要求增大安全系数，可以采用 200 甚至更大。

(3) 由 ADI 乘以人体平均体重确定每人每日允许摄入总量(A)，单位为 g。

(4) 根据人群膳食调查确定含某种添加剂的各类食品的每日摄入量 C，单位为 g。

(5) 根据 A 和 C 确定该添加剂在每种食品中的最高允许量 D(%)。

(6) 根据 D 制定该添加剂在每种食品中的最大使用量 E(%)，且 $E \leqslant D$。

9.4　食品添加剂的管理

国内外对于食品添加剂的生产经营和使用管理都格外重视，人类务必保证饮食安全。因此制定了相关的法律法规，设置了一定的国际机构和政府机构来维持食品添加剂体系的运行。

9.4.1　食品添加剂的管理内容

食品添加剂的管理包括安全管理、生产管理和使用管理。安全管理主要指对于食品添加剂的用量、性质等做出全面完整的研究；食品添加剂的生产过程中要务必满足卫生、设备、厂房等规定；食品添加剂的使用必须严格遵守国家标准，加强监测监督。

在我国，食品添加剂的生产和使用必须严格遵守国家法规。例如《中华人民共和国刑法》、《中华人民共和国食品安全法》、《食品安全国家标准 食品添加剂使用标准》(GB 2760—2014)、《食品安全国家标准 食品营养强化剂使用标准》(GB 14880—2012)、《食品安全国家标准 复配食品添加剂通则》(GB 26687—2011)、《食品标签通用标准》(GB 7718—1994)、《食品安全风险监测管理规定(试行)》、《食品添加剂新品种管理办法》、《食品安全性毒理学评价程序》(GB 15193.1—2003)及《食品添加剂生产监督管理规定》等。

此外，还有 200 多个与产品质量和规格相关的国家标准、行业标准，这些法律、法规和标准对于我国食品添加剂的管理起到了积极的促进作用。

9.4.2 食品添加剂的管理机构

联合国下属的世界粮食和农业组织(FAO)和世界卫生组织(WHO)下属的食品法规委员会(CAC)为各国提供主要的法规和标准，目前共有 175 个国家，下属机构还有联合国食品添加剂法规委员会(CCFA)和联合国食品添加剂专家委员会(JECFA)等。

我国的食品添加剂管理机构主要有以下几个：

(1) 卫生部。为了加强食品添加剂的卫生管理、防止食品污染、保护消费者的身体健康，卫生部根据《中华人民共和国食品卫生法》制定并颁布了多项法律条例，并及时更新，确保人们的饮食安全。这部法律对食品添加剂的审批、生产、储存、运输、包装等做出了详细而科学的要求。

(2) 国家质量监督检验检疫总局。对食品添加剂生产许可监管、生产过程监管，对存在的安全隐患、食品添加剂的标签说明书、禁忌等进行详细的检查和监督。

(3) 国家食品药品监督管理局。负责制定消费环节食品安全监督管理的政策、规划并监督实施，参与起草相关法律法规和部门规章草案；负责消费环节食品卫生许可和食品安全监督管理；制定消费环节食品安全管理规范并监督实施，开展消费环节食品安全状况调查和监测工作，发布与消费环节食品安全监管有关的信息；组织查处消费环节食品安全的违法行为等。

(4) 工商管理局。各级工商部门承担监督管理流通领域商品质量和流通环节食品安全的责任。主要对各类市场、商场等各种流通环节，特别是从食品质量的全程监管。以食品质量监测和快速检测为主要手段，加强交易环节食品质量监控。

习 题

1. 什么是食品添加剂？食品添加剂的功能和作用分别是什么？对食品添加剂的基本要求是什么？
2. 食品防腐剂的作用机理是什么？主要有哪些类型的食品防腐剂？
3. 食品抗氧剂的作用机理是什么？主要有哪些类型的食品抗氧剂？
4. 食品乳化剂、增稠剂、食用色素各有哪些类型？
5. 什么是食品营养强化剂？主要有哪些类型的食品营养强化剂？
6. 如何确定食品添加剂在各类食品中的添加量？

参考文献

迟玉杰. 2012. 食品化学. 北京: 化学工业出版社
郝利平, 聂乾忠, 周爱梅, 等. 2016. 食品添加剂. 3 版. 北京: 中国农业出版社
李祥高, 冯亚青. 2013. 精细化学品化学. 上海: 华东理工大学出版社
李学鹏, 谢晓霞, 朱文慧, 等. 2018. 食品中鲜味物质及鲜味肽的研究进展. 食品工业科技, 39(22): 319-327
孙宝国. 2013. 食品添加剂. 2 版. 北京: 化学工业出版社
王钰, 宁欢, 卢笑雨, 等. 2019. 食品着色剂研究进展. 农业科学研究, 40(2): 52-56
席静, 李冠斯, 关丽军, 等. 2020. 中国和欧亚联盟食品添加剂法规标准比较分析. 现代农业科技, (6): 223-226
徐琼, 王志伟, 刘洋, 等. 2019. 维生素 B_{12} 生物合成及检测技术研究进展. 食品工业, 40(2): 271-276
杨雅轩, 丁兆钧, 杨柳, 等. 食品酸味剂使用现状及发展趋势. 南方农业, 9(9): 165-167
于丽, 邢铁玲, 关晋平, 等. 2017. 增稠剂的种类及应用研究进展. 印染, 43(10): 51-55
赵子军. 2019. 中国食品标准化 70 年走到世界舞台中央——访中国工程院院士陈君石. 中国标准化, (21): 28-31
周璐艳. 2019. 食品添加剂研究现状与发展趋势研究. 现代食品, (3): 20-21

第 10 章

有机光电功能化学品

10.1 概　　述

有机光电材料由于具有制备成本低、种类和结构多样、性能可通过结构设计来调控、合成工艺简单、易用于大面积及柔性电子器件制造等特点受到广泛的关注。有机光电材料对光、电、热、化学等不同的驱动因子可表现出不同应用价值的特性，而这些特性与其分子结构密切相关，通过对有机分子的设计，可得到具有预期功能的有机材料。例如，应用于信息纪录和显示的光致变色材料、热致变色材料、电致变色材料、电致发光材料和液晶材料等；应用于能量转化与存储的太阳能电池材料、有机场效应材料；应用于静电复印的有机光导材料、静电显影材料；应用于电磁波吸收的隐形材料等。有机光电材料作为活性组分在各类光电器件中的应用，使得有机材料科学、电子科学及信息科学既高度交叉，又相互促进发展，由其所制备的具有光、电、磁和热响应等功能的有机光电功能化学品在我们日常生产生活中得到广泛应用，基于有机半导体材料的电子学将会成为人类科技的主流，展现出广阔的发展前景。下面列举几种有机光电功能电子化学品及其应用。

10.2 有机光导材料

10.2.1 有机光导材料的概念

光导材料是能够把紫外光、可见光及红外光等电磁辐射转化为电流的物质。这些物质电阻率一般在 $10^8\Omega\cdot m$ 以上，在暗处是良好的绝缘体，光照后电阻率迅速下降，变成电的良导体。有机光导材料是指在光的作用下，能引起光生载流子形成并迁移的有机半导体光功能材料。1938 年发明的电子照相技术极大地促进了有机光导体的发展，使其从最初的以无机光导材料为主体，发展到今天的高光敏性、低污染性及性能更好的有机光导体(organic photoconductor，OPC)。目前，有机光导材料已经广泛应用于静电复印、激光打印、传真、印刷等领域。

10.2.2 有机光导体的工作原理

如图 10-1 所示，OPC 材料在暗处充电时表面电位随充电时间的延长而上升，当达到某一电位值后不再上升，即达到充电电位(V_0)，充电电位的大小取决于光导层的抗击穿强度。停止充电后，表面电位缓慢下降，形成暗衰减，此时的电位称为暗衰电位(ΔV)。暗衰电位大小为充电电位和曝光电位(V_d)的差值。暗衰减降低了曝光时的最高表面电位，进而降低影像的反差。暗衰电位与暗衰时间(T_d)比值称为暗衰率(DDR)。暗衰率的数值越小，表明光导体电荷保持力越好。光导体曝光时，表面电位迅速下降，此过程称为光衰减。当表面电位下降到很小值时，光衰减速度变慢直至停止，此时的电位为残余电位(V_r)。残余电位过高会增加图像的底灰，降低图像的反差。

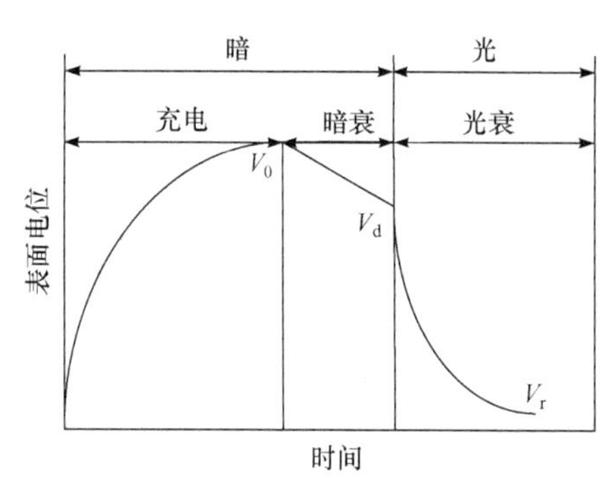

图 10-1　有机光导体的工作原理示意图

光导体的光敏性常用半衰减曝光量(half-decay exposure)评价，其大小($E_{1/2}$)为从曝光电位 V_0 至残留电位 V_r 的衰减进行一半时所用的时间(T_e)与曝光量的乘积，即

$$E_{1/2} = T_e \times \text{曝光量}$$

10.2.3　有机光导体的特点

性能优良的有机光导体通常需要具备以下特点：光生电子-空穴能力和量子效率高，保证足够的光敏性；无光时的绝缘性高，以保证较高的充电电位；在暗电场下的导电率低，以确保较低的暗衰电位；光吸收能力高，以实现高的光谱响应；化学、光化学和环境稳定性好，以保证一致的重复使用性。光导体的性能受到光导材料的分子结构、组成和纯度、光谱响应，以及光导体的制备条件、充电强度、涂布方法等诸多因素的影响。

10.2.4　有机光导材料的分类

光导材料分为无机光导材料和有机光导材料两大类。无机光导材料由于其毒性大、价格昂贵，已逐渐被低毒、价廉、柔顺性好、易于加工的有机光导材料所取代。有机光导材料主要分为载流子产生材料和载流子传输材料，载流子传输材料又包括电子传输材料和空穴传输材料。

1. 载流子产生材料

载流子产生材料(CGM)是指吸收光量子后，在激发能和外加电场作用下能够产生载流子的材料。载流子产生材料应具备两个基本特点：具有与光源波长分布相适应的吸光特性；吸光后能高效地产生载流子。目前，载流子产生材料主要分为四类：苝系化合物、方酸化合物、酞菁化合物和偶氮化合物。

(1) 苝系化合物。其结构通式如下。

这类材料具有特殊的稠环结构，大 π 电子共轭体系使之具有较强的荧光和光电性能。缺点是溶解性及成膜性差，晶形不够稳定，形成的感光体暗衰率和残余电位大。

(2) 方酸化合物。其结构通式如下。

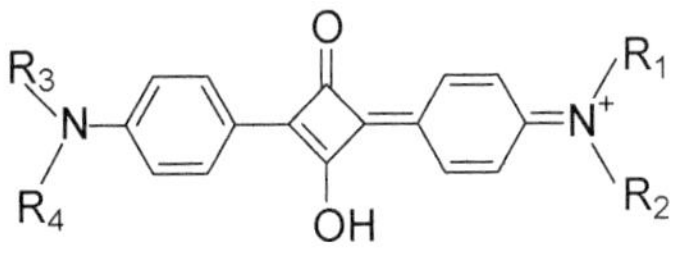

固体状态下，方酸化合物主要有两种非晶态，这两种聚集形态的吸收峰不同，光导性也有很大差别，这类化合物的分子结构对其特性有影响。

(3) 金属酞菁化合物。其结构通式为如下，中心金属 M 可以是 Cu、Co、Mg、In、Ge 等。

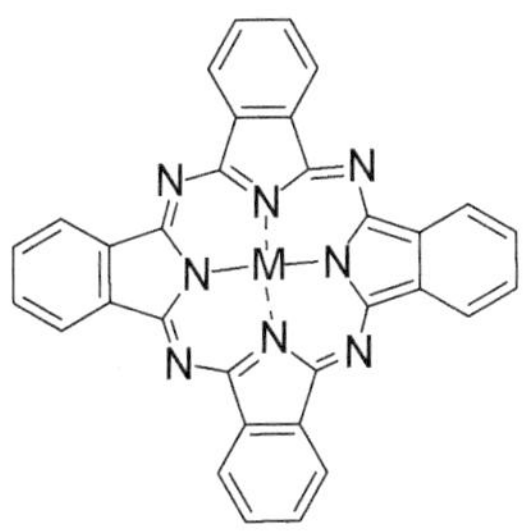

酞菁是一种良好的有机光导材料，品种较多，具有优异的化学及光热稳定性、难燃性及耐辐射性能。目前广泛应用于各种数码打印、激光打印机中的 OPC 中。这类化合物的溶解性能较差，分离和提纯难度大。

(4) 偶氮化合物。偶氮化合物是静电复印机 OPC 鼓中重要的载流子产生材料，其成本低，光敏性好，在 400～800nm 宽的光谱范围内有响应，具有良好的光电稳定性。因其容易获得细小的颗粒，易于得到涂布均匀的感光层，有利于降低电噪声。偶氮化合物按其所含偶氮基个数的不同分为单偶氮、双偶氮和三偶氮化合物。

单偶氮型载流子产生材料主要以 1-氨基蒽醌为重氮组分、以色酚 AS 及其衍生物为偶合组分生成，反应如下，其中 R 为色酚。

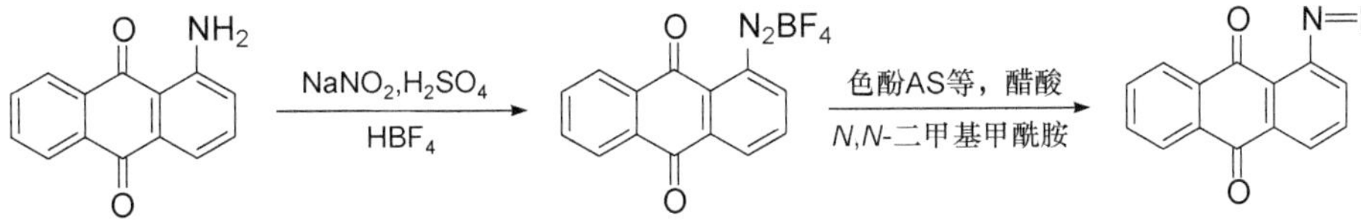

偶合色酚所含取代基的吸电子作用越强，材料的光敏性越高。例如，芳环上带有硝基、氯等吸电子取代基时，其光敏性优于带有甲氧基等供电子取代基的化合物。对于蒽醌类单偶氮化合物，扩大共轭体系可使光敏性提高。

双偶氮化合物是由含有两个氨基的芳胺类化合物为重氮组分制备而得，结构通式为

$$A—N═N—Z—N═N—A'$$

常用的双偶氮型载流子产生材料的重氮组分主要有二氨基蒽醌、联苯胺、二氨基芴酮和杂环二胺等。其结构通式如下。

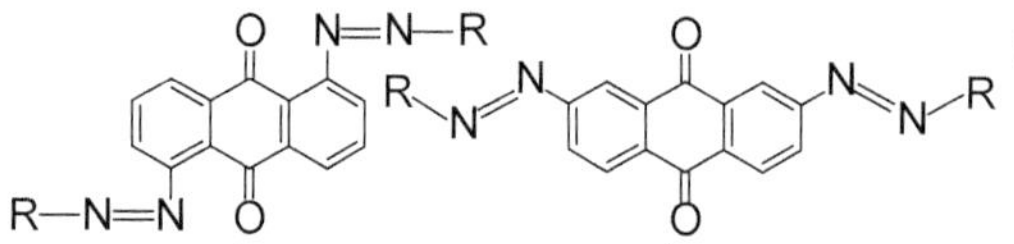

a　b

二氨基蒽醌为重氮组分的双偶氮化合物　　联苯胺为重氮组分的双偶氮化合物

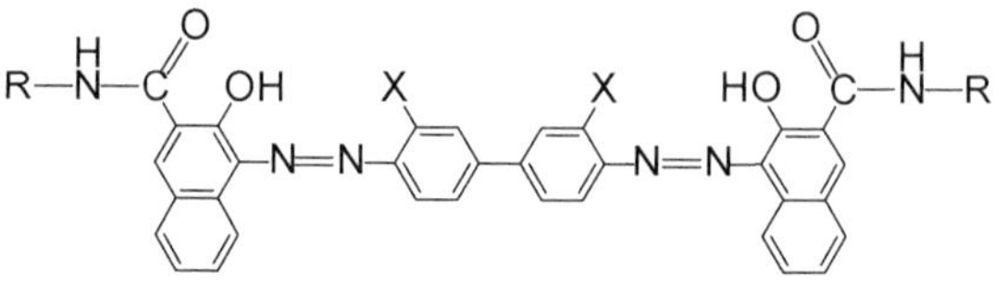

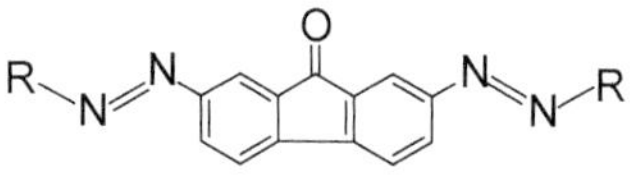

二氨基芴酮为重氮组分的双偶氮化合物 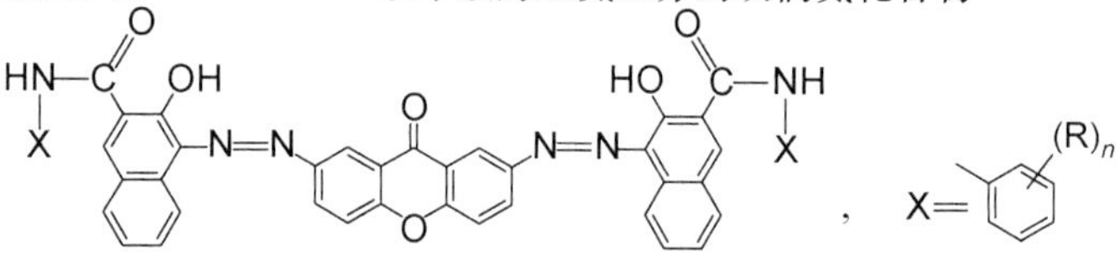　　杂环胺为重氮组分的双偶氮化合物

以蒽醌为重氮组分的双偶氮化合物产生光生载流子对的能力较强，增感性能、暗衰保持力较好，其光导体复印的清晰度较好。即蒽醌类双偶氮化合物的光敏性普遍高于相应的蒽醌类单偶氮化合物。相比于二氨基蒽醌，以联苯胺衍生物为重氮组分的双偶氮化合物光导体，暗衰率和残余电位均较高，光敏性较低。

在上述四类载流子产生材料中，酞菁化合物和偶氮化合物具有较好的光敏性，是优良的有机光导体材料。

2. 载流子传输材料

载流子传输材料(CTM)包括电子传输材料(ETM)和空穴传输材料(HTM)。

1) 电子传输材料

电子传输材料按其结构分为萘-1,8-羧酰亚胺衍生物、多硝基及氰基化合物、醌类化合物等。强吸电子基团硝基和氰基的存在，利于电子注入最低未占分子轨迹(lowest unoccupied molecular orbit，LUMO)，可大大提高这类 ETM 的电子迁移率。该类化合物制备简单，且正电性的有机光导体具有良好的电荷接受能力、光电性能和使用寿命。但由于硝基化合物的强烈致癌作用，以及这两类化合物与树脂较差的相溶性，其应用受限。这类材料的代表性化合物有 2,4,7-三硝基芴酮及其衍生物(a、b)，氰基化合物(c、d)。

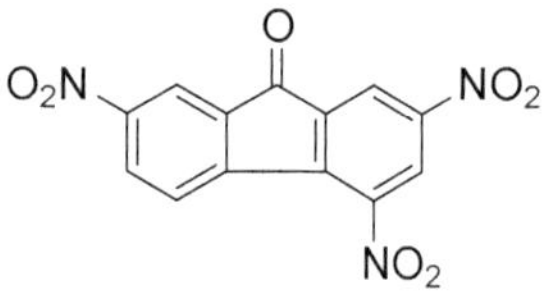

a 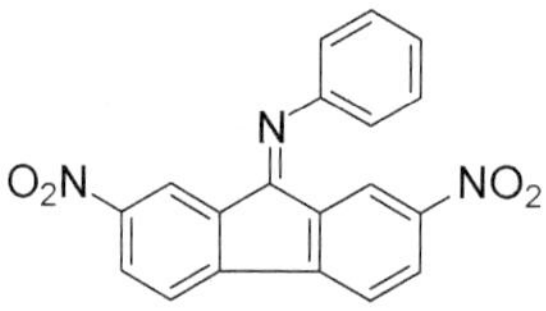　b 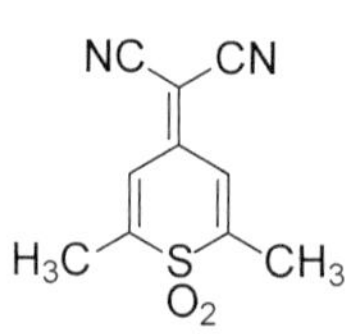　c 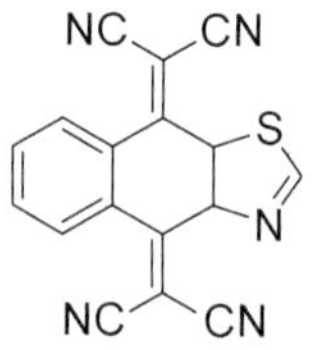　d

醌类化合物分子中的氧原子电子接受能力良好，对分子链两端及整个分子都有束缚作用，使得电子易于在分子中移动。醌类 ETM 中，最具代表性是联苯醌衍生物，该类有机光导体光敏性优良、残余电位低、暗电位稳定、耐久性良好且使用寿命长。通过分子修饰，可改善其溶解性，与树脂形成良好的相容性，改善电子传输性能。常用的联苯醌类电子传输材料如下。

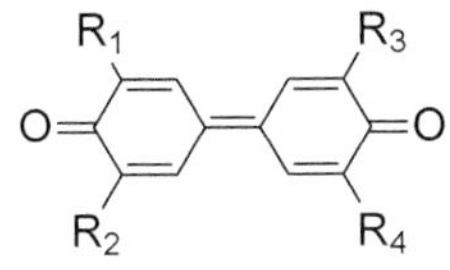

a 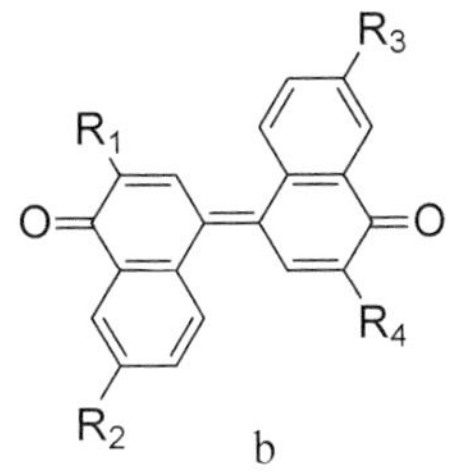 b

联苯醌结构中的四个取代基可以是烷基、烷氧基、芳基、芳烷基、烯烃基等，按其结构又可分为对称型和不对称型联苯醌。化合物 a 比较常见，研究相对成熟，结构对称，与树脂和溶剂的相溶性较差，应用效率较低；不对称型联苯醌(如 b)则与树脂相溶性良好，易于分布在介质中，具有良好的电子传输性能。

其他类型电子传输材料有高分子型电子传输材料，如下列所示的低聚噻吩(a)、聚对苯撑类(b)，以及具有典型大共轭体系的化合物(c)等。

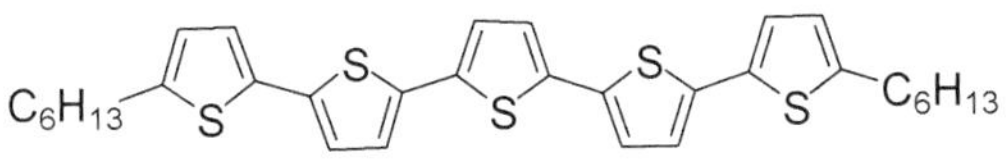

a

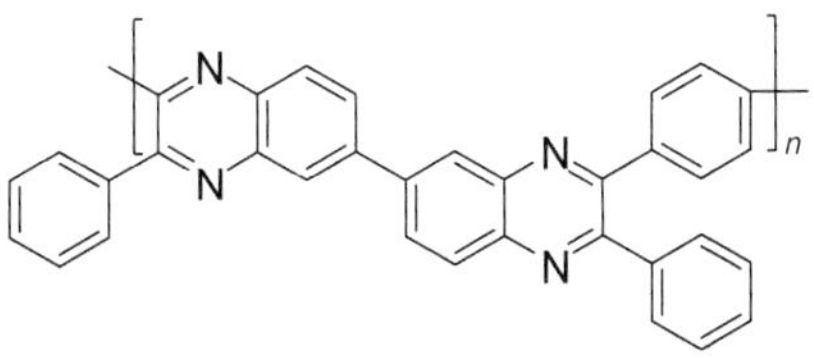

b 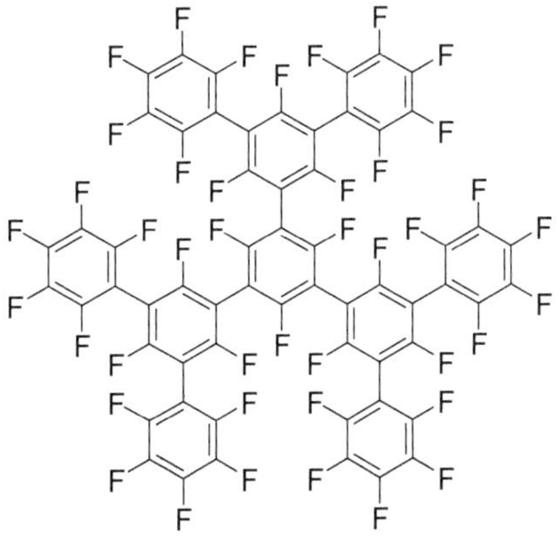 c

2) 空穴传输材料

最早开发的空穴传输材料是聚乙烯咔唑(PKV)，其空穴迁移率为 10^{-6}～$10^{-7}\text{cm}^2\cdot\text{V}^{-1}\cdot\text{s}^{-1}$，离子电位 7.2eV，但 PVK 仅吸收蓝紫光，光敏性有限。之后人们将小分子空穴传输材料掺杂到惰性高分子中以提高空穴传输率，目前小分子空穴传输材料主要有腙类、苯乙烯类、丁二烯类、杂环类和三芳胺类化合物等。

(1) 腙类空穴传输材料。腙类化合物合成工艺简单，原料价廉易得，是目前广泛应用的空穴传输材料。多数腙类空穴传输材料离子化电位较低，给电子性良好。以之为原料制备的光导体无毒、易得、残余电位低、光敏性好。但是腙类化合物不稳定，易出现偶氮与腙的互变异构现象，影响光导体的性能。这类材料的合成主要采用取代苯甲醛与二苯肼的缩合反应，下面是一些常见腙的结构。

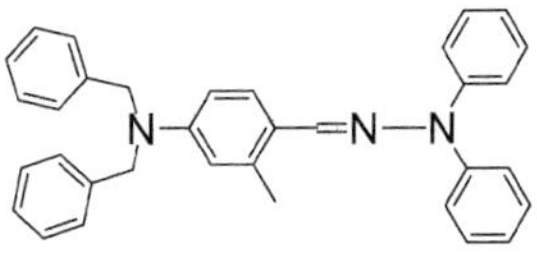

a 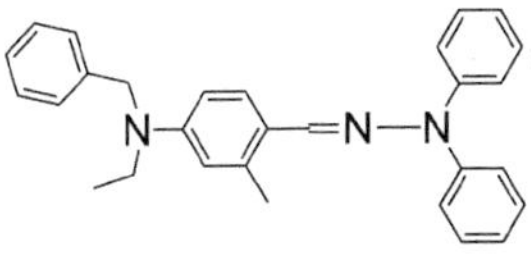 b 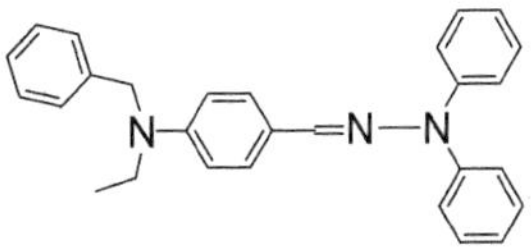 c 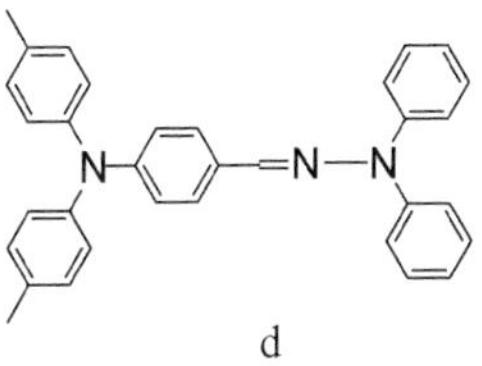 d

(2) 苯乙烯类空穴传输材料。苯乙烯类化合物也是一类性能优良的空穴传输材料，在三芳胺分子上引入苯乙烯基，增强共轭效应，有利于空穴载流子的传输。研究发现，苯乙烯三芳胺类化合物的量子迁移率最高，代表化合物有 *N,N*-二对甲基苯基-4-(2-对甲基苯基乙烯基)苯胺(a)等。1,1,4,4-四苯基-1,3-丁二烯衍生物(b)是开发较早的一类空穴传输材料，其结构中 R_1～R_4 可以为氢、烷基、二烷基氨基等，不同 R_1～R_4 对空穴传输性能的影响较大。

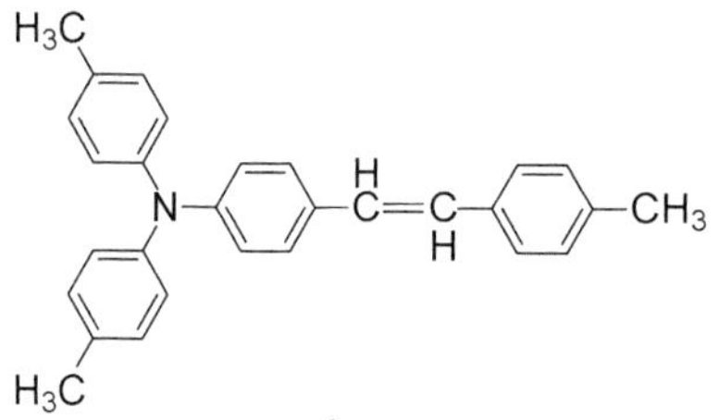

a 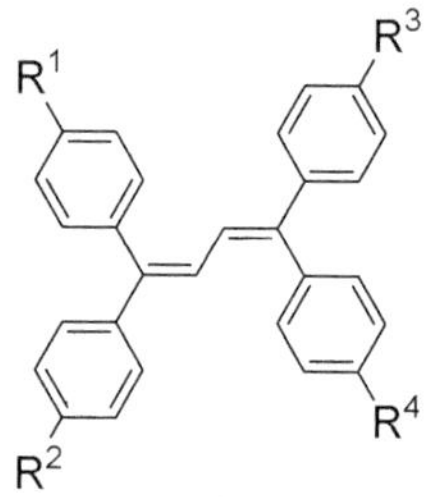　　　　b

(3) 丁二烯类空穴传输材料。1,1,4,4-四苯基-1,3-丁二烯衍生物是开发较早的一类空穴传输材料，其结构中 R_1～R_4 可以为氢、烷基、二烷基氨基等，R_1～R_4 可以相同，也可以不同。不同 R_1～R_4 对空穴传输性能的影响较大。

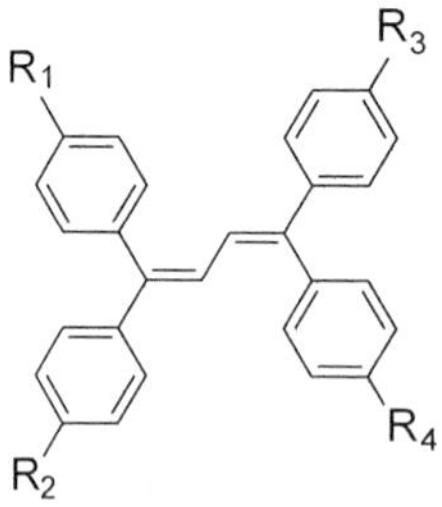

1,4-二(4-苯基-1,3-丁二烯基)苯衍生物，虽然电荷传输性能较好，但在树脂中的溶解性较差。而对其进行修饰改性得到的 1,4-二(4,4-二苯基-1,3-丁二烯基)苯衍生物具有较好的溶解度和较高的空穴迁移率，可达到 $3.0\times10^{-5}cm^2\cdot V^{-1}\cdot s^{-1}$，不仅可应用于有机光导体，也可应用于电致发光器件的制备。

1,4-二(4-苯基-1,3-丁二烯基)苯衍生物 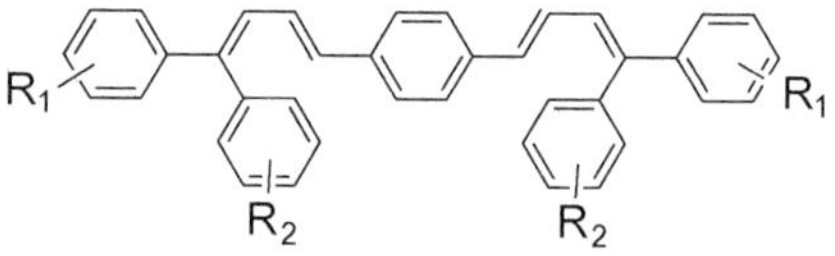　　　　1,4-二(4,4-二苯基-1,3-丁二烯基)苯衍生物

(4) 杂环类空穴传输材料。杂环类空穴传输材料主要是指分子中含有吡唑啉、咔唑和噁唑等杂环的空穴传输材料，其中吡唑啉和咔唑两类化合物应用性能较好。吡唑啉化合物作为空穴传输材料早已应用于静电复印等领域，因其也是一种蓝光发光材料，近年来也应用在有机电致发光领域中，代表物有 PYR-D1、PYR-D3 等。这类化合物光导性能良好，荧光量子产率高，成膜性好，热稳定性高。但是，其熔点和玻璃化转变温度一般

比较低，成膜后容易重新结晶，导致器件稳定性下降，限制了其应用。咔唑类化合物具有特殊的刚性结构，通过分子的功能化修饰，很容易得到性能优良的空穴传输材料，在有机光导体和电致发光领域都有应用。这类空穴传输材料热稳定性高，如具有星射型结构的 TCB 和 TCTA 的玻璃化转变温度分别达到 126℃和 151℃。

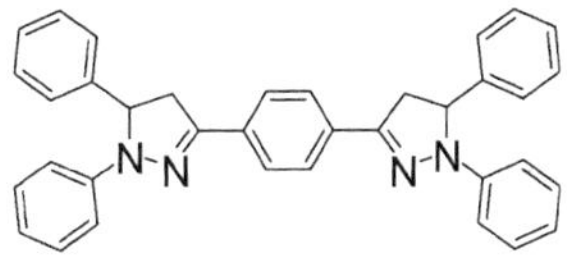

PYR-D1 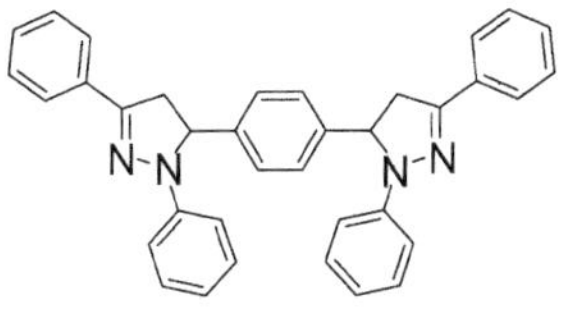　　PYR-D3 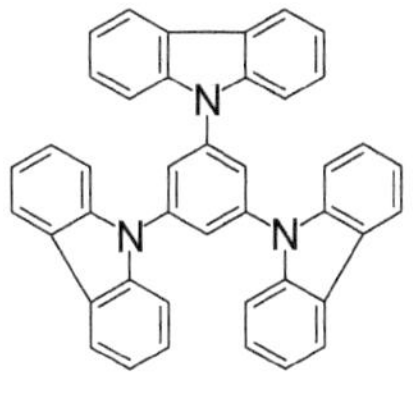　　TCB 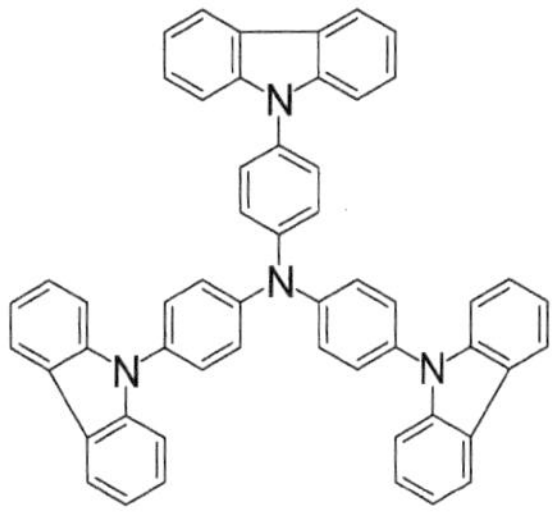　　TCTA

(5) 三芳胺类空穴传输材料。三芳胺类化合物具有良好的空穴传输性能，能够在电场作用下形成氮自由基。这类化合物的玻璃化转变温度高，表面稳定性好，保证了器件的稳定性和使用寿命。目前，常用的三芳胺类空穴传输材料主要有三苯胺(TPA)及其衍生物和 1,1′-联苯-4,4′-二胺(BPDA)及其衍生物两种类型化合物。在分子中引入烷基、卤素、芳基、杂环等取代基或增加稠环结构，可以降低分子对称性，增加分子构象异构体数目，从而改善分子的成膜性及膜的热稳定性。取代基在芳环中的位置会显著影响三芳胺的空穴迁移能力，邻位和对位取代的化合物的空穴迁移率高于间位取代的化合物，不同位置取代的三芳胺空穴迁移率的不同是由分子空间结构的差异造成的。三芳胺类空穴传输材料主要是由芳胺与芳卤化合物之间的缩合反应制得，常用的有 Ullmann 缩合法、钯催化法、格氏试剂法和 Suzuki 偶合法等。

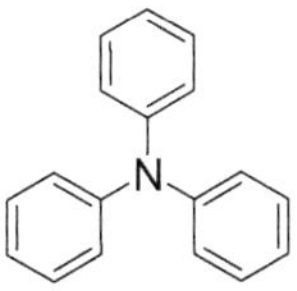

TPA 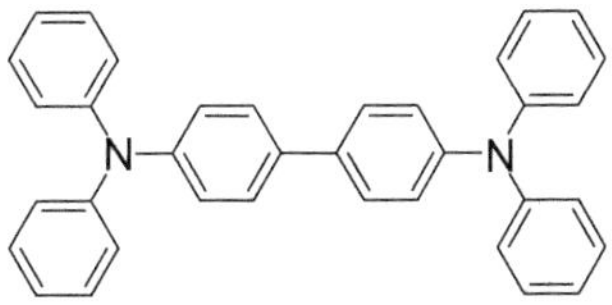　　BPDA

10.3　有机光致变色材料

10.3.1　有机光致变色材料的概念

光致变色现象是指某些化合物受到一定波长的光照射时，可进行特定的化学反应，获得的产物由于结构的改变其吸收光谱发生明显变化，而在另一波长光照射或热作用下，又能恢复到原来状态。光致变色材料包括无机材料和有机材料两种，它们变色机理不同。对于有机光致变色化合物，其光致变色现象主要是由化合物分子结构的异构化或者电子组态的重排引起的。

光致变色化合物是重要的光信息材料，在材料科学和信息科学领域中具有广泛的应用价值，可用于光信息存储材料、光记录材料、光装饰材料及用于防伪识别技术等。

10.3.2 有机光致变色材料的作用机理

有机光致变色材料种类繁多，反应机理也不尽相同，主要包括：键的异裂，如螺吡喃、螺噁嗪等；键的均裂，如六苯基双咪唑等；电子转移互变异构，如水杨醛缩苯胺类化合物等；顺反异构，如偶氮化合物等；氧化还原反应，如稠环芳香化合物等；以及周环化反应，如俘精酸酐类、二芳基乙烯类等。

10.3.3 有机光致变色材料的分类

有机光致变色化合物按照分子结构分类，主要包括螺环类、二芳基乙烯类、俘精酸酐类和偶氮苯类。下面介绍几种主要的有机类光致变色化合物。

1. 螺环类有机光致变色材料

螺环类光致变色材料主要包括螺噁嗪和螺吡喃两类，是最先被认识和应用的光致变色化合物。

螺吡喃类化合物由于合成简单、成本较低、部分化合物具有逆光致变色等特点，成为众多光致变色化合物中最受关注的一种。螺吡喃类化合物是由两个芳杂环(其中一个含吡喃环)通过 sp^3 杂化的螺碳原子组成的一类化合物。其基本结构中 Ar^1、Ar^2 可以是苯环、萘环、蒽环、噻吩环、吲哚环等各种芳环或杂环，研究最多的是 Ar^1 为吲哚环的吲哚啉螺吡喃(indolinospiropyran)。典型的螺吡喃分子如下。

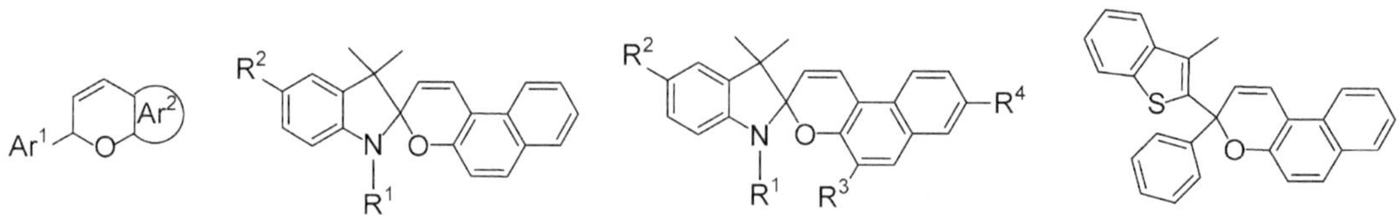

Ar^1 Ar^2 O R^2 N R^1 O R^2 N R^1 O R^3 R^4 S O

螺吡喃是由吲哚啉和苯并吡喃环通过螺碳原子结合起来的，其合成的关键步骤是螺环的形成。一般是由吲哚啉的季铵盐在碱性条件下生成2-甲叉基吲哚啉衍生物，即Fischer碱，再与邻羟基芳香醛衍生物缩合得到；也可在碱性条件下，直接用吲哚啉的季铵盐进行反应制备。从原料合成的角度讲，对螺环化合物吲哚部分氮原子的修饰最为容易，其次是苯并含氧六元环部分芳环的修饰。

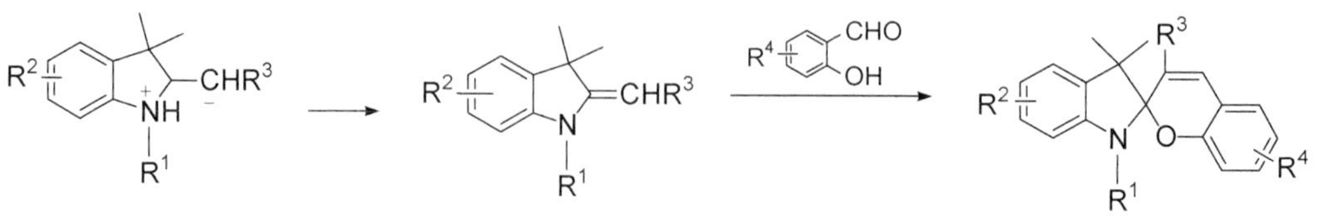

R^2 NH R^1 CHR^3 ⟶ R^2 N R^1 =CHR^3 —(R^4, CHO, OH)⟶ R^2 N R^1 O R^3 R^4

螺噁嗪类化合物是在螺吡喃基础上发展而来，由于亚硝基萘酚衍生物的制备相对较难，因此螺噁嗪类化合物种类较少，但由于其优良的耐疲劳度和漂亮的颜色，近年来科学家们仍然在开展新型螺噁嗪类化合物研究。螺噁嗪可以由亚硝基萘酚化合物与 2-亚甲基吲哚啉衍生物在乙醇、甲醇、三氯乙烯、甲苯、二氧六环、丙酮、氯仿等溶剂中反应制得。

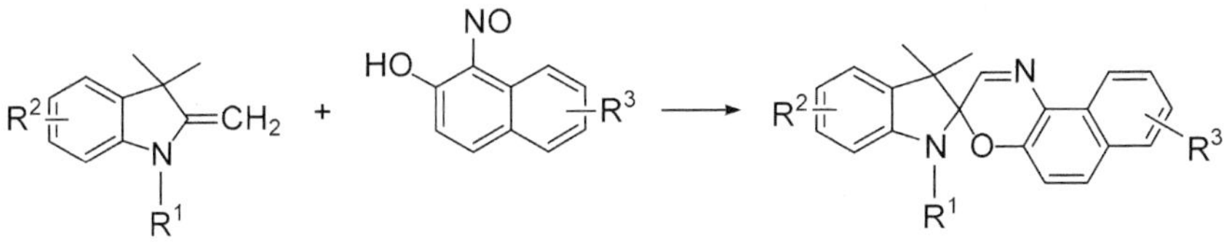

合成螺噁嗪多以 2-亚甲基吲哚啉衍生物(a)为起始反应物，其中尤以化合物(b)(Fischer 碱)为代表，且通常合成螺噁嗪的起始原料为 1-位或 5-位上有取代基的化合物。

a　　　b

2. 二芳基乙烯类有机光致变色材料

与偶氮、螺吡喃、螺噁嗪等光致变色化合物相比，二芳基乙烯类光致变色材料具有非常优良的热稳定性、抗疲劳性及快速响应性等优点，因此该类化合物在功能材料和光电分子器件、光子存储介质等领域具有广阔的应用前景。二芳基乙烯类分子具有光致顺反异构现象，这会降低光反应效率。在二芳基乙烯分子中引入环状烯烃可以控制二芳基乙烯的顺反异构互变。环状烯烃的大小影响闭环体的共平面性和体系中共轭π键延伸的程度，环越小，体系共平面性越好。而关环反应的量子产率一般随着环的增大而增大，六元环的量子产率最高。综上，五元环烯烃成为连接芳基最常用的结构，其中以全氟代环戊烯最为常见，此外还有环戊烯、马来酸酐、马来酸酰胺及噻吩等含有五元环的基团。二芳杂环基乙烯类化合物的主要类型如下。

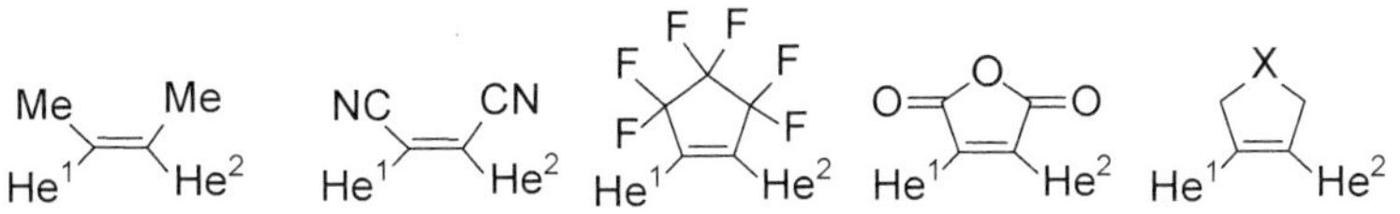

He^1,He^1为芳杂环基，二者可以相同也可以不同，X = O,S,N—R,—$(CH_2)_n$—,n=1,2

3. 俘精酸酐类有机光致变色材料

俘精酸酐的光致变色反应是基于可逆的光诱导己三烯和环己二烯之间的互变，是遵循 Woodward-Hoffmann 选择规则的协同反应，其光致变色反应如下。

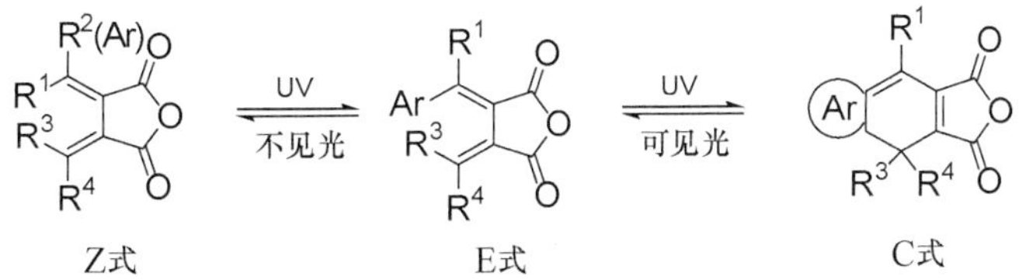

Z式　　　E式　　　C式

(R^1、R^2、R^3、R^4 中至少有一个是芳香环，以形成 $4n+2$ 芳香体系)

按照分子结构，俘精酸酐分为两大类：芳环和芳杂环取代的俘精酸酐。芳基取代俘精酸酐根据其呈色体结构不同一般呈现黄色、橙色、红色或蓝色，具有显著的溶剂化显色现象。当取代基为杂环时，其光致变色性质得到很大程度改善，去色体和呈色体均有良好的热稳定性，且二者的吸收光谱相互分离，满足光信息存储材料的要求，俘精酸酐是最有希望应用于光信息存储的有机光致变色材料之一。目前，主要研究的俘精酸酐衍生物有俘精酰亚胺(Ⅰ)、异俘精酰亚胺(Ⅱ)及俘精酸酐的二氰基化衍生物(Ⅲ)。

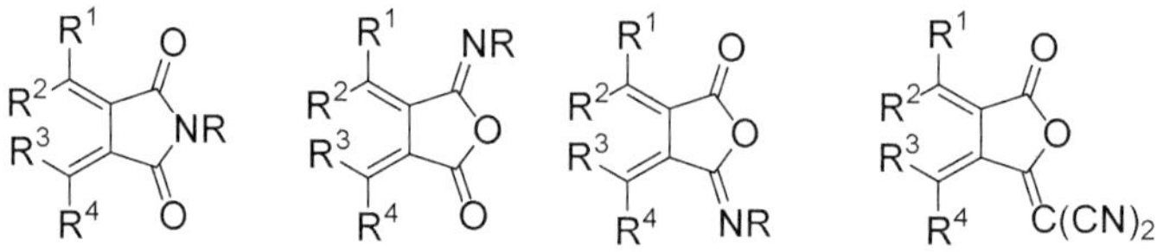

俘精酰亚胺是 Heller 等最早发现的一类俘精酸酐衍生物，已有芳环或芳杂环取代俘精酰亚胺的文献报道。异俘精酰亚胺是俘精酸酐的羰基之一被亚胺基所取代，根据取代的羰基位置不同，分为α-异俘精酰亚胺和β-异俘精酰亚胺。β-异俘精酰亚胺与相应的俘精酸酐光致变色性质相似，主要差异在于β-异俘精酰亚胺闭环体的长波吸收带的消光系数更大。α-异俘精酰亚胺闭环体的长波吸收带的最大吸收波长对于相应俘精酸酐闭环体而言蓝移很多。由强吸电子的二氰亚甲基取代俘精酸酐的羰基氧可得到二氰基化衍生物，该化合物可称为 5-二氰亚甲基-四氢呋喃-2-酮衍生物。由于二氰亚甲基的强吸电子性和共轭链的加长，其呈色体的吸收比相应俘精酸酐呈色体红移。

4. 偶氮苯类有机光致变色材料

偶氮苯是一类典型的含有—N═N—活性基团、反几何异构体的光致变色分子，波长短、光致变色可逆，光学活性高、存储密度高、响应时间短，被认为是很有发展前途的光学记录介质，部分偶氮苯有机光致变色材料的分子结构如下。

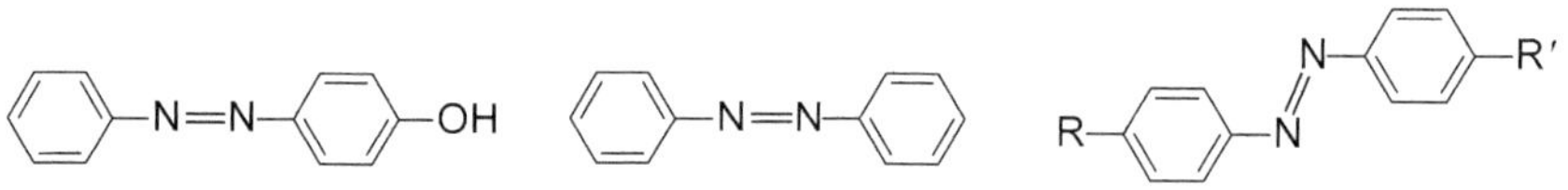

10.4 有机电致发光材料

10.4.1 有机电致发光的概念

有机电致发光是指由有机光电功能材料制备成的薄膜器件在电场的激发作用下发光的现象。根据所采用的发光材料的不同，将用有机小分子材料制成的发光器件称为有机电致发光二极管(organic light emitting device，OLED)，将用高分子功能材料制成的发光器件称为聚合物电致发光二极管(polymer light emitting device，PLED)。

OLED 可以应用于平板显示和照明领域，作为显示器件具有轻薄、自发光、广视角、响应快、发光效率高、工作电压低和柔性可弯曲等特点。随着机理研究、材料开发的深入，器件结构设计和制备工艺的日趋成熟，以及该类材料具备的易于大面积和低成本生产的潜力，OLED 有望成为平板显示的主流技术材料。

10.4.2　有机电致发光基本原理

电致发光(electroluminescence，EL)是指发光材料在电场作用下，受到电流电压激发而发光的现象，是一种直接将电能转化为光能的过程，发光原理如 10-2 所示。

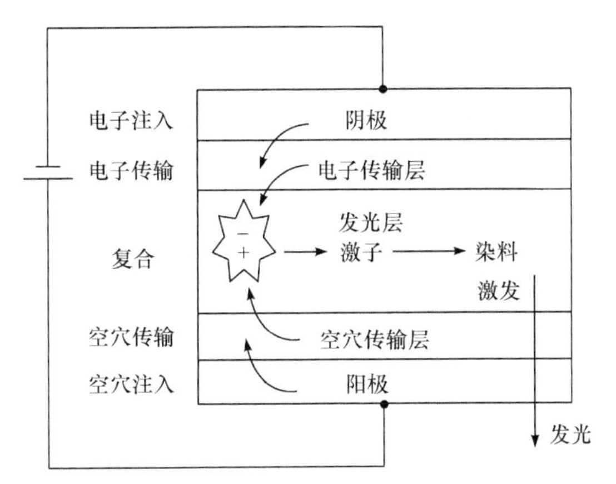

图 10-2　有机电致发光器件的发光原理示意图

有机电致发光分为 5 个阶段：①注入载流子，即给器件施加外加电场时，电子从阴极、空穴从阳极分别注入有机薄膜层。②载流子的迁移，电子从电子传输层向发光层迁移，而空穴则从空穴传输层向发光层迁移。③载流子的复合，迁移到发光层的电子和空穴互相结合产生激子，跃迁至激发态。④激子迁移，处于激发态的激子在分子中快速扩散,同时存在辐射或非辐射方式失活的可能。如果激子回到基态时能量以光的形式释放，为辐射跃迁；而把能量传递给相邻的分子以热的形式释放则为非辐射跃迁。根据电子自旋特性组合，由电子、空穴复合所产生的激子，理论上会有 25% 的单重激发态和 75% 的三重激发态，三重激发态的激子将以磷光或热的形式回落到基态。三重激发态寿命较长，室温下多以热的形式回落，发光效率较差。因此，大量的研究工作都是针对器件结构设计与制作技术，新型发光材料、电子传输和空穴传输材料的合成，高效电极材料的制备等，目的是优化功能层能级使之匹配优化器件结构，提高发光效率。⑤发光，即激发态激子以辐射跃迁的形式回落到基态的过程，这时能观察到电致发光现象，发射出光的颜色是由激发态与基态的能级差决定的。

10.4.3　有机电致发光材料的分类

有机电致发光材料是有机电致发光器件的核心组成部分，材料的热稳定性、光化学稳定性、量子效率、成膜性和结晶性等都对器件性能有很大的影响。根据器件制备工艺和应用性能的要求，有机电致发光材料需要满足以下 4 个条件：良好的半导体性质，较高的载流子迁移率；固体薄膜状态下具有高的荧光量子效率，荧光激发光谱主要分布在

400～700nm 的可见光区，光色纯度高；良好的成膜性，利于真空蒸镀、溶液旋涂或打印成膜；热稳定性好，如较高的玻璃化转变温度等。

有机电致发光材料按其相对分子质量大小和结构可分类为小分子材料(相对分子质量为 500～2000)、高分子材料(相对分子质量为 10000～100000)和金属配合物材料等。

1. 有机小分子发光材料

有机小分子发光材料具有确定的分子结构和相对分子质量，可以较便捷地制备成高纯度的材料，获得高质量的发光薄膜层；因其荧光量子效率高，可以根据化合物的不同结构产生各种颜色的荧光，得到色彩饱和度高的发光器件。但是，这类材料热稳定性差，易产生器件发光性能衰减、材料结晶及激子猝灭等问题。

小分子发光材料主要有香豆素、喹吖啶酮、红荧烯及二苯乙烯芳香族类衍生物等。香豆素及其衍生物是一类典型的荧光染料，是重要的蓝绿色发光或掺杂材料，具有很高的荧光量子效率，但在高浓度时荧光猝灭严重。Coumarin 6 是典型的香豆素化合物，以之为原料可以制备系列香豆素绿色荧光染料。喹吖啶酮及其衍生物(quinaqcridotiut，QA)是一类重要的绿色荧光染料，主要是将其作为掺杂剂研究 Alq_3 为发光材料的双层器件的发光效果，所制绿光器件的亮度、发光效率及外量子效率均很高。

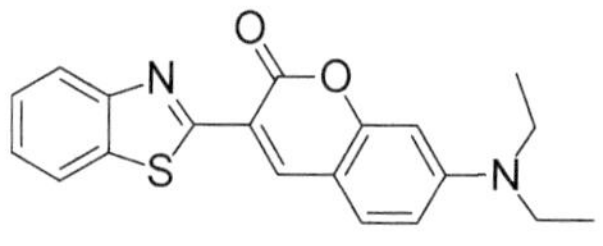

Coumarin 6

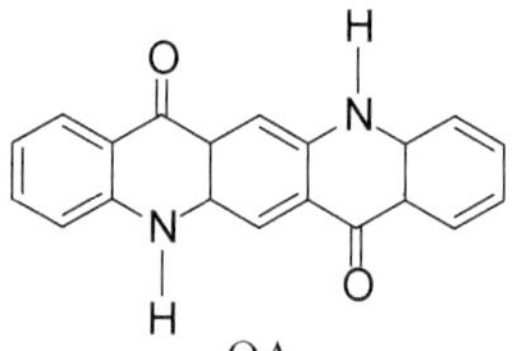

QA

红荧烯(rubrene，RB)是一种应用广泛的黄色染料，荧光量子效率极高，可以作为掺杂剂掺杂在具有电子传输或者空穴传输性的发光材料中，器件的发光效率和寿命等性能均有很大的提高。RB 也可以作为红光协同掺杂剂，制备高发光效率的红光器件。含有二苯乙烯(distyrylarylene，DSA)结构单元的芳香族衍生物是迄今开发出来的最好的蓝光材料之一，制作的器件在光色纯度、发光亮度和稳定性等方面的性能优异。典型代表如 DPVBi，可以通过 Wittig-Hornor 反应制备。

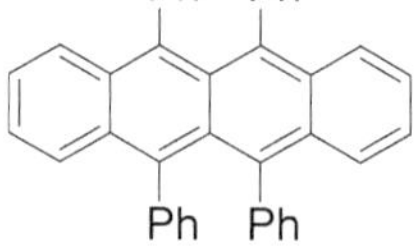

RB

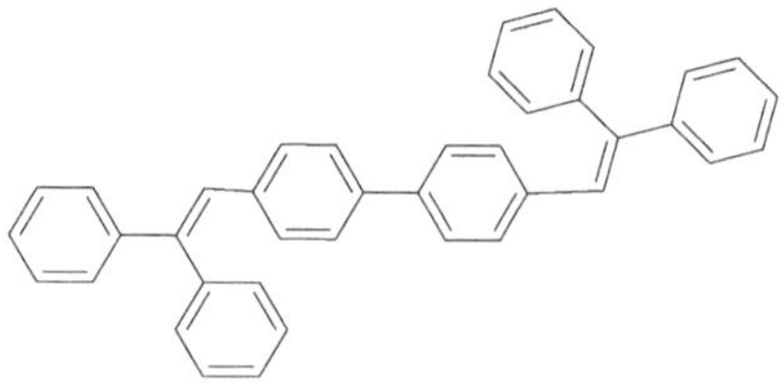

DPVBi

2. 高分子发光材料

高分子聚合物发光材料具有高的玻璃化转变温度，热稳定性好、易成膜、机械强度高。采用高分子聚合物制备的有机电致发光器件具有最简单的单层夹心结构，在材料和制作工艺上有很大优势。同时，共轭聚物通过分子结构改性可以制成可溶性的材料，适合于采用涂布法或喷墨印刷技术制备发光层薄膜，具有容易成膜及大面积显示的优点。这类材料的缺点是合成和提纯困难。聚合物电致发光材料包括共轭聚合物和含金属配合物的共轭聚合物，主要有聚对苯撑乙烯(PPV)及其衍生物、聚噻吩(PTh)及其衍生物、聚烷基芴(PF)及其衍生物、聚噁二唑及其衍生物、聚乙烯咔唑(PVK)及其衍生物、聚苯撑(PPP)及其衍生物等，部分高分子聚合物发光材料结构如下。

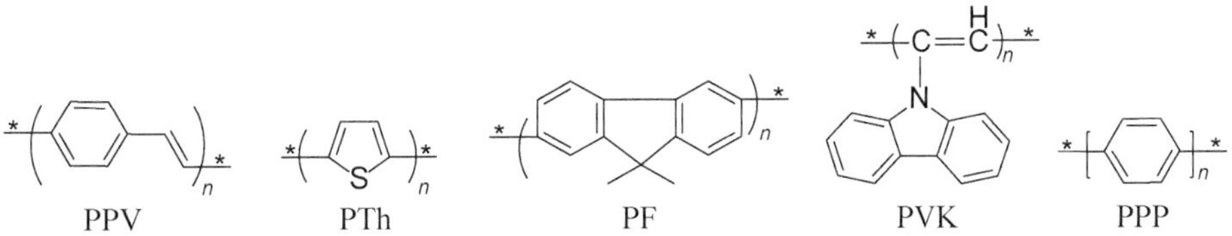

PPV　PTh　PF　PVK　PPP

聚对苯撑乙烯及其衍生物是性能优良的电致发光材料，多年来一直是共轭聚合物发光材料研究的重点。例如，在 PPV 的主链上引入吡啶基团或柔性链段改变其发光特性；将传输电子的噁二唑基团引入 PPV 主链结构中，获得电子传输与发射为一体的新型电致发光聚合物；在 PPV 的苯环上增加烷基或烷氧基等增加该聚合物的发光量子效率，这些衍生物可溶解在多种溶剂中，容易成膜，大大简化了器件的制备工艺；还可通过引入间隔基团控制主链结构的共轭链长，利用侧基修饰调节器件的发光波长。

聚噻吩衍生物的稳定性非常好，在室温或较高温度下可以稳定数年，是除 PPV 外研究较多的一类杂环聚合物电致发光材料。由于噻吩环的易修饰性，可以方便地合成含烷基、烷氧基或芳环的聚噻吩衍生物，它们具有良好的稳定性，在光学、电致发光、光伏材料和场效应等方面得到了广泛的研究。聚芴及其衍生物具有化学稳定性和热稳定性好、固态量子效率高等优点，是很有应用前景的一类聚合物蓝光材料。

主链为聚三唑醚类的聚合物也可作为电致发光器件的电子传输层或空穴阻碍层，尽管这类化合物所制器件的内部量子效率低，但稳定性高，电子传输能力强，驱动电压低等。喹啉类聚合物和苯并噁唑类聚合物也可以和聚乙烯咔唑一起作为电子传输层制作多层电致发光器件而发蓝光。聚苯撑及其衍生物是蓝色发光材料，聚苯撑不溶于一般的有机溶剂，难以制备成适合于旋涂的溶液。通过在苯环上引入烷氧基等取代基以及增加聚合物分子的可挠性，即可改善聚苯撑的溶解性。

3. 金属有机配合物

多年来研究者合成了若干系列的金属有机配合物，主要是过渡金属或稀土金属与含氮杂环有机配体生成的具有荧光或磷光性质的产物，以此来改善器件的发光效率、亮度和寿命等性质。

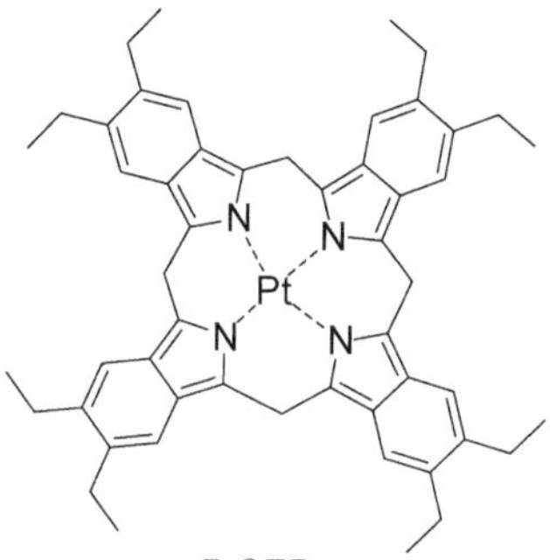

PtOEP 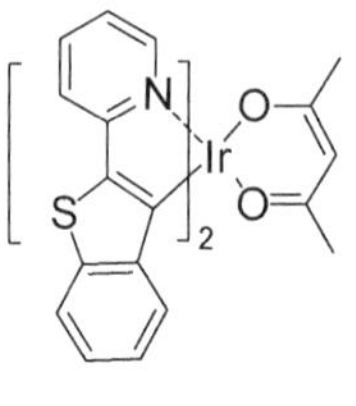　　$Btp_2Ir(acac)$ 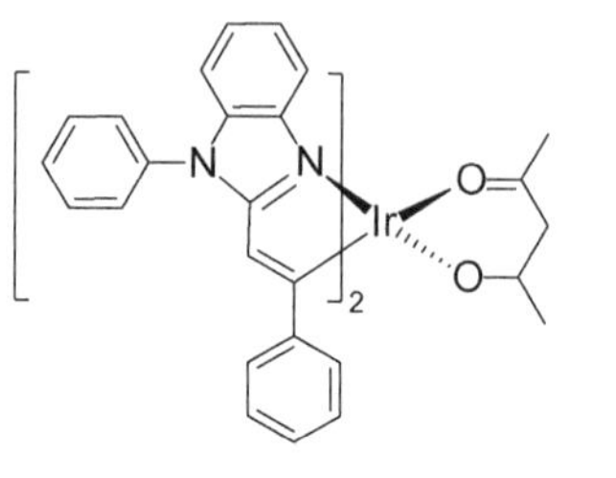　　$(psbi)_2Ir(acac)$

以铂为中心金属离子的红色磷光发光材料 2,3,7,8,12,13,17,18-八乙基-12H,23H-卟啉铂(PtOEP)作为掺杂剂制备的发光器件的外量子效率达到了 5.6%，PtOEP 的磷光寿命达到了 80μs，三重态之间容易猝灭。磷光电致发光材料的中心金属离子主要有 Pt、Ir、Eu、Os、Al 等，配位体有苯基吡啶、邻菲咯啉、喹啉、苯基咪唑、苯基吡咯其衍生物等，如以铱为中心原子的红色磷光材料 $Btp_2Ir(acac)$和$(psbi)_2Ir(acac)$。

10.5　有机光伏材料

能源是人类社会发展的动力，是人类文明存在的基础。目前人类所能利用的能源主要是煤、石油和天然气等传统化石资源。自工业革命以来，人类对能源的需求不断增长，由此导致的能源安全问题日益凸显。

太阳能分布广泛、能量丰富、获取方便。使用太阳能也不会产生废气、废水、废渣等环境污染问题。太阳每秒钟照射到地球上的能量就相当于 500 万吨煤燃烧所产生的能量。我国幅员辽阔，陆地表面每年接受的太阳辐射能约为 5.0×10^{19}kJ，全国各地太阳年辐射总量达到 335～837kJ · cm^{-2}，中值为 586kJ · cm^{-2}。我国的西藏、青海、新疆、内蒙古、陕西、河北、山东、辽宁、云南、广东、海南等广大地区的太阳辐射总量很大，尤其是青藏高原地区。丰富的太阳能资源为我国利用太阳能提供了先天的优势。

10.5.1　有机太阳能电池材料

有机太阳能电池是利用有机小分子或有机高聚物直接或间接将太阳能转换为电能的器件。目前有机太阳能电池的转化效率还比较低，尚未进入实用化阶段，且存在载流子迁移率低、结构无序、高体电阻及耐久性差等问题。但与无机半导体材料相比，有机半导体材料具有化合物结构可设计性强、材料质量轻、制造成本低、加工性能好、便于制造大面积柔性薄膜器件和可见光吸收好等优点，是一类很有前景的太阳能电池材料。早期的有机太阳能电池均为将单纯的有机化合物夹在两片金属电极之间的肖特基型电池，其结构为玻璃/电极/有机层/电极。1986 年，邓青云等首次将 p 型半导体材料和 n 型半导体材料同时引入有机层中，制备了双层有机太阳能电池，因为引入了异质结的概念，这种电池所以被称为 p-n 异质结型太阳能电池。与肖特基型太阳能电池相比，p-n 异质结型太阳能电池在激子的分离上有很大的优势，但因为电子空穴对的分离只发生在两种有机材料相接触的界面上，效率依然很低。为克服这一缺点，Yu 等以聚苯乙烯类化合物作为电子给体，C_{60} 衍生物 PCBM 作为受体，组装了混合异质结有机太阳能电池，这种组合加大了供体和受体的接触面积，增加了光的吸收，提高了光电转换效率。

经过多年的研究，有机太阳能电池材料已发展出有机小分子电池材料、有机聚合物电池材料、D-A 二元体系有机分子电池材料、有机无机杂化体系电池材料等。

有机小分子太阳能电池材料大多具有一定的共轭平面结构，利于形成自组装的多晶膜，可增加电池的迁移率。一些染料如酞菁、卟啉、苝类和菁类化合物等均可用作有机小分子太阳能电池材料。小分子化合物易于合成、提纯及成膜，但材料的稳定性较差。下面为部分有机小分子太阳能电池材料的结构。

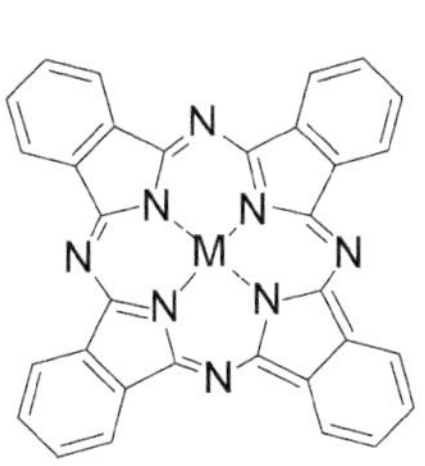

酞菁
M=金属或2H

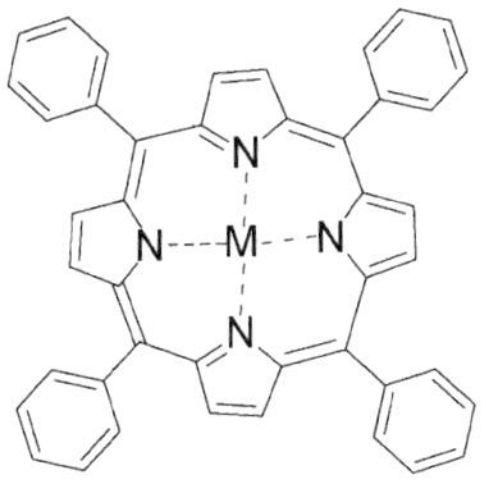

卟啉
M=金属或2H

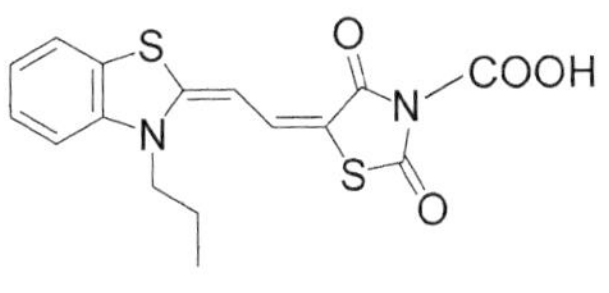

菁

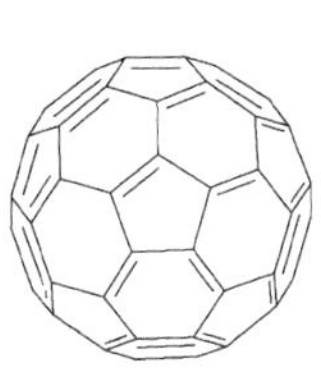

C_{60}

有机聚合物电池材料具有质量轻、易设计、柔性好、可大面积生产等优点，20 世纪 90 年代后得到快速发展。目前有机聚合物电池的光电转换效率为 15.6%。有机聚合物电池材料的分子结构中一般含有多个双键或芳香环，这些大的 π 共轭体系具有较高的载流子迁移率，利于空穴传输。聚合物材料按其结构特点主要有为聚苯撑乙烯(PPV)衍生物、聚噻吩(PTh)衍生物两大类。

聚苯撑乙烯是较早应用于太阳能电池中的有机聚合物材料，但其较差的溶解性不利于有机太阳能电池的组装。在 PPV 的苯环上引入烷氧基得到化合物 MEH-PPV，很大程度上改善了材料在有机溶剂中的溶解度，有利于电池器件的组装。下面是几种常见聚苯 PPV 型电池材料。

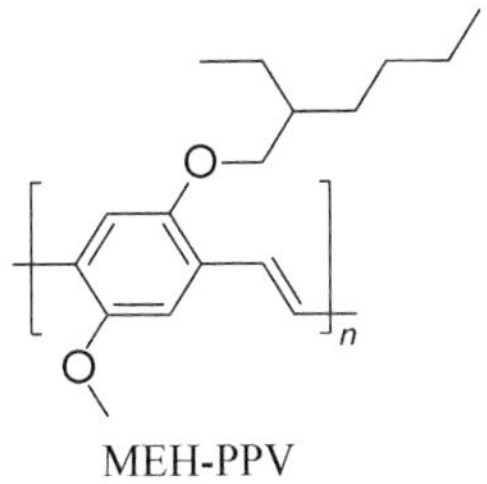

MEH-PPV

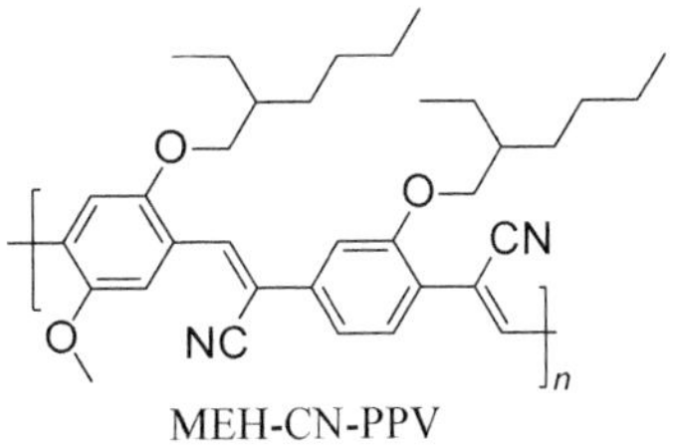

MEH-CN-PPV

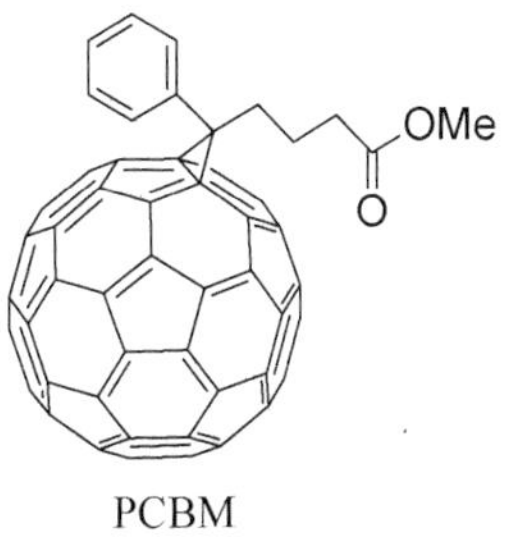

PCBM

聚噻吩及其衍生物是一类良好的导电聚合物材料，溶解性也较差。在对聚噻吩的 3-位或 4-位引入烷基链等基团可以提高材料在有机溶剂中的溶解性，3-位取代的聚噻吩衍生物具有更好的溶解性。聚噻吩衍生物共轭程度高，具有较高的导电率，易于合成，热稳定性好。部分聚噻吩衍生物的结构如下。

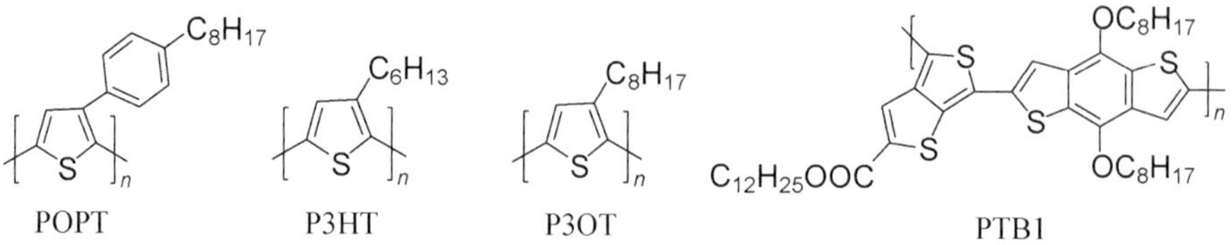

POPT　　P3HT　　P3OT　　PTB1

基于聚噻吩 PBDB-TF 作为电子给体和 BTP-4Cl 为电子受体的单节薄膜有机太阳能电池取得了 16.5% 的光电转化效率。

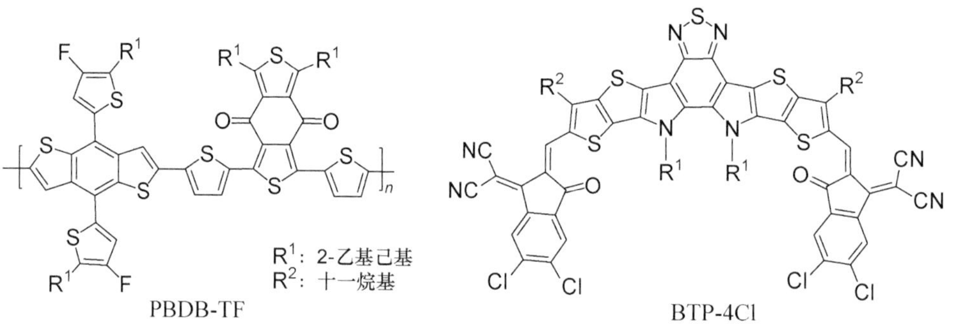

R^1：2-乙基己基
R^2：十一烷基

PBDB-TF　　BTP-4Cl

将有机材料和无机材料结合组成杂化体系，既可以充分利用有机材料在结构上的共轭性而加强对光的吸收，又可以利用无机材料载流子迁移率大的特点，为有机太阳能电池的制备开辟新思路。

经过多年的研究，有机太阳能电池已经取得很大的进展，但与无机材料太阳能电池相比还比较低。这主要是由于有机材料的吸收光谱和太阳光谱不匹配、载流子迁移率低等因素。目前的研究重点在于开发具有低带隙和低 HOMO 能级的高稳定性的聚合物分子以改善光谱吸收；通过纳米技术制造具有较好形貌的粒子以提高载流子的迁移效率。尽管困难很多，但有机材料易于设计合成，电池薄膜制备方法多样且简单，易于制备大面积的柔性薄膜，必将具有良好的发展前景。

10.5.2 染料敏化太阳能电池材料

染料敏化太阳能电池(dye-sensitized solar cell，DSSC)作为太阳能电池的重要研究方向是 1991 年由瑞士洛桑工学院的 Grätzel 教授等发明的。目前此类电池的光电转化效率已达到了 14%，电池制作工艺简单，无需昂贵的工业设备和高洁净度的厂房设施，成本仅为硅太阳能电池的 1/10～1/5，所使用的纳米 TiO_2 半导体薄膜和电解质等材料安全、无毒。

染料敏化纳米薄膜太阳能电池主要由以下几部分组成(图 10-3)：透明导电玻璃、纳米二氧化钛多孔半导体薄膜、染料光敏化剂、电解质和透明对电极。在 DSSC 中，染料吸收太阳光，纳米 TiO_2 多孔半导体薄膜除了负载敏化剂外，最主要功能就是收集和传输电子。光电转换过程通常可分为光激发产生电子空穴对、电子空穴对的分离、向外电路的输运三个过程，图 10-3 是染料敏化太阳能电池的工作原理及器件中的电子过程。

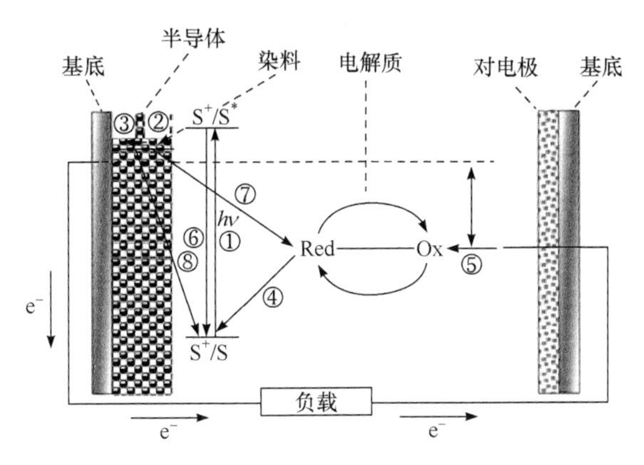

图 10-3　DSSC 的工作原理

① 基态染料分子受光激发；② 光生电子注入半导体导带；③ 电子收集；④ 氧化态染料被电解质还原再生；⑤ 电解质再生；⑥ 电子弛豫到基态而失活；⑦ 注入半导体导带的电子与电解质作用；⑧ 注入半导体导带的电子与氧化态染料分子重组，使染料回到基态

在染料敏化太阳能电池中，染料敏化剂通过吸收太阳光将基态的电子激发到激发态，然后注入半导体的导带，而空穴则留在染料分子中，实现电荷的分离。高性能的染料敏化剂需要具有以下特点：

(1) 染料分子的最低空轨道(LUMO)的能量应高于半导体导带边缘的能量，且需有良好的轨道重叠以利于电子的注入。

(2) 染料分子需要牢固吸附于半导体的表面，以使染料激发生成的电子有效注入半导体的导带中。能在 TiO_2 表面有效吸附的基团有—COOH、—OH、—SO_3H、—PO_3H_2 和水杨酸盐等，其中应用最广泛、吸附性能最好的是羧基和磷酸基。

(3) 染料分子的氧化还原电势应比电解质的氧化还原电位更正，以使染料分子能够很快地得到来自还原态电解质的电子而重生。

(4) 染料在长期光照下具有良好的化学稳定性，能够完成 10^8 次循环反应。

(5) 染料的氧化态和激发态有较高的稳定性。

(6) 理想的染料在整个太阳光光谱范围内有较强的吸收。

(7) 染料分子能溶解于与半导体共存的溶剂，这样有利于在 TiO_2 表面形成非聚集的单分子染料层，提高光电转换率。

经过多年的研究，现已开发的光敏染料主要有金属配合物染料和纯有机染料两大类。金属配合物染料吸收太阳光后产生金属中心到配体的电子跃迁(MLCT)并将电子注入光阳极的半导体导带中，这类染料主要包括 Ru、Re、Os 的多吡啶配合物、酞菁类和卟啉类配合物，其中研究最深入的是钌配合物。对于纯有机染料敏化剂，在其吸收太阳光后，通过分子内 π-π^*电子跃迁将电子注入半导体导带中。纯有机染料主要包括多烯类、香豆素类、咔唑类、吲哚类、芴类、三苯胺类等染料。

羧酸多吡啶钌系是现在应用最多的一类染料敏化剂，具有非常高的化学稳定性、突出的氧化还原性和良好的可见光谱响应特性，较好地符合了高性能光敏染料的要求。基于羧酸多吡啶钌敏化剂的电池，其光电转换效率已经超过 11%。

1. 钌多吡啶配合物

(1) N3、N719 和黑染料。钌基染料 N3 称为红染料，具有突出的光电性能，基于 N3 的 DSSC 光电转化效率可达 10%，成为敏化太阳能电池研究史上首个光电转化效率突破 10%的染料。在 N3 的两个羧基上引入 n-Bu_4N 基团，得到 N3 的二正丁基铵盐 N719，可以减少游离氢，增加电池的开路电压，基于 N719 的染料敏化太阳能电池得到了创纪录的 11.18% 的光电转化效率。N3 和 N719 染料最大的缺点是在可见光的长波范围内吸收较弱，为扩展光响应范围，Grätzel 等改进其配体，将联吡啶环扩大，增大了共轭体系，使羧基合并到一个配体中，并且增加了硫氢根的数量，从而增加染料在整个可见光范围内的吸收，并在很大波长范围内获得了超过 80% 的 IPCE 值，称为全吸收染料“黑染料”。

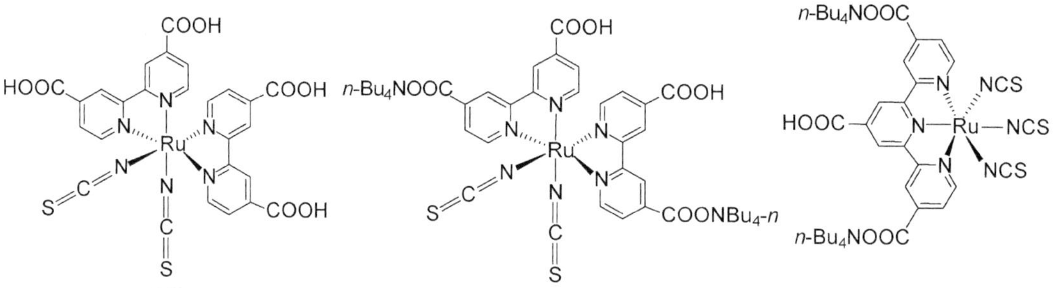

N3　　N719　　黑染料

(2) 钌联吡啶基两亲性染料。为了克服 N3、N719 和黑染料的脱吸附问题，Grätzel 等将烷基链引入联吡啶环合成了以 Z907 为代表两亲性的钌化合物。由于 4,4′-二羧酸-2,2′-二联吡啶具有亲水性，烷基链具有憎水性，烷基链的引入使得整个染料分子的 pK_a 值升高，因而这类化合物能够更牢固地吸附到 TiO_2 的表面，这种两亲性使得它们即便是在有少量水存在的情况下，仍能够维持电池的稳定性。另外，两亲性染料在纳米 TiO_2 半导体表面吸附后，避免了电极表面与电解质的直接接触，所形成的单分子层能够有效地抑制电子回传。

作为染料敏化太阳能电池的光敏剂，不但要对太阳光有良好的宽带吸收(最好是全色吸收)，还需要有高的摩尔吸光系数，因为较高的摩尔吸光系数可以加强染料对太阳光的吸收，减少半导体膜的厚度，从而减少电子在多孔纳米晶中的传输损失，提高短路电流。另外，染料还需具备长时间耐光、耐水、耐高温的特性。两亲性染料虽然具备长时间耐高温稳定性，但其摩尔吸光系数低于 N719 染料。具有摩尔吸光系数高、稳定性高等优点的两亲性染料已经成为钌多吡啶基系列染料的发展焦点。CYC-B11、D14 等高摩尔吸光系数染料的分子结构如上图。

带有三芳胺空穴传输基团的钌多吡啶基配合物染料，因为具有较高的空穴传输率而在有机光电材料领域被广泛用作空穴传输材料和发光材料。在有机光敏染料领域，含有三芳胺基团的化合物因具有较强的吸光能力和供电子能力也得到广泛的应用。理论和实验研究均表明，三芳胺基团所具有的非平面螺旋桨式结构可有效防止染料在阳极半导体表面的聚集。并且，在固态染料敏化电池领域，此类染料可以和基于三芳胺的固态电解

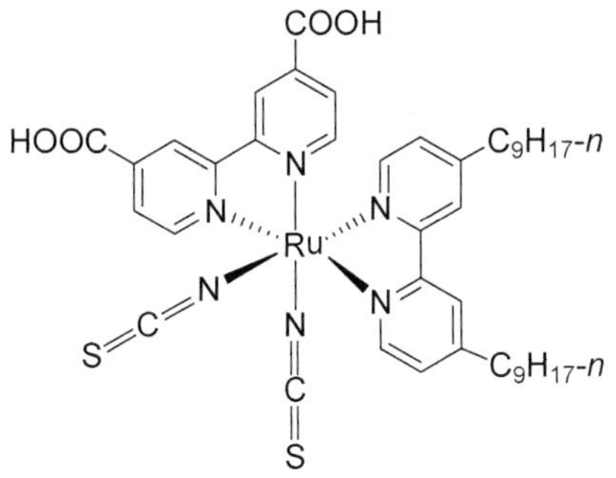

Z907

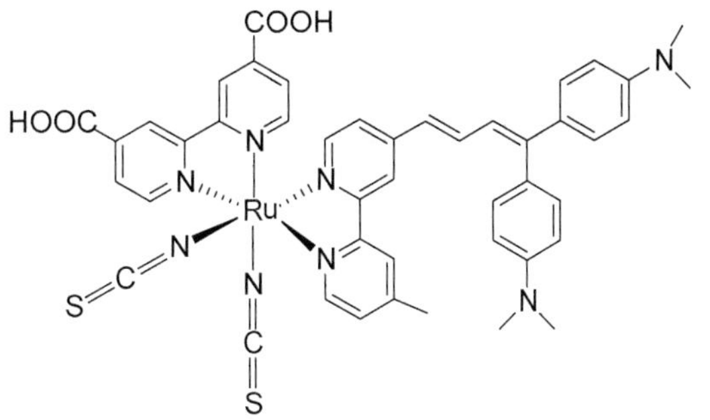

D14

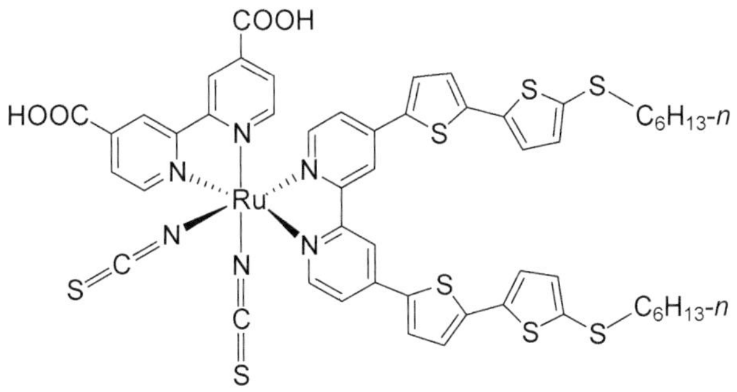

CYC-B11

质有较良好的电接触，为染料敏化太阳能电池的固态化开辟了新的领域，J8、J16 为此类染料的代表。

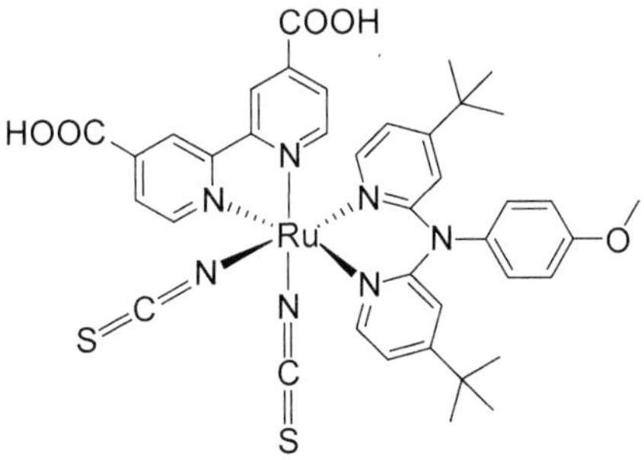

J8

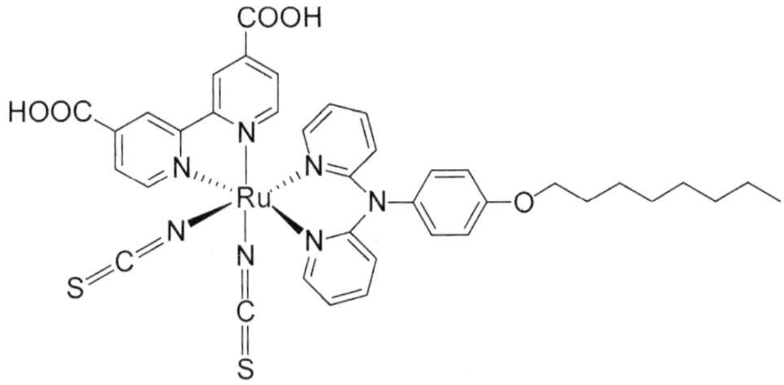

J16

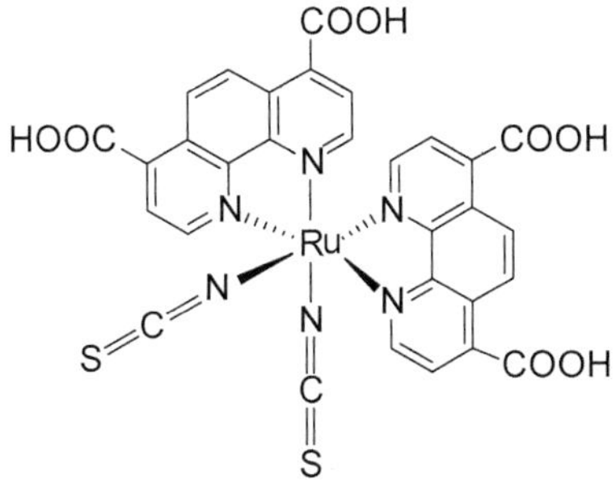

DCP2

(3) 钌的邻菲咯啉和喹啉配合物。邻菲咯啉基团含有三个芳香环，相比联吡啶基团具有更大的共轭面，有利于扩大光敏染料的吸收。因此，邻菲咯啉也是一种理想的金属配合物光敏剂配体，如 DCP2。

2. 卟啉和酞菁

钌染料最大缺陷是在近红外区没有吸收，而卟啉和酞菁类染料在可见光区及近红外区均有强烈的光谱响应，具有良好的光和热稳定性，非常适合作光敏材料。其结构特点为：具有特殊的二维共轭电子结构；对光、热具有较高的稳定性；分子结构具有多样性、易裁剪性，可以衍生出多种多样的取代配体；配位能力很强，它几乎可以和元素周期表中所有的金属元素发生配位，形成配合物。

卟啉是一类由四个吡咯环通过次甲基相连形成共轭骨架的大环化合物，其中心的四个氮原子都含有孤电子对，可与金属离子结合生成 18 个 π 电子的大环共轭体系。大多数金属卟啉环内电子流动性都非常好，具有较好的光学性质。由于卟啉的 LUMO 和 HOMO 能级差合适，并且在其 Soret 带(400～450nm)、Q 带(500～700nm)均具有强烈的吸收，因此卟啉可以作为全光谱响应的染料敏化剂。以不对称的卟啉染料为敏化剂制备的太阳能电池转换效率在 12% 以上。

酞菁类化合物一般具有两个吸收带，一个在 600～800nm 的可见光区，称为 Q 带；另一个在 300～400nm 的近紫外区，称为 B 带。酞菁化合物不仅有提供 π-π 跃迁和电荷转移的平面大环体系，还具有可与 π 轨道发生相互作用的 d 轨道。Q 和 B 吸收带的存在为酞菁类化合物的光敏性提供了内在因素，尤其是 Q 带的电子跃迁主要定域于酞菁环上，对分子的环境变化更为敏感，特别适合于作光敏材料。但其缺陷为在有机溶剂中的溶解度太低，需要改变分子结构以提升溶解度；由于酞菁分子的共平面性，其极易在 TiO_2 表面聚集，需要加入共敏剂以改善其聚集性。

3. 纯有机光敏染料

纯有机染料具有分子结构多样、摩尔吸光系数高、原料易得、成本低廉、易于降解等优点，广泛用作有机光敏染料。纯有机染料的设计主要遵循电子给体-π 桥-电子受体(D-π-A)的电子推拉体系。电子给体主要是一些富含电子的基团，π 桥主要来自一些具有共轭效果的基团，其作用是传输电子并扩大染料的吸收光谱。电子受体主要起拉电子和与纳米半导体材料键合的作用，主要由一些吸电子性很强和具有一定吸附功能的基团承担。经过多年的发展，纯有机染料已经发展出包括多烯类、香豆素类、卡唑类、二氢吲哚类、芴类、三苯胺类在内的多种光敏染料。

总体上，金属配合物染料中的钌多吡啶基光敏剂仍旧占据着光电转换效率最高的位置，但钌、锇、铂等均属贵金属，资源的限制对 DSSC 未来的实用化必将产生不利影响。纯有机染料以其分子结构易于设计、产物易于提纯的优点在近年得到了很大的发展。多种多样的有机染料各具特点，其中三苯胺类的有机染料近年发展较快，基于这类染料的电池也取得了几乎可以和钌配合物染料相媲美的光电效果。

2009 年，在染料敏化太阳能电池的基础上衍生出了一种钙钛矿太阳能电池，该类电池以有机-无机杂化的钙钛矿材料为吸光层，有机分子为空穴传输层。钙钛矿太阳能电池首次报道的效率为 3.81%，经过大量研究和快速发展，在十余年的时间里其效率已经提升至了 25.5%，是未来薄膜太阳能电池发展的方向。

10.6　有机场效应半导体材料

10.6.1　有机场效应的概念

通常把半导体的导电能力随电场的变化而变化的现象称为场效应。场效应晶体管(field-effect transistor，FET)是通过电场来控制电流的一种电子元件，是微电子技术的重要组成部分。有机场效应晶体管(OFET)是以有机半导体材料为有源层构建的场效应晶体管器件。由于有机场效应晶体管一般为薄膜形式的器件，因此也称为有机薄膜晶体管(organic thin-film transistor，OTFT)。

10.6.2　有机场效应晶体管的结构

OTFT 器件一般由栅极、有机有源层、绝缘层和源、漏电极构成，可分为底栅[图 10-4(a)、(b)]和顶栅结构[图 10-4(c)、(d)]两类。根据源、漏电极与有源层的位置不同，又分为顶接触[图 10-4(a)、(c)]和底接触结构两类[图 10-4(b)、(d)]。

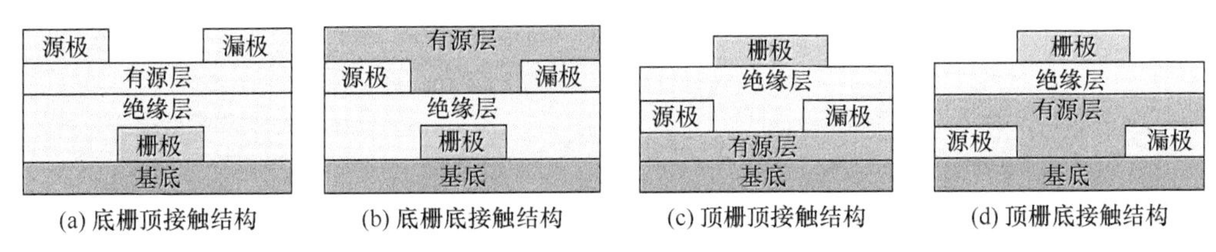

图 10-4　OTFT 结构示意图

10.6.3　有机场效应晶体管的工作原理

有机场效应晶体管工作时，在源、漏电极之间施加一定电压，如果没有栅极电压或栅极电压很小，源、漏电极之间的半导体中电流会很小，器件为关状态。如果栅极电压达到某一阈值或更高值时，在绝缘体和半导体界面会产生一个导电沟道，源、漏电极间的电流就会迅速增大，器件导通或为开状态。图 10-5 为 OTFT 的工作原理图。

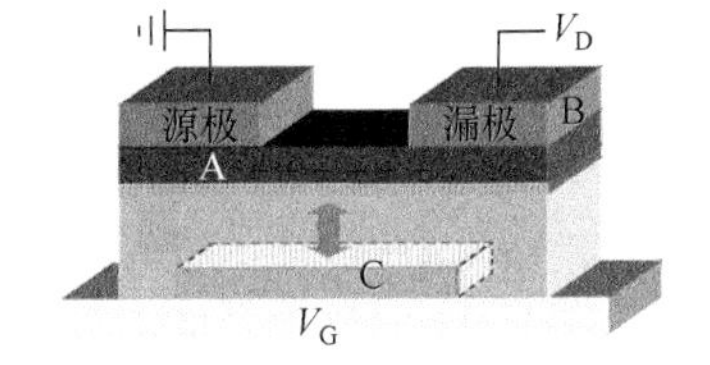

图 10-5　OTFT 的工作原理

A. 半导体；B. 金属电极(Au, Ag)；C. 沟道

10.6.4　有机场效应半导体材料的性能要求和分类

有机场效应晶体管器件结构中包含源、漏电极和栅电极、有机半导体、绝缘材料等。有机半导体材料是有机场效应晶体管中的活性材料，是决定器件输出特性的主要组分。

1. 有机场效应半导体材料的性能要求

为了获得理想的器件性能，OTFT 半导体材料除了应具备载流子注入和输出特性，还应满足：

(1) 分子的 LUMO 能级或 HOMO 能级分别有利于电子或空穴注入。

(2) 固态晶体结构应提供足够的分子轨道重叠，保证电荷在相邻分子间迁移时无过高的能垒。

(3) 半导体单晶的尺寸范围应连续跨越源、漏两极接触点，且单晶的取向应使高迁移率方向与电流方向平行，理想情况是制备比器件尺寸更大的单晶薄膜。

(4) 应具有低的本征导电率，降低关态漏电流，提高器件电流开关比。

2. 有机场效应半导体材料的分类

按照传输载流子类型的不同，有机场效应半导体材料分为 p 型半导体材料和 n 型半导体材料。p 型半导体材料的载流子是带正电荷的，即传输的是空穴。n 型半导体材料是指载流子电荷特性为负的半导体材料，载流子是电子。

按照半导体材料的分子大小可将其分为两类：第一类是小分子材料，主要是有机金属络合物、富勒烯、寡聚噻吩、并苯类材料等；第二类是聚合物材料，包括聚噻吩及其衍生物、聚乙炔、聚噻吩撑乙烯、噻吩荧烷共聚物等。

常见的 p 型小分子有机半导体材料主要有并苯类分子及其衍生物、含噻吩环及含氮杂环类化合物等，结构如下。

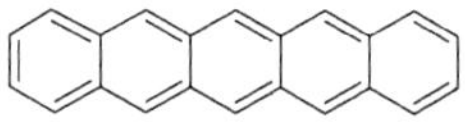

P5

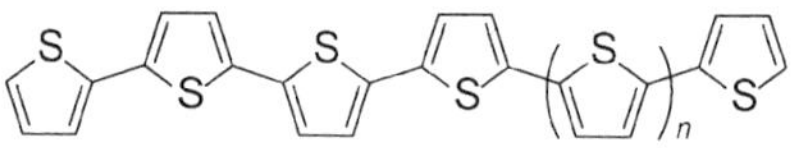

n=1：6T
n=2：8T

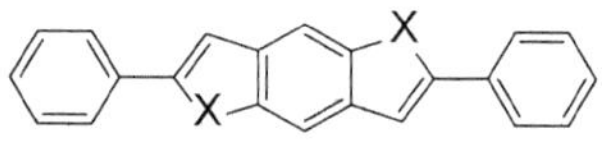

DPh-BDX
X = S,Se,Te

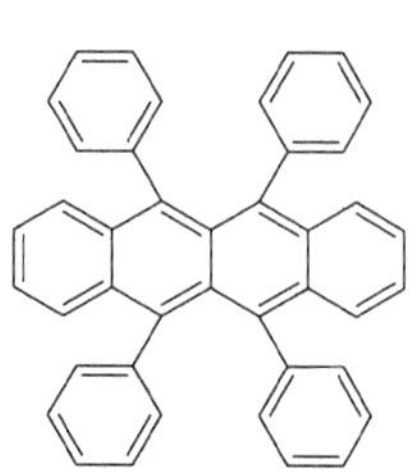

红荧烯

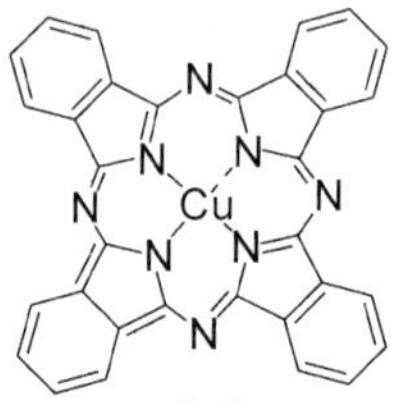

CuPc

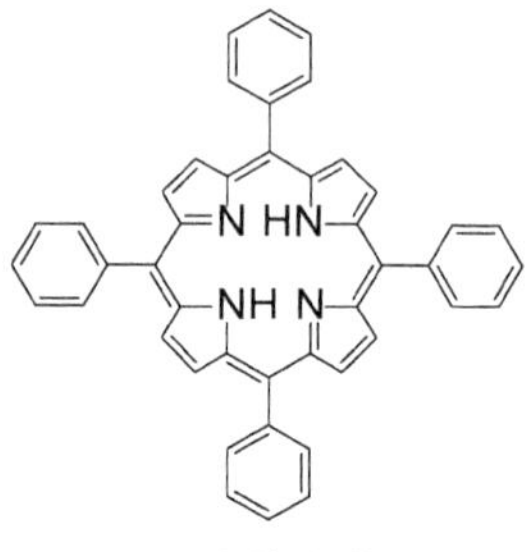

四苯基卟啉

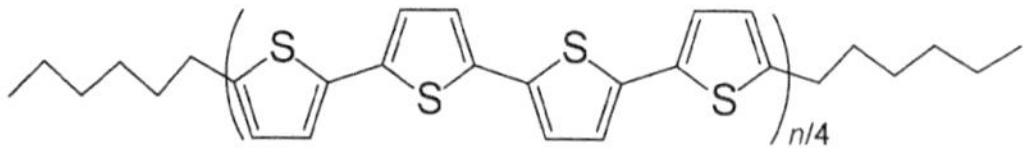

n=4:DH-4T
n=6:DH-6T

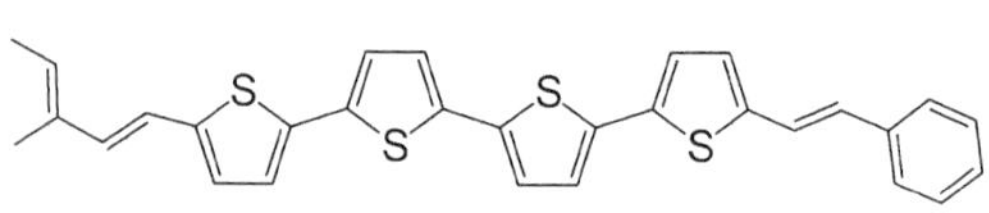

DS-4T

并苯类分子并五苯(P5)的结构特点是五个苯环并在一起，属于稠环芳烃类化合物。该类化合物具有很高的载流子迁移率，是最有应用前景的有机半导体材料之一，但是它也存在溶解性和稳定性差的缺点。

噻吩是一种五元环结构，广泛应用在有机薄膜晶体管等对材料载流子迁移率有极高要求的光电器件中。

常见的含氮杂环类 p 型半导体材料主要有酞菁及卟啉类化合物。酞菁化合物不仅具有能提供 π-π 跃迁和电荷转移的平面大环体系，还具有可与 π 轨道发生相互作用的 d 轨道，这些结构特征有利于酞菁化合物分子内及分子间的电荷转移。另外，它还具有良好的热稳定性和真空蒸镀易于成膜的特性，所以酞菁类化合物是制备有机薄膜晶体管的良好的半导体材料。酞菁铜是研究最早的 p 型含氮杂环类半导体材料。

与小分子材料相比，聚合物半导体材料成膜性好，可以用旋涂、打印和丝网印刷等溶液方法代替真空蒸镀制备器件，因此受到广泛的关注。常见的 p 沟道有机聚合物半导体材料结构如下。

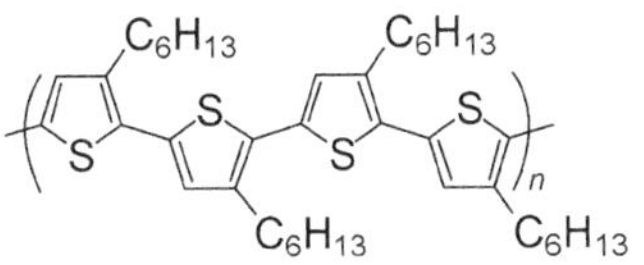

P3HT 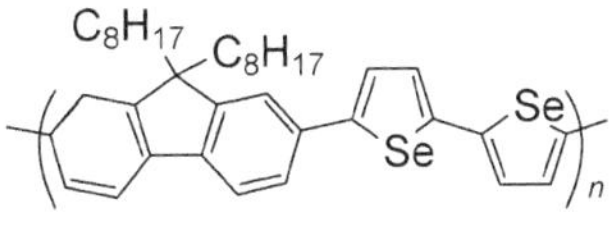　　F8Se2 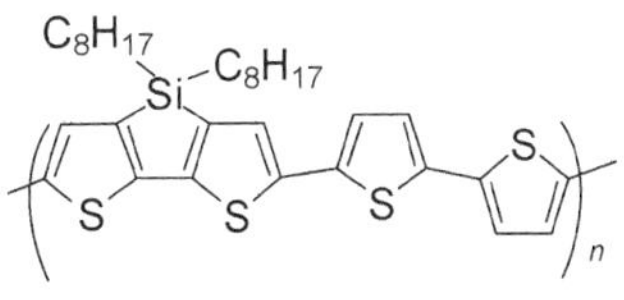　　Ts6T2

与 p 型有机半导体相比，n 型有机半导体材料相对较少。这主要是由于 n 型半导体材料对氧和湿度很敏感而极不稳定，且迁移率也相对较低。但高性能的 n 型半导体有机化合物是制备 p-n 结和互补逻辑电路必不可少的材料，故其研究具有重要意义。

在有机半导体分子中引入强吸电子基团，如氟、含氟烷基、氰基等，有利于电子的有效注入，降低 LUMO 能级，提高材料的稳定性，这是将有机半导体材料从 p 型转变成 n 型的一条有效途径。目前常用的 n 型有机半导体材料有醌型化合物、富勒烯 C_{60} 及衍生物、苝和萘酰亚胺类化合物、噻吩类衍生物和稠杂环类化合物等，结构如下所示。

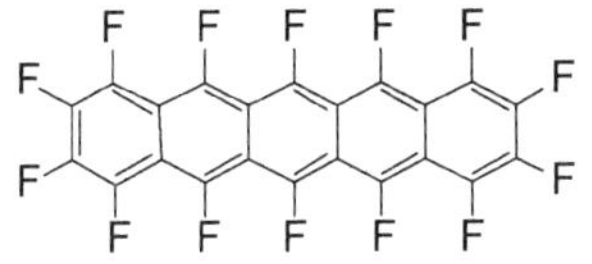

F-P5 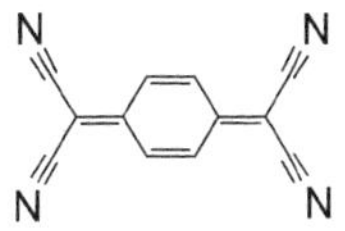　　TCNQ 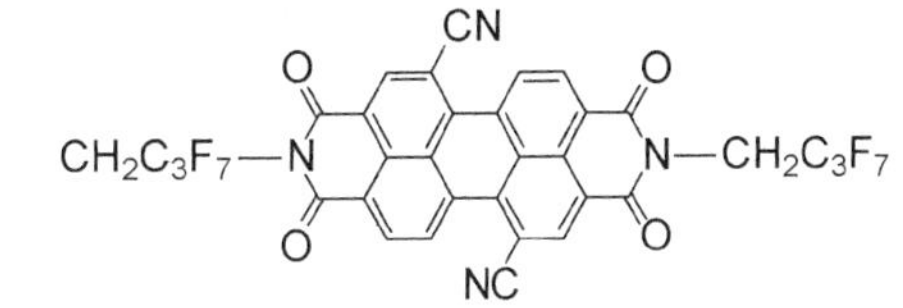　　PDIF-CN2

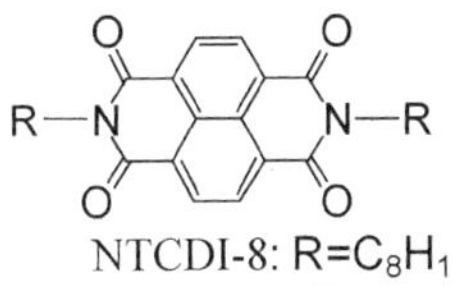

NTCDI-8: R=C_8H_{17}
NTCDI-12: R=$C_{12}H_{25}$
NTCDI-18: R=$C_{18}H_{37}$

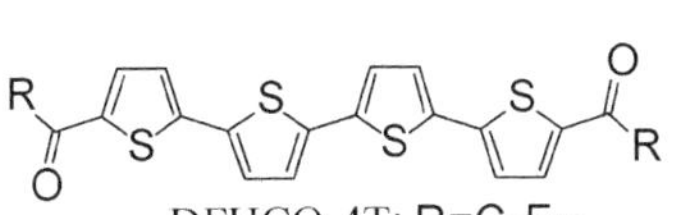

DFHCO-4T: R=C_6F_{13}
DFPCO-4T: R=

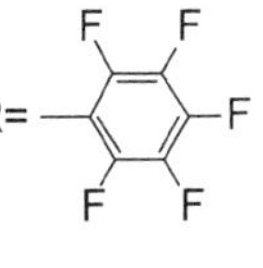

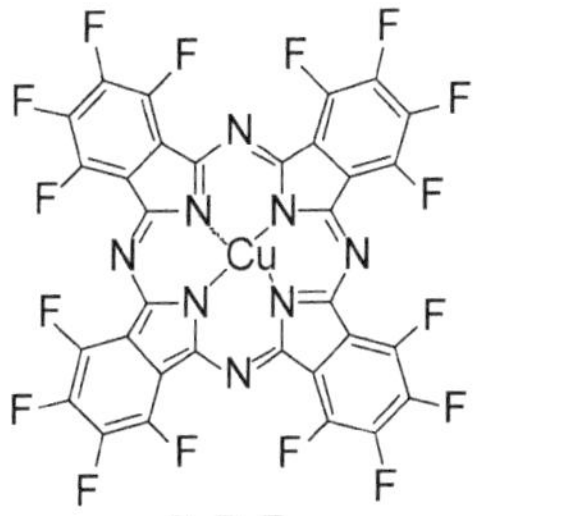

$CuPcF_{16}$

C_{60} 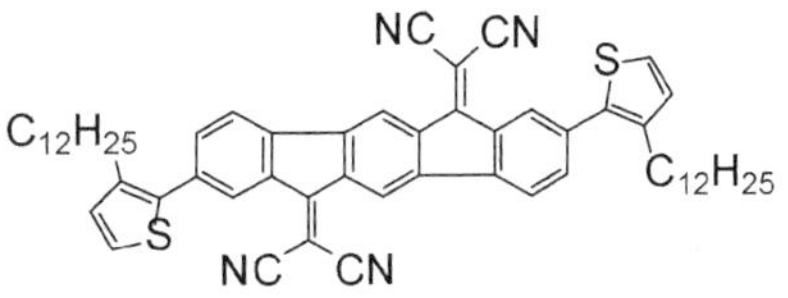　　TIFDMT 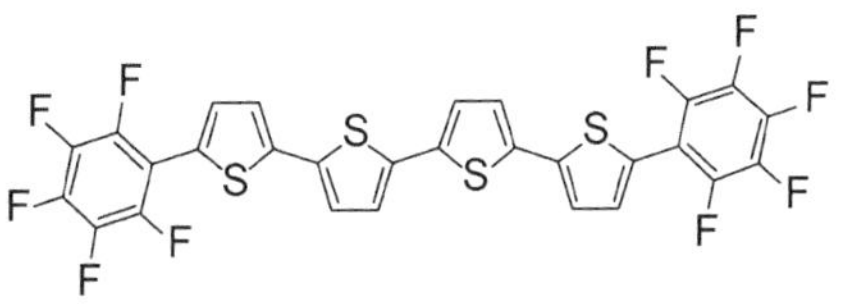　　DFB4T

双极性有机半导体材料可同时传输空穴和电子两种载流子，可降低互补逻辑电路制造的工艺难度。PCBM 的空穴和电子迁移率都低于 $10^{-2}cm^{-2} \cdot V \cdot s$；P-IFDMT4 具有较好的稳定性和溶解性，基于该聚合物的器件的电子和空穴迁移率为 $2\times10^{-4}cm^{-2} \cdot V \cdot s$，开关比为 10^4。双极性半导体材料也可以通过 p 型和 n 型有机半导体材料复合得到。

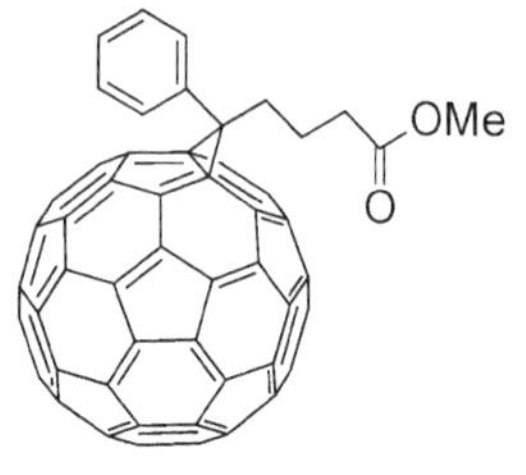

PCBM 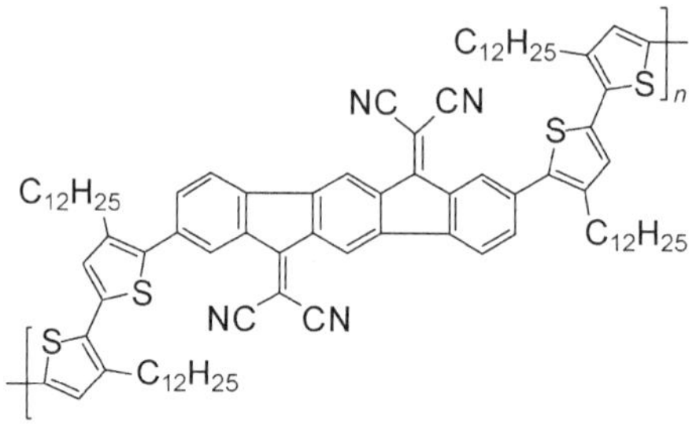　　P-IFDMT4 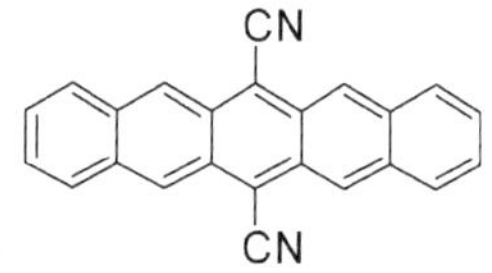　　DC-PEN

习　题

1. 有机光导材料的应用领域有哪些？有机光导材料的分类有哪些？
2. 举例说明载流子产生材料和传输材料有哪些。
3. 有机光致变色材料的作用机理有哪些？
4. 举例说明螺环类有机光致变色材料有哪些。
5. 简述有机电致发光分为几个阶段，有机电致发光材料需要满足哪些性能要求。
6. 有机电致发光材料分为哪几类？每一类试举出两三个例子。高分子发光材料有哪些优点？
7. 有机太阳能电池材料有哪几类？每一类有哪些代表性的材料？染料敏化太阳能电池的优缺点有哪些？
8. 简述有机场场效应晶体管中有机半导体材料的性能要求。试举出几个典型的 p 型半导体材料。

参 考 文 献

白翔, 王世荣, 李祥高, 等. 2007. 三芳胺类空穴传输材料结构与性能的关系. 化学工业与工程, 24(6): 480-484
陈瑞峰. 2013. 有机光电材料. 化学工业, 31(2-3): 32-33
李荣金, 李洪祥, 周欣然, 等. 2007. 聚合物场效应晶体管材料及其器件. 化学进展, 19(2): 325-336
李祥高, 冯亚青. 2013. 精细化学品化学. 上海: 华东理工大学出版社
邱勇. 2010. 有机光电材料研究进展与发展趋势. 前沿科学, 4(3): 8-14
曲波, 张世勇, 谢星, 等. 2011. 有机太阳能电池研究进展. 物理, 40 (4): 223-232
王洪宇, 冯嘉春, 姜鸿基, 等. 2007. 基于交叉共轭结构的功能材料. 化学进展, 19: 276-282
吴安树, 李祥高, 王世荣, 等. 2005. 空穴传输材料 TTB 的合成及其在有机光导体中的应用. 功能材料, 36(5): 708-710
吴世康, 汪鹏飞. 2010. 功能染料在有机太阳能电池中的应用. 影像科学与光化学, 28(3): 217-229
张微, 张方辉, 黄晋, 等. 2013. 红绿掺杂有机电致发光器件发光性能的研究. 光电子激光, 24(8): 1467-1471
Bertelson R C. 1971. Photochromism. New York: Wiley-Interscience

Bertelson R C. 1999. Organic Photochromic and Thermochromic Compounds. New York: Plenum

Wang M S, Xu G, Zhang Z J, et al. 2010. Inorganic-organic hybrid photochromic materials. Chemical Communications, 46(3): 361-376

Yu G, Gao J, Hummelen J C, et al. 1995. Polymer photovoltaic cells: Enhanced efficiencies via a network of internal donor-acceptor heterojunctions. Science, 270: 1789-1791

Yu P P, Zhen Y G, Dong H L, et al. 2019. Crystal engineering of organic optoelectronic materials. Chem, 5(11): 2814-2853